图1.4 a) 多孔SiC褶皱镜的横截面SEM显微照片[98]，b) 在PECE和相应的衬底（左侧）分离后的多孔4H-SiC层（右侧）[75]，c) 用不同颜色表示的不同位置进行的3个反射率测量结果[98]

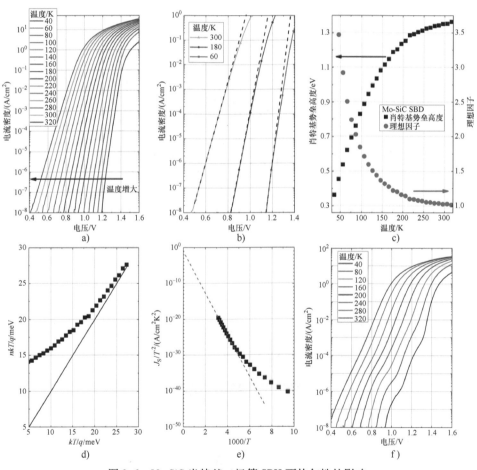

图3.6 Mo-SiC肖特基二极管SBH不均匀性的影响

a) 单个器件的 J-V-T 特性　b) 低温下三个温度对应的电流随电压的依赖性　c) 整个温度范围内提取的 $q\phi_{Bn}$ 和 n　d) nkT/q 随 kT/q 的变化，显示理想因子的温度依赖性

e) 理查森曲线：$\log(J_S/T^2)$ 随 $1/T$ 的变化　f) 具有双导通的第二个器件上获得的 J-V-T 特性

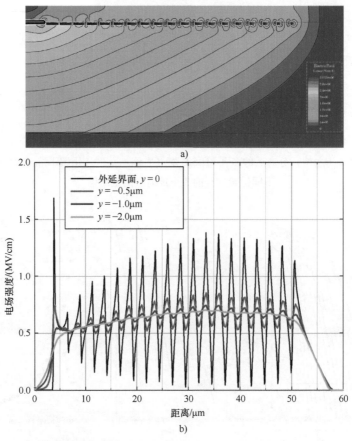

图 4.19　a) 具有最佳有效表面电荷分布的 3.3kV 埋入式结终端的电场分布　b) 注入表面（黑线）、注入表面上方 0.5μm（红线）、1.5μm（蓝线）和 2μm（绿线）的电场分布

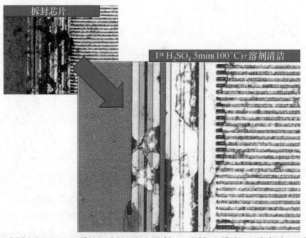

图 4.26　拆封和 H_2SO_4 腐蚀后的测试器件 p 基结边缘的几个损坏区域之一，图片左侧的绿色区域是带有浮环的结终端区域

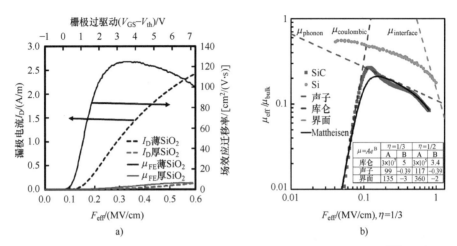

图 6.6 a) 采用低温氧化技术的 I_D-V_{GS} 转移曲线和场效应迁移率[43]

b) 迁移率随有效电场的变化曲线，有效迁移率峰值为 $265cm^2/(V·s)$，器件性能达到 Si MOSFET 的 50%[71]（授权使用，© 2019IEEE）

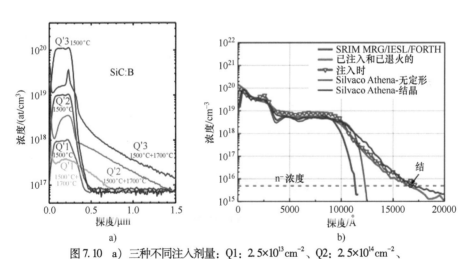

图 7.10 a) 三种不同注入剂量：Q1: $2.5×10^{13}cm^{-2}$、Q2: $2.5×10^{14}cm^{-2}$、Q3: $2.5×10^{15}cm^{-2}$ 的硼注入 6H-SiC 样品在 1500℃ 和 1700℃ 退火后的实验 SIMS 曲线[18]。

b) 总剂量为 $1.58×10^{15}cm^{-2}$、400℃ 多步铝注入及注入后 1750℃ 退火的 4H-SiC 样品的实验和模拟 SIMS 曲线（授权使用，由 FORTH 提供）

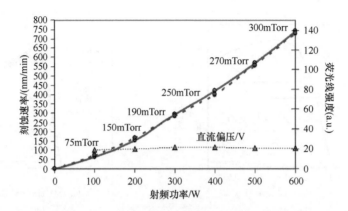

图 8.3 最大刻蚀速率（蓝色圆圈）和对应的直流偏压值（黄色三角形）、荧光强度（红色圆圈）和腔室压力（蓝色圆圈）随 RIE 射频功率的变化，该图使用了图 8.2 的数据[33]

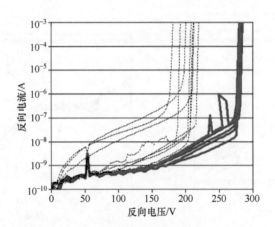

图 8.20 采用"物理"RIE（黑色虚线）和"化学"RIE（红色实线）制造的二极管的反向 $I\text{-}V$ 曲线，直到发生雪崩击穿[105]（© Wiley Materials）

半导体与集成电路关键技术丛书

碳化硅器件工艺核心技术

[希] 康斯坦丁·泽肯特斯（Konstantinos Zekentes）
[英] 康斯坦丁·瓦西列夫斯基（Konstantin Vasilevskiy） 等著

贾护军　段宝兴　单光宝　译
杨银堂　李　晨　　　　审校

机械工业出版社

本书共 9 章，以碳化硅（SiC）器件工艺为核心，重点介绍了 SiC 材料生长、表面清洗、欧姆接触、肖特基接触、离子注入、干法刻蚀、电解质制备等关键工艺技术，以及高功率 SiC 单极和双极开关器件、SiC 纳米结构的制造和器件集成等，每一部分都涵盖了上百篇相关文献，以反映这些方面的最新成果和发展趋势。

本书可作为理工科院校物理类专业、电子科学与技术专业以及材料科学等相关专业研究生的辅助教材和参考书，也可供相关领域的工程技术人员参考。

Advancing Silicon Carbide Electronics Technology

by Konstantinos Zekentes, Konstantin Vasilevskiy

Copyright © 2018 Konstantinos Zekentes, Konstantin Vasilevskiy

Simplified Chinese Translation Copyright © 2024 China Machine Press. This edition is authorized for sale in the Chinese mainland (excluding Hong Kong SAR, Macao SAR and Taiwan). All rights reserved.

此版本仅限在中国大陆地区（不包括香港、澳门特别行政区及台湾地区）销售。未经出版者书面许可，不得以任何方式抄袭、复制或节录本书中的任何部分。

北京市版权局著作权合同登记　图字：01-2021-1676 号。

图书在版编目（CIP）数据

碳化硅器件工艺核心技术/（希）康斯坦丁·泽肯特斯（Konstantinos Zekentes）等著；贾护军，段宝兴，单光宝译. —北京：机械工业出版社，2024.1（2024.9 重印）
（半导体与集成电路关键技术丛书）
书名原文：Advancing Silicon Carbide Electronics Technology
ISBN 978-7-111-74188-6

Ⅰ.①碳…　Ⅱ.①康…②贾…③段…④单…　Ⅲ.①功率半导体器件-研究　Ⅳ.①TN303

中国国家版本馆 CIP 数据核字（2023）第 210432 号

机械工业出版社（北京市百万庄大街 22 号　邮政编码 100037）
策划编辑：刘星宁　　　　　　　责任编辑：刘星宁　朱　林
责任校对：郑　婕　陈　越　　　封面设计：马精明
责任印制：邓　敏
中煤（北京）印务有限公司印刷
2024 年 9 月第 1 版第 2 次印刷
169mm×239mm·26.75 印张·2 插页·506 千字
标准书号：ISBN 978-7-111-74188-6
定价：189.00 元

电话服务　　　　　　　　　　网络服务
客服电话：010-88361066　　　机　工　官　网：www.cmpbook.com
　　　　　010-88379833　　　机　工　官　博：weibo.com/cmp1952
　　　　　010-68326294　　　金　书　网：www.golden-book.com
封底无防伪标均为盗版　　　　机工教育服务网：www.cmpedu.com

译者序

本书原著分为上卷和下卷两部分，上卷"碳化硅的金属接触：物理、技术、应用"（第1~4章），包含碳化硅表面清洗和腐蚀、碳化硅欧姆接触工艺和表征、碳化硅肖特基接触、碳化硅功率器件的现状和前景四部分内容。下卷"碳化硅器件加工的核心技术"（第5~9章），包含碳化硅发现、性能和技术的历史概述、碳化硅器件中的电介质、碳化硅离子注入掺杂、碳化硅的等离子体刻蚀、碳化硅纳米结构和相关器件制造五部分内容。经与国外出版社协商，并经过原著作者授权，翻译中将两卷合一，改编为现在的9章内容。

碳化硅是宽禁带半导体材料的典型代表之一，在许多极端领域具有广阔的应用前景，近年来受到了国内外的高度关注。本书具有广泛的参考意义，适合于从事碳化硅半导体材料与器件研究的工程技术人员和科研工作者研读，也可作为高等院校相关专业的辅助教材，对于从事其他宽禁带半导体材料及器件研究工作的人员，也具有借鉴意义。针对碳化硅器件的每一项工艺研究，书中都分别提供了上百篇重要参考文献，以反映碳化硅材料及器件研究最新且具有代表性的成果。

本书由西安电子科技大学贾护军教授、段宝兴教授、单光宝教授翻译，杨银堂教授和中国电子科技集团李晨审校，其中贾护军翻译第1、5、7、9章，段宝兴翻译第2、3、8章，单光宝翻译第4、6章，李晨审校前4章，杨银堂审校后5章并对全书进行了统稿。

对所有关心和帮助本书翻译和出版的人们，在此表示诚挚的谢意。

由于译者水平有限，书中不妥之处在所难免，恳请读者批评指正。

译者

西安电子科技大学

原书前言

碳化硅（SiC）是一种宽带隙半导体材料，具有独特的物理、化学和电学特性，其高临界电场和热导率使 SiC 成为制造高功率、低功耗半导体器件的理想材料。高热稳定性、出色的化学惰性和硬度使 SiC 器件能够运行在高温条件下的恶劣环境中。SiC 器件从 1906 年发布的第一款商用半导体器件 SiC 探测器就开始了它丰富的发展史，但很快被真空管取代。20 世纪 50 年代中期开发的一种生产高质量 SiC 晶体的新方法促使 SiC 再度成为半导体电子材料，1959 年在波士顿举行的第一次 SiC 会议标志着这一时期的开始。接下来的 20 年中，对 SiC 材料特性进行了广泛的研究，并显著改进了 SiC 加工工艺，但只有不规则形状的 SiC 薄片允许小规模生产并用于特定应用的蓝光和黄光 SiC LED。SiC 晶体的籽晶生长法是在 70 年代末发明的，为大规模制造 SiC 器件开辟了道路。80 年代末 SiC 外延技术的发展促使 90 年代初标准尺寸 SiC 晶圆和蓝光 LED 进入市场，从而促使了 SiC 作为商用电子器件材料的复兴。

尽管 SiC LED 于 20 世纪 90 年代末在市场上被更高效的Ⅲ族氮化物 LED 取代，但 SiC 生长和加工技术的发展并未止步。在过去十年中，可再生能源的快速增长和减少碳排放的严格措施导致对高效电力电子产品的巨大需求。SiC 以其优异的性能和发达的生长加工技术成为新一代半导体功率器件的首选材料。如今，SiC 肖特基二极管和 MOSFET 已经商品化，SiC 电子产品被公认为现代工业的重要组成部分，在高效功率半导体器件市场占有一定份额。在对提高 SiC 器件性能和可靠性以及商业生产成本效率需求不断增长的同时，SiC 技术研究也在显著加强。进一步发展 SiC 技术的另一个驱动力是 SiC 作为高温和高频电子材料的巨大潜力，但这一点仍未实现，期待早日出现 SiC 在这些应用中优于传统半导体的有力证明。

自 1993 年以来，该领域的进展和最新趋势定期在国际和欧洲 SiC 及相关材料会议上进行讨论。现在，这些会议的论文集每年都会出版并广泛传播，同时还有系列精装书籍对 SiC 材料表征、晶体生长和器件加工技术的现状进行了详细论述和深入分析。第一本此类书籍于 1997 年出版，它由 Wolfgang J. Choyke、Hiroyuki Matsunami 和 Gerhard Pensl 主编，收集了大约 50 篇论文，涵盖了从 SiC 基本特性、晶体生长和材料表征到器件加工以及 SiC 器件的设计和应用的整个领域。多年来，它在科学界很受欢迎，甚至被称为"蓝皮书"。2004 年，它又收录了 SiC 电子学的最新发展并进行了更新，至今仍是一本重要的参考书。从那时到 2015 年，编辑出版的书籍很少，它们根据编者的选择提供了 SiC 电子各个主题的评论论文集。2014 年，Tsunenobu Kimoto 和 James A. Cooper 出版了一本经典教科书，与其他书籍相比，它并不旨在对每个主题进行完整的深入评述，而是无缝地描述了 SiC 技术，从材料特性到 SiC 器件的系统应用。据作者所知，上面这些就是 21 世纪出版的关于 SiC 的所有书籍，作者认为目前需要及时出版一本新书，以支持出版物的周期性并评述快速发展的 SiC 技术的最新水平。

  SiC 科学技术在过去的两个十年中日趋成熟，包括从基础物理到电路设计的许多方面。基于此，作者主要根据 SiC 器件加工工艺来确定本书的篇幅和范围。本书第 1~4 章专门介绍 SiC 器件加工的一个重要部分，即金属接触的制造和表征。第 1 章重点介绍 SiC 表面清洗，这是任何器件加工的第一步，也是必不可少的步骤。紧随其后的第 2 章描述了 SiC 欧姆接触的基本原理、电学表征方法和工艺。详细分析了接触电阻率对材料特性的依赖性、接触电阻率测量的极限和精度、关于欧姆接触制造和测试结构设计的实用建议、迄今为止报道的不同金属化方案和加工技术的重要概述。该章还讨论了 SiC 欧姆接触的热稳定性、保护以及与器件工艺的兼容性。第 3 章论述了肖特基势垒形成的基本物理原理，并针对 SiC 的具体情况进行了修正。接下来，介绍了 SiC 材料中肖特基势垒不均匀性的重要基础课题。然后，该章用一节的篇幅专门介绍 4H-SiC 肖特基和结势垒肖特基二极管的设计加工。该章还简要讨论了 Si/SiC 异质结二极管作为整流接触的特殊情况。该章最后一节提供了 SiC 肖特基二极管在电力电子和温度/光传感器中的一些常见应用。第 4 章回顾高功率 SiC 单极和双极开关器件，讨论了不同类型 SiC 器件的挑战和前景，包括材料和工艺对器件性能的限制，以阐明金属接触对 SiC 的主要应用领域。

本书第 5~9 章中，作者集中精力对作为 SiC 技术的一个特定且重要的组成部分的 SiC 器件工艺进行详细论述和深入分析。作者特意从本书中排除了 SiC 材料表征、体材料生长、外延、器件设计、电路设计和应用等内容，因为 SiC 电子学的这些领域非常广泛和成熟，需要单独和综合考虑。第 5 章历史性地概述了自然界中 SiC 的发现、第一次人工合成，以及 SiC 体材料和外延生长的关键步骤。简述了阅读和理解本书其他章节所需的 SiC 材料的特性。还展示了 SiC 晶圆和外延结构的商业化生产和可用性的现状以及 SiC 功率器件的潜在市场。最后，通过估算和直接比较两个具有相同额定功率但由 SiC 和 Si 制造的单极器件的电特性，证明在功率系统中采用 SiC 器件的好处。第 6 章论述了 SiC 器件中使用的主要电介质。电子器件中最常用的电介质是 SiO_2 和 Si_3N_4，因此首先介绍它们，然后是高 κ 介质（即介电常数高于 Si_3N_4 的介质）。在关注 SiC 热氧化之前，讨论了介质沉积的方法；论证了氧化工艺和氧化后退火的不同参数，这些参数对氧化层质量和 SiO_2/SiC 界面中碳残留的形成有影响；论述了使用各种介质层形成技术提高 SiC MOSFET 中电子迁移率的努力及取得的进展；还讨论了介质对 SiC 表面钝化的相关问题。接下来的第 7 章旨在提供 SiC 器件制造中采用离子注入的所有必要信息。首先介绍了离子注入技术及其在 SiC 器件加工技术中的应用，特别关注通道效应和杂散效应，这在 SiC 中比在 Si 晶体中更明显。讨论了离子注入实现 SiC n 型和 p 型掺杂的主要特性以及用于杂质激活的不同退火技术。该章还描述了晶体质量和缺陷形成问题，并提出了一种用于低缺陷表面掺杂的新型注入技术。最后几节介绍了注入模拟和表征方面以及一些实际方面的信息，例如注入设备和设施等。第 8 章可作为 SiC 干法刻蚀的综合指南。它的第一部分解释了为什么含氟试剂主要用于 SiC 刻蚀，讨论了工艺中添加其他气体的影响及其可能的刻蚀机制。第二部分致力于通过各种等离子体参数控制刻蚀速率。第三部分涉及与刻蚀表面形貌有关的问题。硬掩模材料，尤其是它们对 SiC 的选择性是第四部分的主题。在后续部分，讨论了等离子体刻蚀之前或之后的 SiC 表面处理、刻蚀中为 SiC 晶圆选择合适的载体，以及刻蚀表面的电性能。该章还讨论了用于通孔和 MEMS 应用的 SiC 深度刻蚀以及自上而下形成的 SiC 纳米线。第 9 章重点介绍了 SiC 纳米结构的制造、工艺和器件集成。首先，该章描述了 SiC 纳米晶体的不同制造方法，由于它们在光电子结构中的潜在应用，特别是在纳米级紫外光发射器中的潜在应用，这些方法已成为深入研究的主题，这些方法包括化学气相沉积、电化学和化学腐蚀、激光烧蚀等。然后，该章的大部分内容专门讨论 SiC 纳米线（NW）制造技术，它们分为两类：自上而下和自下而上的方法。使用不同前驱体和催化剂的汽-液-固（VLS）、汽-固（VS）、固-液-固（SLS）SiC NW 生长技术构成了自下而上的方法，该章将对此进行讨论。然后，解决了其他半导体中常用的自上向下技术方法，包括电子束光刻和随后的干法刻蚀。接下来专门介绍基于 SiC NW 基器件的加工技术，主要是欧姆接触的形成。该章最后简述了 SiC 纳米线在场效应晶体管中的应用。

本书会引起在 SiC 及相关材料领域工作的技术人员、科学家、工程师和研究生的浓厚兴趣。本书也可作为研究生相关专业课程的补充教材。

总之，感谢所有参编者的辛勤工作和对本书的宝贵贡献，以保证其科学质量和现实性。还要对 Materials Research Forum LLC 的 Thomas Wohlbier 表示深深的感谢，他在编辑过程中非常灵活和耐心地满足了我们的所有愿望，并为及时出版这本书尽了最大的努力。

Konstantin Vasilevskiy

Konstantinos Zekentes

作者简介

Konstantin Vasilevskiy 于 1981 年在苏联莫斯科工程物理学院获得固态物理学硕士学位，并于 2002 年在俄罗斯圣彼得堡的 Ioffe 研究所获得半导体物理学博士学位。1981 年毕业后，他在苏联梁赞科学技术研究所从事俄歇光谱材料表征工作两年。1984~1988 年，他在苏联基辅"猎户座"研究所工作，参与硅 IMPATT 和微波 pin 二极管的开发和小规模生产。1989 年，他加入了 Ioffe 研究所，在那里他大量参与了氮化镓的生长和表征以及基于 SiC 和 III-V 氮化物的分立半导体器件的设计和制造。1999~2000 年，他在希腊伊拉克利翁的研究与技术基金会（FORTH）工作，担任访问研究员。这项工作旨在演示 SiC IMPATT 二极管产生的微波振荡。2001 年，他加入英国纽卡斯尔大学工程学院，目前担任高级研究员。他在纽卡斯尔大学的研究包括深入研究 SiC 器件中的欧姆接触和肖特基接触；SiC 器件工艺研发；各种 SiC 器件的设计、制造和表征，包括沟槽和注入 JFET、肖特基二极管、具有通过深离子注入形成的埋栅 SIT、低压齐纳二极管；具有高 κ 介质栅叠层的 SiC MOSFET。除了在宽禁带半导体领域的研究外，Vasilevskiy 博士还开展了石墨烯生长和表征方面的研究。他利用碳过饱和的硅化镍在 SiC 上开发了局部石墨烯生长；使用双层外延石墨烯制造了顶栅 FET，并展示了它们在高温下的操作。Vasilevskiy 博士撰写了 3 本著作，在相关期刊和会议论文集中发表论文 114 篇。他是 4 本书的合编者，也是宽禁带半导体技术领域 16 项专利的共同发明人。

Konstantinos Zekentes 在希腊克里特大学获得物理学学士学位，在法国蒙彼利埃大学获得半导体物理学博士学位。他目前是位于希腊克里特岛伊拉克利翁的希腊研究与技术基金会（FORTH）微电子研究小组（MRG）的高级研究员，以及微电子电磁与光子等实验室的访问研究员。他目前工作的内容是 SiC 相关技术，开发用于制作高功率/高频器件以及 SiC 基一维器件。Zekentes 博士拥有超过 170 篇期刊和会议论文以及 1 项美国专利。

目 录

译者序
原书前言
作者简介

第1章 碳化硅表面清洗和腐蚀 ·················· 1
  1.1 引言 ································· 1
  1.2 SiC 的湿法化学清洗 ···················· 2
    1.2.1 表面污染 ························ 2
    1.2.2 RCA、Piranha 和 HF 清洗 ············ 3
  1.3 SiC 的化学、电化学和热腐蚀 ············· 4
    1.3.1 化学腐蚀 ························ 4
    1.3.2 电化学腐蚀 ······················ 7
    1.3.3 热腐蚀 ·························· 7
  1.4 各种器件结构中 SiC 腐蚀的前景 ·········· 10
    1.4.1 用于白光 LED 的荧光 SiC ··········· 10
    1.4.2 褶皱镜 ·························· 10
    1.4.3 用于生物医学应用的多孔 SiC 膜 ······ 12
    1.4.4 石墨烯纳米带 ···················· 12
  1.5 总结 ································ 13
  参考文献 ································· 13

第2章 碳化硅欧姆接触工艺和表征 ············· 23
  2.1 引言 ································ 23
  2.2 欧姆接触：定义、原理和对半导体参数的依赖性 ···· 25
  2.3 接触电阻率测量的方法、极限和精度 ······· 34
    2.3.1 TLM 测量接触电阻率 ·············· 35
    2.3.2 TLM 约束 ······················· 39
    2.3.3 TLM 精度 ······················· 40
    2.3.4 TLM 测试结构设计和参数计算实例 ···· 44

- 2.4 n型SiC欧姆接触制备 …… 45
  - 2.4.1 n型SiC的镍基欧姆接触 …… 53
  - 2.4.2 硅化镍欧姆接触的实用技巧和工艺兼容性 …… 57
  - 2.4.3 n型SiC的无镍欧姆接触 …… 58
  - 2.4.4 注入n型SiC欧姆接触的形成 …… 60
- 2.5 p型SiC的欧姆接触 …… 62
  - 2.5.1 p型SiC的Al基和Al/Ti基接触 …… 69
  - 2.5.2 制作p型SiC Al基和Al/Ti基接触的实用技巧 …… 72
  - 2.5.3 p型SiC欧姆接触的其他金属化方案 …… 73
  - 2.5.4 重掺杂p型SiC欧姆接触 …… 75
- 2.6 欧姆接触形成与SiC器件工艺的兼容性 …… 76
  - 2.6.1 背面欧姆接触的激光退火 …… 78
- 2.7 SiC欧姆接触的保护和覆盖 …… 80
- 2.8 结论 …… 83
- 参考文献 …… 85

第3章 碳化硅肖特基接触：物理、技术和应用 …… 104

- 3.1 引言 …… 104
- 3.2 SiC肖特基接触的基础 …… 105
  - 3.2.1 肖特基势垒的形成 …… 105
  - 3.2.2 肖特基势垒高度的实验测定 …… 107
  - 3.2.3 n型和p型SiC的肖特基势垒 …… 109
  - 3.2.4 4H-SiC肖特基二极管的正反向特性 …… 113
- 3.3 SiC肖特基势垒的不均匀性 …… 114
  - 3.3.1 SBH不均匀性的实验证据 …… 114
  - 3.3.2 非均匀肖特基接触建模 …… 117
  - 3.3.3 肖特基势垒纳米级不均匀性的表征 …… 122
- 3.4 高压SiC肖特基二极管技术 …… 124
  - 3.4.1 肖特基势垒二极管（SBD） …… 124
  - 3.4.2 结势垒肖特基（JBS）二极管 …… 128
  - 3.4.3 导通电阻（R_{ON}）和击穿电压（V_B）之间的折中 …… 131
  - 3.4.4 4H-SiC肖特基二极管的边缘终端结构 …… 134
  - 3.4.5 SiC异质结二极管 …… 136
- 3.5 SiC肖特基二极管应用示例 …… 138
  - 3.5.1 在电力电子领域的应用 …… 138

3.5.2 温度传感器 …… 141
3.5.3 UV 探测器 …… 143
3.6 结论 …… 145
参考文献 …… 146

第4章 碳化硅功率器件的现状和前景 …… 157
4.1 引言 …… 157
4.2 材料和技术局限 …… 158
    4.2.1 衬底和外延层 …… 159
4.3 器件类型和特性 …… 161
    4.3.1 横向沟道 JFET …… 162
    4.3.2 垂直沟道 JFET …… 162
    4.3.3 双极 SiC 器件和 BJT …… 164
    4.3.4 平面 MOSFET（DMOSFET） …… 166
    4.3.5 沟槽 MOSFET …… 168
4.4 性能极限 …… 170
    4.4.1 沟道迁移率 …… 170
    4.4.2 沟槽 MOSFET 中的单元间距 …… 171
4.5 材料和技术曲线 …… 173
    4.5.1 超结结构 …… 173
    4.5.2 使用其他 WBG 材料的垂直器件 …… 174
4.6 系统优势及应用 …… 175
4.7 SiC 电子学的挑战 …… 177
4.8 鲁棒性和可靠性 …… 177
    4.8.1 表面电场控制 …… 178
    4.8.2 栅氧化层可靠性 …… 179
    4.8.3 阈值电压稳定性 …… 180
    4.8.4 短路能力 …… 182
    4.8.5 功率循环 …… 183
    4.8.6 高温和潮湿环境下的直流存储 …… 184
4.9 结论和预测 …… 186
参考文献 …… 187

第5章 碳化硅发现、性能和技术的历史概述 …… 194
5.1 引言 …… 195
5.2 SiC 的发现 …… 195

5.2.1　Acheson 工艺 ································· 195
　　　5.2.2　自然界中的 SiC ···························· 196
　5.3　SiC 材料性能 ······································ 197
　　　5.3.1　SiC 的化学键和晶体结构 ················ 197
　　　5.3.2　SiC 多型体的晶体结构和符号 ··········· 198
　　　5.3.3　SiC 多型体的稳定性、转化和丰度 ······ 202
　　　5.3.4　SiC 的化学物理性质 ····················· 202
　　　5.3.5　SiC 的多型性和电性能 ··················· 203
　　　5.3.6　SiC 作为高温电子材料 ··················· 205
　　　5.3.7　SiC 作为大功率电子材料 ················· 205
　5.4　早期无线电技术中的 SiC ······················· 208
　5.5　SiC 的电致发光 ··································· 210
　5.6　SiC 变阻器 ··· 212
　5.7　Lely 晶圆 ·· 212
　5.8　SiC 体单晶生长 ··································· 215
　5.9　SiC 外延生长 ····································· 215
　5.10　SiC 电子工业的兴起 ···························· 217
　　　5.10.1　Cree Research 公司成立和第一款商用蓝光 LED ········ 217
　　　5.10.2　工业 SiC 晶圆生长 ····················· 218
　　　5.10.3　SiC 电力电子的前提条件和需求 ······· 219
　　　5.10.4　4H-SiC 多型体作为电力电子材料 ······ 220
　　　5.10.5　4H-SiC 单极功率器件 ·················· 220
　　　5.10.6　4H-SiC 功率双极器件的发展 ·········· 225
　　　5.10.7　SiC 车用电力电子器件的出现 ········· 229
　5.11　结论 ··· 229
　参考文献 ··· 230

第 6 章　碳化硅器件中的电介质：技术与应用 ······· **243**
　6.1　引言 ··· 244
　　　6.1.1　界面俘获电荷效应及要求 ················ 244
　　　6.1.2　近界面陷阱效应 ··························· 245
　　　6.1.3　SiC MOS 界面的要求 ···················· 245
　6.2　SiC 器件工艺中的电介质 ······················· 246
　　　6.2.1　SiC 器件中的二氧化硅 ··················· 246
　　　6.2.2　SiC 器件中的氮化硅 ····················· 248

6.2.3　SiC 器件中的高 κ 介质 ………………………………… 248
　6.3　SiC 器件工艺中使用的介质沉积方法 ……………………………… 250
　　　6.3.1　SiC 上电介质的等离子体增强化学气相沉积 ………… 250
　　　6.3.2　使用 TEOS 沉积氧化硅薄膜 ……………………………… 251
　　　6.3.3　SiC 器件中栅介质的原子层沉积 ………………………… 252
　　　6.3.4　SiC 上沉积介质的致密化 …………………………………… 253
　　　6.3.5　沉积方法小结 …………………………………………………… 254
　6.4　SiC 热氧化 ………………………………………………………………… 254
　　　6.4.1　SiC 氧化速率和改进的 Deal-Grove 模型 ……………… 254
　　　6.4.2　SiC 热氧化过程中引入的界面陷阱 ……………………… 255
　　　6.4.3　高温氧化 ………………………………………………………… 257
　　　6.4.4　低温氧化 ………………………………………………………… 258
　　　6.4.5　氧化后退火 ……………………………………………………… 259
　　　6.4.6　热氧化结论 ……………………………………………………… 260
　6.5　其他提高沟道迁移率的方法 …………………………………………… 261
　　　6.5.1　钠增强氧化 ……………………………………………………… 261
　　　6.5.2　反掺杂沟道区 …………………………………………………… 261
　　　6.5.3　替代 SiC 晶面 …………………………………………………… 261
　6.6　表面钝化 ………………………………………………………………… 262
　6.7　总结 ……………………………………………………………………… 263
　参考文献 ……………………………………………………………………… 264

第 7 章　碳化硅离子注入掺杂 ……………………………………… **276**
　7.1　引言 ……………………………………………………………………… 277
　7.2　离子注入技术 …………………………………………………………… 277
　　　7.2.1　离子注入物理基础 …………………………………………… 277
　　　7.2.2　离子注入技术基础 …………………………………………… 280
　7.3　SiC 离子注入的特性 …………………………………………………… 283
　　　7.3.1　一般考虑 ………………………………………………………… 283
　　　7.3.2　SiC 离子注入掺杂剂 …………………………………………… 283
　　　7.3.3　注入损伤 ………………………………………………………… 284
　　　7.3.4　热注入 …………………………………………………………… 284
　　　7.3.5　注入后退火、激活和扩散 …………………………………… 285
　　　7.3.6　SiC 器件要求 …………………………………………………… 286
　　　7.3.7　其他 SiC 注入评论 …………………………………………… 286

7.4 n 型掺杂 ... 286
7.4.1 n-掺杂原子 ... 286
7.4.2 n 型注入过程中的加热 ... 288
7.5 p 型掺杂 ... 289
7.5.1 p 型掺杂剂 ... 289
7.5.2 P 型掺杂原子的扩散 ... 290
7.5.3 铝掺杂 ... 291
7.5.4 加热注入 ... 292
7.6 注入后退火 ... 293
7.6.1 快速热退火 ... 294
7.6.2 超高温常规退火（CA）和微波退火（MWA） ... 295
7.6.3 激光退火 ... 295
7.6.4 其他技术 ... 297
7.6.5 铝注入后退火的优化 ... 297
7.6.6 表面粗糙度 ... 297
7.6.7 帽层 ... 298
7.6.8 电激活 ... 299
7.7 晶体质量和电活性缺陷 ... 301
7.8 通道效应和杂散效应 ... 303
7.8.1 SiC 晶体中的通道效应 ... 303
7.8.2 平面/横截面杂散效应 ... 308
7.8.3 盒型分布简介 ... 309
7.9 等离子体注入 ... 310
7.10 离子注入模拟 ... 312
7.11 注入层诊断技术 ... 314
7.11.1 二次离子质谱（SIMS） ... 314
7.11.2 电学测量 ... 314
7.11.3 卢瑟福背散射谱（RBS） ... 314
7.11.4 透射电子显微镜（TEM） ... 315
7.11.5 拉曼光谱 ... 316
7.11.6 X 射线衍射（XRD） ... 316
7.11.7 横截面成像技术 ... 317
7.12 注入服务供应商 ... 318
7.13 SiC 离子注入设备 ... 319
7.14 结论和挑战 ... 320

参考文献 ………………………………………………………… 321

第8章 碳化硅的等离子体刻蚀 ………………………………… 331
8.1 引言 ……………………………………………………… 331
8.2 气体化学——刻蚀机制 ………………………………… 332
8.2.1 SiC 刻蚀气体化学 …………………………………… 332
8.2.2 表面富碳层 …………………………………………… 333
8.2.3 Cl 基试剂 ……………………………………………… 334
8.2.4 使用不同氟基气体有关的结果 ……………………… 334
8.2.5 气体混合物中添加剂（N_2、H_2、O_2、Ar、He）的作用 …………………………………………… 336
8.3 刻蚀速率 ………………………………………………… 338
8.3.1 压力的作用 …………………………………………… 338
8.3.2 衬底基板射频功率/直流自偏压的作用 …………… 341
8.3.3 ICP 射频功率（源/线圈功率）的作用 …………… 342
8.3.4 气流的作用 …………………………………………… 342
8.3.5 晶面的作用 …………………………………………… 342
8.3.6 掺杂类型的作用 ……………………………………… 343
8.3.7 腔室/衬底电极几何形状的作用 …………………… 343
8.3.8 衬底温度的作用 ……………………………………… 344
8.3.9 负载效应 ……………………………………………… 345
8.4 刻蚀表面/侧壁的形貌 …………………………………… 346
8.4.1 微掩模效应 …………………………………………… 346
8.4.2 深（>10μm）刻蚀后的微掩模效应 ……………… 348
8.4.3 SiC 表面离子刻蚀的抛光效果 ……………………… 350
8.4.4 微沟槽效应 …………………………………………… 350
8.4.5 各向同性刻蚀 ………………………………………… 353
8.4.6 侧壁形状 ……………………………………………… 354
8.4.7 倾斜刻蚀掩模的倾斜侧壁 …………………………… 356
8.4.8 垂直划痕 ……………………………………………… 356
8.5 掩模材料（黏附性、微掩模效应、选择性）…………… 357
8.6 刻蚀前后的表面处理 …………………………………… 359
8.7 刻蚀过程中 SiC 样品的载体 …………………………… 360
8.8 SiC 中的 DRIE（深 RIE）工艺：通孔形成-MEMS …… 361
8.8.1 连续刻蚀工艺 ………………………………………… 361

8.8.2　Bosch 工艺 …………………………………… 361
　8.9　纳米柱/纳米线形成 …………………………………… 362
　8.10　刻蚀后的电性能 …………………………………… 365
　8.11　主要结论 …………………………………… 366
　参考文献 …………………………………… 368

第 9 章　碳化硅纳米结构和相关器件制造 …………………………………… **378**
　9.1　引言 …………………………………… 378
　9.2　SiC 纳米晶粒 …………………………………… 380
　　　9.2.1　基于 Si 到 SiC 转换的 SiC 纳米晶体制备 …………… 380
　　　9.2.2　SiC 纳米晶体的化学气相制备 …………………… 380
　　　9.2.3　基于电化学和化学腐蚀的 SiC 纳米晶体形成方法 ……… 380
　　　9.2.4　SiC 纳米晶体的化学合成 ……………………… 381
　　　9.2.5　激光烧蚀形成 SiC 纳米晶体 …………………… 382
　　　9.2.6　SiC 纳米晶体的其他制备方法 …………………… 382
　　　9.2.7　其他（非立方）多型体 SiC 纳米晶体的形成 ………… 382
　　　9.2.8　SiC 中空纳米球、纳米笼和核-壳纳米球的形成 ……… 382
　　　9.2.9　SiC 纳米晶体的发光 ………………………… 383
　　　9.2.10　SiC 0D 纳米结构的应用 ……………………… 384
　9.3　SiC 纳米线和纳米管的自下而上生长 …………………… 384
　　　9.3.1　NW 自下而上生长概述 ……………………… 384
　　　9.3.2　无模板的 SiC 纳米线生长 ……………………… 386
　　　9.3.3　模板辅助 SiC 纳米线生长 ……………………… 388
　　　9.3.4　SiC NW 自下而上形成技术的结论 ……………… 392
　9.4　SiC NW 自上而下的形成 ……………………………… 392
　9.5　SiC NW 基器件加工技术 ……………………………… 394
　9.6　SiC 纳米结构的功能化 ………………………………… 395
　9.7　SiC 纳米线的应用 …………………………………… 396
　9.8　结论 …………………………………… 397
　参考文献 …………………………………… 398

第1章

碳化硅表面清洗和腐蚀

V. Jokubavicius*、M. Syväjärvi、R. Yakimova

瑞典林雪平市林雪平大学物理、化学和生物系（IFM），SE-58183，瑞典林雪平

* valdas. jokubavicius@ liu. se

摘要

碳化硅（SiC）表面清洗和腐蚀（湿法、电化学、热）是制备用于晶体生长、缺陷分析或器件加工的 SiC 晶圆的重要工艺。虽然通过化学清洗去除有机物、微粒和金属污染物是研究和工业生产中的常规过程，但除了结构缺陷分析外，腐蚀还可用于修改晶圆表面结构，对于开发新器件结构也很有意义。本章主要论述 SiC 化学清洗和腐蚀方案，展示 SiC 腐蚀在新器件结构研发中的前景。

关键词

SiC、化学清洗、湿法腐蚀、电化学腐蚀、多孔 SiC

1.1 引言

SiC 是一种半导体材料，具有适合各种电子应用的特性，主要用于中高压功率器件[1,2]。由于出色的材料特性，SiC 器件在阻断电压和工作温度方面的性能优于硅器件[3]。采用 SiC 的电子产品体积更小，几乎无需冷却，并且可以在硅基技术的工作范围之外的恶劣条件下运行。例如，在混合动力/电动汽车中，基于 SiC 的功率器件可以提高燃油经济性，并在各种系统组件设计和定位时更灵

活[4-6]。很多半导体公司已经将基于 SiC 的二极管和晶体管打入市场。然而，SiC 晶体生长和器件工艺还没有达到像硅技术那样的成熟度。关于单晶 SiC 体材料生长工艺优化、晶圆直径扩大以及改进器件工艺以降低制造成本和提高器件性能等方面的研究和开发工作[6,7]，仍在持续进行中。在工业界关注功率技术的同时，关于 SiC 的学术研究正在转向各种新器件结构，本章将讨论其中的部分内容。

在晶体生长和器件工艺中，干净的 SiC 衬底表面对于获得高成品率和可靠性至关重要。例如，在外延或体单晶生长之前存在于 SiC 衬底上的固体颗粒可能导致结构缺陷的形成，从而显著降低晶体质量和材料成品率。在器件工艺中，表面清洁度不够会导致从损害光刻胶的附着力到在氧化层中形成电缺陷等许多问题。SiC 的基本化学清洗技术来自硅工业。与化学清洗相比，用于表面改性或结构缺陷分析的湿法腐蚀需要对 SiC 进行比硅更强烈的加工。本章论述研究和开发中应用最广泛的 SiC 化学清洗、湿法和热腐蚀工艺。尽管这些工艺人们已经探索了几十年，但仍然有新的发现可能会使得研究和开发工作另辟蹊径。用于 SiC 新器件结构的湿法和热腐蚀的一些应用在本章中也有所介绍。

1.2 SiC 的湿法化学清洗

1.2.1 表面污染

半导体表面上最常见的污染物是有机/分子薄膜、固体颗粒、各种金属或其离子。对于 SiC，还会形成一个天然氧化层。有文献已经表明[8,9]，化学清洗后的几分钟内，SiC 表面上会形成厚度为 1nm 的二氧化硅（SiO_2）。在使用表面敏感技术或生长低维材料（如石墨烯）进行测量之前，应去除这一氧化层。通常，污染物的来源范围很广，例如环境、晶圆切割、化学品、操作人员等。即使在洁净室的空气中也存在有机化合物，很容易吸附在任何半导体表面上，它们可以形成有机薄膜并掩盖一些已经存在于表面上的颗粒。在外延层或体材料的高温生长时，有机污染物碳化并且可以形成各种结构缺陷（微裂纹、位错、堆垛层错等）的成核点。如果表面上存在固体颗粒，也会出现类似的晶体生长缺陷。在器件工艺中，固体颗粒会通过嵌入沉积薄膜中或在光刻工艺中充当掩模来影响整个器件制造链。来自液体化学试剂、水、用于处理 SiC 样品或测量设备的金属工具的金属污染物（Fe、Al、Ni、Cu 等）和金属离子（Ca、Na）也会影响半导体器件的制造。例如，常用的汞（Hg）探针电容-电压测量设备也会在 SiC 上留下 Hg 痕迹[10]，必须将其去除。在器件制造的热处理工序中，金属污染物会扩散到半导体中并在带隙中引入缺陷能级/陷阱，从而导致器件退化。由于 Si 和 SiC 的材料参数（化学键强度、扩散系数、表面能）不同，后者在相似的加工温度下对金属污染物扩散到体材料中的敏感性较低。然而，已经表明一些金属杂质会降低栅氧化层的固有寿命[11,12]。因此，它们的去除和监测，例如使用全反射 X 射线荧光光谱[13]，是 SiC MOSFET 制造中的重要课题。

1.2.2 RCA、Piranha 和 HF 清洗

最广泛使用和最完善的 SiC 清洁方案是从 Si 行业中移植过来的。最常见的化学清洗剂是众所周知的 RCA（也称为"标准清洗"或"SC"）和 Piranha 清洗。当然，在选用这些清洗程序之前，可以将样品在 80℃的异丙醇超声波浴中进行预清洗，然后用去离子水冲洗。

RCA 工艺于 1965 年首次用于 RCA（美国无线电公司）的器件生产中，其详细描述由 W. Kern 和 D. D. Puotinen[14]于 1970 年发表，当时，它是半导体表面清洗技术的一个突破，至今，它仍然是最广泛使用的化学清洗工艺，不仅对 Si，而且对 SiC 也是如此。该工艺基于用过氧化氢溶液进行的两步氧化和络合处理过程[15]如下：

第 1 步或 SC1：在碱性混合物中清洗 [$5H_2O:1H_2O_2(30\%):1NH_4OH(29\%)$]。溶液的组成可以从 5:1:1 到 7:2:1 的 H_2O、H_2O_2 和 NH_4OH 体积比变化。该处理在超声波浴中进行 5~10min，溶液温度为 65~75℃，然后在去离子（DI）水中冲洗。SC1 主要用于清洁通过氧化分解和溶解去除的有机污染物。在处理过程中，原生氧化层缓慢溶解，并通过氧化形成新的氧化层。这种氧化物再生过程起到自清洁的作用，有助于去除颗粒[16]。SC1 还通过络合去除痕量的 IB、IIB 金属（Au、Ag、Cu、Zn、Cd、Hg）和一些其他元素，如 Ni、Co 和 Cr。SC1 溶液的热稳定性差，导致 H_2O_2 分解为 H_2O 和氧气，并从 NH_4OH 中蒸发出 NH_3。因此，每个清洁周期都必须使用新制备的化学品混合物。

第 2 步或 SC2：在酸性混合物 [$6H_2O:1H_2O_2(30\%):1HCl(27\%)$] 中使用超声波浴进行清洗，溶液温度和处理时间与 SC1 相似。它可以去除碱离子和阳离子，如 Al^{+3}、Fe^{+3} 和 Mg^{+2} 以及在第一步中没有完全去除的金属。SC2 溶液中的 HCl 用于增加金属的氧化强度和络合[17]。SC2 处理后，样品应在 DI 水中冲洗。此外，与 SC1 一样，强烈建议在每个清洁周期中使用新制备的化学品混合物。

另一种用于 SiC 的强酸湿法清洗是 $4H_2SO_4(98\%):1H_2O_2(30\%)$ 的混合物，即所谓的"Piranha"清洗。在 100~130℃下，将表面暴露在这种混合物中至少 10min。Piranha 清洗主要用于去除光刻胶和重有机污染物。这种混合物处理起来非常危险，因为它具有很强的消灭有机物的能力。S. Saddow 等人[18]在 SiC 生物相容性研究中证明了 Piranha 在有机残留物清洁方面优于 RCA 清洗。

最初在 Si 的 RCA 清洗工艺中，还可以在 SC1 之后引入 HF 清洗步骤[14]，此步骤的主要目的是去除在 SC1 步骤中可能形成的氧化膜并俘获一些残余杂质。

然而，有人[16]指出，如果 HF 溶液不能保证纯度足够高且不含颗粒，这种清洗将导致 Si 表面被再次污染。此外，不建议在 SC2 步骤之后使用 HF 清洗，因为它会导致硅表面的保护性 SiO_2 膜的损失。对于 SiC，HF 处理用于在表面敏感测量或生长低维材料（例如通过升华法生长石墨烯[19]）之前去除 SiO_2，其中不允许存在氧。HF 通常用 DI 水稀释以减慢 SiO_2 的腐蚀速率并获得更好的腐蚀均匀性，稀释比可以从 $1H_2O：1HF$ 到 $100H_2O：1HF$[20]，腐蚀时间取决于稀释比，例如，SiO_2 与 $10H_2O：1HF$ 的腐蚀速率约为 $10Å/s$[21,22]。HF 可以用氟化铵（NH_4F）稀释，该处理称为缓冲氧化物腐蚀（Buffered Oxide Etch，BOE）或缓冲 HF（BHF）。当晶圆表面上存在可能被高酸性环境损坏的薄膜（例如光刻胶）或需要去除大量氧化物时，使用缓冲 HF 代替稀释的 HF[17]。

曾经有过大量研究[20,23,24]来分析 HF 清洗后经过不同处理的 SiC 表面的润湿性，King 等人[20]证明，除了化学处理外，SiC 的润湿性还取决于表面的初始状态（见表 1.1）。

表 1.1 抛光和热氧化 6H-SiC 的润湿特性[20]

处理	原位抛光的 6H-SiC（0001）面	HF 去除氧化层后的 6H-SiC（0001）面
无	疏水性	亲水性
SC1	亲水性	亲水性
SC2	疏水性	亲水性
$10H_2O：1HF$	疏水性	亲水性
Piranha	亲水性	亲水性

同一批作者表明，湿法化学清洗中产生的 SiC 表面的亲水性可能导致污染物在微管中被捕获以及它们在后续工艺中的去除/除气问题[25]。

尽管任何清洗技术都有效，但不正确的冲洗、干燥或清洗后存储都可能会再次污染半导体表面。可以考虑用高纯氮气冲洗并存储在洁净室环境中的清洁玻璃或不锈钢容器用于样品存储[16]。为了更长时间地存储或运输 SiC 样品，也可以使用真空塑料袋。用金属镊子处理样品会在表面留下金属残留，使用真空镊子至少可以避免样品正面的这种污染。

1.3 SiC 的化学、电化学和热腐蚀

1.3.1 化学腐蚀

由于非常高的化学惰性，SiC 在室温下可耐受任何化学溶液[26]。因此，SiC 的化学腐蚀只能通过高温下的热气或熔盐和碱溶液来实现。本章将只讨论熔盐

腐蚀，腐蚀机制基于熔盐中的活性分子破坏表面上的 SiC 键，然后形成氧化物，随后将其溶解在同一溶液中。

曾经有各种研究[26-35]致力于研究不同熔盐的影响，如 $KClO_3$、KCl-NaCl、K_2CO_3、K_2SO_4、KNO_3、$Na_2B_4O_7$、Na_2CO_3、$NaNO_3$、Na_2SO_4、NaF：Na_2SO_4、PbF_2等，但在大多数情况下存在对坩埚的化学侵蚀问题，需要较高的处理温度或稳定性熔盐本身。目前，通过化学腐蚀显示单晶 SiC 晶圆结构缺陷的最常见方法是使用熔融 KOH，典型的 KOH 腐蚀装置由配备热电偶和镍坩埚的陶瓷加热器制成，封装在 Ni 管中的热电偶可以浸入熔融 KOH 中，尽可能靠近样品，以获得更准确的温度读数[36]。一个由镍或铂制成的小篮子/支架用于将 SiC 样品浸入 400~600℃的熔融 KOH 中。腐蚀速率可根据 KOH 腐蚀期间的温度、晶体取向或腐蚀气氛而变化。Katsuno 等人[37]对熔融 KOH 中 SiC 的腐蚀速率进行了非常详细的研究，作者报道说，与（0001）面（~0.6μm/min）相比，（000$\bar{1}$）面（~2.3μm/min）的腐蚀速率在 520℃时大约高 4 倍，而（11$\bar{2}$0）面和（1$\bar{1}$00）面的腐蚀速率几乎等于（000$\bar{1}$）面。此外，他们证明，对于 n 型和 p 型样品，载流子浓度即使高达 $3×10^{19}cm^{-3}$ 时几乎都不会影响腐蚀速率，并且随着 SiC 晶体中六方格点占比为 6H（33%）<15R（40%）<4H（50%）时，腐蚀速率仅仅增加了 2%。Mokhov 等人[38]的研究表明，中子辐照的 SiC 极性晶面在 KOH 熔体中的腐蚀速率取决于辐照剂量或辐射诱导点缺陷的密度。

熔融 KOH 的主要作用是显示和分析 SiC 表面上的各种缺陷，与单晶区域相比，含有缺陷的区域具有更高的应变能，因此，它们对化学侵蚀更敏感，这会导致择优腐蚀[39]。可以根据腐蚀坑的形状识别各种缺陷，并且可以获得关于它们的密度和相互作用的信息[40,41]。可通过熔融 KOH 腐蚀显示的六方 SiC 中最常见的缺陷是螺位错（SD）、刃位错（TED）、基面位错（BPD）[36,42-47]（见图 1.1a）。螺位错可分为闭心型［线型刃位错（TSD）］和空心型［微管（MP）］位错。当伯格斯矢量在 6H-SiC 中超过晶格常数至少 2 倍和在 4H-SiC 中超过 3 倍时，以空心型位错为主[48,49]。腐蚀后作为线性腐蚀坑出现的堆垛层错，可以根据（11$\bar{2}$0）和（1$\bar{1}$00）面的解理性来理解[50-54]。可以使用具有 Nomarski 差分界面对比度（Namarski Differential Interface Contrast，NDIC）的光学显微镜进行典型的缺陷成像和计数。Sakwe 等人[36]指出 KOH 腐蚀工艺的优化对于避免过度腐蚀和不同腐蚀坑的合并尤为重要。Syväjärvi 等人[55]的研究表明，（0001）和（000$\bar{1}$）面的腐蚀选择性存在差异，（0001）面择优腐蚀，而（000$\bar{1}$）面则几乎是各向同性腐蚀。当在 SiC 的两个极性面上比较与微管相关的腐蚀坑直径随腐蚀时间的变化时，可以清楚地看到这种各向异性（见图 1.1b），（000$\bar{1}$）面上与微管相关的开口为（0001）面的 1/10，并且它们是圆形的，而不是（0001）面上的六边形[55,56]。腐蚀坑的形状受电导率和掺杂浓度的影响很大，例如，与 n^+ 样品相比，p 型 4H-SiC（0001）面具有更强的择优腐蚀，在 n^+ 样品上主要形成具有连续尺寸分布的圆形腐蚀坑[44]，作者将这种差异归因于能带弯曲和 4H-SiC/KOH 界面处的空穴注入，具体取决于导电类型。根据他们的理论，高 n 型 4H-SiC 在熔融 KOH 中腐蚀时，由于在 SiC 表面上形成 p 型反型层，电化学过程成为主导，导致各向同性腐蚀。重掺杂（$n>6×10^{18} cm^{-3}$） n 型 SiC 的熔融 KOH 腐蚀对掺杂的这种依赖性使得 TSD 和 TED 腐蚀坑很难区分[44,60,61]。然而，研究[61]表明，在熔融 KOH：Na_2O_2 = 50：3 中腐蚀后，可以非常准确地识别 TSD（或 TED）。另一份报告[62]表明，当向 KOH 添加超过 20wt.% Na_2O_2 时，高 n 型 4H-SiC 中 TSD 和 TED 的腐蚀坑尺寸差异更大，作者声称，这种改进是由于溶解氧增强了缺陷选择性各向异性腐蚀而实现的。Cui 等人[38]报道，熔融 KOH 腐蚀与激光共聚焦显微镜的结合也可以成为基于腐蚀坑剖面形状和角度来识别和表征 n 型和半绝缘 SiC 晶圆中 TED 和 TSD 的有力工具。

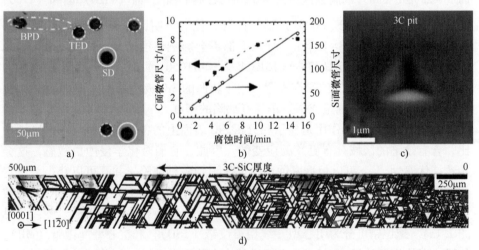

图 1.1 a) 4H-SiC(0001) 中的腐蚀坑[57]（Copyright 2014 The Japan Society of Applied Physics），b) Si 面和 C 面微管相关腐蚀坑直径随腐蚀时间的变化[55]［J. Electrochem. Soc., 147, 3519(2000) 授权使用. Copyright 2000, The Electrochemical Society］，c) 3C-SiC(111) 面经过熔融 KOH 腐蚀后的腐蚀坑[58]［P. G. Neudeck, A. J. Trunek, D. J. Spry, J. A. Powell, H. Du, M. Skowronski, X. R. Huang, M. Dudley, CVD Growth of 3C-SiC on 4H/6H Mesas, Chem. Vap. Depos. 2006, 12, 531-540. Copyright Wiley-VCH Verlag GmbH & Co. KGaA. 授权使用］，d) 3C-SiC(111) 面经 KOH 腐蚀后显示的堆垛层错密度与厚度[59]［Cryst. Growth & Des. 15, 2940-2947© (2015) American Chemical Society 授权使用］。

立方 SiC 经 KOH 腐蚀可以显示的缺陷是堆垛层错（SF）、孪晶界（DPB）和穿透刃位错（TED），三角形腐蚀坑（见图 1.1c）是（111）面上位错的特征[39]。在偏轴取向的六方 SiC 衬底上生长的 3C-SiC（111）中可以分析堆垛层错密度随厚度的变化（见图 1.1d）[59]。

1.3.2 电化学腐蚀

与 1.3.1 节中描述的化学腐蚀不同，电化学腐蚀可以在室温下进行。在电化学腐蚀槽中，SiC 样品和相反电极浸入电解液中，通过在它们之间施加外部电压，可以调节空间电荷区的电场，在与电解质的界面注入空穴，从而导致 SiC 材料的氧化和溶解。

p 型材料腐蚀可以在黑暗中进行，而 n 型材料的腐蚀则需要紫外线照射来产生少数载流子[63]。电化学腐蚀中最常用的电解质是氟化物或碱性溶液：HF、KOH、NaOH、H_2SO_4、HCl 和 H_2O_2[27]。绝大多数 SiC 电化学腐蚀的研究都是使用 HF 完成的。有人[64,65]提出，在 HF 溶液中 SiC 的电化学腐蚀过程会发生以下反应：

$$SiC + 4H_2O + 8h^+ \rightarrow SiO_2 + CO_2 + 8H^+ \qquad (1-1)$$

$$SiC + 2H_2O + 4h^+ \rightarrow SiO + CO + 4H^+ \qquad (1-2)$$

$$SiO_2 + 6HF \rightarrow H_2SiF_6 + 2H_2O \qquad (1-3)$$

前两个方程描述了电化学氧化，而第三个方程显示了氧化物在 HF 溶液中的溶解。SiC 的电化学腐蚀会形成多孔结构，当腐蚀推进到材料内部时，总会留下纳米尺寸的纤维。多孔结构不会随着孔隙率的增加而被完全腐蚀掉，这可以通过 SiC/电解质界面处形成空间电荷区来解释[66,67]。腐蚀后的 SiC 的形貌取决于极性[68,69]、电流密度[70]和电解质溶液[71]。已经表明，n 型重掺杂 4H-SiC 晶圆可以在没有任何紫外线辅助的情况下在 HF 基电解质中进行电化学阳极氧化[68]，作者使用 HF、乙酸（以增加电解质润湿性）和水混合，HF（50%）：乙酸：H_2O 的体积比为 4.6：2.1：1.5。通常在（0001）面上形成树枝状多孔结构，而在（000$\bar{1}$）面上形成柱状结构[68,69]。此外，据报道，多孔结构顶部的薄层可以形成诱导孔的不均匀图案[69,72]，通过施加恒定电流或恒定电压获得孔隙结构的不均匀性[67,73]。相比之下，具有定制特性的多孔 4H-SiC 可以通过结合金属辅助光化学腐蚀（MAPCE）和光电化学腐蚀（PECE）步骤来制备[74-76]。在 MAPCE 工艺中，贵金属沉积在 SiC 表面，然后将样品浸入含有氧化剂的 HF 溶液中，沉积的金属充当局部阴极，其中氧化剂被还原，未被金属覆盖的表面区域被多孔化。MAPCE 生成的多孔层为 PECE 提供了起始位点，可以避免表面保护层的形成。

1.3.3 热腐蚀

可以使用 1.3.1 节中描述的化学清洗工艺去除各种 SiC 表面污染物。然而，去除机械抛光后残留的表面划痕或修复表面台阶结构需要更多反应性表面处理，例如氢气腐蚀或化学机械抛光（CMP）。氢气腐蚀在 CVD 反应器中使用 H_2 + HCl、H_2+C_3H_8 或 H_2+SiH_4 气体，温度为 1300~1600℃[77,78]。除了去除表面划痕外，还可以控制表面台阶形态，但该工艺相当昂贵。CMP 使用特殊的浆料，同时结合机械抛光和化学腐蚀[79-81]，因此可以获得非常光滑的表面。然而，表面结构设计是不可能的，因为 CMP 仅适用于表面平坦化。另一种不需要任何水溶液或危险气体的替代技术是热腐蚀，最初，它被用于 SiC 体单晶的升华生长过程中反转温度梯度来预腐蚀 SiC 籽晶[82]。由于 20 世纪 90 年代以来 SiC 籽晶的质量有了显著提高，因此热腐蚀主要用于 SiC 表面台阶设计。SiC 的热腐蚀是基于 SiC 在高温下的升华分解[83-87]。SiC 表面的腐蚀通常在石墨坩埚中进行，升华后，SiC 表面分解，Si 的蒸气分压最高，其次是 SiC_2 和 Si_2C[88]。SiC 晶体上方的蒸气物质的组成取决于温度，据计算，在 Si-C 化学系统中，C 的原子流小于硅原子流的 1%[88]。因此，如果不补偿 Si 的损失并且不防止 C 在表面上的积累，则在高温退火时会存在 SiC 表面的石墨化。已经证明，通过将 Ta 放置在 SiC 表面附近，可以显著抑制石墨化[89]。在 Si-C-Ta 材料系统中，Ta 通过与含碳蒸气物质反应形成稳定的碳化物。因此认为在带有 Ta 的腐蚀腔中，会发生以下反应：

$$Ta(固)+Si_2C(气)\rightarrow TaC(固)+2Si(气) \quad (1\text{-}4)$$

这意味着 Ta 创造了富含更多 Si 的环境，Si 与含碳物质发生反应并为 SiC 表面的热腐蚀提供了条件。Lebedev 等人[83]证明了 1300~1400℃ 真空（~10^{-6} mbar⊖）腐蚀后，在机械抛光的 6H-SiC(0001) 面上可以获得由晶胞高度（h = 1.5nm）台阶分隔的原子级平坦的 6H-SiC(0001) 表面。Nishiguchi 等人[84]研究了氮和氩环境对 2500℃ 下 6H-SiC 的 ($11\bar{2}0$)、($000\bar{1}$) 和 (0001) 表面腐蚀的影响，他们发现，与氩气相比，在氮气氛中腐蚀可以提供更好的表面形貌。此外，阶梯聚集是 6H-SiC(0001) 衬底上获得平坦表面的一个严重问题，但这个问题在 ($11\bar{2}0$) 衬底上几乎不发生，并且获得了原子级平坦表面（见图 1.2a~f）。Jokubavicius 等人[87]在等温条件下，在氩气（700mbar）和真空（~10^{-5} mbar）中对 6H-SiC(0001)、4H-SiC(0001) 和 3C-SiC(111) 表面进行热腐蚀实验（见图 1.2g），他们观察到，在热腐蚀后，可以在 3C-SiC(111) 面上获得最光滑的表面，并将其归因于六方和立方多型中阶梯聚集形成的差异。所有 SiC 多型均由相互堆叠的 SiC 双层组成，每个 SiC 双层之间的相互作用能量取决于特定多型的独特堆叠顺序。这会在晶体生长或升华/热腐蚀时引起阶梯动力学的变化和阶梯聚集的形成。3C-SiC 是唯一的不同 SiC 双层平面之间相互作用能相同的多型，因此预计不会出现能量驱动的阶梯聚集[90,91]。

⊖　1bar=10^5Pa。

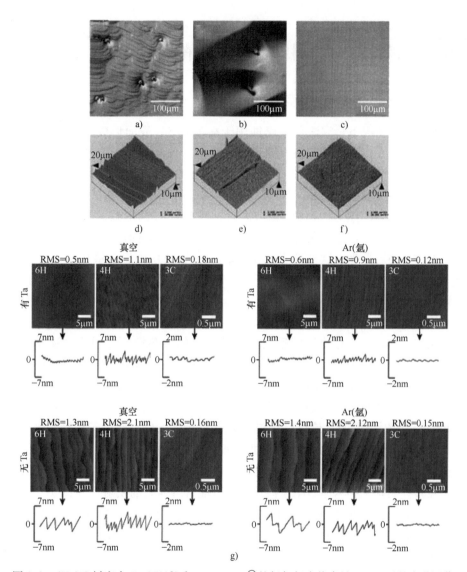

图1.2 6H-SiC衬底在$T=2500$℃和$p=700$Torr⊖的氮气氛中热腐蚀30min后的光学图像（见图a、b、c）和AFM图像（见图d、e、f），其中图a和图d为Si面，图b和图e为C面，图c和图f为（11$\bar{2}$0）面（Copyright 2003 The Japan Society of Applied Physics）[84]，图g为6H-SiC（0001）、4H-SiC（0001）和3C-SiC（111）在1800℃下使用不同的配置和气氛条件腐蚀10min后的AFM图像[87]［V. Jokubavicius，G. R. Yazdi，I. G. Ivanov，Y. Niu，A. Zakharov，T. Iakimov，M. Syväjärvi，R. Yakimova，Surface engineering of SiC via sublimation etching，Appl. Surf. Sci. 390（2016）816. Copyright（2016）Elsevier B. V. 授权使用］。

⊖ 1Torr=133.322Pa。

1.4 各种器件结构中 SiC 腐蚀的前景

1.4.1 用于白光 LED 的荧光 SiC

在大多数情况下，湿法化学腐蚀用于在单晶 SiC 表面形成多孔结构。考虑到孔隙的小尺寸，可以预期在光照下会发生量子尺寸效应，这是光电应用领域最感兴趣的。Matsumoto 等人[92]研究表明，n 型 6H-SiC 的蓝绿发光可以通过在 HF-乙醇溶液中电化学腐蚀的多孔结构来调制。Rittenhouse 等人[93]证明了在用紫外光照射的 HF 溶液中腐蚀多孔结构的 n 型 6H-SiC 的电致发光蓝移。多孔结构的特性已被认为在基于荧光 SiC 层的白光 LED 中非常有用，该荧光 SiC 层将紫外光转换为可见光，这种基于荧光 SiC 的白光 LED 构思的最早提出者是 Kamiyama 等人[94,95]，该器件结构包含作为磷光体材料的施主和受主掺杂的 SiC，称为荧光 SiC，由在掺杂 SiC 上生长的氮化物 LED 产生的紫外光激发，6H-SiC 层中的 N-B 和 N-Al 施主-受主对（DAP）几乎可以覆盖整个可见光谱范围。这种荧光 SiC 具有均匀且稳定的颜色质量和出色的导热性，适用于大功率 LED。而且，SiC 是成熟的氮化物生长衬底，因此可以制造包含氮化物和荧光 SiC 的单片 LED 结构。然而，N-Al DAP 的发光效率远低于 N-B DAP，这是因为对于较浅的 Al 受主态的热电离要高得多。因此，应通过其他方式获得 N-Al 的发射，Nishimura 等人[96]证明，这可以通过在 N-B 掺杂的 SiC 上腐蚀多孔结构来实现。为了控制 N-B 掺杂 SiC 的孔隙率，他们在用 $K_2S_2O_8$ 稀释的 HF 中进行电化学腐蚀，这对发光产生了影响，如图 1.3a~d 所示。后一项研究由 Lu 等人[97]扩展，他们在多孔结构上引入了 Al_2O_3 钝化层，以显著增强光的发射（见图 1.3e~g）。此外，作者证明，在商用 n 型和实验室生长的 N-B 共掺杂 6H-SiC 中制造的多孔层显示出集中在大约 460nm 和 530nm 处的发射峰。这些峰归因于阳极氧化过程中产生的中性氧空位和与碳相关的表面缺陷。6H-SiC 中的 B-N DAP 发射峰通常位于约 580nm 处。如图 1.3g 所示，所有三个峰都可以覆盖非常宽的可见光谱。

1.4.2 褶皱镜

随着腐蚀的 SiC 层的孔隙率增加并且结构不均匀性变得小于典型波长，多孔层的折射率 n 取决于结构。由于有效介质包含更多的空气，较高的孔隙率通常会导致较低的折射率。多孔 SiC 中的这种光学特性设计可用于制造褶皱镜。基于 SiC 的褶皱镜的优点是可以在高温和化学侵蚀性环境中使用，这对其他材料来说是做不到的。如 1.3.2 节所述，传统的 SiC 电化学腐蚀会导致在多孔结构顶部形成表面保护层或孔隙的不均匀图案，这些问题可以通过结合金属辅助

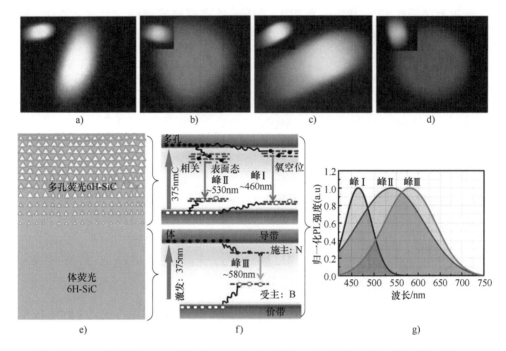

图 1.3 电化学腐蚀制备的多孔荧光 SiC 的 PL 图像：a）稀释的 HF，发射峰在 491nm，b）稀释的 HF+$K_2S_2O_8$（0.01mol），发射峰在 449nm，c）稀释的 HF+$K_2S_2O_8$（0.015mol），发射峰在 434nm，d）稀释的 HF+$K_2S_2O_8$（0.02mol），发射峰在 407nm。图 a~d 中的插图对应于 N-B 掺杂 6H-SiC 在约 580nm 处的发射[96]　[T. Nishimura, K. Miyoshi, F. Teramae, M. Iwaya, S. Kamiyama, H. Amano, I. Akasaki, High efficiency violet to blue light emission in porous SiC produced by anodic method, Phys. Status Solidi. 7 (2010) 2459-2462. Copyright Wiley-VCH Verlag GmbH & Co. KGaA. 授权使用]，e）具有多孔表面层的荧光 6H-SiC 示意图，f）三种可能的跃迁：Ⅰ 为多孔 SiC 中的表面缺陷，Ⅱ 为氧空位，Ⅲ 为 N-B 掺杂 6H-SiC 中的 DAP 复合，g）多孔 SiC 层的发射光谱[97]

光化学腐蚀（MAPCE）和光电化学腐蚀（PECE）步骤来解决[74,75]。

褶皱镜的制作分为 3 个步骤：

1）为避免形成表面保护层和覆盖层，先通过 MAPCE 形成厚度约 1μm 的多孔 SiC 层。

2）PECE 与腐蚀溶液（1.31mol/L HF 中溶解 0.04M $Na_2S_2O_8$）暴露于紫外光下，通过改变电压作为转移电荷的函数，用于制造具有均匀孔隙率的 SiC 层，厚度约为 30μm[98]。

3）在腐蚀过程结束时，通过施加两个 60V 脉冲，每个脉冲持续 6s，将多孔层与体材料分离，可重复用于下一个镜子的制造（见图 1.4b）。

这种镜子在375~385nm 和710~750nm 处表现出反射峰（见图1.4c）。峰值可以根据腐蚀条件移动，从而导致不同的多孔 SiC 结构和折射率。

图1.4　a）多孔 SiC 褶皱镜的横截面 SEM 显微照片[98]，b）在 PECE 和相应的衬底（左侧）分离后的多孔 4H-SiC 层（右侧）[75]，c）用不同颜色表示的不同位置进行的3个反射率测量结果[98]（见彩插）

1.4.3　用于生物医学应用的多孔 SiC 膜

多孔 SiC 层也可用作微透析探针的半透膜[18]。已经证明，多孔 SiC 允许蛋白质扩散，阻止高蛋白质溶液造成的生物污染和血液中的凝块形成[99,100]。使用三电极阵列（其中6H-SiC 晶体作为工作电极，饱和甘汞电极作为参考电极，铂板作为反电极）可以制造独立的 n 型和 p 型多孔 SiC 膜[100]，最初，在 HF+乙醇溶液中对6H-SiC 的表面进行光电化学腐蚀（p 型样品在黑暗中，n 型样品在紫外光下）。然后，通过施加高电流密度（高达$100mA/cm^2$）分离呈现树枝状结构的多孔膜。此外，作者还使用以 SiC 样品为阳极、铂板为阴极的双电极电化学腐蚀槽制造了具有柱状结构的 n 型多孔 SiC[99]。根据他们的结果，多孔 SiC 具有比市售最好的聚合膜还低的蛋白质吸附率，这使得它在医疗微系统应用中非常有前景。

1.4.4　石墨烯纳米带

低维石墨结构，如石墨烯纳米带，表现出卓越的电子传输特性，使其对纳米器件很有吸引力[101,102]。已经表明，电子可以在石墨烯纳米带中行进超过$10\mu m$而不会发生散射[103]。然而，挑战在于开发一种可靠的纳米带制备技术，因为使用传统光刻对石墨烯片进行图案化会在边缘引入缺陷，而在金属基板上生长石墨烯纳米带需要石墨烯转移工艺。在半绝缘 SiC 衬底（0001）面腐蚀的沟槽侧壁上生长石墨烯是制造石墨烯纳米带的最有希望的方法之一[103,105]。形成石墨烯纳米带之前最重要的工序是热腐蚀或预图案化 SiC 的退火工艺，用于在侧壁上形成刻面以便于外延石墨烯纳米带的生长（见图1.5a~c）。

Stöhr 等人[104]加工的沟槽深度为25nm，周长为400nm，作者将这一过程分

第1章 碳化硅表面清洗和腐蚀

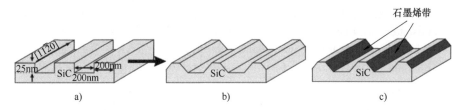

图 1.5 a) 光刻形成的 SiC 表面结构, b) 900℃ 热腐蚀/退火 30min 后形成刻面, c) 石墨烯在侧壁上的择优生长, 形成刻面上孤立的石墨烯纳米带[104] [A. Stöhr, J. Baringhaus, J. Aprojanz, S. Link, C. Tegenkamp, Y Niu, A. A. Zakharov, C. Chen, J. Avila, M. C. Asensio, others, Graphene Ribbon Growth on Structured Silicon Carbide, Ann. Phys. 529(2017) 1700052. Copyright Wiley-VCH Verlag GmbH & Co. KGaA. 授权使用]

为两步来形成石墨烯纳米带。第一步，样品在 1200℃ 下在 UHV 中退火或热腐蚀 30min，以实现足够的 SiC 质量传输，这导致侧壁热腐蚀成刻面。第二步，将退火温度提高到 1400℃ 左右持续 10min，以启动石墨烯纳米带的选择性生长。在这两个步骤中，所谓的"面对面"退火方案是将两个 SiC 衬底面对面叠放，中间有一个小间隙，然后同时加热[106]。在高温下，这种方案提供了与将 Ta 放置在靠近 SiC 表面的类似效果，这两种情况下，SiC 表面的石墨化都被明显抑制。在第一种情况下，硅的损失通过反 SiC 表面的升华得到补偿，而在第二种情况下，钽与含碳物质发生反应，使 SiC 表面上方的化学计量比富含硅。

1.5 总结

本章论述了用于缺陷分析和表面/体单晶结构修整的最常见的 SiC 化学清洗（RCA、Piranha）、湿法和热腐蚀技术。此外，还介绍了一些创新的（非功率）器件应用，如荧光 SiC、褶皱镜、石墨烯纳米带和 SiC 膜。

参考文献

[1] X. She, A.Q. Huang, O. Lucia, B. Ozpineci, Review of Silicon Carbide Power Devices and Their Applications, IEEE Trans. Ind. Electron. 64 (2017) 8193–8205. https://doi.org/10.1109/TIE.2017.2652401

[2] A. Morya, M. Moosavi, M.C. Gardner, H.A. Toliyat, Applications of Wide Bandgap (WBG) devices in AC electric drives: A technology status review, in: 2017 IEEE Int. Electr. Mach. Drives Conf., 2017. https://doi.org/10.1109/IEMDC.2017.8002288

[3] A. Elasser, T.P. Chow, Silicon carbide benefits and advantages for power electronics circuits and systems, Proc. IEEE. 90 (2002) 969–986. https://doi.org/10.1109/JPROC.2002.1021562

[4] B. Whitaker, A. Barkley, Z. Cole, B. Passmore, D. Martin, T.R. McNutt, A.B. Lostetter, J.S. Lee, K. Shiozaki, A high-density, high-efficiency, isolated on-board vehicle battery charger utilizing silicon carbide power devices, IEEE Trans. Power Electron. 29 (2014) 2606–2617. https://doi.org/10.1109/TPEL.2013.2279950

[5] F. Wada, N. Miyamoto, K. Yoshida, S. Godo, 6-in-1 Silicon Carbide (SiC) MOSFET Power Module for EV/HEV inverters, in: PCIM Asia 2017; Int. Exhib. Conf. Power Electron. Intell. Motion, Renew. Energy Energy Manag., 2017: pp. 1–4.

[6] M. Su, C. Chen, S. Sharma, J. Kikuchi, Performance and cost considerations for SiC-based HEV traction inverter systems, in: 2015 IEEE 3rd Work. Wide Bandgap Power Devices Appl., 2015: pp. 347–350. https://doi.org/10.1109/WiPDA.2015.7369032

[7] A.R. Powell, J.J. Sumakeris, Y. Khlebnikov, M.J. Paisley, R.T. Leonard, E. Deyneka, S. Gangwal, J. Ambati, V. Tsevtkov, J. Seaman, others, Bulk Growth of Large Area SiC Crystals, in: Mater. Sci. Forum, 2016: pp. 5–10.

[8] Z. Zolnaia, N.Q. Khánha, E. Szilágyib, Z.E. Horvátha, T. Lohnera, Native oxide and ion implantation damaged layers on silicon carbide studied by ion beam analysis and ellipsometry, in: Proc." XV Int. Conf. Phys. Students ICPS, 2000: pp. 4–11.

[9] W. Huang, X. Liu, X.C. Liu, T.Y. Zhou, S.Y. Zhuo, Y.Q. Zheng, J.H. Yang, E.W. Shi, Nano-Scale Native Oxide on 6H-SiC Surface and its Effect on the Ni/Native Oxide/SiC Interface Band Bending, Mater. Sci. Forum. (2014). https://doi.org/10.4028/www.scientific.net/MSF.778-780.566

[10] J.J. McMahon, M. Jahanbani, S. Arthur, D. Lilienfeld, P. Gipp, T. Gorczyca, J. Formica, L. Shen, M. Yamagami, B. Hillard, J. Byrnes, Wet Processing for Post-epi & Pre-furnace Cleans in Silicon Carbide Power MOSFET Fabrication, ECS Trans. 69 (2015) 269–276. https://doi.org/10.1149/06908.0269ecst

[11] K.F. Schuegraf, C. Hu, Reliability of thin SiO_2, Semicond. Sci. Technol. (1994).

[12] B.D. Choi, D.K. Schroder, Degradation of ultrathin oxides by iron contamination, Appl. Phys. Lett. (2001). https://doi.org/10.1063/1.1410363

[13] H. Kohno, Evaluation of Contamination of Power Semiconductor Device Wafers by TXRF Spectrometer, Rikagu J. 29 (2013) 9–14.

[14] W. Kern, D. Puotinen, Cleaning Solutions Based on Hydrogen for Use in Silicon Semiconductor Technology, R.C.A. Rev. 31 (1970) 187–206.

[15] W. Kern, The Evolution of Silicon Wafer Cleaning Technology, J. Electrochem. Soc. 137 (1990) 1887–1892. https://doi.org/10.1149/1.2086825

[16] W. Kern, Handbook of semiconductor wafer cleaning technology, 1993.

[17] Y. Nishi, R. Doering, Handbook of Semiconductor Manufacturing Technology, Second Edition, CRC Press, 2017.

[18] S. Saddow, Silicon Carbide Biotechnology: A Biocompatible Semiconductor for Advanced Biomedical Devices and Applications, Elsevier Science, 2016.

[19] C. Virojanadara, M. Syv\ajarvi, R. Yakimova, L. Johansson, A. Zakharov, T. Balasubramanian, Homogeneous large-area graphene layer growth on 6H-SiC(0001), Phys.Rev.B. 78 (2008) 245403. https://doi.org/10.1103/PhysRevB.78.245403

[20] S.W. King, R.J. Nemanich, R.F. Davisa, Wet Chemical Processing of (0001)Si 6H-SiC Hydrophobic and Hydrophilic Surfaces, J. Electrochem. Soc. 146 (1999) 1910–1917. https://doi.org/10.1149/1.1391864

[21] J.S. Judge, A Study of the Dissolution of SiO_2 in Acidic Fluoride Solutions, J. Electrochem. Soc. . 118 (1971) 1772–1775. https://doi.org/10.1149/1.2407835

[22] S. Verhaverbeke, The Etching Mechanisms of SiO_2 in Hydrofluoric Acid, J. Electrochem. Soc. (1994). https://doi.org/10.1149/1.2059243

[23] V. Stambouli, D. Chaussende, M. Anikin, G. Berthomé, V. Thoreau, J.C. Joud, Wettability Study of SiC in Correlation with XPS Analysis, in: Silicon Carbide Relat. Mater. 2003, Trans Tech Publications, 2004: pp. 423–426.

[24] R.P. Socha, K. Laajalehto, P. Nowak, Influence of the surface properties of silicon carbide on the process of SiC particles codeposition with nickel, Colloids Surfaces A Physicochem. Eng. Asp. 208 (2002) 267–275. https://doi.org/10.1016/S0927-7757(02)00153-X

[25] S.W. King, M.C. Benjamin, R.S. Kern, R.J. Nemanich, R.F. Davis, Ex Situ and In Situ Methods for Complete Oxygen and Non-Carbidic Carbon Removal from (0001)SI 6H-SiC Surfaces, MRS Proc. 423 (1996) 563.

[26] V.J. Jennings, The etching of silicon carbide, in: Silicon Carbide–1968, Elsevier, 1969: pp. S199–S210. https://doi.org/10.1016/B978-0-08-006768-1.50023-1

[27] D. Zhuang, J.H. Edgar, Wet etching of GaN, AlN, and SiC: A review, Mater. Sci. Eng. R Reports. 48 (2005) 1–46. https://doi.org/10.1016/j.mser.2004.11.002

[28] T. Nakagawa, M. Hara, K. Imai, Hot corrosion behavior of SiC in molten Na_2SO_4, Nippon Kinzoku Gakkaishi/Journal Japan Inst. Met. 61 (1997) 1241–1248. https://doi.org/10.2320/jinstmet1952.61.11_1241

[29] T. Sato, Y. Kanno, M. Shimada, Corrosion of SiC, Si_3N_4 and AlN in molten $K_2SO_4K_2CO_3$ salts, Int. J. High Technol. Ceram. 2 (1986) 279–290. https://doi.org/10.1016/0267-3762(86)90021-4

[30] N.S. Jacobson, J.L. Smialek, Molten salt corrosion of alpha -SiC, in: Electrochem. Soc. Ext. Abstr., 1985: pp. 550–551.

[31] R.E. Tressler, M.D. Meiser, T. Yonushonis, Molten Salt Corrosion of SiC and Si_3N_4 Ceramics-, J. Am. Ceram. Soc. 59 (1976) 278–279. https://doi.org/10.1111/j.1151-2916.1976.tb10962.x

[32] J.W. Faust Jr, Processing of Silicon Carbide for Devices, in: Silicon Carbide High Temp. Semicond. Proc. Conf. Silicon Carbide, Boston, Mass. April. 1959, 1960: p. 403.

[33] T. Gabor, V.J. Jennings, Effect of stirring on etching characteristics of silicon carbide, Electrochem. Technol. 3 (1965) 31.

[34] S. Amelinckx, G. Strumane, W.W. Webb, Dislocations in Silicon Carbide, J. Appl. Phys. 31 (1960) 1359–1370. https://doi.org/10.1063/1.1735843

[35] G.L. Harris, Properties of Silicon Carbide, INSPEC, Institution of Electrical Engineers, 1995.

[36] S.A. Sakwe, R. Müller, P.J. Wellmann, Optimization of KOH etching parameters for quantitative defect recognition in n- and p-type doped SiC, J. Cryst. Growth. 289 (2006) 520–526. https://doi.org/10.1016/j.jcrysgro.2005.11.096

[37] M. Katsuno, N. Ohtani, J. Takahashi, H. Yashiro, M. Kanaya, Mechanism of molten KOH etching of SiC single crystals: Comparative study with thermal oxidation, Japanese J. Appl. Physics, Part 1 Regul. Pap. Short Notes Rev. Pap. (1999).

[38] Y. Cui, X. Hu, X. Xie, X. Xu, Threading dislocation classification for 4H-SiC substrates using the KOH etching method, CrystEngComm. 20 (2018) 978–982. https://doi.org/10.1039/C7CE01855J

[39] K. Sangwal, Etching of crystals: Theory, Exp. Appl. (1987).

[40] S. Ha, H.J. Chung, N.T. Nuhfer, M. Skowronski, Dislocation nucleation in 4H silicon carbide epitaxy, J. Cryst. Growth. 262 (2004) 130–138. https://doi.org/10.1016/j.jcrysgro.2003.09.054

[41] I. Kamata, H. Tsuchida, T. Jikimoto, K. Izumi, Structural transformation of screw dislocations via thick 4H-SiC epitaxial growth, Jpn. J. Appl. Phys. 39 (2000) 6496–6500. https://doi.org/10.1143/JJAP.39.6496

[42] J. Hassan, A. Henry, P.J. McNally, J.P. Bergman, Characterization of the carrot defect in 4H-SiC epitaxial layers, J. Cryst. Growth. 312 (2010) 1828–1837. https://doi.org/10.1016/j.jcrysgro.2010.02.037

[43] S. Mahajan, M. V. Rokade, S.T. Ali, K. Srinivasa Rao, N.R. Munirathnam, T.L. Prakash, D.P. Amalnerkar, Investigation of micropipe and defects in molten KOH etching of 6H n-silicon carbide (SiC) single crystal, Mater. Lett. 101 (2013) 72–75. https://doi.org/10.1016/j.matlet.2013.03.079

[44] Y. Gao, Z. Zhang, R. Bondokov, S. Soloviev, T. Sudarshan, The Effect of Doping Concentration and Conductivity Type on Preferential Etching of 4H-SiC by Molten KOH, in: Mater. Res. Soc. Symp. Proc., 2004: p. 815.

[45] H. Wang, S. Sun, M. Dudley, S. Byrappa, F. Wu, B. Raghothamachar, G. Chung, E.K. Sanchez, S.G. Mueller, D. Hansen, M.J. Loboda, Quantitative comparison

[45] between dislocation densities in offcut 4H-SiC wafers measured using synchrotron X-ray topography and molten KOH etching, J. Electron. Mater. 42 (2013) 794–798. https://doi.org/10.1007/s11664-013-2527-x

[46] K.M. Speer, P.G. Neudeck, D.J. Spry, A.J. Trunek, P. Pirouz, Cross-sectional TEM and KOH-Etch studies of extended defects in 3C-SiC p$^+$n junction diodes grown on 4H-SiC mesas, J. Electron. Mater. 37 (2008) 672–680. https://doi.org/10.1007/s11664-007-0297-z

[47] J.L. Weyher, S. Lazar, J. Borysiuk, J. Pernot, Defect-selective etching of SiC, Phys. Status Solidi Appl. Mater. Sci. 202 (2005) 578–583. https://doi.org/10.1002/pssa.200460432

[48] W. Si, M. Dudley, R.C. Glass, C.H. Carter Jr., V.F. Tsvetkov, Experimental Studies of Hollow-Core Screw Dislocations in 6H-SiC and 4H-SiC Single Crystals, in: Silicon Carbide, III-Nitrides Relat. Mater., Trans Tech Publications, 1997: pp. 429–432.

[49] M. Dudley, W. Si, S. Wang, C. Carter, R. Glass, V. Tsvetkov, Quantitative analysis of screw dislocations in 6H- SiC single crystals, Nuovo Cim. D. 19 (1997) 153–164. https://doi.org/10.1007/BF03040968

[50] N. Ohtani, M. Katsuno, T. Fujimoto, Reduction of stacking fault density during SiC bulk crystal growth in the [11$\bar{2}$0] direction, Jpn. J. Appl. Phys. 42 (2003) L 277–L 279.

[51] M. Syväjärvi, R. Yakimova, E. Janzén, Cross-sectional cleavages of SiC for evaluation of epitaxial layers, J. Cryst. Growth. 208 (2000) 409–415. https://doi.org/10.1016/S0022-0248(99)00484-4

[52] T. Ohshima, K.K. Lee, Y. Ishida, K. Kojima, Y. Tanaka, T. Takahashi, M. Yoshikawa, H. Okumura, K. Arai, T. Kamiya, The electrical characteristics of metal-oxide-semiconductor field effect transistors fabricated on cubic silicon carbide, Japanese J. Appl. Physics, Part 2 Lett. 42 (2003).

[53] J. Takahashi, N. Ohtani, M. Kanaya, Structural defects in α-SiC single crystals grown by the modified-Lely method, J. Cryst. Growth. 167 (1996) 596–606. https://doi.org/10.1016/0022-0248(96)00300-4

[54] J. Takahashi, N. Ohtani, M. Katsuno, S. Shinoyama, Sublimation growth of 6H- and 4H-SiC single crystals in the [1$\bar{1}$00] and [11$\bar{2}$0] directions, J. Cryst. Growth. 181 (1997) 229–240. https://doi.org/10.1016/S0022-0248(97)00289-3

[55] M. Syväjärvi, R. Yakimova, E. Janzen, Anisotropic Etching of SiC, J. Electrochem. Soc. 147 (2000) 3519–3522. https://doi.org/10.1149/1.1393930

[56] R. Yakimova, A.-L. Hylén, M. Tuominen, M. Syväjärvi, E. Janzen, Preferential etching of SiC crystals, Diam. Relat. Mater. 6 (1997) 1456–1458. https://doi.org/10.1016/S0925-9635(97)00076-9

[57]   C. Kawahara, J. Suda, T. Kimoto, Identification of dislocations in 4H-SiC epitaxial layers and substrates using photoluminescence imaging, Jpn. J. Appl. Phys. 53 (2014) 20304. https://doi.org/10.7567/JJAP.53.020304

[58]   P.G. Neudeck, A.J. Trunek, D.J. Spry, J.A. Powell, H. Du, M. Skowronski, X.R. Huang, M. Dudley, CVD Growth of 3C-SiC on 4H/6H Mesas, Chem. Vap. Depos. 12 (2006) 531–540. https://doi.org/10.1002/cvde.200506460

[59]   V. Jokubavicius, G.R. Yazdi, R. Liljedahl, I.G. Ivanov, J. Sun, X. Liu, P. Schuh, M. Wilhelm, P. Wellmann, R. Yakimova, M. Syväjärvi, Single Domain 3C-SiC Growth on Off-Oriented 4H-SiC Substrates, Cryst. Growth Des. 15 (2015) 2940–2947. https://doi.org/10.1021/acs.cgd.5b00368

[60]   P. Wu, M. Yoganathan, I. Zwieback, Y. Chen, M. Dudley, Characterization of Dislocations and Micropipes in 4H n^+ SiC Substrates, in: Silicon Carbide Relat. Mater. 2007, Trans Tech Publications, 2009: pp. 333–336.

[61]   B. Kallinger, S. Polster, P. Berwian, J. Friedrich, G. Müller, A.N. Danilewsky, A. Wehrhahn, A.-D. Weber, Threading dislocations in n-and p-type 4H-SiC material analyzed by etching and synchrotron X-ray topography, J. Cryst. Growth. 314 (2011) 21–29. https://doi.org/10.1016/j.jcrysgro.2010.10.145

[62]   M. Na, I.H. Kang, J.H. Moon, W. Bahng, Role of the oxidizing agent in the etching of 4H-SiC substrates with molten KOH, J. Korean Phys. Soc. 69 (2016) 1677–1682. https://doi.org/10.3938/jkps.69.1677

[63]   P.H.L. Notten, J.E.A.M. Meerakker, J.J. Kelly, Etching of III-V semiconductors: an electrochemical approach, Elsevier Science Ltd, 1991.

[64]   J.S. Shor, R.M. Osgood, Broad-Area Photoelectrochemical Etching of n-Type Beta-SiC, J. Electrochem. Soc. 140 (1993) L123-L125. https://doi.org/10.1149/1.2220722

[65]   Y. Ke, R.P. Devaty, W.J. Choyke, Comparative columnar porous etching studies on n-type 6H SiC crystalline faces, Phys. Status Solidi. 245 (2008) 1396–1403. https://doi.org/10.1002/pssb.200844024

[66]   A.O. Konstantinov, C.I. Harris, E. Janzen, Electrical properties and formation mechanism of porous silicon carbide, Appl. Phys. Lett. 65 (1994) 2699–2701. https://doi.org/10.1063/1.112610

[67]   Y. Shishkin, W.J. Choyke, R.P. Devaty, Photoelectrochemical etching of n-type 4H silicon carbide, J. Appl. Phys. 96 (2004) 2311–2322. https://doi.org/10.1063/1.1768612

[68]   G. Gautier, F. Cayrel, M. Capelle, J. Billoué, X. Song, J.-F. Michaud, Room light anodic etching of highly doped n-type 4H-SiC in high-concentration HF electrolytes: Difference between C and Si crystalline faces, Nanoscale Res. Lett. 7 (2012) 367. https://doi.org/10.1186/1556-276X-7-367

[69]   Y. Ke, R.P. Devaty, W.J. Choyke, Self-ordered nanocolumnar pore formation in

the photoelectrochemical etching of 6H SiC, Electrochem. Solid-State Lett. 10 (2007) K24-K27. https://doi.org/10.1149/1.2735820

[70] P. Newby, J.-M. Bluet, V. Aimez, L.G. Fréchette, V. Lysenko, Structural properties of porous 6H silicon carbide, Phys. Status Solidi. 8 (2011) 1950–1953. https://doi.org/10.1002/pssc.201000222

[71] G. Gautier, J. Biscarrat, D. Valente, T. Defforge, A. Gary, F. Cayrel, Systematic Study of Anodic Etching of Highly Doped N-type 4H-SiC in Various HF Based Electrolytes, J. Electrochem. Soc. 160 (2013) D372-D379. https://doi.org/10.1149/2.082309jes

[72] S. Soloviev, T. Das, S.T. S., Structural and Electrical Characterization of Porous Silicon Carbide Formed in n-6H-SiC Substrates, Electrochem. Solid-State Lett. 6 (2003) G22–G24. https://doi.org/10.1149/1.1534733

[73] W. Lu, Y. Ou, P.M. Petersen, H. Ou, Fabrication and surface passivation of porous 6H-SiC by atomic layer deposited films, Opt. Mater. Express. 6 (2016) 1956–1963. https://doi.org/10.1364/OME.6.001956

[74] M. Leitgeb, C. Zellner, M. Schneider, U. Schmid, A Combination of Metal Assisted Photochemical and Photoelectrochemical Etching for Tailored Porosification of 4H SiC Substrates, ECS J. Solid State Sci. Technol. 5 (2016) P556--P564. https://doi.org/10.1149/2.0041610jss

[75] M. Leitgeb, C. Zellner, C. Hufnagl, M. Schneider, S. Schwab, H. Hutter, U. Schmid, Stacked Layers of Different Porosity in 4H SiC Substrates Applying a Photoelectrochemical Approach, J. Electrochem. Soc. 164 (2017) E337–E347. https://doi.org/10.1149/2.1081712jes

[76] M. Leitgeb, A. Backes, C. Zellner, M. Schneider, U. Schmid, Communication-The Role of the Metal-Semiconductor Junction in Pt-Assisted Photochemical Etching of Silicon Carbide, ECS J. Solid State Sci. Technol. 5 (2016) P148–P150. https://doi.org/10.1149/2.0021603jss

[77] J. Hassan, J.P. Bergman, A. Henry, E. Janzén, In-situ surface preparation of nominally on-axis 4H-SiC substrates, J. Cryst. Growth. 310 (2008) 4430–4437. https://doi.org/10.1016/j.jcrysgro.2008.06.083

[78] C. Hallin, F. Owman, P. Mårtensson, A. Ellison, A. Konstantinov, O. Kordina, E. Janzen, In situ substrate preparation for high-quality SiC chemical vapour deposition, J. Cryst. Growth. 181 (1997) 241–253. https://doi.org/10.1016/S0022-0248(97)00247-9

[79] H. Lee, B. Park, S. Jeong, S. Joo, H. Jeong, The effect of mixed abrasive slurry on CMP of 6H-SiC substrates, J. Ceram. Process. Res. 10 (2009) 378.

[80] L. Zhou, V. Audurier, P. Pirouz, J.A. Powell, Chemomechanical Polishing of Silicon Carbide, J. Electrochem. Soc. 144 (1997) L161–L163. https://doi.org/10.1149/1.1837711

[81] H. Deng, K. Endo, K. Yamamura, Competition between surface modification and abrasive polishing: a method of controlling the surface atomic structure of 4H-SiC (0001), Sci. Rep. 5 (2015) 8947. https://doi.org/10.1038/srep08947

[82] M. Anikin, R. Madar, Temperature gradient controlled SiC crystal growth, Mater. Sci. Eng. B. 46 (1997) 278–286. https://doi.org/10.1016/S0921-5107(96)01993-9

[83] S.P. Lebedev, V.N. Petrov, I.S. Kotousova, A.A. Lavrentev, P.A. Dementev, A.A. Lebedev, N. Titkov, Formation of Periodic Steps on 6H-SiC (0001) Surface by Annealing in a High Vacuum, Mater. Sci. Forum. 679 (2011) 437. https://doi.org/10.4028/www.scientific.net/MSF.679-680.437

[84] T. Nishiguchi, S. Ohshima, S. Nishino, Thermal Etching of 6H–SiC Substrate Surface, Jpn. J. Appl. Phys. 42 (2003) 1533. https://doi.org/10.1143/JJAP.42.1533

[85] N.G. van der Berg, J.B. Malherbe, A.J. Botha, E. Friedland, Thermal etching of SiC, Appl. Surf. Sci. 258 (2012) 5561–5566. https://doi.org/10.1016/j.apsusc.2011.12.132

[86] I. Swiderski, Thermal etching of α-SiC crystals in argon, J. Cryst. Growth. 16 (1972) 1–9. https://doi.org/10.1016/0022-0248(72)90079-6

[87] V. Jokubavicius, G.R. Yazdi, I.G. Ivanov, Y. Niu, A. Zakharov, T. Iakimov, M. Syväjärvi, R. Yakimova, Surface engineering of SiC via sublimation etching, Appl. Surf. Sci. 390 (2016). https://doi.org/10.1016/j.apsusc.2016.08.149

[88] G. Honstein, C. Chatillon, F. Baillet, Thermodynamic approach to the vaporization and growth phenomena of SiC ceramics. I. SiC and SiC–SiO_2 mixtures under neutral conditions, J. Eur. Ceram. Soc. 32 (2012) 1117–1135. https://doi.org/10.1016/j.jeurceramsoc.2011.11.032

[89] Y.A. Vodakov, A.D. Roenkov, M.G. Ramm, E.N. Mokhov, Y.N. Makarov, Use of Ta-Container for Sublimation Growth and Doping of SiC Bulk Crystals and Epitaxial Layers, Phys. Status Solidi. 202 (1997) 177–200. https://doi.org/10.1002/1521-3951(199707)202:1<177::AID-PSSB177>3.0.CO;2-I

[90] F.R. Chien, S.R. Nutt, W.S. Yoo, T. Kimoto, H. Matsunami, Terrace growth and polytype development in epitaxial β-SiC films on α-SiC (6H and 15R) substrates, J. Mater. Res. 9 (1994) 940–954. https://doi.org/10.1557/JMR.1994.0940

[91] V. Heine, C. Cheng, R.J. Needs, The Preference of Silicon Carbide for Growth in the Metastable Cubic Form, J. Am. Ceram. Soc. 74 (1991) 2630–2633. https://doi.org/10.1111/j.1151-2916.1991.tb06811.x

[92] T. Matsumoto, J. Takahashi, T. Tamaki, T. Futagi, H. Mimura, Y. Kanemitsu, Blue-green luminescence from porous silicon carbide, Appl. Phys. Lett. 64 (1994) 226–228. https://doi.org/10.1063/1.111979

[93] T.L. Rittenhouse, P.W. Bohn, T.K. Hossain, I. Adesida, J. Lindesay, A. Marcus, Surface-state origin for the blueshifted emission in anodically etched porous

silicon carbide, J. Appl. Phys. 95 (2004) 490–496. https://doi.org/10.1063/1.1634369

[94] S. Kamiyama, T. Maeda, Y. Nakamura, M. Iwaya, H. Amano, I. Akasaki, H. Kinoshita, T. Furusho, M. Yoshimoto, T. Kimoto, J. Suda, A. Henry, I.G. Ivanov, J.P. Bergman, B. Monemar, T. Onuma, S.F. Chichibu, Extremely high quantum efficiency of donor-acceptor-pair emission in N-and-B-doped 6H-SiC, J. Appl. Phys. 99 (2006) 93108. https://doi.org/10.1063/1.2195883

[95] S. Kamiyama, M. Iwaya, T. Takeuchi, I. Akasaki, M. Syväjärvi, R. Yakimova, Fluorescent SiC and its application to white light-emitting diodes, J. Semicond. 32 (2011) 13004. https://doi.org/10.1088/1674-4926/32/1/013004

[96] T. Nishimura, K. Miyoshi, F. Teramae, M. Iwaya, S. Kamiyama, H. Amano, I. Akasaki, High efficiency violet to blue light emission in porous SiC produced by anodic method, Phys. Status Solidi. 7 (2010) 2459–2462. https://doi.org/10.1002/pssc.200983908

[97] W. Lu, Y. Ou, E.M. Fiordaliso, Y. Iwasa, V. Jokubavicius, M. Syväjärvi, S. Kamiyama, P.M. Petersen, H. Ou, White Light Emission from Fluorescent SiC with Porous Surface, Sci. Rep. 7 (2017) 9798. https://doi.org/10.1038/s41598-017-10771-7

[98] M. Leitgeb, C. Zellner, M. Schneider, U. Schmid, Porous single crystalline 4H silicon carbide rugate mirrors, APL Mater. 5 (2017) 106106. https://doi.org/10.1063/1.5001876

[99] A.J. Rosenbloom, S. Nie, Y. Ke, R.P. Devaty, W.J. Choyke, Columnar morphology of porous silicon carbide as a protein-permeable membrane for biosensors and other applications, in: Mater. Sci. Forum, 2006: pp. 751–754. https://doi.org/10.4028/0-87849-425-1.751

[100] A.J. Rosenbloom, D.M. Sipe, Y. Shishkin, Y. Ke, R.P. Devaty, W.J. Choyke, Nanoporous SiC: A candidate semi-permeable material for biomedical applications, Biomed. Microdevices. 6 (2004) 261–267. https://doi.org/10.1023/B:BMMD.0000048558.91401.1d

[101] Y.-W. Son, M.L. Cohen, S.G. Louie, Half-metallic graphene nanoribbons, Nature. 444 (2006) 347. https://doi.org/10.1038/nature05180

[102] V. Barone, O. Hod, G.E. Scuseria, Electronic structure and stability of semiconducting graphene nanoribbons, Nano Lett. 6 (2006) 2748–2754. https://doi.org/10.1021/nl0617033

[103] J. Baringhaus, M. Ruan, F. Edler, A. Tejeda, M. Sicot, A. Taleb-Ibrahimi, A.-P. Li, Z. Jiang, E.H. Conrad, C. Berger, C. Tegenkamp, W.A. de Heer, Exceptional ballistic transport in epitaxial graphene nanoribbons, Nature. 506 (2014) 349. https://doi.org/10.1038/nature12952

[104] A. Stöhr, J. Baringhaus, J. Aprojanz, S. Link, C. Tegenkamp, Y. Niu, A.A. Zakharov, C. Chen, J. Avila, M.C. Asensio, others, Graphene Ribbon Growth on Structured Silicon Carbide, Ann. Phys. 529 (2017) 1700052. https://doi.org/10.1002/andp.201700052

[105] M.S. Nevius, F. Wang, C. Mathieu, N. Barrett, A. Sala, T.O. Mentes, A. Locatelli, E.H. Conrad, The bottom-up growth of edge specific graphene nanoribbons, Nano Lett. 14 (2014) 6080–6086. https://doi.org/10.1021/nl502942z

[106] M. Sprinkle, M. Ruan, Y. Hu, J. Hankinson, M. Rubio-Roy, B. Zhang, X. Wu, C. Berger, W.A. De Heer, Scalable templated growth of graphene nanoribbons on SiC, Nat. Nanotechnol. 5 (2010) 727. https://doi.org/10.1038/nnano.2010.192

第 2 章

碳化硅欧姆接触工艺和表征

K. Vasilevskiy[1]*、K. Zekentes[2]、N. Wright[1]

[1] 英国泰恩河畔纽卡斯尔市纽卡斯尔大学
[2] 希腊伊拉克利翁研究与技术基金会（FORTH）
电子结构与激光研究所（IESL）微电子研究组（MRG）
* konstantin.vasilevskiy@newcastle.ac.uk

摘要

本章报道碳化硅（SiC）欧姆接触的形成和表征。首先，简要介绍了欧姆接触的理论，特别是接触电阻对半导体参数的依赖性以及 SiC 欧姆接触与硅欧姆接触之间的差异。然后，讨论了不同的接触电阻率测量技术，重点是传输线法（TLM），详细分析 TLM 的局限、精度和优化的测试结构设计。论述了欧姆接触研发的最新进展，详细描述了常用的镍（Ni）和铝钛（Al-Ti）分别与 n 型和 p 型 SiC 的接触。讨论了 SiC 欧姆接触的保护、覆盖和热稳定性，以及欧姆接触形成与 SiC 器件工艺的兼容性。最后，概述了进一步改善欧姆接触制备和表征的需求。

关键词

SiC，欧姆接触，传输线模型，传输线法，接触电阻率，金属硅化物，金属碳化物，扩散势垒，肖特基势垒，高温电子学

2.1 引言

1958 年，R. Hall[1] 首次提出了 SiC 欧姆接触的制造问题。在约 1700℃温度

下的 p 型 SiC Lely 晶体上熔化 200μm 厚的硅-铝（1∶1）合金可以制成欧姆接触[2]。含有大约 1%磷的硅已被用于在 n 型 SiC 上制作非整流结，该过程中有几微米深的 SiC 被熔解，该接触仅显示了非整流特性而没有被定量表征。测量了所制作的整流器的 I-V 特性，并与使用串联电阻作为拟合参数的理想 pn 结的理论 I-V 表达式相吻合。对于 $3\times10^{-3}cm^2$ 的器件面积，在 27℃ 和 500℃ 的温度下，对应串联电阻分别为 4.5Ω 和 1.5Ω，这导致在 27℃ 和 500℃ 时比接触电阻率的上限分别为 $13.5\times10^{-3}\Omega\cdot cm^2$ 和 $4.5\times10^{-3}\Omega\cdot cm^2$。长期以来，这个水平的欧姆接触电阻率及其苛刻的制作条件仍然可以被接受，则是由于 SiC 的主要应用被认为是发光二极管的材料，并且器件结构是在很高温度下利用升华法生长的 Lely 晶体上制造的。

20 世纪 70 年代后期发明的籽晶生长 SiC 晶体的改良 Lely 法[3]以及在接下来的十年中开发的 SiC 外延生长技术[4]，获得了多型可控、厚度和掺杂水平适于制作 SiC 器件的 SiC 薄层。材料生长方面的这一突破性进展，就迫切需要开发更先进的技术来制作和表征 SiC 欧姆接触，使其具有准确的定量特性并对底下 SiC 薄层的损害较小。1993 年 Harris 等人[5]发表了关于 SiC 欧姆接触的第一篇综述，然后，L. M. Porter 和 R. F. Davis[6]于 1995 年，J. Crofton 等人[7]于 1997 年又分别对 n 型和 p 型 6H-SiC 欧姆接触进行了更详细的报道。

在这些报道之前，6H-SiC 是 Lely 法和改进的 Lely 法生长的主要多型，不同方法生长的 6H-SiC 外延层也可以使用，主要用于制作蓝光二极管。20 世纪 90 年代末，Ⅲ族氮化物 LED 研发成功，并在这个应用领域取代了 SiC。对高效大功率半导体器件不断增长的需求，推动了 SiC 生长和器件制造技术的进一步发展。对于这种应用，4H 多型由于具有更高的电子和空穴迁移率，是比 6H 多型更好的选择，而且，4H-SiC 具有更高的雪崩击穿电场强度，电子迁移率几乎是各向同性的。从那时起，4H-SiC 外延片开始商业化，此后 SiC 后生长技术的开发主要集中在 4H-SiC 器件工艺上。

像 6H-SiC 一样，2005 年 F. Roccaforte 等人[8]发表了对 4H-SiC 欧姆接触的第一次报道。2016 年，Z. Wang 等人[9]发表了对两种 SiC 多型欧姆接触的更系统的论述，其中大部分数据来自 4H-SiC。到目前为止，这些论述仍然具有权威性和代表性，因此本章的目的不是重复它们，而是为理解、制造和表征最为关注的 4H-SiC 欧姆接触提供实用指南。本章首先简要介绍了金属-半导体接触理论和接触电阻率测量方法，特别强调了它们在 SiC 中的应用。随后分别更详细地描述常用的与 n 型和 p 型 SiC 的镍基和铝钛基接触，为 SiC 欧姆接触的制造提供实用建议。尽管本章并未打算对所有已发表的 SiC 欧姆接触的数据进行全面而系统的报道，但会对之前和最新报道的数据进行严格的分析。

2.2 欧姆接触：定义、原理和对半导体参数的依赖性

金属-半导体接触是所有半导体器件的必需和显著的组成部分，它们可以是整流的或欧姆的。欧姆接触被定义为一种接触，其电流-电压（I-V）特性由半导体样品的电阻率或由该接触构成的器件的行为决定，而不是由接触本身的特性决定[10]。欧姆接触必须能够提供必要的器件电流，并且接触上的电压降小于有源器件上的电压降，它们不应将少数载流子注入半导体中，并且应该具有电学稳定性和机械稳定性。

欧姆接触的主要特征是其电阻率（或比接触电阻）为[11]

$$\rho_C = \frac{\partial V}{\partial J}\bigg|_{V=0} \tag{2-1a}$$

式中，J 为电流密度。假设接触层、金属-半导体界面和接触下的半导体层是均匀的，接触电阻率与接触面积（S）无关。为了反映这些条件，式（2-1a）有时会被下面更严格的定义取代：

$$\rho_C = \lim_{S\to 0}\left(\frac{\partial V}{\partial J}\bigg|_{V=0}\right) \tag{2-1b}$$

零偏压下 ρ_C 的定义来自于将欧姆接触作为肖特基势垒接触（SBC）的特殊情况的理论考虑，这将在本节后面定义。实际上，通过具有肖特基势垒的金属-半导体接触的电流是由不同的物理过程决定的，具体取决于材料参数和半导体的掺杂水平。对于所有这些过程，$J(V)$ 的理论表达式很复杂，并且导数 $\partial V/\partial J$ 只能在 $V\to 0$ 的边界情况下以近似表示。这就是 ρ_C 参数由式（2-1a）定义的原因并把它作为品质因数，用于对具有不同肖特基势垒高度的金属-半导体接触进行理论比较。

实际上，所有半导体器件都在一定的电流或电压偏置下工作，接触上电流密度非零，导致其上电压降非零。因此，欧姆接触中应指定接触电阻率对电流密度或电压的依赖性，这对于不同器件工作在不同电流密度时才有用。这种依赖性最简单的情况是没有任何依赖性，这就是为什么人们普遍认为欧姆接触的第一标志是"欧姆行为"，这意味着接触表现为非整流线性（或"准线性"）I-V 特性并且 ρ_C 值不依赖于 V［尽管欧姆接触的传统定义和式（2-1）给出的 ρ_C 定义中并无此要求］。

通常认为，由于 SiC 是一种宽带隙半导体，其欧姆接触很难制作。为了确定它是否正确，图 2.1 所示为理想的金属-半导体接触的能带图（当接触两侧的材料保持其体特性直至冶金界面），热平衡时，接触两侧的费米能级必须统一。由于金属和半导体功函数不同，半导体中的费米能级在接触之前高于或低于金

属费米能级，电子必须移动到具有较低费米能级的材料，直到费米能级在整个系统中一致。这会在半导体中产生耗尽的增强空间电荷区（SCR）（由于电子浓度非常高，金属中的 SCR 薄得可以忽略不计）。SCR 中的电场阻止了载流子的进一步移动，它线性增加并在接触的半导体侧产生抛物线型势垒 V_{bi}（假设 SCR 中的电荷分布均匀）。具有这种势垒的接触称为肖特基势垒接触。肖特基势垒高度由费米能级决定，对于 n 型和 p 型半导体，分别定义为

$$\phi_{Bn} = \phi_M - \chi_S \tag{2-2a}$$

$$\phi_{Bp} = \chi_S + E_G - \phi_M = E_G - \phi_{Bn} \tag{2-2b}$$

注意，这里假定半导体电子亲和能（χ_S）不依赖于导电类型。当 $\phi_M < \chi_S$（n 型）和 $\phi_M > \chi_S + E_G$（p 型）时，肖特基势垒高度为负，并且由于能带对齐，接触变为欧姆接触，如图 2.1b 和图 2.1c 分别为 n 型和 p 型半导体，这时载流子从半导体移动到金属，没有势垒。当施加反向偏压时，半导体中的反型层对于反向电流起阻挡作用。因此，两个方向上的电流完全由半导体的体特性决定，正如欧姆接触定义所要求的那样。

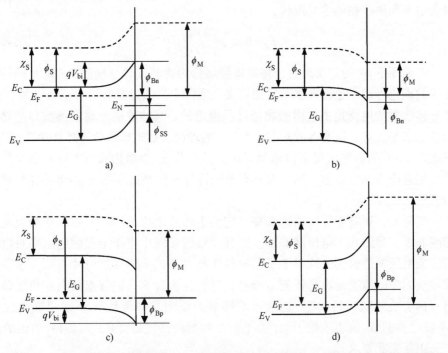

图 2.1　金属-半导体界面能带图，a) 和 b) 为 n 型半导体，c) 和 d) 为 p 型半导体

图 2.2 所示为肖特基势垒高度随金属功函数的变化曲线，其中的金属功函数由式（2-2）计算得到，图 2.2a 中的实线 1 对应金属/n 型 4H-SiC 接触，图 2.2b 中的实线 1 对应金属/p 型 4H-SiC 接触。表 2.1 列出了用于这些计算的

硅和 SiC 的参数。用于或可能用于制作欧姆接触、接触帽层和保护层的选定金属和金属化合物的重要参数列于表 2.2。

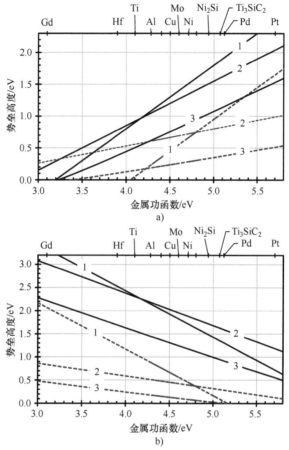

图 2.2 金属-n 型（图 a）和金属-p 型（图 b）半导体接触中肖特基势垒高度随金属功函数的变化，实线对应 4H-SiC；虚线对应硅；标记为 "1" 的线：ϕ_{Bn} 和 ϕ_{Bp} 由式（2-2）计算得到；标记为 "2" 的线：ϕ_{Bn} 和 ϕ_{Bp} 是考虑了轻掺杂半导体的费米能级钉扎以后计算得到的；标记为 "3" 的线：ϕ_{Bn} 和 ϕ_{Bp} 是考虑了掺杂至固溶度极限的半导体的费米能级钉扎和势垒镜像力降低以后计算得到的

表 2.1 用于计算势垒高度和接触电阻率的 Si 和 SiC 的材料参数

	Si	4H-SiC	6H-SiC
室温下 E_g/eV	1.12[12]	3.23[13]	3.0[13]
χ_S/eV	4.05[12]	3.2[14]	3.8[15]
ε	11.9[13]	9.7[13]	9.7[13]
室温下 N_C/cm^{-3}	2.8×10^{19}[12]	1.6×10^{19}[13]	8.7×10^{19}[13]

(续)

	Si	4H-SiC	6H-SiC
室温下 N_V/cm^{-3}	$1.04×10^{19}$[12]	$2.4×10^{19}$[13]	$2.4×10^{19}$[13]
M_C	6[16]	3[13]	6[17]
$m_{eM\Gamma}/m_0$		0.58[18]	0.75[17]
m_{eMK}/m_0		0.31[18]	0.24[17]
m_{eML}/m_0		0.33[18]	1.83[17]
$m_{e\perp}/m_0$	0.19[16]	0.42[19]	0.42[13]
$m_{e\parallel}/m_0$	0.98[16]	0.29[19]	2[13]
m_e/m_0	2.05[20]	1.27	2.55
m_{hh}/m_0	0.49[12]		
m_{hl}/m_0	0.16[12]		
$m_{h\parallel}/m_0$		1.75[21]	1.85[21]
$m_{h\perp}/m_0$		0.66[21]	0.66[21]
m_h/m_0	0.65[20]	1.07	1.10
c_2	0.27[12]	0.70[22]	0.47~0.63[22]
c_3	−0.55[12]	−1.95[22]	
ϕ_{SS}/eV	0.3[12]	2.26[22]	
最大施主浓度/cm^{-3}	$1.2×10^{21}$(P)[23]	$5×10^{20}$(N 通过改进的 Lely 法)[24] $2.8×10^{18}$(P 通过 CVD)[21] ~10^{20}(P 通过离子注入)[25]	
最大受主浓度/cm^{-3}	$5.7×10^{20}$(B)[26]	$7.0×10^{20}$(Al 通过 LTLPE)[27] $2.0×10^{21}$(Al 通过升华三明治法)[28]	

表 2.2 用于或可能用于制作欧姆接触、接触帽层和保护层的选定金属和金属化合物的参数

金属	电阻率/(μΩ·cm)	TEC, ×10^6/K^{-1}	功函数或电子亲和能/eV	熔点/℃
Hf	33.1	5.9	3.9	2233
Ti	54	8.9	4.1	1660
Si	2.5	4.7~7.67	4.15	1410
Al	2.67	23.5	4.2	660.4
Mo	5.7	5.1	4.2	2625
Cr	13.2	6.5	4.4	1890
Cu	1.69	17.0	4.5	1083
W	5.4	4.5	4.55	3410
Ni	6.9[29]	13.3[29]	4.71[30]	1453
Au	2.2	14.1	4.8	1063

（续）

金属	电阻率/($\mu\Omega \cdot cm$)	TEC, $\times 10^6/K^{-1}$	功函数或电子亲和能/eV	熔点/℃
C	1375	0.5	4.8	3650
Co	6.34	12.5	5.0	1495
Pt	10.6	8.8	5.7	1768
Ni_2Si	24~30[31]	12[31]	4.94[32]	1255[31]
NiSi	10.5~18[31]		4.82[32,33]	992[31]
$NiSi_2$	34~50[31]		5.03[32]	990[31]
TaC	36[34]	8.4[35]	4.22[36]	3880
$TaSi_2$	36.7[37]	14[38]	4.71[39]	2200
TiC	126[40]	4.1~7.7	3.7(110); 3.8(100); 4.7(111)[41]	3160
TiN	30~70	9.35	4.7[42]	2930
Ti_3SiC_2	22[43]	8[43]	5.07[44]	稳定至1400
WC	20	3.8[45]	4.3[46]	2870
4H-SiC（n型）	20000	4.67	3.4	2830

  4H-SiC 具有相对较低的 χ_S 值（3.2eV），根据式（2-2a），只有具有较低功函数的稀土和碱金属才能与 n 型 4H-SiC 形成具有负 ϕ_{Bn} 的接触，但是由于它们的化学活性，这些金属实际上不能使用。在与 p 型 4H-SiC 接触时，由于 SiC 的宽带隙过度补偿了其低电子亲和能，根据式（2-2b），功函数高于 6.43eV 的材料，无法与 p 型 4H-SiC 形成具有负 ϕ_{Bp} 的接触。作为对比，图 2.2 还给出了由式（2-2）计算的 n 型和 p 型 Si 的肖特基势垒。

  由于硅的电子亲和能更高且带隙更窄，因此在与硅形成具有负势垒高度的接触时，对金属功函数的限制不如 SiC 那么严格。根据该模型，钛和铂等金属与 n 型和 p 型硅只能形成欧姆接触，而与其掺杂水平无关。

  上述模型有助于理解金属-半导体接触的基本原理以及 Si 和 SiC 之间的差异，但在实践中几乎不适用，因为它不包括金属-半导体界面处的表面态。由于界面处半导体晶体对称性、悬挂键或金属-半导体键的破坏，即使在理想的"外延"接触中也始终存在这些表面态。描述存在表面态的能带模型假设这些表面态通过界面层[10]与金属分开，该界面层足够薄，电子可以轻松隧穿过它，但该层的电压降会使得金属费米能级与表面态相统一。当这些表面态位于费米能级以上（没有被电子填充）且带正电时为施主型，位于费米能级以下（被电子填充）且带负电时为受主型。注意，表面态的类型不取决于其在带隙中的位置，并且施主和受主型表面态都有可能位于靠近价带顶部或导带底部的位置。表面态总电荷为零时的能级称为表面电荷中性能级（E_N），它位于距价带顶部边缘 ϕ_{SS} 的距离处，如图 2.1a 所示。存在表面态时，表面电荷必须通过 SCR 中的附加电荷来平衡，因此界面处半导体侧的费米能级位置取决于半导体掺杂、表面态密度和表面电荷中性能级。这时，对于 n 型半导体，肖特基势垒高度可以表示为[12]

$$\phi_{Bn} = c_2(\phi_M - \chi_S) + (1-c_2) \times (E_G - \phi_{SS}) - \Delta\phi \equiv c_2\phi_M + c_3 \quad (2\text{-}3a)$$

对于 p 型材料，则表示为[47]

$$\phi_{Bp} = E_G - c_2(\phi_M - \chi_S) - (1-c_2) \times (E_G - \phi_{SS}) - \Delta\phi \equiv E_G - \phi_{Bn} \quad (2\text{-}3b)$$

式中，c_2 和 c_3 为费米能级钉扎参数；$\Delta\phi$ 为由于界面层中的电场而降低的势垒。

从式（2-3）中可以清楚地看到，当 $c_2 = 0$ 时，界面处的费米能级与 E_N 一致（"钉扎"到 E_N），并且肖特基势垒高度在这种情况下根本与金属功函数无关。半导体中的化学键越强，表面无序键对其性能的影响就越小，因此费米能级钉扎越弱。这时，c_2 趋于 1，式（2-3）简化为式（2-2）。SiC 化学键更强，接近离子晶体[48]，而硅是化学键较弱的共价半导体，因此，与 Si 相比，SiC 的费米能级钉扎更弱。实际中，参数 c_2 和 c_3 是通过实验确定的，并且如表 2.1 所示，$c_{2(Si)}$ 明显低于 $c_{2(SiC)}$。

由式（2-3）计算的 ϕ_{Bn} 和 ϕ_{Bp} 的值如图 2.2 中标记为 "2" 的线条所示，很明显，考虑到费米能级钉扎降低了 $\phi_{Bn}(\phi_M)$ 和 $\phi_{Bp}(\phi_M)$ 斜率的依赖性，这消除了通过能带对准与硅和 SiC 形成负肖特基势垒接触的可能性。实际上，将表 2.1 中的 c_2 和 c_3 替换为 4H-SiC 并假设势垒高度为零，就可以确定通过能带对准形成欧姆接触所需的 n 型和 p 型 4H-SiC 的功函数分别为 $\phi_M < 2.8\text{eV}$ 和 $\phi_M > 7.4\text{eV}$。

式（2-3）包括由于界面层中的电场导致的肖特基势垒降低（$\Delta\phi$），它随半导体掺杂浓度增加而增加，并导致重掺杂半导体接触的肖特基势垒降低。如果 ϕ_{SS}、ϕ_B 以及表面态密度（N_{SS}）、相对介电常数和界面层厚度已知，则可以计算 $\Delta\phi$ 的值[10]，可惜 SiC 的这些参数并不能完全确定。对于中掺杂硅（$N_D \sim 10^{16}$ cm^{-3}）和 $\phi_{Bn} = 0.5\text{eV}$[10]，$\Delta\phi$ 的估算值不超过 0.02eV，相对于肖特基势垒高度可以忽略，对与重掺杂 SiC 形成欧姆接触也没什么影响。

肖特基势垒高度降低的另一种机制是镜像力的降低，它未在图 2.1 中显示，但对于 n 型半导体可以计算为[10]

$$\Delta\phi_C = q\sqrt{\frac{qF_{max}}{4\pi\varepsilon\varepsilon_0}} \quad (2\text{-}4)$$

其中

$$F_{max} = \sqrt{\frac{2N_D}{\varepsilon\varepsilon_0}[\phi_{B0} - (E_C - E_F) - k_B T]} \quad (2\text{-}5)$$

是肖特基势垒中的最大电场强度($x=0$ 处);ϕ_{B0} 是未降低的势垒高度。在非简并 n 型半导体中,费米能级位置(E_C-E_F)与掺杂浓度(N_D)和导带(N_C)有效态密度成对数关系:

$$E_C-E_F=k_BT\ln\left(\frac{N_C}{N_D}\right) \tag{2-6}$$

替换相应的变量,可以得到 p 型半导体的类似表达式。作为对比,室温(RT)时 p 型和 n 型 4H-SiC 以及 n 型 Si 势垒镜像力降低的曲线如图 2.3 所示。对于 n 型 4H-SiC(Ti 金属化),使用的 ϕ_{B0} 值为 0.92eV;p 型 4H-SiC(Pt 金属化)为 1.19eV;n 型 Si(Ti 金属化)为 0.56eV。在掺杂水平达到相应的杂质固溶度极限时这种势垒降低显示出来,它在高掺杂水平下更为显著,并且在 SiC 中明显高于在 Si 中。

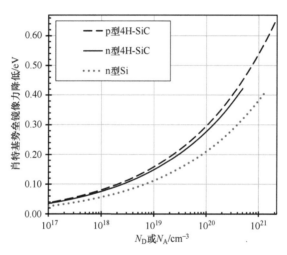

图 2.3 相对于 n 型 Si,室温(RT)时肖特基势垒镜像力降低取决于 p 型和 n 型 4H-SiC 的掺杂水平

掺杂到杂质固溶度极限时,由式(2-3)计算的 ϕ_{Bn} 和 ϕ_{Bp} 的值减去 $\Delta\phi_C$ 以后在图 2.2 中由标有"3"的曲线表示。严格来说这并不对,因为式(2-4)是针对具有零界面态密度的金属-半导体接触推导出来的。然而,这可以让我们估计镜像力降低对欧姆接触形成的最大可能影响。从图 2.2 可以清楚地看出,对于掺杂到杂质固溶度极限的 4H-SiC 接触,在可用金属功函数的整个范围内,ϕ_{Bn} 和 ϕ_{Bp} 仍然保持正值。通过能带对准来形成 n 型和 p 型 4H-SiC 的欧姆接触分别需要 $\phi_M<3.2$eV 和 $\phi_M>6.7$eV 的接触材料。尽管这些限制不如低掺杂半导体严格,但仍然没有材料可以满足它们。另一方面,由于 ϕ_{Bn} 和 ϕ_{Bp} 值明显低于低掺杂 4H-SiC 接触的值,这使得在重掺杂 4H-SiC 上通过载流子隧穿机制形成欧姆接触更容易。注意,对于任何金属功函数值,金属-Si 接触中的 ϕ_{Bn} 和 ϕ_{Bp} 值都

显著低于金属-4H-SiC接触中的值。对于p型Si，考虑到费米能级钉扎和镜像力势垒降低效应，通过能带对准形成Si欧姆接触的金属选择范围还会有所扩大。

通过金属-半导体肖特基势垒接触的电流由两个不同的物理过程决定。第一个是电流由穿过势垒的热激发载流子控制的热电子发射（TE），第二种是SCR足够窄并且载流子可以隧穿势垒时的场发射（FE）。在中间情况下，当载流子被热激发到能够隧穿足够窄的势垒的能量时，就会发生热电子场发射（TFE）[49]。在特定掺杂水平和温度下以哪个过程为主，取决于比值 $qE_{00}/(k_BT)$，其中 k_BT 是热能，E_{00} 定义为[10]

$$E_{00} = \frac{\hbar}{2}\sqrt{\frac{N}{m_{\text{tun}}\varepsilon\varepsilon_0}} \tag{2-7}$$

式中，N 为半导体掺杂水平；m_{tun} 为隧穿有效质量；ε 为相对介电常数。

单能谷中的隧穿有效质量定义为[50]

$$m_{\text{tun}} = \left(\frac{l_x^2}{m_x} + \frac{l_y^2}{m_y} + \frac{l_z^2}{m_z}\right)^{-1} \tag{2-7a}$$

式中，l_x、l_y 和 l_z 为载流子通量相对于椭球等能面主轴的方向余弦；m_x、m_y 和 m_z 为相应的有效质量分量。

E_{00} 的物理意义是它是肖特基势垒的扩散电势（在图2.1a中标为 V_{bi}），此时耗尽区边缘导带底电子的隧穿概率等于 e^{-1} [10]。

当 $qE_{00}/(k_BT) \ll 1$［通常这个条件被严格的不等式 $qE_{00}/(k_BT) < 0.5$ 取代］时，以TE过程为主，通过肖特基势垒的正向电流 J_F 和反向电流 J_R 分别可以表示为[10,12]

$$J_F = J_S \exp\left(\frac{qV}{nk_BT}\right)\left[1 - \exp\left(-\frac{qV}{k_BT}\right)\right] \tag{2-8}$$

$$J_R \cong J_S = A^* T^2 \exp\left(-\frac{\phi_B}{k_BT}\right) \tag{2-9}$$

式中，n 为理想因子；A^* 为电子的有效理查森常数：

$$A^* = A_0 \sum_{i=1}^{M_C} \frac{m_{ei}}{m_0} = \frac{qk_B^2 m_0}{2\pi^2 \hbar^3} \sum_{i=1}^{M_C} \frac{m_{ei}}{m_0} \tag{2-9a}$$

式中，A_0 为自由电子理查森常数；m_{ei} 为第 i 个单能谷中的电子有效质量[20]，该有效质量不同于由式（2-7a）定义的隧穿有效质量，并由下式给出：

$$m_{ei} = \sqrt{l_x^2 m_y m_z + l_y^2 m_x m_z + l_z^2 m_x m_y} \tag{2-9b}$$

对于4H-SiC中的电子，还可以改写为

$$m_{ei} = \sqrt{l_{ML}^2 m_{eMK}m_{eM\Gamma} + l_{MK}^2 m_{eML}m_{eM\Gamma} + l_{M\Gamma}^2 m_{eMK}m_{eML}} \tag{2-9c}$$

式中，$l_{ML,MK,M\Gamma}$ 为发射面法线相对于椭球主轴的方向余弦。

TE 机制的接触电阻率可以很容易地从式（2-8）推导出来：

$$\rho_C = \left(\frac{\partial V}{\partial J}\right)_{V=0} = \frac{k_B T}{qA^* T^2} \exp\left(\frac{\phi_B}{k_B T}\right) \tag{2-10}$$

注意，接触电阻率与理想因子无关。

当 $qE_{00}/(k_B T) \gg 1$ [通常替换为 $qE_{00}/(k_B T) > 5$] 或者当 $qE_{00}/(k_B T) \cong 1$ [通常替换为 $0.5 < qE_{00}/(k_B T) < 5$] 时，分别以 FE 过程和 TFE 过程为主，这两种情况下电流密度 J 和电阻率 ρ_C 的完整理论表达式很复杂，可以在参考文献 [51] 中找到。但对于我们估算接触电阻率来说，知道接触电阻率对 ϕ_B 和 N 的函数依赖性就足够了，这由参考文献 [51] 给出（对于 n 型半导体）：

$$\rho_C \propto \exp\left(\frac{\phi_{Bn}}{\sqrt{N_D}}\right), \text{FE}[qE_{00}/(k_B T) \gg 1] \tag{2-11}$$

$$\rho_C \propto \exp\left(\frac{\phi_{Bn}}{\sqrt{N_D} \coth\left(\frac{qE_{00}}{k_B T}\right)}\right), \text{TFE}[qE_{00}/(k_B T) \sim 1] \tag{2-12}$$

事实上，只要低掺杂时接触电阻率由 TE 机制决定并且可以精确计算，就可以用下面的表达式估算整个掺杂范围内的接触电阻率（对于 n 型半导体）：

$$\begin{aligned}
\rho_C &= \frac{k_B T}{qA^* T^2} \exp\left(\frac{\phi_{Bn}}{k_B T}\right); \quad \frac{qE_{00}}{k_B T} < 0.5 \\
\rho_C &\cong K_{TFE} \exp\left(\frac{\phi_{Bn}}{qE_{00} \coth\left(\frac{qE_{00}}{k_B T}\right)}\right); \quad 0.5 < \frac{qE_{00}}{k_B T} < 5 \\
\rho_C &= K_{FE} \exp\left(\frac{\phi_{Bn}}{qE_{00}}\right); \quad 5 < \frac{qE_{00}}{k_B T}
\end{aligned} \tag{2-13}$$

其中系数 K_{FE} 和 K_{TFE} 可以作为在 N_D 所有三个范围中估算 $\rho_C(N_D)$ 的拟合参数。图 2.4 所示为低掺杂时由式（2-13）计算的接触电阻率随半导体掺杂水平的变化曲线，费米能级钉扎和势垒镜像力降低都被考虑在内。接触金属选自相对化学稳定的材料，n 型 SiC 和 Si 的 ϕ_M 最低，p 型 SiC 的 ϕ_M 最高。图 2.4 中的 $\rho_C(N_D)$ 和 $\rho_C(N_A)$ 曲线被绘制到相应的杂质固溶度极限，并且这些掺杂水平下的接触电阻率对应于理论估计的 ρ_C 的最小值，比如，n 型 4H-SiC 中 ~$5 \times 10^{20} \text{cm}^{-3}$ 的氮固溶度极限时，ρ_C 约为 $2 \times 10^{-7} \Omega \cdot \text{cm}^2$；p 型 4H-SiC 中 ~$2 \times 10^{21} \text{cm}^{-3}$ 的铝固溶度极限时，ρ_C 约为 $8 \times 10^{-7} \Omega \cdot \text{cm}^2$。作为比较，根据这些估计，n 型 Si 欧姆接触的最小电阻率为 $6 \times 10^{-9} \Omega \cdot \text{cm}^2$。

最后，应该提到的是，还可以通过在半导体表面附近产生晶体缺陷来形成欧姆接触。如果这些缺陷的密度足够高，它们可以充当复合中心，从而显著降

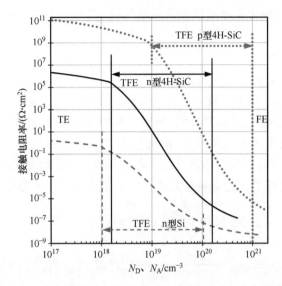

图 2.4 由式（2-13）计算的接触电阻率与半导体掺杂水平之间的依赖关系。点画线：Pt 与 p 型 4H-SiC 接触（低掺杂时 $\phi_{Bp}=1.19\text{eV}$）；实线：Ti 与 n 型 4H-SiC 接触（低掺杂时 $\phi_{Bn}=0.92\text{eV}$）；虚线：Ti 与 n 型 Si 接触（低掺杂时 $\phi_{Bn}=0.56\text{eV}$）

低接触电阻。这些缺陷可以在金属沉积之前通过损坏半导体表面产生，也可以是沉积后热处理期间金属和半导体之间的固态化学反应的结果。据我们所知，没有任何理论可以对这种方法制作的接触的 ρ_C 值进行定量估算。

2.3 接触电阻率测量的方法、极限和精度

采用如图 2.5a 所示的横向两端测试结构可以粗略估算接触电阻率。忽略电流不均匀性和衬底电阻，接触电阻率的上限由式（2-14）给出：

$$\rho_C = \frac{R}{2\pi r^2} \tag{2-14}$$

式中，r 为接触半径；R 为测得的电阻。

考虑到半导体中的扩散电阻时，采用图 2.5b 所示的垂直两端测试结构可以进行更准确的测量。忽略底部接触电阻，该测试结构测量的接触电阻率由式（2-15）给出：

$$\rho_C = \frac{1}{\pi r^2}\left[R - \frac{\rho_B}{2\pi r}\arctan\left(\frac{2x_S}{r}\right)\right] \tag{2-15}$$

式中，ρ_B 为半导体体电阻率；x_S 为半导体层厚度。

这种方法，有时称为 Cox 和 Strack 方法（CSM），需要知道衬底体电阻率，

并且仅适用于与均匀掺杂衬底的接触。

可以通过交叉桥开尔文电阻（CBKR）测试结构、传输线法（TLM）和环形改进 TLM（CTLM）[11] 来测量薄层半导体的接触电阻率。CBKR 法适用于提取非常低的接触电阻，但它需要单独的测试结构或具有多个接触的 CBKR 测试结构来测量半导体薄层电阻，CBKR 测试结构的制作相对复杂，它们需要通过台面或局部注入并生长或沉积高质量绝缘层终端，该方法几乎从未用于 SiC 接触的电阻率测量。TLM 可直接测量薄层半导体的薄层电阻，适用于提取中等和低接触电阻率。TLM 测试结构需要通过台面或局部注入形成终端，但不需要绝缘层，并且它们的制作可以很容易与标准 SiC 器件工艺集成。环形改进 TLM 也需要测试结构且更容易制作。CTLM 与 TLM 测量接触电阻率的范围相同，但它比 TLM 占用更多的空间，并且测试结构尺寸较大，因而精度低于 TLM。此外，CTLM 需要更复杂的算法和近似来提取接触电阻率，进一步降低了它的精度。因此，TLM 是测量接触电阻率的最优选方法，几乎所有已发表的 SiC 欧姆接触结果都是通过 TLM 获得的。如果 TLM 测试结构设计有误或者对这种方法的测量精度不了解，可能会导致获得的接触电阻率值出现严重误差。以下两节简要介绍用于测量 SiC 层比接触电阻率的 TLM、测试结构设计以及 TLM 极限和精度的定量估算。

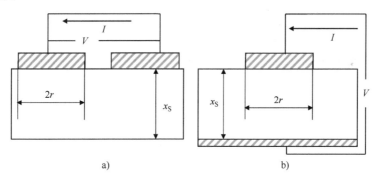

图 2.5　用于测量接触电阻的（a）横向两端和（b）垂直两端测试结构

2.3.1　TLM 测量接触电阻率

图 2.6 所示为 TLM 测试结构的剖面和俯视图。它由彼此距离 d_i 不等的尺寸为 $L×Z$ 的 $M+1$ 个压焊点组成。宽度为 W 的结构终端限制了横向电流扩展，薄层电阻为 R_{Sh} 的半导体层必须通过 pn 结与衬底绝缘或者制作在半绝缘衬底上。根据 TLM，不同间隔的相邻压焊点之间的一组测量电阻 $R_i(d_i)$ 通过最小二乘拟合法及相同权重拟合成线性关系，然后通过拟合线与 R 轴和 d 轴的交点 $2R_{Cf}$ 和 L_y，就可以确定 ρ_C 和 R_{Sh}。例如，图 2.7 所示为在通过 pn 隔离的 n 型 4H-SiC 外

延层（$x_S = 750\text{nm}$，$N_D = 2.4 \times 10^{19}\text{cm}^{-3}$）上制作的 TLM 测试结构（$Z = 40\mu\text{m}$，$W = 48\mu\text{m}$，$L = 130\mu\text{m}$）中的测量结果 $R_i(d_i) = V_i/I_i$。在 TLM 中根据不同间距的压焊点之间的多组测量电阻，可以从 $R_i(d_i)$ 的最小二乘拟合中提取 R_{Sh} 值和正向接触电阻（R_{Cf}）[53]：

$$R_i = \frac{V_i}{I_i} = Ad_i + B = \frac{R_{Sh}}{Z}d_i + 2R_{Cf} \qquad (2\text{-}16\text{a})$$

$$L_y = \frac{B}{A} = \frac{2ZR_{Cf}}{R_{Sh}} \qquad (2\text{-}16\text{b})$$

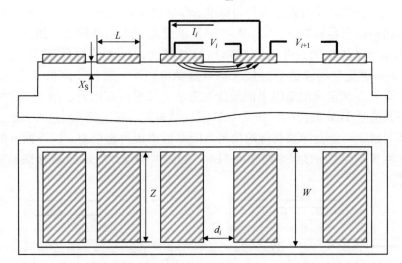

图 2.6 用于测量半导体薄层接触电阻率的 TLM 测试结构的剖面和俯视图

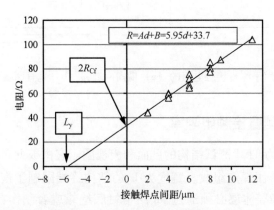

图 2.7 TLM 测试结构中相邻压焊点之间测量电阻随焊点间距的变化。TLM 测试结构（$Z = 40\mu\text{m}$，$W = 48\mu\text{m}$，$L = 130\mu\text{m}$）制作在 pn 结隔离衬底上的 n 型 4H-SiC 外延层（$x_S = 750\text{nm}$，$N_D = 1.4 \times 10^{19}\text{cm}^{-3}$）上

从半导体进入金属的电流可以由传输线模型[54]来描述,根据该模型的半导体-金属传输电流等效电路如图 2.8 所示,并由下面一组方程描述:

$$\begin{cases} dI = -\dfrac{VZdy}{\rho_C} \\ dV = -\dfrac{IR_{Sk}dy}{Z} \end{cases} \quad (2\text{-}17)$$

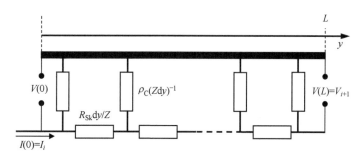

图 2.8　根据传输线模型,从半导体层进入金属中的电流的等效电路

式中,R_{Sk} 是接触下的半导体层薄层电阻。这组方程可以求解,接触下的电势可以近似为[54]

$$V(y) = \frac{I_i\sqrt{R_{SK}\rho_C}}{Z} \frac{\cosh\left(\dfrac{L-y}{L_T}\right)}{\sinh\left(\dfrac{L}{L_T}\right)} \quad (2\text{-}18)$$

其中

$$L_T = \sqrt{\rho_C/R_{Sk}} \quad (2\text{-}19)$$

是传输长度,即到接触边缘 $V(L_T) = V(0)/e$ 的距离。$L_T < L$ 时,L_T 可以看作是有效接触长度,因为这时 $y < L_T$,电流主要从半导体流入金属,正向接触电阻 R_{Cf} 可表示为

$$R_{Cf} = \frac{V(0)}{I(0)} = \frac{\sqrt{R_{SK}\rho_C}}{Z}\coth\left(\frac{L}{L_T}\right) = \frac{\rho_C}{ZL_T}\coth\left(\frac{L}{L_T}\right) \quad (2\text{-}20)$$

方程式(2-20)可以简化为

$$R_{Cf} \cong \frac{\rho_C}{ZL_T} (L_T < L\ \text{时}) \quad (2\text{-}21)$$

和

$$R_{Cf} \cong \frac{\rho_C}{ZL} (L_T > L\ \text{时}) \quad (2\text{-}22)$$

在 n 型和 p 型 4H-SiC 上制作的 TLM 测试结构中,通常要求接触焊点尺寸要

合适，比如 L 和 $Z \sim 100\mu m$，以便能够同时放置两个探针，并且对于 ρ_C 和 R_{Sh} 的所有情况，能够保证 $L_T < L$。将式（2-21）代入式（2-16b）可得

$$L_T = \frac{BZ}{2R_{Sk}} \tag{2-23a}$$

$$\rho_C = \frac{Z^2 B^2}{4R_{Sk}} \tag{2-23b}$$

$$R_{Sh} = AZ \tag{2-23c}$$

式（2-23）包含一个未知的半导体层参数——薄层电阻 R_{Sk}。假设 $R_{Sk} = R_{Sh}$，式（2-23）可以简化为

$$L_T = \frac{B}{2A} \tag{2-24a}$$

$$\rho_C = \frac{ZB^2}{4A} \tag{2-24b}$$

$$R_{Sh} = AZ \tag{2-24c}$$

通常，沉积后的热处理会使得 $R_{Sk} > R_{Sh}$，因此，在式（2-23）中替换 $R_{Sk} = R_{Sh}$ 会导致由式（2-24b）计算得到的是 ρ_C 的保守值。

R_{Sk} 的值可以从接触端电阻 R_{Ce} 的附加测量中提取，R_{Ce} 由传输线模型（见图2.8）定义[53]为

$$R_{Ce} = \frac{V(L)}{I(0)} = \frac{\sqrt{R_{Sk}\rho_C}}{Z} \frac{1}{\sinh\left(\dfrac{L}{L_T}\right)} = \frac{\rho_C}{ZL_T} \frac{1}{\sinh\left(\dfrac{L}{L_T}\right)} \tag{2-25}$$

结合式（2-25）和式（2-20）可得

$$\frac{R_{Ce}}{R_{Cf}} = \frac{1}{\cosh\left(\dfrac{L}{L_T}\right)} \tag{2-26a}$$

和

$$L_T = \frac{L}{\text{arcosh}\left(\dfrac{R_{Cf}}{R_{Ce}}\right)} \tag{2-26b}$$

此接触端电阻可以按照图2.6所示的方法进行测量：

$$R_{Ce} = \frac{V(L)}{I(0)} = \frac{V_{i+1}}{I_i} \tag{2-27}$$

将式（2-19）和式（2-23b）代入式（2-26b）可以提取出 R_{Sk} 和 ρ_C：

$$R_{Sk} = \frac{ZB}{2L}\text{arcosh}\left(\frac{B}{2R_{Ce}}\right) \tag{2-28}$$

$$\rho_C = \frac{LZB}{2\mathrm{arcosh}\left(\dfrac{B}{2R_{Ce}}\right)} \quad (2\text{-}29)$$

不幸的是，在 n 型和 p 型 4H-SiC 中形成的 TLM 测试结构中，对于几乎所有 ρ_C 和 R_{Sh} 情况，都有 $L_T \ll L$，因此 R_{Ce} 远小于 R_{Cf}，基本无法精确测量。

R_{Sk} 值也可以通过对接触工艺参数的分析或从其他材料和表面特性来估算。实际上，图 2.7 所示 TLM 测试结构中的接触焊点是通过沉积 80nm 厚的 Ni，然后在 1050℃ 的真空中快速热处理（RTP）3min 形成的。对于这些测量，由式（2-24）计算可以得到 $L_T = 2.8\mu m$，$\rho_C = 1.9 \times 10^{-5}\Omega \cdot cm^2$ 和 $R_{Sh} = 240\Omega/sq$。该结构中的 n$^+$ 层厚度 x_{SiC} 可以通过二次离子质谱（SIMS）测量。由于 Ni 和 SiC 之间的固态化学反应，所有 Ni 都与 SiC 反应生成 Ni_2Si，导致接触焊点下的 n$^+$ 层厚度减小。消耗的 SiC 的厚度可以通过剥离焊点后的表面轮廓来测量，也可以计算如下：

$$\Delta x_{SiC} = \frac{N_{Ni}}{2N_{SiC}} x_{Ni} = 76\mathrm{nm} \quad (2\text{-}30)$$

式中，N_{Ni} 和 N_{SiC} 分别为 Ni 和 SiC 的原子密度。于是接触下的薄层电阻可以估算为

$$R_{Sk} = \frac{x_{SiC}}{x_{SiC} - \Delta x_{SiC}} R_{Sh} = 265\Omega/sq \quad (2\text{-}31)$$

然后可以通过式（2-23a）和式（2-23b）计算出 $L_T = 2.5\mu m$ 和 $\rho_C = 1.7 \times 10^{-5}\Omega \cdot cm^2$。

2.3.2 TLM 约束

从 TLM 测量中提取接触电阻率的传输线模型有两个明显的约束条件：①金属焊点的薄层电阻低到可以忽略；②焊点下的电流被认为基本上是一维的。由于 SiC 体电阻率很高，对于沉积在 SiC 上的任何固态且相当厚的金属，第一个条件几乎总是满足。第二个条件意味着 $x_S \ll L_T$ 并且不应与通常不太严格的约束 $x_S \ll d_i$ 混淆。假设正确使用传输线模型的 x_0 的上限是 $0.2 L_T$[11]，将 $L_T = 5x_0$ 代入式（2-21）和式（2-16b），得到图 2.7 中与该 x_S 界线相对应的 $L_y = 10x_S$，该条件（$L_y > 10x_S$）提供了一种快速简便的方法，即通过对图 2.7 中所示的 $R_i(d_i)$ 依赖性的视觉评估来判断 TLM 的正确性。半导体层厚度不是通过 TLM 测量的，而且，提取 ρ_C 值不需要知道 x_S 值，因此通过 TLM 在非常厚的层甚至裸露衬底上测量 ρ_C，是一种通常会犯的错误。

$x_S \ll L_T$ 还可以确定接触电阻率的下限，该下限可以通过在具有特定厚度和体电阻率的半导体层上形成的 TLM 测试结构精确测量：

$$x_S \ll L_T = \sqrt{\rho_C/R_{Sk}} < \sqrt{\rho_C/R_{Sh}} = \sqrt{x_S \rho_C/\rho_B} \Rightarrow \quad (2\text{-}32a)$$

$$\rho_C \gg \rho_B x_S (\text{或} \rho_C = 25\rho_B x_S, \text{对} x_S = 0.2L_T) \quad (2\text{-}32b)$$

方程式（2-32）考虑了 $R_{Sk} > R_{Sh}$。图 2.9 显示了假设 $x_S < 0.2L_T$ 时通过 TLM 精确测量的最小接触电阻率，作为对比，其中三条 $\rho_{C|\min}(x_S)$ 线分别对应体电阻率不同的半导体层：$\rho_B = 100\text{m}\Omega \cdot \text{cm}$，是所报道的 p 型 4H-SiC 上的最小值；$\rho_B = 10\text{m}\Omega \cdot \text{cm}$，是所报道的 n 型 4H-SiC 上的最小值；$\rho_B = 0.5\text{m}\Omega \cdot \text{cm}$，是所报道的 n 型 Si 上的最小值。例如，根据图 2.9，图 2.7 所示 TLM 测试结构是制作在 $0.75\mu\text{m}$ 厚的 n 型 4H-SiC 层上的，因此只能用于测量任何掺杂水平下不低于 $2 \times 10^{-5}\Omega \cdot \text{cm}^2$ 的接触电阻。从严格意义上讲，TLM 在该测试结构上提取的 $1.7 \times 10^{-5}\Omega \cdot \text{cm}^2$ 的 ρ_C 值是不正确的，应该使用更薄的半导体层进行测量。请注意，分别与 p 型和 n 型 4H-SiC 形成低于 $10^{-5}\Omega \cdot \text{cm}^2$ 和 $10^{-6}\Omega \cdot \text{cm}^2$ 的接触电阻率时，只能在 $x_S < 40\text{nm}$ 的 4H-SiC 层上进行 TLM 的正确测量，并且该约束条件与接触焊点尺寸和间距无关。由于欧姆接触通常需要沉积后的热处理，这会消耗 SiC 层绝大部分，因此，40nm 厚的 4H-SiC 层太薄，没有实用性。相对而言，由于硅的体电阻率要低得多，因此 TLM 可以在与合理厚度（~100nm）的 n 型硅层的接触中正确测量约 $10^{-7}\Omega \cdot \text{cm}^2$ 的接触电阻率。

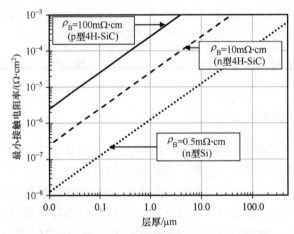

图 2.9　TLM 在 $100\Omega \cdot \text{cm}$、$10\Omega \cdot \text{cm}$ 和 $0.5\text{m}\Omega \cdot \text{cm}$ 体电阻率的半导体层上测量的最小接触电阻率（假设传输线模型适用于 $x_S < 0.2L_T$）

2.3.3　TLM 精度

有三个参数会影响 TLM 提取的接触电阻率的不确定性，它们是测量电阻、接触焊盘间距和接触焊盘宽度的误差，这些误差可以是随机的或系统的。Ueng 等人[55]推导了接触电阻率和薄层电阻总的相对不确定性的解析表达式，假定

$R_{Sk}=R_{Sh}$ 并且 d_i 是均匀间隔的:$d_i=id_{max}/M$,其中 $i=1,\cdots,M$,并且 M 是接触焊点间距的数量,$M\gg 1$。对于随机误差,不确定性取决于所用测量设备的精度、材料缺陷、接触焊点几何形状的波动以及测量条件的波动。由随机误差引起的接触电阻率和薄层电阻的总的相对不确定性可以表示为[55]

$$\frac{\sigma\rho_C}{\rho_C}=\frac{1}{\sqrt{M}}\left[\left(\frac{2Z}{\sqrt{\rho_C R_{Sh}}}+\frac{2\sqrt{3}Z}{R_{Sh}d_{max}}\right)\sqrt{\left(\frac{R_{Sh}}{Z}\right)^2\cdot(\sigma d)^2+(\sigma R)^2}+4\left(\frac{\sigma Z}{Z}\right)\right] \quad (2\text{-}33)$$

$$\frac{\sigma R_{Sh}}{R_{Sh}}=\frac{1}{\sqrt{M}}\left[\left(\frac{2\sqrt{3}Z}{R_{Sh}d_{max}}\right)\sqrt{\left(\frac{R_{Sh}}{Z}\right)^2(\sigma d)^2+(\sigma R)^2}+2\left(\frac{\sigma Z}{Z}\right)\right] \quad (2\text{-}34)$$

式中,σ 为测量参数的标准偏差。$L_T\ll d_{max}$ 时,这些方程式可以简化为

$$\frac{\sigma\rho_C}{\rho_C}=\frac{2}{\sqrt{M}}\left[\sqrt{\left(\frac{\sigma d}{L_T}\right)^2+\left(\frac{\sigma R}{R_{Cf}}\right)^2}+2\left(\frac{\sigma Z}{Z}\right)\right] \quad (2\text{-}33\text{a})$$

$$\frac{\sigma R_{Sh}}{R_{Sh}}=\frac{1}{\sqrt{M}}\left[2\sqrt{3}\sqrt{\left(\frac{\sigma d}{d_{max}}\right)^2+\left(\frac{\sigma R}{R_{max}}\right)^2}+2\left(\frac{\sigma Z}{Z}\right)\right] \quad (2\text{-}34\text{a})$$

式中,$R_{max}=\frac{R_{Sh}d_{max}}{Z}$。$\sigma d$ 和 σZ 值由所用光掩模的公差(通常约为 0.1μm)和处理晶圆的光刻重复率来定义,在以下估算中,假设 σd 和 σZ 值约为 0.1μm。σR 值主要由测量设备的精度决定,例如,常用的半导体器件分析仪(Keysight B1500A,具有中等功率 SMU)在 ±5V($\sigma V/V\approx 4\times 10^{-4}$)范围内的测量精度约为 2mV,在 ±10mA($\sigma I/I\approx 2.5\times 10^{-4}$)范围内的测量精度约为 2.5μA,于是 $\sigma R/R\approx 6.5\times 10^{-4}$。对于 p 型和 n 型 4H-SiC 层,最大测量电阻通常分别约为 5kΩ 和 500Ω,因此对于 p 型 4H-SiC 层的测量,$\sigma R\approx 3\Omega$,对于在 n 型 4H-SiC 层的测量,$\sigma R\approx 0.3\Omega$,以下估算中将用到这些值。增加 M 可以显著降低随机误差导致的测量不确定性,理论上,它可以选择得足够大,以将测量的接触电阻率和薄层电阻的相对随机误差降低到任何预定值以下,实际上,M 数受可用空间的限制,通常不超过 10。以下估算将使用具有 10($M=9$)个接触焊点的 TLM 测试结构。

TLM 测量中由于系统误差导致的不确定性更为显著。TLM 技术包括通过线性关系对 $R_i(d_i)$ 进行最小二乘拟合,以及由拟合线在纵轴上的截距提取 $2R_{Cf}$ 值。与在平均值周围随机散布的不改变 $2R_{Cf}$ 平均值的测量点所导致的随机误差相比,系统误差表现为由于所有测量点都具有相同的 δd 和/或 δR 值,导致整个最小二乘拟合线的偏移,同时 $2R_{Cf}$ 值也相应变化。由于系统误差导致的接触电阻率和薄层电阻的总的相对不确定性为[55]

$$\frac{\delta\rho_C}{\rho_C}=\left(\frac{Z}{\sqrt{\rho_C R_{Sh}}}\right)\delta R+\left(\sqrt{\frac{R_{Sh}}{\rho_C}}\right)\delta d+4\left(\frac{\delta Z}{Z}\right) \quad (2\text{-}35)$$

$$\frac{\delta R_{Sh}}{R_{Sh}} = 2\left(\frac{\delta Z}{Z}\right) \tag{2-36}$$

式中，δ 为系统误差。方程式（2-35）可改写为

$$\frac{\delta \rho_C}{\rho_C} = \frac{\delta R}{R_{Cf}} + \frac{\delta d}{L_T} + 4\left(\frac{\delta Z}{Z}\right) \tag{2-35a}$$

对于系统误差，δZ 由测试结构终端的宽度 W 决定，假设 $W-Z \ll Z$，对于实验室中常规的接触式光刻，实际上 $W-Z \approx 4\mu m$。由于电流扩散，有效接触宽度有时会介于 Z 和 W 之间，对于下面的估算，假设 $\delta Z \approx 2\mu m$。

接触压焊点间距的系统误差 δd，由接触图形化工艺决定。常用的剥离工艺比直接金属刻蚀的几何控制更精确，且易于多层膜图形化。用于剥离工艺的负性或可逆光刻胶必须比沉积膜厚得多，通常约为 $1.5\mu m$。接触焊点间距中非常常见的系统误差来源是与光刻掩模板接触不良导致的光刻胶边缘曝光不足、光刻胶过度/曝光不足、由于过度显影导致的光刻胶底切、后烘烤期间的光刻胶回流。加工过程中通常用光学显微镜控制 d_i，$\delta d \approx 0.2\mu m$ 是此类测量中的理想值。不幸的是，这种控制经常被忽略，使用光刻掩模版中给出的 d_i 值导致 δd 值更高。

δR 主要包括探针、互连线和连接线电阻，总共约为几欧姆。为了使这一误差最小化，必须使用4探针电阻测量方案，在接触焊点处实现电压和电流之间的分离。必须直接公开说明使用此方案，以表明该问题已得到解决。

接触电阻率系统误差的另一个来源是它从测量 I-V 曲线中的错误提取。实际上，欧姆接触定义并不要求它表现为欧姆行为，其 I-V 特性可能是"准线性的"。曲线曲率有精确的数学定义，但它从未被公开用作 I-V 曲线线性度的定量标准。相反，两个相邻焊点之间测量的典型 I-V 特性可以给出线性度，并且其估计完全基于视觉评估。这可能会导致错误地使用静态电阻而不是接触电阻率定义所要求的零偏压时的微分电阻。例如，图 2.10 中的曲线 b 给出的是 TLM 测试结构中两个相邻焊点之间测量的 I-V 特性，而曲线 a 给出的是取决于偏置电压的微分电阻。TLM 测试结构（$Z = 160\mu m$，$W = 170\mu m$，$L = 130\mu m$）制作在 p 型 4H-SiC 外延层（$x_S = 170nm$，$N_A = 2 \times 10^{19} cm^{-3}$）上，测得的 I-V 特性是准线性的，并且差异 $dV/dI|_{V=0}$-V/I 约为 76Ω。显然，该微分与接触焊点间距无关，并且在较大间距的焊点之间测量的 I-V 特性中也看不到。

图 2.11 显示了系统误差 δd 和 δR 对这个特定 TLM 测试结构中提取的接触电阻率值的影响（如插图所示），空心菱形表示测量结果，其中 R 是计算的静态电阻，d_i 值取自光刻掩模版图形。该测量中提取的相应的接触电阻率为 $6.5 \times 10^{-5} \Omega \cdot cm^2$。光学显微镜对该 TLM 测试结构的检测表明，由于光刻胶底切，所有 d_i 值都降低了 $\delta d \approx 0.7\mu m$，该值和 $\delta R = 76\Omega$ 用于获得正确的 $R(d_i)$ 依赖性

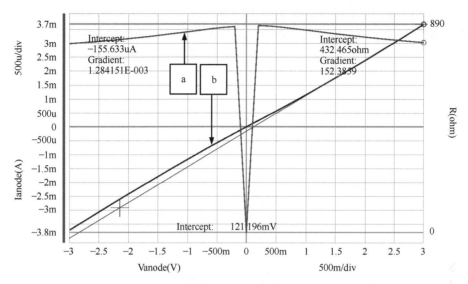

图 2.10 TLM 测试结构上微分电阻随偏置电压的变化曲线（a 线），以及两个间距为 10μm 的接触焊点之间测得得到的 I-V 曲线（b 线）。TLM 测试结构制作在 p 型 4H-SiC 外延层（$x_S=170nm$，$N_A=2×10^{19}cm^{-3}$）上

（由实心三角形表示），提取到的相应接触电阻率为 $3.1×10^{-4}Ω·cm^2$。请注意，相对系统误差 $δd/d<7\%$ 和 $δR/R<8\%$ 导致 $δρ_C/ρ_C≈80\%$。如果使用四探针测试系统并且正确计算了微分电阻，则可以假设系统误差等于测量电阻的随机误差。该假设将用于以下估算。

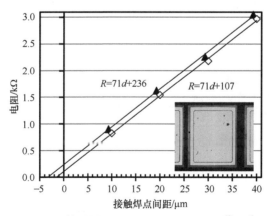

图 2.11 p 型 4H-SiC 外延层（$x_S=170nm$，$N_A=2×10^{19}cm^{-3}$）上制作的不同焊点间距 TLM 测试结构的总电阻。其中空心菱形表示由错误间距得到的静态电阻；实心三角形表示由接触焊点之间精确间距得到的零偏压下的微分电阻

估算出 δR 和 δZ 以后，接触焊点宽度所导致的接触电阻率最小系统误差 Z_{opt}，就可以通过求解方程式（2-35）对 Z 的偏导数并令其等于零而得到[55]

$$Z_{opt} = 2\sqrt{L_T \delta Z \frac{R_{Sh}}{\delta R}} \tag{2-37}$$

通过选择接触焊点间距可以进一步优化 TLM 测试结构，从而使提取的接触电阻率的不确定性最小化。首先应该注意的是，方程式（2-33a）中的 $\sigma R/R_{Cf}$ 和 $\sigma d/L_T$ 替换掉了相对误差 $\sigma R/R$ 和 $\sigma d/d$。类似地，方程式（2-35a）中 $\delta R/R_{Cf}$ 和 $\delta d/L_T$ 代替了相对误差 $\delta R/R$ 和 $\delta d/d$。R_{Cf} 的值总是小于测量的总电阻，为了避免正向接触电阻的相对误差显著增加，拟合线在纵轴上的截距 $2R_{Cf}$ 和最大测量总电阻 R_{max} 应在测试设备的相同测量范围内，这就对 d_{max} 有一个简单的约束：

$$R_{max} \leqslant 10 \times (2R_{Cf}) \Rightarrow 2R_{Cf} + \frac{d_{max}R_{Sh}}{Z} \leqslant 10R_{Cf} \Rightarrow d_{max} \leqslant 18L_T \tag{2-38}$$

2.3.4 TLM 测试结构设计和参数计算实例

总结上述关于 TLM 约束和精度的讨论，表 2.3 给出了在具有最小可用体电阻率的 4H-SiC 上制作的 TLM 测试结构的几何设计和参数计算示例，初始数据包括 SiC 体电阻率、目标层厚度以及测量和工艺的不确定性。

表 2.3 TLM 测试结构参数的计算

		n 型 4H-SiC	p 型 4H-SiC
输入数据			
最小可用体电阻率 ρ_B	$\Omega \cdot cm$	0.01	0.1
外延层厚度或注入深度 x_S	nm	100	100
薄层电阻 $R_{Sh} = \rho_B/x_S$	Ω/sq.	1000	10000
测量次数 M		9	9
焊点宽度的系统误差 δZ	μm	2	2
焊点宽度的标准偏差 σZ	μm	0.1	0.1
电阻测量精度 $\sigma R = \delta R$	Ω	0.3	3
焊点间距测量精度 $\sigma d = \delta d$	μm	0.1	0.1
计算参数			
由式（2-32b）计算的最小可测量 ρ_C	$\Omega \cdot cm^2$	2.5×10^{-6}	2.5×10^{-5}
由式（2-19）计算的传输长度 L_T	μm	0.50	0.50
由式（2-38）计算的最大焊点间距 d_{max}	μm	9	9
由式（2-37）计算的 Z_{opt}	μm	115	115
由式（2-21）计算的 R_{Cf}	Ω	4.3	43
最小接触间隔距离 d_{max}/M	μm	1	1
由式（2-38）计算的 R_{max}	Ω	86.6	866

对于表 2.3 所描述的 TLM 测试结构，由式（2-33a）和式（2-35a）计算得出的提取接触电阻率的随机和系统相对误差如图 2.12 所示，可以看到，从最小可测量值 ρ_C 提取的接触电阻率的总误差接近 50%。

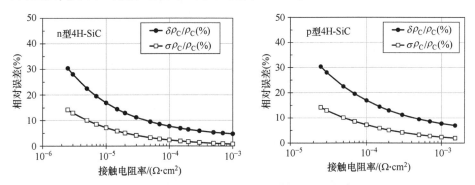

图 2.12　表 2.3 所述 TLM 测试结构中，由电阻测量以及接触焊点宽度和间距定义的系统与随机误差所导致的接触电阻率提取值的相对不确定性

这些误差的估算和优化 TLM 测试结构参数的计算，都是基于最低可用的 SiC 体电阻率、标准测试设备的测量精度和常用的传统接触光刻技术提供的图形化公差进行的。因此，可以得出结论，对于在 n 型和 p 型 4H-SiC 上形成的欧姆接触，TLM 能够精确测量的最小接触电阻率分别为 $2.5\times10^{-6}\Omega\cdot cm^2$ 和 $2.5\times10^{-5}\Omega\cdot cm^2$。除非提供了对测量约束条件和误差的详细分析，否则报道的更低的 ρ_C 值，都只能是粗略估计。

2.4　n 型 SiC 欧姆接触制备

在实验室实践中，可以通过放电装置（EDM）轻松制作与 n 型 SiC 的可接受的欧姆接触，该过程如图 2.13 所示。可以使用简单的电容放电电路或任何方便的实验室直流电源来产生火花。在此特例中使用了 Aim-TTi EX752M 75 V/2A 型 PSU，该 PSU 有一个 $200\mu F$ 的输出电容，可提供足够的能量来产生火花。在 SiC 表面形成凹坑的过程如下：将电流设置限制为 10mA，输出电压约为 30V，将一个焊点牢固地放置在 SiC 晶圆上并接近第二个焊点（钨探针台镊子），直到火花点燃（见图 2.13a）并在 SiC 表面上产生一个黑点（见图 2.13b）。所需电压取决于晶圆电导率和表面态，并需要调整。单个火花在 SiC 表面产生一个具有非常粗糙的底面并充满烟灰的坑（见图 2.13c）。

最后，任何软金属（本例中为铟）散布在坑上以形成欧姆接触，如图 2.14 中的插图所示。在通过该方案形成的两个顶部接触上测量的 I-V 和 R_d-V 特性如图 2.14 所示，该接触是在 $\rho_B = 0.02\Omega\cdot cm$ 的商用 4H-SiC 晶圆上制作的，其 I-V

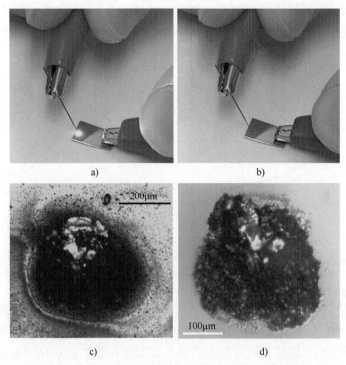

图2.13 通过放电装置制作n型SiC的欧姆接触

特性基本为线性。为了估算接触电阻率,测量后将金属覆盖层剥离,并通过湿法清洗去除金属残留,使用Tegal PLASMOD 100 W台式等离子反应器中的氧等离子体去除碳。图2.13d显示了去除金属和烟灰后SiC表面的坑。测量坑直径约为300μm,从图2.14中提取的$R_d(0) = 24\Omega$,可以粗略估算出接触电阻率的上限为$\rho_C < 5 \times 10^{-3} \Omega \cdot cm^2$。

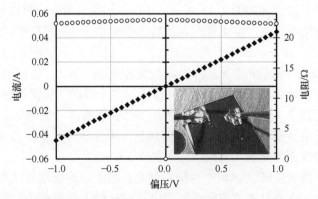

图2.14 通过EDM在n型4H-SiC晶圆上形成的两个欧姆接触中测量的
I-V特性(实心菱形)和取决于偏压的微分电阻(空心圆)

这是一种非常简单且有效的实验室方法，可以对 n 型 SiC 样品形成具有良好电阻率的欧姆接触。它从 SiC 技术的早期就开始使用，并在商用 6H 和 4H 晶圆以及中高掺杂的 Lely 晶体上进行了测试。例如，该方法用于工作温度高达 500℃ 的 6H-SiC 二极管中制作背面接触[56]。不幸的是，当需要薄外延层上的欧姆接触时，它与 SiC 器件工艺不兼容，因为 EDM 破坏材料的深度通常超过器件结构的厚度，不能以可接受的精度进行控制，并且生产的接触在高温下不可用。它仍然非常适用于在低温到中高温的温度范围内进行测量的 SiC 测试结构中快速简单地制作背面接触。

与 SiC 器件工艺兼容的欧姆接触制作的常规方法包括接触材料的生长或沉积，然后是选择性热处理。热处理后，焊点必须被高导电软金属的杯突层覆盖，以便进一步的探针测试或引线键合。必须对它们进行有效保护，以防止在高温下被氧化，因为 SiC 器件的工作温度可能超过 700℃。表 2.4 和表 2.5 分别列出了文献报道的 n 型 4H-SiC 和 6H-SiC 欧姆接触的参数、特性和工艺细节，这些表格中的数据取自参考文献 [57]、[8] 和 [9]，经过严格校对（排除了一些有争议的数据）并根据最近公布的结果进行了更新。如果注释中未指明另一种方法，则这些表中列出的接触电阻率是通过 TLM 测量的。

表 2.4　n 型 4H-SiC 欧姆接触

金属①	厚度/nm	SiC 层信息，x_S/nm	N_D/(10^{18} cm^{-3})	退火条件			ρ_C/(10^{-5} $\Omega \cdot$ cm^2)	表面处理、沉积方法、测试方法	参考文献
				T/℃	T/min	气氛			
原位沉积									
Ti-C	150；500℃ 共溅射	1000 外延层	13	0	0		0.928	超高真空；外延 TiC	[58]
Al	50	200；300 外延层上 P 注入	500	0	0		0.054	牺牲氧化	[59]
Al	n/r	200；300 外延层上 P 注入	500	0	0		0.12	牺牲氧化	[60]
Mo	50	200；300 外延层上 P 注入	500	0	0		0.2	牺牲氧化	[59]
Ni	50	200；300 外延层上 P 注入	500	0	0		0.3	牺牲氧化	[59]
Ti	50	200；300 外延层上 P 注入	500	0	0		0.027	牺牲氧化	[59]

（续）

金属[①]	厚度/nm	SiC 层信息, x_S/nm	N_D/ (10^{18} cm^{-3})	退火条件 T/℃	T/min	气氛	ρ_C/(10^{-5} $\Omega \cdot$ cm^2)	表面处理、沉积方法、测试方法	参考文献
Ni 基									
Ni	100；电子束蒸发	x_S n/r；400℃ P 注入	300	1000	1	N_2	10		[61]
Ni	50	800；外延层	15	1000	2	Ar	0.033		[62]
Ni	50	200；300n 型外延层上 P 注入	500	1000	2	Ar	0.22	牺牲氧化	[60]
Ni	50	x_S n/r；700℃ P 注入	250	1000	2	Ar	0.04		[63]
Ni	50	外延层	20	1100	2	Ar	12		[64]
Ni	170；电子束蒸发	250；N 注入	18	1040	3	真空	1.5	牺牲氧化	[65]
Ni	50~500	200；外延层	5	1000	5	n/r	2		[66]
Ni	150；电子束蒸发	C 面衬底	3	950	5	1% H_2/Ar	0.49	Ar$^+$离子轰击	[67]
Ni	150；电子束蒸发	200；500 外延层上外延	10	950	10	N_2	0.28		[68]
Ni/TaSi$_x$/Pt	100/200/400；溅射	1000；外延	11	950	30	Ar	35	牺牲氧化	[69]
Ni	50；溅射	x_S n/r；N 注入	30	950	n/r	Ar	21		[70]
Ni	50；热蒸发	x_S n/r；外延	13	1000	5	超高真空	18	CTLM	[71]
Ni/Si	150；电子束蒸发	200；500 低掺杂外延层上外延	10	950	10	Ar	2.7	Ni/Si 比等于 NiSi$_2$	[68]
Ni/Si	150；电子束蒸发	200；500 低掺杂外延层上外延	10	950	10	N_2	0.27		[72]
Ni/Si/Ni	100/50/150；溅射	10000；n 型衬底上外延	11	550+800	10+3	10% H_2/Ar	1.4		[73]
Ni/TiN	50/10	100；N 注入	1000	1000	0.5	Ar	3.5	Ar ICP, CTLM（环形传输线法），N_D>固溶度极限	[74]
Ni/TiW	100/200；溅射	C 面衬底	5	975	1	N_2	4.2	CTLM	[75]

(续)

金属[①]	厚度/nm	SiC 层信息, x_S/nm	N_D/(10^{18} cm^{-3})	退火条件			ρ_C/(10^{-5} Ω·cm^2)	表面处理、沉积方法、测试方法	参考文献
				T/℃	T/min	气氛			
Ni 基									
Ni$_{80}$Cr$_{20}$	x_m n/r; 溅射	外延	50	1000	2	真空	0.5		[76]
Ni$_{80}$Cr$_{20}$	50, 200; 溅射	500; 外延	13	1100	3	真空	1.2		[77]
Ti 基									
Ti	50	外延	20	1100	2	Ar	12		[64]
Ti/TaSi$_2$/Pt	100/400/200; 溅射	2000; 外延	20	600	30	N$_2$	47	四探针	[78]
Ti	30; 溅射	x_S n/r; N 注入	30	1050	n/r	Ar	65		[70]
Ti/Al/Si	20/30/30	x_S n/r; 注入	26	1020	2.5	Ar	0.37	牺牲氧化	[79]
Ti/Ni	10/20; 电子束蒸发	230; N 注入	100	950	1	N$_2$	0.48		[80]
Ti/Ni	10/20; 电子束蒸发	500; N 注入	10	1000	10	Ar	4.1	CBKR	[81]
Ti/TiN/Al	100/10/300	100; P 注入	1000	600	5	真空	0.083	Ar ICP, CTLM	[74]
Ti$_3$SiC$_2$	800℃ 共溅射	800; 外延	15	950	1	Ar	50		[82]
Ti-C	150; 500℃ 共溅射	1000; 外延	13	950	2	10% H$_2$/Ar	4.0	超高真空; 外延 TiC	[58]
Ti(30 wt.%)W	110; 溅射	200; 400n 型外延层上外延	50	950	5	Ar	40.8		[83]
TiW	180; 200℃ 溅射	1000; 外延	11	950	30	真空	3.3	ICP 刻蚀	[84]
TiW	180; 溅射	1000; 外延	11	950	30	Ar	1.5	牺牲氧化	[69]
其他金属									
Al/Ni	约 6%/50; 电子束蒸发	200; P 注入	200	1000	2	Ar	4.8		[85]

（续）

金属[①]	厚度/nm	SiC层信息，x_S/nm	N_D/(10^{18} cm^{-3})	退火条件			ρ_C/(10^{-5} $\Omega \cdot cm^2$)	表面处理、沉积方法、测试方法	参考文献
				$T/℃$	T/min	气氛			
其他金属									
Al/Ti/Au	150/150/100；热蒸发	衬底，无外延	10	1050	5	Ar	0.28	CTLM	[86]
Al/Ti/Ni	50/50/20；电子束蒸发	x_S n/r；外延	10	800	30	超高真空	20	牺牲氧化 CTLM	[87]
Nb	200	500；外延	13	1100	10	n/r	0.1	受限于TLM精度	[88]
WNi/Si	100/20 W-75at.%	2000~3000 外延	6	1100	60	Ar	50		[89]
TaSi$_x$/Pt	200/400；溅射	1000；外延	11	950	10	Ar	1	牺牲氧化	[69]

注：n/r为未报告；Ti/Al为分层沉积；Ti-Al为两种来源的共沉积；TiAl为合金溅射；epi为外延层。
① 在多层接触中，左侧的金属首先沉积。

对表 2.4 和表 2.5 中收集的数据进行分析，得出的第一个令人惊讶的结论是，在降低 n 型 SiC 的接触电阻率方面显然没有取得重大进展。实际上，图 2.15 给出的 n 型 SiC 欧姆接触电阻率随发布日期的变化（虚线表示趋势）表明确实如此。或许可能有各种推测来解释这种趋势，但值得注意的是，欧姆接触的制造技术和表征方法已经足够成熟，以至于开发低电阻率的 SiC 欧姆接触成为一个热点问题。硅和三五族（A3B5）材料方面获得的经验为在 SiC 中开始这些研究并很快获得低电阻率接触奠定了良好的开端。接下来几年公布的 ρ_C 值略有增加可能与 SiC 材料生长、外延和离子注入的显著进展有关，因为底层材料的晶体质量越好，其欧姆接触的制作就越复杂。

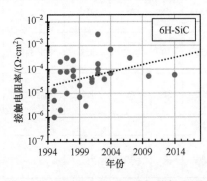
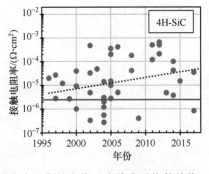

图 2.15 报道的 n 型 SiC 欧姆接触电阻率随发布日期的变化（虚线表示指数趋势）

表 2.5　n 型 6H-SiC 欧姆接触

金属[①]	厚度/nm	SiC 层信息，x_S/nm	N_D/(10^{18} cm^{-3})	退火条件 T/℃	t/min	气氛	ρ_C/(10^{-5} $\Omega\cdot$cm^2)	表面处理、沉积方法、测试方法	参考文献
Ni 基									
Ni	100	衬底，无外延层	7.4	950	1	N$_2$	3.9		[90]
Ni	x n/r；电子束蒸发	500；外延层	8	950	2	真空	0.5		[91]
Ni	x n/r；电子束蒸发	莱利晶体 Si 面和 C 面	2	1000	2	真空	8		[92]
Ni	x n/r；电子束蒸发	莱利晶体 Si 面和 C 面	5	1000	2	真空	8		[93]
Ni	200	Acheson 衬底液相外延 C 面	450	1000	5	Ar	0.1	CSM	[94]
Ni	50~500	Si	20	1000	5	N$_2$	0.2		[66]
Ni	100	衬底	1	1020	5	N2：H2 (99：1)	21	掩模；四探针	[95]
Ni	200；电子束蒸发	衬底 C 面	1	1000	5	Ar	300		[96]
Ni	100	衬底	7.4	950	n/r	N$_2$	3.9		[97]
Ni	100；电子束蒸发	500；外延	8.1	950	5	真空	5.2		[98]
Ni	150；电子束蒸发	衬底，无外延层	1.8	950	10	Ar	1		[68]
Ni/Si	150；电子束蒸发	衬底，无外延层	1.8	950	10	Ar	30	Ni/Si 比等于 NiSi$_2$	[68]
Ni80Cr20	50，200；溅射	500；外延	1.4	1100	3	真空	9.1		[77]
Si/Ni	50/n.r；LPCVD/溅射	外延	15	300	540	N$_2$	69	CTLM	[99]

(续)

金属①	厚度/nm	SiC层信息, x_S/nm	N_D/(10^{18} cm^{-3})	退火条件 T/℃	t/min	气氛	ρ_C/(10^{-5} Ω·cm^2)	表面处理、沉积方法、测试方法	参考文献
Ti 基									
Ti	100;电子束蒸发	衬底,无外延层	7.4	900	n/r	真空	10	牺牲氧化;TiC/Ti$_5$Si$_3$	[100]
Ti	100;电子束蒸发	衬底,无外延层	7.4	1000	n/r	真空	6.7	牺牲氧化;Ti$_3$SiC$_2$	[100]
Ti/Ni	20/120	正轴衬底,无外延层	2	950	2	Ar	5.9		[101]
Ti/TaSi$_2$/Pt	100/400/200;溅射	2000;外延	7	600	30	N$_2$	16.8	牺牲氧化;四探针	[78]
TiC	150;CVD	1000;外延	40	1300	15	N$_2$	1.3		[102]
TiSi$_x$	400;溅射	300;N 注入	5	1150	2	Ar	0.7		[103]
其他金属									
Ta/Ni/Ta	20/70/10;溅射	衬底	0.6	800	10	Ar	30		[104]
Re	100	衬底,无外延层	1.28	1000	120	真空	7	TLM	[105]
MoSi$_2$	100;溅射	1000;外延	10	1000	20	H$_2$	5.2	PECVD SiO$_2$/BOE	[106]
Nb	200	500;外延	1.4	1100	10	n/r	0.3		[88]
TaC	160~320;200℃溅射	衬底,无外延层	23	1000	15	真空	2.1	550℃/10min 真空	[107]
TaC	100;200℃溅射	500;n 型衬底上外延	8	1000	15	真空	3	550℃/10min 真空	[108]
WSi$_2$	100;溅射	1000;外延	10	1000	20	H$_2$	24	PECVD SiO$_2$/BOE	[106]

注:n/r 为未报告;Ti/Al 为分层沉积;Ti-Al 为两种来源的共沉积;TiAl 为合金溅射。
① 在多层接触中,左侧的金属首先沉积。

图 2.16 显示了报道的 n 型 6H-SiC 和 4H-SiC 欧姆接触电阻率随 SiC 层掺杂水平的变化。欧姆接触通常通过将过渡金属(可能与其他金属、硅或碳结合)沉积到重掺杂($>10^{18}$ cm^{-3})SiC 上而形成。与 $N_D>10^{20}$ cm^{-3} 的 4H-SiC 的接触在金属沉积时就表现出欧姆特性,而与掺杂较低的 SiC 层的接触则需要沉积后的高温(>950℃)退火(PDA)。

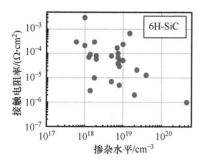
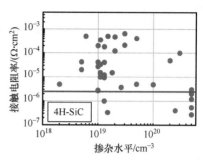

图 2.16 报道的 n 型 SiC 欧姆接触电阻率随 SiC 层掺杂水平的变化（数据取自表 2.4 和表 2.5）

请注意，低于 ~$2.5\times10^{-6}\Omega\cdot cm^2$ 的 ρ_C 值（由图 2.15 和图 2.16 中的水平实线所示）应被视为根据 2.3.4 节中的计算进行的粗略估计。

2.4.1 n 型 SiC 的镍基欧姆接触

尽管已经对各种过渡金属进行了广泛研究，但镍是用于制作与 n 型 SiC 欧姆接触最广泛使用的金属[109,57]。一些研究小组已经成功地证明了镍基 4H-SiC 欧姆接触的比接触电阻率可以达到 $1\times10^{-6}\Omega\cdot cm^2$（见图 2.17a）。

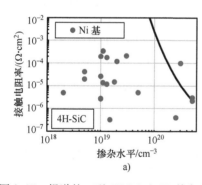
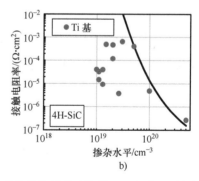

a)　　　　　　　　　　　　　b)

图 2.17 报道的 n 型 4H-SiC 上 Ni 基和 Ti 基欧姆接触的比接触电阻率随 SiC 掺杂水平的变化，数据取自表 2.4，实线为根据方程式（2-13）估算的 ρ_C 的理论曲线

在约 $10^{19}cm^{-3}$ 掺杂水平处有过多的数据点，这是市售 4H-SiC 外延层的最高掺杂水平，但平均而言，$N_D>2\times10^{18}cm^{-3}$ 的所有 SiC 层上都已经制作出了镍基欧姆接触。在 800nm 厚的外延层[62]或未报道厚度的层[63]上制作的 TLM 结构测量的 $\rho_C<10^{-6}\Omega\cdot cm^2$ 的接触电阻率，应该被认为是非常粗略的估计。排除这两个数据点，在所有高于 $2\times10^{18}cm^{-3}$ 的掺杂水平下，报道的最低接触电阻率保持在约 $5\times10^{-6}\Omega\cdot cm^2$ 的水平。

图 2.17a 中的实线所示为由方程式（2-13）计算的 Ni 接触的 ρ_C 值，其中考虑了方程式（2-3a）描述的费米能级钉扎和由方程式（2-4）描述的肖特基势垒镜像力降低（使得低掺杂时 $\phi_{Bn}=1.34eV$，固溶度极限时 $\phi_{Bn}=0.89eV$）。可以清楚地看到，掺杂水平 $N_D>10^{20}cm^{-3}$ 时，4H-SiC Ni 接触电阻率（参考文献 [59] 和 [60] 中报道）与计算结果吻合得很好，而在较低的掺杂水平下，接触电阻率要比由式（2-13）估算的 ρ_C 值大得多，并且几乎与掺杂水平无关。这可能归因于通过能带对准形成的欧姆接触需要具有负的 ϕ_{Bn}，但镍或其与 SiC 的化学反应的产物不具有式（2-3a）所需的低于 3.2eV 的功函数（4H-SiC 的 χ_S 值）。由此得出结论，在沉积后退火（这是 $N_D<10^{20}cm^{-3}$ 时的强制处理工艺）期间，肖特基接触转变为欧姆接触的主要原因是底层 SiC 的电性能的变化，而不是归因于所产生的金属接触层的电性能。然而，与 PDA 工序中化学反应和互扩散过程相对应的接触层的化学组分和微结构，才是导致 SiC 层发生相应变化并形成欧姆接触的重要标志。

这些标志中的第一个是硅化镍的形成。已经被证实，在 PDA 过程中，由于 SiC 分解和 Ni 与 Si 之间的化学反应，会形成镍的硅化物[110]，可能会产生几种热稳定的镍硅化合物，其中一些是 $Ni_{31}Si_{12}$、Ni_2Si、$NiSi$ 和 $NiSi_2$，该过程在大约 600℃的温度下开始，产生富含镍的硅化物（$Ni_{31}Si_{12}$），然后在较高温度下形成含较少金属的硅化物[111]。当在低于 950℃的温度下形成时，硅化镍接触层（主要由 Ni_2Si 相组成）保持整流特性，肖特基势垒约为 $1.6eV$[112]。当 PDA 在较高温度下进行时，接触行为从整流特性转变为欧姆特性，并且发现只有 Ni_2Si 相存在于该接触层中[111]。图 2.18 所示为 4H-SiC 衬底上 Ni_2Si 欧姆接触的 X 射线衍射谱，具有固定掠入射角的 2θ 扫描由 Bruker D8 Advance 衍射仪进行，该衍射仪配备抛物面哥贝尔（Göbel）镜和带铜阳极的常规线聚焦管（40kV/40mA）。通过这种 X 射线分析检测到的相是 Ni_2Si 和 C，并带有微量的 $NiSi_2$。为了形成这种接触，先通过电子束蒸发在 4H-SiC 衬底上沉积 5nm 厚的 Ti 黏附层，然后再沉积 80nm 厚的 Ni 层，并在 1050℃的真空中退火 3min，镍膜也可以通过磁控溅射和热蒸发来沉积。

所有蒸发的镍膜都存在很大应力，并且在 SiC 上的附着力很差。因此需要使用厚度约为 10nm 的铬或钛黏附层来沉积高达 100nm 厚的 Ni 薄膜。磁控溅射镍膜的应力较小，可在 SiC 衬底上直接沉积高达 300nm 厚的镍，无需任何黏附层。跟不与 SiC 反应并在退火后保持在反应区扩展的铬相比，钛在约 450℃的温度下开始与 SiC 反应并形成非常有效的镍扩散阻挡层[110]，这导致在 PDA 初期由于有限的镍输送到固态化学反应区的前部[113]，形成金属含量较少的硅化物 $NiSi_2$，这种二硅化镍在图 2.18 所示的相分析中被检测到。退火前初始结构中 SiC 表面的特殊晶面（Kirkendall 面）上的 TiC 层在 PDA 过程中保持稳定。如果

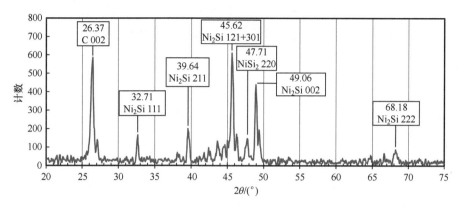

图 2.18　4H-SiC 衬底上 80nm 厚 Ni 层经过 1050℃ 真空退火 3min 后的 X 射线衍射谱。具有固定掠入射角的 2θ 扫描由 Bruker D8 Advance 衍射仪进行，该衍射仪配备抛物面哥贝尔镜和带铜阳极的常规线聚焦管（40kV/40mA）

在 PDA 过程中消耗了所有镍，则 TiC 层可以通过俄歇分析在最终接触结构的顶部检测到，如图 2.19 所示[114]，这直接证明了镍是在反应区中形成的金属间化合物中流动性最强的物质[110]，并且 Ni 和 Si 之间的化学反应发生在 Ni₂Si 和 SiC 之间的界面处。换言之，镍通过反应区扩散到 SiC，而不是硅扩散到镍。

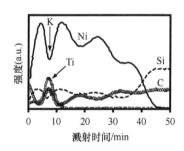
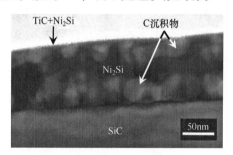

图 2.19　1040℃ 退火 800s 后 Ni(150nm)/Ti（4nm）/SiC 结构的俄歇能谱和 TEM 剖面照片[114]［Copyright（2006）IOP Publishing］

由作为低阻欧姆接触层的 Ni₂Si 和作为扩散阻挡层的 TiC 组成的复合结构，保证了形成的接触的高温稳定性，但在 Ni 之前或之后沉积太厚（约 50nm）的钛层，都会在 Ni₂Si 和 SiC 之间形成厚的 TiC 层[114]，该 TiC 层会使形成的欧姆接触的电特性显著劣化。

金属-SiC 的界面处存在 Ni₂Si 相是形成欧姆接触的第一个标志。Ni₂Si 相的功函数约为 4.9eV[30]，根据方程式（2-3a）计算得到的 Ni₂Si/4H-SiC 接触的肖特基势垒高度为 1.48eV。Ni₂Si 肖特基接触的电特性表明，低掺杂 6H-SiC 外延层上的势垒高度为 1.3eV[100]，低掺杂 4H-SiC[113] 上的 ϕ_{Bn} = 1.2eV。因此，Ni₂Si

相的存在本身并不是在 n 型 SiC 上形成欧姆接触的唯一因素。如上所述，这表明形成欧姆接触所需的固态化学反应发生在沉积后的退火过程中。

SiC 和 Ni 之间固态化学反应的另一个产物是碳，它是反应区中最难去除的化合物[115]，它在镍和硅化镍中的固溶度非常低：分别为 0.2%[116] 和 0.8%～1%[117]。因此，碳原子在 SiC 分解过程中释放的位置停留并聚集，这种沉积物在图 2.19 所示的透射电子显微镜（TEM）图像中可以清楚地看到。X 射线分析表明这些沉积物具有石墨结构，如图 2.18 所示。此外，由于 PDA 过程中镍的消耗[118,119]，这些沉积物在接触表面上会聚结成固态石墨烯状薄膜，并且在 PDA 冷却阶段在接触层和 SiC 之间的界面处形成几层石墨烯薄膜[120]。

关于碳在欧姆接触形成中的作用，起初认为碳沉积物导致接触退化[68,72]，后来又认为碳是形成欧姆接触的关键因素[92]。为此进行过两种实验：①沉积纯 Ni_2Si[121] 和 Ni/Si[72] 以避免接触中的碳；②在镍下沉积 2.5nm 碳膜以丰富与碳的接触[122]，结果都表明，沉积后退火是形成欧姆接触的必要手段，并且两种实验中的接触电阻率都没有明显降低。因此可以得出结论，与 Ni_2Si 一样，接触层中或接触层与 SiC 界面处碳的存在并不是形成欧姆接触的唯一因素，而形成欧姆接触所必需的固态化学反应都是发生在沉积后的退火过程中。

Nikitina 等人[57]对这一建议进行了验证，他们在电阻率为 $0.023\Omega \cdot cm$ 的商用 n 型 4H-SiC 晶圆的 C 面上制作了欧姆接触。在样品处理之前，通过反应离子刻蚀（RIE）将抛光损坏的表面层去除 $10\mu m$，然后在 1100℃ 的湿氧中进行牺牲氧化 4h，然后在 HF 中去除氧化层。钛（4nm 厚）和镍（170nm 厚）通过热蒸发连续沉积，通过剥离程序图形化并在 1040℃ 的真空中退火 800s。这些接触表现出欧姆行为，并通过 X 射线衍射和拉赫曼光谱进行了表征，以确认它们含有 Ni_2Si 和碳沉积物。表征后，在 HF：HNO_3（1：3）中腐蚀 Ni_2Si 去掉接触层，并在氧等离子体中去除碳。然后，它们被钛"二次"接触，通过剥离工艺图形化，并与去除前次接触层后留在 SiC 衬底中的印迹对准。这些"二次"接触表现出与原来退火接触一样低的接触电阻率，这直接证明了镍基接触与 SiC 的欧姆特性是由接触下方的薄 SiC 层的某些变化决定的，而不是由接触层本身的组分决定的。假设在 SiC 的近界面区域可能会产生带正电的碳空位，导致肖特基势垒宽度减小并增加电子隧穿概率。这些碳空位的存在还没有通过其他材料表征技术进行实验证明，并且接触层下方 SiC 薄层性质的变化仍不清楚。尽管如此，在 6H-SiC 和 4H-SiC 多型体 Si 面和 C 面上使用 Au、Pt、Ta 或 Ni 作为第二种金属，均成功制作出了这种"二次"欧姆接触[123,124]，并且这些接触在 300℃ 的空气中经受 1400h 热应力后仍保持稳定[125]。

通常认为镍基欧姆接触有两个主要缺点：①接触-SiC 界面的高粗糙度；②接触层中存在 Kirkendall 空位和石墨沉积物。参考文献［57］中在去除硅化镍接触层后测量了界面粗糙度，在4nm厚的Ti上热蒸发170nm厚的镍形成接触层，然后在1040℃的真空中进行3min PDA，发现SiC被消耗了70nm，SiC表面的粗糙度约为10nm（rms），远高于在接触焊点之间的粗糙度（0.5nm）。这种高粗糙度可能有助于降低接触电阻率，但是没有见到直接研究界面粗糙度对接触电阻率和可靠性的影响的报道。

为了缓解第二个问题，在6H-SiC上沉积了Ni/Si比与Ni_2Si成分相同的多层Ni/Si（150nm）薄膜[68]，这些接触仍然需要PDA（Ar中950℃/10min）来呈现欧姆特性，这里假定添加硅原子可以减少SiC中的硅消耗和PDA过程中碳原子的释放。所得接触的电阻率比通过在SiC上退火Ni层制作的传统接触高了大约10倍。在TEM图像中观察到了Kirkendall空位数量减少，但在500℃的氮气中进行100h的老化实验后可靠性并未有明显改善。Nakamura等人[126]沉积Si（92.5nm）和Ni（25nm）薄膜以形成化学计量的$NiSi_2$合金，接触在950℃ Ar中退火10min以获得欧姆特性，并证明接触电阻率与镍退火形成的接触的文献数据相当。通过TEM确认不存在Kirkendall空位和石墨沉积物，但未测试接触可靠性。

最近，Ervin等人[124]研究了添加钨对镍接触的影响，他们推测，钨应该通过形成WC来减少Kirkendall空位和石墨沉积。他们将金属薄膜溅射在4H-SiC晶圆（$N_D = 1 \times 10^{18} cm^{-3}$）Si面上，并在1000℃ N_2气氛中退火2min，SiC/Ni（54nm）/W（30nm）和SiC/Ni（74nm）结构被一起处理。尽管CTLM对裸晶圆的电阻率测量结果不正确，但在同一晶圆上的直接比较显示，Ni/W接触的电阻率为Ni对应物的1/10。通过XRD、XPS、TEM和AFM评估接触，结果表明，所得到的接触结构是双层SiC/WC/Ni_2Si，与传统的SiC/Ni_2Si接触相比，没有空位，没有碳夹杂物，并具有更好的表面和界面粗糙度。在SiC/Ni和SiC/Ni/W上溅射300nm厚的Pt和200nm厚的Au，用于引线键合和老化测试。SiC/Ni/W接触显示出良好的键合拉力测试和老化测试结果，并且长期热稳定性明显优于SiC/Ni接触。它们在300℃的大气环境中保持700h相对稳定，表明电阻率随老化时间线性增加，而SiC/Ni在200h后会突然退化。

2.4.2 硅化镍欧姆接触的实用技巧和工艺兼容性

PDA过程中消耗的SiC厚度可以通过式（2-30）计算，大致等于在所有镍已经反应的情况下沉积的镍层的厚度。在精确的器件设计中必须考虑SiC的这种消耗。在PDA期间，磁控溅射镍在1050℃下以约0.3nm/s的速率被消耗（真空测量SiC上270nm厚镍膜经10min RTP），该值可用于首次估计所需的退火时间。

如果SiC晶圆的反面被抛光且未被覆盖，则可以通过晶圆观察到接触/SiC

界面。PDA 后接触/SiC 界面处镍金属变黑是接触转化为欧姆接触的第一个标志。

如果器件工艺需要，可以使用硫酸和过氧化氢的混合物（体积比 4∶1）从硅化镍中选择性地去除未反应的镍[127]。

如前所述，如果未完全反应，则在 Ni_2Si 接触层或镍的顶部会形成一层固态石墨烯状碳膜，该膜会使任何金属的附着力变得非常差，难以形成欧姆接触。如果需要后续的金属沉积以进行进一步的引线键合、互连或探针测试，则必须将这一碳膜去除。参考文献［63］中通过在 450℃ H_2 中抛光 20min，然后使用 BHF 溶液进行轻微腐蚀去除掉该碳膜，也可以在氩等离子体（14sccm，20mTorr⊖，300W，3min）中通过 RIE 去除。

由于镍可以用作含氟等离子体中 SiC 的 RIE 的刻蚀掩模，因此使用镍基金属化形成欧姆接触可以显著简化 SiC 器件的制作工艺，电子束蒸发镍掩模对 SiC 的选择性约为 70（SF_6/O_2 = 52sccm/18sccm，70mTorr，300W，直流 410V 中的 RIE）。磁控溅射镍被 RIE 得更快，因此在用作掩模之前必须在 500℃的合成气氛中烧结几分钟。PDA 形成的 Ni_2Si 对 SiC 的选择性很低，不能用作 SiC RIE 的掩模。

2.4.3　n 型 SiC 的无镍欧姆接触

测试了许多不同金属和无镍化合物与 n 型 SiC 的接触特性。做这些研究有几个原因，首先是为了寻找功函数低于镍和硅化镍的材料，根据方程式（2-13），它们应该形成具有更低电阻率的接触，这些材料包括钛、铌、铪、钽。第二个目标是通过减少 Kirkendall 空位和石墨沉积物的形成，找到可以形成比镍基接触具有更好的热和机械性能的接触材料，例如，这种材料可以是在高达 SiC 升华温度[105]的温度下与 SiC 保持稳定接触的铼或在与 SiC 相互作用时既能形成硅化物又能形成碳化物的钛。这些研究的第三个动机是寻找可以同时与 n 型和 p 型 SiC 形成欧姆接触的金属或金属组合，这可以大大降低某些特定器件的工艺复杂性，例如 SiC 沟槽和注入垂直沟道结型场效应晶体管（TI-VJFET）[128]。钛是最广泛使用的 p 型 SiC 欧姆接触的元素，很值得测试一下它能否作为 n 型 SiC 的欧姆接触材料。

显然，出于这些原因的任何一个，钛都值得考虑，这就是为什么绝大多数关于 n 型 SiC 的无镍金属化方案的出版物都是关于钛基欧姆接触的原因。表 2.4 和表 2.5 选择性地列出了钛基欧姆接触的一些公布的数据。图 2.17b 给出了报道的 n 型 4H-SiC 钛基欧姆接触比接触电阻率随 SiC 层掺杂水平的变化关系。与

⊖ 1Torr = 133.322Pa。

镍基接触类似（见图 2.17a），图 2.17b 中的实线显示了由方程式（2-13）计算的 Ti 接触的 ρ_C 值，其中考虑了方程式（2-3a）描述的费米能级钉扎和方程式（2-4）描述的肖特基势垒镜像力降低（导致掺杂时 $\phi_\text{Bn} = 0.92\text{eV}$ 和固溶度极限时 $\phi_\text{Bn} = 0.51\text{eV}$）。可以清楚地看到，掺杂水平 $N_\text{D} > 5 \times 10^{19} \text{cm}^{-3}$ 时 4H-SiC Ti 接触的电阻率与计算结果吻合得很好，而在较低的掺杂水平下，接触电阻率远低于由方程式（2-13）估计的理论 ρ_C 值，并且几乎与掺杂水平无关。钛的功函数 4.1eV 低于镍的功函数 4.71eV，但仍不足以形成负 ϕ_Bn 的接触。正如对镍基接触所做的那样，可以假设 Ti 和 SiC 之间的化学反应导致界面下方的薄 SiC 层发生一些变化，有效地减小了肖特基势垒的宽度，从而提供了额外的正电荷。从图 2.17 可以看出，平均而言，n 型 4H-SiC 钛基欧姆接触的电阻率明显高于镍基接触。

约 450℃ 时钛开始与 SiC 反应形成 TiC，释放的硅原子在反应区扩散并形成 Ti_5Si_3，在 950℃ PDA 的钛接触中观察到了这种双层结构[100]，而在更高温度下退火的接触中仅观察到三元相 Ti_3SiC_2。La Via 等人[100] 使用相同测试图形，在同一个 6H-SiC 晶圆（$N_\text{D} = 7.4 \times 10^{18} \text{cm}^{-3}$）上并排制作并测试比较了 $\text{SiC}/\text{TiC}/\text{Ti}_5\text{Si}_3$、$\text{SiC}/\text{Ti}_3\text{SiC}_2$ 和 $\text{SiC}/\text{Ni}_2\text{Si}$ 的比接触电阻率，他们发现 $\text{TiC}/\text{Ti}_5\text{Si}_3$ 双层接触的电阻率高于 Ti_3SiC_2 接触（分别为 1×10^{-4} 和 $6.7 \times 10^{-5} \Omega \cdot \text{cm}^2$），并且两种接触的电阻率均高于 Ni_2Si（$3.6 \times 10^{-5} \Omega \cdot \text{cm}^2$）。值得注意的是，$\text{Ti}_3\text{SiC}_2$ 接触是在 1000℃ 真空中 PDA 2h 形成的，这个过程需要比 Ni_2Si 接触更高的热预算，因为碳化钛是一种非常有效的扩散阻挡层[110]。

Buchholt 等人[82] 在 n 型和 p 型 4H-SiC 上使用三个独立靶材磁控溅射生长了 Ti_3SiC_2 外延层，在 800℃ 下的 4H-SiC Si 面上进行沉积，该晶圆具有 0.8μm 厚的 n 型外延层，掺杂至 $1.9 \times 10^{19} \text{cm}^{-3}$ 水平。沉积薄膜并没有表现出欧姆行为，而是需要在 950℃ Ar 中进行 1min 的 RTP 才能获得与 La Via 等人[100] 报道相接近的 $5 \times 10^{-4} \Omega \cdot \text{cm}^2$ 的比接触电阻率，这证实了由于退火过程导致的 SiC 表面的变化是欧姆行为的主要原因。应该注意的是，即使在退火之后，生长的 Ti_3SiC_2 层也没有与 p 型 SiC 形成欧姆接触。

Ti 和 SiC 固态化学反应的另一种产物是碳化钛。Lee 等人[58] 在 n 型 4H-SiC 外延层（$x_\text{S} = 1\mu\text{m}$；$N_\text{D} = 1.3 \times 10^{19} \text{cm}^{-3}$）上，通过在 500℃ 下在 UHV（$3 \times 10^{-10}$ Torr）中同时蒸发 Ti 和 C_{60} 生长了 150nm 厚的 TiC 外延层。这项研究的动机可能是某些表面取向的 TiC 具有低的功函数 [TiC(110) 为 3.7eV[41]]，但在本实验中生长的 TiC 层为 (111) 晶向，具有 $q\phi_\text{M} = 4.7\text{eV}$ 的最高功函数（见表 2.2），无论如何，它们在沉积时却表现出了欧姆行为。为了通过 TLM 测量接触电阻率，在 TiC 生长之前通过 RIE 对 SiC 衬底进行了图形化，并在沉积后对 TiC 膜进行了腐蚀（在 $\text{NH}_3 : \text{H}_2\text{O}_2 = 1 : 5$ 混合物中的腐蚀速率为 30nm/min）。沉积 TiC 后的接

触电阻率为 $0.93×10^{-5}\Omega\cdot cm^2$，在 950℃、10%$H_2$/Ar 中 PDA 3min 后，电阻率增加到 $4×10^{-5}\Omega\cdot cm^2$。第一个值为 La Via 等人[100]报道的通过电子束蒸发钛膜并在 900℃下 PDA 形成的 6H-SiC/TiC/Ti_5Si_3 双层接触的值的 1/10，而第二个值则具有相同量级。应该注意的是，相同的 TiC 薄膜与 p 型 4H-SiC 外延层（x_S = 1μm；N_A>$1×10^{20}cm^{-3}$）形成欧姆接触，沉积时 ρ_C = $1.1×10^{-4}\Omega\cdot cm^2$，在 950℃ 10%$H_2$/Ar 中 PDA 3min 后降低到 $5.6×10^{-5}\Omega\cdot cm^2$。这种金属化方案可用于同时形成与 n 型和 p 型 SiC 的欧姆接触，不过它需要非常特殊的工艺，事实上，高温下在图形化衬底上以 UHV 沉积接触膜并使用直接化学腐蚀代替剥离工艺，明显会限制其在实际器件制作中的应用。

还有大量其他不含镍和钛的金属和化合物与 n 型 SiC 的欧姆接触也被测试过，此类研究通常提供的理由是，所提出的金属或金属化合物几乎不与 SiC 相互反应，确保与 SiC 的紧密接触和平滑高质量的界面，并由于其独特的电学特性，而使得接触表现出欧姆行为。下面举两个例子，更多例子可在表 2.4 和表 2.5 中提供的参考资料中找到。

Jang 等人[108]研究了碳化钽（TaC）与 n 型 SiC 的欧姆接触，它与 SiC 具有热力学相容性，（三元相图 Ta-Si-C 表明 TaC 在高达 1000℃的温度下与 SiC 保持平衡）并且具有相对较低的功函数（$q\phi_M$ = 4.22eV[36]）。在 200℃下，在 n 型 6H-SiC Si 面生长的 n 型外延层（0.5μm，$8×10^{18}cm^{-3}$）上溅射 100nm 厚的 TaC 薄膜，需要在 1000℃真空中 PDA 15min，才能获得 ρ_C = $3×10^{-5}\Omega\cdot cm^2$ 的欧姆接触。尽管在 n 型衬底上生长的 n 层的 TLM 测量结果只能作为粗略估计，但这个 ρ_C 值与其他已发表的结果相当，不过它的 PDA 热预算明显高于镍基接触。应该注意的是，当使用 W/WC（100nm/50nm）保护层进行测试时，这些接触表现出非常好的热稳定性，经 600℃真空老化 1000h 和 1000℃老化 500h 后，它们没有退化。

Oder 等人[88]论证了铌也可以作为过渡金属与 SiC 形成欧姆接触，它耐腐蚀，熔点高达 2468℃，而且，铌具有与钛相同的低功函数。在 4H-SiC 外延层（0.5μm，$1.3×10^{19}cm^{-3}$）和 6H-SiC 外延层（0.5μm，$1.4×10^{18}cm^{-3}$）上溅射 200nm 厚的接触层，沉积后的接触具有整流特性，并在 1100℃下 PDA 10min 后表现出欧姆行为。界面处 NbC_x 和 Nb_5Si_3C 的形成被认为是造成欧姆行为的原因。测量得到的 4H-SiC 和 6H-SiC 样品的平均接触电阻率分别为 $1×10^{-6}\Omega\cdot cm^2$（受 TLM 精度限制）和 $3×10^{-6}\Omega\cdot cm^2$，这些 ρ_C 值与使用 Ni 金属化方案获得的值相当，但铌接触的制作存在样品间重复性和溅射沉积期间氧结合（20at.%）方面的问题。

2.4.4　注入 n 型 SiC 欧姆接触的形成

商用 n 型 6H-SiC 和 4H-SiC 外延层的最大掺杂浓度约为 $1×10^{19}cm^{-3}$，尽管

在具有这种 N_D 水平甚至更低的外延层上都已经能够制作出欧姆接触，但接触电阻率会随着 N_D 的增加而显著降低，如图 2.16 所示。器件结构中接触区下方 SiC 的高掺杂可以通过离子注入和注入后退火（PIA）来获得。可用的注入设备很多，而 PIA 需要专门的设施，由于 SiC 表面的再结晶和 SiC 中注入的掺杂剂的完全激活需要高温，这是一个非常特殊的过程[25]。在 SiC 中注入氮的情况下，优化的 PIA 必须在 1700℃ 的温度下在氩气氛围中进行 10min，并使用特殊的 SiC 表面保护[129,65] 以避免其劣化和注入杂质的外扩散。

即使在 PIA 期间得到适当保护，由于非零最小离子能量，注入区域可能在靠近 SiC 表面的掺杂浓度显著降低，如图 2.20 中的曲线 3 所示。尽管顶部 SiC 层通常会在随后的牺牲氧化和形成欧姆接触时的 PDA 过程中被消耗掉，这种塌陷仍然应该尽量避免，因为接触下方的薄 SiC 层的变化性质仍不清楚。通过帽层进行离子注入可以获得 SiC 表面的平坦掺杂分布。图 2.20 显示了在室温下通过帽层在 4H-SiC 外延片中注入氮，并在 1700℃ 氩气中退火 10min 的 SIMS 谱，曲线 1 和 2 是通过 30nm 厚的 Al 帽层离子注入获得的，并且在 SiC 表面没有塌陷。通过电子束蒸发 5nm 厚的 Ti 和 80nm 厚的 Ni 层在这些样品上制造欧姆接触，经剥离程序图形化以通过 TLM 测量接触电阻。在具有掺杂分布 2 和 3 的样品上形成的接触需要在 1000℃ 的真空中退火 3min，以便从肖特基接触转换为欧姆接触。与具有分布 3 的样品相比，在具有分布 2 的样品中测得的 ρ_C 值低一半，这可能是由于掺杂水平略高，并且 SiC 表面的掺杂没有塌陷。

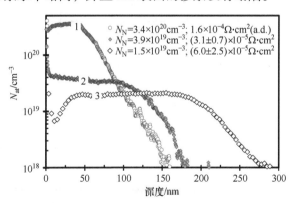

图 2.20 在 SiC 中注入氮并在 1700℃ 氩气中退火 10min 的 SIMS 谱，曲线 1 和 2 通过 30nm 厚的 Al 帽层注入获得，以避免掺杂分布中的表面塌陷

图 2.20 中在具有氮掺杂分布 1 的 4H-SiC 层上形成的 Ti/Ni 接触，沉积后就表现出欧姆行为，这导致了这样的结论：$3.4\times10^{20}\,cm^{-3}$ 的掺杂水平足以让电流流过这个按照电子场发射定义的势垒，这与 2.2 节由方程式（2-13）估算的 n 型 4H-SiC Ti 接触的结果非常吻合。实际上，图 2.4 表明，只有在 $1.5\times10^{20}\,cm^{-3}$

的掺杂水平以上时，电流机制才能从 TFE 转变为 FE。

Tanimoto 等人[59]和 Na 等人[60]报道了更高掺杂水平的 n 型 4H-SiC 上欧姆接触的制作。200nm 厚 $N_D = 5×10^{20} cm^{-3}$ 的重掺杂 4H-SiC 层是通过 10nm 厚的热氧化层进行 500℃ 磷离子注入，并经 1700℃ 氩气中 PIA 30s 形成的[130]。几种不同的金属被用来形成接触，并且在沉积后都表现出欧姆行为。图 2.21 给出了通过磷离子注入的 $N_D = 5×10^{20} cm^{-3}$ 的 n 型 4H-SiC 层上形成的沉积后接触电阻率随金属功函数的变化曲线。首先，应该注意的是，钛的接触电阻率（$2.7×10^{-7} \Omega \cdot cm^2$）与 2.2 节中关于对 n 型 4H-SiC 钛接触的最小可用电阻率的估算相吻合。此外，接触电阻率对金属功函数的依赖性遵循 2.2 节中所描述的基于金属-半导体接触的肖特基-莫特理论模型。事实上，将式（2-3a）、式（2-4）和式（2-7）代入方程式（2-13）可以得到 $\rho_{C(Ni)}/\rho_{C(Ti)} = 6.9$，而图 2.21 所示的实验数据给出的这个比值约为 11，这与估计值非常吻合。

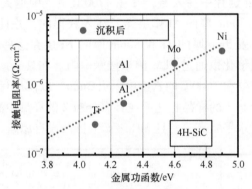

图 2.21 磷离子注入 n 型 4H-SiC 层（$N_D = 5×10^{20} cm^{-3}$）上沉积金属后的接触电阻率对金属功函数的依赖性

最近，Cheng 等人[131]研究了 Ti/TiN/Al（100nm/10nm/300nm）与室温磷离子注入的 $N_D = 1×10^{21} cm^{-3}$ 的重掺杂 4H-SiC 层的欧姆接触。SiC 表面先在 Ar 感应耦合等离子体（ICP）中进行原位刻蚀，然后通过 RIE 制作 CTLM 测试图形，沉积后的接触表现出欧姆行为，并且在经过 600℃ PDA 后，电阻率降至 $\rho_C = 8.3 × 10^{-7} \Omega \cdot cm^2$ 的最小值。该 ρ_C 值高于根据图 2.21 中曲线得到的钛的预期值，但可以解释为室温注入导致的 SiC 层结晶质量较低。

2.5 p 型 SiC 的欧姆接触

正如在 2.2 节中估计的那样，$N_A \sim 1×10^{21} cm^{-3}$ 时，肖特基势垒接触中载流子流向 p 型 4H-SiC 的主要机制从 TFE 转换为 FE，这个浓度值大约是 n 型 4H-SiC

SBC 中所需的施主浓度的 6 倍。尽管如此，由于与磷或氮相比，铝在 SiC 中的固溶度要高得多（约 $2.0 \times 10^{21} cm^{-3}$，见表 2.1），因此主要由 FE 机制决定的 p 型 4H-SiC 的接触仍然可以被制作出来。2.2 节中估计的 p 型 4H-SiC 欧姆接触的最小接触电阻率约为 $8 \times 10^{-7} \Omega \cdot cm^2$，这个 ρ_C 值是 n 型 4H-SiC 欧姆接触的 3 倍，同时，由于 p 型 SiC 的体电阻率更高，2.3 节中估计的通过 TLM 可以准确测量的 p 型 4H-SiC 接触的最小电阻率约为 $2.5 \times 10^{-5} \Omega \cdot cm^2$，高出 n 型 4H-SiC 欧姆接触 10 倍。

表 2.6 和表 2.7 分别列出了报道的 p 型 4H-SiC 和 6H-SiC 欧姆接触参数、表征和制作细节，这些表格中提供的数据取自参考文献［8，9］，经过严格校对（基于前述估计排除了一些有争议的数据），并根据最近公布的结果进行了更新，如果注释中未指明另一种方法，则这些表中列出的接触电阻率均是通过 TLM 测量的。可以看出，对于从 $10^{18} \sim 10^{21} cm^{-3}$ 的所有掺杂浓度，公布的最小接触电阻率约为 $10^{-5} \Omega \cdot cm^2$，与 N_A 无关。尽管有几篇文献报道的接触电阻率约为 $10^{-6} \Omega \cdot cm^2$，但由于 2.3 节中解释的原因，它们被排除在表 2.6 和表 2.7 之外。

表 2.6 p 型 4H-SiC 欧姆接触参数

金属[①]	厚度/nm	SiC 层信息, x_S/nm	N_A/(10^{18} cm^{-3})	退火条件			ρ_C/(10^{-5} $\Omega \cdot cm^2$)	表面处理、沉积方法、测量方法	参考文献
				T/℃	t/min	气氛			
Al 和 Al/Ti 基									
Al	160；电子束蒸发	4000 外延	4.8	1000	2	真空	42		[132]
Al	500；热蒸发	220 室温 Al+C 离子注入	600	950	5	Ar	6.1		[133]
Al/Ti	40/60	500 液相外延（LPE）	40	900	5	Ar	1.42	Ar^+ 离子刻蚀	[134]
Al/Ti	117/30；溅射	外延	10	1000	2	n/r	7	550℃/10min 真空	[135]
Al/Ti	25/150；电子束蒸发	200；外延	1	900	3	真空	64		[136]
Ti/Al	50/190；电子束蒸发/热蒸发	5000；外延	4.5	1000	2	真空	2	牺牲氧化；CTLM	[137]
Al/Ti/Al	160(Ti 31 wt.%)；电子束蒸发	4000；外延	4.8	1000	2	真空	33		[132]

（续）

金属[①]	厚度/nm	SiC 层信息, x_S/nm	N_A/ (10^{18} cm^{-3})	退火条件			ρ_C/(10^{-5} $\Omega \cdot$ cm^2)	表面处理、沉积方法、测量方法	参考文献
				T/℃	t/min	气氛			
Al 和 Al/Ti 基									
Ti/Al	70/30wt.%; 溅射/电子束蒸发	1000; 外延	40	900	5	1% H$_2$/Ar	1.42	Ar$^+$离子刻蚀	[138]
Al/Ti/Ni	50/50/20; 电子束蒸发	x_S n/r; 外延	4.5	800	30	超高真空	220	牺牲氧化; CTLM	[87]
Ti/Al/Ti/Pd/Ni	3/50/100/10/50; 电子束蒸发	300 低温液相外延（LTLPE）	150	1150	1	H$_2$	10	CTLM	[139]
Al/Ti/Pt/Ni	50/100/25/50; 电子束蒸发	1000; 外延	7	1000	2	真空	9		[140]
Al/Ti/Pt/Ni	50/100/10/50; 电子束蒸发	200; 外延	20	1000	2	真空	15	牺牲氧化	[65]
AlTi	x_m n/r; (Ti 30wt.%) 溅射	x_S n/r; Al 注入	1000	1000	2	真空	20		[76]
AlSiTi	Si 2%; Ti 0.15%	外延	40	950	5	Ar	9.6	Ar$^+$离子刻蚀	[141]
AlTi	200(Ti 30 wt.%)	x_S n/r; 外延	13	1000	2	真空	3	多型 n/r	[142]
Ti/Al	160; 电子束蒸发; Ti 31wt.%	4000; 外延	4.8	1000	2	真空	25		[132]
Ti50Al50	200 溅射	1300; 外延	10~40	1000	10	Ar	11		[43]
Ti/Al	25/95	2500+500; 外延	100	850	1	Ar	4.8		[143]
Ti/Al	100/300	170; Al 注入	74	950	1	Ar	14.5		[144]
Ti/Al	50/140	500; 外延	20	900	5	N$_2$	6.6		[145]
Ni/Ti/Al	35/50/300; 电子束蒸发/热蒸发	5000; 外延	4.5	800	30	真空	7	牺牲氧化; CTLM	[137]

（续）

金属[①]	厚度/nm	SiC 层信息, x_S/nm	N_A/(10^{18} cm^{-3})	退火条件			ρ_C/(10^{-5} $\Omega \cdot cm^2$)	表面处理、沉积方法、测量方法	参考文献
				T/℃	t/min	气氛			
Al 和 Al/Ti 基									
Ti/Al/Ni	70/200/50；溅射	300；600℃ Al 注入	100	950	1	Ar	23	外延 TiC (111)	[146]
Ti/Al	300；Ti(13~23wt.%) 电子束蒸发	5000；外延	10	500+1000	30+2	超高真空	1	牺牲氧化；CTLM	[147]
Ti/Al/Si	20/30/30	x_S n/r；注入	24	1020	2.5	Ar	17	牺牲氧化	[79]
Ti/Al/W	70/200/50；电子束蒸发	300Al；注入	100	1100	n/r	Ar	58		[148]
其他材料									
Al/Ni	6wt.%/50；电子束蒸发	200；Al 注入	700	1000	2	Ar	52		[85]
Al/Ni	6/50；热蒸发	外延，x_S n/r	7.2	1000	5	超高真空	1200	CTLM	[71]
Al/Ni	15/50；溅射	300；1000p-外延层上 Al 注入	1000	850	1	Ar	1	CTLM	[149]
Al/Pd	30/70	500；液相外延 (LPE)	40	900	5	Ar	4.08	Ar$^+$离子刻蚀	[134]
Co/Al	10/40；电子束蒸发/热蒸发	5000；外延	9	900	5	真空	40	CTLM	[150]
Ge/Ti/Al	10/15/75 at.%；电子束蒸发/热蒸发	5000；外延	4.5	600	30	真空	10.3	牺牲氧化	[151]
Ge/Ti/NiAl	24/32/144；溅射	300；3000p-外延层上 Al 注入	100	600	30	真空	80		[152]
Ni	100；溅射	500；2500p-外延层上注入	100	800	1	Ar	3		[153]
Ni	100；电子束蒸发	x_S n/r；400℃ Al 注入	100	1000	1	N$_2$	100		[61]

（续）

金属[①]	厚度/nm	SiC 层信息, x_S/nm	N_A/(10^{18} cm^{-3})	退火条件 T/℃	t/min	气氛	ρ_C/(10^{-5} $\Omega \cdot cm^2$)	表面处理、沉积方法、测量方法	参考文献
Al 和 Al/Ti 基									
Ni	100；溅射	300；1000 外延层上注入	1000	850	1	Ar	2	CTLM	[149]
NiV	x_m n/r；溅射 7%V	x_S n/r；Al 注入	1000	900	1	真空	8		[76]
Al/Ni	50/50	270；Al 注入	200	1000	2	Ar	700	牺牲氧化	[62]
Ni/Al	50/300；电子束蒸发	5000；外延	6.4	1000	5~30	真空	9.5	牺牲氧化	[154]
Ni/Ti/Al	25/50/300；电子束蒸发	5000；外延	3	800	5~30	真空	6.6	牺牲氧化	[154]
Pd/Ti	10/100；溅射	500；2500p-外延层上外延	100	400+850	1.5+1	N_2	1.6	四探针	[155]
Pd	100	500；液相外延（LPE）	40	900	5	Ar	4.82	Ar$^+$离子刻蚀	[134]
Pd	80~150；溅射	外延	50	15	5	N_2	35	Ar 等离子体刻蚀	[156]
Pd/Ti/Pd	10/20/80；电子束蒸发/溅射/电子束蒸发	500；外延	40	900	n/r	1% H_2/Ar	2.9		[157]
Pt	100；溅射	1000；外延	10	1100	5	n/r	15	550℃/10min 真空	[135]
Si(B)/Pt	66/50；溅射	1000；外延	10	1000	5	n/r	4.4	550℃/10min 真空	[135]
Si/Pt	20/80；电子束蒸发	200；外延	10	1100	3	真空	58		[136]
Si/Al	80~150；溅射，厚度比 n/r	1000；外延	50	700	20	N_2	10	Ar 等离子体刻蚀	[158]
Ti	140；超高真空 300℃溅射	1000；外延	>100	0	0		34.4	超高真空	[58]

(续)

金属[①]	厚度/nm	SiC层信息，x_S/nm	N_A/(10^{18} cm^{-3})	退火条件			ρ_C/(10^{-5} $\Omega \cdot cm^2$)	表面处理、沉积方法、测量方法	参考文献
				T/℃	t/min	气氛			
Al 和 Al/Ti 基									
Ti	140；超高真空300℃溅射	1000；外延	>100	950	3	10%H$_2$/Ar	77	超高真空	[58]
Ti/Ni	10/20；电子束蒸发	600；Al注入	100	950	1	N$_2$	130		[80]
Ti/NiAl	32/144；溅射	300；3000p-外延层上Al注入	100	975	2	Ar	5.5		[152]
Ti-C	150；超高真空500℃共溅射	1000；外延	>100	0	0		10.8	超高真空；外延TiC	[58]
Ti-C	150；超高真空500℃共溅射	1000；外延	>100	950	3	10%H$_2$/Ar	5.6	超高真空；外延TiC	[58]
Ti-C	130；超高真空500℃共溅射	300；700℃ Al注入	20	500	n/r	10%H$_2$/Ar	2	超高真空；外延TiC	[159]
W/Al	20/95	2500+500；外延	100	850	1	Ar	6.8		[143]
Ti/Si/Co	40/20/80；溅射	500；外延	3.9	850	1	真空	40	无台面TLM	[160]

注：n/r 为未报告；Ti/Al 为分层沉积；Ti-Al 为两种源共沉积；TiAl 为合金溅射。
① 在多层接触中，左侧的金属首先沉积。

图 2.22 给出了报道的 p 型 6H-SiC 和 4H-SiC 欧姆接触的接触电阻率对 SiC 层的掺杂水平的依赖关系，如 2.2 节所述，最低电阻率必须由具有最高功函数的金属形成的欧姆接触来证明。对于 Pt(ϕ_M = 5.7eV) 与 p 型 4H-SiC 接触（低掺杂时 ϕ_{Bp} = 1.19eV 和固溶度极限时 ϕ_{Bp} = 0.56eV），由式（2-13）估算结果如图 2.22 中实线所示。

可以清楚地看到，$N_A < 5 \times 10^{20}$ cm^{-3} 的 4H-SiC 上得到的接触电阻率明显低于估算的最小 ρ_C 值，并且几乎与掺杂水平无关。与 n 型 SiC 欧姆接触的情况一样，可以得出结论，p 型 SiC 欧姆接触的电阻率主要取决于沉积或 PDA 期间接触下方 SiC 特性的变化，而不是取决于接触材料的功函数。实际上，p 型 SiC 与含有

钛、铝以及它们与 SiC 化学反应产物的接触中，获得了最低的接触电阻率，而这些材料的功函数都低于铂。

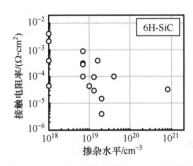
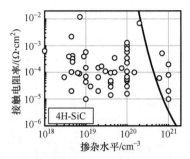

图 2.22　报道的 p 型 SiC 欧姆接触的接触电阻率对 SiC 层掺杂水平的依赖关系（数据取自表 2.6 和表 2.7）

表 2.7　与 p 型 6H-SiC 的欧姆接触参数

金属[①]	厚度/nm	SiC 层信息，x_S/nm	N_A/ (10^{18} cm^{-3})	退火条件			ρ_C/(10^{-5} $\Omega \cdot cm^2$)	表面处理、沉积方法、测试方法	参考文献
				T/℃	t/min	气氛			
Al	500；热蒸发	200；Al + C 注入	800	950	5	Ar	3.3		[133]
Al/Ti	117/30；溅射	外延	7	1000	2	n/r	10	550℃/10min 真空	[135]
Al/Mo	60/60；溅射	衬底	1	1200	0.67	N_2 或 H_2	4.5	双探针	[161]
Al/Ta	60/160；溅射	衬底	1	400+1000	3+0.33	Ar	40	双探针	[161]
Al/Ti	150/30	外延	16	900	4	N_2	40	外延 Al_3Ti 再用 Ti_3SiC_2 覆盖	[162]
AlTi	300~500；溅射；Ti%n/r	1800；外延	20	1000	5	Ar	1.5	CTLM	[163]
Al1%Si/Ti	350/80；溅射	1400；305℃ Al 注入	40	1000	2	Ar	10		[164]
Co/Si	50/160；电子束蒸发	1000；外延	20	500+900	300+120	真空	0.4	L_T 约 0.9μm	[165]

(续)

金属[①]	厚度/nm	SiC 层信息, x_S/nm	N_A/ (10^{18} cm^{-3})	退火条件 T/°C	退火条件 t/min	退火条件 气氛	ρ_C/(10^{-5} $\Omega \cdot cm^2$)	表面处理、沉积方法、测试方法	参考文献
CrB$_2$	200；溅射	1000；外延	13	1100	15	真空	9.58		[166]
Mo	550；溅射	衬底	1	1000	0.33	N$_2$ 或 H$_2$	408	双探针	[161]
Pt	100；溅射	1000；外延	7	1100	5	n/r	90	550°C/10min 真空	[135]
Si(B)/Pt	50/66；溅射	1000；外延	7	1000	5	n/r	32	550°C/10min 真空；500°C 沉积 Si	[135]
Si(B)/Pt	50/66；溅射	500；外延	7	1100	5	真空	28.9	550°C/10min 真空；500°C 沉积 Si	[167]
Ta	160；溅射	衬底	1	1100	10	N$_2$ 或 H$_2$	213	双探针	[161]
Ti	300	x_S n/r；外延	13	800	1	真空	3		[168]
TiN	100；600°C PLD	x_S n/r；外延	10				4.4	聚焦离子束	[169]

注：n/r 为未报告；PLD 为脉冲激光沉积；Ti/Al 为分层沉积；Ti-Al 为两种源共沉积；TiAl 为合金溅射。

① 在多层接触中，左侧的金属首先沉积。

2.5.1 p 型 SiC 的 Al 基和 Al/Ti 基接触

SiC 中的受主杂质铝，是第一种与 p 型 SiC 进行欧姆接触验证的金属[170]。Al-Si 共晶物（Si 为 11.3at.%，熔点 577°C）与低掺杂六方 p 型 SiC 在约 1000°C 的真空中合金，会得到 100Ω·cm 的非常高的体电阻率，该接触表现出欧姆行为，但接触电阻率未测量。

将 p 型 SiC 衬底加热到 600°C，然后热蒸发厚铝膜（500~1500nm）可以制作出良好的欧姆接触，尽管铝在 500°C 的较低温度下就开始与 SiC 反应生成 Al$_4$C$_3$，但反应速率不足以消耗所有沉积的铝。这些接触在沉积时就是欧姆的，具有良好的黏附性和均匀的形貌，它们的电阻率和结构没有被详细研究，但这种金属化方案在早期的 SiC 技术中被广泛用于制造 6H-SiC 发光二极管和各种测试器件。这种铝欧姆接触在使用时表现出可接受的高温操作和热稳定性，例如，用于制造可工作于 500°C 高温的 6H-SiC 二极管[56]和功率密度为 90MW/cm^2 的 6H-SiC 脉冲雪崩二极管[171]。由于金属沉积在非常高的温度下进行，这种方法与传统器件工艺无法兼容。

大概是 W. von Muench 等人[172]首先报道了通过常规工艺在室温下进行金属沉积然后进行 PDA 形成的 p 型 SiC 铝欧姆接触，他们通过蒸发铝/硅（共晶）并在 1100℃下合金，制备了 $N_A = 2×10^{18}\text{cm}^{-3}$ 的 p 型 6H-SiC Lely 晶体的接触，提供了 pn 结二极管的 I-V 特性，但没有报道接触结构和电特性的详细信息。应该注意的是，从合金中蒸发会产生具有较高蒸气压的合金成分的薄膜，在这种特殊情况下是铝。

Johnson 等人[132]认为，在约 1000℃ PDA 后，纯铝膜与 p 型 SiC 会形成欧姆接触，这是由于在界面处产生了 Al_4C_3 相，这是一种带隙约为 3eV 的化合物半导体[173]，它必须被铝与 SiC 之间界面反应过程中释放的硅或晶格空位重掺杂，才能形成纯隧穿接触。不幸的是，1000℃ PDA 形成的铝接触在退火和 SiC 中形成腐蚀坑的过程中会出现明显的铝损失，这些腐蚀坑分布不均匀，导致样品间接触电阻的重复性问题，它们可能有大约 100nm 深，导致底层器件结构受损。此外，PDA 过程中形成的 Al_4C_3 相在化学上不稳定，在室温下潮湿空气中容易分解成甲烷和氢氧化铝[132]。

p 型 SiC 欧姆接触的进一步发展发生在 20 世纪 90 年代早期，当时提出用 AlTi 合金代替纯铝[174]。添加约 10wt.%的钛可将合金熔点提高到 1000℃以上，从而使高温 PDA 不会明显损失金属，并保证制造接触的高温特性。关于 AlTi 接触电阻率的最早数据由 Crofton 等人[163]发表，他们在 6H-SiC 外延层（$x_S = 1.8\mu m$；$N_A = 2×10^{19}\text{cm}^{-3}$）上溅射了 300~500nm 厚的 AlTi 合金（未报道 Ti 含量）形成了欧姆接触，在 1000℃ Ar 中 PDA 5min 后测得的 $\rho_C = 1.5×10^{-5}\Omega\cdot\text{cm}^2$。

后来，Crofton 等人[142]优化了 AlTi 合金的组分，他们在 $N_A = 1.3×10^{19}\text{cm}^{-3}$ 的外延层上溅射了 Ti 重量百分比分别为 10%、30%、40% 和 81% 的 AlTi 合金，研究发现，钛含量为 10%的 AlTi 合金层必须至少有 250nm 厚才能形成欧姆接触，因为 PDA（1000℃真空中合金 2min）过程中会损失铝。由于 Al 进入半导体层形成尖峰，该接触形貌很差。钛含量为 40wt.%和 81wt.%的合金溅射没有形成欧姆接触，而钛含量为 30wt.%的 AlTi 合金形成的接触在 PDA 之后得到的接触电阻率最低（$\rho_C = 5×10^{-5}\Omega\cdot\text{cm}^2$），并且具有良好的形貌和重复性。

Abi-Tannous 等人[43]在 p 型 4H-SiC 层（$x_S = 1.3\mu m$；$N_A = 1.5×10^{19}\text{cm}^{-3}$ 和 $3×10^{19}\text{cm}^{-3}$）上溅射了 Ti 31wt.%、43wt.% 和 63wt.% 的 TiAl 合金，接触在 900~1200℃的氩气中退火 10min。它们在 1000℃及更高温度下退火时均表现出欧姆特性，并且在 1000℃ PDA 后具有最小电阻率（$1.1×10^{-4}$ ~ $4.1×10^{-4}\Omega\cdot\text{cm}^2$）。只有 63wt.%Ti 的合金制作在具有最高掺杂浓度（$3×10^{19}\text{cm}^{-3}$）的外延层上，并且可能由于这个原因才得到了最低的接触电阻率（$\rho_C = 1.1×10^{-4}\Omega\cdot\text{cm}^2$），该接触在 600℃下测量时减小到 $1×10^{-5}\Omega\cdot\text{cm}^2$，证实了这些接触中的 TFE 电流机制。

Nakatsuka 等人[147]研究了 4H-SiC 外延层（$5\mu m$；$N_A = 1\times10^{19} cm^{-3}$）上电子束蒸发多层 Ti/Al 膜（Ti/Al 双层达到 6 对）制作欧姆接触时，Ti 含量对接触电阻率的影响，300nm 厚的接触层 Ti 分别为 13wt.%、20wt.%、23wt.% 和 25wt.%，接触样品在 UHV 中进行两步退火：第一步在 500℃ 下 30min 以形成 AlTi 合金，然后第二步在 1000℃ 下 2min 以促进其与 SiC 的反应。研究发现接触电阻率与金属膜层数无关，而仅取决于整个沉积膜中的钛含量。与 25wt.%Ti 的接触表现出非欧姆行为，当 Ti 含量低于该值时，测量到 ρ_C 约为 $1\times10^{-5}\Omega\cdot cm^2$。

基于 Ti/Al 与 p 型 SiC 接触的所有经验数据，可以认为，初始薄膜中的钛含量约为 30%（重量），并且在 1000℃ PDA 时，可以制作出具有最小电阻率的可重复接触。在这种情况下，通常会在退火层中观察到 Ti_3SiC_2 三元化合物，它被认为是欧姆行为的关键因素。在较低温度（<950℃）退火的接触倾向于形成双层 TiC/Ti_5Si_3 结构[100]，而在较高温度（>1100℃）退火的接触倾向于形成双层 TiC/Ti_3SiC_2 结构[43]。就浓度而言，铝过量的样品形成 Al_4C_3，钛过量的样品形成 Ti_5Si_3，而 Ti 含量为 31wt.% 的样品在退火后观察到被 Al_3Ti 覆盖的 Ti_3SiC_2[132]。

Ti_3SiC_2 三元化合物是一种具有金属性（例如高导热性和导电性）与陶瓷性（例如化学惰性和热稳定性）相结合的独特材料，它是一种窄带隙半导体，理论上确定的间接带隙为 0.12eV[175]，电子亲和能相对较高，为 5.07eV[44]，介于 Ti 功函数（4.1eV）和 p 型 4H-SiC ϕ_S 值（6.4eV）之间。Ti_3SiC_2 的界面层必须降低势垒高度以增强热电子发射，但在 800℃ 下使用磁控溅射从三个单独的靶材生长的纯 Ti_3SiC_2 即使在生长后退火后也不会与 p 型 4H-SiC 形成欧姆接触[82]，这表明 PDA 期间 TiAl 合金或 Ti/Al 多层膜与 SiC 衬底反应生成 Ti_3SiC_2 时，铝起到了关键作用才形成了欧姆接触。Al 的主要功能被认为是形成一种液态合金，促进了钛和 SiC 之间的反应，从而在 SiC 表面形成 Ti_3SiC_2。发现该 Ti_3SiC_2 层非常不均匀并被富铝区域中断，这与它在外延生长 SiC 表面形成[176]或重注入的 SiC 层（$N_{Al} = 7.4\times10^{19} cm^{-3}$）[144]上形成没有关系。Gao 等人[44]通过深度分辨阴极发光观察到近界面 SiC 中反应诱生的界面缺陷态，认为它们会进一步降低势垒高度并导致形成欧姆接触。显然，所有这三个因素（Ti_3SiC_2 晶粒、富铝夹杂物和近界面 SiC 中的界面缺陷态）的综合，是由 Al/Ti 薄膜（约 30wt.%Ti）形成的接触在 PDA 后表现为欧姆特性的原因。

即使在高真空或高纯度惰性气氛中进行沉积后退火，钛和铝也很容易氧化。Al/Ti 接触需要通过一些抗氧化覆盖层来保护。Vivona 等人[148]在 Ti/Al（70/200nm 厚）上使用了 50nm 厚的钨层，1100℃ PDA 后变为欧姆接触，电阻率为 $5.8\times10^{-4}\Omega\cdot cm^2$，几乎是在相同注入 4H-SiC 层（$N_{Al} = 10^{20} cm^{-3}$）上形成的 Al/Ti 接触的电阻率的 10 倍[144]。发现钨会向界面扩散，并在那里形成 $W(SiAl)_2$ 和 TiC，

而不是 Ti_3SiC_2。使用 50nm 厚的镍代替沉积在相同 Al/Ti 薄膜上的钨，在 950℃ 的氩气中 PDA 1min 后，导致欧姆接触具有较低的电阻率 $\rho_C = 2.3 \times 10^{-4} \Omega \cdot cm^2$，该接触非常粗糙（50nm rms），在 Ti-C-Si 层顶部有 Al_3Ni_2 合金的集聚体，并且在与 SiC 的界面处有外延 TiC（111）层。

Vassilevski 等人[140]采用铂阻挡层来防止镍扩散到 Al/Ti 接触层中，他们通过电子束蒸发在 $N_A = 7 \times 10^{18} cm^{-3}$ 的商用 p 型 4H-SiC 外延层上沉积了 Ti/Al/Pt/Ni（50/100/25/50nm 厚）多层结构，在 1000℃ 真空中 PDA 2min 后获得了 $\rho_C = 9 \times 10^{-5} \Omega \cdot cm^2$ 的欧姆接触。他们优化了铂阻挡层的厚度以获得接触层的最佳形貌，并通过 AES 测量证实了镍没有扩散到 Al/Ti 接触层中。

目前，基于铝钛合金的接触在 SiC 器件结构中应用最为广泛。图 2.23a 显示了报道的数据中 p 型 4H-SiC Ti/Al 基欧姆接触的接触电阻率随掺杂水平的变化。这种金属化方案为掺杂浓度超过 $10^{18} cm^{-3}$ 的外延层和注入层提供了接触电阻率约为 $5 \times 10^{-5} \Omega \cdot cm^2$ 的欧姆接触。考虑到与硅相比，SiC 的体电阻率较高，这种接触电阻率对于制造 SiC 器件来说是可以接受的。尽管如此，这个 ρ_C 值仍然比 2.2 节中估计的最小理论值高约一个数量级，这是进一步寻找替代金属化方案和接触形成技术的主要驱动力。

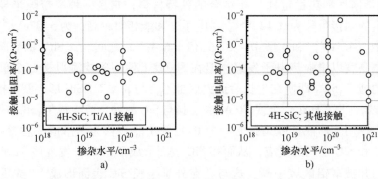

图 2.23 报道的接触电阻率随 4H-SiC 层掺杂水平的变化（数据取自表 2.6）
a）p 型 4H-SiC Ti/Al 基欧姆接触 b）p 型 4H-SiC 与其他材料形成的接触

2.5.2 制作 p 型 SiC Al 基和 Al/Ti 基接触的实用技巧

在设计具有相对较薄 p 型层的 SiC 器件时，必须考虑在 PDA 期间由于其与 Al/Ti 合金的界面反应而消耗的 SiC，与 n 型 SiC 的镍接触相比，这个不容易计算，因为这种反应可能有几种不同的产物，即 Ti_3SiC_2、Ti_5Si_3、TiC。此外，由于 PDA 期间铝的蒸发，反应消耗的 SiC 会显著减少。作为粗略估计，在 1000℃ 真空中 PDA 2min 的过程中，被 Pt/Ni（25/50nm 厚）保护层覆盖的 Ti/Al（50/100nm 厚）层消耗了 110nm 的 SiC[140]。

纯铝可用作 SiC 含氟等离子体 RIE 中的掩模。电子束蒸镀铝掩模对 SiC 的选择性约为 20（在 $SF_6/O_2 = 52sccm/18sccm$，25mTorr，200W，直流 455V 中的 RIE）。纯钛、Ti_3SiC_2 和 Ti_5Si_3 对 SiC 的刻蚀选择性很低，因此，PDA 后的 Al/Ti 接触层不能用作 SiC RIE 的掩模。

600℃下在 SiC 衬底上热蒸发的厚（>1μm）铝可用作熔融 KOH 中 SiC 腐蚀的掩模，为了形成台面结构，必须使用接触光刻法和铝腐蚀剂（$HNO_3/H_3PO_4/CH_3COOH/H_2O$）对沉积的铝膜进行图形化。SiC 腐蚀必须在镍坩埚中约 450℃ 的 KOH 熔体中进行，熔体必须在此温度下至少预脱水 2h。当用于 SiC C 面图形化时，Al 掩模对 SiC 的刻蚀选择性超过 1∶20。该工艺在 SiC 技术早期广泛用于 SiC 器件加工，用于形成台面结构和背面腐蚀。

蒸发的铝对 SiC 的附着力很差，在 SiC 衬底上沉积多层 Ti/Al 结构必须始终从钛层开始。

铝在凝固过程中会膨胀，这会导致电子束蒸发器中使用的石墨（FABMATE）坩埚在几次沉积后就破裂。为了延长坩埚寿命，可以从 $Ti_{20}Al_{80}$ wt.% 合金中蒸发铝，在这种情况下，由于较高的铝蒸气压，将沉积纯铝膜。

2.5.3　p 型 SiC 欧姆接触的其他金属化方案

表 2.6 和表 2.7 列出了作为 p 型 SiC 接触替补材料的不同金属和化合物薄膜。图 2.23b 给出了报道的电阻率随这些接触的掺杂水平的变化（数据取自表 2.6）。显然，与基于 Al/Ti 的接触相比，替代接触在相同掺杂水平下的最小接触电阻率低（见图 2.23a），但仍明显高于 2.2 节中估算的最小理论值（约 $10^{-6}\Omega\cdot cm^2$）。下面讨论几个有代表性的例子，更多可以在表 2.6 和表 2.7 中提供的参考资料中找到。

寻找用于 p 型 SiC 欧姆接触的替代金属有几个动机。首先，具有更高功函数的金属（例如 Pt、Pd、Co、Ni）与 p 型 SiC 形成的接触必须具有比铝和钛更低的势垒，进而具有更低的接触电阻。但需要注意的是，Ti/Al 与 SiC 接触的优化 PDA 过程中形成的 Ti_3SiC_2 三元化合物，本身具有较高的电子亲和能，为 5.07eV[44]，只有铂具有更高的功函数（5.7eV）。

对溅射 100nm 厚的纯铂作为与 p 型 SiC 的接触进行了测试[135]，6H-SiC 外延层（1μm；$N_A = 7\times10^{18}cm^{-3}$）上 1100℃ PDA 5min 后得到 $\rho_C = 9\times10^{-4}\Omega\cdot cm^2$ 的欧姆接触，4H-SiC 外延层（1μm；$N_A = 1\times10^{19}cm^{-3}$）上的则为 $\rho_C = 1.5\times10^{-4}\Omega\cdot cm^2$。这两个值都超过了在同一外延片上并排制造和表征的基于 Al/Ti 的接触的电阻率，而且，接触显示出非常粗糙的形貌和接触区域不同硅化铂相的分布很不均匀。

为了解决这个问题，先在 500℃ SiC 衬底上溅射硼掺杂的硅（50nm 厚），然后沉积66nm厚的铂[135,167]，厚度比选择与PtSi相化学计量相同，该相在超过1000℃的温度下与SiC具有热力学稳定性，具有出色的导电性和4.97eV的功函数[177]。1000℃ PDA 5min后获得欧姆接触（低于纯铂所需的温度）。它们表现出非常光滑的形貌，并且仅检测到单一的硅化铂相，6H-SiC外延层（1μm；$N_A = 7×10^{18} cm^{-3}$）上得到的接触电阻率为 $\rho_C = 3×10^{-4} \Omega \cdot cm^2$，4H-SiC外延层（1μm；$N_A = 1×10^{19} cm^{-3}$）上得到的$\rho_C = 4.4×10^{-5} \Omega \cdot cm^2$。这两个值都与在相同外延片上并排制造和表征的Al/Ti基接触的电阻率相当（6H-SiC和4H-SiC分别为$1×10^{-4}\Omega \cdot cm^2$和$7×10^{-5}\Omega \cdot cm^2$）。为了探索底层SiC层的相、界面和特性转变的可能作用，去除了Pt/Si接触层并用镍接触层代替。与2.4.1节中描述的n型SiC的硅化镍接触的情况类似，新沉积的镍接触在室温下就是欧姆的，并且相对于原始PtSi接触的特性变化非常小。有人[178]认为，在退火过程中产生的底层SiC层的变化是造成欧姆行为的原因，而不是产生的PtSi相本身。总之，与Ti/Al基接触相比，Pt基接触在接触电阻率和形貌方面的轻微改善的代价是更复杂的工艺，其中包括高温下的硅沉积和通过湿法化学腐蚀对沉积膜进行图形化。

寻找替代接触金属化方案的第二个原因是，由于铝的低熔点和高氧化性，Al基欧姆接触在商用高温和高功率器件应用中不可靠[136]。有多种无铝接触，其中一种是如上所述的PtSi基接触，另一个值得一提的例子是硅化钴接触，多年来一直被认为是电阻率最低的接触（$3.6×10^{-6}\Omega \cdot cm^2$）[165]。这些接触是通过在6H-SiC外延层（1μm；$N_A = 2×10^{19} cm^{-3}$）上电子束蒸发50nm厚的钴和硅（160nm）以及随后的两步PDA获得的：第一步在500℃下保持5h以形成CoSi，第二步在900℃下保持2h以形成欧姆接触。制造的接触显示出非常独特的行为，即它们的电阻随着温度和电流密度的增加而增加。需要注意的是，同样方法加工的120nm厚的纯Co薄膜的接触电阻率仅为$1×10^{-3}\Omega \cdot cm^2$。这些Co/Si接触没有得到任何进一步的发展，很可能是由于它们的形成需要非常高的热预算。

寻找替代基于Al/Ti接触的接触金属化方案的第三个目标是找到可以同时与n型和p型SiC形成欧姆接触的一种金属或金属组合，这种接触可以大大降低一些器件的工艺复杂性，其中n型和p型SiC接触必须形成在同一晶圆侧（例如晶闸管、平面JFET、TI-VJFET）。一种可能的方案是外延生长的碳化钛，如2.4.3节所述，它可以同时在n型（$N_D = 1.3×10^{19} cm^{-3}$）和p型（$N_A > 1×10^{20} cm^{-3}$）4H-SiC外延层上获得约$5×10^{-5}\Omega \cdot cm^2$的接触电阻率，代价则是工艺更复杂些。

通常，在开关双极器件中n型SiC接触的低电阻率比p型SiC接触更重要，例如，由于沟道电流密度高，JFET效率主要取决于源极和漏极的欧姆接触电阻率，而p型SiC的欧姆接触电阻率由于栅极电流密度低而不那么关键，并且仅在瞬态过程中才很重要。出于这个原因，考察一下标准或稍微改进的硅化镍金属化方案作为 p 型 SiC 欧姆接触的适用性就很有意义了,这是由 Ito 等人[71]完成的。他们研究了具有不同 Al 含量的 Al/Ni 双层分别与 $N_N=1.3×10^{19}cm^{-3}$ 和 $N_{Al}=7.2×10^{18}cm^{-3}$ 的 n 型和 p 型 SiC 的欧姆接触,厚度范围为 0~10nm 的铝膜被蒸发在 4H-SiC 外延层上,并被 50nm 厚的镍覆盖,接触在 1000℃ UHV 中退火 5min。发现当 Al 层厚度小于约 6nm 时形成与 n 型 SiC 的欧姆接触,而当 Al 层厚度大于约 5nm 时观察到与 p 型 SiC 的欧姆接触。Al 层厚度在 5~6nm 范围内的接触对 n 型和 p 型 SiC 均表现出欧姆行为,接触电阻率分别为 $1.8×10^{-4}\Omega·cm^2$ 和 $1.2×10^{-2}\Omega·cm^2$。本研究中 p 型 SiC 的接触电阻率非常高,很可能是由于 4H-SiC 层的掺杂水平相对较低 ($N_{Al}=7.2×10^{18}cm^{-3}$)。事实上,Vivona 等人[61]报道了在 $N_A=1×10^{20}cm^{-3}$ 的 4H-SiC 上蒸发纯镍层经过 1000℃下 PDA 1min 后的接触电阻率为上述约 1/10 的欧姆接触 ($\rho_C=1×10^{-3}\Omega·cm^2$),而 Wang 等人[149]报道了在 $N_A=1×10^{21}cm^{-3}$ 的 4H-SiC 上蒸发纯镍层经过 850℃下 PDA 1min 后得到 $\rho_C=2×10^{-5}\Omega·cm^2$ 的欧姆接触。

2.5.4 重掺杂 p 型 SiC 欧姆接触

除了上面讨论的 CoSi 接触,所有 p 型 SiC 欧姆接触都表现出接触电阻率随温度上升的强烈下降,这种依赖关系总是可以被 TFE 模型很好地拟合。Vivona 等人[148]提取了在相同掺杂水平 ($x_S=0.3\mu m$,$N_{Al}=1×10^{20}cm^{-3}$) 的 Al 注入 4H-SiC 层上形成的不同欧姆接触的势垒高度,势垒高度从 Ti_3SiC_2 接触的 0.46eV 到 Ni_2Si 接触的 0.75eV,这些 ϕ_B 值略低于 2.2 节中估计的值,如图 2.2 中曲线 3 所示。这种差异可能归因于实际接触由于 PDA 而导致的界面粗糙度、附加表面态和接触下 SiC 特性的变化。接触电阻率随温度的这种指数依赖性在掺杂水平高于 $1×10^{21}cm^{-3}$ 时消失,此时载流子通过肖特基接触势垒流向 p 型 4H-SiC 的主要机制从 TFE 切换到 FE(见图 2.4),并且可能会进一步降低接触电阻率。这就是在接触下形成重掺杂 SiC 层更有意义的原因。

可掺入 SiC 晶格并起电活性杂质作用的铝原子的最大浓度取决于外延或掺杂的方法。通过使用升华夹层法在 6H-SiC 外延过程中掺杂,获得了迄今为止掺入外延 SiC 中的最高浓度的铝原子,约为 $2.0×10^{21}cm^{-3}$[28]。以这种方式生长的外延层具有最高的晶体质量,并且所有的铝原子都被电激活。超过 2000℃的非常高的生长温度以及在生长过程中无法进行掺杂控制,阻碍了这种方法在实际器件结构中形成接触层的应用。

在 CVD 外延生长过程中,SiC 掺杂可以达到的最大铝浓度,约为 $2×10^{20}cm^{-3}$[179]。结果表明,在 1550℃的温度下的生长层中几乎所有的 Al 原子都被电激活。然而,在浓度最高的层中观察到被解释为 3C-SiC 多型夹杂物的三角形缺陷,这些夹杂物会导致电流密度不均匀、局部过热,从而影响接触的可靠性和寿命,这就是为什么商用外延片的掺杂浓度被限制在 $2×10^{19}cm^{-3}$ 的原因。

p 型 4H-SiC 和 6H-SiC 的重掺杂层可以通过低温液相外延（LTLPE）[27]生长。生长温度在 1100~1200℃ 范围内相对较低。发现 LTLPE 生长层中铝原子浓度为 $7×10^{20}cm^{-3}$，低于升华夹层法获得的最高掺杂水平，但超过了 CVD 获得的最大掺杂水平。在这些层上制造了具有 ρ_C 约为 $1×10^{-4}\Omega·cm^2$ 的欧姆接触[180,181]，更多作者报道了在商业外延层上直接制作的具有相同电阻率的接触（见表 2.6 和表 2.7）。

重掺杂接触层也可以通过离子注入铝及注入后退火来获得。Tone 等人[133]在 Al 注入的 6H-SiC 和 4H-SiC 层（厚度为 $0.22\mu m$，N_{Al} 的范围为 $8×10^{19}~2×10^{21}cm^{-3}$）上制作了欧姆接触。注入是在室温和 600℃ 下通过 50nm 厚的 Si_3N_4 或 SiO_2 覆盖层进行的，以防止表面附近的浓度不必要地下降。在 1500~1550℃ 氩气中进行 30min 的注入后退火。将样品面对面放置在涂覆 SiC 的石墨坩埚中，以防止表面劣化，PIA 温度由高温梯度控制器控制。接触由热蒸发 500nm 厚的 Al 制成，在 950℃ Ar 中退火 5min。在与 $N_{Al} = 8×10^{20}cm^{-3}$ 的 6H-SiC 接触中测得的最小电阻率为 $3.3×10^{-5}\Omega·cm^2$，与 $N_{Al} = 6×10^{20}cm^{-3}$ 4H-SiC 接触的最小电阻率为 $6.1×10^{-5}\Omega·cm^2$。在这两种多型体中，注入区域是通过在室温下共注入碳和铝而形成的，N_{Al} 进一步增加到 $2×10^{21}cm^{-3}$，并没有导致接触电阻率的降低。这些 ρ_C 值属于已公布的最低数据，但仍明显高于 2.2 节中对最小接触电阻率的估计。造成这种差异有几个可能的原因，首先，该研究中使用的 PIA 温度远低于完全激活注入铝所需的温度 1800℃[182]。其次，研究中使用的注入层质量不是最好的。实际上，它们在 $N_{Al}>10^{21}cm^{-3}$ 时具有约 $0.22\Omega·cm$ 的体电阻率，这与在 $N_A = 2×10^{19}cm^{-3}$ 的商用 CVD 生长层中测量的水平相同。作为比较，CVD 生长的 $N_A = 5×10^{20}cm^{-3}$ 的 p 型 6H-SiC 层的体电阻率为 $0.042\Omega·cm$[183]，而 LTLPE 生长的 $N_{Al} = 2×10^{20}cm^{-3}$ 的 4H-SiC 的 $\rho_B = 0.02\Omega·cm$[180]。最后，接触电阻率相对较高的第三个明显原因正如 2.5.1 节所讨论的那样，使用纯铝作为接触金属化层并不是最佳选择。尽管如此，据我们所知，Tone 等人[133]发表的这项关于掺杂水平接近于固溶度极限的 p 型 SiC 欧姆接触的研究，仍然是关于这个主题的唯一详细著述。

2.6 欧姆接触形成与 SiC 器件工艺的兼容性

SiC 欧姆接触的主要障碍是形成它们所需的高热预算，这显著阻碍了 SiC 器件的制造，尤其是具有肖特基势垒接触或 MOS 结构的器件，这些器件可能会因欧姆接触的退火而损坏。另一方面，在氧化层生长或沉积之前形成的欧姆接触会被氧化气氛中的高温工艺损坏。此外，在存在含金属接触的情况下，SiC 氧化或烧结沉积的氧化层特性会显著劣化。因此，必须仔细设计 SiC 器件的工艺流程来克服这些问题。

正如前面部分所讨论的，有几种方法可以在没有高温沉积后退火的情况下形成欧姆接触。例如，沉积金属可以与通过磷注入形成的重掺杂 n 型 SiC 形成低电阻率欧姆接触[130]，但注入本身需要注入后退火，其热预算甚至高于欧姆接触的 PDA，因此，它必须在其他温度敏感工序之前完成。避免 PDA 步骤的另一种方法是生长碳化钛，它可以同时与 n 型和 p 型 SiC 形成欧姆接触并具有可接受的电阻率[58]，但该工艺必须在 500℃下进行，而这个温度足以使肖特基接触和 MOS 结构的特性发生改变。

或许可以首先制作欧姆接触再用氮化硅保护，以免被氧化气氛中的高温工艺损坏，同时也不会污染生长或沉积的氧化层[184]，这种方法已经成功地用于制造具有更高迁移率的 4H-SiC MOSFET[185]。硅化镍与 n 型 SiC 的欧姆接触先通过 PECVD 生长的 100nm 厚 Si_3N_4 层保护，然后在 600℃ 干氧气氛中快速热处理（RTP）3min 形成薄 SiO_2 层，再经过 200℃ 原子层沉积（ALD）40nm 厚 Al_2O_3 形成堆叠栅。没有测试这种接触层保护方法与传统 SiC 热氧化工艺的兼容性，并且可以肯定它与高温氧化不兼容，因为 Ni_2Si 的熔点约为 1250℃。

据推测，所谓的二次接触（2.4.1 节和 2.5.3 节中已有讨论）可用于将形成欧姆接触所需的高温退火与对高温和金属污染敏感的其他 SiC 工序（如 MOSFET 中的栅氧化层的形成）相结合。这些接触可以按照如下步骤来制作：①单一金属（例如 Ni）或多层（例如 Si/Pt[178]、Ti/Al[132]）薄膜的第一次沉积；②高温退火使接触层下面的 SiC 层性能改变；③去除固态化学反应产物以暴露下面的 SiC 衬底；④金属层的二次低温沉积。这些二次接触被证明在 n 型[57,123,124]和 p 型 SiC[132,178]上沉积后就表现为欧姆接触，并且在 300℃空气中老化 1400h 仍保持稳定[125]。包括在第二次金属沉积之前使用过温度敏感工序的器件制造工艺已获得专利[186]，但没有看到关于使用这种方法制造 SiC 器件及其表征的出版物。

近十年来，高压、大功率 SiC 肖特基二极管的开发和商品化，将通过减少热预算的工艺来形成欧姆接触的问题推到了最前沿。实际上，具有垂直电流的 SiC 大功率器件具有每 10μm 大约 1kV 阻断电压的漂移层（是硅器件厚度的 1/10）。例如，阻断电压约为 1200V 的 SiC 肖特基二极管必须具有约 10μm 厚、N_D 约 $10^{16}cm^{-3}$ 的漂移层，它们形成在典型厚度为 350μm 且掺杂水平低于 $10^{19}cm^{-3}$ 的衬底上。SiC 衬底中的电子迁移率约为 $100cm^2(V \cdot s)^{-1}$，它是外延层中的电子迁移率的 1/10。很容易估计，在这种情况下，总器件电阻的大约 25% 是衬底电阻。在漂移层约为 5μm 的 650V 二极管的情况下，所得衬底电阻约为总器件电阻的 70%[187]。此外，需要在 p 型衬底上制造的功率器件中，衬底对总电阻的贡献要高得多，例如目前正在开发的晶闸管。由于晶圆破裂和变形的高风险，较薄的 SiC 衬底不能用于器件加工。因此，必须在最后的工序中通过研磨或腐蚀来减薄 SiC 衬底，然后仅形成背面欧姆接触并通过可焊接的金属叠层来实施。在这种情况下不能使用传统的沉积后退火以及离子注入和注入后退火，因为它们会破坏形成在晶圆正面的器件结构。解决方案是在背面接触的激光退火中找到的。

2.6.1 背面欧姆接触的激光退火

为了最大限度地减少影响衬底正面已完成器件结构的热预算，可以通过接触层沉积和脉冲激光退火（PLA）形成背面接触。脉冲激光退火是一种非热平衡工艺，用激光束照射接触层并且其温度由于吸收光子而升高，在脉冲时间（t_P）期间，热量从表面渗透 x_T 深度：

$$x_T = 2\sqrt{\frac{t_P \lambda}{c \kappa}} \tag{2-39}$$

式中，λ 为 SiC 热导率（$\lambda = 4.9 \text{W/cm/K}$[13]）；$c$ 为 SiC 比热容（$c = 0.69 \text{J/g/K}$[13]），κ 为 SiC 密度（$\kappa = 3.21 \text{g/cm}^3$）。在方程式（2-39）中替换这些参数，可以改写为

$$x_T(\mu m) = 0.94\sqrt{t_P(\text{ns})} \tag{2-39a}$$

单脉冲期间接触层和约 x_T 深度的 SiC 层的过热温度可粗略估计为

$$\Delta T = \frac{E_P}{x_T c \kappa} \tag{2-40}$$

替换方程式（2-39）中的 x_T 和方程式（2-40）中的 SiC 参数，可以改写为

$$\Delta T(K) = 4800 \frac{E_P(\text{J/cm}^2)}{\sqrt{t_P(\text{ns})}} \tag{2-40a}$$

距离接触超过 x_T 处的 SiC 衬底的过热温度由热扩散和激光照射的平均功率决定，并保持在较低水平以避免损坏衬底正面的器件结构。

对 n 型和 p 型 SiC，都可以通过脉冲激光退火形成欧姆接触。表 2.8 总结了过去 20 年发表的相关结果，必须注意，表 2.8 中给出的所有接触电阻率都是通过 TLM 在没有 TLM 结构终端的厚衬底上测量的，只能作为粗略估计。然而，很明显，由 PLA 形成的接触得到的电阻率与通过常规沉积后退火在具有相似掺杂水平的 SiC 层上制造的接触所报道的值相当。

SiC 衬底可以被减薄至约 110μm 的厚度，以保持足够的强度以进行进一步加工并且没有细线裂纹[187]，而 $t_P = 200\text{ns}$ 的热穿透深度（表 2.8 中列出的最大脉冲长度）仅约 13μm。

除了通过 Nd-YAG 激光使用 PLA 的接触之外，对于表 2.8 中列出的所有接触，由方程式（2-40）给出的合理 ΔT 值大约 1500K（例如，对于 $t_P = 200\text{ns}$ 和

$E_p=4J/cm^2$,$\Delta T=1360K$)。这种差异可以通过方程式(2-40)的估计来解释,假设所有脉冲能量都被接触层吸收,而吸收能量的比例很大程度上取决于金属化材料、表面粗糙度和激光波长。例如,纯高抛光铝的反射系数为80%~87%,而高抛光镍的反射系数仅为50%~60%。此外,采用Nd-YAG激光进行PLA的接触是表2.8列出的接触中唯一使用红外辐射退火并形成在外延层的生长表面上,而其他接触则是沉积在具有更高粗糙度的衬底背面的。

表2.8 激光退火的SiC欧姆接触

参考文献	$\rho_C/(10^{-4}\Omega\cdot cm^2)$	金属/nm	衬底,掺杂/cm^{-3}	激光波长/nm	脉冲数或扫描速率	脉冲长度和能量密度/$(ns\times J/cm^2)$	条件
[188]	0.43	Ti/W (10或30/10)	n型6H-SiC体材料;1.5×10^{18}	KrF(248)	200	20×(1.5或2)	真空2×10^{-6}Torr
[188]	10	Ti/Al (10/60)	p型6H-SiC体材料;1.5×10^{18}	KrF(248)	100	20×1.5	真空2×10^{-6}Torr
[189]	0.45~0.77	Ti、Ni、Pt、Au(200)	n型6H-SiC外延层4×10^{18};Si面	Nd-YAG(1006)	6	8×30	空气;n-衬底上5μm的n-外延层;ρ_C为Ti的最低值
[187,190]	n/r	Si/Ni、Ti、Co、Mo(15~20)	n型	XeCl(310)	1	200×(3~4)	双沉积层:掺Si和沉积金属
[191,192]	5.3	Ni(50) Nb(50)	n型4H-SiC体材料;1×10^{18}	n/r(355)	455mm/s	45×2.25	N_2;TLM 100μm×800μm
[193]	4	Ti(75)	n型4H-SiC体材料;1×10^{18}	n/r(355)	455mm/s	45×2.25	Ar;TLM 100μm×800μm

Ota等人[189]首次报道了用脉冲激光退火制造的SiC欧姆接触,他们使用的脉冲周期为8ns、通量为$30J/cm^2$和辐照总剂量为6个脉冲的Nd:YAG激光器照射沉积在载流子密度为$4.2\times10^{18}cm^{-3}$的n型6H-SiC外延层上的200nm厚金属薄膜,PLA工艺在真空中进行,并研究了各种金属的PLA形成的接触。Ti、Pt、Ni、Au的接触电阻率较低,其顺序与表面粗糙度的改善相一致。在钛接触中测得的最低电阻率为$4.5\times10^{-5}\Omega\cdot cm^2$。

Nakashima 等人[188]研究了 PLA 形成的 4H-SiC 的欧姆接触，使用 KrF 激光器，脉冲周期为 20ns，通量高达 2J/cm²，脉冲数高达 200，接触由在真空 PLA 两层金属形成：对于 n 型 4H-SiC，Ti（10nm 或 30nm 厚）被 10nmW 覆盖，对于 p 型 4H-SiC 则为 Ti（10nm）/Al(60nm)。优化了激光能量密度以降低退火接触的表面粗糙度。与在传统炉中退火的相同接触方案相反，观察到金属与 SiC 衬底的混合非常小。PLA 后，Ti/W 接触的表面粗糙度为 10nm，与刚沉积后的表面粗糙度几乎相同，XPS 检测到同时生成了碳化钨和碳化钛，测得的最小接触电阻率为 $4.3×10^{-5}Ω·cm^2$。Ti/Al 与 p 型 4H-SiC 接触的表面粗糙度相同，为 10nm，XPS 检测到了碳化钛层，接触电阻率为 $1×10^{-3}Ω·cm^2$。

英飞凌（Infineon）公司已为 n 型 SiC 背面接触的脉冲激光退火申请了专利[190,187]，他们提出了两种方案，对应于两种不同的接触形成机制。在第一种机制中，激光照射用于从 SiC 表面蒸发硅，并因此在 SiC 表面上留下导电的 sp^2 碳层，后者由诸如 Ti/Ni/Ti/Ag 的多层金属进一步增强，该碳层与 SiC 形成欧姆接触。该方案强调的关键点是优化 PLA 工艺以仅形成导电碳层，而不是对接触的欧姆特性产生不利结果的碳簇材料。在第二种机制中，激光作用通过促进两个沉积层［掺杂的多晶或非晶硅层和金属（镍、钛、钴、钼）层］之间的反应产生金属硅化物。硅和金属层的总厚度在 50nm 以下，金属厚度范围为 15~20nm。通过脉冲宽度为 150ns 和脉冲能量可变的 XeCl 激光器（310nm）对接触进行退火。发现在沉积层中 SiC 和过量金属（Ni）之间的界面反应过程中释放的碳非常精细地分散在所得的 NiSi 中，而传统 PDA 则形成相对较大的碳簇。他们认为，这种更细粒度的结构会使接触金属叠层更牢固。该 PLA 工艺用于在衬底减薄至 110μm 后在 SiC 肖特基二极管中形成背面接触。建议将该方法用于正面接触，特别是通过使用掩模版照射特定区域来形成合并的 pn 结和肖特基二极管。

2.7　SiC 欧姆接触的保护和覆盖

SiC 器件的最高工作温度受 SiC 的德拜温度或 SiC 中本征载流子浓度与 200℃时硅中（$5.3×10^{13}cm^{-3}$）相同时的温度限制，具体取决于哪一种较低。4H-SiC 的德拜温度为 1027℃[13]，本征载流子浓度达到 $5.3×10^{13}cm^{-3}$ 时对应的温度为 865℃，该值应视为 SiC 器件的最高工作温度。实际上，它受到 SiC 器件中使用的电介质和金属化的热稳定性的限制。值得注意的是，商用 SiC MOSFET 和肖特基二极管的设计工作结温和存储温度仅为 175℃[194]，并且在 300℃空气老化大约 100h 后，商用 MOSFET 中镍基源漏接触显著退化[195]。

n 型和 p 型 SiC 的标准欧姆接触分别是用 Ni 和 Al/Ti，是在超过 950℃的温度下形成的，预计在较低温度下具有热稳定性。确实，基于 Ni_2Si 的接触（电子束蒸发 Ni 在 950℃ PDA 10min 形成）在 500℃ 的氮气中老化超过 100h 后保持稳定[68]。Ti_3SiC_2 基与 p 型 SiC 的接触（溅射 TiAl 合金后经 PDA 形成）在 600℃、Ar 气氛中烘焙长达 400h 后，仍然稳定可靠[43]。然而，实际器件中的欧姆接触必须涂有额外的覆盖层以进行互连或引线键合。这种覆盖层材料（通常是金或铂，用于高温应用）可能会扩散进入接触层中，到达与 SiC 的界面并改变接触特性。而且，欧姆接触在真空或惰性环境中的长期稳定性并不意味着在空气中的长期稳定性，因为接触层和 SiC 可能发生氧化。金属原子和氧原子很容易通过 Ni_2Si 和 Ti_3SiC_2 扩散，因此这些接触必须用扩散阻挡层来保护，或者考虑可以同时用作欧姆接触和扩散阻挡层的替代接触金属（如碳化钛）。因此，可以防止氧和覆盖层的金属扩散到接触层中的扩散阻挡层对于开发高温工作的 SiC 器件是必不可少的。

对合适的阻挡层的主要要求是：①阻挡层不应与下面的接触层或覆盖层金属发生反应；②应具有低电阻率；③它应该与接触层和覆盖金属都有良好的附着力；④最好是无定形的，以减少如空隙或晶界等缺陷。难熔金属氮化物（如 TiN、TaN 和 WN）、碳化物（如 TiC 和 TaC）、硅化物（如 $TaSi_2$）以及金属合金由于其高稳定性和良好的电导率，都可以被用作保护 SiC 欧姆接触的扩散阻挡层。本节下面讨论每种阻挡层的最具代表性的例子，更详细的论述见参考文献 [9]。

Baeri 等人[196]研究了 WTi（10%）溅射合金作为扩散阻挡层，$Au/TiW/Ni_2Si$（100nm/600nm/200nm）与 n 型 6H-SiC 接触在 450℃ 纯氧气氛中老化 100h 期间表现出稳定的欧姆特性，温度超过 500℃ 会观察到强烈的相互扩散和氧扩散，而在 600℃ 下 3h 后接触就退化了。另一方面，研究[69]表明在 n 型 4H-SiC 上直接溅射的 WTi 合金，在 950℃ PDA 30min 后会形成欧姆接触，$\rho_C = 1.5 \times 10^{-5} \Omega \cdot cm^2$，用电子束蒸发 30nm 厚的 Ti 黏附层和 300nm 厚的铂保护层后，在 600℃ 的空气中可以稳定保持 250h。

Wang 等人[149]报道了另一种作为扩散阻挡层的合金，通过在 Ni 和 Al/Ni 与 n 型和 p 型 4H-SiC 接触的顶部共溅射钽和铷，形成 200nm 厚的扩散阻挡层，再覆盖 700nm 厚 Au 保护层。与 n 型和 p 型 4H-SiC 的接触均表现出约 $10^{-5} \Omega \cdot cm^2$ 的接触电阻率，并且在 350℃ 空气中老化 3000h 后保持不变。

钛和钽的碳化物是非常好的扩散阻挡层，可以与 n 型（TiC、TaC）和 p 型 SiC（TiC）形成欧姆接触，并在单层中同时起到接触和扩散阻挡层的作用。Jang 等人[108]研究了碳化钽（TaC）与 n 型 SiC 的欧姆接触，在 200℃ 下，在 n 型 6H-SiC 衬底的 Si 面生长的 n 型外延层（$0.5\mu m$；$8 \times 10^{18} cm^{-3}$）上溅射了 100nm 厚的 TaC 薄膜，在 1000℃ 真空中 PDA 15min 得到了 $\rho_C = 3 \times 10^{-5} \Omega \cdot cm^2$ 的欧姆接触。当使用 W/WC（100nm/50nm）保护层进行测试时，这些接触表现出非常好的热稳定性。在600℃真空老化1000h和1000℃老化500h后，它们没有退化（请注意，此温度超过了SiC器件的最高工作温度）。

Daves等人[70]研究了n型4H-SiC（$3×10^{19}cm^{-3}$）钛基和镍基欧姆接触中的氮化钛扩散阻挡层，接触分别由1050℃和950℃ Ar中PDA 30nm Ti层和50nm Ni层形成。然后溅射Ti（黏附）/TiN/Pt/Ti（黏附）(20nm/10nm/150nm/20nm)多层阻挡层，最后通过PECVD生长a-SiO$_x$/a-SiC（250nm/250nm）叠层作为覆盖层。初始电阻率为$6×10^{-5}\Omega·cm^2$的Ti欧姆接触表现出最好的性能。在600℃干燥和潮湿空气（10%水分）环境中老化500h后，它们仍保持欧姆状态，电阻率逐渐增加到$2.3×10^{-4}\Omega·cm^2$，并且形貌也没有明显变差。该接触在湿空气中经受住了100~700℃ 100h的温度循环。另一方面，初始$\rho_C=3×10^{-5}\Omega·cm^2$的镍基接触在600℃的第一次老化过程中退化得非常快。提供的TEM图像清楚地显示TiN阻挡层的厚度不足以完全防止铂扩散到接触层中。事实上，在钛基接触的PDA过程中形成的碳化钛层充当了阻止铂扩散并保持接触层和SiC之间的界面不变的额外屏障，这导致这些接触显示出良好的热稳定性。相比之下，Ni$_2$Si接触没有提供额外的扩散阻挡层，使得铂能够轻松扩散通过TiN阻挡层和Ni$_2$Si接触层到达与SiC的界面。在镍基接触中检测到了铂与SiC的反应，可以解释这些接触的快速退化。应该注意的是，接触受到额外的a-SiO$_x$/a-SiC涂层的保护，是为了防止氧气扩散到接触金属层中。

覆盖层金属化方案研究最为系统的是具有TaSi$_x$扩散阻挡层的Pt。Virshup等人[197]研究了4H-SiC/Ni/TaSi$_x$/Pt欧姆接触的热稳定性，将100nm厚的热蒸发Ni在950℃的氩气中退火5min，然后用溅射的50nm厚的TaSi$_x$和150nm厚的Pt覆盖。在300℃空气中老化测试1000多个小时期间，接触保持欧姆状态，电阻率从$3.4×10^{-4}\Omega·cm^2$逐渐增加到$2.8×10^{-3}\Omega·cm^2$。然而，在500℃和600℃老化时比接触电阻的增加更大，并且分别在240h和36h后出现非欧姆行为，AES分析表明，当整个硅化钽层被氧化时，欧姆行为消失。

Okojie等人[78,198]开发了基于硅化钽的高耐用的n型欧姆接触金属化方案，分别在$N_D=7×10^{18}cm^{-3}$和$N_D=2×10^{19}cm^{-3}$的n型6H-SiC和4H-SiC外延层上磁控溅射Ti(100nm)/TaSi$_2$(400nm)/Pt(300nm)多层堆叠，在600℃氮气中退火30min后，通过固态化学反应在最顶层生成了硅化铂：

$$4Pt+TaSi_2 \rightarrow 2Pt_2Si+Ta \tag{2-41}$$

在Ti/SiC反应区，XTEM分析表明形成了与SiC紧密接触的反应产物硅化钛。对于6H-SiC和4H-SiC接触，测得的接触电阻率分别为$1.7×10^{-4}\Omega·cm^2$和$4.5×10^{-4}\Omega·cm^2$。

接触退火后在600℃空气中老化100h后，发现表面的硅化铂与氧反应形成了约40nm厚的氧化硅保护层。认为就是这一层避免了接触层的进一步氧化，这时接触电阻率降至约 $4.5×10^{-5}\Omega\cdot cm^2$ 并在进一步老化 1000h 后保持稳定。还测试了具有不同层厚度的接触，发现 200nm 厚的 $TaSi_2$ 层不足以防止钛外扩散和氧化，发现接触退化的主要原因是通过含钛层边缘的氧化，得出的结论是，必须像 Neudeck 等人[199,200]后来所做的那样保护边缘，在 7mTorr 腔室压力下通过在溅射枪处注入 Ar、在腔室中间附近注入 N_2、然后溅射高纯硅靶从而反应沉积 Si_3N_4 作为钝化层。

Neudeck 等人[199,200]使用这种金属叠层制造出了 6H-SiC 横向 JFET，其在 500℃ 下可稳定运行长达 6000h。相同的金属化方案用于与 n 型源/漏注入区以及重掺杂 p 型（$>10^{20}cm^{-3}$）栅外延层的接触，相同 $TaSi_2$/Pt 组分的第二层用作互连，通过反应溅射和重叠接触边缘沉积的 $1.1\mu m$ 厚的 Si_3N_4 层钝化表面。

相同的接触方案用于制造 6H-SiC MESFET[201]，肖特基接触和欧姆接触都是通过在 600℃ 的氮气中将 Ti/$TaSi_2$/Pt 多层退火 30min 形成的。制作的 MESFET 在 500℃ 的空气中老化 2400h，晶体管最初漏电，老化后漏电增加，但 R_{DS} 保持不变，这至少可以得出欧姆接触很稳定的结论。

最近发表了关于使用 $TiSi_2$ 进行接触保护和互连的结果[202]，基于 4H-SiC JFET 的数字和模拟集成电路（IC）通过溅射 50nm Hf 同时与 p 型 4H-SiC($N_A>10^{20}cm^{-3}$) 和磷注入 n 型 4H-SiC($x_S=0.4\mu m$；$N_D>10^{20}cm^{-3}$) 形成欧姆接触。磁控溅射 200nm 厚的 $TaSi_2$ 作为覆盖层，由 $0.8\mu m$ 厚的 $TaSi_2$ 和 $1\mu m$ 厚的层间电介质 SiO_2 制作双层互连。最后，电路由两个 $1\mu m$ 厚的 SiO_2 层保护，它们之间有 67nm 厚的 Si_3N_4 层。虽然没有公布接触电阻率的数据，但给出了 11 级环形振荡器 IC 和运算放大器的电特性。初步筛选后，重要的电路参数在 500℃ 的空气中运行超过 2000h 后保持稳定在 15% 以内。

2.8 结论

40 多年前第一个采用传统技术制造具有欧姆接触的 SiC 器件被报道[172]，W. von Muench 和 I. Pfaffeneder 在 1100℃ 下对蒸发的镍和铝进行沉积后退火，以分别形成与 n 型 CVD 层（$N_D=2×10^{19}cm^{-3}$）和 Lely p 型 6H-SiC 衬底（$N_A=2×10^{18}cm^{-3}$）的欧姆接触。该技术仍然被广泛使用，但取得重大进展则是那个时代的事了。

目前 n 型 SiC 欧姆接触发展到的接触电阻率（约 $3×10^{-7}\Omega\cdot cm^2$）已经非常接近其下限（约 $2×10^{-7}\Omega\cdot cm^2$）了。由于已经可以通过离子注入形成可用的高质量重掺杂 SiC，这些接触可以在没有高温沉积后退火的情况下制造。开发了几种方法以与 n 型 SiC 衬底（N_D 约为 $2×10^{18}cm^{-3}$）和外延 CVD 层（N_D 约为 $2×10^{19}cm^{-3}$）形成具有良好电阻率（约为 $1×10^{-5}\Omega\cdot cm^2$）的欧姆接触。这些方法基于 SiC 和沉积金属之间的界面反应，以形成金属硅化物、碳化物和三元化合物。快速热处理被广泛用于这些反应的精确控制。此外，高功率脉冲激光器的发展使得使用低热预算退火进行局部接触退火成为可能，这显著提高了欧姆接触制作与器件工艺的兼容性。

  p 型 SiC 的欧姆接触不如 n 型 SiC 的接触先进。首先，理论上估计的 p 型 SiC 接触的最小电阻率（约 $1\times10^{-6}\Omega\cdot cm^2$）高于 n 型 SiC，这仅仅是因为 SiC 材料的特性。已公布的 p 型 SiC 接触的最佳电阻率（约 $1\times10^{-5}\Omega\cdot cm^2$）仍远高于此理论估计值。此外，所有与 p 型 SiC 的欧姆接触都需要高温沉积后退火或高温（约 600℃）下的金属沉积，即使是在掺杂水平接近杂质固溶度极限的 SiC 上制作时也是如此。然而，通常可以在 $N_A > 1\times10^{19}cm^{-3}$ 的 p 型 SiC 上获得良好的 $\rho_C < 1\times10^{-4}\Omega\cdot cm^2$ 的欧姆接触。具有这种掺杂水平的外延结构已经商品化，不需要额外的离子注入来形成这些接触。

  值得注意的是，目前欧姆接触的主要应用领域是 SiC 功率开关和整流器件。它们具有垂直几何形状，并在 4H-SiC 商用衬底上制造。这些衬底具有约 $0.02\Omega\cdot cm$ 的最小体电阻率，对于减薄至 100μm 的衬底，这导致约 $2\times10^{-4}\Omega\cdot cm^2$ 的比串联电阻。SiC 功率器件的背面接触面积与芯片面积大致相同，而正面顶部接触的面积可以从与整流器件（例如 pin 二极管）中的芯片面积相同到开关器件（例如 MOSFET）中芯片面积的 1/10。显然，与 n 型 SiC 的欧姆接触具有足够低的电阻率（通常可以获得 $\rho_C < 1\times10^{-5}\Omega\cdot cm^2$）以忽略它们在功率 SiC 器件中的电阻，而进一步需要开发的技术则是提高 $\rho_C < 1\times10^{-5}\Omega\cdot cm^2$ 的 p 型 SiC 的欧姆接触制作的重复性。

  在开发用于与 SiC 欧姆接触的保护层和扩散阻挡层方面取得了显著成果。展示了基于平面 SiC JFET 的集成电路（环形振荡器和运算放大器），能够在 500℃ 的氧化气氛中工作超过 2000h。在这些器件中，硅化钽用作扩散阻挡层和互连材料，多层 $SiO_2/Si_3N_4/SiO_2$ 涂层用作保护层。

  毫无疑问，制造 SiC 欧姆接触已经是一项相当成熟的技术，但仍有许多挑战需要解决，其中大部分是技术问题，例如进一步提高接触黏附性、减少 PDA 热预算和寻找更有效的扩散阻挡层。到目前为止，与掺杂水平接近杂质固溶度极限的 n 型和 p 型 SiC 的欧姆接触仍有待充分研究。另外两个问题则更像是科学问题而不是技术问题，第一个是阐明接触下 SiC 薄层由于在沉积后退火过程中与沉积金属的界面反应引起的变化，许多作者得出的结论是，SiC 的这种特性改变是导致接触行为从肖特基势垒接触变为欧姆接触的主要因素，但没有关于接触下这种 SiC 薄层的材料表征的公开数据。第二个挑战是开发正确的适用于表征 SiC 欧姆接触的接触电阻率测量方法，事实上，像 CBKR 和 TLM 这样的接触电阻率方法都是基于传输线模型，并且是为测量薄硅层而开发的。层电阻率越高，则需要更薄的层才能保持该模型的精确适用，SiC 的体电阻率大约是硅的 20 倍，并且将接触电阻率测量方法从硅直接转移到 SiC 需要相应减少 SiC 层厚度。通过 TLM 测量到的与 p 型和 n 型 SiC 的接触电阻率分别低于 $10^{-5}\Omega\cdot cm^2$ 和 $10^{-6}\Omega\cdot cm^2$，需要在不切实际的 SiC 薄层上制作测试结构。

总之，值得回顾的是，Rhoderick 和 Williams[10] 在 30 年前就曾提到，欧姆接触的制造与其说是一门科学，不如说是一门艺术，这一说法对于 SiC 的欧姆接触仍然适用。

致谢

这项工作得到了英国 EPSRC（Grant EP/L007010/1）的支持。

参考文献

[1] R. N. Hall, "Electrical Contacts to Silicon Carbide," *Journal of Applied Physics,* vol. 29, no. 6, pp. 914-917, 1958.

[2] J. A. Lely, "Darstellung von Einkristallen von Silicium Carbid und Beherrschung von Art und Menge der eingebauten Verunreinigungen," *Ber. Dt. Keram. Ges.,* vol. 8, pp. 229, 1955.

[3] Y. M. Tairov, and V. F. Tsvetkov, "Investigation of growth processes of ingots of silicon carbide single crystals," *Journal of Crystal Growth,* vol. 43, no. 2, pp. 209-212, 1978.

[4] N. Kuroda, K. Shibahara, W. Yoo, S. Nishino, and H. Matsunami, "Step-Controlled VPE Growth of SiC Single Crystals at Low Temperatures," in Extended Abstracts of the 1987 Conference on Solid State Devices and Materials, 1987, pp. 227-230. https://doi.org/10.7567/SSDM.1987.C-4-2

[5] G. L. Harris, G. Kelner, and M. Shur, "Ohmic contacts to SiC," *Properties of Silicon Carbide*, G. L. Harris, ed., p. 295, London, United Kingdom: INSPEC, the Institution of Electrical Engineers, 1993.

[6] L. M. Porter, and R. F. Davis, "A critical review of ohmic and rectifying contacts for silicon carbide," *Materials Science and Engineering: B,* vol. 34, no. 2, pp. 83-105, 1995.

[7] J. Crofton, L. M. Porter, and J. R. Williams, "The Physics of Ohmic Contacts to SiC," *physica status solidi (b),* vol. 202, no. 1, pp. 581-603, 1997.

[8] F. Roccaforte, F. La Via, and V. Raineri, "OHMIC CONTACTS TO SIC," *International Journal of High Speed Electronics and Systems,* vol. 15, no. 04, pp. 781-820, 2005. https://doi.org/10.1142/S0129156405003429

[9] Z. Wang, W. Liu, and C. Wang, "Recent Progress in Ohmic Contacts to Silicon Carbide for High-Temperature Applications," *Journal of Electronic Materials,*

vol. 45, no. 1, pp. 267-284, 2016/01/01, 2016.

[10] E. H. Rhoderick, and R. H. Williams, *Metal-Semiconductor Contacts*, 2 ed., Oxford: Clarendon Press, 1988.

[11] D. K. Schroder, "Semiconductor Material and Device Characterization," John Wiley & Sons, Inc., 2005. https://doi.org/10.1002/0471749095

[12] S. M. Sze, *Physics of Semiconductor Devices*, Second ed., p. 868, New York: Wiley, 1981.

[13] Y. A. Goldberg, M. E. Levinshtein, and S. L. Rumyantsev, "Silicon Carbide," *Properties of Advanced Semiconductor Materials: GaN, AlN, InN, BN, SiC, SiGe*, M. E. Levinshtein, S. L. Rumyantsev and M. S. Shur, eds., New York: John Wiley & Sons, Inc. , 2001.

[14] S. Y. Davydov, "On the electron affinity of silicon carbide polytypes," *Semiconductors,* vol. 41, no. 6, pp. 696-698, June 01, 2007. https://doi.org/10.1134/S1063782607060152

[15] M. Wiets, M. Weinelt, and T. Fauster, "Electronic structure of SiC(0001) surfaces studied by two-photon photoemission," *Physical Review B,* vol. 68, no. 12, pp. 125321, 2003.

[16] K. K. Ng, and R. Liu, "On the calculation of specific contact resistivity on <100> Si," *IEEE Transactions on Electron Devices,* vol. 37, no. 6, pp. 1535-1537, 1990. https://doi.org/10.1109/16.106252

[17] C. Persson, and U. Lindefelt, "Relativistic band structure calculation of cubic and hexagonal SiC polytypes," *Journal of Applied Physics,* vol. 82, pp. 5496-5508, 1997. https://doi.org/10.1063/1.365578

[18] W. M. Chen, N. T. Son, E. Janzén, D. M. Hofmann, and B. K. Meyer, "Effective Masses in SiC Determined by Cyclotron Resonance Experiments," *physica status solidi (a),* vol. 162, no. 1, pp. 79-93, 1997.

[19] N. T. Son, W. M. Chen, O. Kordina, A. O. Konstantinov, B. Monemar, E. Janzen, D. M. Hofman, D. Volm, M. Drechsler, and B. K. Meyer, "Electron effective masses in 4H SiC," *Applied Physics Letters,* vol. 66, no. 9, pp. 1074-1076, 1995. https://doi.org/10.1063/1.113576

[20] C. R. Crowell, "The Richardson constant for thermionic emission in Schottky barrier diodes," *Solid-State Electronics,* vol. 8, no. 4, pp. 395-399, 1965. https://doi.org/10.1016/0038-1101(65)90116-4

[21] G. Pensl, F. Ciobanu, T. Frank, M. Krieger, S. Reshanov, F. Schmid, and M. Weidner, "SiC MATERIAL PROPERTIES," *International Journal of High Speed Electronics and Systems,* vol. 15, no. 04, pp. 705-745, 2005. https://doi.org/10.1142/S0129156405003405

[22] A. Itoh, and H. Matsunami, "Analysis of Schottky Barrier Heights of Metal/SiC Contacts and Its Possible Application to High-Voltage Rectifying Devices," *physica status solidi (a),* vol. 162, no. 1, pp. 389-408, 1997.

[23] R. C. Jaeger, *Introduction to Microelectronic Fabrication*, New York: Addison-Wesley Publishing Company, 1993.

[24] Y. M. Tairov, and V. F. Tsvetkov, "Semiconductor Compounds AIVBIV," *Handbook on electrotechnical materials*, Y. V. Koritskii, V. V. Pasynkov and B. M. Tareev, eds., p. 728, Leningrad: Energomashizdat, 1988 [in Russian].

[25] A. Hallén, R. Nipoti, S. E. Saddow, S. Rao, and B. G. Svensson, "Advances in Selective Doping of SiC Via Ion Implantation," *Advances in Silicon Carbide Processing and Applications*, S. E. Saddow and A. Agarwal, eds., pp. 109-153: Artech House, 2004.

[26] S. W. Jones, *Diffusion in silicon*: IC Knowledge LLC, 2008.

[27] S. V. Rendakova, V. Ivantsov, and V. A. Dmitriev, *Mater. Sci. Forum,* vol. 163, pp. 264-268, 1998.

[28] Y. Vodakov, E. N. Mokhov, M. G. Ramm, and A. D. Roenkov, *Amorphous and Crystalline Silicon Carbide III [Springer Proceedings in Physics 56]* pp. 329, 1992. https://doi.org/10.1007/978-3-642-84402-7_50

[29] R. S. Okojie, L. J. Evans, D. Lukco, and J. P. Morris, "A Novel Tungsten-Nickel Alloy Ohmic Contact to SiC at 900C," *Electron Device Letters, IEEE,* vol. 31, no. 8, pp. 791-793, 2010. https://doi.org/10.1109/LED.2010.2050761

[30] M. Qin, V. M. C. Poon, and S. C. H. Ho, "Investigation of Polycrystalline Nickel Silicide Films as a Gate Material," *Journal of The Electrochemical Society,* vol. 148, no. 5, pp. G271, 2001. https://doi.org/10.1149/1.1362551

[31] L. J. Chen, *Silicide Technology for Integrated Circuits*, Stevenage: Institution of Electrical Engineer, 2005.

[32] Y.-J. Chang, and J. L. Erskine, "Diffusion layers and the Schottky-barrier height in nickel silicide—silicon interfaces," *Physical Review B,* vol. 28, no. 10, pp. 5766-5773, 1983.

[33] H. Yu, X. Zhang, H. Shen, Y. Tang, Y. Bai, Y. Wu, K. Liu, and X. Liu, "Thermal stability of Ni/Ti/Al ohmic contacts to p-type 4H-SiC," *Journal of Applied Physics,* vol. 117, no. 2, pp. 025703, 2015.

[34] A. Nino, T. Hirabara, S. Sugiyama, and H. Taimatsu, "Preparation and characterization of tantalum carbide (TaC) ceramics," *International Journal of Refractory Metals and Hard Materials,* vol. 52, pp. 203-208, 2015.

[35] C. P. Kempter, and M. R. Nadler, "Thermal Expansion of Tantalum Monocarbide

to 3020°C," *The Journal of Chemical Physics,* vol. 43, no. 5, pp. 1739-1742, 1965. https://doi.org/10.1063/1.1696999

[36] J. B. William, "Work Function of Tantalum Carbide and the Effects of Adsorption and Sputtering of Cesium," *Journal of Applied Physics,* vol. 42, no. 7, pp. 2682-2688, 1971. https://doi.org/10.1063/1.1660608

[37] U. Gottlieb, O. Laborde, O. Thomas, F. Weiss, A. Rouault, J. P. Senateur, and R. Madar, "Resistivity and magnetoresistance of monocrystalline $TaSi_2$ and VSi_2," *Surface and Coatings Technology,* vol. 45, no. 1, pp. 237-243, 1991.

[38] I. Engström, and B. Lönnberg, "Thermal expansion studies of the group IV-VII transition-metal disilicides," *Journal of Applied Physics,* vol. 63, no. 9, pp. 4476-4484, 1988.

[39] R. G. Wilson, and W. E. McKee, "Vacuum Thermionic Work Functions and Thermal Stability of TaB_2, ZrC, Mo_2C, $MoSi_2$, $TaSi_2$, and WSi_2," *Journal of Applied Physics,* vol. 38, no. 4, pp. 1716-1718, 1967. https://doi.org/10.1063/1.1709747

[40] D. T. Morelli, "Thermal conductivity and thermoelectric power of titanium carbide single crystals," *Physical Review B,* vol. 44, no. 11, pp. 5453-5458, 1991.

[41] S. Zaima, Y. Shibata, H. Adachi, C. Oshima, S. Otani, M. Aono, and Y. Ishizawa, "Atomic chemical composition and reactivity of the TiC(111) surface," *Surface Science,* vol. 157, no. 2-3, pp. 380-392, 1985.

[42] M. Kadoshima, T. Matsuki, S. Miyazaki, K. Shiraishi, T. Chikyo, K. Yamada, T. Aoyama, Y. Nara, and Y. Ohji, "Effective-Work-Function Control by Varying the TiN Thickness in Poly-Si/TiN Gate Electrodes for Scaled High-k CMOSFETs," *IEEE Electron Device Letters,* vol. 30, no. 5, pp. 466-468, 2009. https://doi.org/10.1109/LED.2009.2016585

[43] T. Abi-Tannous, M. Soueidan, G. Ferro, M. Lazar, C. Raynaud, B. Toury, M. F. Beaufort, J. F. Barbot, O. Dezellus, and D. Planson, "A Study on the Temperature of Ohmic Contact to p-Type SiC Based on Ti_3SiC_2 Phase," *IEEE Transactions on Electron Devices,* vol. 63, no. 6, pp. 2462-2468, 2016. https://doi.org/10.1109/TED.2016.2556725

[44] M. Gao, S. Tsukimoto, S. H. Goss, S. P. Tumakha, T. Onishi, M. Murakami, and L. J. Brillson, "Role of Interface Layers and Localized States in TiAl-Based Ohmic Contacts to p-Type 4H-SiC," *Journal of Electronic Materials,* vol. 36, no. 4, pp. 277-284, 2007.

[45] S. Y. Jiang, X. Y. Li, and Z. Z. Chen, "Role of W in W/Ni Bilayer Ohmic Contact to n-Type 4H-SiC From the Perspective of Device Applications," *IEEE Transactions on Electron Devices,* vol. 65, no. 2, pp. 641-647, 2018. https://doi.org/10.1109/TED.2017.2784098

[46] E. N. Denbnovetskaya, V. A. Lavrenko, I. A. Podchernyaeva, T. G. Protsenko, N. I. Siman, and V. S. Fomenko, "Electron work function and surface recombination of hydrogen for alloys of the system HfC-WC," *Soviet Powder Metallurgy and Metal Ceramics,* vol. 10, no. 4, pp. 289-291, April 01, 1971.

[47] A. L. Syrkin, J. M. Bluet, G. Bastide, T. Bretagnon, A. A. Lebedev, M. G. Rastegaeva, N. S. Savkina, and V. E. Chelnokov, "Surface barrier height in metal-SiC structures of 6H, 4H and 3C polytypes," *Materials Science and Engineering: B,* vol. 46, no. 1, pp. 236-239, 1997.

[48] A. Iton, O. Takemura, T. Kimoto, and H. Matsunami, "Barrier height analysis of metal/4H-SiC Schottky contacts," *Inst. Phys. Conf. Ser. No 142*, pp. 689, 1996.

[49] F. A. Padovani, and R. Stratton, "Field and thermionic-field emission in Schottky barriers," *Solid-State Electronics,* vol. 9, no. 7, pp. 695-707, 1966.

[50] C. R. Crowell, "Richardson constant and tunneling effective mass for thermionic and thermionic-field emission in Schottky barrier diodes," *Solid-State Electronics,* vol. 12, no. 1, pp. 55-59, 1969. https://doi.org/10.1016/0038-1101(69)90135-X

[51] A. Y. C. Yu, "Electron tunneling and contact resistance of metal-silicon contact barriers," *Solid-State Electronics,* vol. 13, no. 2, pp. 239-247, 1970.

[52] R. H. Cox, and H. Strack, "Ohmic contacts for GaAs devices," *Solid-State Electronics,* vol. 10, no. 12, pp. 1213-1218, 1967.

[53] G. K. Reeves, and H. B. Harrison, "Obtaining the specific contact resistance from transmission line model measurements," *IEEE Electron Device Letters,* vol. 3, no. 5, pp. 111-113, 1982. https://doi.org/10.1109/EDL.1982.25502

[54] H. Murrmann, and D. Widmann, "Current crowding on metal contacts to planar devices," *IEEE Transactions on Electron Devices,* vol. 16, no. 12, pp. 1022-1024, 1969.

[55] U. Haw-Jye, D. B. Janes, and K. J. Webb, "Error analysis leading to design criteria for transmission line model characterization of ohmic contacts," *IEEE Transactions on Electron Devices,* vol. 48, no. 4, pp. 758-766, 2001. https://doi.org/10.1109/16.915721

[56] A. N. Andreev, A. M. Strel'chuk, N. S. Savkina, F. M. Snegov, and V. E. Chelnokov, "An investigation of 6H-SiC dinistor structures," *Pisma Zh. Tekh. Fiz.,* vol. 29, no. 6, pp. 1083-1092, 1995.

[57] I. P. Nikitina, K. V. Vassilevski, N. G. Wright, A. B. Horsfall, A. G. Oneill, and C. M. Johnson, "Formation and role of graphite and nickel silicide in nickel based ohmic contacts to n-type silicon carbide," *Journal of Applied Physics,* vol. 97, no. 8, pp. 083709-083709-7, 2005. https://doi.org/10.1063/1.1872200

[58] S. K. Lee, C. M. Zetterling, M. Östling, J. P. Palmquist, H. Högberg, and U.

Jansson, "Low resistivity ohmic titanium carbide contacts to n- and p-type 4H-silicon carbide," *Solid-State Electronics,* vol. 44, no. 7, pp. 1179-1186, 2000.

[59] S. Tanimoto, M. Inada, N. Kiritani, M. Hoshi, H. Okushi, and K. Arai, "Single Contact-Material MESFETs on 4H-SiC," *Materials Science Forum,* vol. 457-460, pp. 1221-1224, 2004. https://doi.org/10.4028/www.scientific.net/MSF.457-460.1221

[60] H. Na, H. Kim, K. Adachi, N. Kiritani, S. Tanimoto, H. Okushi, and K. Arai, "High-quality schottky and ohmic contacts in planar 4H-SiC metal semiconductor field-effect transistors and device performance," *Journal of Electronic Materials,* vol. 33, no. 2, pp. 89-93, 2004.

[61] M. Vivona, G. Greco, F. Giannazzo, R. Lo Nigro, S. Rascunà, M. Saggio, and F. Roccaforte, "Thermal stability of the current transport mechanisms in Ni-based Ohmic contacts on n- and p-implanted 4H-SiC," *Semiconductor Science and Technology,* vol. 29, no. 7, pp. 075018, 2014.

[62] S. Tanimoto, N. Kiritani, M. Hoshi, and H. Okushi, "Ohmic Contact Structure and Fabrication Process Applicable to Practical SiC Devices," *Materials Science Forum,* vol. 389-393, pp. 879-884, 2002. https://doi.org/10.4028/www.scientific.net/MSF.389-393.879

[63] S. Tanimoto, and H. Oohashi, "High-Temperature Reliable Ni_2Si-Based Contacts on SiC Connected to Si-Doped Al Interconnect via Ta/TaN Barrier," *Materials Science Forum,* vol. 615-617, pp. 561-564, 2009. https://doi.org/10.4028/www.scientific.net/MSF.615-617.561

[64] W. Daves, A. Krauss, V. Häublein, A. Bauer, and L. Frey, "Enhancement of the Stability of Ti and Ni Ohmic Contacts to 4H-SiC with a Stable Protective Coating for Harsh Environment Applications," *Journal of Electronic Materials,* vol. 40, no. 9, pp. 1990-1997, 2011. https://doi.org/10.1007/s11664-011-1681-2

[65] K. Vassilevski, S. K. Roy, N. Wood, A. B. Horsfall, and N. G. Wright, "Process Compatibility of Heavily Nitrogen Doped Layers Formed by Ion Implantation in Silicon Carbide Devices," *Materials Science Forum,* vol. 821-823, pp. 411-415, 2015. https://doi.org/10.4028/www.scientific.net/MSF.821-823.411

[66] C. Arnodo, S. Tyc, F. Wyczisk, and C. Brylinski, "Nickel and molibdenum ohmic contacts on silicon carbide," *Inst. Phys. Conf. ,* vol. 142, pp. 577, 1996.

[67] R. Kakanakov, L. Kassamakova-Kolaklieva, N. Hristeva, G. Lepoeva, and K. Zekentes, "Thermally stable low resistivity ohmic contacts for high power and high temperature SiC device applications," *23rd International Conference on Microelectronics. Proceedings* vol. 1, pp. 205-208, 2002.

[68] T. Marinova, A. Kakanakova-Georgieva, V. Krastev, R. Kakanakov, M. Neshev, L. Kassamakova, O. Noblanc, C. Arnodo, S. Cassette, C. Brylinski, B. Pecz, G.

Radnoczi, and G. Vincze, "Nickel based ohmic contacts on SiC," *Materials Science and Engineering: B,* vol. 46, no. 1-3, pp. 223-226, 1997.

[69] S.-K. Lee, E.-K. Suh, N.-K. Cho, H.-D. Park, L. Uneus, and A. L. Spetz, "Comparison study of ohmic contacts to 4H-silicon carbide in oxidizing ambient for harsh environment gas sensor applications," *Solid-State Electronics,* vol. 49, no. 8, pp. 1297-1301, 2005.

[70] W. Daves, A. Krauss, V. Häublein, A. J. Bauer, and L. Frey, "Structural and Reliability Analysis of Ohmic Contacts to SiC with a Stable Protective Coating for Harsh Environment Applications," *ECS Journal of Solid State Science and Technology,* vol. 1, no. 1, pp. P23-P29, 2012.

[71] K. Ito, T. Onishi, H. Takeda, K. Kohama, S. Tsukimoto, M. Konno, Y. Suzuki, and M. Murakami, "Simultaneous Formation of Ni/Al Ohmic Contacts to Both n- and p-Type 4H-SiC," *Journal of Electronic Materials,* vol. 37, no. 11, pp. 1674-1680, 2008.

[72] A. Kakanakova-Georgieva, T. Marinova, O. Noblanc, C. Arnodo, S. Cassette, and C. Brylinski, "Characterization of ohmic and Schottky contacts on SiC," *Thin Solid Films,* vol. 343-344, pp. 637-641, 1999.

[73] S. J. Yang, C. K. Kim, I. H. Noh, S. W. Jang, K. H. Jung, and N. I. Cho, "Study of Co- and Ni-based ohmic contacts to n-type 4H-SiC," *Diamond and Related Materials,* vol. 13, no. 4-8, pp. 1149-1153, 2004.

[74] J.-C. Cheng, and B.-Y. Tsui, "Reduction of Specific Contact Resistance on n-Type Implanted 4H-SiC Through Argon Inductively Coupled Plasma Treatment and Post-Metal Deposition Annealing," *IEEE Electron Device Letters,* vol. 38, no. 12, pp. 1700-1703, 2017.

[75] S. Liu, Z. He, L. Zheng, B. Liu, F. Zhang, L. Dong, L. Tian, Z. Shen, J. Wang, Y. Huang, Z. Fan, X. Liu, G. Yan, W. Zhao, L. Wang, G. Sun, F. Yang, and Y. Zeng, "The thermal stability study and improvement of 4H-SiC ohmic contact," *Applied Physics Letters,* vol. 105, no. 12, pp. 122106, 2014.

[76] A. V. Adedeji, A. C. Ahyi, J. R. Williams, M. J. Bozack, S. E. Mohney, B. Liu, and J. D. Scofield, "Composite Ohmic Contacts to SiC," *Materials Science Forum,* vol. 527-529, pp. 879-882, 2006. https://doi.org/10.4028/www.scientific.net/MSF.527-529.879

[77] E. D. Luckowski, J. M. Delucca, J. R. Williams, S. E. Mohney, M. J. Bozack, T. Isaacs-Smith, and J. Crofton, "Improved ohmic contact to n-type 4H and 6H-SiC using nichrome," *Journal of Electronic Materials,* vol. 27, no. 4, pp. 330-334, 1998.

[78] R. S. Okojie, D. Lukco, Y. L. Chen, and D. J. Spry, "Reliability assessment of Ti/TaSi$_2$/Pt ohmic contacts on SiC after 1000 h at 600 C," *Journal of Applied*

Physics, vol. 91, no. 10, pp. 6553-6559, 2002. https://doi.org/10.1063/1.1470255

[79] H. Tamaso, S. Yamada, H. Kitabayashi, and T. Horii, "Ti/Al/Si Ohmic Contacts for both n-Type and p-Type 4H-SiC," *Materials Science Forum,* vol. 778-780, pp. 669-672, 2014. https://doi.org/10.4028/www.scientific.net/MSF.778-780.669

[80] S.-J. Joo, S. Baek, S.-C. Kim, and J.-S. Lee, "Simultaneous Formation of Ohmic Contacts on p^+- and n^+-4H-SiC Using a Ti/Ni Bilayer," *Journal of Electronic Materials,* vol. 42, no. 10, pp. 2897-2904, 2013.

[81] T. Ohyanagi, Y. Onose, and A. Watanabe, "Ti/Ni bilayer Ohmic contact on 4H-SiC," *Journal of Vacuum Science & Technology B: Microelectronics and Nanometer Structures,* vol. 26, no. 4, pp. 1359, 2008. https://doi.org/10.1116/1.2949116

[82] K. Buchholt, R. Ghandi, M. Domeij, C. M. Zetterling, J. Lu, P. Eklund, L. Hultman, and A. L. Spetz, "Ohmic contact properties of magnetron sputtered Ti_3SiC_2 on n- and p-type 4H-silicon carbide," *Applied Physics Letters,* vol. 98, no. 4, pp. 042108, 2011.

[83] H. S. Lee, M. Domeij, C. M. Zetterling, M. Östling, and J. Lu, "Investigation of TiW Contacts to 4H-SiC Bipolar Junction Devices," *Materials Science Forum,* vol. 527-529, pp. 887-890, 2006. https://doi.org/10.4028/www.scientific.net/MSF.527-529.887

[84] S. K. Lee, S. M. Koo, C. M. Zetterling, and M. Östling, "Ohmic contact formation on inductively coupled plasma etched 4H-silicon carbide," *Journal of Electronic Materials,* vol. 31, no. 5, pp. 340-345, 2002.

[85] N. Kiritani, M. Hoshi, S. Tanimoto, K. Adachi, S. Nishizawa, T. Yatsuo, H. Okushi, and K. Arai, "Single Material Ohmic Contacts Simultaneously Formed on the Source/P-Well/Gate of 4H-SiC Vertical MOSFETs," *Materials Science Forum,* vol. 433-436, pp. 669-672, 2003. https://doi.org/10.4028/www.scientific.net/MSF.433-436.669

[86] S.-C. Chang, S.-J. Wang, K.-M. Uang, and B.-W. Liou, "Investigation of Au/Ti/Al ohmic contact to N-type 4H–SiC," *Solid-State Electronics,* vol. 49, no. 12, pp. 1937-1941, 2005.

[87] S. Tsukimoto, T. Sakai, T. Onishi, K. Ito, and M. Murakami, "Simultaneous formation of p- and n-type ohmic contacts to 4H-SiC using the ternary Ni/Ti/Al system," *Journal of Electronic Materials,* vol. 34, no. 10, pp. 1310-1312, 2005.

[88] T. N. Oder, J. R. Williams, K. W. Bryant, M. J. Bozack, and J. Crofton, "Low Resistance Ohmic Contacts to n-SiC Using Niobium," *Materials Science Forum,* vol. 338-342, pp. 997-1000, 2000. https://doi.org/10.4028/www.scientific.net/MSF.338-342.997

[89] L. J. Evans, R. S. Okojie, and D. Lukco, "Development of an Extreme High Temperature n-Type Ohmic Contact to Silicon Carbide," *Materials Science Forum,* vol. 717-720, pp. 841-844, 2012. https://doi.org/10.4028/www.scientific.net/MSF.717-720.841

[90] F. Roccaforte, F. La Via, V. Raineri, L. Calcagno, and P. Musumeci, "Improvement of high temperature stability of nickel contacts on n-type 6H–SiC," *Applied Surface Science,* vol. 184, no. 1-4, pp. 295-298, 2001.

[91] J. Crofton, P. G. McMullin, J. R. Williams, and M. J. Bozack, "High-temperature ohmic contact to n-type 6H-SiC using nickel," *Journal of Applied Physics,* vol. 77, no. 3, pp. 1317-1319, 1995.

[92] M. G. Rastegaeva, A.N. Andreev, V.V. Zelenin, A.I. Babanin, I.P. Nikitina, V.E. Chelnokov, and V.P. Rastegaev, *Inst. Phys. Conf. ,* vol. 142, pp. 581, 1996.

[93] M. G. Rastegaeva, A. N. Andreev, A. A. Petrov, A. I. Babanin, M. A. Yagovkina, and I. P. Nikitina, "The influence of temperature treatment on the formation of Ni-based Schottky diodes and ohmic contacts to n-6H-SiC," *Materials Science and Engineering: B,* vol. 46, no. 1-3, pp. 254-258, 1997.

[94] T. Uemoto, "Reduction of Ohmic Contact Resistance on n-Type 6H-SiC by Heavy Doping," *Japanese Journal of Applied Physics,* vol. 34, no. Part 2, No. 1A, pp. L7-L9, 1995.

[95] T. Marinova, V. Krastev, C. Hallin, R. Yakimova, and E. Janzén, "Interface chemistry and electric characterisation of nickel metallisation on 6H-SiC," *Applied Surface Science,* vol. 99, no. 2, pp. 119-125, 1996.

[96] E. Kurimoto, H. Harima, T. Toda, M. Sawada, M. Iwami, and S. Nakashima, "Raman study on the Ni/SiC interface reaction," *Journal of Applied Physics,* vol. 91, no. 12, pp. 10215-10217, 2002. https://doi.org/10.1063/1.1473226

[97] F. La Via, F. Roccaforte, V. Raineri, M. Mauceri, A. Ruggiero, P. Musumeci, L. Calcagno, A. Castaldini, and A. Cavallini, "Schottky–ohmic transition in nickel silicide/SiC-4H system: is it really a solved problem?," *Microelectronic Engineering,* vol. 70, no. 2-4, pp. 519-523, 2003.

[98] A. Virshup, F. Liu, D. Lukco, K. Buchholt, A. L. Spetz, and L. M. Porter, "Improved Thermal Stability Observed in Ni-Based Ohmic Contacts to n-Type SiC for High-Temperature Applications," *Journal of Electronic Materials,* vol. 40, no. 4, pp. 400-405, 2010.

[99] C. Deeb, and A. H. Heuer, "A low-temperature route to thermodynamically stable ohmic contacts to n-type 6H-SiC," *Applied Physics Letters,* vol. 84, no. 7, pp. 1117-1119, 2004.

[100] F. La Via, F. Roccaforte, A. Makhtari, V. Raineri, P. Musumeci, and L. Calcagno, "Structural and electrical characterisation of titanium and nickel silicide contacts

on silicon carbide," *Microelectronic Engineering,* vol. 60, no. 1-2, pp. 269-282, 2002.

[101] T.-Y. Zhou, X.-C. Liu, C.-C. Dai, W. Huang, S.-Y. Zhuo, and E.-W. Shi, "Effect of graphite related interfacial microstructure created by high temperature annealing on the contact properties of Ni/Ti/6H-SiC," *Materials Science and Engineering: B,* vol. 188, pp. 59-65, 2014.

[102] A. K. Chaddha, J. D. Parsons, and G. B. Kruaval, "Thermally stable, low specific resistance (1.30×10^{-5} Ω cm^2) TiC Ohmic contacts to n-type 6H-SiC," *Applied Physics Letters,* vol. 66, no. 6, pp. 760-762, 1995.

[103] U. Schmid, R. Getto, S. T. Sheppard, and W. Wondrak, "Temperature behavior of specific contact resistance and resistivity on nitrogen implanted 6H-SiC with titanium silicide ohmic contacts," *Journal of Applied Physics,* vol. 85, no. 5, pp. 2681-2686, 1999. https://doi.org/10.1063/1.369628

[104] H. Yang, T. H. Peng, W. J. Wang, D. F. Zhang, and X. L. Chen, "Ta/Ni/Ta multilayered ohmic contacts on n-type SiC," *Applied Surface Science,* vol. 254, no. 2, pp. 527-531, 2007.

[105] G. Y. McDaniel, S. T. Fenstermaker, W. V. Lampert, and P. H. Holloway, "Rhenium ohmic contacts on 6H-SiC," *Journal of Applied Physics,* vol. 96, no. 9, pp. 5357-5364, 2004.

[106] K. Gottfried, J. Kriz, J. Leibelt, C. Kaufmann, and T. Gessner, "High temperature stable metallization schemes for SiC-technology operating in air," in 1998 High-Temperature Electronic Materials, Devices and Sensors Conference (Cat. No.98EX132). https://doi.org/10.1109/HTEMDS.1998.730691

[107] T. Jang, L. M. Porter, G. W. M. Rutsch, and B. Odekirk, "Tantalum carbide ohmic contacts ton-type silicon carbide," *Applied Physics Letters,* vol. 75, no. 25, pp. 3956-3958, 1999.

[108] T. Jang, B. Odekirk, L. D. Madsen, and L. M. Porter, "Thermal stability and contact degradation mechanisms of TaC ohmic contacts with W/WC overlayers ton-type 6H SiC," *Journal of Applied Physics,* vol. 90, no. 9, pp. 4555-4559, 2001.

[109] J. Crofton, E. D. Luckowski, J. R. Williams, T. Isaacs-Smith, M. J. Bozack, and R. Siergiej, "Specific contact resistance as a function of doping for n-type 4H and 6H-SiC," *Inst. Phys. Conf. Ser. No 142*, pp. 569-572, 1996.

[110] M. Levit, I. Grimberg, and B. Z. Weiss, "Interaction of Ni90Ti10 alloy thin film with 6H-SiC single crystal," *Journal of Applied Physics,* vol. 80, no. 1, pp. 167-173, 1996.

[111] S. Ferrero, A. Albonico, U. M. Meotto, G. Rambolà, S. Porro, F. Giorgis, D. Perrone, L. Scaltrito, E. Bontempi, L. E. Depero, G. Richieri, and L. Merlin, "Phase Formation at Rapid Thermal Annealing of Nickel Contacts on C-Face n-

Type 4H-SiC," *Materials Science Forum,* vol. 483-485, pp. 733-736, 2005. https://doi.org/10.4028/www.scientific.net/MSF.483-485.733

[112] F. Roccaforte, F. La Via, V. Raineri, R. Pierobon, and E. Zanoni, "Richardson's constant in inhomogeneous silicon carbide Schottky contacts," *Journal of Applied Physics,* vol. 93, no. 11, pp. 9137-9144, 2003.

[113] I. Nikitina, K. Vassilevski, A. Horsfall, N. Wright, A. G. O'Neill, S. K. Ray, K. Zekentes, and C. M. Johnson, "Phase composition and electrical characteristics of nickel silicide Schottky contacts formed on 4H-SiC," *Semiconductor Science and Technology,* vol. 24, no. 5, pp. 055006, 2009. https://doi.org/10.1088/0268-1242/24/5/055006

[114] I. P. Nikitina, K. V. Vassilevski, A. B. Horsfall, N. G. Wright, A. G. O'Neill, C. M. Johnson, T. Yamamoto, and R. K. Malhan, "Structural pattern formation in titanium-nickel contacts on silicon carbide following high-temperature annealing," *Semiconductor Science and Technology,* vol. 21, no. 7, pp. 898-905, 2006. https://doi.org/10.1088/0268-1242/21/7/013

[115] M. R. Rijnders, A. A. Kodentsov, J. A. van Beek, J. van den Akker, and F. J. J. van Loo, "Pattern formation in Pt-SiC diffusion couples," *Solid State Ionics,* vol. 95, no. 1, pp. 51-59, 1997.

[116] J. J. Lander, H. E. Kern, and A. L. Beach, "Solubility and Diffusion Coefficient of Carbon in Nickel: Reaction Rates of Nickel-Carbon Alloys with Barium Oxide," *Journal of Applied Physics,* vol. 23, no. 12, pp. 1305-1309, 1952. https://doi.org/10.1063/1.1702064

[117] A. Hähnel, V. Ischenko, and J. Woltersdorf, "Oriented growth of silicide and carbon in SiC-based sandwich structures with nickel," *Materials Chemistry and Physics,* vol. 110, no. 2-3, pp. 303-310, 2008. https://doi.org/10.1016/j.matchemphys.2008.02.009

[118] C. Y. Kang, L. L. Fan, S. Chen, Z. L. Liu, P. S. Xu, and C. W. Zou, "Few-layer graphene growth on 6H-SiC(0001) surface at low temperature via Ni-silicidation reactions," *Applied Physics Letters,* vol. 100, no. 25, pp. 251604, 2012.

[119] T. Yoneda, M. Shibuya, K. Mitsuhara, A. Visikovskiy, Y. Hoshino, and Y. Kido, "Graphene on SiC(0001) and SiC(000$\bar{1}$) surfaces grown via Ni-silicidation reactions," *Surface Science,* vol. 604, no. 17-18, pp. 1509-1515, 2010.

[120] E. Escobedo-Cousin, K. Vassilevski, T. Hopf, N. Wright, A. O'Neill, A. Horsfall, J. Goss, and P. Cumpson, "Local solid phase growth of few-layer graphene on silicon carbide from nickel silicide supersaturated with carbon," *Journal of Applied Physics,* vol. 113, no. 11, pp. 114309-11, 2013. https://doi.org/10.1063/1.4795501

[121] M. W. Cole, P. C. Joshi, and M. Ervin, "Fabrication and characterization of pulse laser deposited Ni2Si Ohmic contacts on n-SiC for high power and high temperature device applications," *Journal of Applied Physics,* vol. 89, no. 8, pp. 4413-4416, 2001.

[122] W. Lu, W. C. Mitchel, G. R. Landis, T. R. Crenshaw, and W. E. Collins, "Ohmic contact properties of Ni/C film on 4H-SiC," *Solid-State Electronics,* vol. 47, no. 11, pp. 2001-2010, 2003.

[123] M. H. Ervin, K. A. Jones, U. C. Lee, T. Das, and M. C. Wood, "An Approach to Improving the Morphology and Reliability of n-SiC Ohmic Contacts to SiC Using Second-Metal Contacts," *Materials Science Forum,* vol. 527-529, pp. 859-862, 2006. https://doi.org/10.4028/www.scientific.net/MSF.527-529.859

[124] M. H. Ervin, K. A. Jones, U. Lee, and M. C. Wood, "Approach to optimizing n-SiC Ohmic contacts by replacing the original contacts with a second metal," *Journal of Vacuum Science & Technology B: Microelectronics and Nanometer Structures,* vol. 24, no. 3, pp. 1185, 2006. https://doi.org/10.1116/1.2190663

[125] S. Cichoň, P. Macháč, and J. Vojtík, "Ni, NiSi$_2$ and Si Secondary Ohmic Contacts on SiC with High Thermal Stability," *Materials Science Forum,* vol. 740-742, pp. 797-800, 2013. https://doi.org/10.4028/www.scientific.net/MSF.740-742.797

[126] T. Nakamura, and M. Satoh, "Schottky barrier height of a new ohmic contact NiSi$_2$ to n-type 6H-SiC," *Solid-State Electronics,* vol. 46, no. 12, pp. 2063-2067, 2002.

[127] C. Lavoie, C. Detavernier, and P. Besser, "Nickel silicide technology," *Silicide technology for integrated circuits*, L. I. Chen, ed., pp. 95-152, London: the IEE, 2004. https://doi.org/10.1049/PBEP005E_ch5

[128] K. Zekentes, A. Stavrinidis, G. Konstantinidis, M. Kayambaki, K. Vamvoukakis, E. Vassakis, K. Vassilevski, A. B. Horsfall, N. G. Wright, P. Brosselard, S. Q. Niu, M. Lazar, D. Planson, D. Tournier, N. Camara, and M. Bucher, "4H-SiC VJFETs with Self-Aligned Contacts," *Materials Science Forum,* vol. 821-823, pp. 793-796, 2015. https://doi.org/10.4028/www.scientific.net/MSF.821-823.793

[129] K. V. Vassilevski, N. G. Wright, I. P. Nikitina, A. B. Horsfall, A. G. O'Neill, M. J. Uren, K. P. Hilton, A. G. Masterton, A. J. Hydes, and C. M. Johnson, "Protection of selectively implanted and patterned silicon carbide surfaces with graphite capping layer during post-implantation annealing," *Semiconductor Science and Technology,* vol. 20, no. 3, pp. 271, 2005. https://doi.org/10.1088/0268-1242/20/3/003

[130] J. Senzaki, K. Fukuda, and K. Arai, "Influences of postimplantation annealing conditions on resistance lowering in high-phosphorus-implanted 4H–SiC," *Journal of Applied Physics,* vol. 94, no. 5, pp. 2942-2947, 2003. https://doi.org/10.1063/1.1597975

[131] J. C. Cheng, and B. Y. Tsui, "Reduction of Specific Contact Resistance on n-Type Implanted 4H-SiC Through Argon Inductively Coupled Plasma Treatment and Post-Metal Deposition Annealing," *IEEE Electron Device Letters,* vol. 38, no. 12, pp. 1700-1703, 2017. https://doi.org/10.1109/LED.2017.2760884

[132] B. J. Johnson, and M. A. Capano, "Mechanism of ohmic behavior of Al/Ti contacts top-type 4H-SiC after annealing," *Journal of Applied Physics,* vol. 95, no. 10, pp. 5616-5620, 2004.

[133] K. Tone, and J. H. Zhao, "A comparative study of C plus Al coimplantation and Al implantation in 4Hand 6H-SiC," *IEEE Transactions on Electron Devices,* vol. 46, no. 3, pp. 612-619, 1999.

[134] R. Kakanakov, L. Kassamakova, N. Hristeva, G. Lepoeva, N. I. Kuznetsov, and K. Zekentes, "Reliable Ohmic Contacts to LPE p-Type 4H-SiC for High-Power p-n Diode," *Materials Science Forum,* vol. 389-393, pp. 917-920, 2002. https://doi.org/10.4028/www.scientific.net/MSF.389-393.917

[135] F. A. Mohammad, Y. Cao, K. C. Chang, and L. M. Porter, "Comparison of Pt-Based Ohmic Contacts with Ti–Al Ohmic Contacts forp-Type SiC," *Japanese Journal of Applied Physics,* vol. 44, no. 8, pp. 5933-5938, 2005.

[136] N. A. Papanicolaou, A. Edwards, M. V. Rao, and W. T. Anderson, "Si/Pt Ohmic contacts to p-type 4H–SiC," *Applied Physics Letters,* vol. 73, no. 14, pp. 2009-2011, 1998.

[137] S. Tsukimoto, K. Nitta, T. Sakai, M. Moriyama, and M. Murakami, "Correlation between the electrical properties and the interfacial microstructures of TiAl-based ohmic contacts to p-type 4H-SiC," *Journal of Electronic Materials,* vol. 33, no. 5, pp. 460-466, 2004.

[138] R. Kakanakov, L. Kasamakova-Kolaklieva, N. Hristeva, G. Lepoeva, J. B. Gomes, I. Avramova, and T. Marinova, "High Temperature and High Power Stability Investigation of Al-Based Ohmic Contacts to p-Type 4H-SiC," *Materials Science Forum,* vol. 457-460, pp. 877-880, 2004. https://doi.org/10.4028/www.scientific.net/MSF.457-460.877

[139] K. V. Vasilevskii, S. V. Rendakova, I. P. Nikitina, A. I. Babanin, A. N. Andreev, and K. Zekentes, "Electrical characteristics and structural properties of ohmic contacts to p-type 4H-SiC epitaxial layers," *Semiconductors,* vol. 33, no. 11, pp. 1206-1211, 1999.

[140] K. Vassilevski, K. Zekentes, K. Tsagaraki, G. Constantinidis, and I. Nikitina, "Phase formation at rapid thermal annealing of Al/Ti/Ni ohmic contacts on 4H-SiC," *Materials Science and Engineering: B,* vol. 80, no. 1-3, pp. 370-373, 2001.

[141] R. Kakanakov, L. Kassamakova, I. Kassamakov, K. Zekentes, and N. Kuznetsov, "Improved Al/Si ohmic contacts to p-type 4H-SiC," *Materials Science and*

Engineering: B, vol. 80, no. 1-3, pp. 374-377, 2001.

[142] J. Crofton, S. E. Mohney, J. R. Williams, and T. Isaacs-Smith, "Finding the optimum Al–Ti alloy composition for use as an ohmic contact to p-type SiC," *Solid-State Electronics,* vol. 46, no. 1, pp. 109-113, 2002.

[143] B. P. Downey, S. E. Mohney, T. E. Clark, and J. R. Flemish, "Reliability of aluminum-bearing ohmic contacts to SiC under high current density," *Microelectronics Reliability,* vol. 50, no. 12, pp. 1967-1972, 2010.

[144] A. Frazzetto, F. Giannazzo, R. L. Nigro, V. Raineri, and F. Roccaforte, "Structural and transport properties in alloyed Ti/Al Ohmic contacts formed on p-type Al-implanted 4H-SiC annealed at high temperature," *Journal of Physics D: Applied Physics,* vol. 44, no. 25, pp. 255302, 2011. https://doi.org/10.1088/0022-3727/44/25/255302

[145] Y. D. Tang, H. J. Shen, X. F. Zhang, F. Guo, Y. Bai, Z. Y. Peng, and X. Y. Liu, "Effect of Annealing on the Characteristics of Ti/Al Ohmic Contacts to p-Type 4H-SiC," *Materials Science Forum,* vol. 897, pp. 395-398, 2017. https://doi.org/10.4028/www.scientific.net/MSF.897.395

[146] M. Vivona, G. Greco, C. Bongiorno, R. Lo Nigro, S. Scalese, and F. Roccaforte, "Electrical and structural properties of surfaces and interfaces in Ti/Al/Ni Ohmic contacts to p-type implanted 4H-SiC," *Applied Surface Science,* vol. 420, pp. 331-335, 2017.

[147] O. Nakatsuka, T. Takei, Y. Koide, and M. Murakami, "Low Resistance TiAl Ohmic Contacts with Multi-Layered Structure for p-Type 4H-SiC," *MATERIALS TRANSACTIONS,* vol. 43, no. 7, pp. 1684-1688, 2002. https://doi.org/10.2320/matertrans.43.1684

[148] M. Vivona, G. Greco, R. L. Nigro, C. Bongiorno, and F. Roccaforte, "Ti/Al/W Ohmic contacts to p-type implanted 4H-SiC," *Journal of Applied Physics,* vol. 118, no. 3, pp. 035705, 2015. https://doi.org/10.1063/1.4927271

[149] S. H. Wang, O. Arnold, C. M. Eichfeld, S. E. Mohney, A. V. Adedeji, and J. R. Williams, "Tantalum-Ruthenium Diffusion Barriers for Contacts to SiC," *Materials Science Forum,* vol. 527-529, pp. 883-886, 2006. https://doi.org/10.4028/www.scientific.net/MSF.527-529.883

[150] O. Nakatsuka, Y. Koide, and M. Murakami, "CoAl Ohmic Contact Materials with Improved Surface Morphology for p-Type 4H-SiC," *Materials Science Forum,* vol. 389-393, pp. 885-888, 2002. https://doi.org/10.4028/www.scientific.net/MSF.389-393.885

[151] T. Sakai, K. Nitta, S. Tsukimoto, M. Moriyama, and M. Murakami, "Ternary TiAlGe ohmic contacts for p-type 4H-SiC," *Journal of Applied Physics,* vol. 95, no. 4, pp. 2187-2189, 2004.

[152] B. H. Tsao, J. Lawson, and J. D. Scofield, "Ti/AlNi/W and Ti/Ni$_2$Si/W Ohmic Contacts to P-Type SiC," *Materials Science Forum,* vol. 527-529, pp. 903-906, 2006. https://doi.org/10.4028/www.scientific.net/MSF.527-529.903

[153] B. P. Downey, J. R. Flemish, B. Z. Liu, T. E. Clark, and S. E. Mohney, "Current-Induced Degradation of Nickel Ohmic Contacts to SiC," *Journal of Electronic Materials,* vol. 38, no. 4, pp. 563-568, 2009.

[154] R. Konishi, R. Yasukochi, O. Nakatsuka, Y. Koide, M. Moriyama, and M. Murakami, "Development of Ni/Al and Ni/Ti/Al ohmic contact materials for p-type 4H-SiC," *Materials Science and Engineering: B,* vol. 98, no. 3, pp. 286-293, 2003.

[155] B. P. Downey, S. E. Mohney, and J. R. Flemish, "Improved Stability of Pd/Ti Contacts to p-Type SiC Under Continuous DC and Pulsed DC Current Stress," *Journal of Electronic Materials,* vol. 40, no. 4, pp. 406-412, 2010.

[156] L. Kassamakova, R. Kakanakov, N. Nordell, S. Savage, A. Kakanakova-Georgieva, and T. Marinova, "Study of the electrical, thermal and chemical properties of Pd ohmic contacts to p-type 4H-SiC: dependence on annealing conditions," *Materials Science and Engineering: B,* vol. 61-62, pp. 291-295, 1999/07, 1999.

[157] L. Kolaklieva, R. Kakanakov, T. Marinova, and G. Lepoeva, "Effect of the Metal Composition on the Electrical and Thermal Properties of Au/Pd/Ti/Pd Contacts to p-Type SiC," *Materials Science Forum,* vol. 483-485, pp. 749-752, 2005. https://doi.org/10.4028/www.scientific.net/MSF.483-485.749

[158] L. Kassamakova, R. Kakanakov, N. Nordell, and S. Savage, "Thermostable Ohmic Contacts on p-Type SiC," *Materials Science Forum,* vol. 264-268, pp. 787-790, 1998. https://doi.org/10.4028/www.scientific.net/MSF.264-268.787

[159] S. K. Lee, C. M. Zetterling, E. Danielsson, M. Östling, J. P. Palmquist, H. Högberg, and U. Jansson, "Electrical characterization of TiC ohmic contacts to aluminum ion implanted 4H–silicon carbide," *Applied Physics Letters,* vol. 77, no. 10, pp. 1478-1480, 2000.

[160] K. H. Jung, N. I. Cho, J. H. Lee, S. J. Yang, C. K. Kim, B. T. Lee, K. H. Rim, N. K. Kim, and E. D. Kim, "Titanium-Based Ohmic Contact on p-Type 4H-SiC," *Materials Science Forum,* vol. 389-393, pp. 913-916, 2002. https://doi.org/10.4028/www.scientific.net/MSF.389-393.913

[161] J. O. Olowolafe, J. Liu, and R. B. Gregory, "Effect of Si or Al interface layers on the properties of Ta and Mo contacts to p-type SiC," *Journal of Electronic Materials,* vol. 29, no. 3, pp. 391-397, 2000.

[162] B. Pécz, L. Tóth, M. A. di Forte-Poisson, and J. Vacas, "Ti$_3$SiC$_2$ formed in annealed Al/Ti contacts to p-type SiC," *Applied Surface Science,* vol. 206, no. 1-4,

pp. 8-11, 2003.

[163] J. Crofton, P. A. Barnes, J. R. Williams, and J. A. Edmond, "Contact resistance measurements on p-type 6H-SiC," *Applied Physics Letters,* vol. 62, no. 4, pp. 384-386, 1993.

[164] F. Moscatelli, A. Scorzoni, A. Poggi, G. C. Cardinali, and R. Nipoti, "Improved electrical characterization of Al–Ti ohmic contacts on p-type ion implanted 6H-SiC," *Semiconductor Science and Technology,* vol. 18, no. 6, pp. 554-559, 2003.

[165] N. Lundberg, and M. Östling, "Thermally stable low ohmic contacts to p-type 6H-SiC using cobalt silicides," *Solid-State Electronics,* vol. 39, no. 11, pp. 1559-1565, 1996.

[166] T. N. Oder, J. R. Williams, M. J. Bozack, V. Iyer, S. E. Mohney, and J. Crofton, "High temperature stability of chromium boride ohmic contacts to p-type 6H-SiC," *Journal of Electronic Materials,* vol. 27, no. 4, pp. 324-329, 1998.

[167] T. Jang, J. W. Erickson, and L. M. Porter, "Effects of Si interlayer conditions on platinum ohmic contacts for p-type silicon carbide," *Journal of Electronic Materials,* vol. 31, no. 5, pp. 506-511, 2002.

[168] J. Crofton, L. Beyer, J. R. Williams, E. D. Luckowski, S. E. Mohney, and J. M. Delucca, "Titanium and aluminum-titanium ohmic contacts to p-type SiC," *Solid-State Electronics,* vol. 41, no. 11, pp. 1725-1729, 1997.

[169] A. A. Iliadis, S. N. Andronescu, K. Edinger, J. H. Orloff, R. D. Vispute, V. Talyansky, R. P. Sharma, T. Venkatesan, M. C. Wood, and K. A. Jones, "Ohmic contacts to p-6H–SiC using focused ion-beam surface-modification and pulsed laser epitaxial TiN deposition," *Applied Physics Letters,* vol. 73, no. 24, pp. 3545-3547, 1998.

[170] J. S. Shier, "Ohmic Contacts to Silicon Carbide," *Journal of Applied Physics,* vol. 41, no. 2, pp. 771-773, 1970. https://doi.org/10.1063/1.354963

[171] K. V. Vassilevski, V. A. Dmitriev, and A. V. Zorenko, "Silicon carbide diode operating at avalanche breakdown current density of 60 kA/cm^2," *Journal of Applied Physics,* vol. 74, no. 12, pp. 7612-7614, 1993.

[172] W. v. Muench, and I. Pfaffeneder, "Breakdown field in vapor-grown silicon carbide p-n junctions," *Journal of Applied Physics,* vol. 48, no. 11, pp. 4831-4833, 1977.

[173] W. R. King, "Electrical Resistivity of Aluminum Carbide at 990–1240 K," *Journal of The Electrochemical Society,* vol. 132, no. 2, pp. 388, 1985. https://doi.org/10.1149/1.2113847

[174] A. Suzuki, Y. Fujii, H. Saito, Y. Tajima, K. Furukawa, and S. Nakajima, "Effect of the junction interface properties on blue emission of SiC blue LEDs grown by

step-controlled CVD," *Journal of Crystal Growth,* vol. 115, no. 1-4, pp. 623-627, 1991.

[175] N. I. Medvedeva, D. L. Novikov, A. L. Ivanovsky, M. V. Kuznetsov, and A. J. Freeman, "Electronic properties of Ti$_3$SiC$_2$-based solid solutions," *Physical Review B,* vol. 58, no. 24, pp. 16042-16050, 1998.

[176] A. Parisini, A. Poggi, and R. Nipoti, "Structural Characterization of Alloyed Al/Ti and Ti Contacts on SiC," *Materials Science Forum,* vol. 457-460, pp. 837-840, 2004. https://doi.org/10.4028/www.scientific.net/MSF.457-460.837

[177] J. L. Freeouf, "Silicide Schottky barriers: An elemental description," *Solid State Communications,* vol. 33, no. 10, pp. 1059-1061, 1980.

[178] F. A. Mohammad, Y. Cao, and L. M. Porter, "Ohmic contacts to silicon carbide determined by changes in the surface," *Applied Physics Letters,* vol. 87, no. 16, pp. 161908, 2005. https://doi.org/10.1063/1.2106005

[179] N. Nordell, S. Savage, and A. Schoner, "Aluminium doped 6H SiC: CVD growth and formation of ohmic contacts," *Inst. Phys. Conf. Ser.,* vol. 142, pp. 573-576, 1995.

[180] K. Vasilevskii, S. Rendakova, I. Nikitina, A. Babanin, A. Andreev, and K. Zekentes, "Electrical characteristics and structural properties of ohmic contacts to p-type 4H-SiC epitaxial layers," *Semiconductors,* vol. 33, no. 11, pp. 1206-1211, 1999. https://doi.org/10.1134/1.1187850

[181] K. V. Vassilevski, G. Constantinidis, N. Papanicolaou, N. Martin, and K. Zekentes, "Study of annealing conditions on the formation of ohmic contacts on p+4H-SiC layers grown by CVD and LPE," *Materials Science and Engineering B-Solid State Materials for Advanced Technology,* vol. 61-2, pp. 296-300, Jul, 1999. https://doi.org/10.1016/S0921-5107(98)00521-2

[182] T. Troffer, M. Schadt, T. Frank, H. Itoh, G. Pensl, J. Heindl, H. P. Strunk, and M. Maier, "Doping of SiC by Implantation of Boron and Aluminum," *physica status solidi (a),* vol. 162, no. 1, pp. 277-298, 1997.

[183] T. Kimoto, A. Itoh, N. Inoue, O. Takemura, T. Yamamoto, T. Nakajima, and H. Matsunami, "Conductivity Control of SiC by In-Situ Doping and Ion Implantation," *Materials Science Forum,* vol. 264-268, pp. 675-680, 1998. https://doi.org/10.4028/www.scientific.net/MSF.264-268.675

[184] S. K. Roy, K. Vassilevski, N. G. Wright, and A. B. Horsfall, "Silicon Nitride Encapsulation to Preserve Ohmic Contacts Characteristics in High Temperature, Oxygen Rich Environments," *Materials Science Forum,* vol. 821-823, pp. 420-423, 2015. https://doi.org/10.4028/www.scientific.net/MSF.821-823.420

[185] F. Arith, J. Urresti, K. Vasilevskiy, S. Olsen, N. Wright, and A. O'Neill,

"Increased Mobility in Enhancement Mode 4H-SiC MOSFET Using a Thin SiO$_2$/Al$_2$O$_3$ Gate Stack," *IEEE Electron Device Letters,* vol. 39, no. 4, pp. 564-567, 2018. https://doi.org/10.1109/LED.2018.2807620

[186] R. Malhan, Y. Takeuchi, I. Nikitina, K. Vassilevski, N. Wright, and A. Horsfall, "Method of forming an ohmic contact in wide band semiconductor," *US patent*, 7,141,498, November 28, 2006.

[187] R. Rupp, R. Kern, and R. Gerlach, "Laser backside contact annealing of SiC power devices: A prerequisite for SiC thin wafer technology," in 25th International Symposium on Power Semiconductor Devices & IC's (ISPSD), 2013, pp. 51-55. https://doi.org/10.1109/ISPSD.2013.6694396

[188] K. Nakashima, O. Eryu, S. Ukai, K. Yoshida, and M. Watanabe, "Improved Ohmic Contacts to 6H-SiC by Pulsed Laser Processing," *Materials Science Forum,* vol. 338-342, pp. 1005-1008, 2000. https://doi.org/10.4028/www.scientific.net/MSF.338-342.1005

[189] Y. Ota, Y. Ikeda, and M. Kitabatake, "Laser Alloying for Ohmic Contacts on SiC at Room Temperature," *Materials Science Forum,* vol. 264-268, pp. 783-786, 1998. https://doi.org/10.4028/www.scientific.net/MSF.264-268.783

[190] R. Rupp, R. Kern, and R. Gerlach, *Production of an integrated circuit including an electrical contact on SiC*, US 8,895,422 B2 2014.

[191] M. de Silva, S. Ishikawa, T. Kikkawa, and S. I. Kuroki, "Low Resistance Ohmic Contact Formation on 4H-SiC C-Face with NbNi Silicidation Using Nanosecond Laser Annealing," *Materials Science Forum,* vol. 858, pp. 549-552, 2016. https://doi.org/10.4028/www.scientific.net/MSF.858.549

[192] M. De Silva, S. Ishikawa, T. Miyazaki, T. Kikkawa, and S.-I. Kuroki, "Formation of amorphous alloys on 4H-SiC with NbNi film using pulsed-laser annealing," *Applied Physics Letters,* vol. 109, no. 1, pp. 012101, 2016.

[193] M. de Silva, T. Kawasaki, T. Kikkawa, and S. I. Kuroki, "Low Resistance Ti-Si-C Ohmic Contacts for 4H-SiC Power Devices Using Laser Annealing," *Materials Science Forum,* vol. 897, pp. 399-402, 2017/05, 2017. https://doi.org/10.4028/www.scientific.net/MSF.897.399

[194] "Information on http://www.wolfspeed.com".

[195] D. P. Hamilton, S. A. Hindmarsh, F. Li, M. R. Jennings, S. A. O. Russell, R. A. McMahon, and P. A. Mawby, "Demonstrating the Instability of SiC Ohmic Contacts and Drain Terminal Metallization Schemes Aged at 300 °C," *Materials Science Forum,* vol. 897, pp. 387-390, 2017. https://doi.org/10.4028/www.scientific.net/MSF.897.387

[196] A. Baeri, V. Raineri, F. Roccaforte, F. La Via, and E. Zanetti, "Study of TiW/Au thin films as metallization stack for high temperature and harsh environment

devices on 6H Silicon Carbide," *Materials Science Forum,* vol. 457-460, pp. 873-876, 2004. https://doi.org/10.4028/www.scientific.net/MSF.457-460.873

[197] A. Virshup, L. M. Porter, D. Lukco, K. Buchholt, L. Hultman, and A. L. Spetz, "Investigation of Thermal Stability and Degradation Mechanisms in Ni-Based Ohmic Contacts to n-Type SiC for High-Temperature Gas Sensors," *Journal of Electronic Materials,* vol. 38, no. 4, pp. 569-573, 2009.

[198] R. S. Okojie, D. J. Spry, J. Krotine, C. Salupo, and D. R. Wheeler, "Stable Ti/TaSi$_2$/Pt Ohmic Contacts on N-Type 6H-SiC Epilayer at 600C in Air," *Materials Research Society Symposia Proceedings,* vol. 622, pp. T8.3.1 - 6, 2000.

[199] P. G. Neudeck, D. J. Spry, C. Liang-Yu, G. M. Beheim, R. S. Okojie, C. W. Chang, R. D. Meredith, T. L. Ferrier, L. J. Evans, M. J. Krasowski, and N. F. Prokop, "Stable Electrical Operation of 6H-SiC JFETs and ICs for Thousands of Hours at 500C," *Electron Device Letters, IEEE,* vol. 29, no. 5, pp. 456-459, 2008. https://doi.org/10.1109/LED.2008.919787

[200] P. G. Neudeck, S. L. Garverick, D. J. Spry, L.-Y. Chen, G. M. Beheim, M. J. Krasowski, and M. Mehregany, "Extreme temperature 6H-SiC JFET integrated circuit technology," *physica status solidi (a),* vol. 206, no. 10, pp. 2329-2345, 2009. https://doi.org/10.1002/9783527629077.ch6

[201] P. G. Neudeck, D. J. Spry, L. Y. Chen, R. S. Okojie, G. M. Beheim, R. Meredith, and T. L. Ferrier, "SiC Field Effect Transistor Technology Demonstrating Prolonged Stable Operation at 500 °C," *Materials Science Forum,* vol. 556-557, pp. 831-834, 2007. https://doi.org/10.4028/www.scientific.net/MSF.556-557.831

[202] D. J. Spry, P. G. Neudeck, L. Chen, D. Lukco, C. W. Chang, and G. M. Beheim, "Prolonged 500 C Demonstration of 4H-SiC JFET ICs With Two-Level Interconnect," *IEEE Electron Device Letters,* vol. 37, no. 5, pp. 625-628, 2016. https://doi.org/10.1109/LED.2016.2544700

第 3 章

碳化硅肖特基接触：物理、技术和应用

F. Roccaforte[1]* 、G. Brezeanu[2] 、P. M. Gammon[3] 、
F. Giannazzo[1] 、S. Rascunà[4] 、M. Saggio[4]

[1] 意大利卡塔尼亚市国家研究委员会-微电子和微系统研究所（CNR-IMM）
[2] 罗马尼亚布加勒斯特市布加勒斯特理工大学电子、电信和信息技术学院
[3] 英国考文垂市华威大学工程学院
[4] 意大利卡塔尼亚市意法半导体公司
* fabrizio. roccaforte@ imm. cnr. it

摘要

了解碳化硅（SiC）肖特基接触的物理和技术对于学术和工业研究人员都很重要。事实上，整流接触是研究金属-半导体界面载流子传输的工具，也是肖特基势垒二极管的主要组成部分。在本章中，对金属-SiC 整流接触的物理特性和 4H-SiC 肖特基二极管技术进行了论述，从肖特基势垒的基本概念到实际器件制造的实用信息，综述了该课题的相关结果，还简要讨论了 4H-SiC 肖特基二极管应用的实例。

关键词

SiC、肖特基接触、势垒高度、二极管、宽带隙功率电子学

3.1 引言

如今，4H 碳化硅（4H-SiC）是宽带隙半导体中最成熟的，不同代的器件已经商用化。特别是，由于优异的材料性能，相比于对应的 Si 器件，4H-SiC 器件

可以显著降低导通电阻并提高其击穿电压，从而整体降低功耗和提高能效。因此，SiC 基器件可应用于消费电子、汽车工业、可再生能源转换系统、交通运输等许多领域。

第一个论证的 4H-SiC 功率器件是肖特基势垒二极管（SBD），其主要构件是金属-半导体肖特基接触。尽管制造起来相对简单，但为了获得最佳器件性能，始终有几个物理和技术问题必须仔细考虑。

在此背景下，本章旨在简要综述 SiC 肖特基接触中的物理、器件技术和应用。

首先，回顾关于肖特基势垒形成的基本概念，并描述 SiC 的特殊性，重点描述通过电测量确定肖特基势垒高度的常规方法。此外，从文献中引用了对 n 型和 p 型 4H-SiC 肖特基势垒高度的最新研究结果。

然后介绍 SiC 材料中肖特基势垒不均匀性的重要基础课题，论述接触不均匀性对 I-V 和 C-V 测量的影响，以及对 SiC 肖特基势垒电性能的温度依赖性建模的最新结果，还讨论了在纳米尺度上探测这种不均匀性的表征方法。

接下来的一节专门介绍肖特基二极管的技术，描述常规二极管和结势垒肖特基（JBS）二极管的常见器件版图和制造工艺，给出高压二极管的边缘终端实例。该节最后，以 SiC 异质结二极管为例，讨论控制势垒高度的最理想的工序。

本章最后一节，探讨了 SiC 肖特基二极管在电力电子和温度/光传感器技术中的一些常见应用。

3.2　SiC 肖特基接触的基础

本节的目的是通过回顾有关金属-半导体肖特基势垒的一些基本概念，以及文献报道的 n 型和 p 型 4H-SiC 上测量的势垒高度的最新结果，引出本章的主题。

3.2.1　肖特基势垒的形成

普遍认为，金属-半导体接触分为两个不同的类别，即欧姆接触和肖特基接触。

欧姆接触对于正偏和反偏具有线性和对称的电流-电压特性。相反，在整流肖特基接触中，电流是不对称的，例如，正偏有利于电流，反偏时电流受到抑制。

描述金属-半导体接触的最重要参数是肖特基势垒高度（SBH），为了引入这个基本的物理概念，最好参考 SBH 形成的经典图形描述。

图 3.1a 给出了金属和 n 型半导体在紧密接触之前的能带图。金属和半导体的功函数，即 $q\phi_M$ 和 $q\phi_S$，是电子从材料的费米能级跃迁到真空能级所需的能量，半导体电子亲和能 $q\chi_S$ 是真空能级与半导体导带底 E_C 之间的能量差。

当金属和半导体紧密接触时，如果半导体功函数 $q\phi_S$ 低于金属功函数 $q\phi_M$（就像 SiC 上的大多数金属一样），电子将从 n 型半导体流入金属，后面留下一个宽度为 W 的电子耗尽的带正电施主区。

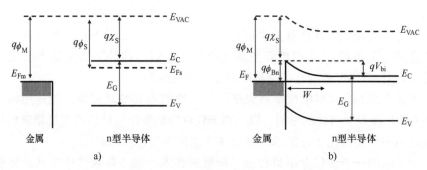

图 3.1　金属与 n 型半导体接触前 (a) 和紧密接触后 (b) 形成肖特基势垒高度 $q\phi_{Bn}$ 的能带示意图

这种电荷转移一直持续到热平衡并且两个费米能级对齐，这时，半导体中电子能级将在金属/半导体界面附近升高 qV_{bi} 量，如图 3.1b 所示，V_{bi} 通常被称为接触的内建电势。

根据著名的肖特基-莫特关系，n 型材料中的肖特基势垒高度 $q\phi_{Bn}$ 可以定义为金属功函数 $q\phi_M$ 与半导体电子亲和势 $q\chi_S$ 之差[1]：

$$q\phi_{Bn} = q(\phi_M - \chi_S) \tag{3-1}$$

肖特基势垒高度是一个决定金属-半导体接触电性能的基本参数，肖特基势垒 $q\phi_{Bn}$ 可以看作是金属中的电子穿透到半导体中所需的能量，而 qV_{bi} 则是半导体中电子进入金属所需要克服的势垒。

类似地，金属与 p 型半导体接触的肖特基势垒的形成过程如图 3.2a 和图 3.2b 所示，这时，肖特基势垒高度 $q\phi_{Bp}$ 可表示为

$$q\phi_{Bp} = E_G - q(\phi_M - \chi_S) \tag{3-2}$$

其中 E_G 是半导体的禁带宽度。因此，根据方程式（3-1）和式（3-2），金属在 n 型和 p 型半导体上的 SBH 之和应等于其带隙，即 $q(\phi_{Bn} - \phi_{Bp}) = E_G$。

考虑到 n 型半导体的最常见情况，值得注意的是 SBH 几乎与施主浓度 N_D 无关。实际上，由于势垒镜像力降低 $\Delta\phi_{Bn}$（$\Delta\phi_{Bn} \propto N_D^{1/4} V^{1/4}$）[1]，存在 ϕ_{Bn} 对 N_D 的依赖性。另一方面，势垒宽度 W 取决于掺杂水平的平方根的倒数，即 $W \propto N_D^{-1/2}$。

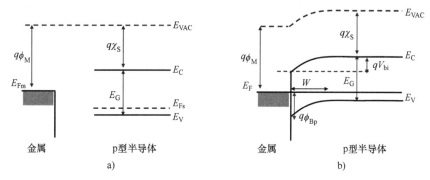

图 3.2　金属与 p 型半导体接触的能带图示意图，图 a 为接触前；
图 b 为接触后，显示肖特基势垒高度 $q\phi_{Bp}$ 的形成

一般来说，根据经典描述，金属-半导体接触的电流传输机制取决于半导体的掺杂水平 N，特别是，对于轻掺杂半导体（$N<1×10^{17}\text{cm}^{-3}$），主要传导机制是热离子发射（TE），即具有足够热能以克服肖特基势垒的载流子可以从一种材料传输到另一种材料。对于半导体中等掺杂水平（N 在 $10^{17}\sim10^{19}\text{cm}^{-3}$ 范围内），通过势垒的电流传输将由热离子场发射（TFE）决定，这种传导机制涉及的载流子没有足够的热能来超越势垒（如 TE 的情况），但它们的热能高于费米能级，可以隧穿势垒更薄的地方。最后，对于重掺杂半导体（$N>1×10^{19}\text{cm}^{-3}$），小的耗尽层宽度 W 将导致非常薄的势垒，在这种情况下，通过势垒的传输受场发射（FE）机制支配，因为载流子可以很容易地隧穿这个薄势垒。

由于电子迁移率高于空穴，且 n 型材料中获得的 SBH 低于 p 型材料，因此通常使用 n 型 SiC 来制造肖特基二极管，用于制造 SiC 肖特基二极管的漂移层的典型掺杂水平在 $10^{15}\sim10^{16}\text{cm}^{-3}$ 范围内，因此，在这些条件下，TE 是典型的载流子传输机制，在这种情况下，电压为 V 时，通过金属-半导体结的电流 I[1] 可以表示为

$$I=AA^{*}T^{2}e^{-\frac{q\phi_{B}}{kT}}(e^{\frac{qV}{nkT}}-1) \tag{3-3}$$

式中，A 为接触面积；A^{*} 为理查森常数；q 为基本电荷；k 为玻尔兹曼常数；T 为绝对温度；n 为所谓的理想因子。理想因子包含使接触不理想的所有影响（例如，TE 传输机制的偏离、势垒对偏压的依赖性、势垒的空间不均匀性等）。

3.2.2　肖特基势垒高度的实验测定

金属-SiC 接触的肖特基势垒高度可以使用不同方法通过实验确定，最常见的是基于电流-电压（I-V，I-V-T）或电容-电压（C-V）测量的电学方法。为此，通常需要制作一个如图 3.3a 所示的肖特基二极管作为电学测量样品。

在重掺杂衬底（掺杂水平为 $10^{18} \sim 10^{19} \mathrm{~cm}^{-3}$ 数量级）上生长掺杂浓度为 $10^{15} \sim 10^{16} \mathrm{~cm}^{-3}$ 数量级的外延层，背面的欧姆接触通常使用硅化镍（Ni_2Si）制造，该硅化镍（Ni_2Si）通过在高温下经过热退火工艺烧结镍膜获得[2]。

当二极管正偏时，$V \gg kT/q$，方程式（3-3）中的电流可以写成

$$I = AA^* T^2 e^{-\frac{q\phi_B}{kT}} e^{\frac{qV}{nkT}} = I_S e^{\frac{qV}{nkT}} \tag{3-4}$$

其中饱和电流 I_S 由下式给出：

$$I_S = AA^* T^2 e^{-\frac{q\phi_B}{kT}} \tag{3-5}$$

通过以半对数比例绘制正向 I-V 特性，可以线性拟合方程式（3-4）和实验数据，根据拟合曲线外推到与 y 轴（在 $V = 0$ 处）的截距，可以确定饱和电流 I_S，然后，就可以从方程式（3-5）中提取势垒高度 $q\phi_B$，而且，从线性拟合的斜率也可以确定理想因子 n。使用该方法时需要知道理查森常数 A^* 的值，然而，由于 A^* 出现在对数项中，使用这种方法确定 $q\phi_B$ 时的误差非常小[3]。

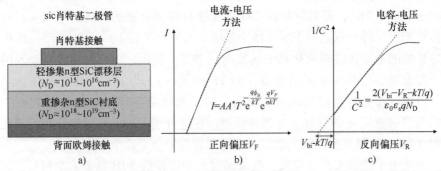

图 3.3　a）用于确定 SBH 的简单 SiC 肖特基二极管示意图，b）从肖特基二极管半对数刻度正向 I-V 特性的线性拟合中提取 SBH，c）从 $1/C^2$ 随反向偏置 V_R 的函数曲线的线性拟合中提取 SBH

同样，根据不同温度下获得的 I-V 特性（I-V-T），作出 $\ln(I_S)$ 随 $1/kT$ 的函数曲线（称为理查森图）也能够确定势垒高度 $q\phi_B$ 和理查森常数 A^*，4H-SiC 的 A^* 值通常为 $146 \mathrm{A}/(\mathrm{cm}^2 \cdot \mathrm{K}^2)$。

在这里，值得注意的是，考虑到方程式（3-3）中二极管的串联电阻 R_S，可以得到更完整的电流表达式：

$$I = AA^* T^2 e^{-\frac{q\phi_B}{kT}} \left[e^{\frac{q(V-IR_S)}{nkT}} - 1 \right] \tag{3-6}$$

这里，电流密度 $J(=I/A)$ 可以重写为：

$$J = A^* T^2 e^{-\frac{q\phi_B}{kT}} \left[e^{\frac{q(V-JR_{ON})}{nkT}} - 1 \right] = J_S \left[e^{\frac{q(V-JR_{ON})}{nkT}} - 1 \right] \tag{3-7}$$

式中，J_S 为饱和电流密度；R_{ON} 为器件的比导通电阻（为单位 $\Omega \cdot \mathrm{cm}^2$）。这些概

念将在3.4节中再次用到。

SBH也可以通过对肖特基二极管的电容-电压（C-V）测量来确定，具体而言，耗尽层W的每单位面积的电容C由下式给出：

$$C = \sqrt{\frac{\varepsilon_0 \varepsilon_S q N_D}{2(V_{bi} - V_R - \kappa T/q)}} \quad (3\text{-}8)$$

式中，ε_0和ε_S分别为真空和半导体介电常数；N_D为漂移层施主浓度；V_{bi}为内建电势；V_R为施加的反向偏压。对这个方程求平方再取倒数得到

$$\frac{1}{C^2} = \frac{2(V_{bi} - V_R - kT/q)}{\varepsilon_0 \varepsilon_S q N_D} \quad (3\text{-}9)$$

因此，通过将$1/C^2$绘制为施加的反向偏压V_R的函数，可以由数据的线性拟合与x轴的截距确定V_{bi}的值，一旦V_{bi}已知，势垒高度$q\phi_{Bn}$可以从下式中提取：

$$\phi_{Bn} = V_{bi} + V_n \quad (3\text{-}10)$$

qV_n为半导体导带底E_C与费米能级E_F的距离，即$V_n = [kT/q]\ln(N_C/N_D)$，N_C为导带中的有效态密度。

此外，由$1/C^2$-V_R线性拟合的斜率还可以提取外延层掺杂浓度N_D。

基于肖特基二极管的I-V和C-V测量的电学分析是确定SiC金属接触SBH值的最常用技术。值得一提的是，有时也采用发光谱测量来确定势垒高度，然而，这种光学方法需要特殊设备和半透明肖特基接触，因此相对于电学测量并不常见，更多细节可参考参考文献[3]。

3.2.3 n型和p型SiC的肖特基势垒

在过去的二十年中，常见SiC多型体3C-SiC[4-7]、6H-SiC[8-15]和4H-SiC[16-28]上的肖特基接触都已经被广泛研究过了。本章重点讨论功率电子应用中最常用的多型体4H-SiC。表3.1和表3.2分别列出了n型（$q\phi_{Bn}$）和p型（$q\phi_{Bp}$）4H-SiC上不同金属接触的肖特基势垒高度的实验值，这些值只是文献中报道的大量数据的一小部分，都是通过电流-电压（I-V）或电容-电压（C-V）测量分析4H-SiC Si面上制造的肖特基二极管得到的。

肖特基接触最常用的金属是钛（Ti）和镍（Ni），它们通常表现出更高的势垒高度重复性，并且很容易集成到肖特基二极管的制造中。特别是，Ti具有较低的势垒（约1.2eV），目前在许多商用二极管中用作肖特基接触。然而，该势垒对沉积方法和沉积后热预算极为敏感[26]。出于这个原因，钼（Mo）成为最近4H-SiC肖特基二极管势垒金属的候选材料，因为它对热预算不太敏感，并且在4H-SiC上的肖特基势垒相对较低。

表 3.1 通过对肖特基二极管的 *I-V* 或 *C-V* 测量确定的 n 型 4H-SiC(0001) 上不同金属的肖特基势垒高度 ($q\phi_{Bn}$)

金属	$q\phi_{Bn}$/eV I-V	$q\phi_{Bn}$/eV C-V	n	退火温度	参考文献
Mo	1.04	1.08	1.04	沉积	[16]
Mo	1.11		1.03	沉积	[17]
Mo	1.21		1.02	600℃	[17]
W	1.17		1.04	沉积	[17]
W	1.09		1.04	600℃	[17]
Ta	1.10		1.02	未退火	[18]
Ti	1.10	1.15	1.03	沉积	[24]
Ti	1.20		1.23	沉积	[11]
Ti	1.20	1.21	1.03	400℃	[16]
Ti	1.23	1.32	1.02	500℃	[26]
Ti	1.27		1.04	未退火	[23]
Ti	1.27			沉积	[19]
Ti$_{0.58}$W$_{0.42}$	1.22	1.23	1.05	沉积	[20]
Ti$_{0.58}$W$_{0.42}$	1.18	1.19	1.10	500℃	[20]
Ni	1.32			沉积	[21]
Ni	1.40		1.10	沉积	[22]
Ni	1.45	1.65	1.10	沉积	[16]
Ni	1.60	1.70	1.01	沉积	[24]
Ni$_2$Si	1.60		1.05	Ni+700℃	[23]
Au	1.73	1.80	1.08	沉积	[24]
Pt	1.39		1.01	200℃溅射	[25]
Pt	1.817	1.883	1.08	沉积	[27]
Pd	0.71	1.18	1.35	沉积	[28]
Pd	0.89	1.30	1.04	300℃	[28]

另一方面，Ni 具有在退火（>500℃）后形成硅化物（例如，Ni$_{31}$Si$_{12}$、Ni$_2$Si）的优势，进而形成几乎与表面处理无关的理想且可重复的势垒[29]。然而，高 Ni$_2$Si/4H-SiC SBH 值（约 1.6eV）[23]使得这种接触对功率器件的用处不大。尽管它因为具有较低的泄漏电流和"自对准"工艺（如 Ni$_2$Si 形成），利于实现半透明叉指电极[30]而在其他应用（例如温度传感器、UV 探测器等）方面

很有前景。3.5节将讨论这些应用方面的一些例子。

表3.2 通过对肖特基二极管的 *I-V* 或 *C-V* 测量确定的 p 型 4H-SiC(0001) 上不同金属的肖特基势垒高度（$q\phi_{Bp}$）

金属	p 型 4H-SiC(0001) 上的 SBH 值				
	$q\phi_{Bp}$/eV		n	退火温度	参考文献
	I-V	*C-V*			
Ti	1.94	2.07	1.07	300℃	[36]
Ti/Al	1.40	1.50	2.20	未退火	[34]
Ti$_{0.58}$W$_{0.42}$	1.91	1.66	1.08	500℃	[20]
Ni	1.35	1.49	1.08	300℃	[36]
Au	1.31	1.56	1.29	300℃	[36]
Au	1.57			未退火	[37]

除了表3.1和表3.2中所示的标准方案外，还研究了"非传统"金属化方案，如金属硼化物[31]或稀土氧化物[32]，以实现更好的势垒热稳定性，然而，这些对于功率器件来说并不实用。最近，Stöber等人[33]探索了氮化钼（Mo$_2$N）薄膜作为4H-SiC的肖特基势垒，通过改变金属膜溅射过程中的氮含量，可以在0.68~1.03eV范围内调整有效肖特基势垒高度。然而，二极管的理想因子和泄漏电流仍有待优化。

特别地，在4H-SiC上测得的$q\phi_B$的实验值大于在6H-SiC和3C-SiC上的值[34,35]，这种行为可以通过3种多型体的不同电子亲和能来解释，即3C-SiC中的3.8eV、6H-SiC中的3.3eV和4H-SiC中的3.1eV[35]。

关于p型4H-SiC肖特基接触的研究[20,36-38]很少，这些工作相当陈旧，意味着商用重掺杂p型衬底不再必要。

图3.4a和图3.4b分别给出的是n型和p型4H-SiC SBH随金属功函数$q\phi_M$的变化规律，可以看到一个总体趋势，n型材料的势垒值$q\phi_{Bn}$随着金属功函数$q\phi_M$的增加而增加，而p型材料的势垒值$q\phi_{Bp}$随着$q\phi_M$的增加而减小。$\phi_B \sim \phi_M$曲线的斜率称为界面指数 S，反映测量的势垒高度相对于金属功函数的变化（$\partial\phi_B/\partial\phi_M$）。界面指数 S 给出了金属-半导体肖特基接触理想度的信息，特别是，对于服从肖特基-莫特关系［见方程式（3-1）］的理想接触，预期界面指数$S=1$。然而，在金属-半导体界面存在表面态的实际情况下，肖特基-莫特关系将不再有效，肖特基势垒高度$q\phi_B$对金属功函数$q\phi_M$的依赖性更弱，这就导致界面指数$S<1$。在极端情况下，如果表面态的密度非常大，则半导体表面的费米能级将被钉扎在$q\phi_0$能级，$q\phi_B$将与$q\phi_M$无关，并由下式给出：

$$q\phi_B = E_G - q\phi_0 \qquad (3-11)$$

这被称为巴丁极限，这时，费米能级完全钉扎，界面特性与金属无关（$S=0$）[39,40]。

对于图 3.4a 和 3.4b 中的数据，可以推断出界面指数 S 小于 1，这意味着在表面发生了费米能级部分钉扎。

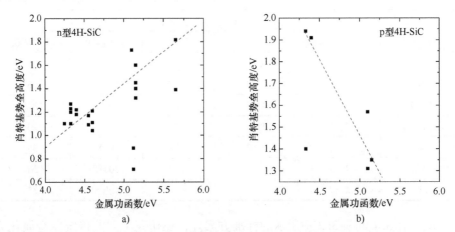

图 3.4　a）n 型 4H-SiC 上肖特基势垒高度 $q\phi_{Bn}$ 随金属功函数 $q\phi_M$ 的变化
　　　　b）p 型 4H-SiC 上 $q\phi_{Bp}$ 随 $q\phi_M$ 的变化（数据取自表 3.1 和表 3.2）

值得注意的是，文献中报道了不同的界面指数值，例如，Zhao 等人[34]报道了大量与 6H-SiC 和 4H-SiC 相关的文献数据，发现界面指数值分别为 0.6 和 0.9。另一方面，Kimoto[41]比较了一些常见金属（Ti、Mo、Ni、Au、Pt）在 3 种不同晶向，即 4H-SiC 外延层（0001）、（000$\bar{1}$）和（11$\bar{2}$0）上的特性，有趣的是，在（000$\bar{1}$）上发现的 SBH 值相对于（0001）更高，而在（11$\bar{2}$0）上发现的 SBH 值介于前两者之间。这种特性归因于晶面的不同极性或金属-SiC 界面态的不同分布。在每种情况下，界面指数 S 都在 0.8~0.9 范围内，这表明仅发生中等费米能级钉扎，系统接近肖特基莫特极限。在这种情况下，Roccaforte 等人[35]指出了界面态的相关性，他们比较了未退火金属在最常见的 SiC 多型上的行为，在这种情况下，6H-SiC 和 4H-SiC 的界面指数 S 值较低（0.41~0.42），因此表明金属-SiC 界面的退火有利于使其接近理想极限。

根据 Kurtin 等人[42]提出的模型，界面指数预计会随着半导体的电离度而增加，电离度定义为两种元素的电负性差（$\Delta\chi_S$）。因此，在 SiC（$\Delta\chi_S = 0.65\mathrm{eV}$）中，预计肖特基接触的 $S<1$[42]。的确，只有少数作者报道说，在特定的表面处理下，金属-6H-SiC 接触可以实现费米能级"非钉扎"（$S\approx 1$），相当于完全消除界面态并实现理想势垒[43]。

显然，金属沉积前的表面处理和沉积后的热退火是非常重要的问题，它们会对 SBH 的值产生重大影响[24,29,32,44-47]。表面粗糙度、界面处与工艺相关的污染物、残留的薄氧化层等，都会影响肖特基势垒的均匀性，从而导致肖特基接触的 I-V 特性不理想。这将在 3.3 节中进行讨论，研究不同表面处理时肖特基势垒的纳米级均匀性。

3.2.4　4H-SiC 肖特基二极管的正反向特性

作为例子，图 3.5 显示了使用 Ti 和 Ni_2Si 作为势垒金属的 4H-SiC 肖特基二极管在不同温度下得到的正向和反向特性[48]。

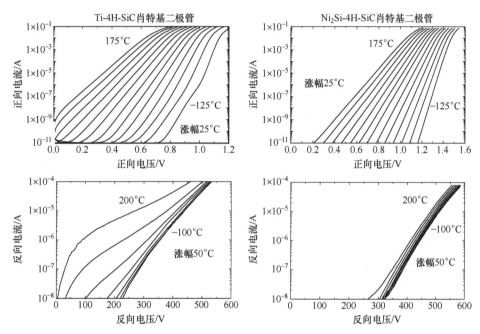

图 3.5　使用 Ti 和 Ni_2Si 作为势垒金属的 4H-SiC 肖特基二极管在不同温度下的正向和反向 I-V 特性[48]

可以看出，在正向偏置下，电流在半对数曲线中表现出几乎理想的行为和宽的线性范围。此外，正如 TE 理论所预测的那样，正向电流随着测量温度的升高而增加。对于固定电流，由于 Ti 相对于 Ni_2Si 的肖特基势垒高度较低（参见表 3.1），因此在 Ti-4H-SiC 接触中测量到的电压降相对于 Ni_2Si-4H-SiC 接触较低。低温下 Ti-4H-SiC 肖特基二极管的正向特性出现两个不同的斜率，这与肖特基势垒的不均匀性有关。后者将在 3.3 节中详细讨论。

另一方面，在反向偏压下，高反向电压时泄漏电流显著增加，即高电场能够增强势垒的镜像力降低。显然，Ti-4H-SiC 接触中测得的漏电流比 Ni_2Si-4H-SiC 更高。为了防止软反向特性（如图 3.5 所示），3.4 节中将给出高压应用中，这一简单的肖特基势垒二极管将被表面区域集成了 PN 结的更复杂的肖特基器件所取代。

此外，值得一提的是，在 SiC 二极管中，反向偏压下耗尽区的电场强度可以比 Si 二极管高 10 倍左右。如此高的电场导致更强的能带弯曲，从而形成被电子隧穿的更薄势垒。因此，虽然在 Si 二极管中，反向电流通常由考虑了势垒镜像力降低的 TE 模型描述，但 4H-SiC 肖特基二极管的反向特性则需使用 TFE 机制才能得到很好的描述[49,50]。

3.3 SiC 肖特基势垒的不均匀性

3.2 节提到了理想的金属-半导体肖特基接触，即在整个面积上具有均匀肖特基势垒高度（SBH）的接触，包括宏观（例如，从二极管的边缘到中心）和纳米级（例如，在小于德拜长度的尺度上）。根据这个假设，肖特基二极管参数通常从常温下测量的 I-V 特性中提取，使用标称面积。这是分析肖特基二极管特性的首选方法，大多数有关的文献中都有介绍。

"均匀"金属-半导体肖特基接触可以定义为具有单一势垒（$q\phi_{Bn}$）且理想因子 n 接近 1 的接触。根据 TE 机制，$q\phi_{Bn}$ 和 n 应与温度和电压无关，而且，提取的势垒高度与测量技术（I-V、C-V、I-V-T 或光电流测量）无关，而界面处不存在电荷，使得势垒高度接近肖特基-莫特近似所预期的值 [见方程式 (3-1)]。

在 20 世纪 80 年代初期，开发了几种关于"肖特基接触不均匀性"的理论[51-57]，主要针对硅，以解释 TE 行为、势垒高度的变化，以及从 C-V 测量中提取的理想因子与温度和势垒高度的关系往往高于从 I-V 技术中提取的值的原因。

后来，SiC 材料的快速成熟，加上制作金属-半导体接触的相对简单，导致有关肖特基势垒不均匀性的金属-SiC 肖特基二极管的出版物显著增加[23,35,58-73]。近期这种高涨的原因主要是由于 SiC 中存在大量近表面缺陷（基面位错、多型夹杂物、胡萝卜型位错、生长坑和微管）并影响 SBH 性能。此外，需要 2°~8° 偏轴外延层（在表面留下原子阶梯），以及存在不希望的工艺残留物（如污垢或表面污染），也导致势垒不均匀。本节的以下段落将更详细地描述 SiC 中肖特基势垒不均匀性的实验证据，以及应用于金属-SiC 系统的模型和表征技术。

3.3.1 SBH 不均匀性的实验证据

使用理想金属-半导体接触理论 [见方程式 (3-3)~式 (3-5)] 对非均匀肖特基二极管的正向 I-V 特性进行建模时，在温度扩展区可以观察到偏离纯 TE 机制的异常行为，最常见的是，在低温下经常观察到大理想因子的存在，并且 SBH $q\phi_{Bn}$ 和理想因子 n 呈现出明显的温度或电压依赖性[23,56,57,59,61,64,71,73]。此外，还观察到双导通效应（双凸点）[58]，正向特性看起来好像它们是两个（甚至更多）

具有平行传导路径的二极管,这是势垒高度存在宏观差异的一个特殊标志,因此单个 $q\phi_{Bn}$ 不能成立。同样常见的是芯片之间的特性差异,甚至是同一芯片上的类似器件之间的差异[58-60]。最后,当将从 I-V 分析中提取的 $q\phi_{Bn}$ 与从其他技术(例如 C-V 测量)中提取的 $q\phi_{Bn}$ 进行比较时,通常会发现 $\phi_{Bn,(C-V)} > \phi_{Bn,(I-V)}$[51,54-57],这是存在 SBH 分布[52,57]的结果,电流优先通过最低势垒,使得 $q\phi_{Bn,(I-V)}$ 的平均值与 $q\phi_{Bn,(C-V)}$[3] 相比显得较低。

对于金属-SiC 肖特基结构,这些杂散效应可归因于界面不均匀性的存在,这是由于掺杂不均匀、增高的界面态密度、表面缺陷、不同金属-半导体相的混合等。此外,由于金属和半导体之间的界面不是原子级平坦的,因此预计内建电势和势垒高度会存在空间上的波动。

图 3.6 证明了在 35μm 厚的 n 型外延层($N_D = 4 \times 10^{15} \text{cm}^{-3}$)上制造的 Mo-4H-SiC SBD 中的许多不均匀效应[66],这些二极管的肖特基接触是使用 200nm 厚的 Mo 薄膜在 500℃下退火形成的。

首先,Mo-4H-SiC 二极管在很宽的温度范围内(40~320K)的正向 J-V 特性如图 3.6a 所示,室温下提取到了 1.36eV 的势垒高度和 1.021 的理想因子。图 3.6b 显示了获取的相同 J-V 特性在 3 个温度下的半对数曲线,以及理论 TE 拟合(虚线)。该图表明,即使在室温下,理想因子也始终存在一定的电压依赖性,在更低温度下变得更加明显。正如稍后将要描述的,这种效应与通过不同势垒高度的区域出现的平行传导路径有关。然而,将理想因子和 SBH 绘制为温度的函数(见图 3.6c)时,可以注意到 100K 以下时,理想因子将稳步攀升至远超过 2,而 SBH 在更低温度时的减小也反映了这一点。根据流行理论[1],如此高的 n 值表明复合电流占主导地位。相反,SBH 不均匀性理论则认为这是理想因子概念的失败。考虑到带隙存在负温度依赖性,而掺杂剂的任何冻结也应该导致负的 SBH-温度关系,因此这里正的 SBH-温度关系总感觉有点不合常理。

1969 年 Saxena[74] 报道了研究 SBH 不均匀性的第一种方法,他提出用 nkT 随 kT 的变化来描述理想因子的温度依赖性,图 3.6d 显示了我们对 Mo-4H-SiC 二极管的研究中描绘的这种图,该图中的实线代表理想情况 $n=1$,而分散的符号是实验数据。根据以前的工作[74],图 3.6d 所示的低温下理想因子变得更大的现象,应该是 TFE 的结果。然而,对于 $4 \times 10^{15} \text{cm}^{-3}$ 的漂移区掺杂,特征隧穿能 E_{00}[3] 的计算表明,这些二极管中不存在隧道电流。另一种效应,称为"T_0 异常",在早期工作[75]中首次被强调,并且已在其他 SiC 二极管中[23]看到,这些效应是均匀 TE 方程不一致的第一个暗示,现在都可以用"非均匀 TE 方程"[57]来解释。

$\log(J_S/T^2) \sim 1000/T$ 的理查森曲线如图 3.6e 所示。如 3.2.2 节所述,在同质二极管中,与温度无关的"有效"SBH 可以由该理查森曲线的斜率确定,而

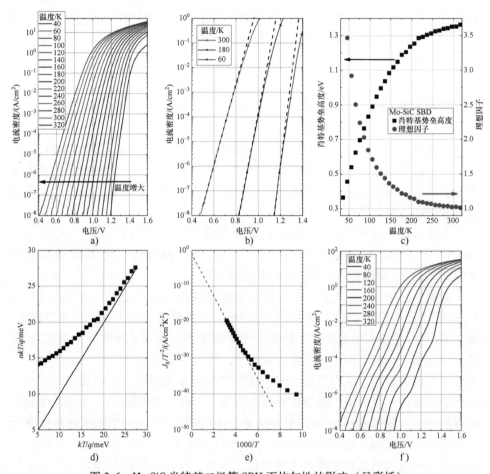

图 3.6 Mo-SiC 肖特基二极管 SBH 不均匀性的影响（见彩插）

a) 单个器件的 $J\text{-}V\text{-}T$ 特性　b) 低温下三个温度对应的电流随电压的依赖性　c) 整个温度范围内提取的 $q\phi_{Bn}$ 和 n　d) nkT/q 随 kT/q 的变化，显示理想因子的温度依赖性
e) 理查森曲线：$\log(J_S/T^2)$ 随 $1/T$ 的变化　f) 具有双导通的第二个器件上获得的 $J\text{-}V\text{-}T$ 特性

y 轴截距为该材料的理查森常数。如图 3.6e 所示，在最高温度下存在线性关系，其理想因子非常接近 1，这里提取到 1.17eV 的有效 SBH，尽管理查森常数仅为 0.107A/$(cm^2 \cdot K^2)$，远低于 4H-SiC 的预期理论值 146A/$(cm^2 \cdot K^2)$[23]。

另一个可能的异常如图 3.6f 所示，其中给出了另一个 Mo-4H-SiC 二极管的温度相关 $J\text{-}V$ 特性，具有非理想的导通特性。特别是，该二极管的特性在高温下存在两个导通区域，低温下存在三个导通区域，这表明存在多个不同势垒高度的宏观区域。当肖特基接触覆盖晶圆的缺陷或污染区时，就会发生这种情况。为了解释如此强烈的不均匀性，著名的"非交互"模型假设接触表现为多个二极管的并联，每个二极管都有自己特定的势垒高度、有效面积和串联电阻。

3.3.2 非均匀肖特基接触建模

3.3.2.1 非均匀的非交互模型

多年来,出现了几种模型[51-57]来解释肖特基接触势垒不均匀的影响。这些都涉及在整个面积 A 上如 TE 方程所描述的单一均匀势垒 $q\phi_{Bn}$ 的概念的转变。相反地,这些平行导通方法认为,任何界面处都存在多个不同面积的"非交互"势垒高度,从而产生电流传导的总面积。因此,二极管电流将由一组离散区域共同决定,每个离散区域具有面积 A_i 和势垒 $q\phi_i$:

$$I = A^* T^2 \exp\left[\left(\frac{qV}{kT} - 1\right)\right] \sum_i A_i \exp\left(-\frac{q\phi_i}{kT}\right) \tag{3-12}$$

首先是 Song 等人[53],然后是 Werner 和 Güttler[55],他们假定在真实的金属-半导体中存在势垒的空间分布跨过了接触面积,SBH 的空间变化遵循高斯分布,导致 ϕ_{Bn} 的温度依赖性如下:

$$\phi_{Bn}(T) = \phi_{Bn}^0 - \frac{q}{2kT}\sigma^2 \tag{3-13}$$

式中,q、ϕ_{Bn}^0 为势垒平均值;σ 为高斯分布的偏差。

这两个参数都可以从 $\phi_{Bn}(T) \sim 1/T$ 曲线的斜率和 y 轴截距中提取。

表 3.3 列出了通过应用 TE 模型的常规 I-V 分析提取的 SBH 值($q\phi_{Bn}$)、通过 I-V-T 分析提取的有效势垒($q\phi_{Bn,eff}$)以及考虑到接触的不均匀性确定的平均势垒($q\phi_{Bn}^0$)。

表 3.3 通过对各种金属-4H-SiC 肖特基接触的不同分析获得的文献 SBH 数据的比较,数据取自参考文献 [73] 及其参考的文献

接触	退火温度	温度范围/K	I-V 分析的势垒 $q\phi_{Bn}$/eV	I-V-T 分析的有效势垒 $q\phi_{Bn,eff}$/eV	平均势垒 $q\phi_{Bn}^0$/eV
Ni	无退火	40~300	0.37~1.44	0.91	约 1.65
Ni	550℃	300~673	约 1.5	—	—
Ni	700℃	98~473	1.31~1.66	1.5	1.69
Au	无退火	50~300	0.93~1.18	0.98	1.24~1.36
Mo	500℃	298~498	1.01~1.07	0.9	1.14~1.16
W	500℃	303~448	1.11~1.17	1	1.28
Ti	无退火	173~373	1.24~1.27	1.22	1.31

显然,可以看到,使用不同 I-V 方法获得的结果之间存在显著差异,一般来说,最小的势垒高度值是从理查森曲线中提取的,这通常会导致理查森常数

的值与理论值之间有很大的差异,这是在模型中使用标称二极管面积作为输入数据的直接结果。

Brezeanu 等人[73]最近提出了一种基于离散非交互并联传导的分析方法,以预测非均匀 SiC 肖特基二极管在高温下的行为,它将接触视为 m 个离散区域的阵列,每个区域具有不同的势垒高度($q\phi_{Bn,i}$)和有效面积 A_i,代表总接触面积的一小部分($A_i = A/a_i$)。因此,总电流被写成所有贡献的总和,假设 TE 形式[73]:

$$I = AA^*T^2 \exp\left(\frac{qV}{nkT} - 1\right) \exp\left(-\frac{q\phi_{Bn,i}}{kT}\right) \sum_{i=1}^{m} \frac{1}{a_i} \exp\left(-\frac{q\Delta\phi_{Bn,i}}{kT}\right) \quad (3-14)$$

式中,$q\phi_{Bn,1}$ 为接触面上的最低势垒,$\Delta\phi_{Bn,i} = \phi_{Bn,i} - \phi_{Bn,1}(\Delta\phi_{Bn,1} = 0)$。

在所提出的描述方法中,通过引入有效面积 A_{eff} 和有效 SBH($q\phi_{Bn,eff}$)[73],可以将方程式(3-4)改写为

$$I = A_{eff} A^* T^2 \exp\left(-\frac{q\phi_{Bn,eff}}{kT}\right) \exp\left(\frac{qV}{nkT}\right) \quad (3-15)$$

其中 $A_{eff} = A\exp(-p_{eff})$,$p_{eff}$ 是一个附加参数,用于定量评估势垒的不均匀程度[73]。$q\phi_{Bn,eff}$ 的值可以从理查森曲线的斜率中提取。

这种表征方法已成功用于制造的具有退火 Ni 和 Pt 接触的 4H-SiC 肖特基二极管测试,表现出不同程度的不均匀性。例如,图 3.7a 显示了典型 Ni-SiC 肖特基接触退火后具有 3 个区域的正向 I-V 特性(符号)的温度依赖性,在很大面积上具有不同的 SBH(见图 3.7b)。可以看出,在整个温度范围(-100~650℃)内,实验数据和模型计算曲线(实线)之间有很好的一致性。通过将整个温度区间划分为 3 个区域,可以实现这种精确匹配(见图 3.7b)。一个重要的观察结果是,在低温(-100~0℃)下,具有最低势垒的区域贡献了超过 99%通过接触的总电流,即使其有效面积比整个二极管表面低几个数量级,而接触表面的绝大多数区域仅在 400℃ 以上时才会成为传导电流的主体(见图 3.7b)。

高斯分布方法的一个局限是势垒的分布是在整个接触上平均的,而没有考虑每个不同 SBH 分区的面积,而且,这种不均匀性的"非交互"模型忽略了相邻分区的潜在夹断的可能性。后一个概念将在下一节中详细讨论,专门讨论不均匀性的交互模型。

3.3.2.2 不均匀性的交互模型

Tung[54,56,57]的研究中引入了单相接触的非均匀性"交互"模型,这类似于 Werner 和 Güttler 模型[55],它考虑了通过单相接触的势垒分布,并将它们的贡献相加。然而,该模型用到了夹断的概念,如果其中低 SBH 的任何面积或"分区"的尺寸与德拜长度相比较小并且被较高 SBH 的面积包围,则它的贡献将受

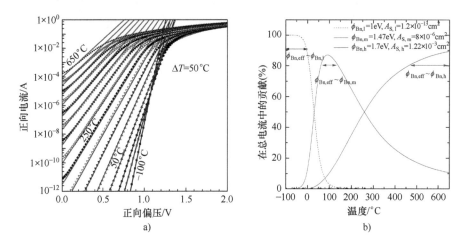

图 3.7 a）应用参考文献 [73] 中提出的方法，对具有 3 个不同势垒分区的 Ni-4H-SiC 肖特基二极管正向 I-V 特性的实验结果（符号）和模拟曲线（实线）
b）在整个研究温度范围内不同分区对总电流的贡献[73]

到阻碍（即夹断）。当一个电子通过空间电荷区，朝向界面运动，必须通过一个大于表面分区势垒的更高电势时，就会发生夹断。这种静电在图 3.8 中可以看到，其中，界面下方的空间电荷区显示为半径超过 30nm 的小块，其 0.4eV 的 SBH 比四周围绕它的区域小。可以看出，虽然低势垒分区具有 0.4eV 的表面电势 $\phi_B^0-\Delta$，但距表面 35nm 处形成的"鞍点"却具有 0.48eV 的电势。鞍点电势取决于分区面积、掺杂、温度和偏压，得到的响应却与二极管有很大差异，并且高度依赖于温度和电压。上一节中描述的势垒非均匀性的"非交互"模型中没有夹断，只是因为它们很微弱罢了[57]。

Tung 模型完整推导超出了本章的范围，但这可以在他的论文[54,56]和该主题的综述[57,72]中找到。然而，简而言之，通过势垒的总电流被认为是所有夹断（p-o）分区和所有非夹断（n-p-o）分区的总和。总之，包含电阻的重要影响的 Tung 模型为

$$I - \sum_i I_i - A^* T^2 \sum_i^{n-p-o} A_i \exp\left(-\frac{q\phi_i}{kT}\right)\left[\exp\left(\frac{qV}{kT} - \frac{qI_i}{kT}\frac{\rho t}{A_i}\right) - 1\right] +$$

$$A^* T^2 \sum_i^{p-o} A_{i,\text{eff}} \exp\left(-\frac{q\phi_{i,\text{eff}}}{kT}\right)\left[\exp\left(\frac{qV}{kT} - \frac{qI_i}{kT}\frac{\rho}{4\sqrt{A_{i,\text{eff}}/\pi}}\right) - 1\right] \quad (3-16)$$

式中，ρ 为材料电阻率；t 为漂移区厚度。

引入分区参数 γ（$\gamma = [3\Delta R_0^2/4]^{1/3}$），它将分区表面电势 $\phi_B^0-\Delta$ 和有效面积 $A_{i,\text{eff}}$ 的半径 R_0（见图 3.8）与空间电荷区中分区的势垒高度 $q\phi_{i,\text{eff}}$ 联系了起来。假设 γ 服从高斯分布，于是

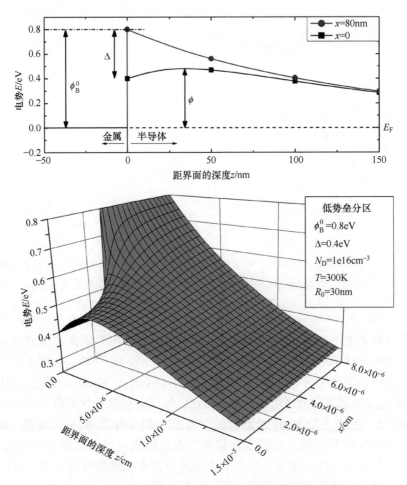

图 3.8 非均匀肖特基势垒的 2D 和 3D Tung[71] 模型（显示了低势垒区域如何被周围的高电势区域夹断）

$$P(\gamma) = \frac{1}{\sigma_\gamma \sqrt{2\pi}} \exp\left(-\frac{\gamma^2}{2\sigma_\gamma^2}\right) \quad (3\text{-}17)$$

式中，σ_γ 为分区标准方差。对于每个单独的分区：

$$\phi_{i,\text{eff}} = \phi_B^0 - \gamma \left(\frac{qn_{n0}V_{\text{bi}}}{\varepsilon_0 \varepsilon_S}\right)^{1/3} \quad (3\text{-}18)$$

$$A_{i,\text{eff}} = \frac{4\pi\gamma}{9} \frac{kT}{q} \left(\frac{\varepsilon_0 \varepsilon_S}{qn_{n0}V_{\text{bi}}}\right)^{2/3} \quad (3\text{-}19)$$

式中，ε_0 和 ε_S 为真空和半导体介电常数；n_{n0} 为载流子数；V_{bi} 为内建电势。

这是迄今为止最完整的 SBH 不均匀性模型。Tung[56] 报道了如何使用他的详细方程来重现不均匀性的许多影响，包括 C-V 和 I-V 提取 SBH 的差异、高理想因子、SBH 和理想因子的温度依赖性、I-V 特性的电压依赖性以及理查森曲线和 nkT~kT 曲线中的各种不一致，包括 T_0 异常等。然而，它的复杂性意味着有太多的自由参数可以通过使用整个方程来拟合实验数据，包括电阻率（ρ）、分区密度及代表夹断和非夹断面积的两个高斯分布（每个都有相关的平均势垒高度和标准偏差）。这也就是更简单的 Werner 和 Güttler 模型[55,64,73]仍在继续使用的原因，因为它可以很容易地拟合实验数据。

已经进行了两次尝试来简化 Tung 模型，并将其应用于实际的 SiC 肖特基接触。第一个方法是 Roccaforte 等人[23]试图通过非均匀 SiC 二极管中的有效传导面积来纠正理查森曲线中的固有误差。这种方法通过仅考虑那些被夹断的分区，并假设单个 γ 来简化方程式（3-16），于是就可以把 $\phi_{i,\text{eff}}$ 和面积为 A_{eff} 的分区数 N 代入传统的 TE 方程。而且，假设有效势垒是从理查森曲线中提取的，ϕ_B^0 是均匀势垒高度（即，n~ϕ_B 曲线在 $n=1$ 处外推），可以确定参数 γ 的值。该方法可以拟合 I-V 实验结果，从而确定二极管 NA_{eff} 的总有效面积，并相应地校正理查森图，进而提取更准确的理查森常数值（见图 3.9a 和图 3.9b）。这种方法假定电流只通过 SBH 最低的区域，约占初始面积的 1%~2%。

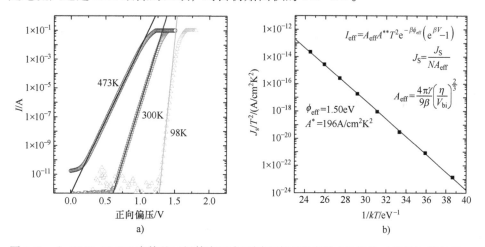

图 3.9　a) Ni$_2$Si-4H-SiC 肖特基二极管在三个不同温度下的实验 I-V 特性（符号）并与 Tung 模型（假设单个 γ）进行了拟合（实线）　b) 相同数据得到的修正的理查森曲线，从中提取到 1.50eV 的有效势垒高度和 196A/(cm^{2}K^2) 的理查森常数[23]（AIP Publishing 授权使用）

第二种方法是 Gammon 等人[71]提出的，将 Ni-SiC 肖特基 I-V-T 数据与方程式（3-16）的简化形式拟合。该方法假定传导电流主要来自夹断分区，因此式（3-16）中的第一项 n-p-o 之和可以忽略，仅留下方程式（3-16）的第二项，其中包含 4 个潜在的拟合参数 ρ、分区密度（C_T）、ϕ_B^0 和 σ_γ。为了简化，将 C_T 估计为 $1\times10^8 \text{cm}^{-2}$（该方法的一个不足），其他 3 个参数与数据拟合，结果如

图 3.10a 所示，表明该方法从 320K 到低至 20K 的拟合都很理想，其中极高的理想因子导致许多人仍然怀疑 TE 方程不成立。

该方法还再现了曲线的曲率，即整个温度范围内的电压依赖性。最后且重要的是，势垒高度 ϕ_B^0 在整个温度范围内显示出小的、几乎线性的负温度依赖性，如图 3.10b 所示。考虑到带隙和费米能级的温度依赖性，这可能是人们期望得到的结果。

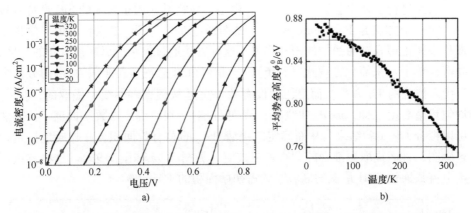

图 3.10　a) 20~320K 温度范围内测量得到的 Ni-4H-SiC 肖特基二极管的 J-V 特性，并与方程式（3-16）的简化形式进行了拟合　b) 该温度范围内的 SBH 分布，表现出负温度依赖性[71]

3.3.3　肖特基势垒纳米级不均匀性的表征

为了监测金属-SiC 势垒层的不均匀性，近十年来提出了几种纳米级分辨率的扫描探针显微方法。

1988 年，Bell 和 Kaiser[76,77] 发明了弹道电子发射显微镜（BEEM），这是一种基于扫描隧道显微镜（STM）的方法，可在界面处实现空间分辨载流子传输光谱。对于金属-n 型半导体肖特基势垒，BEEM 建立的能带图如图 3.11a 所示。该方法基于通过真空势垒从负偏压的 STM 尖端隧穿到金属膜（基极）来注入"热电子"。对于超薄金属薄膜，一小部分热电子在基极中弹道传播。当向尖端施加大于金属-半导体 SBH 的偏压时，热电子能够克服这个势垒并被衬底终端（集电极）收集。BEEM 测量过程中，保持尖端电流和基极电位恒定，通过扫描尖端偏置 V_{tip} 测量不同尖端位置的集电极电流（I_C）。I_C-V_{tip} 特性会呈现出一个与电流开启相对应的阈值电压 V_{th}，与肖特基势垒高度直接相关。

该技术已被用于绘制 6H-SiC 和 4H-SiC(0001) 上 Pt 和 Pd 肖特基接触的均匀性[78]。在 Pt 和 Pd 与 4H-SiC 接触的 BEEM I_C-V_{tip} 特性中观察到的两个阈值证明了 4H-SiC 能带结构中存在导带次能谷[79]。

Giannazzo 等人[80]论证了一种基于导电原子力显微镜（C-AFM）的纳米级 SBH 测量的替代方法。在这种方法中，鉴于 C-AFM 在接触模式下运行，并且尖端高度位置的反馈基于悬臂偏转，还可以表征表面上同时包含导电区域和绝缘区域的样品，从而克服了 BEEM 的一个局限。此外，测量的电流值通常在 nA 量级，即比 BEEM 电流高 2~3 个数量级。当 C-AFM 尖端扫描沉积在 SiC 表面上的超薄（1~5nm）金属膜时，接触的偏置区域将在 10~20nm 内（即尖端直径的大小），这样，一个"纳米肖特基二极管"就逐步形成了。

基于 C-AFM 建立金属-n 型半导体肖特基势垒的能带图如图 3.11b 所示。偏置导电 C-AFM 尖端在纳米级面积上与超薄金属层接触，电流传感器串联在半尖端和导体背面欧姆接触之间，能够以 pA 灵敏度测量 nA 范围内的电流。

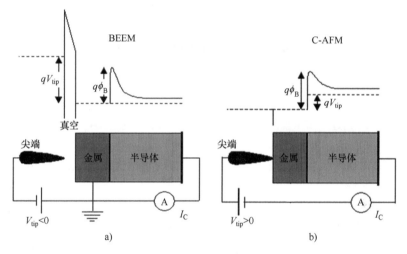

图 3.11　a) BEEM 和 b) C-AFM 建立的金属-n 型半导体
接触的局部肖特基势垒的能带图和示意图

在纳米肖特基二极管上测量的典型 I-V_{tip} 特性表现出整流行为。通过将在不同尖端位置测量的正向偏置 I-V_{tip} 特性与 TE 模型拟合，可以获得具有 10~20nm 空间分辨率和低于 0.1eV 范围内的能量分辨率的 SBH 的二维图。

C-AFM 方法已被应用于绘制 Au-4H-SiC 肖特基系统中势垒的横向分布，监测 4H-SiC 和 Au 之间的超薄（约 2nm）不均匀 SiO_2 层的影响[80]。例如，在 Au/4H-SiC 上 1μm×1μm 面积的 25×25 尖端位置矩阵上收集的一组局部 I_C-V 曲线如图 3.12a 所示，Au-SiO_2-4H-SiC 接触区中相同矩阵上收集的曲线如图 3.12b 所示。每组 625 条曲线都有一个发散，Au-SiO_2-4H-SiC 系统发散得更宽。获得了两个用于不同尖端位置的 ϕ_B 值矩阵，并且从这些矩阵导出了势垒的 2D 图（参见图 3.12 中的插图）。这些图可以清楚地看到两个研究中势垒的不均匀性。

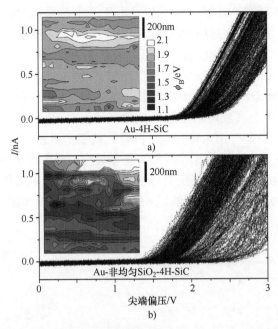

图 3.12 通过 C-AFM 监测金属-SiC 势垒的不均匀性。在 Au-4H-SiC（图 a）和 Au-SiO$_2$-4H-SiC（图 b）样品的 1μm×1μm 区域中的 25×25 尖端位置矩阵上收集的一组局部 I-V 曲线。通过拟合各个 I-V 曲线（见图 a 和图 b 的插图）估算的 2D ϕ_B 图[80]

3.4 高压 SiC 肖特基二极管技术

本节介绍 4H-SiC 肖特基势垒二极管（SBD）制造相关技术。特别是，描述用于 4H-SiC 肖特基二极管制造的典型工艺流程，强调各工序中遇到的主要技术问题。然后，介绍结势垒肖特基（JBS）的概念，强调这种器件版图能够超过二极管整体性能的优势。还介绍了器件的比导通电阻（R_{ON}）和击穿电压（V_B）之间的折中，讨论了降低工作电压低于 1kV 的器件的 R_{ON} 的最新趋势，以及高压器件中获得有效边缘终端结构的常用方法。最后部分介绍类肖特基 SiC 异质结二极管，可以作为控制肖特基势垒高度的一种替补工序。

3.4.1 肖特基势垒二极管（SBD）

4H-SiC 肖特基二极管是第一个商业化的 SiC 器件，于 2001 年发布。尽管原则上讲，肖特基二极管的技术相对于其他器件（如 MOSFET 或 JFET）要简单一些，但与硅技术相比仍存在一些重要差异，需要大量的技术攻关来建立可靠的工业技术流程。事实上，SiC 二极管的制造必须考虑材料物理特性的一些要求，例如，即使在高温下，注入离子的扩散能力也极低，高温离子注入以最大限度地减少稳定晶格缺陷的形成，高温注入后退火用于杂质激活，高温退火以形成欧姆接触等。

图 3.13 给出了 4H-SiC 肖特基势垒二极管（SBD）的剖面结构。可以看出，器件的主要构建块是正面的肖特基接触、晶圆背面的欧姆接触、肖特基接触外围的注入边缘终端和一些电介质层。

图 3.14 更详细地给出了制造这种器件的工艺流程。对于 4H-SiC SBD 的制造，需要在重掺杂 4H-SiC n 型衬底上生长的 n 型外延层（见图 3.14a）。重掺杂 n 型衬底通常具有 $5\times10^{18} \sim 1\times10^{19} cm^{-3}$ 范围内的浓度，对应于 $20m\Omega \cdot cm$ 量级的电阻率。外延漂移层的主要参数（即厚度和掺杂）取决于二极管的额定阻断电压。例如，对于 650V 的二极管，通常使用 $5\mu m$ 厚的外延层，其浓度 $N_D = 1\times 10^{16} cm^{-3}$。这样的层能够在雪崩击

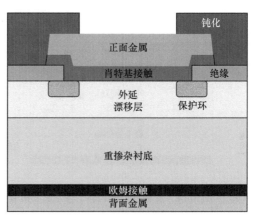

图 3.13 4H-SiC 肖特基势垒二极管（SBD）的剖面结构示意图

穿发生之前承受高达 1000V 的关态电压，这反过来又允许在 650V 的额定电压下有足够的安全裕度。

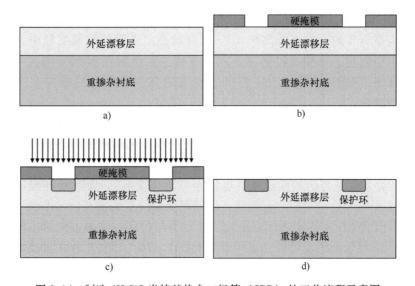

图 3.14 制造 4H-SiC 肖特基势垒二极管（SBD）的工艺流程示意图

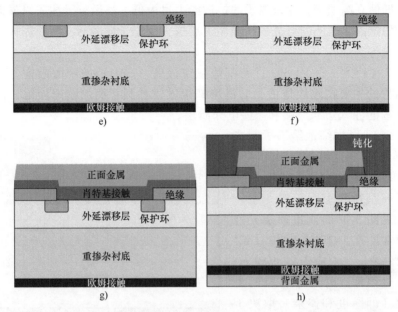

图3.14 制造4H-SiC肖特基势垒二极管（SBD）的工艺流程示意图（续）

标准清洗之后，在样品正面沉积介质层，然后进行光刻图形化（见图3.14b），以定义用于保护环离子注入的"硬掩模"。显然，必须精确选择介质硬掩模的厚度，以防止保护环外的离子注入，即避免占用肖特基有源区。为了形成作为器件边缘终端的保护环，采用低剂量p型注入（见图3.14c）。注入的保护环通过最小化电场集边来防止早期击穿[81]。在高温（400~500℃）下对衬底进行离子注入，以减少离子束诱生缺陷的形成，这对漂移层的电性能是有害的。在有关高压4H-SiC肖特基二极管的早期文献中，保护环由高电阻层创建，该层通过氩注入[82-84]或硼注入然后在1050℃退火[85]形成。后来，提出了基于Al的注入工艺[86]，现在通常用于在实际器件中实现保护环的p型掺杂。

在去除介质硬掩模后（见图3.14d），进行高温热处理以激活注入的铝离子。这里值得注意的是，与硅器件相比，二极管工艺流程中的高温处理需要新的解决方案。事实上，这些处理通常在1600℃以上的温度下进行。因此，样品表面可能会发生显著的表面退化，也称为"阶梯聚束"，尤其是在经历过离子注入的区域[35]。这种效应对p型注入区域可能变得至关重要，与非注入区域相比，它可能演变成不规则的凹槽结构，显示为与衬底的偏轴方向给出的台阶平行的线[87]。尽管原则上可以在这些表面上操作（因为器件工作主要受非注入区域上制造的金属-半导体接触的影响），但为了防止这种不希望的粗糙度，可以在高温退火过程中使用碳基覆盖层，然后通过特定的氧化工艺去除[87-89]。

完成电激活工序后，厚的介质层（例如 SiO₂）沉积在 4H-SiC 表面的顶部（见图 3.14e），作为边缘终端结构中的场氧化层。然后，通过这种氧化层保护晶圆正面，在重掺杂衬底上形成欧姆接触，通常通过镍沉积和在 900℃ 以上的温度下进行烧结，从而形成硅化物 Ni$_2$Si[2,90]。欧姆接触需要高温热预算意味着肖特基接触形成工序不是像硅技术中的最后一步。事实上，在 4H-SiC 中，功能性肖特基势垒是在有限的热预算下获得的（见表 3.1），因此只能在背面欧姆接触烧结后制作。这一因素将在 3.4.3 节中解释衬底减薄技术的需求时进一步讨论。

接下来的制造工序是有源区开口（见图 3.14f），它决定二极管的电流扇出能力。此后，沉积金属叠层（见图 3.14g）以形成阳极接触，并进行沉积后退火。如表 3.1 中所报道的，已经测试了几种金属作为与 n 型 4H-SiC 的肖特基接触。然而，通常低势垒金属（Ti、Mo…）是商业器件中最常用的金属。金属叠层不仅由在 4H-SiC 上形成肖特基势垒的薄层（例如 Ti）组成，而且还有保证足够电流通过二极管的较厚金属覆盖层（例如 Al）组成，该 Al 层还可以辅助引线键合。

最后，光刻确定金属电极，再通过聚酰亚胺钝化和背面金属化（见图 3.14h）完成制造流程，二极管准备进行封装和电学表征。

图 3.15 显示了固定在标准 TO220 管壳中的 6A/650V 4H-SiC SBD 的典型正向和反向特性。可以看出，当正向压降 V_F 约为 1.4V 时，标称电流达到 6A，器件的比导通电阻为 1.95mΩ·cm²。

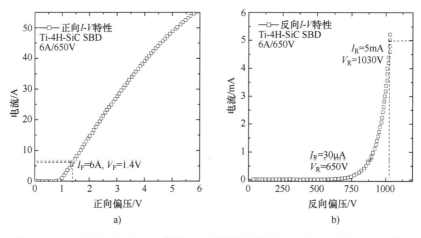

图 3.15　6A/650V Ti-4H-SiC 肖特基二极管的正向图 a）和反向图 b）I-V 特性

根据 TE 模型，肖特基二极管上的总压降 V_F 可以用势垒高度 $q\phi_{Bn}$ 和理想因子 n 表示为

$$V_F = n\frac{kT}{q}\ln\left(\frac{J_F}{A^*T^2}\right) + n\phi_{Bn} + R_{ON}J_F \tag{3-20}$$

式中，R_{ON} 为导通电阻；J_F 为正向电流密度。

显然，改变肖特基接触（即 SBH $q\phi_{Bn}$）将直接影响 V_F，从而影响器件的通态功耗。如 3.2 节所述，虽然已采用多种金属形成肖特基接触，但 Ti 和 Mo 目前是商用 4H-SiC 肖特基二极管中最受欢迎的金属，因为它们具有可重复性和低势垒高度，能够最大限度地减小正向压降 V_F，从而降低器件的通态功耗。

除了传统的金属-半导体方法外，另一种控制电流传导开启的方法是异质结二极管，这将在 3.4.5 节中讨论。

3.4.2 结势垒肖特基（JBS）二极管

尽管 4H-SiC SBD 可以获得卓越的性能，但这些器件在高电流扇出能力和阻断模式下的反向漏电流方面都存在一些局限性。特别是，尽管 4H-SiC SBD 可以设计用于高正向电流，但它们在过载电流下运行时存在严重局限（如在某些特定应用中发生）。事实上，器件的最大正向浪涌电流（I_{FSM}）会导致材料的显著自热效应，从而导致器件的损坏（例如，芯片的退化，包括金属化）。此外，在反向偏压下，由于肖特基势垒降低现象[1,81]，漏电流随着偏压的增加而迅速增加，导致典型的"软击穿"现象（见图 3.15b）。尤其是在高温工作时，这种漏电流的增加是不希望的。

为了克服这两个局限，最常见的解决方案是使用结势垒肖特基（JBS）二极管。图 3.16 给出了该器件的剖面结构。JBS 的基本概念是形成一个潜在的势垒，保护金属-SiC 肖特基结免受半导体中产生的高电场的影响。

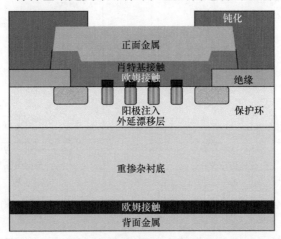

图 3.16 4H-SiC 结势垒肖特基（JBS）二极管的剖面结构示意图

这是通过在肖特基接触中集成紧密间隔的 p^+ 掺杂区来实现的,从而形成平行的肖特基和 pn 结。因此,在正向偏置 JBS 中,电流将在 p^+ 区之间的未耗尽肖特基区域中流动,从而保持单极工作模式。此外,p^+ 区的存在也被证明可以增强器件的坚固性[91]。另一方面,在反向偏压下,通过肖特基区的传导将被相邻 pn 结的夹断效应抑制,使得 JBS 的反向特性类似于 pn 结的特性。因此,必须适当设计 p^+ 区之间的间距,以优化导通压降 V_F(随着该距离的减小而增加)和漏电流(随着距离的减小而减小)之间的折中[81]。

图 3.17 给出了 4H-SiC JBS 的制造流程。不同于 SBD,在外延层生长(见图 3.17a)之后需要额外的工序。肖特基中 pn 结的集成需要沉积和图形化硬掩模以用于 p^+ 区的高剂量 Al 注入(见图 3.17b~d)以及沉积和图形化硬掩模以用于保护环较低剂量的 Al 注入(见图 3.17e~f)。这些工序之后,进行高温退火(见图 3.17g)用于注入激活。

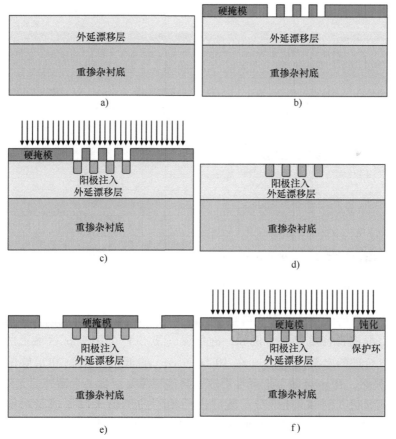

图 3.17 用于制造 4H-SiC 结势垒肖特基(JBS)二极管的工艺流程示意图

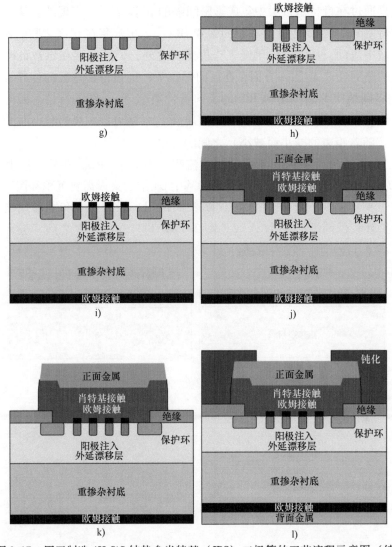

图 3.17 用于制造 4H-SiC 结势垒肖特基（JBS）二极管的工艺流程示意图（续）

一个重要的区别是正面金属接触。事实上，p^+ 区最好形成欧姆接触，未注入区最好形成肖特基势垒。例如，硅化镍（Ni_2Si）可用作 p^+ 区域上的欧姆接触，提供合理的比接触电阻（在 $10^{-3}\Omega \cdot cm^2$ 的低范围内）和足够的热稳定性[92]。显然，在 p^+ 区域上选择性形成欧姆接触需要至少一个额外的光刻工序来定义几何形状（例如叉指型），然后进行相同的热退火以形成背面欧姆接触（见图 3.17h~i）。在欧姆接触形成之后，JBS 的制造按照与 SBD 类似的方式继续进行（见图 3.17j~l）。

为了突出 4H-SiC JBS 的主要特征，图 3.18 给出了 JBS、SBD 和双极 pn 二极管正向和反向 I-V 特性。在导通模式下，低电流时，JBS 二极管表现出与标准 SBD 相同的开启和通态损耗。另一方面，对于大电流，JBS 显示出与双极 pn 二极管相同的电流扇出能力。

在反向偏压下，JBS 二极管的特性几乎与双极 pn 二极管相当，在几乎相同的电压下表现出极低的漏电流和硬雪崩击穿，这主要是归功于 p 阱屏蔽导致的表面电场降低。

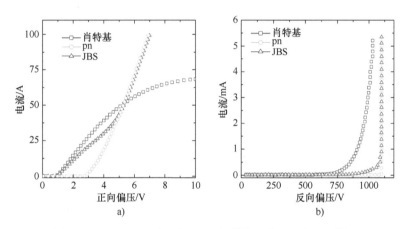

图 3.18　JBS、SBD 和双极 pn 二极管的正向和反向 I-V 特性

3.4.3　导通电阻（R_{ON}）和击穿电压（V_B）之间的折中

对于大功率肖特基二极管，通常使用比导通电阻（R_{ON}）和击穿电压（V_B）之间的折中来衡量器件性能。特别是，为了根据 R_{ON} 与 V_B 折中来量化功率二极管的性能，通常使用所谓的 Baliga 品质因数（BFOM），其定义为比率 V_B^2/R_{ON}[81]。

通常，在单极垂直器件（如 SBD）中，二极管的总 R_{ON} 由 3 个不同的部分组成，即背面欧姆接触电阻、漂移层电阻和衬底电阻：

$$R_{ON} = R_C + R_{drift} + R_{sub} \tag{3-21}$$

欧姆接触的比接触电阻通常为 $10^{-6} \sim 10^{-5}\Omega \cdot cm^2$，相对于总 R_{ON} 可以忽略不计。另一方面，如 3.4.1 节所述，常用的重掺杂 4H-SiC 衬底，电阻率为 $20m\Omega \cdot cm$，厚度为 350μm 的，其比接触电阻率贡献为 $7 \times 10^{-4}\Omega \cdot cm^2$。最后，漂移层的理想比导通电阻可以表示为[81]

$$R_{drift} = \frac{4V_B^2}{\varepsilon_{SiC}\mu_n E_{CR}^3} \tag{3-22}$$

式中，V_B 为击穿电压；ε_{SiC} 为 SiC 的介电常数；μ_n 为电子迁移率；E_{CR} 为材料的临界电场。

表3.4总结了过去几十年文献中报道的许多SiC肖特基二极管通过R_{ON}与V_B折中得到的性能。表中器件的类型很典型,不仅包括标准肖特基势垒二极管(SBD)和结势垒肖特基(JBS),还包括其他替代品和更复杂的版图[93,100,101,105,106]。

表3.4 4H-SiC SBD和JBS二极管性能的文献数据

器件类型	R_{ON} /(mΩ·cm²)	V_B/V	BFOM V_B^2/R_{ON} (MW/cm²)	参考文献
JBS	6.9	885	113.5	[93]
PIP-JBS	7.8	1613	333.6	[93]
POP-JBS	8	1938	469.4	[93]
SBD	2.5	1200	2304	[94]
JBS	8.7	1500	1036	[95]
SBD	10.5	4600	8061	[96]
JBS	25.5	5000	3920	[97]
JBS	180	10000	2220	[98]
SBD	9	4150	7655	[99]
BC-JBS	7	1500	1284	[100]
Super-SBD	3.3	2400	6981	[101]
SBD	4.8	1300	1400	[102]
SBD	47	6000	3064	[102]
JBS	5.7	1900	2532	[102]
JBS	58	6700	3092	[102]
JBS	2.1	1400	933	[103]
JBS	7.34	3320	1501	[103]
JBS	30.3	5200	892	[103]
SBD	34	3000	2250	[104]
JBS	5.2	1252	301.4	[105]
JBS-EPL	6.3	2432	938.8	[105]
FJ-SBD	8.3	4050	1976.2	[106]

图3.19反映了表3.4中的文献数据,实线表示根据方程式(3-22)确定的单极4H-SiC器件的理论极限,其中仅考虑了漂移层的贡献(即,不考虑衬底)。显然,实验数据与单极器件理论极限之间存在差异。然而,尽管对于非常高电压的器件,对R_{ON}的主要贡献来自漂移层电阻,数据点接近理论极限,但对于600~1200V范围内的阻断电压,总有明显的电阻率贡献来自SiC衬底。

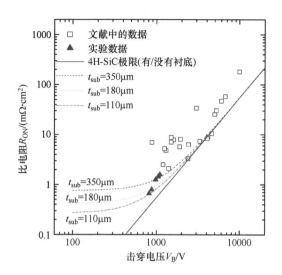

图 3.19 4H-SiC 肖特基二极管的比导通电阻 R_{ON} 与击穿电压 V_B 的折中图。报道了我们的实验数据和表 3.4 中的一些文献数据，同时报道了没有和有衬底电阻贡献的 4H-SiC 单极极限的理论曲线（对于不同的衬底厚度值）

图 3.19 中的虚线表示 350μm、180μm 和 110μm 3 种不同衬底厚度时计算的理论 R_{ON} 曲线，包含了衬底和欧姆接触电阻的贡献。

图 3.20 的饼图中给出了两个极端情况（350μm 和 110μm）中，单个电阻对总 R_{ON} 的贡献。

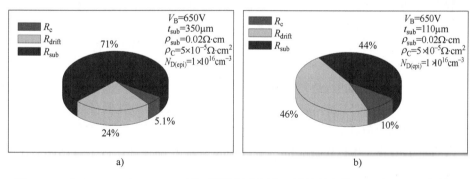

图 3.20 对于 350μm 和 110μm 两种不同的衬底厚度，计算得出的电阻对 4H-SiC 肖特基二极管总 R_{ON} 的贡献的饼图。对于此计算，已考虑以下参数：$0.02\Omega \cdot cm$ 的衬底电阻率，$5\times10^{-5}\Omega \cdot cm^2$ 的背面接触比接触电阻，650V 的额定击穿电压，$1\times10^{16}cm^{-3}$ 的外延层掺杂浓度

对于厚度为 350μm 的典型衬底和 5μm 厚的漂移层（$N_D = 1\times10^{16}cm^{-3}$），即适用于 650V 二极管的外延层规格，得到的衬底电阻率约为器件总电阻 R_{ON} 的

71%。由于重掺杂的4H-SiC衬底实际上没有电学功能，为了降低其高电阻，需要通过机械研磨将其部分去除，但仅限于有限程度以避免损害晶圆的制造可行性。例如，值得强调的是，在图3.19和图3.20的饼图中，将衬底厚度降低到110μm时，衬底电阻降低到器件总R_{ON}的44%。

显然，衬底减薄增加了器件加工过程中晶圆破损的机会，并且通常最好在工艺流程结束时进行。这种制造流程的修改需要为背面欧姆接触引入新的解决方案。事实上，由于背面欧姆接触通常需要较大的热预算（>900℃），因此在制造流程的最后执行此过程会导致正面肖特基接触的电学和结构退化。出于这个原因，一些公司目前在650V SBD的制造流程中采用适用于硅化镍欧姆接触形成的激光退火工艺，对器件正面的热影响可忽略不计[107]。

3.4.4　4H-SiC肖特基二极管的边缘终端结构

理论上讲，器件平面结构的反向耐压能力主要受漂移层掺杂浓度（N_D）的限制。Baliga[81]提出的4H-SiC器件的击穿电压（V_B）表达式为

$$V_B = 3\times10^{15} N_D^{-3/4} \tag{3-23}$$

然而，实际器件的阻断电压并没有达到理想的平行平面击穿值，这可能是由于器件有源区存在导致过早失效的"杀手缺陷"，或者更简单地说，是因为器件边缘的电场集边效应[81]。事实上，在平面结构的二极管中，反向偏压下的电场峰值总是出现在耗尽区靠近电极边缘处。耗尽层中的电场在空间上变得不均匀，并在曲率半径最小的地方达到最大值。可以使用肖特基接触外围边缘的终端来减轻电场集边效应。文献中报道了几种解决方案，例如场板[81,108-113]，高电阻或p型掺杂保护环[82-86]，结终端扩展[114,115]等。

图3.21显示了一些边缘终端示例，可用于优化4H-SiC肖特基二极管的击穿。

场板可能是制造边缘终端最简单的方法。场板包含在电介质层上重叠的金属，这确保了接触外围的场分布均匀性（见图3.21a）。在器件表面形成一个MOS电容器以分散场。这产生与在漂移层中引入正电荷相同的效果。除了电场幅度的减小之外，场板还将场峰的最大值从接触外围移开。这个概念的一个更有效的变体是三级场板终端（见图3.21b）[4]。

Brezeanu等人[111]提出了一种基于氧化物斜坡形状的具有非常小的5°角（见图3.21c）的场板边缘终端技术。为了实现小斜坡角，在半导体漂移层的顶部生长了具有不同杂质浓度的氧化物层，然后进行了两步湿法腐蚀工艺。采用斜坡氧化层终端[111]开发了几种适用于各种应用的不同材料上的二极管。简单场板的常见替代方案是基于注入的边缘终端。例如，场板终端可以通过高电阻环（例如，注入氩或硼）的存在[82-85,110]来改善，如图3.21d所示。

第3章 碳化硅肖特基接触：物理、技术和应用

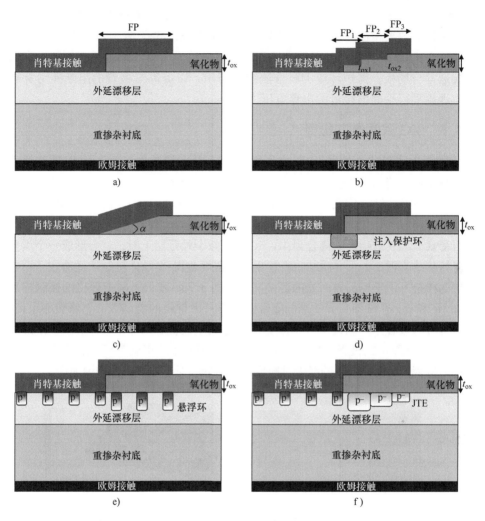

图3.21 4H-SiC肖特基二极管技术中使用的边缘终端结构示例
a）经典场板 b）3级场板 c）斜坡氧化层终端 d）注入电阻保护环边缘终端
e）悬浮保护环 f）多JTE区

更复杂的是多个悬浮场环，由围绕器件有源区域的同心高掺杂 p^+ 环形成（见图3.21e）。在这种可以达到理想击穿率90%以上的结构中，每对保护环之间都支持电压。环的间距和深度需要设计，以便在每对环之间获得相似的电场峰值。如3.4.1节和3.4.2节所述，保护环广泛用于4H-SiC JBS，因为它们通常可以与主结同时形成（或退火）。另一种选择是所谓的结终端扩展（JTE），包括在肖特基接触层周围注入 p 型，以逐渐降低电场（见图3.21f）。显然，使击穿电压最大化的 JTE 的最佳注入剂量取决于外延层的掺杂浓度。使用多个

JTE 终端（见图 3.21f），掺杂水平从有源区域向器件边缘降低，与使用悬浮保护环实现的效果相似：器件边缘的耗尽区逐渐放电。除了图 3.21 中所示的例子之外，在 4H-SiC 肖特基二极管上还测试了许多替代边缘终端版图，例如，台面终端通常与场板、保护环或 JTE 方法结合使用，以提高二极管的阻断能力并获得与理想平行平面值接近的击穿电压[114]。

3.4.5 SiC 异质结二极管

如前几节所述，控制 SBH 的能力对于确定肖特基二极管的电压降至关重要。除了改变肖特基金属或表面制备条件外，控制电流传导开启的替代工艺是基于 SiC 的异质结，定义为 SiC 和另一种半导体之间的界面，已经对 SiC 异质结进行了多项研究。当窄带隙半导体（例如硅[116-122]、锗[66,123,124]、3C-SiC[125] 甚至石墨烯[126,127]）生长或键合到 4H-SiC 的低掺杂外延层上时，就会形成一个类整流肖特基结。理论上，异质结二极管相对于常规金属-半导体接触的优势在于窄带隙层的掺杂可用于控制界面处的势垒高度。图 3.22a 显示了两个理想的接触前后的 n^+/n^- 和 p^+/n^- Si/SiC 异质结的能带图，仅考虑材料的功函数，忽略表面电荷。两者都可以被看作是制造了一个单侧肖特基式整流器，其中 p^+/n^- 二极管中的势垒高度大于 n^+/n^- 二极管。尽管存在 p^+-Si 层，但两个二极管可以表征为 n 型肖特基二极管，因为 SiC 中的能带对准导致价带偏移对于空穴注入来说太高了。

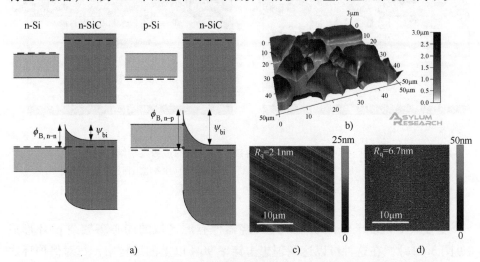

图 3.22　a) Si/SiC 异质结二极管的理想能带图，提供 SBH 控制的一种思想
　　　　b) 900℃ 在 SiC 上生长 Si 层的 3D AFM 图像
　　　　c) 200℃ 和 d) 500℃ SiC 上生长 300nm Ge 层表面的 AFM 图像

实际上，由于 19.8% 的晶格失配（SiC [0001] 到 Si [111]），Si/SiC 界面特别差，几乎没有机会在 SiC 表面形成均匀的单晶接触层。的确，通过 MBE 在

900℃下生长到4°偏轴4H-SiC衬底上的Si层表现出粗糙的形貌（见图3.22b），其特征在于具有不同取向的许多合并的结晶Si岛[116-118]。或许，采用低温生长可以实现均匀的覆盖和更好的形貌。这可以在图3.22c的AFM图像中看到，Ge/SiC界面生长在200℃，其中300nm的Ge足够均匀，可见线是来自下方SiC的阶梯聚束线。在升高的温度下，尽管23.1%的晶格失配更大，但SiC上的Ge层的覆盖率仍然略好于Si[66,123,124]。图3.22d表明500℃时可以在SiC上形成相对光滑的多晶Ge层，有人认为，这是由［111］Ge晶面和SiC［0001］晶面的部分偏轴对准[124]导致的。

MBE或CVD生长的一种替代方法是两种半导体晶圆的键合[119-122]。这会产生理想的结晶顶层，但通常会以界面质量为代价，其中可能包含界面氧化物、空位或工艺残留物。因此，通过该界面形成的二极管通常表现出较差的导通特性，包括高理想因子和高电阻[120]。然而，表面活化键合以及在1000℃下的快速热退火已被证明[122]可改善界面，形成低阻接触并具有最小的反向泄漏。

无论是晶圆键合还是生长，界面质量、多晶层和晶界都会对图3.22a中呈现的理想能带对准产生不利影响。这些效应都会增加异质结界面的残余电荷量，导致费米能级钉扎[124]。因此，半导体掺杂对肖特基势垒高度的影响已经减弱，这在图3.23中得到了证明，其中SiC上的p^+和n^+Ge层分别在不同温度下形成[124]。Ge/SiC界面质量良好时，二极管都具有低泄漏和理想因子n小于1.1。然而，它们也显示了费米钉扎的影响，因为n^+和p^+MBE生长层的势垒之间只有大约30meV的差异。层间电阻的明显差异是由于使用了特定的掺杂剂，在p^+样品中Ge层的电阻要低一个数量级。在Si晶圆键合异质结二极管[122]中也发现了费米能级钉扎，这里SBH都保持在0.92eV而与掺杂无关，并且p^+接触的电阻低于n^+层。

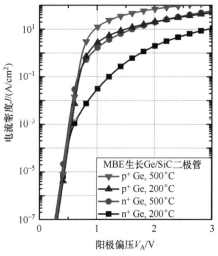

图3.23　MBE沉积Ge/SiC异质结二极管的电特性[124]（AIP Publishing授权使用）

尽管在完善 SiC 异质结二极管方面仍然存在挑战，但值得注意的是实现异质结二极管的一个成功例子来自 Tanaka 等人[128]，其中低压 CVD 生长的 p$^+$-Si 层可以承受与传统 SBD 相同的电压，但反向泄漏和开启电压更低。

3.5 SiC 肖特基二极管应用示例

本章的最后一节描述 4H-SiC 肖特基二极管应用的一些常见示例。特别是，它表明当今最重要的市场驱动与节能电源转换系统有关。然而，其他应用（如温度传感器、紫外线探测器等）正在迅速兴起，不仅针对利基市场，而且还作为消费电子产品的集成附件。此外，4H-SiC SBD 还有许多其他可能的用途，例如核和空间应用的辐射探测器、气体传感器、微波电路等，本节将不予提及。有关这些特殊应用的更多详细信息，请参见参考文献［34，129，130］。

3.5.1 在电力电子领域的应用

电源转换系统存在于每个人的日常生活中。因此，全球能源消耗的减少与新型节能功率器件的发展密切相关[131]。在这种情况下，SiC 是当今最有希望满足这种挑战性需求的材料。

二极管在几乎所有的转换系统中都被广泛用作晶体管的附件，市场巨大。从图 3.24 所示的功率与电压关系图中可以看到，目前市场中最常见的应用（例如，消费电子、可再生能源、工业和汽车行业等）需要器件能够承受 650～1700V 的关态电压。

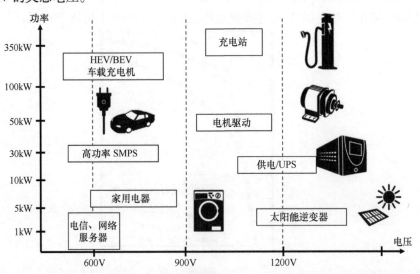

图 3.24　650~1700V 范围内常用功率器件的功率与阻断电压的关系图

对于所有这些应用，基于硅整流器的可能解决方案是双极二极管，其特点是开关损耗非常高。在图 3.25 中，将 4H-SiC SBD 的典型反向恢复波形与不同的商用硅双极二极管进行了比较，每种二极管的恢复时间由不同的载流子寿命增强技术决定。与双极 Si 技术无关，单极 4H-SiC SBD 由于没有少数载流子而具有最小的恢复损耗。正是由于 SiC 的基本特性，即其高临界电场，使得 SiC 单极二极管的额定电压与 Si 双极器件相同，而不会有很大的传导损耗。

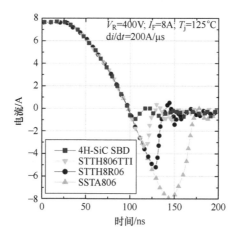

图 3.25 125℃时 4H-SiC 肖特基二极管（600V/8A）的反向恢复波形与不同的超快速商用 Si 双极二极管的比较

4H-SiC 肖特基整流器应用的典型例子是功率因数校正（PFC）电路。所有电子器件都需要电源把来自电网的交流电压转换为电子设备（例如计算机、电信设备等）需要的直流电压。线性电源，即使是带有无源滤波的电源，其功率因数（即负载下的实际功率与电路中的视在功率之比）低于 1，也会将谐波电流引入系统。PFC 升压转换器可以添加到电源中以改善电源质量，使交流输入线路能够得到接近于 1 的功率因数。

PFC 升压转换器电路的简化示意图如图 3.26 所示，包括二极管（VD）和 MOSFET（M）以及其他无源元件。在 PFC 电路的开关过程中，当二极管关断而 MOSFET 开启时，除了整流输入电流以外，还会有来自二极管的反向恢复电流流入 MOSFET，因而需要一个大的 MOSFET 来承受这么大的浪涌电流。而且，这些开关损耗还限制了工作频率和电路效率。因此，这个二极管必须允许更高工作频率以减小无源元件的尺寸，同时最好有接近零的反向恢复来保证 PFC 电路的更高效率。为此，反向恢复接近零的 4H-SiC SBD（见图 3.25）提供了低开关损耗，同时仍表现出与传统 Si 整流器相当的通态性能。用 4H-SiC SBD 替换传统的 Si 双极二极管，即使保持相同的 Si MOSFET，也可以将开关频率从 10kHz 提高到高达 100kHz，从而减小电感尺寸。此外，更低的恢复电荷还可以减小电磁噪声滤波器的尺寸以及 MOSFET 和二极管的物理尺寸。最后，SiC 的高热导率又可以减小散热器尺寸。显然，整体效果是系统简化和成本降低（即使分立 SiC 二极管的成本高于 Si 二极管），最终获得更高的系统转换效率。

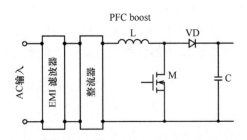

图 3.26 功率因子校正（PFC）电路简化原理图

图 3.27 清楚地表明了这些优势，该图显示了工作频率为 100kHz 的 500W PFC 的效率与温度的关系，其中 Si 双极二极管已简单地被 4H-SiC 肖特基二极管取代，同时保持相同的硅 MOSFET。使用 SiC 器件带来的好处就是在 75℃ 的工作温度下效率更高，而这时 Si 双极整流器能耗巨大。

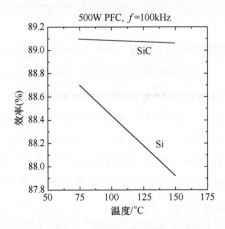

图 3.27 将基于 Si 器件的 500W/100kHz PFC 电路与用 SiC 肖特基二极管替换 Si 双极二极管获得的相同 PFC 电路的效率随温度变化关系的比较

为了比较不同 4H-SiC 肖特基二极管技术在电力电子应用中的性能，必须同时考虑效率和鲁棒性。效率通常与标称电流下的正向压降有关，这与二极管传导损耗密切相关。鲁棒性则由二极管在浪涌模式（I_{FSM}）下承受高电流的能力决定。图 3.28 比较了市场上最新一代 1.2kV 4H-SiC 肖特基二极管技术的性能，报道了 I_{FSM} 与标称电流 I_F 之间的比率（室温）作为正向压降 V_F 的函数。在该图中，二极管的效率随着 V_F 的降低而增加，而其鲁棒性随着 I_{FSM}/I_F 比的增加而提高。显然，在二极管设计的选择中，存在低 V_F 值和高 I_{FSM} 性能之间的折中。为此，必须考虑特定的技术解决方案（晶圆减薄、改进封装的热性能等），以同时获得高效率和高鲁棒性。在不久的将来，相同二极管技术的效率和鲁棒性将极大地提高 PFC 性能，从而在市场上创造更大的机会。特别是，二极管面积还可以进一步减小，从而促进 SiC 二极管的大批量低成本应用。

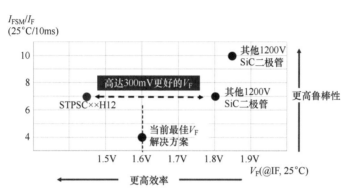

图 3.28 室温下商用 4H-SiC 肖特基二极管 I_{FSM}/I_F 比值随 V_F 的变化，反映其效率和鲁棒性之间的折中

3.5.2 温度传感器

4H-SiC 肖特基势垒二极管也可用作高温传感器，适用于高冲击或强烈振动、高辐射、侵蚀和腐蚀等恶劣环境。特别是基于 4H-SiC SBD 的高温探头，能够在这些极端条件下运行，可以在多个领域具有重要应用，例如汽车和飞机发动机、地热系统、工业炉、石油和天然气检测等[73,132-136]。

对于温度监测传感器应用，SiC SBD 正向偏置作为恒定电流。器件的 I_F-V_F 特性尤其是 $\ln(I_F) \sim V_F$ 曲线在多个数量级上表现出的出色线性度，直至高温。因此，对于可以忽略 R_{ON} 的低电流密度，正向电压与温度的准线性关系可以表示为

$$V_F(T) = n\psi_{Bn} - \left[n\phi_{Bn} + 2n\frac{kT_0}{q}\ln\left(\frac{T}{T_0}\right) - V_F(T_0) \right]\frac{T}{T_0} \tag{3-24}$$

式中，T_0 为参考温度；$q\phi_{Bn}$ 和 n 为肖特基势垒和理想因子。上述方程是根据两个不同的温度（即 T 和参考 T_0）下的 TE 表达式推导出来的。

传感器的检测灵敏度 S 定义为

$$S = \frac{dV_F(T)}{dT} = -\left\{ n\phi_{Bn} + 2n\frac{kT_0}{q}\left[\ln\left(\frac{T}{T_0}\right) + 1\right] - V_F(T_0) \right\}\frac{1}{T_0} \tag{3-25}$$

显然，理想情况下 $q\phi_{Bn}$ 和 n 都应与温度无关，以确保稳定且可重复的检测灵

敏度。而且，高SBH金属更适合在高温下工作，例如Ni_2Si、Pt等（见表3.1）。

$Ni_2Si/4H-SiC$ SBD温度传感器在几个正向电流时的典型V_F-T依赖性如图3.29a所示。对于给定的I_F值，传感器在整个温度范围（27~400℃）内表现出非常好的线性度。图3.29b给出了从两个不同器件（即#7和#3）的$V_F(T)$图中提取的检测器灵敏度S。可以看出，对于宽电流变化（10nA~1mA），S的范围在1.5~2.9mV/℃之间。计算曲线考虑了与势垒不均匀性相关的$q\phi_{Bn}$的温度依赖性[73]。

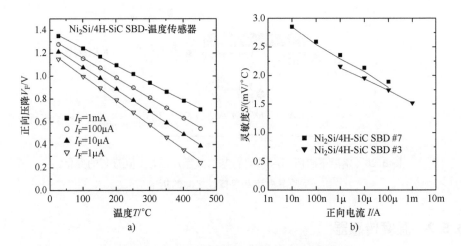

图3.29 Ni/4H-SiC SBD作为温度传感器的应用
a）不同正向电流值的传感器输出信号（V_F）与温度T的关系
b）两种不同器件的检测器灵敏度S
注：图a中的实线是数据与式（3-24）的拟合[132]

通常，高温探头包括传感器二极管、封装和处理电路，用于将信息从传感器传输到外界。例如，基于引线键合和压焊技术的封装解决方案可用于基于SiC SBD的高温传感器[132]。

传感器输出信号的标准处理电路（见图3.30a）由激励电路（恒流源，I_1 = 100μA）、偏移模块（另一个电流源，I_2 = 100μA）和放大器（一对单电源运放U_1、U_2）。连接标准工业采集系统需要电压到电流（4~20mA）的转换器（U_3）[137]。温度探头性能由输出电流~温度曲线的线性度表示，如图3.30b所示。

SBD温度传感器与其他可片上集成的传感器（例如热敏电阻）相比，其优点是与IC技术的兼容性、低制造成本、准线性输出特性，以及稳定的高灵敏度[135]。迄今为止，二极管已实现用于温度约为300℃的应用，即石油和天然气勘探、核环境和类似环境[134]。

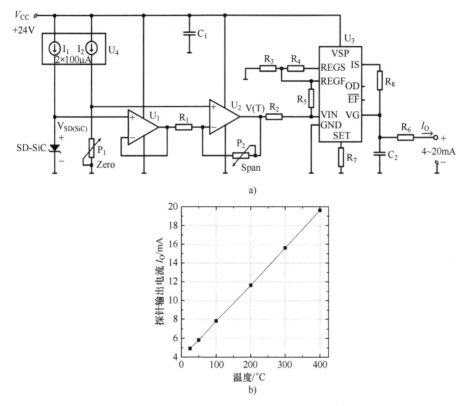

图 3.30 a) 4H-SiC SBD 高温探头处理电路示意图[137]
　　　　b) 4H-SiC SBD 传感器高温探头的输出电流

3.5.3　UV 探测器

SiC 肖特基二极管的一个重要应用领域是紫外线（UV）辐射探测。该器件的工作原理是检测在紫外光照射下在反向偏置 SBD 的耗尽区产生的光电流。

紫外线（UV）区域覆盖 100～400nm 的波长范围，分为三个波段：紫外线 A（UV-A）（315～400nm）、紫外线 B 波段（UV-B）（280～315nm）和紫外线 C（UV-C）（100～280nm）。今天，由于世界各地皮肤病发病率的增加，紫外线辐射探测对人类医疗保健变得非常重要[138]。

传统上，硅光电倍增管已被用于检测紫外光[139]。然而，使用 Si 进行紫外线辐射探测的主要问题在于其窄带隙（1.12eV），导致需要补充滤光片来消除不需要的可见光和红外成分。此外，它们在紫外线范围内的低量子效率、大尺寸、高成本和高工作电压限制了它们在某些情况下的实际应用。

4H-SiC 的宽带隙（3.2eV）意味着该材料仅对波长低于约 400nm 的辐射有

反应。可见光和红外光谱中较长的波长不能被吸收，因此基于 SiC 的探测器对这部分光谱不敏感。这一特性非常有利，因为它允许 SiC 探测器即使在可见光和红外线光背景存在的情况下也能使用，这在许多应用中都会出现。此外，由于材料的低本征载流子浓度（室温下约为 $10^{-7} cm^{-3}$[140]），4H-SiC 肖特基二极管具有极低的漏电流，从而提高了器件灵敏度。

Yan 等人[141]首次使用 4H-SiC 肖特基二极管作为 UV 探测器。他制造了采用超薄（7.5nm）半透明 Pt 肖特基接触作为阳极的 4H-SiC 肖特基二极管。由于其高功函数，Pt 接触提供了高 SBH（$q\phi_B = 1.52eV$）和极低的漏电流（在 -1V 的反向偏置下为 $1.2×10^{-14}A$）。这些器件在 240~300nm 之间表现出约 37% 的最大外部量子效率（QE）。

然而，7.5nm 厚的 Pt 电极在 300nm 处会吸收约 50% 的入射光子。而且，这么薄的金属层可能无法与 SiC 形成良好的"紧密"接触，从而导致长期运行和/或恶劣环境下的可靠性问题。出于这个原因，已经研究了超薄半透明金属的替代品。

正如 3.2 节中已经报道的那样，由镍膜在 SiC 上的热反应形成的硅化镍（Ni_2Si）可以产生具有 1.60eV 量级的高 SBH 值的坚固金属化[23]。因此，尽管这种接触不太适合功率器件应用，但它对于其他应用（包括 UV 传感器）可能是有希望的。特别是，高 SBH 值保证的低泄漏和具有"自对准"工艺的可能性（即，由未反应的 Ni 区域的选择性刻蚀确定的局部形成的 Ni_2Si），可用于实现 UV 探测的 4H-SiC 上的半透明"叉指"肖特基电极。使用这个概念，Sciuto 等人[30,142]基于夹断表面效应提出了一种用于 4H-SiC 肖特基 UV 探测器的半透明叉指型 Ni_2Si 肖特基金属。叉指接触允许器件的有源区域直接暴露于 UV 辐射，从而可能实现相对于连续金属的高量子效率。图 3.31a~c 示意性地显示了两种不同类型的 Ni_2Si/4H-SiC 肖特基 UV 探测器以及在这些器件上获得的响应度曲线（单位入射光功率产生的光电流）。

特别是，通过适当选择 n 型外延层的厚度和掺杂浓度，采用叉指型金属可以在 0V（即在光电状态）下获得最大的光探测，在 200~380nm 的波长范围内，在 290nm 处的外部 QE 约为 45%（对应于在该波长下测得的 0.106A/W 的响应度）[143,144]。通常，为了在没有偏置（光电状态）的情况下获得有源层的耗尽，必须使用非常低掺杂的外延层（N_D 约 $10^{14} cm^{-3}$）。另一方面，使用连续的 Ni_2Si 金属层（约 20nm 厚）作为肖特基电极可以大幅度简化制造工艺[145]。然而，在这种情况下，290nm 光伏状态下的最大外部 QE 仅为 19%。

这些探测器现已上市，并用于多个领域，例如用于可穿戴设备、智能手机、平板计算机、气象站设备和许多其他新兴"物联网"应用中的紫外线指数测量。

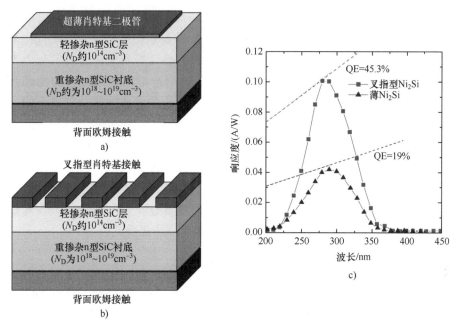

图3.31 具有半透明（见图a）超薄和（见图b）叉指型肖特基接触的4H-SiC肖特基UV探测器的示意图；（见图c）叉指和薄 Ni_2Si 肖特基金属作为半透明电极制造的UV探测器的响应度随波长的变化曲线[143-145]

3.6 结论

肖特基二极管是SiC中研究的第一个功率器件。尽管在2001年早期就已经商品化，但这些器件的物理和技术一直受到学术界和工业SiC机构的不断研究。

本章论述了SiC肖特基接触的物理和技术。特别是，多年来已经研究了几种金属作为n型SiC外延层的肖特基势垒。其中，钛仍然是高压肖特基二极管使用最广泛的金属，因为它的势垒高度低（约1.2eV），可确保适度的正向压降，因此具有低功耗。镍和硅化镍（Ni_2Si）也经常被用作4H-SiC肖特基二极管的肖特基势垒金属，尽管较高的势垒高度值（约1.6eV）使这些系统更适合其他应用（例如温度传感器、UV探测器等）。

在使用热离子发射模型描述SiC肖特基二极管正向I-V特性时，经常观察到几个异常现象，只能通过考虑肖特基势垒不均匀性来解释，无论是在宏观层面还是在纳米尺度上。已经提出了许多模型来解释这些影响，所有这些都涉及思维的转变，即整个二极管面积上并非形成单一均匀势垒，而是通常假定金属-SiC界面处存在多个不同尺寸和势垒高度的区域。在这种情况下，只有先进的表征方法才能准确监测和量化肖特基势垒的均匀程度，并全面预测器件行为。

如今，大范围额定电压和额定电流的可靠 SiC 二极管已经商品化，已应用于电源和能量转换系统，与 Si 二极管相比，效率显著提高。尽管 SiC 肖特基二极管技术相对于其他器件来说比较简单，但它的整合需要大量的技术努力来建立可靠的工业技术流程。事实上，SiC 二极管的制造必须考虑材料的物理特性所施加的几个要求（例如，即使在高温下注入粒子的低扩散率、高温下的离子注入、后注入用于杂质激活的高温退火、用于形成欧姆接触的高温退火等）。

现在，经过 20 多年的基础研究和技术开发，SiC 肖特基二极管已进入日常生活，不仅因为它们在电力电子系统中的应用，还因为它们在可穿戴设备、智能手机、平板计算机、气象站设备和许多其他新兴的"物联网"应用中的普遍使用。然而，研究肖特基接触仍然是一个有趣的课题，以了解金属-SiC 界面处的载流子传输机制，并最终优化器件的性能以进一步提高其效能。

参考文献

[1]   E.H. Rhoderick, R.H. Williams, *Metal-Semiconductor contacts*, Oxford Science Publications, Oxford, 1988.

[2]   F. Roccaforte, F. La Via, V. Raineri, Ohmic Contacts to SiC, in "SiC Materials and Devices", M.S. Shur, M. Levinshtein, S. Rumyantsev edt., pagg. 77-116, World Scientific, Singapore (2006). ISBN 981-256-835-2.

[3]   D.K. Schroder, Semiconductor Material and Device Characterization, John Wiley & Sons, Inc., Third Edition, Hoboken, New Jersey, 2006.

[4]   M. Satoh, H. Matsuo, Mater. Sci. Forum 527-529 (2006) 923-926. https://doi.org/10.4028/www.scientific.net/MSF.527-529.923

[5]   G. Constantinidis, J. Kuzmic, K. Michelakis, K. Tsagaraki, Solid-State Electronics 42 (1998) 253-256. https://doi.org/10.1016/S0038-1101(97)00224-4

[6]   P. Shenoy, A. Moki, B.J. Baliga, D. Alok, K. Wongchotigul, M. Spencer, Technical Digest., International Electron Devices Meeting (IEDM '94), San Francisco, USA, 11-14 December 1994, pp. 411-414. https://doi.org/10.1109/IEDM.1994.383380

[7]   J. Eriksson, M.H. Weng, F. Roccaforte, F. Giannazzo, S. Leone, V. Raineri, Appl. Phys. Lett. 95 (2009) 081907. https://doi.org/10.1063/1.3211965

[8]   J.R. Waldrop, R.W. Grant, Appl. Phys. Lett. 62 (1993) 2685-2687. https://doi.org/10.1063/1.109257

[9]   J.R. Waldrop, R.W. Grant, Y.C. Wang, R.F. Davis, J. Appl. Phys. 72 (1992) 4757-4760. https://doi.org/10.1063/1.352086

[10] S.K. Lee, C.M. Zetterling, M. Östling, I. Åberg, M.H. Magnusson, K. Deppert, L.E. Wernersson, L. Samuelson, A. Litwin, Solid-State Electronics 46 (2002)

1433-1440. https://doi.org/10.1016/S0038-1101(02)00122-3

[11] F. Roccaforte, F. La Via, A. La Magna, S. Di Franco, V. Raineri, IEEE Transactions on Electron Devices 50 (2003) 1741-1747. https://doi.org/10.1109/TED.2003.815127

[12] M.O. Aboelfotoh, C. Fröjdh, C.S. Petersson, Phys. Rev. B 67 (2003) 075312. https://doi.org/10.1103/PhysRevB.67.075312

[13] F. Roccaforte, F. La Via, V. Raineri, F. Mangano, L. Calcagno, Appl. Phys. Lett. 83 (2003) 4181-4183. https://doi.org/10.1063/1.1628390

[14] H.J. Im, Y. Ding, J.P. Pelz, W.J. Choyke, Phys. Rev. B 64 (2001) 075310. https://doi.org/10.1103/PhysRevB.64.075310

[15] M. Bhatnagar, P.K. McLarty, B.J. Baliga, IEEE Electron Device Lett. 13 (1992) 501-503. https://doi.org/10.1109/55.192814

[16] D. Perrone, M. Naretto, S. Ferrero, L. Scaltrito, C.F. Pirri, Mater. Sci. Forum 615-617 (2009) 647-650. https://doi.org/10.4028/www.scientific.net/MSF.615-617.647

[17] T. Nakamura, T. Miyanagi, I. Kamata, T. Jikimoto, H. Tsuchida IEEE Electron Device Lett. 26 (2005) 99-101. https://doi.org/10.1109/LED.2004.841473

[18] K.J. Choi, S.Y. Han, J.L. Lee, J. Appl. Phys. 94 (2003) 1765-1768. https://doi.org/10.1063/1.1581347

[19] K.V. Vassilevski, A.B. Horsfall, C.M. Johnson, N. Wright, A.G. O'Neill, IEEE Transaction on Electron Devices 49 (2002) 947-949. https://doi.org/10.1109/16.998610

[20] S.K. Lee, C.M. Zetterling, M. Östling, J. Appl. Phys. 87 (2000) 8039-8044. https://doi.org/10.1063/1.373494

[21] S. Nigam, et al., Appl. Phys. Lett. 81 (2002) 2385-2387. https://doi.org/10.1063/1.1509468

[22] D.T. Morisette, J.A. Cooper, M.R. Melloch, G.M. Dolny, P.M. Shenoy, M. Zafrani, J. Gladish, IEEE Transactions on Electron Devices 48 (2001) 349-352. https://doi.org/10.1109/16.902738

[23] F. Roccaforte, F. La Via, V. Raineri, R. Pierobon, E. Zanoni, J. Appl. Phys. 93 (2003) 9137-9144. https://doi.org/10.1063/1.1573750

[24] A. Itoh, T. Kimoto, H. Matsunami, IEEE Electron Device Lett. 16 (1995) 280-282. https://doi.org/10.1109/55.790735

[25] V. Saxena, J.N. Su, A.J. Steckl, IEEE Transactions on Electron Devices 46 (1999) 456-464. https://doi.org/10.1109/16.748862

[26] D.H. Kim, J.H. Lee, J.H. Moon, M.S. Oh, H.K. Song, J.H. Yim, J.B. Lee, H.J.

Kim, Solid-State Phenomena 124-126 (2007) 105-108.
https://doi.org/10.4028/www.scientific.net/SSP.124-126.105

[27] L. Huang, D. Wang, Jpn. J. Appl. Phys. 54 (2015) 114101.
https://doi.org/10.7567/JJAP.54.114101

[28] C.K. Ramesha, V. Rajagopal Reddy, Superlattices and Microstructures 76 (2014) 55-65. https://doi.org/10.1016/j.spmi.2014.09.026

[29] F. Roccaforte, F. La Via, V. Raineri, P. Musumeci, L. Calcagno, G.G. Condorelli, Appl. Phys. A 77 (2003) 827-833. https://doi.org/10.1007/s00339-002-1981-8

[30] A. Sciuto, F. Roccaforte, S. Di Franco, V. Raineri, S. Billotta, G. Bonanno, Appl. Phys. Lett. 90 (2007) 223507. https://doi.org/10.1063/1.2745208

[31] T.N. Oder, E. Sutphin, R. Kummari, J. Vac. Sci. Technol. B 27 (2009) 1865-1869. https://doi.org/10.1116/1.3151831

[32] N. Kwietniewski, M. Sochacki, J. Szmidt, M. Guziewicz, E. Kaminska, A. Piotrowska, Appl. Surf. Sci. 254 (2008) 8106-8110.
https://doi.org/10.1016/j.apsusc.2008.03.018

[33] L. Stöber, J.P. Konrath, F. Patocka, M. Schneider, U. Schmid, IEEE Transactions on Electron Devices 63 (2016) 578-583.
https://doi.org/10.1109/TED.2015.2504604

[34] J.H. Zhao, K. Sheng, R.C. Lebron-Velilla, Silicon Carbide Schottky Barrier Diode, in "SiC Materials and Devices", M.S. Shur, M. Levinshtein, S. Rumyantsev edt., pagg. 117-162, World Scientific, Singapore (2006). ISBN 981-256-835-2.
https://doi.org/10.1142/9789812773371_0004

[35] F. Roccaforte, F. Giannazzo, V. Raineri, J. Phys. D: Appl. Phys. 43 (2010) 223001. https://doi.org/10.1088/0022-3727/43/22/223001

[36] R. Raghunathan, B.J. Baliga, IEEE Electron Dev. Lett. 19 (1998) 71-73. https://doi.org/10.1109/55.661168

[37] A.L. Syrkin, J.M. Bluet, G. Bastide, T. Breatagnon, A.A. Lebedev, M.G. Ratsegaeva, N.S. Savkina, V.E. Chelnokov, Mater. Sci. Eng. B 46 (1997) 236-239. https://doi.org/10.1016/S0921-5107(96)01978-2

[38] S.K. Lee, C.M. Zetterling, M. Östling, J. Electron. Mater. 30 (2001) 242-246. https://doi.org/10.1007/s11664-001-0023-1

[39] A.M. Cowley, S.M. Sze, J. Appl. Phys. 36 (1965) 3212-3220.
https://doi.org/10.1063/1.1702952

[40] M.J. Bozack, Phys. Status Solidi b 202 (1997) 549-580.
https://doi.org/10.1002/1521-3951(199707)202:1<549::AID-PSSB549>3.0.CO;2-6

[41] T. Kimoto, Jpn. J. Appl. Phys.54 (2015) 040103.

https://doi.org/10.7567/JJAP.54.040103

[42] S. Kurtin, T.C. McGill, C.A. Mead, Phys. Rev. Lett. 22 (1969) 1433-1436. https://doi.org/10.1103/PhysRevLett.22.1433

[43] S. Hara, T. Teraji, H. Okushi, K. Kajimura, Appl. Surf. Sci. 117-118 (1997) 394-399. https://doi.org/10.1016/S0169-4332(97)80113-4

[44] H. Cho, P. Leerungnawarat, D.C. Hays, S.J. Pearton, S.N.G. Chu, R.M. Strong, C.M. Zetterling, M. Östling, F. Ren, Appl. Phys. Lett. 76 (2000) 739-741. https://doi.org/10.1063/1.125879

[45] D.J. Morrison, A.J. Pidduck, V. Moore, P.J. Wilding, K.P. Hilton, M.J. Uren, C.M. Johnson, N.G. Wright, A.G. O'Neill, Semicond. Sci. Technol. 15 (2000) 1107-1114. https://doi.org/10.1088/0268-1242/15/12/302

[46] V. Khemka, T.P. Chow, R.J. Gutman, J. Electron. Mater. 27 (1998) 1128-1135. https://doi.org/10.1007/s11664-998-0150-z

[47] D.J. Morrison, A.J. Pidduck, V. Moore, P.J. Wilding, K.P. Hilton, M.J. Uren, C.M. Johnson, Mater. Sci. Forum 338–342 (2000) 1199-1202. https://doi.org/10.4028/www.scientific.net/MSF.338-342.1199

[48] R. Pierobon, G. Meneghesso, E. Zanoni, F. Roccaforte, F. La Via, V. Raineri, Mater. Sci. Forum 483-485 (2005) 933-936. https://doi.org/10.4028/www.scientific.net/MSF.483-485.933

[49] M. Treu, R. Rupp, H. Kapels, W. Bartsch, Mater. Sci. Forum 353–356 (2001) 679-682. https://doi.org/10.4028/www.scientific.net/MSF.353-356.679

[50] T. Hatakeyama, T. Shinohe, Mater. Sci. Forum 389–393 (2002) 1169-1172. https://doi.org/10.4028/www.scientific.net/MSF.389-393.1169

[51] I. Ohdomari, K. N. Tu, J. Appl. Phys. 51 (1980) 3735-3739. https://doi.org/10.1063/1.328160

[52] J.L. Freeouf, T.N. Jackson, S.E. Laux, J.M. Woodall, J. Vac. Sci. Technol. 21 (1982) 570-573. https://doi.org/10.1116/1.571765

[53] Y. P. Song, R. L. Van Meirhaeghe, W.H. Lafrère, F. Cardon, Solid-State Electronics 29 (1986) 633-638. https://doi.org/10.1016/0038-1101(86)90145-0

[54] R.T. Tung, Appl. Phys. Lett. 58 (1991) 2821-2823. https://doi.org/10.1063/1.104747

[55] J. H. Werner, H. H. Güttler, J. Appl. Phys. 69 (1991) 1522-1533. https://doi.org/10.1063/1.347243

[56] R. T. Tung, Physical Review B 45 (1992) 13509. https://doi.org/10.1103/PhysRevB.45.13509

[57] R. T. Tung, Mater. Sci. Eng. R: Reports 35 (2001) 1-138.

https://doi.org/10.1016/S0927-796X(01)00037-7

[58] D. Defives, O. Noblanc, C. Dua, C. Brylinski, M. Barthula, F. Meyer, Materi. Sci. Eng. B 61-62 (1999) 395-401. https://doi.org/10.1016/S0921-5107(98)00541-8

[59] B. J. Skromme, E. Luckowski, K. Moore, M. Bhatnagar, C.E. Weitzel, T. Gehoski, D. Ganser, J. Electron. Mater. 29 (2000) 376-383. https://doi.org/10.1007/s11664-000-0081-9

[60] H. J. Im, Y. Ding, J.P. Pelz, W.J. Choyke, Physical Review B. 64 (2001) 075310. https://doi.org/10.1103/PhysRevB.64.075310

[61] L. Calcagno, A. Ruggiero, F. Roccaforte, F. La Via, J. Appl. Phys. 98 (2005) 023713. https://doi.org/10.1063/1.1978969

[62] F. Roccaforte, S. Libertino, F. Giannazzo, C. Bongiorno, F. La Via , V. Raineri, J. Appl. Phys. 97 (2005) 123502. https://doi.org/10.1063/1.1928328

[63] X. Ma, P. Sadagopan, T.S. Sudarshan, Physica Status Solidi (a) 203 (2006) 643-650. https://doi.org/10.1002/pssa.200521017

[64] M. E. Aydın, N. Yıldırım, A. Türüt, J. Appl. Phys. 102 (2007) 043701. https://doi.org/10.1063/1.2769284

[65] I. Nikitina, K. Vassilevski, A. Horsfall, N. Wright, A.G. O'Neill, S.K Ray, K. Zekentes, C.M. Johnson, Semicond. Sci. Technol. 24 (2009) 055006. https://doi.org/10.1088/0268-1242/24/5/055006

[66] P. M. Gammon, A. Pérez-Tomás, V. A. Shah, G. J. Roberts, M. R. Jennings, J. A. Covington, P.A. Mawby, J. Appl. Phys. 106 (2009) 093708. https://doi.org/10.1063/1.3255976

[67] K. Sarpatwari, S. E. Mohney, O.O. Awadelkarim, J. Appl. Phys. 109 (2011) 014510. https://doi.org/10.1063/1.3530868

[68] K.-Y. Lee, Y.-H. Huang, IEEE Transactions on Electron Devices 59 (2012) 694-699. https://doi.org/10.1109/TED.2011.2181391

[69] P. M. Gammon, et al., J. Appl. Phys. 112 (2012) 114513. https://doi.org/10.1063/1.4768718

[70] D. Korucu, A. Türüt, H. Efeoglu, Physica B: Condensed Matter 414 (2013) 35-41. https://doi.org/10.1016/j.physb.2013.01.010

[71] P. M. Gammon, A. Pérez-Tomás, V.A. Shah, O. Vavasour, E. Donchev, J.S. Pang, M. Myronov, C.A. Fisher, M.R. Jennings, D. R. Leadley, P. A. Mawby,, J. Appl. Phys. 114 (2013) 223704. https://doi.org/10.1063/1.4842096

[72] R. T. Tung, Appl. Phys. Rev. 1 (2014) 011304. https://doi.org/10.1063/1.4858400

[73] G. Brezeanu, G. Pristavu, F. Draghici, M. Badila, R. Pascu, J. Appl. Phys. 122 (2017) 084501. https://doi.org/10.1063/1.4999296

[74] A. N. Saxena, Surface Science 13 (1969) 151-171. https://doi.org/10.1016/0039-6028(69)90245-3

[75] F. Padovani, G. Sumner, J. Appl. Phys. 36 (1965) 3744-3747. https://doi.org/10.1063/1.1713940

[76] L. D. Bell W. J. Kaiser, Phys. Rev. Lett. 60 (1988) 1406-1410. https://doi.org/10.1103/PhysRevLett.60.1406

[77] L. D. Bell, W. J. Kaiser, Phys. Rev. Lett. 61 (1988) 2368-2371. https://doi.org/10.1103/PhysRevLett.61.2368

[78] H.-J. Im, B. Kaczer, J. P. Pelz, W. J. Choyke, Appl. Phys. Lett. 72 (1998) 839-841. https://doi.org/10.1063/1.120910

[79] B. Kaczer, H.J. Im, J.P. Pelz, J. Chen, W. J. Choyke, Phys. Rev. B 57 (1998) 4027-4032. https://doi.org/10.1103/PhysRevB.57.4027

[80] F. Giannazzo, F. Roccaforte, V. Raineri, S.F. Liotta, Europhys. Lett. 74 (2006) 686-692. https://doi.org/10.1209/epl/i2006-10018-8

[81] B.J. Baliga, Silicon Carbide Power Devices, World Scientific Publishing Co. Pte. Ltd., Singapore 2005.

[82] D. Alok, B.J. Baliga, P.K. McLarty, IEEE Electron Device Lett. 15 (1994) 394-395. https://doi.org/10.1109/55.320979

[83] D. Alok, R. Raghunathan, B.J. Baliga, IEEE Transactions on Electron Devices 43 (1996) 1315-1317. https://doi.org/10.1109/16.506789

[84] D. Alok, B.J. Baliga, IEEE Transactions on Electron Devices 44 (1997) 1013-1017. https://doi.org/10.1109/16.585559

[85] A. Itho, T. Kimoto, H. Matsunami, IEEE Electron Device Lett. 17 (1996) 139-141. https://doi.org/10.1109/55.485193

[86] R. Weiss, L. Frey, H. Ryssel, Proc. of the 14th International Conference on Ion Implantation Technology, Taos, New Mexico, USA, 22-27 September 2002, pp. 139-142. https://doi.org/10.1109/IIT.2002.1257958

[87] A. Frazzetto, F. Giannazzo, R. Lo Nigro, V. Raineri, F. Roccaforte, J. Phys. D: Appl. Phys. 44 (2011) 255302. https://doi.org/10.1088/0022-3727/44/25/255302

[88] K.V. Vassilevski, N.G. Wright, A.B. Horsfall, A.G. O'Neill, M.J. Uren, K.P. Hilton, A.G. Masterton, A.J. Hydes, M.C. Johnson, Semicond. Sci. Technol. 20 (2005) 271-278. https://doi.org/10.1088/0268-1242/20/3/003

[89] R. Nipoti, F. Mancarella, F. Moscatelli, R. Rizzoli, S. Zampolli, M. Ferri, Electrochemical and Solid-State Letters 13 (2010) H432-H435. https://doi.org/10.1149/1.3491337

[90] F. Roccaforte, M. Vivona, G. Greco, R. Lo Nigro, F. Giannazzo, S. Rascunà, M.

Saggio, Proc. of the International Conference on Silicon Carbide and Related Materials 2017, Washington DC, US, September 17-23, 2017, Mater. Sci. Forum (2018) in press.

[91] J. Hilsenbeck, M. Treu, R. Rupp, D. Peters, R. Elpelt, Mater. Sci. Forum 615-617 (2009) 659-662. https://doi.org/10.4028/www.scientific.net/MSF.615-617.659

[92] M. Vivona, G. Greco, F. Giannazzo, R. Lo Nigro, S. Rascunà, M. Saggio, F. Roccaforte, Semicond. Sci. Technol. 29 (2014) 075018. https://doi.org/10.1088/0268-1242/29/7/075018

[93] Y. Wang, T. Li, Y. Chen, F. Cao, Y. Liu, L. Shao, IEEE Transactions on Electron Device 59 (2012) 114-120. https://doi.org/10.1109/TED.2011.2169963

[94] A. Kinoshita, T. Ohyanagi, T. Yatsuo, K. Fukuda, H. Okumura, K. Arai, Mater. Sci. Forum 645–648 (2001) 893-896.

[95] J.H. Zhao, P. Alexandrov, L. Fursin, Z.C. Feng, M. Weiner, Electron. Lett. 38 (2002) 1389. https://doi.org/10.1049/el:20020947

[96] K. Vassilevski, I.P. Nikitina, A.B. Horsfall, N.G. Wright, C.M. Johnson, Mater. Sci. Forum 645–648 (2010) 897-900. https://doi.org/10.4028/www.scientific.net/MSF.645-648.897

[97] J. Hu, L.X. Li, P. Alexandrov, X. Wang, J.H. Zhao, Mater. Sci. Forum 600–603 (2008) 947-950. https://doi.org/10.4028/www.scientific.net/MSF.600-603.947

[98] B.A. Hull, J.J. Sumakeris, M.J. O'Loughlin, Q. Zhang, J. Richmond, A.R. Powell, E.A. Imhoff, K.D. Hobart, A. Rivera-Lopez, A.R. Hefner, IEEE Transactions on Electron Devices 55 (2008) 1864-1870. https://doi.org/10.1109/TED.2008.926655

[99] T. Nakamura, T. Miyanagi, I. Kamata, T. Jikimoto, H. Tsuchida, IEEE Electron Dev. Lett. 26 (2005) 99-101. https://doi.org/10.1109/LED.2004.841473

[100] L. Zhu, T.P. Chow, K.A. Jones, C. Scozzie, A.K. Agarwal, Mater. Sci. Forum 527–529 (2006) 1159-1162. https://doi.org/10.4028/www.scientific.net/MSF.527-529.1159

[101] C. Ota, J. Nishio, T. Hatakeyama, T. Shinohe, K. Kojima, Mater. Sci. Forum 527–529 (2006) 1175-1178. https://doi.org/10.4028/www.scientific.net/MSF.527-529.1175

[102] M. Berthou, P. Godignon, J. Montserrat, J. Millan, D. Planson, J. Electron. Mater. 40 (2011) 2355-2362. https://doi.org/10.1007/s11664-011-1774-y

[103] Q-W- Song, X-Y. Tang, H. Yuan, Y-H. Wang, Y-M. Zhang, H. Guo, R-X. Jia, H-L. Lv, Y-M. Zhang, Y-M. Zhang, Chin. Phys. B 25 (2016) 047102.

[104] Q. Wahab, T. Kimoto, A. Ellison, C. Hallin, M. Tuominen, R. Yakimova, A. Henry, J. P. Bergman, E. Janzén, Appl. Phys. Lett. 72 (1998) 445-447.

https://doi.org/10.1063/1.120782

[105] Q-W. Song, Y-M. Zhang, Y-M. Zhang, Q. Zhang, H-L. Lu, Chin. Phys. B 19 (2010) 087202. https://doi.org/10.1088/1674-1056/19/8/087202

[106] P. Hongbin, C. Lin, C. Zhiming, R. Jie, Journal of Semiconductors 30 (2009) 044001. https://doi.org/10.1088/1674-4926/30/4/044001

[107] R. Rupp, R. Kern, R. Gerlach, Proc. of the 25th Int. Symp. on Power Semiconductor Devices & ICs (ISPSD2013), Kanazawa, Japan, 26-30 May 2013, pagg. 51-54. https://doi.org/10.1109/ISPSD.2013.6694396

[108] M. C. Tarplee, V. P. Madangarli, Q. Zhang, T. S. Sudarshan, IEEE Transactions on Electron Devices 48 (2001) 2659-2664. https://doi.org/10.1109/16.974686

[109] G. Brezeanu, M. Badila, B. Tudor, J. Millan, P. Godignon, F. Udrea, G. Amaratunga, A. Mihaila, IEEE Transactions on Electron Devices 48 (2001) 2148-2153. https://doi.org/10.1109/16.944209

[110] F. La Via, F. Roccaforte, S. Di Franco, V. Raineri, F. Moscatelli, A. Scorzoni, G.C. Cardinali, Mater. Sci. Forum 433-436 (2003) 827-830. https://doi.org/10.4028/www.scientific.net/MSF.433-436.827

[111] M. Brezeanu et al., Proc. Int. Symposium on Power Semiconductor Devices and ICs (ISPSD 2006), Napoli, Italy, 4-8 June 2006, pp. 73-76. https://doi.org/10.1109/ISPSD.2006.1666074

[112] T. Ayalew, A. Gehring, T. Grasser, S. Selberherr, Microelectronics Reliability 44 (2004) 1473-1478. https://doi.org/10.1016/j.microrel.2004.07.042

[113] S.N. Mohammad, F.J. Kub, C.R. Eddy, J. Vac. Sci. Technol. B 29 (2011) 021021. https://doi.org/10.1116/1.3562276

[114] H. Rong, Z. Mohammadi, Y.K. Sharma, F. Li, M.R. Jennings, P.A. Mawby, Proc. of 16th European Conference on Power Electronics and Applications (EPE'14-ECCE Europe), Lappeeenranta, Finland, 26-28 August 2014. https://doi.org/10.1109/EPE.2014.6910747

[115] Y.Pan, L.Tian, H.Wu, Y.Li, F.Yang, Microelectronic Engineering 181 (2017) 10-15. https://doi.org/10.1016/j.mee.2017.05.054

[116] A. Fissel, R. Akhtariev, W. Richter, Thin Solid Films 380 (2000) 42-45. https://doi.org/10.1016/S0040-6090(00)01525-X

[117] A. Pérez-Tomás, M. R. Jennings, M. Davis, J. A. Covington, P. A. Mawby, V. Shah, T. Grasby, J. Appl. Phys. 102 (2007) 014505. https://doi.org/10.1063/1.2752148

[118] A. Pérez-Tomás, M. R. Jennings, M. Davis, V. Shah, T. Grasby, J. A. Covington, P.A. Mawby, Microelectronics Journal 38 (2007) 1233-1237.

https://doi.org/10.1016/j.mejo.2007.09.019

[119] A. Pérez-Tomás, et al., Appl. Phys. Lett. 94 (2009) 103510. https://doi.org/10.1063/1.3099018

[120] M.R. Jennings, A. Pérez-Tomás, O.J. Guy, R. Hammond, S.E. Burrows, P.M. Gammon, M. Lodzinski, J.A. Covington, P.A. Mawby, Electrochemical and Solid-State Letters 11 (2008) H306-H308. https://doi.org/10.1149/1.2976158

[121] J. Liang, S. Nishida, T. Hayashi, M. Arai, N. Shigekawa, Appl. Phys. Lett. 105 (2014) 151607. https://doi.org/10.1063/1.4898674

[122] J. Liang, S. Nishida, M. Arai, N. Shigekawa, Appl. Phys. Lett. 104 (2014) 161604. https://doi.org/10.1063/1.4873113

[123] P.M. Gammon, A. Pérez-Tomás, M.R. Jennings, G.J. Roberts, M.C. Davis, V.A. Shah, S.E. Burrows, N.R Wilson, J.A. Covington, P.A. Mawby, Appl. Phys. Lett. 93 (2008) 112104. https://doi.org/10.1063/1.2987421

[124] P.M. Gammon, A. Pérez-Tomás, M.R. Jennings, V.A. Shah, S.A. Boden, M.C. Davis, SE Burrows, N.R. Wilson, G.J. Roberts, J.A. Covington, P.A. Mawby, J. Appl. Phys. 107 (2010) 124512. https://doi.org/10.1063/1.3449057

[125] R. A. Minamisawa, A. Mihaila, I. Farkas, V. S. Teodorescu, V. V. Afanas'ev, C.-W. Hsu, E. Janzén, M Rahimo, Appl. Phys. Lett. 108 (2016) 143502. https://doi.org/10.1063/1.4945332

[126] S. Sonde, F. Giannazzo, V. Raineri, R. Yakimova, J. R. Huntzinger, A. Tiberj, J. Camassel Phys. Rev. B 80 (2009) 241406. https://doi.org/10.1103/PhysRevB.80.241406

[127] S. Shivaraman, L. H. Herman, F. Rana, J. Park, M. G. Spencer, Appl. Phys. Lett. 100 (2012) 183112. https://doi.org/10.1063/1.4711769

[128] H. Tanaka, T. Hayashi, Y. Shimoida, S. Yamagami, S. Tanimoto, M. Hoshi, Proc. of the 17th International Symposium on Power Semiconductor Devices and ICs, 2005 (ISPSD2005), Santa Barbara, CA, USA, 23-26 May, 2005, pp. 287-290 (doi: 10.1109/ISPSD.2005.1488007). https://doi.org/10.1109/ISPSD.2005.1488007

[129] N.G. Wright, A.B. Horsfall, J. Phys. D: Appl. Phys. 40 (2007) 6345-6354. https://doi.org/10.1088/0022-3727/40/20/S17

[130] F. Nava, G. Bertuccio, A. Cavallini, E. Vittone, Meas. Sci. Technol. 19 (2008) 102001. https://doi.org/10.1088/0957-0233/19/10/102001

[131] F. Roccaforte, P. Fiorenza, G. Greco, R. Lo Nigro, F. Giannazzo, F. Iucolano, M. Saggio, Microelectronic Engineering 187-188 (2018) 66-77. https://doi.org/10.1016/j.mee.2017.11.021

[132] G. Brezeanu, F. Draghici, M. Badila, F. Craciunoiu, G. Pristavu, R. Pascu, F.

Bernea, Mater. Sci. Forum 778-780 (2014) 1063-1066.
https://doi.org/10.4028/www.scientific.net/MSF.778-780.1063

[133] R. Pascu, G. Pristavu, G. Brezeanu, F. Draghici, M. Badila, I. Rusu, F. Craciunoiu, Mater. Sci. Forum 821-823 (2015) 436-439.
https://doi.org/10.4028/www.scientific.net/MSF.821-823.436

[134] S. Rao, L. Di Benedetto, G. Pangallo, A. Rubino, S. Bellone, F.G. Della Corte, IEEE Sensors Journal 16 (2016) 6537-6542.
https://doi.org/10.1109/JSEN.2016.2591067

[135] S.Rao, G. Pangallo, L. Di Benedetto, A. Rubino, G.D. Licciardo, F.G. Della Corte, Procedia Engineering 168 (2016) 1003-1006.
https://doi.org/10.1016/j.proeng.2016.11.326

[136] G. Pristavu, G. Brezeanu, M. Badila, F. Draghici, R. Pascu, F. Craciunoiu I. Rusu. A. Pribeanu, Mater. Sci. Forum 897 (2017) 606-609.
https://doi.org/10.4028/www.scientific.net/MSF.897.606

[137] G. Brezeanu, M. Badila, F. Draghici, R.Pascu, G.Pristavu, F. Craciunoiu, I. Rusu, Proc. of the International Semiconductor Conference (CAS) Sinaia (Romania), October 12-14, 2015, pp.3-10. (doi:10.1109/SMICND.2015.7355147)

[138] M. Mazzillo, P. Shukla, R. Mallik, M. Kumar, R. Previti, G. Di Marco, A. Sciuto, R.A. Puglisi, V. Raineri, IEEE Sensors Journal 11 (2011) 377-381.
https://doi.org/10.1109/JSEN.2010.2073462

[139] M. Razeghi, A Rogalski, J. Appl. Phys. 79 (1996) 7433-7473.
https://doi.org/10.1063/1.362677

[140] F. Roccaforte, P. Fiorenza, G. Greco, R. Lo Nigro, F. Giannazzo, A. Patti, M. Saggio, Phys. Status Solidi (a) 211 (2014) 2063.
https://doi.org/10.1002/pssa.201300558

[141] F. Yan, X. Xin, S. Alsam, Y. Zhao, D. Franz, J.H. Zhao, M. Weiner, IEEE Journ. Quantum Electronics 40 (2004) 1315-1320.
https://doi.org/10.1109/JQE.2004.833196

[142] A. Sciuto, F. Roccaforte, S. Di Franco, V. Raineri, G. Bonanno, Appl. Phys. Lett. 89 (2006) 081111. https://doi.org/10.1063/1.2337861

[143] M. Mazzillo, G. Condorelli, M.E. Castagna, G. Catania, A. Sciuto, F. Roccaforte, V. Raineri, IEEE Photonics Technol. Lett. 21 (2009) 1782-1784.
https://doi.org/10.1109/LPT.2009.2033713

[144] M. Mazzillo, A. Sciuto, F. Roccaforte, V. Raineri, Proc. of the 2011 IEEE Nuclear Science Symposium and Medical Imaging Conference (NSS/MIC), Valencia (Spain), 23-29 October 2011, pp. 1642-1646.

https://doi.org/10.1109/NSSMIC.2011.6154652

[145] M. Mazzillo, A. Sciuto, F. Roccaforte, C. Bongiorno, R. Modica, S. Marchese, P. Badalà, D. Calì, F. Patanè, B. Carbone, A. Russo, S. Coffa, Mater. Sci. Forum 858 (2016) 1015-1018. https://doi.org/10.4028/www.scientific.net/MSF.858.1015

第 4 章

碳化硅功率器件的现状和前景

M・Bakowski

瑞典希斯塔 RISE Acreo 公司

Mietek.bakowski@ri.se

摘要

碳化硅（SiC）功率器件具有显著优势，可提高能量转换系统的效率、动态性能和可靠性。本章论述了不同类型 SiC 器件的挑战和前景，包括对器件性能的材料和技术限制。通过器件仿真确定了电压范围高达 30kV 的 SiC 单极和双极器件的导通电压和导通电阻。总结了 SiC 功率电子学的系统优势和剩余挑战。论述并举例说明了 SiC 功率器件的主要可靠性挑战。

关键词

SiC、功率器件、单极、双极、系统优势、现状、趋势、可靠性

4.1 引言

SiC 功率器件的成功故事起源于大约 25 年前，在过去 10 年的短时间内，SiC 和 GaN 器件领域都取得了巨大而迅速的进展。我们正在见证并参与新的 WBG（宽带隙）器件可能带来的电力电子技术革命。基于 WBG 器件的高效能量转换对于应对日益增长的电能需求和气候变化的挑战是必要的。未来的电能系统需要 ICT 技术来控制复杂的能量流动，而 ICT 密集型社会需要高能效的电力电子器件来满足电能需求。高效能量转换的必要性也推动了未来电能系统新

材料和技术的发展。因此，高效电力电子学是可持续发展的关键技术。

4.2 材料和技术局限

SiC 功率器件性能革命性改进的潜力，与 SiC 的一些关键材料参数有关，其中最重要的是电场（E_c）和热导率的临界值。SiC 能够形成许多不同的多型体，但其中只有 3 种，即 4H-SiC 和 6H-SiC 两种六方结构以及 3C-SiC 一种立方结构，可用于当今功率器件制造。它们的带隙不同，因而与带隙相关的材料特性也都不同。目前在功率器件中占主导地位的显然是 4H-SiC。

SiC 器件相对于 Si 基和其他正在开发的 WBG 材料（GaN、Ga_2O_3、AlN、金刚石）的器件的优势必须被不断评估，其中最成熟的是 GaN。

硅功率器件是当今占主流的功率器件，它们的主要优势仍然是无可比拟的材料质量、技术成熟度和低廉的材料成本。然而，中压和高压范围（>1000V）应用的硅功率器件必须是双极的，并且与单极器件相比，其固有的开关损耗更高。

这对 SiC 器件很有利，由于 SiC 材料的临界电场值比 Si 高出 10 倍，即使在非常高的电压（3.3~4.5kV）下，SiC 单极器件的导通电阻都比 Si 双极器件低。这有助于中压和高压能量转换器在>100kHz 的频率下具有非常低的损耗。最先进的 GaN 器件也是单极的，但是由于缺少垂直器件所需的大尺寸独立体单晶圆，电压范围仍然受到限制。目前的 GaN 功率器件是 HEMT 类型的单极横向器件，由生长在硅衬底上的 GaN 材料制成，通常缺乏坚固的雪崩击穿特性，这通常将它们的工作电压限制在 1000V 以下。如今，GaN 和 SiC 功率器件之间的转换在 600~900V 范围内。

与硅相比，SiC 的热导率也高 3 倍，这有助于更高的功率密度，加上 3 倍以上更大的带隙，使 SiC 成为在更高温度工作的首选材料。如今，在大面积（高达 8in，1in = 0.0254m）衬底上已经可以生长出具有相当长寿命的低掺杂厚外延层，使得 SiC 成为超高压（>10kV）器件的首选。

总之，①与硅相比，SiC 的 E_c 高 10 倍，这意味着对于相同的电压，仅需要 1/10 厚度的漂移区，$V_B \approx E_c \cdot W_{sc}$，②这反过来意味着可以允许高 100 倍的漂移区掺杂，$W_{sc} \approx \sqrt{1/N_D}$，③假设载流子迁移率相当，这意味着漂移区的传导电阻率可以降为 Si 的 1/1000，$\rho_{on} \approx W_{sc} \cdot (\mu_n \cdot N_D)^{-1}$，④这使得单极 SiC 器件可在 3.3~4.5kV 应用中具有极低的导通和开关损耗。

关于热性能，①不考虑金属化和封装，与硅相比，SiC 器件的最大结温 T_{jmax} 几乎高出 10 倍（由热生载流子和阻塞特性损失决定的材料极限）；②可以处理比硅器件高 10 倍以上的功率密度。然而，热极限是由封装和转换器构造技术设定的。在相对较短的时间内，200~250℃ 的工作温度似乎是可行的。

外延是制造 SiC 器件的主要技术，用于漂移层生长，并且是需要高注入效率的 p~n 结的优选制造技术，这是因为与 Si 相比，SiC 中注入缺陷的退火更加困难。注入主要用于形成 MOSFET 中的 p 型区、JBS 二极管中的 p 型区以及结终端。

4.2.1 衬底和外延层

与硅器件相比，材料成本仍然是 SiC 器件价格高的主要原因。随着晶圆直径的增加（晶圆直径从 25 年前的约 1in⊖增加到今天的约 8in），欧元/A 的差异一直在缩小，并且目前的器件生产主要使用 4in 和 6in 材料。

与 Si 器件相比，SiC MOSFET 器件成本仍然高出 2~5 倍，而材料成本约占器件成本的 40%[1]。目前，SiC 衬底的生长速度和质量均得到了极大的提高。阻碍器件开发的主要问题与材料中的扩展缺陷有关。

历史上最重要的两个缺陷是①微管（成簇螺旋位错），它是阻塞能力的"杀手"缺陷；②基面位错（BPD），它导致所谓的双极退化，即载流子复合能促使 BPD 扩展，进而使得通态电压增加。微管对 PiN 和 SBD 整流器[2] 良率的影响如图 4.1 和图 4.2 所示，BPD 对通态特性的影响如图 4.3[3-6] 所示。图 4.2 中可见的总体趋势是，随着直径的每次增加，晶圆的质量会周期性地变差，这仍然适用于较大的晶圆直径。生长过程中为了控制材料多型所必需的偏轴衬底，导致的非原子级平坦的表面，降低了 MOSFET 中的沟道迁移率。高掺杂 p 型衬底的制备很困难，阻碍了 IGBT 和 GTO 晶闸管等超高压双极器件的发展。当然，许多问题已经得到解决，或者它们对器件性能的影响已经在降低。

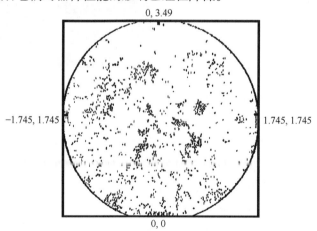

图 4.1 1994 年制造的 35mm 直径的典型 4H-SiC 晶圆，具有刻蚀微管（由林雪平大学提供）

⊖ 1in = 2.54cm。

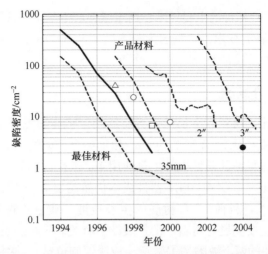

图 4.2 Cree 晶圆中使用 Poisson 模型从良率数据得出的缺陷密度和微管密度（符号为文献数据[2]，实线为 ABB SiC 项目（1994-1999）中的 PiN 二极管数据）

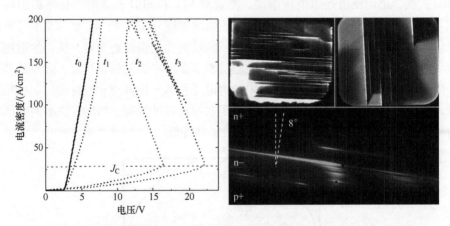

图 4.3 由于复合能量驱动的 BPD 扩展，导通期间通态电压 V_{on} 增加（左）；使用 CCD 相机（扩展亮线）（右）监测的复合光

微管曾经是与电压阻塞性能相关的主要致命缺陷，如今即使在最大直径的晶体中也不再是问题。随着材料质量的提高，加上厚缓冲层技术将基面位错转化为穿透位错，双极退化的问题也得到了控制。由于生长技术的改进，一度偏离 8°的衬底取向已减少到偏离 4°和 2°。进一步的发展促使衬底的生长速率进一步提高，并且长寿命的厚的低掺杂 n 型衬底的生长也有助于以熟悉的硅技术方式轻松制造超高压双极器件（参见后面的 4.3.3 节）。

表 4.1 总结了目前最先进的外延层中残留的主要缺陷[7]，类似的数据也适用于来自不同供应商的衬底[1]。与微管、BPD 和堆垛层错（SF）相比，残余扩展缺陷如刃位错（TED）和螺位错（TSD），对器件性能、漏电流水平和长期可

靠性的影响越来越小。

表 4.1 外延层的主要缺陷[7]

扩展缺陷	密度/cm^{-2}
微管	0~0.02
BPD	0.1~10
TED	2000~5000
TSD	300~1000
SF	1

4.3 器件类型和特性

在最近 25 年的发展中，Si 技术中已知的主要器件结构都已在 SiC 中得到开发和验证。图 4.4 总结了这些发展并反映了市场需求及其所涉及的技术挑战。

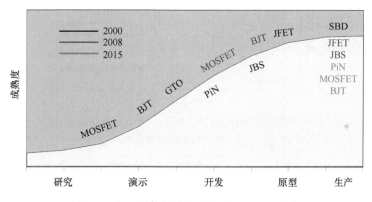

图 4.4 主要器件结构的成熟度随时间的变化

接下来的篇幅将总结自 1990 年以来已证明和开发的主要器件结构的优势和挑战。技术图中显示了迄今为止器件性能的逐步改进，展现了比导通电阻随设计电压的函数关系。为了在同一图中显示和比较单极和双极器件的数据，许多图表中用特定电流密度下的通态电压 V_{on}，代替了比导通电阻 ρ_{on}，没有给出开关损耗，因为它们强烈地依赖于驱动条件。对于单极器件，开关损耗取决于开关器件的速度，而开关速度则受器件本身以外因素的限制。对于电机驱动应用，该因素是电机绕组中的电气隔离，对于所有应用，该因素是封装、电源模块、变压器和互连中的寄生电感。大多数图表是针对室温的，但应该理解，温度是影响导通电阻的重要参数，工作温度将严重影响给定最大通态电压下可接受的最大设计电压[2]。

每个图表中显示的模拟结果仅供参考，反映理想假设下的理论性能极限。

4.3.1 横向沟道 JFET

横向沟道 JFET（LCJFET）是由 SiCED 和英飞凌公司共同开发和推广的，该器件的示意图如图 4.5 的插图所示，该结构的吸引力在于它易于制造并且包含一个反平行体二极管。p 型体区是通过注入形成的，而沟道区是在顶部外延生长的。这样可以控制沟道厚度和掺杂而与漂移区设计无关，进而可以简单确定夹断而与阻断电压无关。

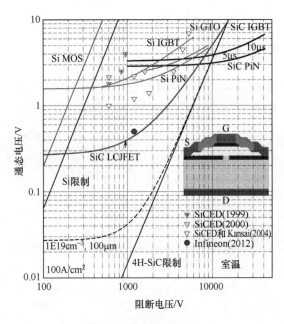

图 4.5 横向沟道 JFET

由于大间距（长沟道）导致相对较大的导通电阻和较低的饱和电流值，该结构实际上是纯常开型的。常关型器件已经开发出来了，但需要级联一个低压 Si MOSFET。随着成熟 MOSFET 器件的出现，该结构已被放弃用于开关应用。然而，LCJFET 结构对于限流应用仍有价值[8-10]。

图 4.5 中的模拟结构具有 16μm 的单元间距和 -30V 的阈值电压 V_{TH}。最新"最先进"的器件数据是单元间距约为 10μm 和 V_{TH} 为 -15V[11]，其余数据点来自参考文献 [2]，通态电压的计算电流密度为 100A/cm² [$\rho_{on} = V_{on}/(100\Omega \cdot cm^2)$]。

4.3.2 垂直沟道 JFET

已经实现和评估了不同类型的垂直沟道 JFET。图 4.6 示意性地显示了 3 种类型的 JFET：凹栅 JFET、双栅埋沟外延 JFET 和埋栅 JFET[12]。

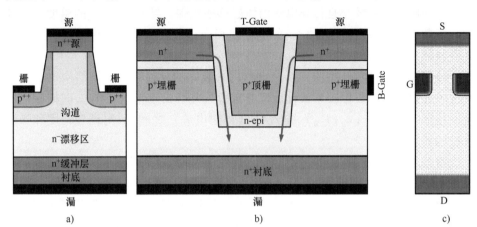

图 4.6　垂直沟道 JFET 的示意图
a) 凹栅 JFET　b) 双栅埋沟外延 JFET　c) 埋栅 JFET（这些结构不是按比例的）

图 4.7 中符号所示的实验数据来自采用沟槽刻蚀和注入技术的器件类型（见图 4.6a）。第一个凹栅 JFET 由 SemiSouth 公司生产，而今天的商用器件则来自 United Silicon Carbide（USCi）公司。

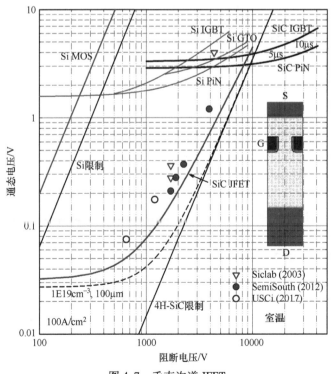

图 4.7　垂直沟道 JFET

图 4.6a 所示类型的垂直沟道 JFET 是具有最低可实现 ρ_{on} 值的 SiC 单极器件，这是由于单元间距较小且传导电流由体迁移率控制。导通电阻 R_{on} 的温度依赖性由声子散射机制决定，与体材料的电导率相同，并且具有正温度系数，这对于并联器件是期望的。

该器件最好是常开型的，以充分利用其极好的导通特性。该结构也可以进行常关设计和工作，但技术设计窗口非常窄，并且由于单极工作[12]时栅控电压范围很窄 [通常在 1V（V_{TH}）和 2.4V（内建电势）之间]，对栅控精度和噪声保护的要求很高。

常关工作是通过将 JFET 与低压（50V）Si MOSFET 级联来实现，这可以将栅控电压范围扩展到 -25~25V 之间，或者 Si MOSFET 的 0~12V 之间。目前 USCi 公司通过纯常关型垂直沟道 JFET 之间的并联，已经制造出了 650V 和 1200V 的 SiC 级联放大器，Si MOSFET 仅占总级联导通电阻的 5mΩ[13,14]。该器件没有内部体二极管，在应用中通常需要外部反并联二极管。

图 4.7 中 SiC JFET 实线所示的模拟数据来自埋栅结构，如插图所示，单元间距为 5μm，栅极深度为 0.6μm，掺杂水平为 $1\times10^{19}\,cm^{-3}$，2μm 栅间距和 2μm 的顶部外延层。USCi 公司最先进的凹栅结构具有 4μm 的单元间距、2.5μm 的沟道长度和 1.2μm 的沟道宽度。SemiSouth 公司器件结构的相应值是单元间距为 2.7μm，沟道长度为 2.4μm，沟道宽度为 0.7μm[15-17]。

4.3.3 双极 SiC 器件和 BJT

双极结型晶体管（BJT）是唯一具有极低通态电压的 SiC 双极器件，即使在低载流子寿命的情况下也是如此。具有奇数 pn 结的双极 SiC 器件由于 SiC 的宽带隙而面临内建电势比较高的问题。在双极晶体管中，发射极-基极和集电极-基极结的内建电势几乎相互抵消，即使没有注入载流子的电导调制，也可以实现低通态电压。4H-SiC 在室温下的内建电势约为 2.4V，而硅的内建电势为 0.6V。这就是为什么 SiC 双极器件（如 PiN 二极管、IGBT 和 GTO 晶闸管）与最初设计电压高于 4~6kV 的单极 SiC 器件相比具有更低导通损耗的原因。

目前最好的外延层仍然具有低于 1μs 数量级的低载流子寿命。这在 SiC 双极晶体管中产生了低等离子体水平，从而导致 R_{on} 具有正温度系数的非常电阻（单极）行为，并有助于以低开关损耗进行快速开关。PiN 整流器和 IGBT 等器件需要电导调制和更长的载流子寿命才能获得合理的通态电压。根据模拟结果，对于 10kV 器件，1~2μs 的寿命仍然是可以接受的，但是 20kV 设计电压则需要 5~10μs 的寿命，如图 4.5、图 4.7 和图 4.8 所示。考虑到具有更长寿命的外延层生长技术的持续进展，寿命控制对于高频应用变得必要，例如用于谐振功率转换器的快速开关整流器[18]。高温退火可以用来控制碳空位的浓度，从而控制均匀的寿命水平，还可以结合质子辐照进行等离子体工程的局部寿命控制，相当于硅功率器件中电子和质子辐照的组合[19-23]。

BJT 的主要缺点是它是电流控制器件，因此，它依赖于如何实现尽可能高的电流增益。SiC BJT 结构的主要挑战和性能限制是表面和基区接触复合限制了电流增益。该问题与在硅 BJT 器件中遇到的问题相同，但是由于与材料相关的困难，为了确保与钝化材料的良好界面质量，这一问题变得更加严重。

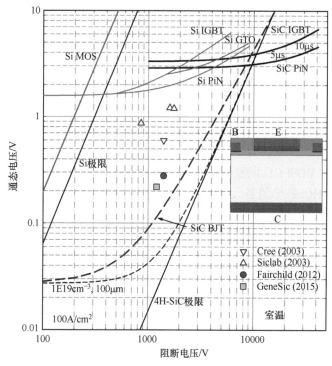

图 4.8 双极结型晶体管（BJT）

图 4.8 中模拟结构的单元间距为 $10\mu m$，p 基区厚度为 $1\mu m$，掺杂水平为 $1\times 10^{18} cm^{-3}$，漂移区的寿命为 $1\mu s$，结构的电流增益 h_{FE} 为 50，模拟数据用虚线（SiC BJT）表示。现有技术的 BJT 结构具有 $10\sim 20\mu m$ 的单元间距、$1\mu m$ 的 p 基区厚度和 $1\times 10^{18} cm^{-3}$ 的 p 基区掺杂，漂移区的寿命为 $1\mu s$，该结构的电流增益 h_{FE} 通常为 $50\sim 100$[2,25-27]。

GeneSic 公司的 SJT 双极晶体管具有 $66\mu m$ 的更大单元间距（发射极宽度为 $33\mu m$）。通常，减小单元间距（发射极宽度）会提高双极晶体管的开关速度，但由于发射极-基极结周长增加，会降低 h_{FE}，并且由于复合导致注入载流子的减少。然而，在 SiC BJT 中，在切换期间要去除的过量载流子浓度较低，增加发射极的宽度并因此减少基极-发射极结的周长可有利于电流增益最大化。然而，由于横向 p 基区电阻使得发射极边缘处电流密度增强（发射极电场集边效应）导致的电流分布不均匀（发射极宽度较窄时这一效应更强烈[24]），必须考虑导通电阻和电流增益之间的权衡。与硅相比，在设计 SiC BJT 时，由于受主（如铝）的深能级导致所谓的不完全电离，这个问题更为严重。

由于受主（铝）的高电离能，反向偏压下杂质在耗尽区完全电离，但未耗尽的 p 基区相对于完全电离时的掺杂浓度具有更高的电阻率，这加剧了电子注入的不均匀性。p 基区掺杂浓度应足够高以承受设计电压，同时尽可能低以确保高电流增益。受主的不完全电离导致更高的横向电阻率，并且试图通过增加掺杂来补偿这一点，又会导致电流增益随着温度的升高而降低。结果，阻塞特性和电流增益之间的权衡变得更加困难。

双极结型晶体管在短路条件下非常稳健，因为其输出特性中的饱和电流由基极电流严格控制（见 4.8.4 节）。

4.3.4 平面 MOSFET（DMOSFET）

反型沟道 MOSFET 本质上是常关、电压控制器件，并以此应用于大多数应用领域。SiC MOSFET 的最大挑战是与沟道迁移率相关的问题，经过很多努力才将沟道迁移率提高到了可接受的值。沟道迁移率值通常在 $3\sim50\mathrm{cm}^2/(\mathrm{V}\cdot\mathrm{s})$ 范围内，主要问题是界面态密度高出 1~2 个数量级，并且带隙上部有一条深近界面陷阱（NIT）带[28]。此外，由于为防止晶体生长过程中导致载流子散射的多晶型所必需的 SiC 晶圆沿 $\{0001\}$ 晶面偏向 $\{11\bar{2}0\}$ 晶面 $4°$[29]会导致表面不均匀。还有一个问题就是 p 型区形成后残余的注入损伤。

由于深 NIT 界面态能带与 4H-SiC 带隙上部重叠，低沟道迁移率值、低亚阈值斜率、负沟道电阻温度系数和阈值电压漂移等问题依旧是 SiC MOSFET 所面临的挑战。

这就是为什么对 SiC 栅极驱动的要求不同于 Si MOSFET 的原因。为了补偿较差的沟道导通，与 Si MOSFET 相比，SiC MOSFET 需要更高的正栅压（与 Si 的标准 15V 相比为 20~24V）。此外，由于负偏压下的阈值电压漂移和相对较低的 SiC MOSFET 阈值电压值（2~3V），负栅压仍然受到限制（与标准-15V 相比为-10V）。低阈值电压值与通过保持氧化层厚度和 p 基区掺杂尽可能低以及由于高浓度界面态引起的低亚阈值斜率来改善传导的必要性有关。

图 4.9 中的模拟结构单元间距为 $10\mu\mathrm{m}$，沟道长度为 $1\mu\mathrm{m}$，p 区深度约为 $1\mu\mathrm{m}$，最大掺杂水平为 $1\text{-}2\times10^{18}\mathrm{cm}^{-3}$（$2\times10^{18}\mathrm{cm}^{-3}$ 用于 $\geq6\mathrm{kV}$ 的器件），氧化层厚度为 50nm，栅极电压为 15V。图 4.9 还显示了衬底减薄对 ρ_{on} 的影响，假设沟道迁移率等于体迁移率值，模拟数据用实线（SiC DMOS）表示。图 4.10 显示了不同设计电压下沟道迁移率对 ρ_{on} 的影响，计算出的沟道迁移率曲线的量纲为 $\mathrm{cm}^2/(\mathrm{V}\cdot\mathrm{s})$。

第 4 章 碳化硅功率器件的现状和前景

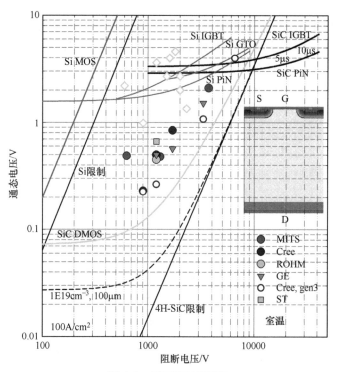

图 4.9 平面 DMOSFET

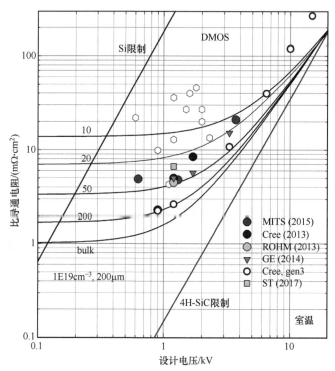

图 4.10 沟道迁移率对平面 DMOSFET ρ_{on} 的影响

最先进的 DMOSFET 结构的单元间距为 8~10μm，沟道长度约为 0.5μm，p 区深度约为 1μm，最大掺杂水平为 $1×10^{18}cm^{-3}$，氧化层厚度为 35~45nm，栅极电压为 20V。Wolfspeed 公司最新的第三代 DMOSFET 的单元间距为 7.5μm，从而提高了封装密度并减小了相同额定电流下的芯片尺寸[30-35]。

由于技术的发展，SiC 增强型 MOSFET 的性能不断提高。主要突破是通过将氮原子结合到氧化层和 SiC/SiO₂ 界面中来引入界面陷阱的氮化和钝化。目前有 4 家公司提供商用 SiC MOSFET，但总共有 10 多家公司拥有处于不同开发阶段的 SiC MOSFET[1]。领先的制造商是 Wolfspeed、ROHM 和 ST。

4.3.5 沟槽 MOSFET

沟槽 MOSFET 的开发历史与平面 MOSFET 一样悠久，最大的挑战是沟槽边缘的氧化层击穿[36]。该结构的实现需要对沟槽刻蚀工艺进行良好的控制，并减轻在沟槽角落处发生的电场增强。电场强度的减小是通过所谓的电场屏蔽来实现的，可以通过多种方式获得，如 4.4.2 节所述。沟槽刻蚀使得有可能通过研究和优选晶面来形成沟道，以便于获得最低密度的 NIT 态，从而获得可能的最高沟道迁移率[37-39]。

沟槽 MOSFET 结构很有吸引力，因为它有利于小的单元间距并且没有 JFET 电阻，从而获得低 ρ_{on} 值，使高电流密度值和小芯片尺寸成为可能。

SiC 沟槽 MOSFET 的优点与硅沟槽结构相同，但面临的问题却很特殊。沟槽 MOSFET 与平面 MOSFET 一样存在由高浓度 NIT 态和修复 RIE 损伤引起的低沟道迁移率问题。沟槽拐角处的介质击穿是实现该结构的主要障碍，具体与 SiC 中的高临界电场有关。由于高电场强度和半导体击穿通常发生在沟槽底部拐角处，因此氧化层中的电场强度也变得过高。考虑到高斯定律和 SiC 与 SiO₂ 介电常数之间 2.5 倍的关系，沟槽角处氧化物中的电场强度很容易达到 6~7MV/cm 的值，这对于介电强度为 $1×10^7V/cm$ 且有可能存在电荷注入的二氧化硅来说太高了。

图 4.11 中的模拟结构单元间距为 3μm，沟道长度为 1μm，p 区的最大掺杂水平为 $5×10^{17}cm^{-3}$，氧化层厚度为 50nm，栅极电压为 15V。图 4.11 还显示了衬底减薄对 ρ_{on} 的影响，假设沟道迁移率等于体迁移率值。模拟数据用实线（SiC UMOS）表示。图 4.12 显示了不同设计电压下沟道迁移率对 ρ_{on} 的影响，计算的沟道迁移率曲线量纲为 $cm^2/(V·s)$。

最先进的沟槽 MOSFET 结构的单元间距为 4μm，沟道长度为 0.5μm，p 区最大掺杂水平 $1×10^{18}cm^{-3}$，氧化层厚度为 40~70nm，栅极电压为 18~20V。出于可靠性原因，可在沟槽底部同时使用较厚的氧化层（>100nm）。英飞凌（Infineon）最近实现了更高的阈值电压值（4~5V），在 15V 的栅极电压下具有预期的通态性能[40-42]。

第 4 章 碳化硅功率器件的现状和前景

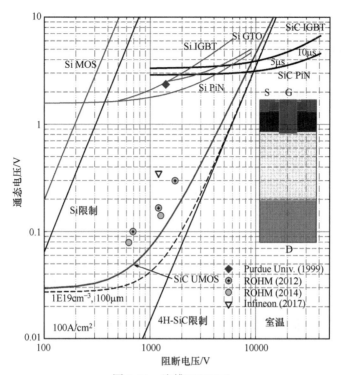

图 4.11 沟槽 MOSFET

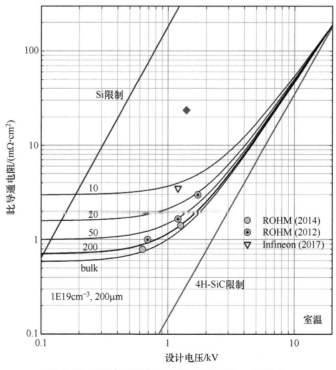

图 4.12 沟道迁移率对沟槽 MOSFET ρ_{on} 的影响

4.4 性能极限

以下内容论证 SiC 器件中的两个特定挑战，一是 4H-SiC 中的沟道迁移率，二是沟槽拐角处的电场集边，都妨碍了沟槽 MOSFET 低 R_{on} 潜力的充分发挥。

4.4.1 沟道迁移率

沟道迁移率决定了沟道电阻，沟道电阻在低压和中压 MOSFET 中起着更重要的作用，如 4.3.4 节和 4.3.5 节中的图 4.10 和图 4.12 所示。SiC MOSFET 中的沟道迁移率为体迁移率的 1/10~1/5，而 Si MOSFET 中沟通迁移率为体迁移率的一半左右，原因是高浓度的深 NIT 陷阱和界面态，与硅相比高出一两个数量级[43]。这导致 SiC MOSFET 具有低亚阈值斜率、低阈值电压、在栅极偏置下显示阈值电压漂移，并且导通和关断状态时的栅压不对称，正电压高于 Si MOSFET，负电压保持低于 Si MOSFET。高的正栅压是为了补偿低沟道迁移率，低的负栅压是为了防止失去控制，因为负偏压下的阈值漂移是负方向的（参见 4.8.3 节）。

多年来已经研究了不同的替代解决方案以增加沟道迁移率，包括具有外延生长或 delta 掺杂 n 沟道层的耗尽型器件、利用外延生长的 p 区以避免注入损伤的增强型器件、采用正 {0001} 面以外其他晶面制作沟道、沉积电介质包括二氧化硅和氧化铝以及 SiC/SiO$_2$ 界面的离子掺杂等。最大的改进是通过使用氮原子的氮化获得的，这是一种硅技术，已证明在钝化界面和 NIT 陷阱方面是有效的。

图 4.13 给出了 NIT 陷阱对 4H-SiC 沟道迁移率和沟道电阻温度依赖性的影响。4H-SiC 和 3C-SiC MOSFET 场致迁移率的温度依赖性如图 4.13 所示，在 3C-SiC[44,45] 中观察到迁移率的接近理论声子散射的依赖性，而 4H-SiC 中则显示出迁移率正的温度系数[46]。与 3C-SiC 多型的 2.4eV 相比，4H-SiC 多型的带隙为 3.26eV，深 NIT 陷阱带与带隙的上部重叠，而在 3C-SiC 中，它位于带隙上方[28]。

这导致了在 4H-SiC 中温度激活传导的跳跃形状，这由图 4.13 中的 Arrhenius 点可以得到证明。从不同器件获得的激活能反映了不同界面处理以及 NIT 钝化改进方法之间的差异。随着时间的推移和器件的更新换代，激活能呈现明显的下降趋势。

值得注意的是，3C-SiC 和 4H-SiC 中的亚阈值斜率为 Si MOSFET 的 1/10~1/5，这与分布在带隙内的界面态密度相应较高有关[47]。今天的共识是，NIT 陷阱导致了沟道迁移率的正温度系数、温度激活的沟道传导机制和阈值电压偏移（如4.8.3节所述）。同时，一般密度浅能级和深能级界面态导致了低的亚阈值斜率[43]。

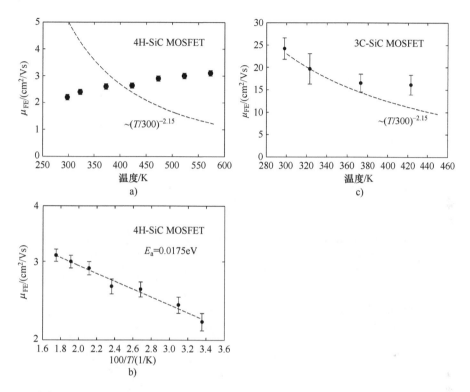

图 4.13　4H-SiC MOSFET（左）和 3C-SiC MOSFET（右）的场致沟道迁移率
（图 b 中的纵轴为对数刻度）

增强型 MOSFET 的解决方案是通过工艺和技术发展不断提高 SiC 和 SiO_2 界面的质量。

4.4.2　沟槽 MOSFET 中的单元间距

实现可靠的沟槽 MOSFET 需要控制沟槽拐角处的电场增强，多年来已经尝试和开发了不同的方法。最直接的方法是在沟槽拐角处和局部的沟槽底部使用更厚的氧化层[48]。然而，这已被证明是不够的，并且通常只能用作电场屏蔽的补充。电场屏蔽可以通过在沟槽底部或沟槽拐角附近注入 p 型区形成埋环结构[39,42,49]来实现，该 p 型环的作用是吸收大部分施加的电势，从而保护沟槽拐角区域。埋环 JBS 二极管也证明了相同的原理[50-52]。当向器件施加反向电压时，包括沟槽拐角在内的所有区域中的电场强度都会增加，直到被 p 型环分隔的 n

掺杂区完全耗尽。高于由埋环结构（环间距）和漂移区的掺杂决定的电压值的全部剩余电压，完全由埋环结构承担。p 型环结构可以通过注入和外延过生长的 p 型区（注入埋环）或采用沟槽刻蚀技术（凹栅技术）和沟槽壁和/或沟槽底离子注入（双沟槽 MOSFET）来形成。保护沟槽或 p 型区的位置必须比包含有源 MOSFET 沟道的沟槽深一些。ROHM 公司的沟槽 MOSFET 使用双沟槽方法[42]，Infineon 公司最新的沟槽 MOSFET 将一半沟槽用于场屏蔽环，另一半用于有源沟道[40]。用于控制沟槽拐角处电场增强的所有措施，包括沟槽底部的厚氧化层和掩埋及凹陷注入 p^+ 区的场屏蔽，都以增加导通电阻为代价。除了沟道迁移率问题之外，这还解释了为什么沟槽 MOSFET 关于 R_{on} 的全部理论潜力尚未完全实现。图 4.14 给出了一些折中的方法，其中比较了两种不同的电场屏蔽方法及其对 3.3kV SiC MOSFET 的传导特性的影响。结构 A 没有场屏蔽并用作参考，结构 B 在沟槽底部使用 p 型注入，结构 C 使用注入掩埋 p 型环。还显示了沟槽底部 1μm 厚氧化层的传导特性。对于结构 B，在沟槽拐角处的电

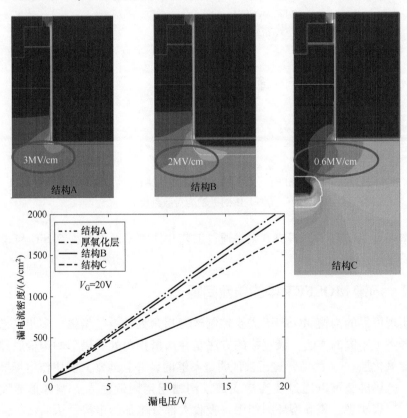

图 4.14　对于 3.3kV 器件，在对应于 60%击穿电压的相等施加电压时，沟槽拐角处的最大电场强度

场强度减少了 33%，但与参考结构 A 相比，导通电阻增加了 45%。结构 C 中使用的掩埋环的电场屏蔽更有效，导致电场强度减少 80%，导通电阻损失更小，增加不到 20%。

4.5 材料和技术曲线

导通电阻（通态电压）与设计电压的关系图有助于可视化功率器件的不同材料和技术的潜力。它们还可以比较半导体材料和器件类型。材料极限线反映了基本的半导体材料特性，如电场和载流子迁移率的临界值，并给出了单极导电漂移区的电阻率。超结结构革命性地颠覆了材料电阻率与由漂移区掺杂水平和厚度决定的击穿电压之间的简单关系。

4.5.1 超结结构

超结的原理是将均匀掺杂的漂移区划分为可互换的平衡掺杂的 n 型和 p 型柱。现在还可以使柱中的掺杂水平更高。导通时，电流流过 n 型掺杂柱，器件电阻降低。同时，在反向偏置条件下当柱子足够窄而被耗尽时，漂移区表现为均匀的低掺杂区。耗尽现在也发生在横向上，柱子越窄可以使用越高的掺杂，对于给定的漂移区厚度以及由此而给定的电压，导通电阻的降低幅度越大。基于 1.2kV 设计的数值示例，超结的原理如图 4.15 所示。

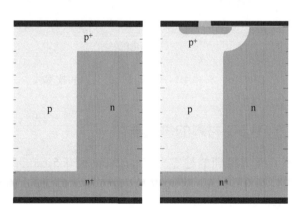

图 4.15　1.2kV SJ-二极管（左）和 SJ-MOSFET（右），结构的宽度为 5μm（5μm 间距），漂移区的厚度为 5μm

使用注入和外延、沟槽刻蚀和外延再填充技术以及沟槽刻蚀和沟槽壁上 n 型和 p 型层的外延生长（局部电荷平衡）[53]，已经在硅中实现了超结结构。已经在 SiC 和 GaN 中验证了不同的方法,但是所涉及的挑战和成本要高得多。由于注入损伤,在 SiC 中无法进行深度注入,外延再填充后的平坦化更加困难,对电荷平衡至关重要的掺杂均匀性更加难以控制。然而,超结结构同样适用于 SiC,并且具有降低导通电阻的巨大潜力,如图 4.16 所示。

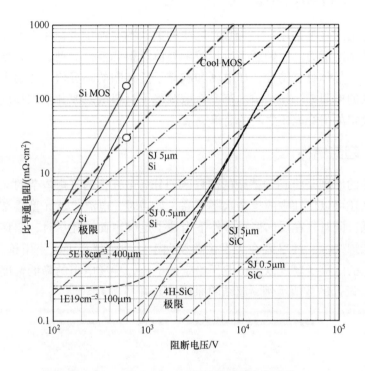

图 4.16　Si 和 4H-SiC SJ 设计的材料和技术线

4.5.2　使用其他 WBG 材料的垂直器件

图 4.16 给出了模拟得到的柱宽分别为 $5\mu m$ 和 $0.5\mu m$($5\mu m$ 和 $0.5\mu m$ 间距)的硅和 SiC 超结的技术线。图 4.17 给出的则是 4H-SiC、3C-SiC、GaN 和金刚石材料线的总结。

SiC 器件的漂移区在重掺杂衬底上外延生长,衬底电阻的贡献是不可忽略的,尤其是对于低压和中压器件。图中除了单独为漂移层的电阻率计算的纯材料线之外,还显示了衬底电阻。当今最先进的低压和中压单极器件采用了衬底背面减薄技术,将衬底材料的厚度从标准的 $300\sim350\mu m$ 降低到 $100\sim200\mu m$。

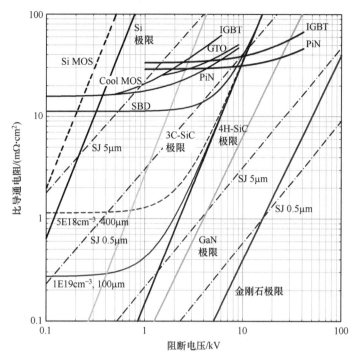

图 4.17 4H-SiC、3C-SiC、GaN 和金刚石 SJ 设计的材料和技术曲线

4.6 系统优势及应用

电力电子系统的效率取决于有源和无源元件的损耗，用 SiC 器件代替硅器件，可以大大提高电力电子系统的效率。SiC 的特殊材料特性转化为电子电力系统的高附加值，高击穿电场与相当高的电子迁移率和高热导率相结合，转化为电子器件和系统的效率、动态性能和可靠性的提高。节省冷却装置就是更为直接的证明，可以将器件工作温度提高至硅功率器件典型的 125～150℃以上，同时由于工作频率大大提高还可以降低系统噪声、尺寸和质量。长期以来，在必须使用双极硅器件尤其是 1kV 以上的高压应用中，人们一直希望克服这两个限制。这些器件由于大量的恢复电荷必然很慢，并且开关损耗很高，使得它们成为许多系统性能的限制因素。

在电力电子系统中使用 SiC 器件开辟了利用 SiC 潜力的不同方式和系统优化的新机遇。采用 SiC 的好处可能意味着相同系统尺寸的更高功率、更高的功率密度和更小的尺寸、更高的工作频率以及更低的磁性元件的尺寸和成本、更高的工作温度和降低冷却要求以及节省冷却系统和成本。同时，充分利用 SiC 的潜力需要重新设计和调整电子系统，开发低电感封装以实现更高的开关频率，开发高温封装以允许更高的结温，开发专用驱动器和低电感互连、控制 EMC 辐射，最重要的是改善器件、封装和能量转换器的可靠性。

简而言之，在所有应用中，低 R_{on}（低导通损耗）、高频（低开关损耗）和 150℃以上的工作温度（降低冷却要求）可带来显著的系统优势，SiC 器件是显而易见的选择。表 4.2 总结了在电子电力系统中引入 SiC 功率器件的预期好处。

表 4.2 在电子电力系统中采用 SiC 功率器件的系统优势

器件性能	系统优势	关键应用
低通态电压	效率更高	电源管理
低恢复电荷	频率更高	HVDC
快速开关	噪声更低	FACTS
高阻断电压	尺寸和质量更小	电机驱动
更高结温	有源器件更小	汽车电子
高功率密度	串联器件更少	电池充电器
	冷却系统更小，成本更低	开关电源

WBG 器件的主要应用领域如图 4.18 所示，预计了 GaN 和 SiC 器件占主导地位的领域，适合 3C-SiC 的中间电压区域是 GaN 和 4H-SiC 器件的重叠区域。目前还没有适合功率器件开发的 3C-SiC 晶圆的商业来源，该图的目的是说明不同材料和技术的互补潜力，因为上述所有应用目前仍以硅器件为主。最终结果在很大程度上是器件的成本和可用性以及包括总系统成本在内的潜在系统优势的结果。

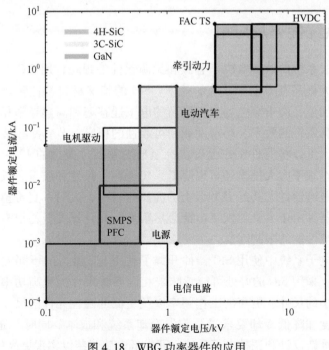

图 4.18 WBG 功率器件的应用

4.7 SiC 电子学的挑战

在产品和应用中采用 SiC 器件的主要驱动力是系统优势。为了获得市场对新技术的认可,有必要证明可靠性并降低材料和器件的成本。器件的成本降低和可用性需要使用大面积晶圆上的大批量制造设施。必须根据需求大小和批量应用的规模来加速市场渗透,比如 SMPS(已经占主导地位的应用领域)和电池充电器,其次是汽车等。必须不断改进晶圆尺寸和质量,以减少扩展缺陷的浓度。近年来的一些重大突破包括氮化提高界面质量,通过高温氧化识别和钝化主要复合中心(碳空位)改善长寿命外延层和引入衬底减薄以降低中低压器件的导通电阻。低电感和高温封装的强烈需求仍在持续。表 4.3 给出了挑战和发展趋势的总结。

表 4.3 SiC 电子学的挑战

基本的	其次的	驱动力
持续改善		
晶圆质量和尺寸 电流处理能力 MISFET 沟道迁移率 新结构沟道设计	接触电阻 注入层电阻率 衬底电阻率 低泄漏结终端	系统优势 器件成本 批量生产(6in 和 8in) 可靠性
突破		
双极 双极稳定性 载流子寿命($2\sim10\mu s$) (碳空位) 常闭开关 MOSFET 界面质量(氮化) 注入损伤 钝化 低阻 p 型衬底	新材料供应(4H-SiC) 新的多型(3C-SiC) 新型栅极介质 衬底厚度(衬底减薄) 低电感高功率密度模块技术 $T \geqslant 250℃$ 高温封装	低阈值应用 开关电源 电池充电器 牵引 汽车 航空 节能成本

4.8 鲁棒性和可靠性

评估和验证 WBG 器件的鲁棒性和长期可靠性是在生产和应用中采用新技术的首要条件。目前,我们正处于对 SiC 和 GaN 器件可靠性进行集中测试和验证的初期阶段。

与 WBG 技术挑战相关的最重要的就是封装测试,就 SiC 功率器件而言,包括处理高电场强度、栅极氧化层可靠性、阈值电压稳定性、短路能力、功率循环、应用条件下的长期阻断能力和宇宙射线稳定性。除宇宙射线可靠性外，以上所有内容均在下面举例说明。最后需要的是有效的模拟方案和精心设计的测试环境。此外，还必须考虑相同应用条件下双极硅器件和单极 SiC 器件的不同失效机制。

4.8.1　表面电场控制

SiC 功率器件中极高的临界电场强度对结终端提出了严格的要求，通常，当今的 SiC 器件使用由浮动场限环（FLR）组成的终端[54]。对于超过 1200V 的中压和高压器件，这不是一种节省空间和成本的解决方案。需要大量环来获得必要的表面电场强度减小，这使得终端占据了管芯面积的很大一部分。广泛用于硅功率器件的扩散结终端扩展（JTE）[54]是一种终端替代结构，并不适用于 SiC，原因是其中主要掺杂原子的扩散性很差。只要使用相同的钝化和隔离材料，SiC 表面电场大约比硅低一个数量级，就可以实现长期可靠性。图 4.19 显示了 SiC 器件接近理想结终端的例子。

终端是埋入式 JTE 型，并被 3μm 厚的低掺杂外延层覆盖。根据产生接近矩形电场分布的算法设计注入区和注入剂量以给出有效的表面电荷分布。由于阻断电压是电场的积分，因此这提供了最大的空间有效终端。然后注入的终端被外延 n 型低掺杂层过生长，这为终端提供了与覆盖层的理想界面以及非常可靠和有效的钝化。SiC 和 SiO_2 之间的界面远离含有 JTE 的激活表面，消除了表面态和 NIT 陷阱对电场分布的影响。此外，由于高斯定律导致的表面电场强度增强已被消除，与普通氧化层钝化表面 JTE 相比，表面电场强度降低为原来的 1/2.5。图 4.19 显示了过生长的外延 SiC 层的厚度对表面电场强度均匀性的影响。证明了外延层顶部和 SiC/SiO_2 界面处 2μm 厚的过生长层的完美均匀分布[55-59]。

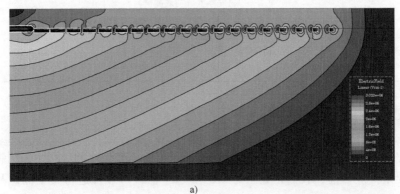

a)

图 4.19　a) 具有最佳有效表面电荷分布的 3.3kV 埋入式结终端的电场分布（见彩插）

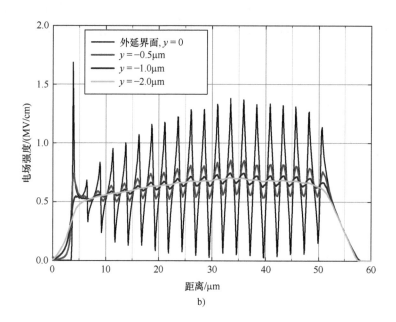

图 4.19　b) 注入表面（黑线）、注入表面上方 0.5μm（红线）、1.5μm（蓝线）和 2μm（绿线）的电场分布（见彩插）（续）

4.8.2　栅氧化层可靠性

图 4.20 给出了一个商用平面和沟槽器件以及一个硅模型的研究结果，每组中的器件来自同一开发商。TDDB 测量是在 150℃ 和 200℃ 的正栅压下完成的。使用 SEM 对器件进行了分析，并提取了设计参数和氧化层厚度。如参考文献 [60] 中所述，这些数据与硅器件的寿命模型一起表现为氧化层电场强度的函数。JEDEC TDDB 模型由下式给出：

$$t_f = A * \exp(-\gamma \cdot E_{ox}) * \exp\left(\frac{E_a}{kT}\right) \tag{4-1}$$

式中，E_{ox} 为氧化层电场；E_a 为热活化能；A 和 γ 为常数。

Fowler-Nordheim 项被忽略了。Si 器件的氧化层厚度为 25nm，而 SiC 平面和沟槽 MOSFET 的氧化层厚度分别为 40nm 和 70nm。两组中都有许多器件显示出具有更短的寿命外在行为。短虚线表示 E_a 等于 0.7eV(Si) 和 0.3eV(SiC)，长虚线表示 E_a 等于 0.4eV(SiC)。结果表明 SiC 器件的温度依赖性更弱一些。

此处显示的结果和其他已发表的数据表明，好的 SiC 器件具有更好的氧化层可靠性[35,61-63]。考虑到所有界面问题，这是一个非常令人鼓舞的证据。然而，外部失效、均匀性、重复性、良率和器件筛选等问题仍然迫使用户必须对所有新器件进行测试。

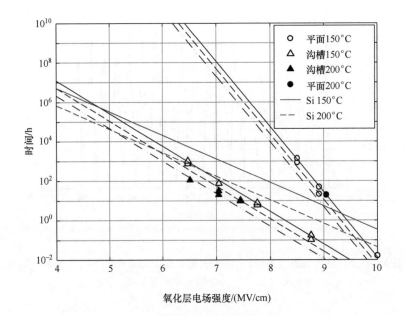

图 4.20　商用平面 DMOSFET 和沟槽 MOSFET 的 TDDB 数据
（其中 Si MOSFET 的 JEDEC 模型用作比较）

4.8.3　阈值电压稳定性

正负栅压下的阈值电压偏移与 NIT 陷阱和界面态的充放电有关，对所涉及的界面态和陷阱的详细研究需要精细的技术来表征时间和温度相关现象。然而，商业器件稳定性的总体测量可以通过如图 4.21 所示的预定时间内直流电压随正负偏压等温度应力的变化中获得。NIT 陷阱通过隧穿俘获电荷并表现为对数时间依赖性，如图 4.22 所示。这可以预测器件预期寿命期间的总漂移。选择监控 V_{TH} 的电流水平很重要，因为 NIT 陷阱的充电不仅会导致传输特性的平行偏移，还会改变 $I_D \sim V_G$ 曲线的斜率[64]。

NIT 陷阱通过隧穿效应俘获和释放电子，V_{TH} 偏移量取决于可以通过隧穿记录的陷阱浓度和电子浓度，这使得 V_{TH} 的总偏移量取决于电场和温度。图 4.21 中器件的 NIT 总浓度为 $2\times10^{11} \sim 5\times10^{11} \text{cm}^{-2}$（氧化层厚度 50nm）。

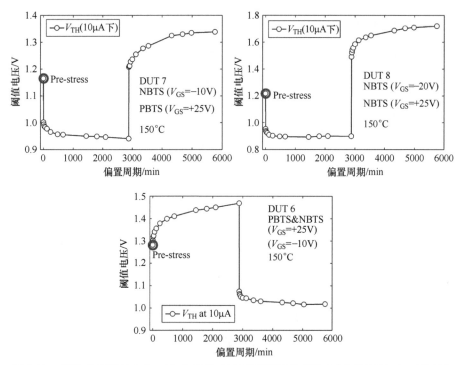

图 4.21 商用 DMOSFET 在 $I_D = 10\mu A$ 时 V_{TH} 在正负栅偏置的直流应力持续 3000min 时的变化

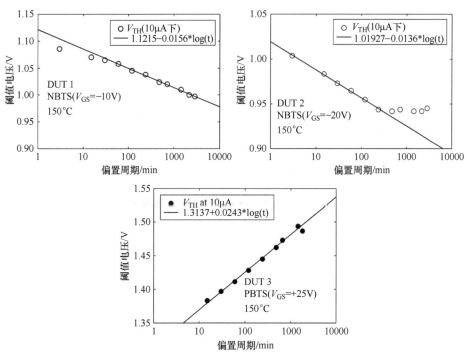

图 4.22 商用 DMOSFET 在 $I_D = 10\mu A$ 时正负栅偏置下 V_{TH} 随时间的函数变化

4.8.4 短路能力

功率器件的短路能力是应用中重要的鲁棒性度量,可以判断系统短路时有多长时间可以关闭器件,以防止破坏性失效。SiC 功率器件在短路条件下的研究尤为重要,因为与硅器件相比,材料和电特性明显不同。

SiC 器件之间最重要的差异可能与器件特性的饱和程度有关,如图 4.23 所示为商用 SiC MOSFET、JFET 和 BJT 的短路行为[65,66]。在 $0.5\mu s$ 长短路条件下测量和模拟的对应于图 4.23 中温度曲线的电流值见表 4.4。

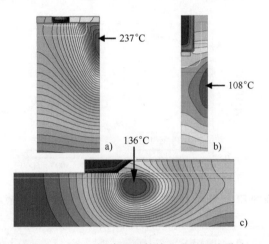

图 4.23 500ns 短路后器件管芯中的温度分布

a) SiC MOSFET $T_{max} = 273℃$ b) SiC JFET $T_{max} = 108℃$ c) SiC BJT $T_{max} = 136℃$,显示了每个结构的顶部 $10\mu m$,并且 X 和 Y 方向比例均匀,每条等温线间隔 10℃

从图 4.23 中可以看出,长时间的短路会导致 SiC DMOSFET 中靠近栅极氧化层和 SiC 界面的温度非常高。这可能会导致栅极氧化层和金属化的疲劳,并影响器件的长期稳定性。因此,应在检测到短路情况后尽快终止,未终止的短路很可能导致铝线熔化、电弧形成、放电和毁坏[66]。

表 4.4 短路 $0.5\mu s$ 后的峰值电流值汇总

被测器件	器件类型	$I_{SC,peak}$ 测量值/A	$I_{SC,peak}$ 模拟值/A
SCT2080KE	MOSFET	220	230
UJN1205K	JFET	120	160
GA50JT12-247	SJT(BJT)	80	100

SiC 不易发生热失控，这是因为它的宽带隙要求很高的温度才能产生与漂移区或集电区掺杂浓度相当的本征载流子浓度。需要超过 1400℃ 的温度才能产生约 $3.5×10^{15} cm^{-3}$ [49,67]的本征载流子浓度，这相当于 1200V 器件所需掺杂的一半，这是热不稳定性的标准[68]。SiC 不会熔化而是升华，这意味着未终止的短路将以开路和爆炸告终，这在丝印封装中最有可能发生。在引线键合封装中，短路也以开路结束，因为键合线熔化和金属化损坏的概率远高于达到约 2000℃[69]的升华温度。

4.8.5 功率循环

功率循环是对封装器件可靠性的必要测试，主要测试分立封装和电源模块中使用的材料以及连接和互连线。最可能的失效是分层、焊点裂纹和键合线剥离。由于 SiC 的刚度（杨氏模量）提高了 3 倍，热导率提高了 3 倍，导致芯片拐角处的应变能提高了 3 倍以上，从而大大加快了裂纹扩展速度[70]，因此 SiC 中焊点裂纹导致失效的风险增加。最常见和最容易理解的失效机制与键合线剥离有关[71]。

图 4.24 显示了两种商用 SiC MOSFET（沟槽型和平面型）与 Si IGBT 相比的功率循环结果，所有器件均采用 TO247 封装，源电极使用引线键合。图中还绘制了两个最常用的模型，即 Coffin-Manson 和 Lesit[71,72]。Lesit 模型具有以下形式：

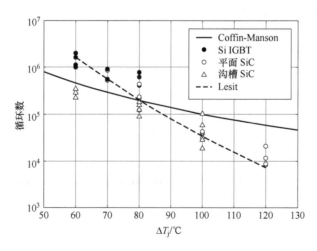

图 4.24　不同温度摆幅和冷板温度为 60℃ 的功率循环结果

$$N_f = A * (\Delta T_j)^m * \exp\left(\frac{E_a}{kT_m}\right) \qquad (4\text{-}2)$$

式中，N_f 为故障周期数；A 为常数，$A = 1 \times 10^4$；ΔT_j 为温度摆幅；$m = -5$；E_a（$= 0.8 \mathrm{eV}$）为热激活能；T_m（$= \Delta T_j/2 + T_c$）为开尔文功率循环下的平均温度；k 为玻尔兹曼常数。

表 4.5 给出了冷板温度 $T_c = 60^\circ\mathrm{C}$ 时 ΔT_j 和 T_m 之间的关系。

表 4.5 冷板温度 $T_c = 60^\circ\mathrm{C}$ 时的 ΔT_j 和 T_m

$\Delta T_j/^\circ\mathrm{C}$	$T_m/^\circ\mathrm{C}$
60	90
80	100
100	110
120	120

与参考的硅 IGBT 相比，测试的 SiC MOSFET 器件的寿命稍差。此外，来自不同制造商的两种 MOSFET 类型（平面和沟槽）之间存在显著差异。然而，器件寿命由相同的主要失效机制决定，即键合线"剥离"，这已通过显微镜和结构分析得到证实。沟槽 MOSFET 的结果似乎最适合 Coffin-Manson 模型，而平面 DMOSFET 的结果最适合 Lesit 模型。使用 Lesit 模型的主要原因是它更多地基于失效物理，因为它含有一个包含热激活能的术语，该术语可能与导致键合线剥离的热激活机制有关。

Si 和 SiC 器件之间的差异很可能与影响键合强度和鲁棒性的接触和金属化技术的差异有关。Si（$3\times10^{-6}/^\circ\mathrm{C}$）、SiC（$3.7\times10^{-6}/^\circ\mathrm{C}$）和 Al（$24\times10^{-6}/^\circ\mathrm{C}$）之间的 TCE 差异太小，不足以解释结果的差异。

4.8.6 高温和潮湿环境下的直流存储

图 4.25 显示了 1200V 商用 DMOSFET 器件在 $85^\circ\mathrm{C}$ 80% 反向偏置和 85% 湿度下的高温反向偏置（H3TRB）测试结果。这些器件在超过 1000h 的测试后泄漏和失效显著增加。图 4.26 显示了在拆封后和在 H_2SO_4 中腐蚀去除铝金属化后损坏器件失效区域的显微照片。

分析得出的主要结论是，H3TRB 测试期间器件失效的根源是器件终端和离子污染。当正离子存在于结终端区域时，会导致电场分布向终端内部移动，同时使结边缘处 p 区的电场强度增强。离子污染物、焊接、烧结和成型过程的剩余产物，如 Sb、Sn、Na 或其他离子，以及由于水分子分解和腐蚀过程产生的氧离子是最可能的因素。

观察到的问题的根本原因是高表面电场强度。由于水分子在电场作用下分解为 H^+ 和 OH^-，因此该过程很可能在存在水分的情况下加速。氧原子可以沿着绝缘和钝化界面移动到外部 Al 环，最终导致绝缘膜分层和 Al 腐蚀。

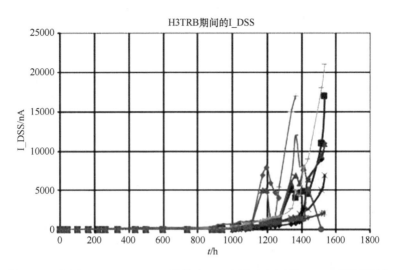

图 4.25 商用 1200V DMOSFET 器件在 80%额定电压下的 H3TRB 测试结果

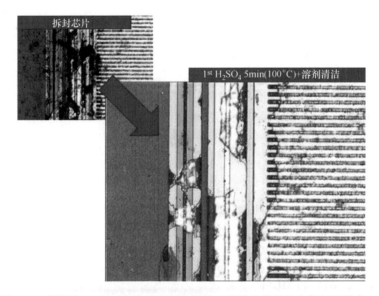

图 4.26 拆封和 H_2SO_4 腐蚀后的测试器件 p 基结边缘的几个损坏区域之一，图片左侧的绿色区域是带有浮环的结终端区域（见彩插）

该机制与硅器件的情况相同[73]。不同之处在于表面电场强度高一个数量级，因为钝化层（SiO_2、Si_3N_4）和绝缘材料（聚酰亚胺）与 Si 器件相同。该过程是高度不均匀的，因为它是由终止区域中局部存在的正离子触发的。结果，在钝化层和绝缘层中局部，会观察到符合绝缘介质击穿特征的树枝状微通道结构，并且在金属化区域的局部斑点中能够清楚地看到腐蚀。材料的介电强度被局部超过，并且由于电场中电离物质的漂移，局部斑点的数量随时间增加，耐压能力逐渐丧失。

器件终端由位于图 4.26 中由 SEM 分析确定的左侧绿色区域的 FLR 环组成。终端区域右侧的黄色区域是 p 型区。终端区域右侧和 p 区内部可见的第一个环使得源极和 p 区短路。后面的环结构是栅极金属化的一部分。失效的原因很可能是在长期暴露于高压期间表面正电荷的积累，这将电场移向最内层的 FLR 环，并导致最靠近源和 p 区之间短路环的 p 区边缘的局部电场增强。微放电很可能是该过程的一部分，即使整体漏电流仍然很低，微放电和导电微通道中耗散的能量密度也可能很严重。该过程的电特征让人想起了由于局部缺陷导致的由微等离子体控制的早期台面终端 SiC pn 二极管中的泄漏电流[74]。一些微通道被钝化，新的微通道被激活，导致泄漏电流波动，如图 4.25 所示，直到终端的足够大区域受到影响。然后观察该过程的结果就是短路环金属化的损坏。在长时间暴露于高压期间，损坏会扩展至栅沟道和多晶硅栅，并进一步扩展至 MOSFET 单元或微带线的最近部分（见图 4.26）。由于离子的不均匀分布，损伤发生在局部点。

长期高压稳定性是 SiC 功率器件最关键的基本问题。对于硅功率器件，临界场强为 0.2MV/cm，使用 JTE 时，表面场强通常为边缘终端和边缘钝化层的 1/5~1/3。对于 SiC，仍然使用相同的钝化材料时，表面电场强度开始时要高 10 倍，这对结终端的设计提出了更苛刻的要求。

不幸的是，还在使用更直接的解决方案，如场限环。该解决方案对空间要求很高，并且可能导致次优化，以试图减少结终端占用的空间，从而降低器件成本。如 4.8.1 节所示，应该考虑更坚固和更容错的设计结构。其他措施则是开发低透水性成型技术和具有高介电常数的化合物和钝化材料。

4.9 结论和预测

在高达 150℃ 的温度范围内，4H-SiC 单极器件可能优于所有高达 10kV 的硅器件和高达 4~6kV 的 4H-SiC 双极器件。如果通过将衬底减薄至 100μm 来降低衬底电阻，则 SiC 单极器件的最低耐压为 200~400V。随着时间的推移，横向 GaN 功率器件很可能在 600~1000V 以下的电压范围内占据主导地位。

SiC 功率器件的接下来的挑战是：

1) 4.5kV 以上大功率器件的双极不稳定性和长载流子寿命，以及在使用体二极管时，需要不断改进材料质量。

2) 1.2~4.5kV 的中等功率器件的金属绝缘体界面质量，需要持续改进以减少沟道电阻对导通电阻的影响，减少阈值电压的漂移并改善亚阈值斜率。

3）金属绝缘体界面、衬底电阻、结电容，使高电流密度和高频工作成为可能，以保持与横向 GaN 器件的竞争力。

SiC 潜力的实现取决于市场推出的低压和中压 SiC 器件在 SMPS、电池充电器和汽车电子等方面的应用。在 2~5 年内，我们可以预期具有额定电流和电压的商用器件如下：

1）横向 GaN 器件尤其是增强型 ≤20（100）A 和 ≤650V（模块）。
2）单极 SiC 器件 MOSFET（模块）≤300（1000）A 和 1200~3300V。
3）双极 4H-SiC 器件 ≥10kV（寿命 2~10μs）。

致谢

感谢 Jang-Kwon Lim 博士进行 4.8.2 节、4.8.3 节和 4.8.6 节中所示的电学测量和结构分析，并感谢 Inmotion Technologies 的 Thord Nilson 和 Lars Lindberg 提供 4.8.5 节中的功率循环数据。

参考文献

[1] Yole, Power SiC 2016 Materials Devices Modules Applications, June 2016 Report.

[2] M. Bakowski, "Status and prospects of SiC power devices", IEEJ Transactions on Industry Applications, 126-D, (2006), no. 4, pp 391-399.

[3] A. Galeckas, Royal Institute of Technology, KTH, private communication (2000).

[4] R. Stahlbush, N.A. Mahadik, Unexpected Sources of Basal Plane Dislocations in 4H-SiC, ECS Transactions 58 (4), 9 (2013). https://doi.org/10.1149/05804.0009ecst

[5] N.A. Mahadik et al., Basal Plane Dislocation Mitigation Using High Temperature Annealing in 4H-SiC Epitaxy, ECS Transactions 58 (4), 325 (2013). https://doi.org/10.1149/05804.0325ecst

[6] H. Wang et al., Studies of relaxation processes and basal plane dislocations in CVD grown homoepitaxial layers of 4H-SiC, ECS Transactions 64 (7), 213, (2014). https://doi.org/10.1149/06407.0213ecst

[7] T. Kimoto, Material science and device physics in SiC technology for high-voltage power devices, Jpn. J. of Appl. Phys. 54 (2015) 040103. https://doi.org/10.7567/JJAP.54.040103

[8] D. Tournier, P. Godignon, J. Montserrat, D. Planson, C. Raynaud, J. P Chante, J.-F. De Palma, F. Sarrus, A 4H-SiC high-power-density VJFET as controlled current limiter, IEEE Transactions on Industry Applications, 39(5):1508–1513, 2003. https://doi.org/10.1109/TIA.2003.816465

[9] W. Konrad, K. Leong, K. Krischan, A. Muetze, A simple SiC JFET based AC variable current limiter, 16th European Conference on Power Electronics and Applications (EPE'14-ECCE Europe), 2014

[10] D. Tournier, P. Godignon, S. Q. Niu, J. F. de Palma, SiC Current Limiting FETs (CLFs) for DC Applications, Materials Science Forum, Vols. 778-780, pp. 895-898, 2014. https://doi.org/10.4028/www.scientific.net/MSF.778-780.895

[11] P. Friedrichs, Recent additions to Infineon's SiC portfolio, International SiC Power Electronics Applications Workshop ISICPEAW 2014, May 25-27, Stockholm

[12] R.K. Malhan, M. Bakowski, Y. Takeuchi, N. Sugiyama, A. Schöner, Design, process, and performance of all-epitaxial normally-off SiC JFETs, Phys. Status Solidi A, 206, pp. 2308-2328, (2009). https://doi.org/10.1002/pssa.200925254

[13] Streamlining Your Power Design With SiC Cascodes, APEC 2017 Seminar Sponsored by USCi, Tampa, March 26-30, 2017

[14] C. Rockneanu, SiC Cascodes and its advantages in power electronic applications, International Wide Bandgap Power Electronics Applications Workshop, IWBGPEAW 2017, May 22-23, Stockholm

[15] D. Sheridan, Silicon Carbide Device Update, High Megawatt Power Cond. Workshop, NIST (2012)

[16] J.-K. Lim, D. Peftitsis, J. Rabkowski, M. Bakowski, H.-P. Nee, Analysis and experimental verification of the influence of fabrication process tolerances and circuit parasitics on transient current sharing of parallel-connected SiC JFETs, IEEE Transactions on Power Electronics, vol. 29, no. 5, pp. 2180-2191, May 2014. https://doi.org/10.1109/TPEL.2013.2281084

[17] D-P. Sadik, J-K. Lim, J. Colmenares, M. Bakowski, H-P Nee, Comparison of Thermal Stress during Short-Circuit in Different Types of 1.2 kV SiC Transistors Based on Experiments and Simulations, Materials Science Forum, vol. 897, pp. 595-598, 2017. https://doi.org/10.4028/www.scientific.net/MSF.897.595

[18] P. Ranstad, F. Giezendanner, M. Bakowski, J-K. Lim, G. Tolstoy, A. Ranstad, SiC Power Devices in a Soft Switching Converter including Aspects on Packaging, ECS Trans., 64 (7), p. 51 (2014). https://doi.org/10.1149/06407.0051ecst

[19] P. Hazdra, S. Popelka, A. Schoner, Local Lifetime Control in 4H-SiC by Proton Irradiation, ICSCRM 2017, ID: 2759317

[20] N. Thierry-Jebali, Reverse recovery control in silicon carbide high-voltage PiN diodes, International Wide BandGap Power Electronics Applications Workshop, SCAPE 2018, June 10-12, Stockholm

[21] A. Hallén, M. Bakowski, Combined Proton and Electron Irradiation for Improved

GTO Thyristors, Solid-State Electronics, Vol. 32, pp. 1033-1037, (1989). https://doi.org/10.1016/0038-1101(89)90167-6

[22] A. Hallén, M. Bakowski, M. Lundqvist, Multiple Proton energy irradiation for improved GTO thyristors, *Solid-State* Electronics Vol. 36, No. 2, pp. 133-141, 1993. https://doi.org/10.1016/0038-1101(93)90131-9

[23] M. Bakowski, N. Galster, A. Hallén, A. Weber, Proton Irradiation for Improved GTO Thyristors, Proc. 9th Symp. Power Semicond. Devices and ICs, Weimar (Germany), May 26-29, 1997, pp. 77-80, (1997). https://doi.org/10.1109/ISPSD.1997.601436

[24] S. K. Ghandhi, The transistor, chapter 4.3.2, in Semoconductor Power Devices, physics of operation and fabrication technology, A Wiley-Interscience Publication, John Wiley & Sons, Inc., 1977, pp.157-162.

[25] M. Domeij, A. Konstantinov, A. Lindgren, C. Zaring, K. Gumaelius, M. Reimark, Large area 1200 V SiC BJTs with β>100 and ρ_{ON} <3 mΩcm, Mat. Sci. Forum, vol. 717-720, pp. 1123-1126, (2012). https://doi.org/10.4028/www.scientific.net/MSF.717-720.1123

[26] S. Sundaresan, B. Grummel, B. Hamilton, D. Singh, Improvement of the Current Gain Stability of SiC Junction Transistors, Mater. Sci. Forum, vol. 821-823, pp.822-825 (2015). https://doi.org/10.4028/www.scientific.net/MSF.821-823.822

[27] S. Sundaresan, B. Grummel, D. Singh, Current Gain Stability of SiC Junction Transistors subjected to long-duration DC and Pulsed Current Stress, Mater. Sci. Forum, vol. 858, pp.929-932 (2016). https://doi.org/10.4028/www.scientific.net/MSF.858.929

[28] R. Schorner, P. Friedrichs, D. Peters, D. Stephani, Significantly Improved Performance of MOSFET's on Silicon Carbide Using the 15R-SiC Polytype, IEEE Electron Dev. Letters, vol. 20, no. 5, pp. 241- 244 (1999). https://doi.org/10.1109/55.761027

[29] H. Matsunami, T. Kimoto, Step-controlled epitaxial growth of SiC, Mater. Aci. Eng. R., Reports 20, pp. 125-166 (1997)

[30] J. Palmour, The era of the 2nd generation SiC MOSFET at Cree, International SiC Power Electronics Applications Workshop ISICPEAW 2013, Stockholm, June 10-11, 2013

[31] N. Hase, ROHM's SiC Power Device Update, Brief Introduction to MOSFET-Only SiC Power Module and Reliability Test Results of SiC MOSFET International SiC Power Electronics Applications Workshop ISICPEAW 2013, Stockholm, June 10-11, 2013

[32] P. Sandvik, Progress in development and reliability of 1.2kV [& higher SiC]

devices at GE, International SiC Power Electronics Applications Workshop ISICPEAW 2014, Stockholm, May 26-27, 2014

[33] M. Imaizumi, N. Miura, Characteristics of 600, 1200, and 3300 V Planar SiC-MOSFETs for Energy Conversion Applications, IEEE Trans. Electron Dev., vol. 62, pp 390-395, (2015). https://doi.org/10.1109/TED.2014.2358581

[34] J. B. Casady, SiC MOSFET Commercial and Development Reliability Summary in 2015, International SiC Power Electronics Applications Workshop ISICPEAW 2015, Stockholm, May 27-28, 2015

[35] M. Saggio, Silicon Carbide MOSFEts and Diodes for High Volume Market: Needs, Opportunities and Perspective, International Wide BandGap Power Electronics Applications Workshop, IWBGPEAW 2017, Stockholm, May 22-23, 2017

[36] A.K. Agarwal, R.R. Siergiej, S. Seshadri, M.H. White, P.G. McMullin, A.A. Burk, L.B. Rowland, C.D. Brandt, R.H. Hopkins, A Critical Look at the Performance Advantages and Limitations of 4H-SiC Power UMOSFET Structures, Proc. 8th Int. Symp. Power Semicond. Devices and ICs, Maui (Hawaii) May 1996, pp. 119-122.

[37] S. Onda, R. Kunmar, K. Hara, SiC Integrated MOSFETs, Physica Status Solidi (a), No. 1, pp. 369-388 (1997). https://doi.org/10.1002/1521-396X(199707)162:1<369::AID-PSSA369>3.0.CO;2-4

[38] H. Yano, H. Nakao,T. Hatayama,Y. Uraoka, T. Fuyuki, Increased Channel Mobility in 4H-SiC UMOSFETs Using On-axis Substrates, Mat Sci. Forum, Vols. 556-557, pp 807-810, (2007). https://doi.org/10.4028/www.scientific.net/MSF.556-557.807

[39] Y. Nakano, T. Mukai, R. Nakamura, T. Nakamura, A. Kamisawa, 4H-SiC Trench Metal Oxide Semiconductor Field Effect Transistors with Low On-Resistance, Japanese Journal of Applied Physics vol. 48, 04C100 (2009)

[40] Y. Nakano, R. Nakamura, H. Sakairi, S. Mitani, T. Nakamura, 690V, 1.00 mΩcm^2 4H-SiC Double-Trench MOSFETs, Mat Sci. Forum, vol. 717-720, pp. 1069-1072 (2012). https://doi.org/10.4028/www.scientific.net/MSF.717-720.1069

[41] R. Nakamura, Y. Nakano, M. Aketa, N. Kawamoto, K. Ino, 1200V SiC Trench MOSFETs, International SiC Power Electronics Applications Workshop, ISICPEAW 2014, Stockholm, May 26-27, 2014

[42] D. Peters, R. Siemieniec, T. Aichinger, T. Basler, R. Esteve, W. Bergner, D. Kueck, Performance and Ruggedness of 1200V SiC-Trench-MOSFET, Proceedings of the 29th Int. Symposium on Power Semiconductor Devices and ICs, Sapporo, (2017). https://doi.org/10.23919/ISPSD.2017.7988904

[43] V. V. Afanasev, M. Bassler, G. Pensl, M. Schulz, Intrinsic SiC/SiO$_2$ Interface States, phys. stat. sol. (a) 162, 321-337 (1997)

[44] H. Nagasawa, M. Abe, K. Yagi, T. Kawahara, N. Hatta, Fabrication of high performance 3C-SiC vertical MOSFETs by reducing planar defects, Physica Status Solidi (B) Basic Research, July 2008, 245(7), pp. 1272-1280, 2008.

[45] M. Bakowski, A. Schöner, P. Ericsson, H. Strömberg, H. Nagasawa, M. Abe, "Development of 3C-SiC MOSFETs", Journal of telecommunications and information technology, no. 2, pp. 49-56, (2007).

[46] S-H. Ryu et al., 950V, 8 mΩ-cm^2 High Speed 4H-SiC Power DMOSFETs, MRS 2006 Spring Meet. in San Francisco (values extracted from the presented data)

[47] Schöner, A.; Krieger, M.; Pensl, G.; Abe, M.; Nagasawa, H. Fabrication and Characterization of 3C-SiC-Based MOSFETs, Chemical Vapor Deposition, September 2006, Vol. 12, Issue: 9, pp. 523-530, 2006.

[48] H. Takaya, J. Morimoto, K. Hamada, T. Yamamoto, J. Sakakibara, Y. Watanabe, N. Soejima, A 4H-SiC Trench MOSFET with Thick Bottom Oxide for Improving Characteristics, Proceedings of the 25th International Symposium on Power Semiconductor Devices & ICs, Kanazawa 2013, pp. 43-46.

[49] M. Bakowski, U. Gustafsson and U. Lindefelt, Simulation of SiC High Power Devices, Phys. Stat. Sol. (a), Vol. 162, pp. 421-440, 1997. https://doi.org/10.1002/1521-396X(199707)162:1<421::AID-PSSA421>3.0.CO;2-B

[50] M. Bakowski, HTIPM project overview, International SiC Power Electronics Applications Workshop, ISICPEAW 2007, Stockholm, March 31, 2009

[51] M. Bakowski, J-K. Lim, W. Kaplan, A. Schöner, Merits of buried grid technology for advanced SiC device concepts, ECS Trans., 41 (8) p. 155 (2011). https://doi.org/10.1149/1.3631493

[52] M. Bakowski, J-K. Lim, W. Kaplan, Merits of buried grid technology for SiC JBS Diodes, ECS Trans., 50 (3) p. 415 (2012). https://doi.org/10.1149/05003.0415ecst

[53] F. Udrea, G. Deboy, T. Fujihira, Superjunction Power Devices, History, Development, and Future Prospects, IEEE Trans. on Electron Dev., vol. 64, no. 3, pp. 713-727, (2017). https://doi.org/10.1109/TED.2017.2658344

[54] B. J. Baliga, Edge Termination, in: Power Semiconductor Devices, PWS Publishing Company, 1996, pp. 81-122.

[55] T. Drabe, R. Sittig, Theoretical investigation of planar junction termination, Solid-State Elec., vol. 39, no. 3, pp. 323-328, Mar. 1996. https://doi.org/10.1016/0038-1101(95)00195-6

[56] SiC semiconductor device comprising a pn junction, Mietek Bakowski, Ulf

Gustafsson, Christopher I. Harris. (1999, August 3). Patent US 5,932,894 [Online]. Available: https://patentimages.storage.googleapis.com/pdfs/US5932894.pdf

[57] Fabrication of a SiC semiconductor device comprising a pn junction with a voltage absorbing edge, Mietek Bakowski, Ulf Gustafsson, Kurt Rottner, Susan Savage. (2000, March 21). *Patent US 6,040,237* [Online]. Available: https://patentimages.storage.googleapis.com/pdfs/US6040237.pdf

[58] M. Bakowski, J-K. Lim, W. Kaplan, A. Schöner,Merits of buried grid technology for advanced SiC device concepts, *ECS Trans*., vol. 41 (8) pp. 155-158, 2011. https://doi.org/10.1149/1.3631493

[59] M. Bakowski, P. Ranstad, J-K. Lim, W. Kaplan, S. A. Reshanov, A. Schöner, F. Giezendanner, A. Ranstad, Design and Characterization of Newly Developed 10 kV 2 A SiC p-i-n Diode for Soft-Switching Industrial Power Supply, IEEE Trans on Electron Devices, Vol. 62, No. 2, p. 366, (2015). https://doi.org/10.1109/TED.2014.2361165

[60] JEDEC publication JEP122E, Failure mechanisms and models for semiconductor devices, March 2009

[61] J. Palmour, Cree – Power products reliability data and pricing forecasts for power module, power MOSFET and power diode products from 650V to 15kV, Workshop on High-Megawatt Direct-Drive Motors and Front-End Power Electronics, NIST, 2014

[62] B. Hull, D. Lichtenwalner, S-H. Ryu, E. van Brunt, J. Zhang, S. Allen, D. Grider, J. Casady, A. Burk, M. O'Loughlin, J. Palmour, Next Generation SiC MOSFETs Performance and Reliability, ARL MOS Workshop, August 18, 2016

[63] L. Stevanovic, P. Losee, S. Kennerly, A. Bolotnikov, B. Rowden, J. Smolenski, M. Harfman-Todorovic, R. Datta, S. Arthur, D. Lilienfeld, T. Schuetz, F. Carastro, F. Tao, D. Esler, R. Raju, G. Dunne, P. Cioffi, L. Yu, Readiness of SiC MOSFETs for Aerospace and Industrial Applications, Materials Science Forum, Vol. 858, pp 894-899, (2016). https://doi.org/10.4028/www.scientific.net/MSF.858.894

[64] A. J. Lelis, R. Green, D. B. Habersat and M. El, Basic Mechanisms of Threshold-Voltage Instability and Implications for Reliability Testing of SiC MOSFETs, IEEE Trans. on Electron Devices, vol. 62, no. 2, pp. 315-323, 2015. https://doi.org/10.1109/TED.2014.2356172

[65] D. P. Sadik, J-K. Lim, J. Colmenares, M. Bakowski, H-P. Nee, Comparison of Thermal Stress during Short-Circuit in Different Types of 1.2 kV SiC Transistors Based on Experiments and Simulations, Materials Science Forum, Vol. 897, pp. 897-598, 2017. https://doi.org/10.4028/www.scientific.net/MSF.897.595

[66] D-P. Sadik, J. Colmenares, M. Bakowski, H-P. Nee, J-K Lim, Comparison of Thermal Stress during Short-Circuit in Different Types of 1.2 kV SiC Transistors

Based on Experiments and Simulations, submitted to IEEE Trans on Electron Devices 2018.

[67] Information on http://www.ioffe.ru/SVA/NSM/Semicond/SiC/bandstr.html

[68] D. Silber and M. J. Robertson, Solid-State Electronics, Thermal effects on the forward characteristics of silicon p-i-n diodes at high pulse currents, Vol. 16, pp. 1337-1346 (1973)

[69] M. Syväjärvi, R. Yakimova, M. Tuominen, A. Kakanakova-Georgieva, M. F. MacMillan, A. Henry, Q. Wahab, E. Janzén, Growth of 6H and 4H-SiC by sublimation epitaxy, Journal of Crystal Growth, vol. 197, pp. 155-162, (1999). https://doi.org/10.1016/S0022-0248(98)00890-2

[70] J. Lutz, R. Baburske, Some aspects on ruggedness of SiC power devices, Microelectronics Reliability, vol. 54, pp. 49–56, (2014). https://doi.org/10.1016/j.microrel.2013.09.022

[71] J. Lutz et al., Models for lifetime Prediction, in: Semiconductor power Devices; Physics, Characteristics, Reliability, Springer-Verlag Berlin Heidelberg, 2011, pp. 394-400. https://doi.org/10.1007/978-3-642-11125-9

[72] M. Held et al., Fast Power Cycling for IGBT Modules in Traction Applications, Int. Conf. on Power Electronics and Drive Systems, Singapore, May 1997. https://doi.org/10.1109/PEDS.1997.618742

[73] J. Lutz et al., Overvoltage - Voltage Above Blocking capability, in: Semiconductor power Devices; Physics, Characteristics, Reliability, Springer-Verlag Berlin Heidelberg, 2011, p. 431. https://doi.org/10.1007/978-3-642-11125-9

[74] U. Zimmermann, A. Hallen, A. O. Konstantinov, B. Breitholtz, Investigation of Microplasma Breakdown in 4H Silicon Carbide, Materials Res. Society Symposium Proceedings. Vol. 512, pp. 151-156, 1998. https://doi.org/10.1557/PROC-512-151

第 5 章

碳化硅发现、性能和技术的历史概述

K. Vasilevskiy[*], N. G. Wright

英国泰恩河畔纽卡斯尔市纽卡斯尔大学工程学院

[*] konstantin.vasilevskiy@newcastle.ac.uk

摘要

本章回顾了碳化硅（SiC）技术从 19 世纪 90 年代初的最初发展到现在的历史，并重点介绍了促进全球 SiC 电子行业出现的主要发展，还简要描述和讨论了 SiC 的物理、化学和电学性质。通过粗略估算单极 SiC 和 Si 器件中的阻挡层参数并比较它们的特性，论证了用于制造半导体功率器件时 SiC 相对于硅的优势。本章还概述了 SiC 晶圆和外延结构的商业生产和可用性的现状以及 SiC 功率器件的潜在市场。

关键词

Acheson 工艺、BJT、Carborundum、Cree、晶体生长、DIMOSFET、电致发光、外延、GTO、Hexagonality、History、HTCVD、IGBT、反相器、LED、Lely 片、LETI 法、寿命增强、热氧化、材料特性、微管、改进的 Lely 法、莫桑石、MOSFET、多型、无线电探测器、RAF 生长工艺、肖特基二极管、SiC、SiC 器件、SiC、堆垛层错、步进控制外延、步进流生长、升华三明治方法、技术、压敏电阻

第 5 章 碳化硅发现、性能和技术的历史概述

5.1 引言

碳化硅（SiC）是一种具有出色的物理、化学和电学性能的半导体材料，非常适合制造高功率、低功耗的半导体器件。而且，优异的热稳定性、化学惰性和硬度使得 SiC 器件可以工作在高温条件下的恶劣环境。另一方面，也正是由于 SiC 的化学惰性和硬度等特性，这些器件的制造相当复杂。SiC 电子学经历了一百多年的时间才发展到目前的状态，使得具有比硅对应物更高效率的功率 SiC 器件开始商业化并广泛用于各种场合。本章简述 SiC 的发现及其技术发展史，并总结与 SiC 半导体器件工艺相关的特性。

5.2 SiC 的发现

SiC 是所有与电子相关的半导体材料中历史最悠久的。SiC 的发现本身就不同寻常——因为它不是在自然界中发现的，而是作为一种人造材料被发现的。可能是 Jöns Jacob Berzelius（1779—1848）在 1824 年首次报道观察到了具有 Si-C 键的化合物[1]。著名的斯德哥尔摩卡罗林斯卡学院的 Berzelius，被普遍认为是现代化学的奠基人之一。他以其专业的实验技术而闻名，这使他能够在不寻常的条件下进行实验。除了许多其他成就之外，他还发现了包括硅在内的几种新化学元素。关于 SiC，Berzelius 做了一个非常保守的声明，即他发现了一种未知材料，该材料在燃烧后会产生相同数量的硅和碳原子[2]。

5.2.1 Acheson 工艺

第一次经过验证的 SiC 合成是在 70 年后偶然发生的[3,4]，1891 年，美国工程师（Edward Goodrich Acheson 1856—1931）尝试使用最近发明的电炉来生产人造钻石（一种需求强烈的工业研磨材料），炉子在中央碳电阻芯周围填充黏土和焦炭的混合物，然后通过电流加热（见图 5.1）。Acheson 认为溶解在熔融的铝硅酸盐中的碳，可以在混合物冷却到凝固温度时结晶。他后来说："……如果我是一名化学家，很可能不会认为这样的实验值得考虑，当然也不会尝试。"然而，在炉膛冷却打开后，他在反应物质中发现了一些小块的晶体，它们呈亮蓝色，非常坚硬且易碎，但它们不是钻石。Acheson 将这种新材料命名为"金刚砂"（碳和刚玉的组合），因为他认为它是由碳和氧化铝组成的。很快，他意识到合成的金刚砂晶体的数量和质量取决于二氧化硅杂质，并用焦炭和玻璃砂制成的混合物代替了炉料。

这些结果很有前景，以至于该方法在 1893 年获得了专利[5]，并且组织了金

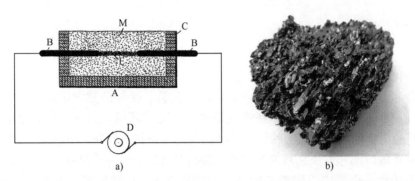

图 5.1　a）Acheson 熔炉示意图，显示了使用导电石墨芯来产生 SiC 形成所需的热量[5]；
b）通过 Acheson 法生长的金刚砂晶枝（尺寸约为 3in×3in×2in）。

刚砂公司制造和销售金刚砂作为研磨材料。该公司组织了一个化学实验室并聘请了 Otto Mulhaeuser 博士，他发现从碳与黏土的混合物中生长出的蓝黑色金刚砂样品是含有铝杂质的 SiC 晶体，而从焦炭和沙子的混合物中生长出的浅绿色样品是纯 SiC 晶体。有趣的是，Acheson 似乎不知道 Berzelius 的工作，并表示"我命名为金刚砂的材料实际上是一种迄今为止化学未知的新化合物，纯净的它可以用 SiC 表示。"

如今，Acheson 工艺仍被用作制造 SiC 的主要工业方法。该工艺通过在电炉中将碳源（通常是焦炭）和二氧化硅源（通常是石英砂）一起加热到超过 1700℃来工作。碳和二氧化硅的反应产生 SiC 和以气体的形式从熔炉中释放出来的一氧化碳。SiC 以尺寸从零点几毫米到大约 3mm 不等的小晶体形式保留在反应材料中。根据从原材料中掺入的杂质，这些晶体通常呈深绿色或黑色（见图 5.1b）。为了将这种 SiC 用作工业材料，它经过化学处理以与剩余的反应物质分离，然后粉碎并研磨成适当的粒度。

Acheson 法生产的合成 SiC 的世界产量每年（2016 年）超过 150 万吨（约价值 2300 兆美元）。它主要用作研磨材料，但很大一部分（约 30%）在钢铁工业中用作脱氧剂和耐火材料。SiC 还因其质量小、硬度高及机械强度和耐热性优异而被广泛用作陶瓷和复合材料的组成部分。

5.2.2　自然界中的 SiC

Ferdinand Frederick Henri Moissan（1852—1907），法国著名化学家，1905 年在亚利桑那州沙漠的巴林格陨石坑中发现的峡谷暗黑陨石[6]中，发现了天然存在的 SiC。他将一块 56kg 的陨石溶解在强酸中，得到了一些微小的晶体，这些晶体被确定为 SiC。随后，在许多其他陨石样本和陨石撞击造成的撞击坑中也发现了这种矿物形式。据推测，地球大气与陨石之间的摩擦产生的热量是从陨石中已经含有的适当原材料形成 SiC 所需的温度来源。也有人提出,在某些情况下,二氧化硅(石英)的来源可能来自于与地壳撞击时发生置换的材料。奇怪的是,也有争议,认为它可能只是已经广泛使用的金刚砂工具的污染。

如今,这种 SiC 的地外来源已清楚地通过其碳同位素组成得到证实。它的 ^{12}C 同位素浓度与 ^{13}C 同位素浓度之比约为 64。该值明显低于陆地来源材料中的 $^{12}C/^{13}C$ 比值。今天,主流理论认为星际 SiC 是在太阳前面碳星膨胀的大气中合成的[7]。

B. I. Ozernikova 于 1956 年在 Tyung 河(西伯利亚)的沉积物中首次发现了来自陆地的天然 SiC,A. P. Bobrievich 于 1957 年在苏联雅库特的含金刚石金伯利岩管中也发现了天然 SiC[8]。陆地和合成 SiC 的碳同位素组成相同($^{12}C/^{13}C$ = 95.14),对应于 ^{13}C 的天然丰度(1.04%)。无论如何,它们化学元素组分很清晰。天然陆相 SiC 中微夹杂物的元素分析以及对其成因的可能机制的讨论可以在其他地方找到[9]。

所有天然存在的 SiC 都被命名为"莫桑石",以纪念发现者 Moissan 博士(他还因从含氟化合物中分离出氟而获得诺贝尔奖)。莫桑石的星际和陆地晶体都非常罕见且很小,最大尺寸不超过零点几毫米。"莫桑石"这个名称现在也被用作宝石和珠宝行业合成 SiC 晶体的营销名称。

5.3 SiC 材料性能

SiC 是Ⅳ族元素的唯一化合物。它具有严格的硅(Si)和碳(C)原子的化学计量比,它不可能与其他Ⅳ族元素形成具有可变组分的固溶体(例如 Si_xGe_{1-x})。

5.3.1 SiC 的化学键和晶体结构

SiC 中的 Si 和 C 原子的 4 个价电子轨道 sp^3 杂化,形成非常强的 Si-C 键,离解能为 3.1eV。由于两个原子之间共享结合电子,这些键主要是共价键。碳原子的电子密度较高,因为其较高的电负性(C 为 2.55eV,Si 为 1.9eV)使得 Si-C 键具有部分离子性,Si-C 键离子性定量描述的严格定义和表达式可以在其他地方找到[10]。

SiC 晶格中的每个 Si(或 C)原子都被 4 个碳(硅)原子(最相邻原子)包围,这些原子形成一个规则的四面体,如图 5.2a 所示。SiC 中 Si 和 C 原子之间的距离(键长)为 0.189nm。图 5.2a 中用点画线矩形突出显示的 4 个原子形成了图 5.2b 中所示的 SiC 密堆积双层(注意,为了更好的可见性,Si 和 C 原子在该草图中显示为共面)。由该双层形成的平面称为基面,垂直于该平面的结晶方向称为堆叠或<0001>晶向。这个方向具有极性，因为硅悬挂键在一侧，而碳键在 SiC 双层的另一侧。当 SiC 晶圆以两侧平行于基面的方式切割或生长时，该晶圆具有两个物理不等价的表面：（0001）Si 面和（000$\bar{1}$）C 面或简单的 Si 面和 C 面。从 C 面到 Si 面的晶向为 [0001]，称为 c 轴。这些 Si 面和 C 面具有显著不同的特性，例如，C 面的氧化速率大约是 Si 面的 8 倍。

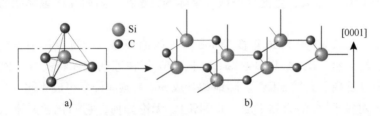

图 5.2　a）SiC 晶格中的一个硅原子及其 4 个最近邻原子，形成一个正四面体；
　　　　b）SiC 密堆积双层的 3D 草图（Si 和 C 原子显示为共面以提高可见度）

图 5.3a 示意性地描绘了 SiC 中的六方晶胞、基矢和主晶面。图 5.3b 显示了 Si 和 C 原子在 SiC 基面上的布局。基面中基矢的长度为 0.308nm。沿 c 轴的基矢的长度取决于构成晶胞的堆叠双层（n）的数量以及两个相邻双层之间的距离，即 0.252nm（Si-C 键长的 4/3）。请注意，a 和 m 晶面是非极性的，因为这些晶面两侧的 Si 和 C 悬挂键的数量相同。

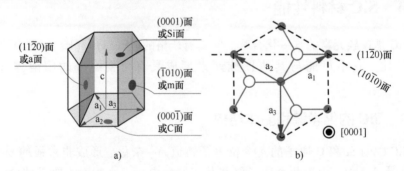

图 5.3　a）SiC 中的六方晶胞和基矢，b）Si 和 C 原子在 SiC 基面上的布局
（实心圆和空心圆分别表示 C 和 Si 原子）

5.3.2　SiC 多型体的晶体结构和符号

SiC 双层不能与其自身堆叠，因为底部双层中的 Si 键必须与顶层中的 C 键对齐。顶层必须旋转 180°或在<$\bar{1}$100>方向上移动以对齐两个相邻 SiC 双层中的 Si 和 C 原子，如图 5.4 所示。有许多方法可以堆叠移位和旋转的双层以形成不同的 SiC 晶胞。SiC 最令人惊奇的特性是它存在 170 多种晶体结构（称为多型

体），在一个晶胞中具有不同数量的堆叠双层。绝大多数 SiC 多型体是通过 X 射线衍射发现作为 SiC 晶体中的微夹杂物的，但其中一些在自然界中含量丰富，可以生长成合理的尺寸以供工业使用。

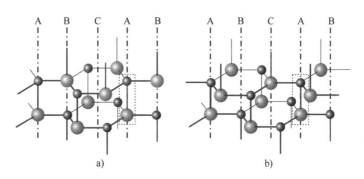

图 5.4　两个连续的 SiC 密堆积双层的 3D 草图，它们（图 a）旋转或（图 b）移动以堆叠，每个双层中的 Si 和 C 原子均显示为共面，以提高可见度，大球和小球分别表示 Si 和 C 原子，用点画线表示的 A、B 和 C 位于与绘图平面重合的（11$\overline{2}$0）平面内

每种 SiC 多型体都具有独特的电学和光学特性。与晶体生长相反，器件工艺参数（如退火温度、氧化和刻蚀速率等）通常不取决于 SiC 多型体，但由不同 SiC 多型体制成的器件具有非常不同的特性。因此，当用于半导体电子器件时，SiC 是一组具有不同结构和电特性的材料的通用名称，这些材料必须清楚明确地指定。在本节中，将简要描述 SiC 多型体的晶体结构和符号，其范围足以理解本书后续章节。A. R. Verma 和 P. Krishna 在他们的经典著作[11]中详细描述了 SiC 和其他材料中的多型现象。更多关于多型性和 SiC 特性的最新概述可以在其他地方找到[12-15]。

多型性通常被定义为一维多态性，它又是物质以不同晶体结构结晶的能力。多型现象是由 H. Baumhauer[16] 于 1912 年在 SiC 晶体中首次发现的。它不是 SiC 的独特性质，但 SiC 是少数能以几种稳定的多型结晶的化合物之一，也是迄今为止发现的唯一一种可以形成具有很长晶胞的多型的化合物。事实上，据报道，在一个晶胞中具有 594 个双层的 SiC[17] 并且没有迹象表明它是具有最长可用周期的多型体。

不同多型的晶体结构之间的区别在（11$\overline{2}$0）晶面上最为明显。在图 5.4 中，该平面与绘图平面重合。表示 A、B 和 C 的点画线位于该平面内，它们与（0001）平面的交叉点标记了沿 c 轴定向的 Si-C 键的可能位置。一个双层的所有 Si 原子与沿 c 轴的下一个双层中的 C 原子结合只能位于相同的位置。不可能一部分在 A 位置，其余在 B 或 C 位置。因此，可以通过在（11$\overline{2}$0）晶面中看到的 Si 原子的位置来识别 SiC 双层。然后，可以通过对应于晶胞中的 SiC 双层的

A、B 和 C 符号序列（所谓的 ABC 符号）来指定 SiC 多型体。图 5.5 示意性地显示了 4 种 SiC 多型体在（11$\bar{2}$0）晶面上的原子布局，沿 c 轴具有最短的基矢。此图中的每个多型都使用不同的符号标注名称。很明显，ABC 表示法生动明确，但过于烦琐。实际上，图 5.5 还显示了在晶胞中只有 9 个双层的 SiC 多型体，以证明 ABC 符号对于指定长周期多型体是不切实际的。

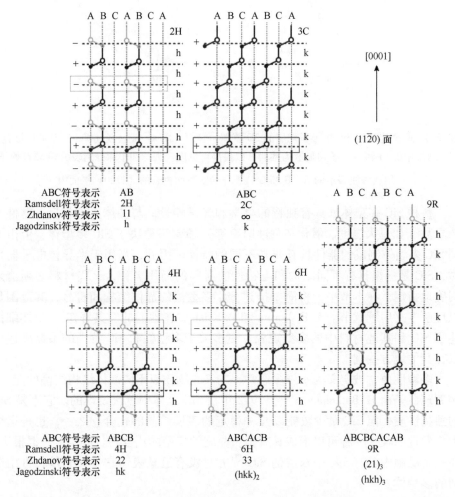

图 5.5 沿 c 轴具有短基矢的 5 种 SiC 多型体的（11$\bar{2}$0）晶面中的硅（空心圆）和碳（实心圆）原子布局，SiC 双层以矩形突出显示，它们的伪自旋在左侧的列中表示，虚线分隔具有相同局部对称性的 Si-C 双层，在右侧用 h 或 k 表示。每个多型体使用不同的符号标注名称

Lewis Ramsdell[18]引入了 ABC 符号的紧凑替代方案，他通过晶胞中的双层数（n）后跟字母 C、H 或 R 来指定 SiC 多型体，分别对应于晶体对称性，可以

是立方、六方形或菱形。在 Ramsdell 表示法中每个晶胞中只有两个双层的最短周期的 SiC 多型体是 2H-SiC，具有纤锌矿结构。下一个多型体是 3C-SiC，它具有面心立方晶胞（[111] 方向与 c 轴重合）和闪锌矿结构。所有其他 SiC 多型体都是六方形或菱形。

在 Ramsdell 表示法中，n（晶胞中双层的数量）的选择规则很少，在具有菱形晶格的多型体中，n 必须是 3 的倍数：

$$n = 3m \tag{5-1}$$

其中 m 是一个正整数，并且

$$n_+ - n_- = 3r \pm 1$$
$$n_+ + n_- = m \tag{5-2}$$

式中，n_+ 和 n_- 为具有正负伪自旋的双层的数目，占晶胞的 1/3；r 为任意整数。具有六方对称性的晶格必须在晶胞中具有偶数层，并且从 $n/2$ 到 n 的层的堆叠顺序必须与从 0 到 $n/2$ 层的顺序相反[11]。从这些选择规则直接可以得出，在晶胞中不存在具有 5 或 7 个双层的多型体，具有菱形对称性的最短周期多型体是 9R-SiC。Ramsdell 符号由于其紧凑性而成为最广泛使用的符号，但它并不像 ABC 符号那样反映晶胞的内部结构。

Zhdanov[19] 提出了一种反映晶胞内部结构的紧凑符号。该系统中，多型体由具有相同伪自旋的连续双层的数目指定。前 4 种 SiC 多型体和 9R-SiC 的 Zhdanov 表示法如图 5.5 所示。多型体 2H 在 Zhdanov 表示法中被指定为 11，因为每下一个连续的双层都会改变其晶向。3C 多型体在 Zhdanov 表示法中被指定为 ∞，因为双层永远不会改变它们的晶向。多型体 6H 的晶胞包括 3 个相同方向的连续双层，然后是 3 个相反方向的连续双层。它以 Zhdanov 表示法指定为 33。9R-SiC 晶胞中双层的伪自旋序列为 ++-++-++-，其在 Zhdanov 表示法中指定为 $(21)_3$。在这种表示法中，相对丰富的长周期菱形多型体 15R-SiC 具有非常紧凑的名称 $(23)_3$，这确实反映了其晶胞的内部晶体结构。

Heinz Jagodzinski[20] 提出了另一种适当的符号。在图 5.4 中可以清楚地看到，围绕两个连续双层的 Si 和 C 原子（由虚线矩形突出显示）具有不同的次近邻几何形状，具体取决于堆叠双层的方向。如果这些原子分别以相同或相反的伪自旋结合两个双层，则这些原子占据具有立方或六方局部对称性的晶格位置。这些具有相同局部对称性的 Si 和 C 原子层（Si-C 双层）在图 5.5 中由虚线分隔，如果它们分别具有六方或立方局部对称性，则标记为 "h" 或 "k"。Jagodzinski 符号通过指示晶胞中每个 Si-C 双层的局部对称性来指定 SiC 多型体。该符号系统不如 Ramsdell 和 Zhdanov 符号紧凑，例如，它将多型体 15R 指定为 $(kkhkh)_3$。尽管如此，Jagodzinski 符号仍非常有用，因为它清楚地反映了六方多型体（D），其定义为

$$D = n_h / (n_h + n_k) \tag{5-3}$$

式中，n_h 和 n_k 为晶胞中六方和立方双层的数目。

最后，应该注意的是，3C-SiC 通常被称为 β-SiC，而所有其他 SiC 多型体都有一个通用名称 α-SiC。

5.3.3 SiC 多型体的稳定性、转化和丰度

SiC 最常见的多型体是 3C、2H、4H、6H、8H 和 15R。

具有较短周期的菱形多型体，例如 9R，仅在其他更丰富的多型体内部作为局部纳米级区域中的堆叠层序列观察到[21,22]。

由于层错能非常低，SiC 多型体是亚稳态的，它们可以通过热处理相互转化[23]。事实上，Krishna 等人[24]报道了在 1400~1800℃的温度下在氩气中退火 16h 后，小（1~2mm 尺寸）2H-SiC 晶体在 3C-SiC 中的转变。可以在其他地方找到作为温度函数的 SiC 多型体出现的稳定性图[11]。大致来说，最热力学稳定的多型体是温度低于 1800℃的 3C-SiC、1800~2000℃的温度范围内的 2H-SiC 和 2000~2400℃温度范围的 4H-SiC。6H、15R 和 8H-SiC 多型体可以在更高的温度下结晶。

最丰富的天然陆地 SiC 多型体是 6H-SiC，其次是 15R 和 33R。天然 3C-SiC 在陆地上极为罕见，天然 2H-SiC 从未被报道过[9]。

Acheson 工艺生长的 SiC 具有相似的多型分布，主要包含 6H-SiC，然后是 15R 和 4H[11]。3C-SiC 和 2H-SiC 均无法通过该工艺大量生长。

星际 SiC 主要是 3C（约 80%），其次是 2H（约 2.7%），其余 17% 是具有可变比例的 2H 和 3C 多型体的晶粒[7]。

5.3.4 SiC 的化学物理性质

具有强化学键的 SiC 坚韧的晶体结构决定了其出色的机械、热、化学和电性能，其中一些与硅和金刚石并列显示在表 5.1 中以进行比较，这三种材料都是间接带隙半导体，具有相似的晶体结构，但具有不同的键离解能，这决定了它们的特性差异。

表 5.1 SiC、硅和金刚石的主要物理特性[10,25-28]

特性	单位	Si	SiC	C
键能	eV	2.3	3.1	3.6
键长	nm	0.235	0.185	0.1545
莫氏硬度		7	9.1~9.4	10
密度	g/cm³	2.33	3.21	3.52
300K 时的热导率	W/(cm·K)	1.3	3.7~4.9	20~25

(续)

特性	单位	Si	SiC	C
德拜温度	℃	370	850	1600
熔化(分解)温度	℃	1412	约2500(升华)	约3600(升华)
相对介电常数		11.9	10.03	5.7
300K 时的带隙能量	eV	1.12	3.23*	5.47
300K 时的本征载流子浓度	cm^{-3}	8.8×10^9	1.7×10^{-8} *	约10^{-27}
300K 时的击穿电场强度	V/cm	$(2 \sim 4) \times 10^5$	$(1.6 \sim 3) \times 10^6$ *	$10^6 \sim 10^7$
300K 时的电子迁移率	$cm^2/(V \cdot s)$	1400	900*	>2000
浅施主激活能	meV	43(Sb)	52(N)*	600(P)
浅受主激活能	meV	45(B)	190(Al)*	370(B)
天然单晶衬底最大直径	mm	450	200	10
天然氧化物的可用性		是	是	否

注：* 为 4H 多型体数据。

SiC 是一种非常坚硬的材料——莫氏硬度仅次于金刚石和氮化硼。它在升华温度约 2500℃ 时保持固态，并具有非常高的德拜温度（约 850℃）——该温度对应于最大声子频率，并限制了 SiC 作为半导体材料的最高工作温度。SiC 具有与铜相当的优良导热性。作为结构材料和半导体，它可以抵抗辐射损伤[29]。

SiC 的化学惰性非常突出，室温下不与任何化学物质相互作用。它只能在高于 450℃ 的熔融碱中腐蚀。SiC 仅在 900℃ 以上时才开始明显氧化。单晶 SiC 在 1200℃ 干燥纯氧中的腐蚀速率为 2.5~20nm/h，具体取决于腐蚀的表面取向。作为比较，金刚石在 800℃ 以上的温度下会被燃烧掉，而硅在 1200℃ 的干燥纯氧中的腐蚀速率约为 100nm/h。应该注意的是，尽管 SiC 氧化速率非常低，但在 SiC 上可以生长足够厚的 SiO_2 膜，以用于器件应用。这是 SiC 与其他宽带隙半导体（如不具有天然氧化物的金刚石和Ⅲ-Ⅴ氮化物）相比的一大优势。

由于其耐热性、硬度、化学惰性和可承受的成本，SiC 作为研磨材料和耐火陶瓷材料的组成部分有许多应用。纯单晶 SiC 透明无色，它具有超过钻石的折射率、色散和光泽指数，用于制造一种非常受欢迎的宝石，称为莫桑石。

5.3.5 SiC 的多型性和电性能

与第一性原理近似，SiC 的电学性质也由 Si-C 键能决定。事实上，随着这种能量越高，电离原子并产生电子-空穴（e-h）对就需要更多的能量。这种电离能大致对应于导带和价能带之间的间隙（E_g）。SiC 被称为宽带隙半导体，是因为它的带隙比硅宽得多。

正如 5.3.2 节所述，不同 SiC 多型体的晶胞中的局部电势分布取决于它们的晶体结构，尤其是六方形的占比。这种变化会显著影响 SiC 多型体的所有电学特性，包括带隙能量、电子亲和能、掺杂杂质的电离能、荷电载流子的有效质量和迁移率、碰撞电离系数等。这种依赖性由图 5.6 说明，其中带隙能量和电子亲和能随多型体中六方形占比而变化，该图中显示的数据取自本章参考文献 [30, 31]。这些可能是电参数随多型体中六方形占比几乎线性变化的最独特的例子。

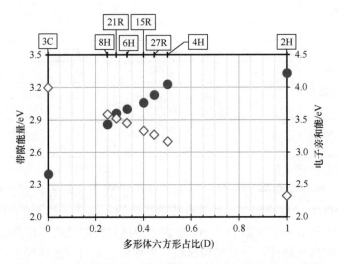

图 5.6　SiC 的带隙能量（实心圆）和电子亲和能（空心菱形）随多型体中六方形占比的变化[30,31]

SiC 多型体的其他电参数不一定表现出对其六方形占比的线性甚至单调依赖性，例如，3C-SiC 和 4H-SiC 的最大电子迁移率均高于 6H-SiC。这三种多型体是 SiC 电子材料中使用最广泛的，它们与半导体器件工艺相关的电特性总结在表 5.2 中。

表 5.2　3C-SiC、4H-SiC 和 6H-SiC 的主要电特性[10,26,28,35]

特性	单位	3C-SiC	6H-SiC	4H-SiC
六方形占比		0	0.33	0.5
300K 时的带隙能量	eV	2.36	3.08	3.23
电子亲和能	eV	4.0	3.45	3.17

(续)

特性	单位	3C-SiC	6H-SiC	4H-SiC
300K 时的本征载流子浓度	cm^{-3}	1.4×10^{-1}	1.8×10^{-7}	1.7×10^{-8}
浅施主（N）电离能	meV	60~100	85~125	52
浅受主（Al）电离能	meV	260	239	190
300K 时的最大电子迁移率	$cm^2/(V \cdot s)$	900	360	900
300K 时的最大空穴迁移率	$cm^2/(V \cdot s)$	40	90	120
300K 时的最大击穿电场强度	V/cm	约 1×10^6	约 3×10^6	约 3×10^6

比较表 5.2 中所示的电参数可以得出明显的结论，即 4H-SiC 是最适合制造功率半导体器件的多型体，因为它具有较高的载流子迁移率和较低的施主和受主电离能。

5.3.6　SiC 作为高温电子材料

由于带隙较宽，SiC 中电子-空穴对的热生成远低于硅，因此 4H-SiC 室温本征载流子浓度（n_i）比 Si 中低约 18 个数量级。事实上，纯 4H-SiC 在室温下是一种非常好的绝缘体，它需要加热到 500℃ 才能具有与硅在室温下相同的本征载流子密度（约 $10^{10}cm^{-3}$）。为了使 n_i 值与功率半导体器件中通常使用的掺杂水平（约 $10^{14}cm^{-3}$）相当，SiC 必须加热到 900℃（作为比较，硅中 $n_i = 10^{14}cm^{-3}$ 时对应 200℃）。因此，SiC 半导体器件的最高工作温度可以达到 SiC 的德拜温度（850℃）。实践中，它目前受到用于制造这些器件的电介质和金属化的热稳定性的限制。

美国国家航空航天局约翰格伦研究中心的 Philip Neudeck 小组报道了高温 SiC 器件最令人吃惊的例子，他们证明了封装的 4H-SiC 结型场效应晶体管（JFET）逻辑集成电路（IC）在空气中超过 800℃ 的环境温度下可以短期运行[32]。他们还证明了 SiC 横向 JFET 在 500℃ 下的工作时间为 6000h，这受到用于在这些器件中形成欧姆接触的金属叠层的热退化的限制[33,34]。

5.3.7　SiC 作为大功率电子材料

碰撞电离也可以产生电子-空穴对。在足够高的电场下，一些载流子可以被加速以获得足够的能量，从而能够从共享轨道中碰撞出电子并产生 e-h 对。显然，这个能量必须高于 E_g，该过程用电子（空穴）碰撞电离率来表征，很大程度上取决于特定材料中的电场、带隙能量、温度和载流子散射机制。在临界电场强度（F_{CR}）下，每个电子（空穴）在穿过器件结构的过程中都会产生至少一个 e-h 对。这种产生导致载流子浓度进而是电流（如果它不受外部电路限制）无限上升。在具有特定掺杂分布的结构中对应于 F_{CR} 的电压降称为击穿电压（V_B）。F_{CR} 和 V_B 都与 $(E_g)^{3/2}$ 成正比[25]，并确定了由特定材料制成的开关和整流器件的最大阻塞电压。上述推理非常简单，但在特定半导体中的化学键强度与由该材料制成的功率器件阻塞特定电压的能力之间提供了逻辑联系。

比较 4H-SiC、硅和金刚石的电性能（见表 5.1），可以注意到 SiC 的唯一缺点是电子迁移率低。然而，与传统半导体相比，SiC 非常高的击穿场强和高热导率在许多功率器件中具有显著的性能优势。值得一提的是，金刚石具有更高的击穿场强和热导率，但金刚石的施主激活能比硅和 SiC 高出 10 倍以上，几乎不能用于制造功率半导体器件。

为了了解 SiC 功率器件相对于硅的潜在优势，下面粗略估算具有相同阻塞电压额定值但由 SiC 和 Si 制成的器件的电特性和参数。这种类型的所有器件都具有厚的低掺杂外延层，该外延层在反向偏压下完全耗尽以承受施加的电压。该层被施主杂质掺杂，当器件正向偏置（处于开启状态）时，提供电子以传导电流。在这个特定的例子中，我们考虑一个单极器件，它在正向偏压下在阻挡层中没有载流子注入。它可以是肖特基二极管，也可以是结势垒肖特基（JBS）二极管，或金属氧化物半导体场效应晶体管（MOSFET），或结型场效应晶体管（JFET）。只要 Si 和 SiC 具有相似的受主电离能（见表 5.1），为简单起见，可以假设电子浓度（n_e）等于阻挡层中的施主浓度（N_D）。我们还假设器件终端效率为 100%，因此最大阻塞电压等于 V_B，最大电场强度等于 F_{CR}。

表征功率器件效率的两个最重要的参数是导通电阻（R_{ON}）和将其从正向偏置下的导通状态切换到反向偏置的绝缘状态时必须从阻挡层中移除的电荷（反向恢复电荷，Q_{RR}）。这两个参数都取决于阻挡层中的电子浓度、厚度（d）和器件面积（S）：

$$R_{ON} = \frac{d}{Sq\mu_e n_e} = \frac{d}{Sq\mu_e N_D} \tag{5-4}$$

$$Q_{RR} = qdSN_D \tag{5-5}$$

式中，q 为基本电荷；μ_e 为电子迁移率。

从表 5.1 中可以看出，4H-SiC 中的临界电场强度大约是硅的 10 倍。因此，4H-SiC 器件可以具有 Si 1/10 薄的阻挡层，以支持相同的阻塞电压，并且该层可以掺杂到更高的水平，从而获得更低的导通电阻。更准确地说，可以根据由以下表达式定义的比导通电阻、阻挡层厚度和掺杂水平，来进行最小化设计：

$$d = \frac{3}{2}\frac{V_B}{F_{CR}} \tag{5-6}$$

$$N_D = \frac{4F_{CR}^2 \varepsilon\varepsilon_0}{9qV_B} \tag{5-7}$$

式中，ε_0 为真空介电常数；ε 为相对介电常数。

表 5.3 给出了使用方程式（5-4）~式（5-7）计算的具有优化的掺杂水平和阻挡层厚度的单极 4H-SiC 和 Si 功率器件的参数和特性。选择 4H-SiC 阻挡层的面积是为了使其反向恢复电荷小于 Si 中的反向恢复电荷。在这个特定示例中，4H-SiC 器件的面积为硅器件的 1/10，4H-SiC 器件的 Q_{RR} 值比硅器件低 22%。同时，4H-SiC 阻挡层的导通电阻为硅的 1/56。这种非常简化的考虑清楚地表明了 SiC 在功率半导体器件中的巨大应用潜力。

表 5.3 单极 4H-SiC 和 Si 功率器件的计算参数和特性

阻塞电压	V	650	
正向电流	A	50	
半导体材料参数			
材料		Si	4H-SiC
电子迁移率	$cm^2/(V \cdot s)$	1400	900
相对介电常数		11.7	9.7
最大电场强度	V/cm	2.7×10^5	2.84×10^6
典型接触电阻率	$\Omega \cdot cm^2$	6×10^{-6}	1×10^{-4}
典型衬底电阻率	$m\Omega \cdot cm$	1	14
典型衬底厚度	cm	0.04	0.04
器件结构参数			
优化的阻挡层厚度	μm	36.1	3.4
优化的阻挡层掺杂	cm^{-3}	3.2×10^{14}	3.0×10^{16}
器件面积	cm^2	1	0.09
阻挡层的计算特性			
V_B 时的输出电容	pF	28.7	27.1
反向恢复电荷	μC	1.86	1.46
阻挡层导通电阻	mΩ	50.0	0.9
寄生串联电阻			
接触电阻	mΩ	0.006	1.11
衬底电阻	mΩ	0.04	6.22
计算的器件特性			
总电阻	mΩ	50.0	8.23

（续）

计算的器件特性			
正向电流密度	A/cm²	50	556
通态功耗	W	125	21
通态耗散功率密度	W/cm²	125	229

为了在实践中充分发挥 SiC 的这一优势，需要适当的 SiC 晶体生长和器件加工技术。事实上，功率器件中的阻挡层并不是一块悬浮的材料，它必须支撑在衬底上并金属化以提供电接触。表 5.3 列出了衬底厚度、接触电阻率和衬底电阻率的典型值。这些参数决定了模拟器件的寄生串联电阻（R_s），计算的 R_s 值如表 5.3 所示，很明显，Si 器件中的串联电阻可以忽略不计，而在 4H-SiC 器件中，它是阻挡层电阻的 8 倍。4H-SiC 器件的总电阻仍然为硅器件 1/6，但这一专门的估算清楚地表明，非常需要进一步改进 SiC 器件制造技术。

表 5.3 中的最后两行比较了 Si 和 4H-SiC 器件在相同正向电流下产生的总功率和功率密度。由于 SiC 具有更高的热导率和最高工作温度，可以有效地散热，因此 4H-SiC 器件中两倍的功率密度是完全可以承受的。

5.4 早期无线电技术中的 SiC

鉴于本书的主题，重要的是，Acheson 工艺早在硅或锗等其他材料的晶体出现之前就实现了小型 SiC 晶体的工业生产，这在无线电和通用电子产品发展中发挥了至关重要的作用。

早期的无线电技术需要使用原始的类似二极管的器件从调谐电路中提取信号。早期的收音机是在半导体或真空阀二极管出现之前设计的，主要使用所谓的粉末器件，这些器件要么由磁性金属颗粒加压装入小锡罐中制成，要么是液汞器件。按照现代标准，它们的二极管特性非常差，因此信号提取效率非常低。那时人们知道，天然存在的方铅矿（PbS）晶体表现出非线性电流电压（I-V）特性，从而产生了将它们用作无线电探测器来代替粉末器件的想法。方铅矿探测器的专利于 1904 年授予 J. C. Bose[36]。该器件设计基于与晶体表面点接触的小导线（"猫须"）的机械接触，而其他连接是由夹具或低熔点合金形成的大面积接触。方铅矿探测器的使用非常棘手，因为它们需要微调导线位置和压力，并定期重复使用以保持良好的电特性。

许多其他材料被测试用于无线电探测器而不是方铅矿（至少超过 30000 种连接线和晶体的组合）[37]，1906 年，退休的美国陆军将军和 De Forest Wireless Telegraph Co. 副总裁 Henry Harrison Chase Dunwoody（1842—1933），利用由 SiC

制成的"波响应器件"[38]获得了无线电报系统的专利。图5.7显示了将电极连接到本专利所涵盖的晶体的几种方法。金刚砂的主要优点是其硬度，可以对触点施加高压并获得这些器件的稳定可重复操作。

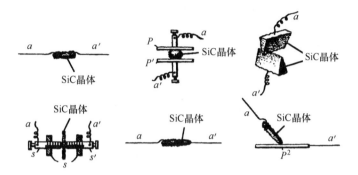

图5.7　H. H. C. Dunwoody将军获得专利的部分类型的
SiC"波响应器件"[38]（来自美国专利商标局）

第一篇描述SiC探测器电特性的科学论文由George W. Pierce（1872—1956）于1907年发表[39]。他根据接触压力、温度和接触几何形状研究了夹在银钳中的SiC晶体的"单向导电性"。他发现，一些样品不仅表现出非线性，而且表现出整流I-V特性，如图5.8所示。当SiC晶体的一侧被"镀铂"（被溅射铂覆

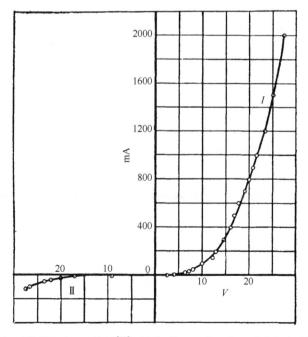

图5.8　SiC探测器的整流I-V特性[39]　[授权使用，美国物理学会版权所有（1907）]

盖）时，这种整流行为变得更加明显。Pierce 还证明了具有整流特性的样品（在现代术语中称为 SiC 点接触肖特基二极管）可以用作无线电探测器，而无需额外的电压偏置。

G. W. Pickard[40] 对金属接触技术进行了重大改进，他率先使用电镀金属膜作为一系列半导体材料的接触。这种接触的使用使早期 SiC 探测器的电特性更加可预测和可靠。这些探测器很快成为占主导地位的无线电探测器器件。尽管它们不如方铅矿制成的敏感，但它们机械稳定，不需要附加的调谐电路，并且在出售时已校准并封装在墨盒中（见图 5.9）。

图 5.9 Carborundum 公司 1924 年推出的商业封装 SiC 探测器，纤维管被切开以暴露焊接到左侧接触的 SiC 晶体以及连接到背面接触的黄铜柱塞和弹簧（来自维多利亚博物馆）

5.5 SiC 的电致发光

随着 Acheson 晶体 SiC 二极管的广泛采用，没过多久，电致发光就被发现了。1907 年，Captain Henry Round（Marconi 公司的一名雇员和 117 项专利的发明者）报道了当电流通过 SiC 晶体上的两个点接触之间时观察到的"一种奇怪现象"[41]，在他简短的"关于 SiC 的注释"中，作者报道说，当施加 10V 电压时，在某些晶体中观察到淡黄色、绿色或蓝色光，在负极处观察到明亮的辉光，并且仅在朝向正极的部分中观察到。Round 精确证明了这种光发射与"由 SiC 和另一个导体的结产生的电场"有关。在电子学发展的那个阶段，这种光发射可能被认为太弱（与白炽灯泡相比）无法用于工业，未进行进一步研究。

SiC 的电致发光在过后 15 年内一直未被探索，直到它被苏联下诺夫哥罗德无线电实验室（Nizhniy-Novgorod Radio Laboratory）的雇员 Oleg Lossev（1903—1942）重新发现[42,43]。事实上，他报道了 SiC 的两种类型的光发射——我们现在称之为反向偏压下的"预击穿光发射"和之前 Round 在正向偏压下看到的电致发光发射[44]。

图 5.10 显示了由具有不锈钢点接触的 SiC 晶体制成的 SiC 探测器的 I-V 特性，其中明确标识了电致发光条件。同时，Lossev 主要将精力集中在更常规地将 SiC 和氧化锌二极管用于部分调谐无线电电路。他发现一些 ZnO 二极管的 I-V 特性具有负斜率的截面，并基于这些二极管设计了检波放大器，他将其命名为"crystadyne"。然而，电致发光并没有被他完全忽视，Lossev 意识到这种光发射可以调制到非常高的频率并用于光通信。他继续实验研究正向偏置发光，并正确地确定它发生在具有"更长的平均电子自由程"的顶层和具有"更短的电子平均自由程"的 SiC 晶体之间的边界（我们现在将其标注为不同掺杂的极化层——尽管这个概念当时并不为人所知）。Lossev 还尝试使用新兴的量子理论来理解这种效应，并在光发射与反向光电效应概念之间的联系方面取得了一些进展。他关于发光二极管（LED）、光电二极管和高频信号光记录器[45]发表了 16 篇论文，并获得了 4 项专利。

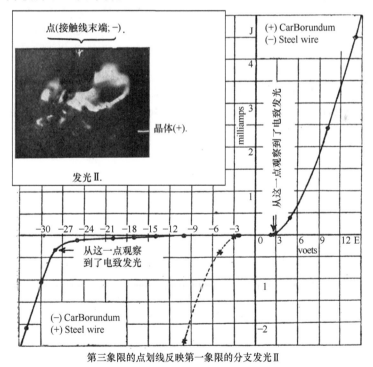

图 5.10 Lossev 用 SiC 晶体制成的具有不锈钢点接触的 SiC 探测器的 I-V 特性，电致发光的起点清晰可见[44]，插图为正偏下的 SiC 电致发光［授权使用，Taylor & Francis Ltd. 版权所有（1928）］

显然，Lossev 观察到的电致发光是通过 Acheson 方法生长的晶体中自发形成的 SiC pn 结的电致发光。在工业方面，直到很久以后，SiC LED 仍然不是可用的光源。

5.6　SiC 变阻器

在许多国家，20 世纪 20 年代和 30 年代，民用系统都还使用直流电网，直到后来交流电成为主流。直流电网由大量相邻的电池装置供电，并通过低阻抗连接到家庭住宅。为了保护这些配电系统以及有线电信线路免受可能由雷击引起的电流浪涌，开发了一种新的元器件，就是变阻器，一种非线性电阻器，其电阻随着电压的增加而减小。

早期的变阻器由氧化铜和铜制成，它们被 30 年代初贝尔实验室 R. O. Grisdale 开发的 SiC 变阻器[46]所淘汰。SiC 变阻器是通过烧结 SiC 颗粒和黏合剂（石墨和黏土）的混合物制成的，具有可重复的电特性、更好的机械耐用性、更高的额定电压和更高的工作温度（高达 350℃）。发现 SiC 变阻器的非线性行为是由 SiC 晶粒之间的电压相关接触电阻引起的，而不是由 SiC 体电阻的变化引起的。通过 SiC 微晶之间的接触传导电流的各种机制在别处进行了讨论[47]。

虽然 SiC 变阻器现在在许多应用中被具有更高非线性的氧化锌变阻器和瞬态压控二极管所取代，但当需要高额定功率和商业化生产时，它们仍然有很高的需求[48]。

5.7　Lely 晶圆

1947 年 12 月 23 日，在美国贝尔实验室工作的 John Bardeen 和 Walter Brattain 发明了第一只晶体管。该器件和随后的商业晶体管由锗制成，它具有相对较窄的带隙（$E_g = 0.66eV$），这导致高本征载流子浓度和低电阻率（室温下约为 $60\Omega \cdot cm$）。很快，人们意识到固态电子器件需要具有更宽带隙的半导体才能与真空管竞争。到那时，硅被广泛用于冶金工业，1937 年，Russell Ohl（pn 结的发现者）提出了利用液相晶体生长生产高纯度单晶硅的方法[49]。由于硅的特性（$E_g = 1.12eV$）和可制造性，硅在后来很多年成为制造半导体器件的首选材料也就不足为奇了。

SiC 也被认为是一种适于制造半导体器件的具有较宽带隙的材料，如后来发明的晶体管。它已经大规模生产，并在晶体探测器应用中有良好的记录。但很明显，Acheson 工艺在 SiC 的尺寸和纯度上都受到了限制，需要一种新方法来生产具有"电子学"质量和可用尺寸的 SiC 晶圆。不幸的是，液相的晶体生长对 SiC 没有用——没有合适的溶剂，而且 SiC 没有明显的"液相"相。

SiC 气相生长是一个自然目标，1954 年，埃因霍温（荷兰）飞利浦公司的 Jan Anthony Lely 开发了一种通过升华生产高质量 SiC 晶体的方法，该方法在半导体行业很有潜力[50,51]。Lely 法实质上是使用高纯度 SiC 粉末（图 5.11 中的 2 和 3）作为原料，将其装入石墨容器（图 5.11 中的 1）中，从而在内部产生升华空间（图 5.11 中的 23）。将容器置于带有水冷铜电极（图 5.11 中的 18）的石墨加热器（图 5.11 中的 17）中，并在氩气、氢气或一氧化碳下加热至 2500℃，以使 SiC 结合并达到升华空间内的平衡蒸气压。升华的 SiC 蒸气（硅、碳、二碳化硅和碳化二硅的分离混合物）"以非常纯的 SiC 晶体的形式二次沉积在衬底上"。图 5.11 所示的 Lely 熔炉的 SiC 负载为 500g，有用晶体的产量为 30~200g。这些晶体（现在称为 Lely 晶圆）由于保护气体中残留的氮而具有低 n 型电导率。通过在保护气体中添加氮或 $AlCl_3$，还可以分别生长施主浓度高达 $6×10^{19}cm^{-3}$ 和受主浓度高达 $2×10^{19}cm^{-3}$ 两种类型的高导电 SiC 晶体。通过改变杂质气体的蒸气压还可以生产具有 pn 结的 SiC 晶体。

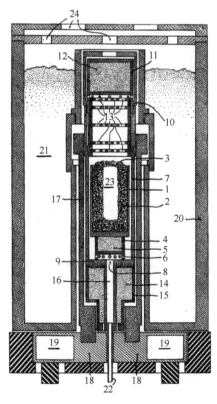

图 5.11　用于制造 SiC 晶体的升华炉示意图[51]（来自美国专利商标局）

通过 Lely 方法生长具有受控掺杂的片状 SiC 晶体是对 Acheson 工艺的重大改进，并引起了人们极大的兴趣。随着这些晶体生长的发展，美国空军于 1959 年在美国波士顿召开了第一次大型 SiC 会议[52]，近 500 名代表出席了会议，其中包括 William Shockley 和许多其他杰出人物。会议举行了 2 天多，发表了包括关于生长（体生长和外延生长）、材料特性、表征以及器件的论文。在会议上展示了许多出色的成果，说明了现阶段 SiC 技术的竞争力，尽管与硅或锗相比，Lely 生长的晶体的性质仍然较差。

基于 Lely 技术的 SiC 晶体生长方法的主要缺点是晶体成核和生长过程极难控制。此外，早期的 Lely 晶体有一个几乎平坦的表面和一个类似于精细楼梯的表面。

在接下来的 20 年里，对 SiC 材料性能进行了广泛的研究，并显著提高了 SiC 加工技术。许多公司基于 Lely 方法开发了生长工艺。苏联制定了一个重要计划，生长设施集中在波多利斯克，有许多 Lely 熔炉在那里运行。西屋电气公司取得了许多重大进展，他们通过利用生长区内的石墨衬垫来控制晶体的成核点数量，获得了具有两个平坦侧面的大尺寸晶圆[53]。西屋电气公司还基于 Lely 方法开发了原位掺杂技术以控制晶体的电导率，部分具有典型尺寸和形状的 6H-SiC Lely 晶圆如图 5.12 所示。

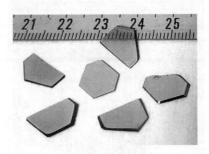

图 5.12　通过 Lely 方法生长的低掺杂 6H-SiC 晶圆

Lely 生长法的进一步开发由 Ioffe 研究所（苏联列宁格勒，现圣彼得堡）的 Yury A. Vodakov 和 Evgeniy N. Mokhov 小组进行。他们通过控制生长区硅蒸气的温度和分压开发了长周期 SiC 多型体的生长方法[54]。他们证明了具有稀有多型体 8H、15R、21R、27R 的 Lely 晶体的可重复生长（见图 5.13）。这些晶体一直从 Nitride Crystals, Inc. 商购。

Lely 晶圆既用于器件研究，也用于特定应用的蓝色和黄色 SiC LED 的小规模生产。在这个阶段，Lely 晶圆的不规则形状及其不超过几平方厘米的最大尺寸成为 SiC 电子学工业化发展的限制因素。

第 5 章 碳化硅发现、性能和技术的历史概述

图 5.13 罕见的长周期多型体的 SiC Lely 晶体（由 Nitride Crystals 公司提供）

5.8 SiC 体单晶生长

Lely 方法得到了质量优良的晶体，但也存在许多实际问题，而且不经济。正在寻找一种可以生产更典型的半导体"晶锭"的方法，并且在几个国家都有研究计划。这一突破来自苏联列宁格勒电子技术研究所（LETI）的研究小组。1978 年，Yuri Tairov 和 Valeri Tsvetkov 改进了 Lely 炉，将源材料和籽晶放置在升华空间的相对两端[55,56]。石墨容器被感应加热，温度梯度约为 30℃，以保持从源材料到籽晶的质量传递，这种 SiC 生长方法被命名为改进的 Lely 方法（也使用名称"LETI 方法"）。与 Lely 方法相比，该方法中的晶体生长基本上是在非平衡条件下进行的，并且可以在 2000~2700℃ 的广泛温度范围内进行。Tairov 和 Tsvetkov 仔细研究了蒸气相中温度、温度梯度和 Si/C 比等工艺参数的影响[57]。他们还研究了籽晶的作用及其制备方法，并率先理解了在与 SiC 籽晶的基面成小角度取向的表面上生长的优势。

Tairov 和 Tsvetkov 的工作的重要性怎么强调都不为过。改进的 Lely 方法能够生长具有受控多型体的 SiC 晶锭，可以将其切成标准尺寸的晶圆。它代表了所有后续 SiC 开发所依赖的重大突破。

5.9 SiC 外延生长

SiC 衬底（即使是标准尺寸）的可用性仍不足以用于 SiC 器件的商业生产，

需要开发晶体生长的第二个组成部分，即 SiC 外延，首次尝试是在 Tairov 和 Tsvetkov 研究改进的 Lely 方法的同时进行的。Ioffe 研究所的 Yury Vodakov 和 Evgeniy Mokhov 小组提议在升华生长过程中使用 SiC 晶圆作为源材料[58]。源晶圆和籽晶圆面对面放置，间距为 0.6~6mm，但不超过最大晶圆尺寸的 0.2。这种生长室几何形状减少了升华蒸气在横向上的损失，即使在室中惰性气体压力降低的情况下，也能保持所需的硅分压接近平衡压力[59]。该方法可以在相对较低的温度（约 1600℃）下生长厚达 $100\mu m$ 的外延层。生长的外延层具有非常高的晶体质量，位错密度低于 $100cm^{-2}$，并且可以掺杂至杂质固溶度极限，这种方法（称为"升华三明治法"或"升华夹层法"）仍被用作高质量外延 SiC 层的实验室生长方法，但由于难以控制层厚度和外延层的掺杂分布而从未被商业化。

SiC 外延的关键突破来自日本京都大学，当时 Shigehiro Nishino 和 Hiroyuki Matsunami 的小组正在研究通过化学气相沉积（CVD）来生长 SiC[60]，使用 C_3H_8 和 $SiCl_4$ 作为源气体，氢气作为载气，在 1500~1750℃ 的温度下在 6H-SiC 衬底上生长第一层。尽管 CVD 在精确控制层厚度和掺杂方面优于升华夹层法，但通过该技术生长的外延薄膜具有镶嵌结构和混合多型体，并且由于其低晶体质量而不适于 SiC 器件的制造[61]。

在 20 世纪 80 年代初期，同一研究组开发了通过化学气相沉积在硅衬底上生长立方 SiC 的方法[62]。他们使用带有石墨射频加热基座的卧式冷壁反应器。该过程在大气压下使用丙烷和硅烷作为源气体和氢气作为载气进行。在生长 SiC 之前，原位生长了 20nm 厚的多晶 SiC 缓冲层，然后生长了均匀厚度达 $34\mu m$ 的大面积异质外延 3C-SiC 层，但由于热膨胀系数不同（Si 为 $2.6×10^{-6}℃^{-1}$，SiC 为 $4.67×10^{-6}℃^{-1}$），以及 SiC 层和 Si 衬底间 20% 的晶格失配，它们会变形且结晶质量不足[63]。

1987 年，K. Shibahara、S. Nishino 和 H. Matsunami 发现引入 Si（100）衬底向 (011) 倾斜可有效消除反相畴并提高 3C-SiC 薄膜的结晶质量[64]。他们将这种技术（"偏轴衬底上的阶梯流生长"）应用于天然衬底上的 6H-SiC 的 CVD 中，并展示了与衬底多型体一致的高结晶质量的 SiC 层的外延生长[65]。该工艺在具有石墨射频加热基座的卧式冷壁反应器中在大气压和 1400~1500℃ 的相对较低温度下进行[66]。SiH_4（H_2 稀释到 1%）和 C_3H_8（H_2 稀释到 1%）用作源气体，氮和三甲基铝（TMA）分别用于 n 型和 p 型掺杂。SiC 外延层生长在 6H-SiC 衬底的 (0001) Si 面上，在 $[11\bar{2}0]$ 晶向上以 1.5°~6° 的角度偏离基面。在 CVD 生长之前，用氯化氢原位腐蚀衬底表面。图 5.14a 显示了 6H-SiC 衬底中生长层的多型体与生长表面和 (0001) 晶面之间的偏向角的大小和方向之间的关系。在偏离取向的 6H-SiC（0001）衬底上跨平台的阶梯流生长模型如图 5.14b 所示。阶梯流生长技术（也称为阶梯控制外延）的全面概述可以在其他地方找到[67]。

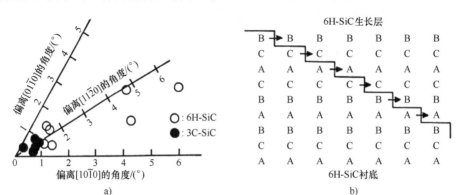

图 5.14　a）生长层的多型体取决于 6H-SiC 衬底中生长表面和（0001）平面之间的偏向角的大小和方向；b）在偏离取向的 6H-SiC（0001）衬底上的同质外延生长模型[65]（授权使用。JapanSociety of Applied Physics 版权所有）

1993 年，在 Erik Janzén 教授的领导下，瑞典林雪平大学的研究小组引入了热壁反应器，SiC 的 CVD 生长得到了进一步改善[68]。该反应器包括一个射频加热的基座，该基座由一块石墨切割而成，带有一个矩形孔，用于放置衬底。它通过高纯度石墨毡与水冷石英壁绝缘。这种类型的反应器可以在较高温度下以低背景掺杂（低于 $2×10^{14} cm^{-3}$）生长非常厚的外延 SiC 层[69]。这种 SiC 外延生长技术被称为高温 CVD（HTCVD），在制造高功率和高压 SiC 器件中必不可少。

5.10　SiC 电子工业的兴起

到 20 世纪 80 年代末，SiC 衬底和外延生长技术的可用性使我们能够详细研究 SiC 的电特性，开发核心 SiC 器件工艺技术（等离子体刻蚀、离子注入掺杂、欧姆和肖特基接触的形成、氧化），以及演示所有由 SiC 制成的基本半导体器件，包括 p-i-n 和肖特基二极管、MOSFET、JFET、双极结型晶体管（BJT）、LED[70-73]。不规则形状的 Lely 晶圆仍用于这些研究和 LED 的小规模生产，因为改进的 Lely 方法仍未在行业中引入。

5.10.1　Cree Research 公司成立和第一款商用蓝光 LED

突破来自北卡罗来纳州立大学。Robert Davis 博士领导了一个长期的 SiC 项目，他的团队在 20 世纪 80 年代初开始研究 SiC，并在使用源自 Tairov 和 Tsvetkov 工作的升华方法建立 SiC 晶圆生产方面取得了快速进展，有许多改进。1987 年，北卡罗来纳集团申请了美国和日本的专利，这些专利在获得批准后将在未来的发展中发挥关键的支撑作用[74]。该专利强调了诸如源材料的多型体、使用非单晶源材料、控制源材料的表面积和粒度分布以及连续控制源和籽晶之间的热梯度以保持最佳条件。这些发展（以及随后的进一步改进）促进了面积不断增加的高质量SiC衬底的生长。1987年，该小组展示了10mm直径范围内的6H-SiC体单晶生长能力。到目前为止，该小组还开发了SiC外延技术，并能够展示一些好的器件。

1987年夏天，基于这些结果，他们决定成立Cree Research公司，将SiC电子产品商业化，该公司于1988年开始销售蓝光LED。Cree Research公司的6H-SiC蓝光LED、绿光LED和UV光电二极管的开发、制造、表征概述可在其他地方找到[75]。从那时到现在，Cree Research公司主导着SiC市场，是SiC技术研发的领导者。

5.10.2 工业SiC晶圆生长

1991年，Cree Research公司向市场推出了第一款标准直径为1in的商用6H-SiC晶圆。Cree Research公司对SiC体单晶生长的概述可以在其他地方找到[76,77]。

一般来说，通过改进的Lely方法生长的SiC晶圆的晶体质量低于Lely晶圆[78]。SiC晶圆中最常见的晶体学缺陷是微管、3C多型夹杂物、螺纹刃位错（TED）、螺纹位错（TSD）、堆垛层错（SF）、晶界。SiC晶圆中最明显的缺陷是Lely晶片中未发现的微管[79]。它们是螺旋位错，具有大的Burgers矢量，沿c轴传播通过整个晶圆和随后生长的外延层。它们具有直径约$0.1\sim5\mu m$的空心芯，甚至在有源器件区域中发现的单个微管也会对高功率和高压器件的性能造成不利影响。20世纪90年代初期制造的SiC晶圆的微管密度（MPD）为100~1000cm^{-2}。这不是一个大问题，因为SiC晶圆用于制造低压蓝光LED并用于证明生产高功率器件的技术可行性。然而，SiC功率器件的商业化需要高产率地制造有源面积超过$0.1cm^2$的高压器件，而这在MPD>100cm^{-2}的晶圆上是无法实现的。这种对高结晶质量SiC晶圆的需求激发了20世纪90年代后半期和2000年代初期对改进的Lely生长方法优化的广泛研究。Cree[80] Research公司在2001年报道了直径为25mm且不含微管的SiC晶圆[77]。2004年，D. Nakamura等人报道了"重复a面"（RAF）生长工艺，这使他们能够生长直径2.0in、MPD为零且总位错密度为75cm^{-2}的4H-SiC晶圆。2007年，Cree Research公司展示了4in 4H-SiC晶圆，其MPD为零。

如今，尺寸高达150mm直径和MPD<1cm^{-2}的单晶SiC衬底已商业化生产。目前，150mm 4H-SiC衬底是MOSFET和肖特基二极管大批量生产的标准选择，尽管200mm SiC晶圆已经展示并正在开发中。市场上有各种p型和n型掺杂水

平以及 2~6in 直径的 6H-SiC 和 4H-SiC 晶圆。在 p 型和 n 型掺杂的 SiC 晶圆实现量产的同时，半绝缘（SI）衬底（包括使用基于 CVD 的晶体生长）的工业化发展也很稳定，尽管产量要小得多。这些 SI 衬底主要针对高功率 SiC 射频器件的开发以及用作 GaN 射频器件和石墨烯生长的衬底。具有典型掺杂水平的商用 SiC 衬底如图 5.15 所示。

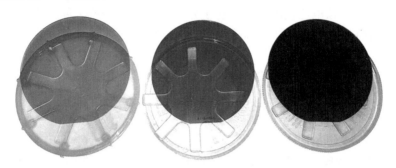

图 5.15 商用 3in SiC 晶圆，从左到右：电阻率大于 $10^6\Omega\cdot cm$ 的半绝缘 6H-SiC 晶圆；电阻率为 $0.032\Omega\cdot cm$ 的中掺杂 n 型 4H-SiC 晶圆；电阻率为 $0.018\Omega\cdot cm$ 的重掺杂 n 型 4H-SiC 晶圆

2017 年全球 SiC 晶圆产量达到 453000 片并继续快速增长[81]。主要的 SiC 晶圆供应商有 Wolfspeed（Cree 旗下一家公司）、SiCrystal、TankeBlue 半导体有限公司、Dow Corning、Ⅱ-Ⅵ公司、Norstel AB，其中一些公司（Wolfspeed、Dow Corning、Norstel AB）还提供具有定制掺杂分布的外延结构生长。

5.10.3 SiC 电力电子的前提条件和需求

1994 年，SiC LED 被基于Ⅲ-Ⅴ氮化物半导体（直接带隙结构，外部量子效率高出 1000 倍以上）的更亮 LED 淘汰。Shuji Nakamura[82]演示了在蓝宝石衬底上生长的具有 InGaN/AlGaN 外延结构的绿光和蓝光 LED，并于 1994 年由 Nichia Chemical Industries 商业化。6 个月后，Cree 公司向市场推出了具有生长在 SiC 衬底上的氮化物器件结构的蓝光 LED。使用 SiC 衬底的优势在于 SiC 与 GaN 的晶格常数更匹配，并且其热导率高于蓝宝石衬底。此外，SiC 的导电性使其可用于设计具有垂直电流几何形状的 LED，因此电阻较低，而蓝宝石是一种非常好的绝缘体。目前，SiC 衬底用于制造高效和高功率的氮化物 LED。值得注意的是，仅大量使用 SiC 衬底来量产 SiC 和Ⅲ-Ⅴ氮化物基 LED 是 20 世纪 90 年代 SiC 晶圆尺寸增加和晶体质量显著提高的主要驱动力。

随着Ⅲ-Ⅴ氮化物基 LED 的商业化，很明显 SiC 器件最可行的应用领域是电力电子。事实上，在 20 世纪 90 年代末和 21 世纪的前几年，引入了新的措施来应对气候变化和减少碳足迹。它们不仅包括增加可再生能源的发电量，还包括减少电力传输、转换和使用过程中的能源损耗。这刺激了对用于太阳能和风力发电、照明、铁路牵引、功率因数校正、感应加热、不间断电源和许多其他应用的高效电力电子器件的巨大需求[83]。此外,在2000年,丰田向全球市场推出了第一款需要高效、紧凑和质量小的电机驱动器和电池充电器的量产混合动力电动汽车(HEV)。几乎所有这些应用都需要阻塞电压为600V~6.5kV的半导体功率器件。该电压范围内的市场主要由硅超结MOSFET和绝缘栅双极型晶体管(IGBT)主导。到那时,硅功率器件已经开发了50多年,并已接近其性能极限。正因如此,SiC作为一种用于大功率和高压半导体器件的新材料,由于其优异的材料性能和相对成熟的生长和工艺技术,重新引起人们的兴趣。

5.10.4 4H-SiC多型体作为电力电子材料

虽然SiC蓝光LED是在6H-SiC衬底上生产的,但高效SiC功率器件必须由4H-SiC多型体制成,因为它的电子迁移率几乎是各向同性的[84],并且大约是6H-SiC中电子迁移率的3倍[85]。1994年,Cree Research公司向市场推出了第一款标准直径为13/16in(约21mm)的4H-SiC晶圆,并于2001年推出了6H和4H多型体的商用3in衬底。目前,Wolfspeed仅提供4H-SiC晶圆(直径为100mm和150mm)作为标准商业产品。

到20世纪90年代中期,对4H-SiC多型体进行了充分研究,并测量了几乎所有的材料参数[35],唯一仍未充分了解的参数是电子和空穴碰撞离化率。功率器件的设计需要这些离化率对电场的精确依赖性,特别是计算与功率器件中的最大阻塞电压(V_{BL})对应的雪崩击穿电压(V_B)。到目前为止,仅在6H-SiC多型体中测量了碰撞离化率[86,87]。众所周知,在6H-SiC的(0001)晶面上形成的pn结具有V_B的负温度系数[88],使得这种多型体几乎无法用于制造具有连续工作模式和可恢复击穿的功率器件。仅在1997年,A. Konstantinov等人[89,90]测量了4H-SiC的离化率,他们测量了通过CVD技术在偏离基面3.5°的商用4H-SiC衬底上生长的p^+n结构的离化率。他们还表明,与6H-SiC相比,在4H-SiC的(0001)晶面上形成的pn结具有正温度系数V_B[91]。4H-SiC表征的这一关键进展证实,这种多型体最适合制造SiC功率器件。使用Konstantinov等人测量的离化率,在分析模型和数值模拟中,可以精确设计SiC器件。图5.16中的实线显示了4H-SiC $p^+n^-n^+$结构的雪崩击穿电压,使用A. Konstantinov等人[89]报道的碰撞离化率计算了不同阻挡层厚度,为了比较,该图中的虚线显示了使用参考文献[25]中的表达式计算的Si $p^+n^-n^+$结的击穿电压。

5.10.5 4H-SiC单极功率器件

正如5.3.6节所讨论的,SiC单极功率器件由于其导通和开关损耗显著降低

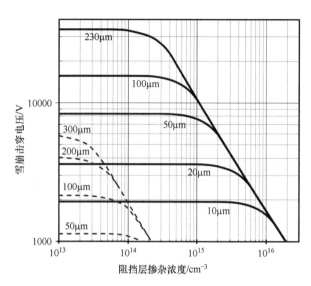

图 5.16　Si（虚线）和 4H-SiC（实线）p⁺n⁻n⁺结构的雪崩击穿电压随 n 层掺杂浓度的变化，n 层厚度作为参变量

而比硅具有很大优势。这些器件包括 JBS 和肖特基二极管、JFET 和 MOSFET。此外，当用于电压等级为 600~6.5kV 的电源应用时，它们的性能也优于硅和 SiC 双极器件[92]。因此，鉴于这些器件的巨大市场前景，4H-SiC 单极器件的开发在 20 世纪 90 年代末和 21 世纪前十年成为 SiC 研究的主流。

5.10.5.1　4H-SiC 功率肖特基二极管

1992 年，北卡罗来纳州立大学的 B. Javant Baliga 小组[93]报道了第一个击穿电压高于 400V 的高压 SiC 肖特基二极管，是掺杂到 $4\times10^{16}cm^{-3}$ 的 $10\mu m$ 厚外延层上的 Pt/6H-SiC 二极管。如 5.10.4 节所述，4H-SiC 多型体更适合制造功率器件，而且，显然需要开发有效的器件边缘终端以进一步提高阻塞电压。1994 年，京都大学的 Akira Itoh、Tsunenobu Kimoto 和 Hiroyuki Matsunami 研究了不同金属（Au、Ti 和 Ni）作为 4H-SiC 的肖特基接触，并展示了低漏电流 Ti/4H-SiC 整流器，$10\mu m$ 厚的外延层掺杂到 $5\times10^{15}cm^{-3}$，其阻塞电压高达 800V[94]。一年后，他们在掺杂至 $7\times10^{15}cm^{-3}$ 的 $10\mu m$ 厚外延层上展示了小面积 Ti/4H-SiC 肖特基整流器，通过硼注入和高达 1750V 的阻塞电压实现了几乎 100% 的边缘终端效率[95]。

到目前为止，具有最高阻塞电压的 JBS 二极管已由 Y. Jiang 等人展示[96]，具有 Ni 肖特基接触和浮动场环边缘终端的 JBS 二极管是在 4in 4H-SiC 晶圆上制造的，该晶圆具有 $100\mu m$ 厚的外延层（掺杂至 $2.7\times10^{14}cm^{-3}$）。具有 $0.1cm^2$ 有源区面积的二极管在 200℃ 时的正向电流高达 4.5A，并在高达 125℃ 的温度下表现出超过 8kV 的反向阻塞电压。

2001 年，英飞凌向市场推出了第一款阻塞电压高达 600V 的 SiC 肖特基二极管[97,98]。今天，许多供应商都可以买到 SiC 肖特基和 JBS 二极管，Wolfspeed[99] 可提供最大额定值为 1700V/50A 的二极管。

5.10.5.2　4H-SiC 功率 JFET

随着 SiC 肖特基和 JBS 二极管的成功商业化，显然还需要 SiC 开关器件来充分发挥 SiC 作为大功率电子材料的潜力。

SiC 比 Si 更宽的带隙意味着 SiC p$^+$n 结中的内建电压更高，并且空间电荷区（SCR）比 Si 中的更宽。这使得制造常闭型 SiC JFET 成为可能，这些 JFET 具有足够薄的沟道，可以在零栅压下被 SCR（完全耗尽）击穿。就沟道物理上位于半导体内部而言，JFET 不存在由氧化物可靠性和介电强度引起的问题。此外，理想情况下，JFET 沟道中的电子应具有非常接近其在体晶体中的低场迁移率，因为这些器件中没有表面或 SiC/SiO$_2$ 界面载流子散射[100]。

P. Ivanov 等人[101] 1993 年报道了第一个 4H-SiC JFET，具有掩埋 p$^+$ 栅极和 n 型沟道层（1.2μm 厚；掺杂水平为 $1.8\times10^{17}\mathrm{cm}^{-3}$）的常开器件，通过升华外延生长在 4H-SiC 衬底上，该衬底由 LETI 方法生长的单晶晶锭切割而成。衬底表面平行于 c 轴，沟道层高度由顶部 n 层的反应离子蚀刻确定。栅极长度为 9μm、沟道宽度为 0.7mm 的器件在高达 400℃ 的温度下工作，在高达 80mA 的电流和高达 60V 的电压下进行了表征，电子低场迁移率为 340cm^2/(V·s) 是从室温下的器件特性中提取的。P. Sannuti 等人[102] 2005 年报道了具有平行于基面取向的外延沟道 JFET 中的电子迁移率，他们在沟道掺杂为 $1\times10^{17}\mathrm{cm}^{-3}$ 的横向 JFET 中测量到了 398cm^2/(V·s) 的沟道迁移率。这两个迁移率值（平行和垂直于 c 轴）与 4H-SiC 在此掺杂水平下的体电子迁移率 [约 400cm^2/(V·s)] 相比非常好。

H. Mitlehner 等人[103] 1999 年报道了第一个功率 4H-SiC JFET，是具有平面沟道的垂直 JFET（VJFET），其剖面结构如图 5.17a 所示。这些器件是通过选择性 Al 注入到厚 4H-SiC 漂移层中以形成 p$^+$ 阱掩埋栅极，然后进行第二次外延生长以 $7\times10^{15}\mathrm{cm}^{-3}$ 掺杂浓度生长 2.5μm 厚的沟道层来制造的。然后，通过第二次 Al 注入形成顶部 p$^+$ 栅极。制造的 VJFET 具有 15μm 厚的阻挡层，掺杂至 $4.5\times10^{15}\mathrm{cm}^{-3}$，沟道宽度为 32cm，有源区面积为 4.1mm^2，工作电流高达 5A，比导通电阻 $R_{\mathrm{ON-SP}}$<15mΩ·cm^2。它们能够在 -20V 的栅源电压（V_{GS}）下阻断 1800V。这些器件用于具有低压 Si MOSFET 的级联电路中，以作为常关开关运行[104]。

H. Onose 等人[105] 2001 年报道了第一个具有垂直沟道的 4H-SiC 功率 VJFET，器件剖面结构如图 5.17d 所示。栅极 p$^+$n 结通过深（约 2μm）离子注入到 20μm 厚掺杂浓度为 $2.5\times10^{15}\mathrm{cm}^{-3}$ 的外延层。制造的 VJFET 表现出常关特性，

但需要 $V_{GS}=-50V$ 才能阻挡 2000V。由于形成深 p^+ 栅极区域所需的非常高的能量（高达 1.3MeV）注入诱生缺陷导致的低沟道迁移率，这些器件具有相对较高的 R_{ON-SP}（约 $70m\Omega \cdot cm^2$）。

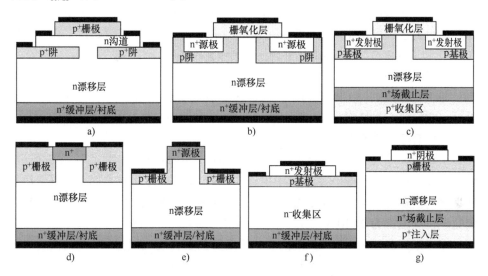

图 5.17 不同 SiC 开关器件的剖面结构示意图（未按比例）
a) 平面沟道 VJFET b) DMOSFET c) IGBT d) 具有注入栅极的 VJFET
e) TI-VJFET f) BJT g) GTO 晶闸管

J. Zhao 等人[106] 2003 年从 SiC VJFET 工艺中消除了深高能注入，他们报道了 4H-SiC 沟槽和注入 VJFET（TI-VJFET），其栅极 p^+ 区通过离子注入在漂移外延层中刻蚀的深沟槽侧壁中形成，器件剖面结构如图 5.17e 所示，侧壁中的浅低能量离子注入能够在这些器件中形成具有精确控制的均匀开口宽度的长沟道。制造的 TI-VJFET 具有 $9.6\mu m$ 厚掺杂为 $6.5 \times 10^{15} cm^{-3}$ 的 4H-SiC 漂移层和具有 $0.63\mu m$ 开口的长垂直沟道，在 $V_{GS}=0V$ 时正向截止，且 $R_{ON-SP}=3.6m\Omega \cdot cm^2$、$V_{BL}=1726V$，从器件特性中提取出 $561cm^2/(V \cdot s)$ 的沟道电子迁移率，这可能是 SiC JFET 报道的最高值，尽管它明显低于相同掺杂水平下 4H-SiC 中的体电子迁移率 [约 $850cm^2/(V \cdot s)$][85]。

TI-VJFET 得到了深入的开发，Y. Li 等人[107] 2008 年报道了 $V_{BL}=1650V$ 且 $R_{ON-SP}=1.88m\Omega \cdot cm^2$ 的常开型器件。与此同时，SemiSouth Laboratories, Inc. 将常开和常关 SiC TI-VJFET 推向市场。设计用于 800V 应用的常关 TI-VJFET 在 25℃和 200℃下测量的 R_{ON-SP} 分别小于 $2.9m\Omega \cdot cm^2$ 和 $6.6m\Omega \cdot cm^2$；为 1200V 应用设计的器件在 25℃时 $R_{ON-SP}<4.3m\Omega \cdot cm^2$，在 200℃时 $<12.8m\Omega \cdot cm^2$[108]。

SiC JFET 表现出非常低的导通电阻，但它们的商业化受到非常规且非常复杂的器件制造的阻碍，这与硅工艺中的主要功率 FET 技术双扩散金属氧化物半导体（DMOS）工艺不兼容。SiC JFET 的特性对沟道掺杂水平非常敏感，需要对其进行严格控制，并且需要根据掺杂情况为每个外延晶圆单独调整器件工艺。SiC JFET 需要专门设计的栅极驱动电路，因为阻塞电压取决于栅-源偏置。尽管如此，目前已经可从 United Silicon Carbide, Inc.[109]购买额定值高达 1700V/8A/400mΩ 和 1200V/120A/9mΩ 的常开 SiC TI-VJFET。

5.10.5.3　4H-SiC 功率 MOSFET

与 JFET 相比，SiC MOSFET 具有许多固有的优势，由于简单的电源和电路设计，它们具有最高的行业接受度。MOSFET 是电压控制器件，与 JFET 相比，对栅压没有任何特殊要求。

A. Suzuki 等人[110]1982 年报道了对 $Al/SiO_2/SiC$ MOS 结构的首次详细研究，SiO_2 层在 850~1100℃ 的湿氧气氛中生长在 6H-SiC Lely 薄片的 C 面上。可以清楚地观察到积累区、耗尽区和反型区。发现最小表面态密度约为 $2\times10^{12}cm^{-2}eV^{-1}$，氧化层击穿强度为 $2\times10^6 V/cm$。

多年来，SiC 功率 MOSFET 的成功开发受到生长或沉积在 SiC 上的低质量氧化硅的阻碍。SiC 导带边缘附近的高密度界面态和氧化硅中的电荷俘获导致界面处的电子库仑散射，从而导致低沟道迁移率和不可接受的高导通电阻。在 6H-SiC 中测量的反型层电子场效应迁移率通常不超过 $20cm^2/(V\cdot s)$，在 4H-SiC 器件中约为 $5cm^2/(V\cdot s)$。此外，由于在任何合理温度下 SiC 中杂质的扩散系数都非常低，SiC MOSFET 的制造与 DMOS 技术不兼容。

1997 年，Shenoy 等人[111]报道了第一个采用 DMOS 工艺的垂直结构的高压 SiC MOSFET（见图 5.17b），n^+ 源区和 p 型阱都是通过离子注入（而不是硅 DMOS 工艺中使用的双扩散）掺杂到 $6.5\times10^{15}cm^{-3}$ 的 10μm 厚 6H-SiC 漂移层中形成的。通过氩气中 1600℃ 退火 30min 同时激活两种注入杂质。在 1150℃ 的湿氧中生长 60nm 厚的栅氧化层。制造的器件的阈值电压在 8~10V 之间，能够阻塞高达 760V 的电压。在这些双注入 MOSFET（DIMOSFET）中测量到了高达 $26cm^2/(V\cdot s)$ 的沟道迁移率。

SiC MOSFET 中低沟道迁移率问题的令人满意的解决方案也来自硅技术。自 1980 年以来，在硅 MOS 技术中使用通过在含氮气体中退火对 SiO_2 进行热氮化来生产薄的栅绝缘层[112]。众所周知，氮化有效地降低了硅 MOS 器件中的界面陷阱密度[113]。1997 年，澳大利亚格里菲斯大学的 Sima Dimitrijev 领导的小组[114]报道说，一氧化氮（NO）中的后氧化退火显著降低了 6H-SiC 导带边缘附近的界面缺陷密度。他们在氮掺杂高达 $4.8\times10^{17}cm^{-3}$ 的商用 6H-SiC 晶圆上生长了 3.5nm 厚的 SiO_2，并在 1100℃ NO 中退火 5min。作者发现，通过这种退火，SiO_2/6H-SiC 处的总陷阱密度从 $1.6\times10^{10}cm^{-2}$ 降低到 $8\times10^9cm^{-2}$。

2001年，Chung等人[115]首次将一氧化氮中的后氧化退火用于SiC MOSFET工艺，作者报道了在具有$4×10^{16}cm^{-3}$的p型掺杂的商用外延片上制造的横向4H-SiC MOSFET的反型层电子迁移率显著增加。40nm厚的栅氧化层通过在干氧和湿氧中的热氧化组合生长，然后在1175℃ NO中退火2h。在NO退火器件中发现反型层电子迁移率从$5cm^2/(V·s)$增加到$37cm^2/(V·s)$。这是SiC功率MOSFET开发和商业化过程中最重要的里程碑之一，NO退火已成为制造这些器件的标准工序。

2005年，G. Gudjónsson等人[116]在SiO_2/4H-SiC界面改进方面取得了下一个重要突破，作者将氮气退火应用于制造具有离子注入栅沟道的4H-SiC DIMOSFET，并在Al浓度为$1×10^{17}cm^{-3}$的晶体管中提取到了$100cm^2/(V·s)$的峰值场效应迁移率，在Al浓度为$5×10^{17}cm^{-3}$的晶体管中为$51cm^2/(V·s)$。

尽管SiC MOSFET中的场效应迁移率在体迁移率中的比例仍然比Si器件小得多（SiC约为10%，而Si为50%），但它足以制造具有阻塞电压超过600V的SiC MOSFET，且沟道电阻远低于漂移层电阻。沟道迁移率对DIMOSFET器件性能的影响取决于阻塞电压，如本书第4章的图4.10所示[92]。

2011年，Cree公司推出了第一款商用SiC功率MOSFET[117]。如今，额定值高达1700V/72A（导通电阻为45mΩ）的SiC MOSFET可从Wolfspeed[99]购买。John Palmour[118]在2014年报道了具有创纪录击穿电压的SiC功率MOSFET，裸片尺寸为$64mm^2$的4H-SiC DIMOSFET表现出$R_{ON-SP}=208mΩ·cm^2$和$V_B=15.5kV$，制造的器件在高达10A的电流下进行了测试，并且能够在20kHz及以上的频率下有效地切换。有关SiC功率MOSFET的现状、它们与SiC肖特基二极管的集成以及它们未来发展的潜力的详细评论，请参见其他文献[119,120]。

5.10.6　4H-SiC功率双极器件的发展

双极半导体器件在更高的阻塞电压下比单极半导体器件更有效。在这些器件中，少数载流子被注入厚漂移层中，使载流子浓度超过漂移层掺杂水平数倍（所谓的电导调制）。对于由漂移层厚度定义的足够高的阻塞电压额定值（Si的$V_{BT}>600V$，SiC的$V_{DL}>6000V$），由电导调制导致的漂移层电阻率的降低补偿了p^+层的附加电阻和pn结内建电势（在具有奇数pn结的器件中），因此双极器件变得比单极器件更有效。有效电导调制的主要条件是注入的少数载流子必须具有足够长的寿命以漂移通过阻挡层的全长（在4H-SiC pin结中，$V_{BL}=6000V$时约为40μm），这是SiC功率双极器件发展道路上的第一个陷阱，因为20世纪90年代初期生长的第一个SiC外延层的少数载流子寿命非常短。

5.10.6.1　少数载流子寿命延长

20世纪90年代早期通过不同方法生长的外延层的关键寿命限制因素是补

偿杂质种类、无意的金属杂质、厚外延层的厚度和掺杂均匀性[121]。在 10μm 厚的低掺杂（$2×10^{16}cm^{-3}$）n 型 6H-SiC 外延层中测量到了 105ns 的最长少数载流子（空穴）寿命。该寿命对应于 6~8μm 的扩散长度[122]。低掺杂 p 型 4H-SiC 外延层中的少数载流子（电子）寿命甚至更短，不超过 80ns[123]。

随着 HTCVD 生长方法的发展，外延层晶体质量的第一次显著提高和少数载流子寿命的显著延长发生在 20 世纪 90 年代后半期[68]。在通过这种方法生长的 50μm 厚的低掺杂 n 型 4H-SiC 层中测量到了少数载流子（空穴）寿命在 20~277℃ 的温度下从 0.6~3.8μs 变化，对应于 16~22μm 的扩散长度[124]。2001 年，P. Grivickas[125] 报道了在 p 型衬底上生长的 40μm 厚 4H-SiC n 型（$1×10^{16}cm^{-3}$）外延层在室温下测得的 2μs 的最长少数载流子寿命，该寿命对应于大约 30μm 的扩散长度（对应 $4cm^2/s$ 的双极扩散系数）[126]，但对于开发高压双极 SiC 器件所需的厚漂移层的电导调制仍然太低（100~200μm）。

2007 年日本几乎奇迹般地解决了这个问题。当时，人们知道能级位于导带边缘以下 0.67eV 的点缺陷（所谓的 $Z_{1/2}$ 中心）是厚 4H-SiC 外延层的主要寿命杀手[127]，它们充当复合中心，导致载流子寿命缩短。这些中心的典型浓度约为 $1×10^{13}cm^{-3}$。2006 年，长坂中央电力工业研究所（CRIEPI）的 Liutauras Storasta 和 Hidekazu Tsuchida[128] 报道了在将碳离子注入到浅表面（约 250nm）并经 1600℃ 退火 10min 后，30μm 厚的 n 型 4H-SiC 外延层的载流子寿命增加了两倍。他们还通过深能级瞬态谱观察到，在注入层下方 4μm 深处，陷阱密度从 $3×10^{13}cm^{-3}$ 降低到检测限以下（$<5×10^{11}cm^{-3}$）。作者认为，$Z_{1/2}$ 中心与碳空位有关，在注入后退火期间，来自注入层的碳原子通过这些空位扩散进入半导体，并有效地"修复"了这些缺陷。值得注意的是，通过碳空位的这种极快极深的碳扩散，扩散原子的浓度不能超过预先存在的空位浓度。作为比较，使用"常规"扩散系数[129,130]计算的 1600℃ 退火 10min 后碳杂质的扩散深度仅为 40nm 左右。

2009 年，京都大学的 Toru Hiyoshi 和 Tsunenobu Kimoto[131] 提出用单一的热氧化工序代替注入和随后的退火。在这种情况下，碳间隙原子在氧化过程中在 SiO_2/SiC 界面处产生。作者证明了在 100μm 厚的 n 型 4H-SiC 外延层中，距离表面约 50μm 深度的 $Z_{1/2}$ 中心浓度降低到检测限以下，并且载流子寿命从 0.73μs（1300℃ 热氧化 5h）增加到 1.62μs（1300℃ 下氧化 10h）。

自 2009 年 Toru Hiyoshi 和 Tsunenobu Kimoto 的文章[131]发表以来，提高寿命的热氧化已成为 SiC 功率器件工艺的标准工序。2012 年，K. Kawahara 等人[132]报道了在 1400℃氧化 16.5h 后，n 型 4H-SiC 层（95μm 厚，掺杂水平为 $2×10^{15}cm^{-3}$）中的少数载流子寿命从 0.6μs 增加到 6.5μs。最近，S. Ryu 等人[133]报道，在 1450℃下进行 5h 的寿命增强热氧化后的 n 型 4H-SiC 层（140μm 厚，掺杂水平为 $2×10^{14}cm^{-3}$）中测量的载流子寿命范围为 15~20μs（对应双极扩散系数为

$4cm^2/s$ 时的扩散长度为 $90\mu m$）。

5.10.6.2 堆垛层错抑制

2000 年发现了 SiC 功率器件发展道路上的第二个巨大障碍，H. Lendenmann 等人[134]在欧洲 SiC 及相关材料会议（ECSCRM-2000）上报道，4H-SiC pn 结二极管在正向偏压运行期间的电压降异常增加，观察到边缘沿$<11\bar{2}0>$晶向的三角形平面缺陷在 SiC 外延层中出现并扩大，同时 I-V 特性下降，这些缺陷被解释为位于 SiC 基面上的堆垛层错（SF）[135,136]。发现电子-空穴复合的能量高到足以引起堆垛层错的成核和膨胀，这种效应在漂移层较厚的高压 SiC 器件中更为明显。由于载流子复合是双极半导体器件的一个基本过程，无法避免，因此 SiC 功率器件的发展显得绝望。这一消息令人震惊，以至于一些公司放弃了他们的 SiC 研发计划。

为了克服这个问题，人们付出了巨大的努力。首先，发现堆垛层错源于存在于 SiC 漂移层和靠近外延层界面的衬底中的基面位错（BPD）。2004 年，T. Ohno 等人[137]研究表明，通过优化外延工艺（C/Si 比、生长温度和生长速率）可以抑制 BPD 从 4H-SiC 衬底到外延层的传播，并获得了 BPD 密度远低于 $1\times10^3 cm^{-2}$ 的 4H-SiC 层。

2005 年，Cree 公司的 J. Sumakeris 等人[138]报道称，通过在熔融氢氧化钾（KOH）中腐蚀的 SiC 衬底 Si 面上生长 SiC 外延层，BPD 可以转化为不作为 SF 成核点的螺纹刃位错（TED）。这种腐蚀是高度各向异性的，并产生 BPD 腐蚀坑，从而通过促进 BPD 腐蚀坑狭窄区域的横向生长，将 BPD 转换为 TED。一年后，Cree 公司展示了在 KOH 腐蚀的 4H-SiC 衬底上生长的 BPD 密度远低于 $10cm^{-2}$ 的 4H-SiC 层[139]。

Perdue 大学的 W. Chen 和 M. Capano[140]在 2005 年报道了 SiC 外延工艺的进一步改进。他们证明，在低偏轴 SiC 衬底上生长外延层可显著增强 BPD 向 TED 的转化。在 4°偏轴 4H-SiC 衬底（无 KOH 预腐蚀）上生长的 $20\mu m$ 厚外延层实现了 $2.6cm^{-2}$ 的 BPD 密度，这是在 8°偏轴 4H-SiC 衬底上生长的外延层中测得的 BPD 密度的 1/100。从那时起，4°偏轴 4H-SiC 衬底成为商用 SiC 晶圆的新标准。

堆垛层错成核点也可以通过后生长器件工艺来引入。第 8 章图 8.19 显示了由反应离子刻蚀形成的台面结构侧壁中的 SF 缺陷产生和传播的示例。通过优化器件工艺可以有效减少这种 SF 的来源。事实上，Y. Bu 等人[141]报道了双极无退化 6.5kV pin 二极管，其有源区面积为 $0.22cm^2$、$65\mu m$ 厚的 4H-SiC 漂移层（掺杂水平为 $1\times10^{15}cm^{-3}$）生长在 4°偏轴商业衬底上。为了抑制 BPD 的产生，结终端扩展中的 Al 注入剂量保持在 $1\times10^{15}cm^{-2}$ 以下，并在台面刻蚀后通过 1350℃、300min 牺牲氧化去除损坏层。

5.10.6.3 先进的 4H-SiC 功率双极器件

堆垛层错形成和少数载流子寿命低问题的解决为成功开发 4H-SiC 双极功率器件铺平了道路。2012 年，H. Niwa 等人[142]报道了一种 SiC pin 二极管，其击穿电压为 21.7kV，漂移层厚度为 186μm，掺杂水平为 $2.3×10^{14}cm^{-3}$。这是截至原书出版时报道的所有半导体器件中最高的击穿电压，$50A/cm^2$ 时的微分导通电阻和压降分别为 63.4mΩ·cm^2 和 9.3V，使用相同外延层的肖特基势垒二极管的导通电阻为 592mΩ·cm^2，体现了漂移层的有效电导调制。

BJT 剖面结构如图 5.17f 所示。W. v. Münch 和 P. Hoeckin[73]在 1978 年报道了第一个 SiC BJT，是在掺杂水平为 $5×10^{18}cm^{-3}$ 的 n 型 6H-SiC Lely 晶片上制造的，基区 Al 掺杂 p 型层（0.8μm，掺杂水平为 $4×10^{17}cm^{-3}$）直接生长在衬底上。发射区面积为 200μm×200μm 的器件在电流高达 0.8mA 时进行了测量，得到的阻塞电压高达 50V，测量电流增益为 4~8，对应于 5ns 的少数载流子寿命和 140$cm^2/(V·s)$ 的电子迁移率。

2000 年报道了第一个高压 4H-SiC BJT[143]，制造的器件具有 10μm 厚掺杂至 $1.2×10^{16}cm^{-3}$ 的漂移层和约 1.6mm×1.6mm 的集电区面积，在 2.7A 时电流增益为 9，阻塞电压高达 800V。

2012 年 M. Domeij 等人[144]报道了具有相对较大有源区面积（4.3mm^2）的 4H-SiC BJT，在集电极电流为 15A（$350A/cm^2$）、比导通电阻小于 3mΩ·cm^2、最大集电极电流为 30A 和击穿电压为 1850V 时的电流增益超过 100。具有创纪录阻塞电压 21kV（电流增益为 63，R_{ON-SP} = 321mΩ·cm^2）的小面积 4H-SiC BJT 也在 2012 年被报道[145]。2018 年报道了具有创纪录的 139 倍电流增益和高达 15.8kV 的阻塞电压的小面积 4H-SiC BJT[146]。

GTO 晶闸管（剖面结构如图 5.17g）没有栅氧化层，也没有表现出电流饱和，这两个特性使 4H-SiC GTO 晶闸管能够在非常高的结温和非常高的电流下以低导通损耗工作。最近，Ryu 等人[133]报道了使用 140μm 厚、掺杂水平为 $2×10^{14}cm^{-3}$ 的 n 型 4H-SiC 漂移层的 GTO 晶闸管，制造的芯片尺寸为 1cm^2 和有源区面积为 0.465cm^2 的器件在 $100A/cm^2$ 的电流密度和 15kV 阻塞电压下的室温正向电压降为 5.18V、漏电流小于 0.17μA。

IGBT 的剖面结构如图 5.17c 所示。2015 年 E. Van Brunt 等人[147]报道了具有 230μm 厚、掺杂水平为 $2.5×10^{14}cm^{-3}$ 的 n 型漂移层的 4H-SiC IGBT，芯片尺寸为 0.81cm^2，有源区面积为 0.28cm^2。在器件制造之前，在 1300℃下进行了 15h 的寿命增强热氧化，以将双极寿命从不到 2μs 增加到超过 10μs。制造的 IGBT 在 20A 的正向电流和 20V 的栅偏置下表现出 11.8V 的导通电压，在 V_{BL} = 27.5kV 时表现出 10μA 的漏电流，这是所有半导体开关器件中报道的最高阻塞电压。

5.10.7 SiC 车用电力电子器件的出现

2008 年，第一辆量产的电动汽车（EV）进入市场——特斯拉汽车推出了第一辆全电动汽车，这对 SiC 功率器件的发展产生了巨大影响。这些车辆中的电动动力系统有两个部分对其性能产生至关重要的影响，它们是电池充电器和逆变器，可将电池组的直流电转换为电机的交流电。这些单元的功率转换效率非常重要，因为电动汽车中的车载存储能量受到电池电容的限制。第一批电动汽车（以及今天的大多数电动汽车）都配备了基于硅 IGBT 的逆变器，其转换效率在 80%~95%之间。这些逆变器即使效率为 95%，也会消耗过多的能量并需要液体冷却，冷却系统比驱动的电动机更重更大。用 SiC MOSFET 代替硅 IGBT 可以将逆变器的转换效率提高到 99%[148]，同时显著减小其质量和尺寸。SiC 功率器件在大批量汽车市场中的这种潜在应用推动了 SiC 器件设计和技术研究的加强，Cree 公司于 2011 年推出了第一个商用 SiC 功率 MOSFET[117]。

2017 年，特斯拉推出了 Model 3，这是第一款配备基于 SiC MOSFET 逆变器的电动汽车。截至原书出版之日，其每周产量达到 6000 辆，每辆汽车使用 48 个 SiC MOSFET（额定电压为 650V/100A），由 STMicroelectronics 位于卡塔尼亚（意大利）的工厂生产[149]。如今，SiC 功率器件市场增长非常迅速，SiC 产业领域呈现出相当大的多样性，成功的公司以不同的模式运营，一些公司，如 Cree/Wolfspeed 和 ROHM，与晶圆生长、器件制造甚至功率模块生产等活动紧密结合，一些公司仅专注于晶圆生长，而其他公司则制造设备甚至提供代工服务。该行业在性质上已变得非常国际化，在全球 10 多个国家开展了重大活动，这表明 SiC 电力电子作为一项工业技术将在未来几十年继续蓬勃发展。

进一步发展 SiC 技术的另一个驱动力是 SiC 作为高温和高频电子材料的巨大潜力，但这一点仍未实现，期待令人信服地证明 SiC 在这些应用中优于传统半导体。

5.11 结论

SiC 技术从发现到在汽车电子中使用现代先进的 SiC 半导体器件，已有一百多年的历史。本章简要介绍了 SiC 的特性，并重点介绍了 SiC 电子产品发展的主要里程碑。

如今，随着生长和外延的巨大进步以及高质量 SiC 外延结构的广泛商业应用，对 SiC 器件的不断增长的需求刺激了相关器件工艺的发展，这些器件具有改善的性能和可靠性以及其商业生产的高成本效率。本书以下章节将选择性地介绍 SiC 器件工艺核心技术。

参考文献

[1] J. J. Berzelius, "Untersuchungen über die Flussspathsäure und deren merkwürdigsten Verbindungen," *Annalen der Physik und der physikalischen Chemie,* vol. 77, no. 6, pp. 169-230, 1824. https://doi.org/10.1002/andp.18240770603

[2] G. Pensl, F. Ciobanu, T. Frank, M. Krieger, S. Reshanov, F. Schmid, M. Weidner, "SiC MATERIAL PROPERTIES," *Sic Materials and Devices*, WORLD SCIENTIFIC, 2006, pp. 1-41.

[3] E. G. Acheson, "Carborundum: Its history, manufacture and uses," *Journal of the Franklin Institute,* vol. 136, no. 3, pp. 194-203, 1893. https://doi.org/10.1016/0016-0032(93)90311-h

[4] E. G. Acheson, "Carborundum: Its history, manufacture and uses," *Journal of the Franklin Institute,* vol. 136, no. 4, pp. 279-289, 1893. https://doi.org/10.1016/0016-0032(93)90369-6

[5] E. G. Acheson, *PRODUCTION OF ARTIFICIAL CRYSTALLINE GARBONACEOUS MATERIALS*, US Patent 492,767, 1893.

[6] M. H. Moissan, "Etude du siliciure de carbone de la meteorite Canyon Diablo," *Comptes rendus hebdomadaires des séances de l'Académie des sciences.,* vol. 140, pp. 405–406, 1905. https://doi.org/10.5962/bhl.part.29049

[7] T. L. Daulton, T. J. Bernatowicz, R. S. Lewis, S. Messenger, F. J. Stadermann, S. Amari, "Polytype distribution of circumstellar silicon carbide," *Geochimica et Cosmochimica Acta,* vol. 67, no. 24, pp. 4743-4767, 2003. https://doi.org/10.1016/s0016-7037(03)00272-2

[8] F. V. Kaminskiy, V. J. Bukin, S. V. Potapov, N. G. Arkus, V. G. Ivanova, "Discoveries of silicon carbide under natural conditions and their genetic importance," *International Geology Review,* vol. 11, no. 5, pp. 561-569, 1969. https://doi.org/10.1080/00206816909475090

[9] A. A. Shiryaev, W. L. Griffin, E. Stoyanov, "Moissanite (SiC) from kimberlites: Polytypes, trace elements, inclusions and speculations on origin," *Lithos,* vol. 122, no. 3, pp. 152-164, 2011. https://doi.org/10.1016/j.lithos.2010.12.011

[10] S. Adachi, "Properties of Group-IV, III-V and II-VI Semiconductors," John Wiley & Sons, Ltd, 2005.

[11] A. R. Verma, P. Krishna, *Polymorphism and Polytypism in Crystals*, New York Wiley, 1966.

[12] F. Bechstedt, P. Kackell, A. Zywietz, K. Karch, B. Adolph, K. Tenelsen,

J. Furthmuller, "Polytypism and Properties of Silicon Carbide," *physica status solidi (b),* vol. 202, no. 1, pp. 35-62, 1997. https://doi.org/10.1002/1521-3951(199707)202:1<35::aid-pssb35>3.0.co;2-8

[13] W. van Haeringen, P. A. Bobbert, W. H. Backes, "On the Band Gap Variation in SiC Polytypes," *physica status solidi (b),* vol. 202, no. 1, pp. 63-79, 1997. https://doi.org/10.1002/1521-3951(199707)202:1<63::Aid-pssb63>3.0.Co;2-e

[14] W. R. L. Lambrecht, S. Limpijumnong, S. N. Rashkeev, B. Segall, "Electronic Band Structure of SiC Polytypes: A Discussion of Theory and Experiment," *physica status solidi (b),* vol. 202, no. 1, pp. 5-33, 1997. https://doi.org/10.1002/1521-3951(199707)202:1

[15] A. Lebedev, Y. Tairov, "Polytypism in SiC: Theory and experiment," *Journal of Crystal Growth,* vol. 401, pp. 392-396, 2014. https://doi.org/10.1016/j.jcrysgro.2014.01.021

[16] H. Baumhauer, "VII. Über die Krystalle des Carborundums," *Zeitschrift für Kristallographie - Crystalline Materials,* vol. 50, no. 1-6, pp. 33-39, 1912. https://doi.org/10.1524/zkri.1912.50.1.33

[17] G. Honjo, S. Miyake, T. Tomita, "Silicon carbide of 594 layers," *Acta Crystallographica,* vol. 3, no. 5, pp. 396-397, 1950. https://doi.org/10.1107/s0365110x50001105

[18] L. S. Ramsdell, "Studies on silicon carbide," *American Mineralogist,* vol. 32, pp. 64-82, 1947.

[19] A. L. Ortiz, F. Sanchez-Bajo, F. L. Cumbrera, F. Guiberteau, "The prolific polytypism of silicon carbide," *Journal of Applied Crystallography,* vol. 46, no. 1, pp. 242-247, 2013. doi:10.1107/S0021889812049151

[20] H. Jagodzinski, "Eindimensionale Fehlordnung in Kristallen und ihr Einfluss auf die Rontgeninterferenzen. I. Berechnung des Fehlordnungsgrades aus den Rontgenintensitaten," *Acta Crystallographica,* vol. 2, no. 4, pp. 201-207, 1949. https://doi.org/10.1107/S0365110X49000552

[21] U. Kaiser, A. Chuvilin, V. Kyznetsov, Y. Butenko, "Evidence for 9R-SiC?," *Microscopy and Microanalysis,* vol. 7, no. 04, pp. 368-369, 2001. https://doi.org/10.1017/s1431927601010364

[22] D. S. Korolev, A. A. Nikolskaya, N. O. Krivulin, A. I. Belov, A. N. Mikhaylov, D. A. Pavlov, D. I. Tetelbaum, N. A. Sobolev, M. Kumar, "Formation of hexagonal 9R silicon polytype by ion implantation," *Technical Physics Letters,* vol. 43, no. 8, pp. 767-769, 2017. https://doi.org/10.1134/s1063785017080211

[23] N. W. Jepps, T. F. Page, "Polytypic transformations in silicon carbide," *Progress*

in *Crystal Growth and Characterization,* vol. 7, no. 1-4, pp. 259-307, 1983. https://doi.org/10.1016/0146-3535(83)90034-5

[24] P. Krishna, R. C. Marshall, C. E. Ryan, "The discovery of a 2H-3C solid state transformation in silicon carbide single crystals," *Journal of Crystal Growth,* vol. 8, no. 1, pp. 129-131, 1971. https://doi.org/10.1016/0022-0248(71)90033-9

[25] S. M. Sze, *Physics of Semiconductor Devices*, Second ed., New York: Wiley, 1981, pp. 868.

[26] Y. A. Goldberg, M. E. Levinshtein, S. L. Rumyantsev, "Silicon Carbide," in: *Properties of Advanced Semiconductor Materials: GaN, AlN, InN, BN, SiC, SiGe*, M. E. Levinshtein, S. L. Rumyantsev and M. S. Shur, eds., New York: John Wiley & Sons, Inc. , 2001.

[27] W. J. Choyke, G. Pensl, "Physical Properties of SiC," *MRS Bulletin,* vol. 22, no. 3, pp. 25-29, 1997. https://doi.org/10.1557/s0883769400032723

[28] A. A. Lebedev, "Deep level centers in silicon carbide: A review," *Semiconductors,* vol. 33, no. 2, pp. 107-130, 1999. https://doi.org/10.1134/1.1187657

[29] A. A. Lebedev ed. "Radiation Effects in Silicon Carbide," *Materials Research Foundations*, Millersville: Materials Research Forum LLC, 2017, p. 171.

[30] M. J. Bozack, "Surface Studies on SiC as Related to Contacts," *physica status solidi (b),* vol. 202, no. 1, pp. 549-580, 1997. https://doi.org/10.1002/1521-3951(199707)202:1<549::aid-pssb549>3.0.co;2-6

[31] S. Y. Davydov, "On the electron affinity of silicon carbide polytypes," *Semiconductors,* vol. 41, no. 6, pp. 696-698, 2007. https://doi.org/10.1134/s1063782607060152

[32] P. G. Neudeck, D. J. Spry, L. Chen, N. F. Prokop, M. J. Krasowski, "Demonstration of 4H-SiC Digital Integrated Circuits Above 800 °C," *IEEE Electron Device Letters,* vol. 38, no. 8, pp. 1082-1085, 2017. https://doi.org/10.1109/led.2017.2719280

[33] P. G. Neudeck, D. J. Spry, C. Liang-Yu, G. M. Beheim, R. S. Okojie, C. W. Chang, R. D. Meredith, T. L. Ferrier, L. J. Evans, M. J. Krasowski, N. F. Prokop, "Stable Electrical Operation of 6H-SiC JFETs and ICs for Thousands of Hours at 500C," *Electron Device Letters, IEEE,* vol. 29, no. 5, pp. 456-459, 2008.

[34] P. G. Neudeck, S. L. Garverick, D. J. Spry, L.-Y. Chen, G. M. Beheim, M. J. Krasowski, M. Mehregany, "Extreme temperature 6H-SiC JFET integrated circuit technology," *physica status solidi (a),* vol. 206, no. 10, pp. 2329-2345, 2009.

[35] G. L. Harris ed. "Properties of Silicon Carbide," London, United Kingdom: INSPEC, the Institution of Electrical Engineers, 1995, p. 295.

[36] J. C. Bose, *Detector for electrical disturbances*, US Patent 755,840, 1904.

[37] T. H. Lee, "The (pre-) history of the integrated circuit: a random walk," *IEEE Solid-State Circuits Society Newsletter,* vol. 12, no. 2, pp. 16-22, 2007. https://doi.org/10.1109/N-SSC.2007.4785573

[38] H. H. C. Dunwoody, *Wireless telegraph system*, US Patent 837616, 1906.

[39] G. W. Pierce, "Crystal Rectifiers for Electric Currents and Electric Oscillations. Part I. Carborundum," *Physical Review (Series I),* vol. 25, no. 1, pp. 31-60, 1907. https://doi.org/10.1103/physrevseriesi.25.31

[40] G. W. Pickard, *Oscillation detector and rectifier*, US Patent 912,613, 1909.

[41] H. J. Round, "A Note on Carborundum," *Electrical World*, 1907, p. 309.

[42] O. V. Lossev, "Behavior of contact detectors; the effect of temperature on the generating contacts (in Russian) " *Telegrafia i telefonia bez provodov (TiTbp),* no. 18, pp. 45-62, 1923.

[43] O. V. Lossev, "Oscillating Crystals," *The Wireless World and Radio Review*, no. 271, pp. 93-96, 1924.

[44] O. V. Lossev, "Luminous carborundum detector and detection effect and oscillations with crystals," *The London, Edinburgh, and Dublin Philosophical Magazine and Journal of Science,* vol. 6, no. 39, pp. 1024-1044, 1928. https://doi.org/10.1080/14786441108564683

[45] E. E. Loebner, "Subhistories of the light emitting diode," *IEEE Transactions on Electron Devices,* vol. 23, no. 7, pp. 675-699, 1976. https://doi.org/10.1109/t-ed.1976.18472

[46] R. O. Grisdale, "Silicon carbide varistor," *Bell Laboratories Record,* vol. 19, no. 10, pp. 46-51, 1940.

[47] J. Mitchell, J. Shewchun, "High-Current Characteristics of Silicon Carbide Varistors," *Journal of Applied Physics,* vol. 42, no. 2, pp. 889-892, 1971. https://doi.org/10.1063/1.1660124

[48] *HVR International Product Catalogue*: Information on www.hvrint.de.

[49] M. Riordan, L. Hoddeson, "The origins of the pn junction," *IEEE Spectrum,* vol. 34, no. 6, pp. 46-51, 1997. https://doi.org/10.1109/6.591664

[50] J. A. Lely, "Darstellung von Einkristallen von Silicium Carbid und Beherrschung von Art und Menge der eingebauten Verunreinigungen," *Berichte der Deutschen Keramischen Gesellschaft,* vol. 8, pp. 229, 1955.

[51] J. A. Lely, SUBLIMATION PROCESS FOR MANUFACTURING SILICON CARBIDE CRYSTALS, US Patent 2,854,364, 1958.

[52] J. R. O'Connor, C. E. Smiltens eds., "Silicon Carbide, A High Temperature

Semiconductor," New York: Pergamon, 1960, p. 521.

[53] H. C. Chang, L. J. Kroko, APPARATUS FOR AND PREPARATION OF SILICON CARBIDE SINGLE CRYSTALS, US Patent 3,275,415, 1966.

[54] Y. A. Vodakov, E. N. Mokhov, A. D. Roenkov, D. T. Saidbekov, "Effect of crystallographic orientation on the polytype stabilization and transformation of silicon carbide," Physica Status Solidi (a), vol. 51, no. 1, pp. 209-215, 1979. https://doi.org/10.1002/pssa.2210510123

[55] Y. M. Tairov, V. F. Tsvetkov, "Investigation of growth processes of ingots of silicon carbide single crystals," Journal of Crystal Growth, vol. 43, no. 2, pp. 209-212, 1978. https://doi.org/10.1016/0022-0248(78)90169-0

[56] Y. M. Tairov, V. F. Tsvetkov, "General principles of growing large-size single crystals of various silicon carbide polytypes," Journal of Crystal Growth, vol. 52, pp. 146-150, 1981. https://doi.org/10.1016/0022-0248(81)90184-6

[57] Y. M. Tairov, V. F. Tsvetkov, "Progress in controlling the growth of polytypic crystals," Progress in Crystal Growth and Characterization, vol. 7, no. 1-4, pp. 111-162, 1983. https://doi.org/10.1016/0146-3535(83)90031-x

[58] Y. A. Vodakov, E. N. Mokhov, M. G. Ramm, A. D. Roenkov, "Epitaxial growth of silicon carbide layers by sublimation „sandwich method" (I) growth kinetics in vacuum," Kristall und Technik, vol. 14, no. 6, pp. 729-740, 1979. https://doi.org/10.1002/crat.19790140618

[59] Y. A. Vodakov, E. N. Mokhov, Method for epitaxial production of semiconductor silicon carbide utilizing a close-space sublimation deposition technique, US Patent 4,147,572, 1979.

[60] H. Matsunami, S. Nishino, M. Odaka, T. Tanaka, "Epitaxial growth of α-SiC layers by chemical vapor deposition technique," Journal of Crystal Growth, vol. 31, pp. 72-75, 1975. https://doi.org/10.1016/0022-0248(75)90113-x

[61] S. Nishino, H. Matsunami, T. Tanaka, "Growth and morphology of 6H-SiC epitaxial layers by CVD," Journal of Crystal Growth, vol. 45, pp. 144-149, 1978. https://doi.org/10.1016/0022-0248(78)90426-8

[62] H. Matsunami, S. Nishino, H. Ono, "IVA-8 heteroepitaxial growth of cubic silicon carbide on foreign substrates," IEEE Transactions on Electron Devices, vol. 28, no. 10, pp. 1235-1236, 1981. https://doi.org/10.1109/t-ed.1981.20556

[63] S. Nishino, J. A. Powell, H. A. Will, "Production of large-area single-crystal wafers of cubic SiC for semiconductor devices," Applied Physics Letters, vol. 42, no. 5, pp. 460-462, 1983. https://doi.org/10.1063/1.93970

[64] K. Shibahara, S. Nishino, H. Matsunami, "Antiphase-domain-free growth of cubic SiC on Si(100)," Applied Physics Letters, vol. 50, no. 26, pp. 1888-1890, 1987.

https://doi.org/10.1063/1.97676

[65] N. Kuroda, K. Shibahara, W. Yoo, S. Nishino, H. Matsunami, "Step-Controlled VPE Growth of SiC Single Crystals at Low Temperatures," in Extended Abstracts of the 1987 Conference on Solid State Devices and Materials, 1987, pp. 227-230.

[66] H. Matsunami, T. Kimoto, "Step-controlled epitaxial growth of SiC: High quality homoepitaxy," Materials Science and Engineering: R: Reports, vol. 20, no. 3, pp. 125-166, 1997. https://doi.org/10.1016/S0927-796X(97)00005-3

[67] T. Kimoto, A. Itoh, H. Matsunami, "Step-Controlled Epitaxial Growth of High-Quality SiC Layers," physica status solidi (b), vol. 202, no. 1, pp. 247-262, 1997. https://doi.org/10.1002/1521-3951(199707)202:1<247::aid-pssb247>3.0.co;2-q

[68] O. Kordina, C. Hallin, R. C. Glass, E. Janzen, "A novel hot-wall CVD reactor for SiC epitaxy," Inst. Phys. Conf. Ser., vol. 137, pp. 41-44, 1994.

[69] O. Kordina, A. Henry, J. P. Bergman, N. T. Son, W. M. Chen, C. Hallin, E. Janzén, "High quality 4H-SiC epitaxial layers grown by chemical vapor deposition," Applied Physics Letters, vol. 66, no. 11, pp. 1373-1375, 1995. https://doi.org/10.1063/1.113205

[70] P. A. Ivanov, V. E. Chelnokov, "Recent developments in SiC single-crystal electronics," Semiconductor Science and Technology, vol. 7, no. 7, pp. 863-880, 1992. https://doi.org/10.1088/0268-1242/7/7/001

[71] J. W. Palmour, J. A. Edmond, H. S. Kong, C. H. Carter, "6H-silicon carbide devices and applications," Physica B: Condensed Matter, vol. 185, no. 1-4, pp. 461-465, 1993. https://doi.org/10.1016/0921-4526(93)90278-e

[72] J. W. Palmour, J. A. Edmond, H. S. Kong, J. C. H. Carter, "Vertical power devices in silicon carbide," Silicon Carbide and Related Materials, Inst. of Phys. Conf. Series vol. 137, pp. 499-502, 1994.

[73] W. v. Münch, P. Hoeck, "Silicon carbide bipolar transistor," Solid-State Electronics, vol. 21, no. 2, pp. 479-480, 1978. https://doi.org/10.1016/0038-1101(78)90283-6

[74] R. F. Davis, C. H. Carter, C. E. Hunter, Sublimation of silicon carbide to produce large, device quality single crystals of silicon carbide, US Patent 4,866,005, 1989.

[75] J. Edmond, H. Kong, A. Suvorov, D. Waltz, J. C. Carter, "6H-Silicon Carbide Light Emitting Diodes and UV Photodiodes," physica status solidi (a), vol. 162, no. 1, pp. 481-491, 1997.
https://doi.org/10.1002/1521-396x(199707)162:1<481::aid-pssa481>3.0.co;2-o

[76] R. C. Glass, D. Henshall, V. F. Tsvetkov, J. C. H. Carter, "SiC Seeded Crystal Growth," physica status solidi (b), vol. 202, no. 1, pp. 149-162, 1997. https://doi.org/10.1002/1521-3951(199707)202:1<149::aid-pssb149>3.0.co;2-m

[77] S. G. Müller, R. C. Glass, H. M. Hobgood, V. F. Tsvetkov, M. Brady, D. Henshall, D. Malta, R. Singh, J. Palmour, C. H. Carter, "Progress in the industrial production of SiC substrates for semiconductor devices," Materials Science and Engineering: B, vol. 80, no. 1-3, pp. 327-331, 2001. https://doi.org/10.1016/s0921-5107(00)00658-9

[78] M. Tuominen, R. Yakimova, R. C. Glass, T. Tuomi, E. Janzén, "Crystalline imperfections in 4H SiC grown with a seeded Lely method," Journal of Crystal Growth, vol. 144, no. 3-4, pp. 267-276, 1994. https://doi.org/10.1016/0022-0248(94)90466-9

[79] J. Heindl, H. P. Strunk, V. D. Heydemann, G. Pensl, "Micropipes: Hollow Tubes in Silicon Carbide," physica status solidi (a), vol. 162, no. 1, pp. 251-262, 1997. https://doi.org/10.1002/1521-396x(199707)162:1<251::aid-pssa251>3.0.co;2-7

[80] D. Nakamura, I. Gunjishima, S. Yamaguchi, T. Ito, A. Okamoto, H. Kondo, S. Onda, K. Takatori, "Ultrahigh-quality silicon carbide single crystals," Nature, vol. 430, no. 7003, pp. 1009-1012, 2004. https://doi.org/10.1038/nature02810

[81] Information on https://www.reportsanddata.com/press-release/global-silicon-carbide-wafer-market

[82] S. Nakamura, T. Mukai, M. Senoh, "Candela-class high-brightness InGaN/AlGaN double-heterostructure blue-light-emitting diodes," Applied Physics Letters, vol. 64, no. 13, pp. 1687-1689, 1994. https://doi.org/10.1063/1.111832

[83] X. She, A. Q. Huang, O. Lucia, B. Ozpineci, "Review of Silicon Carbide Power Devices and Their Applications," IEEE Transactions on Industrial Electronics, vol. 64, no. 10, pp. 8193-8205, 2017. https://doi.org/10.1109/tie.2017.2652401

[84] M. Schadt, G. Pensl, R. P. Devaty, W. J. Choyke, R. Stein, D. Stephani, "Anisotropy of the electron Hall mobility in 4H, 6H, and 15R silicon carbide," Applied Physics Letters, vol. 65, no. 24, pp. 3120-3122, 1994. https://doi.org/10.1063/1.112455

[85] W. J. Schaffer, H. S. Kong, G. H. Negley, J. Palmour, "Hall effect and CV measurements on epitaxial 6H- and 4H-SiC," Inst. Phys. Conf. Ser., vol. 137, pp. 155-159, 1994.

[86] A. P. Dmitriev, A. O. Konstantinov, D. Litvin, V. I. Sankin, "Impact ionization and superlattice in 6H-SiC," Soviet physics. Semiconductors, vol. 17, pp. 686-689, 1983.

[87] A. O. Konstantinov, "Influence of temperature on impact ionization and avalanche breakdown in silicon carbide," Soviet Phys. Semicond, vol. 23, no. 1, pp. 31-35, 1989. [in Russian: А. О. Константинов, Температурная зависимость ударной ионизации и лавинного пробоя в карбиде кремния, ФТП 23, (1989) с. 52-57].

[88] K. V. Vassilevski, V. A. Dmitriev, A. V. Zorenko, "Silicon carbide diode operating at avalanche breakdown current density of 60 kA/cm^2," Journal of Applied Physics, vol. 74, no. 12, pp. 7612-7614, 1993. https://doi.org/10.1063/1.354963

[89] A. O. Konstantinov, Q. Wahab, N. Nordell, U. Lindefelt, "Ionization rates and critical fields in 4H silicon carbide," Applied Physics Letters, vol. 71, no. 1, pp. 90-92, 1997. https://doi.org/10.1063/1.119478

[90] A. O. Konstantinov, Q. Wahab, N. Nordell, U. Lindefelt, "Study of avalanche breakdown and impact ionization in 4H silicon carbide," Journal of Electronic Materials, vol. 27, no. 4, pp. 335-341, 1998. https://doi.org/10.1007/s11664-998-0411-x

[91] A. O. Konstantinov, N. Nordell, Q. Wahab, U. Lindefelt, "Temperature dependence of avalanche breakdown for epitaxial diodes in 4H silicon carbide," Applied Physics Letters, vol. 73, pp. 1850-1852, 1998. https://doi.org/10.1063/1.122303

[92] M. Bakowski, "Status and Prospects of SiC Power Devices," in: Advancing Silicon Carbide Electronics Technology I, K. Zekentes and K. Vasilevskiy, eds., Millersville: Materials Research Forum LLC, 2018, pp. 191-236.

[93] M. Bhatnagar, P. K. McLarty, B. J. Baliga, "Silicon-carbide high-voltage (400 V) Schottky barrier diodes," IEEE Electron Device Letters, vol. 13, no. 10, pp. 501-503, 1992. https://doi.org/10.1109/55.192814

[94] A. Itoh, T. Kimoto, H. Matsunami, "High performance of high-voltage 4H-SiC Schottky barrier diodes," IEEE Electron Device Letters, vol. 16, no. 6, pp. 280-282, 1995. https://doi.org/10.1109/55.790735

[95] A. Itoh, T. Kimoto, H. Matsunami, "Excellent reverse blocking characteristics of high-voltage 4H-SiC Schottky rectifiers with boron-implanted edge termination," IEEE Electron Device Letters, vol. 17, no. 3, pp. 139-141, 1996. https://doi.org/10.1109/55.485193

[96] Y. Jiang, W. Sung, X. Song, H. Ke, S. Liu, B. J. Baliga, A. Q. Huang, E. Van Brunt, "10kV SiC MPS diodes for high temperature applications," in 28th International Symposium on Power Semiconductor Devices and ICs (ISPSD), pp. 43-46, 2016.

[97] "CoolSiC™ Automotive Discrete Schottky Diodes " Infenion Application Note; information on www.infineon.com

[98] M. Holz, G. Hultsch, T. Scherg, R. Rupp, "Reliability considerations for recent Infineon SiC diode releases," Microelectronics Reliability, vol. 47, no. 9, pp. 1741-1745, 2007. https://doi.org/10.1016/j.microrel.2007.07.031

[99] Information on http://www.wolfspeed.com

[100] D. Stephani, P. Friedrichs, "SILICON CARBIDE JUNCTION FIELD EFFECT TRANSISTORS," International Journal of High Speed Electronics and Systems, vol. 16, no. 03, pp. 825-854, 2006. https://doi.org/10.1142/s012915640600403x

[101] P. A. Ivanov, N. S. Savkina, V. N. Panteleev, V. E. Chelnokov, "Junction field-effect transistors based on 4H-silicon carbide," Institute of Physics Conference Series, 137. pp. 593-595, 1994.

[102] P. Sannuti, X. Li, F. Yan, K. Sheng, J. H. Zhao, "Channel electron mobility in 4H-SiC lateral junction field effect transistors," Solid-State Electronics, vol. 49, no. 12, pp. 1900-1904, 2005. https://doi.org/10.1016/j.sse.2005.10.027

[103] H. Mitlehner, W. Bartsch, K. O. Dohnke, P. Friedrichs, R. Kaltschmidt, U. Weinert, B. Weis, D. Stephani, "Dynamic characteristics of high voltage 4H-SiC vertical JFETs," in 11th International Symposium on Power Semiconductor Devices and ICs. ISPSD'99 Proceedings 1999, pp. 339-342.

[104] P. Friedrichs, H. Mitlehner, K. O. Dohnke, D. Peters, R. Schorner, U. Weinert, E. Baudelot, D. Stephani, "SiC power devices with low on-resistance for fast switching applications," 12th International Symposium on Power Semiconductor Devices & ICs. Proceedings, pp. 213-216, 2000. https://doi.org/10.1109/ISPSD.2000.856809

[105] H. Onose, A. Watanabe, T. Someya, Y. Kobayashi, "2 kV 4H-SiC Junction FETs," Materials Science Forum, vol. 389-393, pp. 1227-1230, 2002. http://doi.org/10.4028/www.scientific.net/msf.389-393.1227

[106] J. H. Zhao, K. Tone, X. Li, P. Alexandrov, L. Fursin, M. Weiner, "3.6 m$\Omega \cdot$cm^2, 1726 V 4H-SiC normally-off trenched-and-implanted vertical JFETs," in ISPSD '03. IEEE 15th International Symposium on Power Semiconductor Devices and ICs, 2003.

[107] Y. Li, P. Alexandrov, J. H. Zhao, "1.88-m$\Omega \cdot$cm^2 1650-V Normally on 4H-SiC TI-VJFET," IEEE Transactions on Electron Devices, vol. 55, no. 8, pp. 1880-1886, 2008. https://doi.org/10.1109/ted.2008.926678

[108] I. Sankin, D. C. Sheridan, W. Draper, V. Bondarenko, R. Kelley, M. S. Mazzola, J. B. Casady, "Normally-Off SiC VJFETs for 800 V and 1200 V Power Switching Applications," Proceedings of 20th International Symposium on Power Semiconductor Devices and IC's, 18-22 May 2008, pp. 260-262, https://doi.org/10.1109/ISPSD.2008.4538948

[109] Information on https://unitedsic.com

[110] A. Suzuki, H. Ashida, N. Furui, K. Mameno, H. Matsunami, "Thermal Oxidation of SiC and Electrical Properties of Al–SiO2–SiC MOS Structure," Japanese

Journal of Applied Physics, vol. 21, no. Part 1, No. 4, pp. 579-585, 1982. https://doi.org/10.1143/jjap.21.579

[111] J. N. Shenoy, J. A. Cooper, M. R. Melloch, "High-voltage double-implanted power MOSFET's in 6H-SiC," IEEE Electron Device Letters, vol. 18, no. 3, pp. 93-95, 1997. https://doi.org/10.1109/55.556091

[112] T. Ito, "Direct Thermal Nitridation of Silicon Dioxide Films in Anhydrous Ammonia Gas," Journal of The Electrochemical Society, vol. 127, no. 9, pp. 2053, 1980. https://doi.org/10.1149/1.2130065

[113] H. Hwang, W. Ting, B. Maiti, D. L. Kwong, J. Lee, "Electrical characteristics of ultrathin oxynitride gate dielectric prepared by rapid thermal oxidation of Si in N_2O," Applied Physics Letters, vol. 57, no. 10, pp. 1010-1011, 1990. https://doi.org/10.1063/1.103550

[114] H.-f. Li, S. Dimitrijev, H. B. Harrison, D. Sweatman, "Interfacial characteristics of N_2O and NO nitrided SiO_2 grown on SiC by rapid thermal processing," Applied Physics Letters, vol. 70, no. 15, pp. 2028-2030, 1997. https://doi.org/10.1063/1.118773

[115] G. Y. Chung, C. C. Tin, J. R. Williams, K. McDonald, R. K. Chanana, R. A. Weller, S. T. Pantelides, L. C. Feldman, O. W. Holland, M. K. Das, J. W. Palmour, "Improved inversion channel mobility for 4H-SiC MOSFETs following high temperature anneals in nitric oxide," IEEE Electron Device Letters, vol. 22, no. 4, pp. 176-178, 2001. https://doi.org/10.1109/55.915604

[116] G. Gudjonsson, H. O. Olafsson, F. Allerstam, P. A. Nilsson, E. O. Sveinbjornsson, H. Zirath, T. Rodle, R. Jos, "High field-effect mobility in n-channel Si face 4H-SiC MOSFETs with gate oxide grown on aluminum ion-implanted material," Electron Device Letters, IEEE, vol. 26, no. 2, pp. 96-98, 2005. https://doi.org/10.1109/LED.2004.841191

[117] "Cree Launches Industry's First Commercial Silicon Carbide Power MOSFET; Destined to Replace Silicon Devices in High-Voltage Power Electronics," JANUARY 17, 2011; information on https://www.cree.com

[118] J. W. Palmour, L. Cheng, V. Pala, E. V. Brunt, D. J. Lichtenwalner, G. Y. Wang, J. Richmond, M. O'Loughlin, S. Ryu, S. T. Allen, A. A. Burk, C. Scozzie, "Silicon carbide power MOSFETs: Breakthrough performance from 900 V up to 15 kV," in IEEE 26th International Symposium on Power Semiconductor Devices & IC's (ISPSD), 2014, https://doi.org/10.1109/ispsd.2014.6855980

[119] G. Liu, "Silicon carbide: A unique platform for metal-oxide-semiconductor physics," Applied Physics Reviews, vol. 2, pp. 021307, 2015. https://doi.org/10.1063/1.4922748

[120] S. Dimitrijev, "SiC power MOSFETs: The current status and the potential for

future development," in IEEE 30th International Conference on Microelectronics (MIEL), 9-11 Oct. 2017, pp. 29-34, https://doi.org/10.1109/MIEL.2017.8190064

[121] R. Singh, "HIGH POWER SIC PIN RECTIFIERS," International Journal of High Speed Electronics and Systems, vol. 15, no. 04, pp. 867-898, 2005. https://doi.org/10.1142/S0129156405003442

[122] N. Ramungul, V. Khemka, T. P. Chow, M. Ghezzo, J. W. Kretchmer, "Carrier Lifetime Extraction from a 6H-SiC High Voltage p-i-n Rectifier Reverse Recovery Waveform," Materials Science Forum, vol. 264-268, pp. 1065-1068, 1998. https://doi.org/10.4028/www.scientific.net/msf.264-268.1065

[123] M. E. Levinshtein, J. W. Palmour, S. L. Rumyantsev, R. Singh, "Forward current-voltage characteristics of silicon carbide thyristors and diodes at high current densities," Semiconductor Science and Technology, vol. 13, no. 9, pp. 1006-1010, 1998. https://doi.org/10.1088/0268-1242/13/9/007

[124] P. A. Ivanov, M. E. Levinshtein, K. G. Irvine, O. Kordina, J. W. Palmour, S. L. Rumyantsev, R. Singh, "High hole lifetime (3.8 [micro sign]s) in 4H-SiC diodes with 5.5 kV blocking voltage," Electronics Letters, vol. 35, no. 16, pp. 1382, 1999. https://doi.org/10.1049/el:19990897

[125] P. Grivickas, A. Galeckas, J. Linnros, M. Syväjärvi, R. Yakimova, V. Grivickas, J. A. Tellefsen, "Carrier lifetime investigation in 4H–SiC grown by CVD and sublimation epitaxy," Materials Science in Semiconductor Processing, vol. 4, no. 1-3, pp. 191-194, 2001. https://doi.org/10.1016/s1369-8001(00)00133-5

[126] P. Grivickas, J. Linnros, V. Grivickas, "Free Carrier Diffusion Measurements in Epitaxial 4H-SiC with a Fourier Transient Grating Technique: Injection Dependence," Materials Science Forum, vol. 338-342, pp. 671-674, 2000. https://doi.org/10.4028/www.scientific.net/msf.338-342.671

[127] J. Zhang, L. Storasta, J. P. Bergman, N. T. Son, E. Janzén, "Electrically active defects in n-type 4H–silicon carbide grown in a vertical hot-wall reactor," Journal of Applied Physics, vol. 93, no. 8, pp. 4708-4714, 2003. https://doi.org/10.1063/1.1543240

[128] L. Storasta, H. Tsuchida, "Reduction of traps and improvement of carrier lifetime in 4H-SiC epilayers by ion implantation," Applied Physics Letters, vol. 90, no. 6, pp. 062116, 2007. https://doi.org/10.1063/1.2472530

[129] Y. M. Tairov, V. F. Tsvetkov, "Semiconductor Compounds AIVBIV," in: Handbook on electrotechnical materials, Y. V. Koritskii, V. V. Pasynkov and B. M. Tareev, eds., Leningrad: Energomashizdat, 1988, p. 728. [in Russian]

[130] R. N. Ghoshtagore, R. L. Coble, "Self-Diffusion in Silicon Carbide," Physical Review, vol. 143, no. 2, pp. 623-626, 1966.

[131] T. Hiyoshi, T. Kimoto, "Reduction of Deep Levels and Improvement of Carrier Lifetime in n-Type 4H-SiC by Thermal Oxidation," Applied Physics Express, vol. 2, pp. 041101, 2009. https://doi.org/10.1143/apex.2.041101

[132] K. Kawahara, J. Suda, T. Kimoto, "Analytical model for reduction of deep levels in SiC by thermal oxidation," Journal of Applied Physics, vol. 111, no. 5, pp. 053710, 2012. https://doi.org/10.1063/1.3692766

[133] S. H. Ryu, D. J. Lichtenwalner, M. O'Loughlin, C. Capell, J. Richmond, E. van Brunt, C. Jonas, Y. Lemma, A. Burk, B. Hull, M. McCain, S. Sabri, H. O'Brien, A. Ogunniyi, A. Lelis, J. Casady, D. Grider, S. Allen, J. W. Palmour, "15 kV n-GTOs in 4H-SiC," Materials Science Forum, vol. 963, pp. 651-654, 2019. https://doi.org/10.4028/www.scientific.net/MSF.963.651

[134] H. Lendenmann, F. Dahlquist, N. Johansson, R. Söderholm, P. Å. Nilsson, P. Bergman, P. Skytt, "Long Term Operation of 4.5 kV PiN and 2.5 kV JBS Diodes," Materials Science Forum, vol. 353-356, pp. 727-730, 2001. https://doi.org/10.4028/www.scientific.net/msf.353-356.727

[135] P. Bergman, H. Lendenmann, P. Å. Nilsson, U. Lindefelt, P. Skytt, "Crystal Defects as Source of Anomalous Forward Voltage Increase of 4H-SiC Diodes," Materials Science Forum, vol. 353-356, pp. 299-302, 2001. https://doi.org/10.4028/www.scientific.net/msf.353-356.299

[136] J. Q. Liu, M. Skowronski, C. Hallin, R. Söderholm, H. Lendenmann, "Structure of recombination-induced stacking faults in high-voltage SiC p–n junctions," Applied Physics Letters, vol. 80, no. 5, pp. 749-751, 2002. https://doi.org/10.1063/1.1446212

[137] T. Ohno, H. Yamaguchi, S. Kuroda, K. Kojima, T. Suzuki, K. Arai, "Influence of growth conditions on basal plane dislocation in 4H-SiC epitaxial layer," Journal of Crystal Growth, vol. 271, no. 1-2, pp. 1-7, 2004. https://doi.org/10.1016/j.jcrysgro.2004.04.044

[138] J. J. Sumakeris, J. R. Jenny, A. R. Powell, "Bulk Crystal Growth, Epitaxy, and Defect Reduction in Silicon Carbide Materials for Microwave and Power Devices," MRS Bulletin, vol. 30, no. 4, pp. 280-286, 2005. https://doi.org/10.1557/mrs2005.74

[139] J. J. Sumakeris, P. Bergman, M. K. Das, C. Hallin, B. A. Hull, E. Janzén, H. Lendenmann, M. J. O'Loughlin, M. J. Paisley, S. Y. Ha, M. Skowronski, J. W. Palmour, C. H. Carter Jr, "Techniques for Minimizing the Basal Plane Dislocation Density in SiC Epilayers to Reduce V_f Drift in SiC Bipolar Power Devices," Materials Science Forum, vol. 527-529, pp. 141-146, 2006. https://doi.org/10.4028/www.scientific.net/msf.527-529.141

[140] W. Chen, M. A. Capano, "Growth and characterization of 4H-SiC epilayers on

substrates with different off-cut angles," Journal of Applied Physics, vol. 98, no. 11, pp. 114907, 2005. https://doi.org/10.1063/1.2137442

[141] Y. Bu, H. Yoshimoto, N. Watanabe, A. Shima, "Fabrication of 4H-SiC PiN diodes without bipolar degradation by improved device processes," Journal of Applied Physics, vol. 122, no. 24, pp. 244504, 2017. https://doi.org/10.1063/1.5001370

[142] H. Niwa, J. Suda, T. Kimoto, "21.7 kV 4H-SiC PiN Diode with a Space-Modulated Junction Termination Extension," Applied Physics Express, vol. 5, no. 6, pp. 064001, 2012. https://doi.org/10.1143/apex.5.064001

[143] Y. Luo, L. Fursin, J. H. Zhao, "Demonstration of 4H-SiC power bipolar junction transistors," Electronics Letters, vol. 36, no. 17, pp. 1496, 2000. https://doi.org/10.1049/el:20001059

[144] M. Domeij, A. Konstantinov, A. Lindgren, C. Zaring, K. Gumaelius, M. Reimark, "Large Area 1200 V SiC BJTs with β>100 and ρ_{ON} < 3 m$\Omega \cdot$cm^2," Materials Science Forum, vol. 717-720, pp. 1123-1126, 2012. https://doi.org/10.4028/www.scientific.net/msf.717-720.1123

[145] H. Miyake, T. Okuda, H. Niwa, T. Kimoto, J. Suda, "21-kV SiC BJTs With Space-Modulated Junction Termination Extension," IEEE Electron Device Letters, vol. 33, no. 11, pp. 1598-1600, 2012. https://doi.org/10.1109/LED.2012.2215004

[146] A. Salemi, H. Elahipanah, K. Jacobs, C.-M. Zetterling, M. Ostling, "15 kV-Class Implantation-Free 4H-SiC BJTs With Record High Current Gain," IEEE Electron Device Letters, vol. 39, no. 1, pp. 63-66, 2018. https://doi.org/10.1109/led.2017.2774139

[147] E. van Brunt, L. Cheng, M. J. O'Loughlin, J. Richmond, V. Pala, J. W. Palmour, C. W. Tipton, C. Scozzie, "27 kV, 20 A 4H-SiC n-IGBTs," Materials Science Forum, vol. 821-823, pp. 847-850, 2015. https://doi.org/10.4028/www.scientific.net/msf.821-823.847

[148] N. Zabihi, A. Mumtaz, T. Logan, T. Daranagama, R. A. McMahon, "SiC Power Devices for Applications in Hybrid and Electric Vehicles," Materials Science Forum, vol. 963, pp. 869-872, 2019. https://doi.org/10.4028/www.scientific.net/MSF.963.869

[149] "IS TESLA'S PRODUCTION CREATING A SIC MOSFET SHORTAGE?," 2019; information on https://www.pntpower.com/is-teslas-production-creating-a-sic-mosfet-shortage

第 6 章

碳化硅器件中的电介质：技术与应用

Anthony O'Neill[1]*、Oliver Vavasour[2]、Stephen Russell[2]、Faiz Arith[1]、Jesus Urresti[1]、Peter Gammon[2]

[1] 英国泰恩河畔纽卡斯尔市纽卡斯尔大学工程学院
[2] 英国考文垂市华威大学工程学院
* anthony.oneill@newcastle.ac.uk

摘要

在 SiC 上形成介质层是器件工艺技术的一个关键特征。实现高迁移率 SiC MOSFET 取决于解决栅极堆叠层形成中的挑战，其中电介质起着核心作用，电介质在 SiC 器件的表面钝化中也起着关键作用，本章论述了 SiC 器件中使用的主要电介质。电子器件中最常用的电介质是 SiO_2 和 Si_3N_4，因此首先介绍它们，然后是高 κ 介质（即介电常数高于 Si_3N_4 的电介质）。在关注 SiC 热氧化之前讨论了介质沉积的方法，评估了氧化过程和氧化后退火的不同参数，这些参数对氧化层质量和 SiO_2/SiC 界面中碳残留的形成有影响。论述了使用各种介质层形成技术提高 SiC MOSFET 电子迁移率的努力，指出了取得的进展。还讨论了电介质对 SiC 表面钝化的相关问题。

关键词

氧化硅、高 κ 介质、MOSFET、栅极氧化层、表面钝化、氧化后退火、场效应迁移率、氮化硅

6.1 引言

电介质是广泛用于半导体器件的极其重要的材料。它们用于导电元件（例如金属互连和半导体）之间的电隔离，以及用于钝化和保护自由半导体表面。电介质的另一个重要应用是用作金属绝缘体半导体（MIS）电容中的绝缘层，通常称为金属氧化物半导体（MOS）电容（MOSCAP），以及 MOS 场效应晶体管（MOSFET）[1]，与介质种类无关。为特定应用选择合适的电介质取决于其电性能，例如带隙能量（E_g）、临界电场（F_{ox}，也称为"介电强度"）、相对介电常数（也称为介电常数，标注为 ε_r 或 κ）和电子亲和能（χ_{ox}），以及它与半导体器件设计和加工的化学和机械兼容性。这些介电特性极大地影响了半导体器件的有效运行，例如它们承受高电场、高电流密度和高温的能力。本章讨论了适用于 SiC 器件的不同电介质。

半导体上介质层的结构质量极为重要。例如，在 MOSFET 中，介质层充当栅极接触层和沟道（半导体/介质界面处小于 5nm 的薄半导体反型层，沿该层的电子流动由栅极电压控制）之间的绝缘体。栅介质层的沉积或生长会产生位于介质层内部并靠近介质/半导体界面的缺陷，这些缺陷会通过降低介电强度和增加栅极漏电流降低器件性能和可靠性。

6.1.1 界面俘获电荷效应及要求

MOS 结构中最重要的缺陷类型是界面俘获电荷，这些缺陷在物理上位于介质-半导体界面处，包括悬挂键、Si-Si 键、C-C 键以及在电介质和半导体之间边界处产生的各种无序合成物。这些缺陷具有电活性，可以捕获和发射电子和空穴。单位面积和单位能量的界面陷阱电荷密度用符号 D_{it} 表示。

由于电子的库仑散射，当界面陷阱带电时会降低沟道电导率。此外，电荷的主动俘获和释放会进一步影响器件性能。电子的捕获和发射取决于施加的栅极电压、温度和初始陷阱状态，并导致 MOSFET 工作不稳定和参数漂移。半导体/介质界面总是有一些被俘获的电荷，它必须保持在一定的限度以下。可以根据反型层表面电荷密度 qN_s 来估计这个限制：

$$qN_s = C_{ox}(V_{GS} - V_{th}) \tag{6-1}$$

式中，C_{ox} 为单位面积的栅氧化层电容；V_{GS} 为栅源电压；V_{th} 为阈值电压；q 为基本电荷；N_s 为 MOSFET 沟道中的表面电荷密度。如果 SiO_2 厚度（t_{ox}）为 100nm，并且栅极过驱动电压（$V_{GS}-V_{th}$）为 5V，则根据式（6-1）发现 N_s 约为 10^{12}cm^{-2}，并且 N_s 随着 V_{GS} 的增加或 t_{ox} 的减少而线性增加。理想情况下，D_{it} 必须低于 10^{12}cm^{-2}，在 $10^{10} \sim 10^{11}\text{cm}^{-2}$ 范围内，并且 SiO_2 中电活性缺陷的体积密度低

于 $10^{15} cm^{-3}$ 或低于 $4×10^{-5}$ at. %。

6.1.2 近界面陷阱效应

除了物理上位于界面处的缺陷状态外，电荷也可能被束缚在电介质中。一些电荷状态很稳定，与栅压无关，导致 MOSCAP 的平带电压漂移和 MOSFET 的阈值电压漂移。然而，还有一些电荷的荷电状态会发生变化。氧化层电荷的性质、起源和影响因材料系统而异，描述方法也有所不同，这方面一直还存在一些分歧。

对于 4H-SiC/SiO_2 系统，优先称为"近界面陷阱"(NIT)，尽管偶尔也使用"边界陷阱"一词，它们的能级接近 SiC 导带底[2]。采用密度泛函理论（DFT）模拟表明，氧化层中会生成 CO 分子、C 间隙原子和 C 原子对，这意味着它们的确是 NIT 的来源[3]。采用热激电流技术也已经实验证实了靠近 4H-SiC 导带底的陷阱的存在[4]。C-V 和深能级瞬态谱（DLTS）测量发现，这些陷阱的中心位于 4H-SiC 的导带底以下 0.1eV 处，而在 6H-SiC 中则位于导带底以下 0.5eV 处[5,6]。

SiC/SiO_2 系统中的 NIT 具有非常短的时间常数，捕获和释放电荷的速度至少与传统的界面陷阱电荷一样快。因此，它们对器件结构的影响通常与传统的界面陷阱电荷混为一谈。NIT 不像使用 C-V 技术测量的传统界面陷阱电荷那样被广泛研究，但对于提高沟道迁移率很重要，并且对制造工艺的变化表现出一些特殊响应[7]。

6.1.3 SiC MOS 界面的要求

通常，器件结构中的陷阱态和俘获电荷必须最小化。SiC 器件的主要障碍是界面电荷：物理上位于界面处的传统界面陷阱电荷和位于靠近界面且具有电活性的近界面陷阱。这些会影响沟道电子迁移率，详见 6.2.1 节，但沟道迁移率并不是 SiC 介质系统的唯一要求。

MOSFET 的阈值电压可能会受到氧化层中固定电荷的影响，对于电力电子应用，阈值电压的目标值约为 5V，以方便操作并防止意外开启。任何替代的介质工艺都不能比现有工艺偏离这个目标更远。此外，阈值电压会进一步受到氧化层中的陷阱状态的影响，导致随着时间和工作循环的不稳定性。除了阈值电压效应之外，直流泄漏和介质击穿也是不希望的，应该加以控制。特别是，使用时间相关介质击穿（TDDB）技术[8,9]在 SiC MOS 结构中观察到泄漏性能随时间和工作周期而恶化。随着时间的推移，泄漏和泄漏稳定性也不得受到任何替代介质工艺的影响。

下面则是一般要求的特殊情况：除了低 D_{it} 和高沟道迁移率之外，介质还必须具有高可靠性。下面讨论的许多介质工艺以牺牲可靠性为代价获得了改善的沟道迁移率。当前的现有技术基于热氧化——SiC 是唯一可以热氧化产生 SiO_2 层的化合物半导体,但与在硅(Si)上生长的情况相比,碳(C)原子的存在会导致氧化层质量显著下降,适用于所有类型的缺陷和陷阱状态。出于这个原因,在 SiC 上形成 SiO_2 层需要定制工艺,例如氧化后退火(POA)或超薄界面氧化层(热氧化成为 Si 独有的工艺)。获得具有高结构质量和低界面电荷的高质量介质层仍然是 SiC 电子学发展的主要挑战之一。本章论述了在 SiC 上沉积电介质的不同方法,包括热氧化。

6.2 SiC 器件工艺中的电介质

6.2.1 SiC 器件中的二氧化硅

Si 电子学的成功在很大程度上是因为高结构质量的 SiO_2 可以很容易地通过热氧化在 Si 表面上生长。SiO_2 也可以用作 SiC MOSFET 中的电介质,以及作为表面钝化层和器件制造中的牺牲层,不幸的是,与 Si/SiO_2 相比,SiC/SiO_2 界面较差,并且含有大量带电缺陷。

MOSFET 沟道中的电子迁移率受若干散射过程和俘获过程的影响。散射过程可以用 Matthiesen 规则表示

$$\frac{1}{\mu_{inv}} = \frac{1}{\mu_c} + \frac{1}{\mu_p} + \frac{1}{\mu_i} \tag{6-2}$$

第一项 μ_c 对应于由载流子-载流子相互作用引起的库仑散射、由界面陷阱处的固定电荷引起的电子散射以及由 SiO_2 或 SiC 中的带电缺陷引起的远程散射。第二项 μ_p 对应于声子散射并且取决于材料。最后一项 μ_i 对应于由于 MOSFET 中的 SiC/SiO_2 界面粗糙度引起的散射,并在大栅压 V_{GS} 下决定迁移率[10]。这些结合起来就决定了反型层的迁移率 μ_{inv}。

实验上,场效应迁移率 μ_{FE} 通常用作 SiC MOSFET 的品质因数。它可以通过参考文献 [11] 从 MOSFET 电测量中计算得出

$$\mu_{FE} = \frac{L g_m^i}{W C_{ox} V_{DS}} \tag{6-3}$$

式中,g_m^i 为本征跨导[12];L 为栅极长度;W 为栅极宽度;V_{DS} 为源漏电压;C_{ox} 为 C-V 测量得到的栅氧化层电容。μ_{FE} 取决于沟道中的电场,因此,它通常被描述为有效电场 F_{eff} 的函数,定义为:

$$F_{eff} = \frac{q}{\varepsilon_0 \varepsilon_{SiC}} (N_{depl} + \eta N_S) \tag{6-4}$$

式中，ε_{SiC} 为 SiC 的相对介电常数；N_{depl} 为靠近 SiC 表面的耗尽层电荷密度；N_S 为反型层电荷密度；η 为 N_S 的加权函数，取决于衬底取向。对于 Si MOSFET，（100）面上电子的 $\eta = 1/2$，而 $\eta = 11/32$ 是理论值[10]。Ohash 等人[13]的研究表明，$\eta = 1/3$ 更适合 C 面 SiC MOSFET 的迁移率数据，预计 Si 面 SiC MOSFET 也是如此。

有效迁移率 μ_{eff} 更常用作 Si MOSFET 的品质因数。μ_{eff} 与 F_{eff} 的关系图被称为"通用迁移率曲线"，因为它与衬底杂质浓度或偏置无关。有效迁移率可以通过 MOSFET 测量计算得出：

$$\mu_{eff} = \frac{Lg_d^i}{WQ_n} \quad (6-5)$$

式中，g_d^i 为本征器件的沟道电导（即不考虑源极/漏极寄生效应）。在没有界面电荷的理想 MOSFET 中，Q_n 等于沟道中可动电荷密度 Q_{mobile}，它是根据单位面积的栅-沟道电容 C_{GC} 计算得出的[11]：

$$Q_{mobile} = \int_{-\infty}^{V_{GS}} C_{GC} dV_{GS} \quad (6-6)$$

对于 SiC MOSFET，并非所有沟道电荷都是可移动的，因此

$$Q_n = Q_{mobile} + Q_{it} \quad (6-7)$$

式中，Q_{it} 为界面陷阱电荷密度。陷阱电荷可以通过测量的 D_{it} 计算：

$$Q_{it} = q \int_{E_i}^{E_C} D_{it} F_{1/2}(E) dE \quad (6-8)$$

式中，E_C 为导带底；E_i 是本征费米能级（即函数从 E_i 到导带底积分）；$F_{1/2}$ 为费米-狄拉克分布（1/2 阶）。代入式（6-4）时，可以得到

$$\mu_{eff} = \frac{Lg_d^i}{W(Q_{mobile} + Q_{it})} \quad (6-9)$$

SiC 中的界面缺陷包括杂质以及体缺陷传播导致的形貌和痕迹。它们可能导致几种迁移率下降过程，比如作为固定电荷或被电荷占据的状态而导致库仑散射，可变占据状态作为充放电的点或区域而导致表面粗糙度散射。出于本章的目的，界面退化的影响被认为是一个集总过程，没有区分不同的迁移率退化机制。

在 1100℃ 左右通过热氧化形成标准栅介质且没有氧化后退火（POA）时，4H-SiC 中的沟道迁移率值低于 $10cm^2/(V \cdot s)$[14]，而 Si 的典型值 $>200cm^2/(V \cdot s)$[10]。另一方面，Si 和 SiC 的体电子迁移率具有可比性，4H-SiC 为 $900cm^2/(V \cdot s)$，Si 为 $1450cm^2/(V \cdot s)$。因此，4H-SiC MOSFET 中的低电子迁移率是 SiC 和 SiO_2 之间界面质量差的结果。过去 20 年中的大量研究都是着眼于提高 SiC MOSFET 中的电子迁移率，例如通过降低 D_{it}。

SiO_2 也可以通过多种方法沉积，如 6.3 节所述。热生长和沉积 SiO_2 的一些组合也可以在应用中找到。

6.2.2 SiC 器件中的氮化硅

由于具有更高的介电常数，氮化硅（Si_3N_4）在 20 世纪 60 年代被研究作为 SiO_2 的替代介质用于硅器件的批量生产。然而，界面质量和电荷注入氮化物的问题使其不适合标准 MOSFET 技术。随后提出了氧化物-氮化物-氧化物（ONO）结构用于 SiC 功率器件技术，因为 SiC 器件在工作期间需要承受比同类硅器件更高的电场，因而需要使用介电常数 ε_r 比 SiO_2 更高的栅介质。

Lipkin 和 Palmour[1] 比较了 SiC 上用于高压应用的一系列电介质（SiO_2、Si_3N_4、ONO、AlN）的可靠性，其中 SiO_2 在约 10MV/cm 时表现出介质击穿，氮化物在约 5MV/cm 时表现为泄漏电流击穿，这是因为氮化物的电子亲和能（1~2eV）与氧化物（约 3eV）之间差异太小的缘故。ONO 层表现为泄漏击穿和介质击穿的组合，电场强度大于 6.5MV/cm 时为泄漏电流。在 MOSFET 中测量的击穿电场对于氧化层和 ONO 栅介质相似，但 ONO 厚度可以大于氧化层并具有相同的电容值，即相同的"有效氧化层厚度"（EOT），这要归功于氮化物更高的介电常数。

通过在 MOS 电容器中使用 ONO 进行时间相关介质击穿（TDDB）测试，证明 ONO 的可靠性能等同于 SiO_2，该 MOS 电容由底部热氧化层、LPCVD 生长的氮化物和顶部的热解氧化层组成，估算的等效 SiO_2 厚度为 40nm[15]。已被证明对于底部氧化层而言，热氧化层优于沉积氧化层，但尚未研究氮化物和顶部氧化层形成方法的影响。使用 ONO 结构的进一步工作显示了热氧化层原生缺陷对其质量的影响以及 ONO 结构如何减轻这一影响[16]。ONO 复合介质层已被正式用于常关型 MOSFET[17]。ONO 复合层一直被证明是热氧化的稳定替代品，它具有较大的负偏压下的应力可靠性，击穿电场强度为-19.6MV/cm[18]。

6.2.3 SiC 器件中的高 κ 介质

根据高斯定律，介电常数和垂直于介质/半导体界面的电场的乘积必须是连续的。因此，对于给定的半导体电场，可以通过使用具有更高介电常数（κ）的电介质代替 SiO_2 或 Si_3N_4 来降低介质中的电场。这些高 κ 电介质，如 HfO_2、Al_2O_3、$BaTiO_3$、TiO_2 和 Ta_2O_5，由于其非常高的介电常数而引起了硅技术界的兴趣，并且在这方面可能对 SiC 技术有益。然而，高 κ 介质的其他材料特性可能意味着它们容易受到泄漏电流和退化的影响，即使在低电场下也是如此，这降低了它们的实用性[1]。

自 2007 年引入 45nm 节点以来，高 κ 介质已用于 CMOS 逻辑技术[19]。为了实现摩尔定律要求的越来越高的驱动电流,这些 MOSFET 需要越来越薄的栅氧化层,这会通过量子力学隧道效应增加栅极泄漏。这种泄漏电流可以通过使用更厚一点的高 κ 介质层来最小化,该层可以保持相同的电容和 EOT,同时增加栅氧化层对电子的势垒。然而,必须在高 κ 介质沉积之前加入超薄热 SiO_2 层,以将界面态降低到可接受的水平。高 κ 介质的选择还要保证沟道半导体和栅介质之间存在足够大的电子亲和能差异,以在栅介质中产生电子势垒,从而最大限度地减小隧道电流。

SiC 的带隙比 Si 大,因此 SiO_2/SiC 界面处的导带势垒更小。因此,比在具有相同栅极氧化层厚度的等效 Si MOS 栅介质层中观察到的隧道电流更大[8]。HfO_2 已被用作 Si 技术的首选高 κ 材料,但由于 HfO_2/SiC 界面处的电子亲和能差异(势垒高度)较小,因此不适合 SiC 系统,如图 6.1 所示[20,21]。因此,已考虑提供更宽的带隙和更有利的电子亲和能差异的其他高 κ 材料,例如 Al_2O_3[21-25]、$LaSiO_x$[26] 和 AlN[27]。

在这些材料中,Al_2O_3 在栅极泄漏可靠性和 MOSFET 沟道迁移率方面具有良好的性能,但并非没有问题。Tanner 等人[28]声称沉积的 Al_2O_3 层在 1100℃ 下通过沉积后退火(PDA)会发生结晶,这会将产生 $1×10^{-6}A·cm^{-2}$ 泄漏电流所需的电场强度从 $5MV·cm^{-1}$ 降低到 $1MV·cm^{-1}$。而且,Al_2O_3 还存在由氧空位机制[29]引起的电子俘获和释放的问题,导致 MOSFET I_D-V_{GS} 特性出现滞后现象,这可以通过工艺过程中的退火来缓解。尽管存在这些问题,但 Al_2O_3 技术的成熟度及其与半导体的集成度使其普遍用于 MOS 结构。

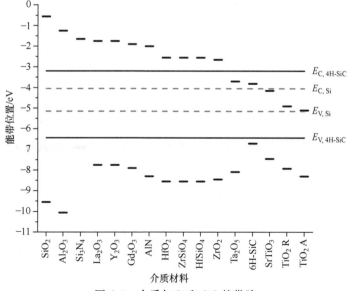

图 6.1 介质与 Si 和 SiC 的带隙

为了形成良好的 MOSFET 栅介质层，如果在沟道和介质层之间有一层薄的 SiO_2 层来屏蔽远程散射是很有用的。高 κ 氧化物层还必须很薄，这样缺陷密度才会很低，可能导致 I_D-V_{GS} 滞后的陷阱才会更少[29]。高 κ 介质必须采用沉积的方法，而原子层沉积（ALD）是高 κ 介质的首选制作方法，如 6.3.3 节所述。

6.3 SiC 器件工艺中使用的介质沉积方法

与 Si/SiO_2 相比，SiC 的热氧化产生相对较差的 SiC/SiO_2 界面。氧化过程中产生的过量 C 原子不能结合到化学计量的 SiC 或 SiO_2 中，因此会在界面附近产生与 C 相关的缺陷，这会导致高密度的界面态，进而降低 SiC MOSFET 中的沟道迁移率。减轻这种情况的一种潜在方法是沉积氧化层，而不是在热氧化中消耗 Si 和 C。SiO_2 可以通过蒸发或溅射来沉积，但这些方法只能提供"视觉的"沉积膜，因此这些层是非保形的[30]。下面讨论的化学气相沉积（CVD）方法可以提供保形覆盖层，使其更常用于制造 SiC 器件中的栅介质和钝化介质。

6.3.1 SiC 上电介质的等离子体增强化学气相沉积

CVD 是在衬底上通过具有精确组分的气相反应物的化学反应形成固体膜。反应物在特定温度下被引入反应室以实现所需的化学反应。用于 SiC 技术中常用电介质（例如 SiO_2）的典型 CVD 工艺是利用硅烷（SiH_4）通过以下反应形成的：

$$SiH_4 + O_2 \longrightarrow SiO_2 + 2H_2 \tag{6-10}$$

与依靠热能激发和维持化学反应的传统 CVD 不同，等离子增强 CVD（PECVD）使用射频诱导辉光放电为反应化学物质提供能量[30]。因此，它能够在较低温度下实现更高的沉积速率。PECVD 薄膜的理想特性包括合理的电参数、良好的长期可靠性、低针孔数、良好的附着力、良好的阶梯覆盖和与下层表面的一致性。

辉光放电或等离子体由施加到低压气体的射频场产生，从而产生自由电子。这些电子在施加的电场中获得足够的能量，当它们与反应气体分子碰撞时，气体分子会分解。然后这些高能化学物质被吸附到形成薄膜的表面上。与热 CVD 工艺相比，薄膜质量得到了提高，因为化学物质（自由基）与表面形成更强的结合，并且更容易沿表面迁移。使用这些高能化学物质的一个潜在问题是沉积膜中的化学计量较差。

一些关于 6H-SiC 的最早研究[31]声称 CVD SiO_2 的质量与热生长氧化层一样好。随着 SiC 技术的进步，热生长栅氧化层的问题变得更加清晰，PECVD 沉积膜以及合适的氧化后退火被研发，并显示在导带底以下 0.2eV 处约 1×10^{11} $1/(cm^2 \cdot eV)$ 的界面态密度，结果令人满意，而且横向 MOSFET 的迁移率超过了 50cm²/(V·s)[32-34]。目前最常用的 PECVD 方案是沉积温度约为 400℃，使用硅烷和 O_2 作为硅和氧的前驱体，也可以使用其他前驱体（例如乙硅烷、N_2O）。

Masato 等人[35]将在 N_2O 中热生长的氧化层与经过氧化后 N_2O 和 N_2 退火的 PECVD 沉积 SiO_2 进行了比较，沉积氧化层的迁移率[26cm²/(V·s)]比热生长氧化层的[20cm²/(V·s)]稍好一些。此外，沉积氧化层在时间相关介质击穿测试中显示出显著改善，在击穿之前平均能承受 70C/cm² 的电荷注入栅极，而热氧化层为 27.5C/cm²[35]。

与热氧化层相比，PECVD 沉积氧化层的另一个优点是它们的厚度均匀性，非常适用于 SiC 中的三维（3D）结构。例如，制造 UMOSFET 所需的 SiC 沟槽将显示不同的晶面，而不同晶面的 SiC 氧化速率不同，这将导致不同的热生长氧化层厚度，而保形沉积的 PECVD 氧化层则可以具有均匀的厚度。事实证明，PECVD 有利于在 4H-SiC 中制造 3D（或 FinFET 型）栅结构，由于采用了具有更高迁移率的晶面，其漏极电流密度提高了 16 倍（与平面器件相比）[36]。

6.3.2 使用 TEOS 沉积氧化硅薄膜

用于 SiO_2 沉积的硅烷是自燃的——它与空气接触会自燃。用于 SiO_2 沉积的更安全的替代前驱体是原硅酸四乙酯（TEOS）、$Si(OC_2H_5)_4$，它是一种在水中降解的无色液体：

$$Si(OC_2H_5)_4 + 2H_2O \longrightarrow SiO_2 + 4C_2H_5OH \tag{6-11}$$

TEOS 在室温下是相对惰性的液体。其蒸气可以通过起泡器和 N_2 载气或直接注入到反应室。TEOS 可以通过低压 CVD（LPCVD）或 PECVD 方式沉积。在 600℃ 以上的温度下使用 TEOS 沉积 SiO_2 的化学反应为

$$Si(OC_2H_5)_4(液体) \longrightarrow SiO_2(固体) + 4C_2H_4(气体) + 2H_2O(气体) \tag{6-12}$$

在 PECVD 工艺中，TEOS 氧化层可以在较低温度（低于 450℃）下沉积：

$$Si(OC_2H_5)_4(液体) + O_2(气体) \longrightarrow SiO_2(固体) + 其他副产物 \tag{6-13}$$

通常，沉积的 TEOS 氧化层已用于钝化 SiC 表面，或产生场氧化层，因为该方法具有高沉积速率并且非常适合厚氧化层，它通常不用作栅氧化层，因为它的击穿电场强度已被证明[37]是通过 PECVD/硅烷工艺开发的等效氧化层的 60%，并且 TEOS 氧化层也具有 2~3 倍更大的界面陷阱密度。另一项研究[38,39]报道，与使用热氧化形成的栅氧化层的迁移率[5~40cm²/(V·s)]相比，使用 PECVD/TEOS 氧化层的沟道迁移率提高了 8 倍。然而，这些器件突出了 TEOS 层作为栅介质的一个关键问题，即增加了栅极泄漏，这可能是由于 TEOS 介质的质量造成的，其中可能包括针孔、缺陷或源自悬挂键的捕获电荷。这通常需要在 TEOS 氧化层沉积之后进行致密化过程，以改善介质层的化学计量[40]。

TEOS 的栅氧化层沉积与磷掺杂氧化层相结合，可以钝化近界面陷阱（磷

化处理将在 6.4.5 节中更详细地讨论）。使用这种技术制造的横向 4H-SiC MOSFET 的沟道迁移率为 80cm^2/(V·s)[41]。

6.3.3 SiC 器件中栅介质的原子层沉积

原子层沉积（ALD）是另一种利用气相技术在各种衬底上沉积介质的方法。由于其连续的化学过程，即使在高纵横比结构中，沉积层厚度也可以控制到埃级精度并具有出色的保形性[42]。已经报道了在 SiC 衬底上沉积高 κ 介质，例如 Al_2O_3[43,44]和 SiO_2[45]。在 4H-SiC 上沉积 Al_2O_3 的过程示意图如图 6.2 所示。最初，如图 6.2a 所示，在暴露于空气后，4H-SiC 表面以羟基（OH）基团终止。一旦将晶圆插入 ALD 腔室，就会引入第一种化学前驱体三甲基铝（TMA）。ALD 前驱体将吸附到 4H-SiC 表面并与之反应，在表面上产生单个均匀的单层，如图 6.2b 所示。然后将 TMA 和任何副产品元素抽走，将水蒸气引入腔室，如图 6.2c 所示，水蒸气反应并用 OH 基团取代 CH_3 基团。进一步吹扫除去产生的剩余 H_2O 和 CH_4，使表面以 OH 基团封端。然后可以重复该循环以生长所需厚度的 Al_2O_3 膜。在此过程中，腔室压力保持在 600mTorr，温度低于 300℃，以防止表面被氧化。通过使用 N_2 载气的蒸气抽吸将前驱体输送到反应室。对于 4H-SiC 上的 ALD SiO_2 沉积，Yang 等人[45]使用 3-氨基丙基三乙氧基硅烷、H_2O 和 O_3 作为前驱体，但 SiO_2 的 ALD 不如 CVD 工艺成熟，并且可以使用其他前驱体，例如双（叔丁基氨基）硅烷和双（二乙基氨基）硅烷。

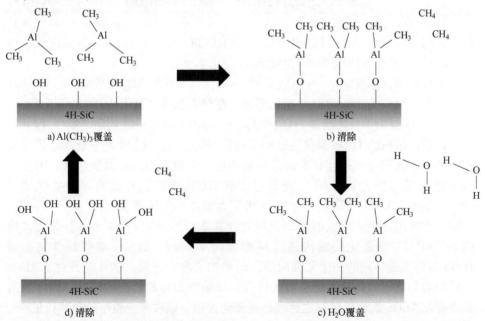

图 6.2 使用 TMA 和水作为前驱体 ALD 循环反应生长 Al_2O_3 的过程（其中 CH_4 为副产物）

ALD Al_2O_3 和 ALD SiO_2 都已用作 4H-SiC MOSFET 制造的栅氧化层。2009 年，Lichtenwalner 等人[23]报道了 4H-SiC MOSFET 的迁移率超过 $100cm^2/(V·s)$，使用 ALD 的 Al_2O_3 作为栅介质，随后在 400℃下进行 30s 的沉积后退火（PDA）。在沉积 Al_2O_3 之前，将样品在高温 NO 中短时间退火，以生长 SiO_2 层并控制 D_{it}。

Yang 等人[45]通过 ALD 30nm 的 SiO_2，随后在氧化亚氮（N_2O）环境中进行 PDA。通过在 1100℃下执行 PDA 40s，实现了 $26cm^2/(V·s)$ 的最高电子迁移率。在 $1×10^{-7}A/cm^2$ 的漏电流范围内，栅氧化层可以承受高达 6MV/cm 的有效电场。与通常可以承受高达 10MV/cm 的热生长 SiO_2 相比，该最大电场值很小。在其他工作中，Yang 等人[26]在 ALD 的 SiO_2 和 4H-SiC 之间插入 1nm 的硅酸镧（$LaSiO_x$）以形成栅叠层。发现峰值迁移率为 $132.6cm^2/(V·s)$，与不含 La_2O_3 但未给出 F_{ox} 数据的栅氧化层相比，载流能力大 3 倍。

6.3.4 SiC 上沉积介质的致密化

沉积的介质通常与 SiC 衬底晶格不匹配，它们通常包含许多缺陷，并且比理想的结晶状态更松散。在电学方面，这意味着电荷陷阱不受控制地增加，这会对电子器件产生不利影响。对这种沉积的介质进行退火会使其致密化，从而改善性能。PDA 的较高温度允许成分离子的迁移和缺陷态的减少，从而使电介质致密化。

众所周知，Al_2O_3 具有相当高的缺陷浓度[29]，特别是 O 空位在带隙中具有 5 个稳定的荷电状态（+2、+1、0、-1、-2），对应于 4 种可能的荷电状态转变。如果在 SiC MOSFET 的栅极叠层中使用 Al_2O_3，则 O 空位的荷电状态变化会改变氧化层中的俘获电荷水平，导致阈值电压漂移。V_{GS}在任一方向上扫描时，在不同的点上会发生荷电状态转变，从而在 I_D-V_{GS} 曲线中产生滞后现象，如图 6.3 所示。氧化层沉积后立即进行退火可以缓解这个问题[43]。

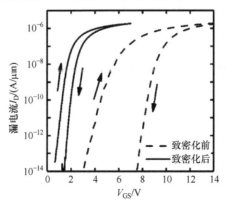

图 6.3 MOSFET 中 Al_2O_3 栅介质致密化前后对比[43]（授权使用，© 2018IEEE）

6.3.5 沉积方法小结

沉积方法特别令人感兴趣，因为没有消耗底层衬底材料，也没有碳掺入氧化层和界面中。使用硅烷的 PECVD 可以提供高沉积速率，使用 TEOS 的 LPCVD 和 PECVD 可以提供高沉积速率和良好的钝化，但需要致密化，而 ALD 可以提供出色的保形覆盖和对薄氧化层的精细控制。沉积介质受益于 PDA 以改善氧化层质量和/或界面层形成以控制 D_{it}。特别是，ALD 的 Al_2O_3 在沉积时含有高浓度的氧空位，并且需要沉积后退火以控制滞后现象——退火过程将在 6.4.5 节中更详细地讨论。沉积介质在商业上不用作栅氧化层：PECVD 和 LPCVD 用于 SiC 场氧化层和表面钝化（在 6.6 节中更详细地讨论），而 ALD 目前仅限于学术研究。

6.4 SiC 热氧化

SiC 是唯一一种能够热氧化形成天然 SiO_2 氧化层的化合物半导体。在 SiC 热氧化过程中，生长 SiO_2 的体积等于消耗的 SiC 体积的 2.16 倍，这与 Si 氧化的情况类似。在本节中，我们首先报道通过热氧化在 SiC 上生长 SiO_2 的机制，以及氧化速率。然后讨论由于界面附近存在大量捕获的 C[46] 而导致的与这些绝缘层有关的课题及存在的问题。

6.4.1 SiC 氧化速率和改进的 Deal-Grove 模型

硅的热氧化动力学模型由 Deal 和 Grove 在 1965 年建立[47]，对于给定的工艺温度和时间，该模型总是能够给出最终氧化层厚度的合理近似。该模型假设初始层是 SiO_2，氧化反应发生在 Si/SiO_2 界面处，氧化层的生长受限于氧化剂的向内移动而不是硅的向外移动。正如最初工作[47]中所述，以下 3 个步骤构成了 Si 热氧化的动力学：

1) 氧化剂到达氧化层的外表面；
2) 氧化剂穿过氧化层向半导体传输；
3) 氧化剂到达半导体表面并反应形成新的 SiO_2。

然而，当考虑 SiC 的具体情况时，这种简单的情况不再适用，还必须考虑去除多余的 C。鉴于：

$$SiC + 3/2 O_2 \longrightarrow SiO_2 + CO \qquad (6\text{-}14)$$

$$SiC + 2 O_2 \longrightarrow SiO_2 + CO_2 \qquad (6\text{-}15)$$

还必须在上面 3 个步骤的基础上添加另外两个步骤，如下所示[48]：

4) 产生的气体（如 CO）通过氧化层的外扩散；

5) 氧化层表面产生气体的去除。

2004 年，Song 等人[48]基于这 5 个步骤提出了一种改进的 Deal-Grove SiC 氧化模型。使用该模型的氧化层厚度预测为

$$d_{ox}^2 + Ad_{ox} = Bt \qquad (6\text{-}16)$$

式中，d_{ox} 为经过氧化时间 t 后所得的 SiO_2 厚度；B 为抛物线速率常数，B/A 是线性速率常数——这些都在参考文献［48］中有完整推导。后来，该模型得到了进一步改进[49]，以更好地解释氧化的初期阶段。使用式（6-16）可以近似计算多个温度、时间和不同 SiC 晶面的氧化速率，如图 6.4 所示。（0001）Si 面的氧化速率为垂直（11$\bar{2}$0）a 面和不太常用的（000$\bar{1}$）C 面的 1/10~1/6。绝大多数 SiC 器件常用 Si 面，然而，C 面和 a 面因其具有高迁移率也很值得研究，这将在 6.5.3 节中进一步讨论。a 面可用于 SiC 沟槽 MOSFET 结构，而 SiC 的 C 面已用于开发 SiC IGBT（绝缘栅双极型晶体管）[50]。

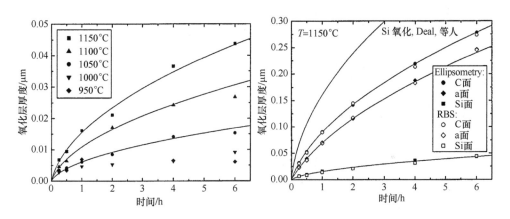

图 6.4　左图为 4H-SiC（0001）Si 面氧化层厚度随时间和温度的变化；右图为 4H-SiC 氧化层厚度随时间和 SiC 取向的变化，Si 氧化曲线作为参考[48]
（AIP Publishing 授权使用）

6.4.2　SiC 热氧化过程中引入的界面陷阱

如式（6-14）和式（6-15）中所述，与 Si 热氧化不同，SiC 热氧化期间以 CO 或 CO_2 的形式释放出 C。然而，实际上，根据以下反应，SiO_2/SiC 界面附近还会形成少量 C 原子簇：

$$SiC + O_2 \longrightarrow SiO_2 + C \qquad (6\text{-}17)$$

尽管大量证据证明碳簇的存在导致了高界面态密度，进而降低了沟道迁移率，但这些 C 残余究竟发生了哪些影响，仍将是未来几十年研究的课题。

图 6.5a 中的高分辨率透射电子显微镜（HRTEM）显示了在 SiC/SiO₂ 界面处存在纳米级过渡层[46,51,52]。对于 62nm 热生长的 SiO₂ 层，图 6.5b 中的电子能量损失光谱（EELS）数据证实了非化学计量的 C/Si 比在 SiO₂ 中延伸 4nm，在 SiC 中延伸 4nm，这可能意味着 SiC 中 C 过量或 Si 不足，或两者兼而有之。无法从该数据中指定特定缺陷类型，但 C 间隙、三元 SiO_xC_y 相和非晶 SiC 是可能的解释。使用拉曼光谱在氧化和刻蚀后的 4H-SiC 表面上检测到石墨结构[53]，这可能对应于 SiC 中的 C 簇。最近，Arith 等人[43]通过低温（600℃）氧化生长小于 1nm 的 SiO₂，通过尽可能减少 SiC 的热氧化，最大限度地减少了过量 C 的形成，进而减轻了由于 SiC 热氧化形成 MOSFET 栅极叠层而导致的过量 C 的影响。他们通过这种方式，在 4H-SiC MOSFET 中获得了 $125cm^2/(V \cdot s)$ 的场效应迁移率，表明获得了高质量的 SiC/SiO₂ 界面。

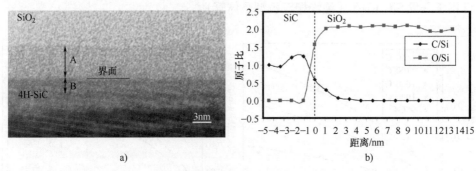

图 6.5 a）HRTEM 图像显示过渡层出现在 SiC/SiO₂ 界面两侧，并延伸到 SiO₂ 的 4.8nm 深度和 SiC 的 3.3nm 深度；b）使用 EELS 测量的 C/Si 和 O/Si 比的分布，请注意界面两侧碳含量的增加，这与在 HRTEM 图像中显示出明显对比度的界面过渡层相关[52]（AIP Publishing 授权使用）

位于 SiC 和 SiO₂ 之间的界面处的 C 引入了陷阱态，其能级在 SiC 带隙内。所谓的"深"界面陷阱具有接近 SiC 带隙中间的能级，会在界面处产生净正电荷或负电荷。深界面陷阱的极性取决于它们相对于费米能级和 SiC 中性能级（CNL）的能量，对于 4H-SiC，模拟得到的能级位于价带顶以上 1.71~1.85eV 处[54]。带隙中低于 CNL 但高于费米能级的界面态能级作为电离施主，产生净正电荷，高于 CNL 低于费米能级的界面态能级作为电离受主，导致净负电荷。

深能级陷阱被认为对 4H-SiC 的载流子寿命有严重负面影响，特别是 $Z_{1/2}$（$E_C-0.65eV$）和 $EH_{6/7}$ 中心（$E_C-1.55eV$）[55]。这些可以通过 1150~1300℃ 的热氧化大大减少或抑制，从而最大限度地减少它们对 SiC 沟道的影响。然而，通过对氧化 4H-SiC 的深能级瞬态谱（DLTS）研究表明，该过程导致与 HK0 中心（$E_V+0.78eV$）相关的 C 间隙原子显著增加[55]。理论工作证实了这一假设，将 HK0 确定为氧化后在衬底中形成的双间隙 C 原子[56]，不能通过氧化后退火（POA）轻易钝化。得出的结论是，这种深能级陷阱可能是 SiC MOSFET 中沟道电子迁移率差的原因。

除了残余碳的电作用外，它还导致界面粗糙度增加。由于碳倾向于形成簇，而不是在界面上均匀分布，因此界面粗糙度增加并且迁移率因界面粗糙度散射以及库仑散射和载流子俘获而降低。如 6.2.1 节所述，这些影响在本章中被视为一个集总过程。

已经研究了许多方法来减轻 C 存在的影响。例如，氧化层生长后在较低温度下的再氧化以去除 C 簇，即 CO 分子与氧结合并以二氧化碳形式移走[57,58]。600℃的氩气退火也被证明可以有效减少 SiC/SiO$_2$ 界面中 C 簇的存在[59]。其他方法包括在氧化或 POA 期间使用含 N 气体，如 N$_2$、NO 和 N$_2$O[60]。

与硅技术类似，湿氧氧化的氧化速率比干氧氧化高得多。增加的氧化速率显著降低了对氧化层厚度和均匀性的控制。此外，湿氧氧化会产生大量的堆垛层错和表面凹坑，导致 SiO$_2$/SiC 界面质量和氧化层击穿强度下降[61,62]。由于这些问题，湿氧氧化在 SiC 中并不常用。

6.4.3 高温氧化

在 Si 器件技术中，栅氧化通常在 800~1000℃之间的温度下进行。SiC 的热氧化最初模仿了 Si 技术，但由于氧化速率较慢，将温度上限改为1200℃。参考文献 [63] 建议在 1300℃下进行氧化以降低 C 含量并导致较低的 D_{it}，具有在 1400℃下生长的热氧化层的 MOS 电容也显示出类似的结果[64]。认为的原因是在这些升高的温度下 C 的氧化速率比 Si 更高，可以从界面中更快地去除碳原子。

有证据表明，使用更高的温度（高达 1600℃）可能会带来更多好处。这可以使用管式炉中的传统干式氧化工艺来实现，管式炉本身由 SiC 而不是石英制成，而使用快速热氧化已经获得了一些成功[65]。对于通过干氧氧化形成的 1500℃和 1600℃ MOS 电容结构，已观察到 D_{it} 降低[66]。对于使用 p 型外延层的横向 MOSFET 结构，1500℃的氧化退火产生了 40cm^2/(V·s) 的沟道迁移率[66]。参考文献 [67] 也强调了高温的重要性，最终的 D_{it} 值与通过管式炉的氧气流量成正比，因此最小化流量可以改善最终的沟道电阻。在高达 1350℃的热生长 SiC/SiO$_2$ 界面上的 SIMS（二次离子质谱）和 XPS（X 射线光电子能谱）分析[68]表明，在较高温度下生长的那些氧化层具有更薄的 SiO$_x$ 过渡层（0<x<1），这被认为是在这些条件下降低 D_{it} 的原因。

在 1200~1700℃范围内进行快速热氧化的工作表明，获得最低 D_{it} 值的最佳工艺温度为 1450℃[65]。1700℃被认为过高，因为这太接近 SiO$_2$ 在 1710℃的熔点。在任何温度下,快速热氧化过程后的冷却都可能导致意外的氧化层生长,这表明了在氧化过程中和氧化后气流控制的重要性。

3C-SiC 由于其更窄的带隙,其中的陷阱更少,因而在沟道迁移率下降方面不像 4H-SiC 那样严重。一项研究[69]表明它对生长温度也不太敏感,在 1200℃、1300℃ 和 1400℃ 的氧化温度下,沟道迁移率达到 70cm^2/(V·s)。由于 3C-SiC 通常在 Si 衬底上外延生长[69],因此无法进行超过 1400℃ 的氧化工艺。

6.4.4 低温氧化

Shen 和 Pantelides[56]认为,由于热氧化,在 SiC 中形成了固定的 C 双间隙缺陷 $(C_i)_2$。如前所述,这种缺陷可能是造成 SiC MOSFET 中沟道迁移率差的原因。因此,可以建议在低温下生长薄的 SiO_2 层作为降低这些 C 相关缺陷密度的途径。这种方法需要在薄 SiO_2 层上额外沉积栅介质,以减少栅极泄漏电流。

Hatayama 等人[25]在 SiC MOSFET 中测量到了高达 300cm^2/(V·s) 的峰值迁移率,该器件利用在 SiC 上低温(600℃)生长 0.7nm 厚 SiO_2 再沉积 Al_2O_3 作为栅介质,他们得出结论,厚度超过 2nm 的界面氧化层使界面质量和沟道迁移率退化。

Arith 等人[43]在沟道长度为 2μm 的增强型 4H-SiC MOSFET 中获得了 125cm^2/(V·s) 的场效应迁移率和 130mV/dec 的亚阈值斜率(S),这种高迁移率、$6×10^{11} \sim 5×10^{10}$ 1/(cm^2·eV) 的 D_{it} 和低 S 的组合有力地证明了对沟道区带电缺陷的良好控制[70]。S 是传输特性 $\log(I_D) \sim V_{GS}$ 的逆梯度,鉴于在 MOSFET 工作的亚阈值范围内 I_D 对 V_{DS} 的指数依赖性,S 由下式给出:

$$S = n\frac{kT}{q}\ln(10) \tag{6-18}$$

式中,k 为玻尔兹曼常数;T 为绝对温度。对于理想的 MOSFET,$n=1$ 和 $S=60$mV/dec。式(6-18)中的理想因子 n 可以写成

$$n = \frac{C_{ox}+C_{dep}+C_{it}}{C_{ox}} \tag{6-19}$$

式中,C_{dep} 为每单位面积的耗尽区电容;C_{it} 是与 D_{it}[11] 相关的每单位面积的电容项。

这些器件是在常压下 600℃ 干氧氧化 3min,再 ALD 生长 40nm 厚的 Al_2O_3 制造的[43],其中氧化层厚度仅为 0.7nm,从而限制了氧化后 SiC 中缺陷的形成。如图 6.6 所示,器件在宽栅压范围内保持高迁移率。制造的栅极叠层还可以承受高达 6.5MV/cm 的电场,漏电流密度为 $1×10^{-6}$A/cm^2,因此表明该栅堆叠介质是稳健的。Urresti 等人[71]扩展了这项工作,得到了 265cm^2/(V·s) 的峰值有效迁移率,当通过归一化通用迁移率与有效电场进行比较时,器件性能可以

达到 Si MOSFET 的 50%，如图 6.6b 所示。场效应迁移率的温度依赖性表明，库仑散射已充分降低，使声子散射成为控制载流子传输的主要机制，进一步表明在栅极叠层中使用薄（0.7nm）SiO_2 层可以控制氧化后与 C 残留相关的缺陷。虽然这些结果很理想，但在撰写本书时，还没有同行评审的证据表明低温生长的薄氧化层是否存在 V_t 不稳定性或它们在电压或温度应力下的稳定性。

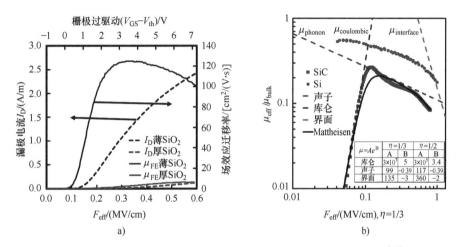

图 6.6 a）采用低温氧化技术的 I_D-V_{GS} 转移曲线和场效应迁移率[43]

b）迁移率随有效电场的变化曲线，有效迁移率峰值为 $265cm^2/(V·s)$，器件性能达到 Si MOSFET 的 50%[71]（授权使用，© 2019IEEE）（见彩插）

此外，Kim 等人[72]在室温下使用直接等离子体辅助氧化为 MOS 电容生长了 SiO_2 层。他们声称，与热生长的 SiO_2 相比，由于氧化反应机制不同，碳氧化硅（SiO_xC_y）的浓度显著降低，使得 D_{it} 降低到了约 10^{11} $1/(cm^2·eV)$ 的水平。

6.4.5 氧化后退火

在氧化层形成后，在 900~1400℃ 温度下的特定气氛中进行 POA 是另一种用于提高氧化层/4H-SiC 界面质量从而提高电子迁移率的方法。最有前途的 POA 方法之一是氮化，采用富氮气体，例如一氧化氮（NO）[73,74]、一氧化二氮（N_2O）[75,76]或氨（NH_3）[77,78]。Chung 等人[73]的研究表明，采用生长氧化层作为栅介质的 MOSFET 中的电子迁移率仅为个位数，而通过热氧化然后在 1175℃ NO POA 2h 形成栅介质的 MOSFET 中，沟道电子迁移率则提高到了 $37cm^2/(V·s)$[74]。在氮化过程中，氮通过与 Si 悬挂键形成强键来钝化界面陷阱。此外，热氧化过程中产生的残留 C 簇也被有效去除[79,80]，例如，在 1250℃ NO 中 POA 70min[81]已被证明可以将界面陷阱密度降低到 $1×10^{12}$ $1/(cm^2·eV)$ 以下。Rozen 等人[82,83]报道了 N 浓度和电子迁移率之间的相关性，表明随着氮化时间的增加，界面陷阱密度降低并且峰值迁移率增加。在1175℃的NO中POA 4h后达到最小陷阱密度，得到的迁移率为45cm²/(V·s)。

由于NO气体具有剧毒，N_2O中的POA被广泛用作替代解决方案[75]。Jamet等人[84]证明了采用NO或N_2O进行POA在界面处可产生几乎相同的效果，因为N_2O在大约1200℃的温度下会分解成NO气体[8,85]。

另一种减少界面陷阱和提高电子迁移率的有效技术是在$POCl_3$中进行POA[86]，在1000℃的$POCl_3$中退火的热生长栅氧化层的MOSFET中得到了高达89cm²/(V·s)的峰值迁移率。通过多步$POCl_3$退火，该迁移率水平进一步提高到101cm²/(V·s)[87]。在$POCl_3$退火过程中，热生长的SiO_2转化为磷硅玻璃（PSG）有利于界面陷阱的抑制和沟道迁移率的提高[7]。Jiao等人[88]报道说，沟道内PSG/SiC界面的磷吸收百分比取决于$POCl_3$退火温度，D_{it}的最低值是在900℃下$POCl_3$中POA后达到的，这是测试的最低温度。然而，PSG栅氧化层具有极化效应，因此随着界面处更高的磷吸收量会出现栅极不稳定性问题[88]。造成这种情况的主要原因之一是在PSG中和界面陷阱附近存在氧化层陷阱[24]。

硼气氛中的POA是钝化界面陷阱和提高4H-SiC MOSFET中电子迁移率的另一种替代方法。通过与PSG类似的机制，热生长的SiO_2通过两步退火工艺转化为硼硅酸盐玻璃（BSG）。在9.0×10^{11} 1/(cm²·eV)的低D_{it}值下获得了102cm²/(V·s)的迁移率[89]。硼原子均匀分布在氧化层中，有效地钝化了活性界面陷阱。电子迁移率的提高被认为是由于SiO_2结构中的应力松弛[89]。最近，Cabello等人[90]报道了在氮化栅氧化层之后进行硼退火的峰值电子迁移率高达160cm²/(V·s)。在室温下使用硼退火的栅氧化层进行正负偏置应力不稳定性测试时，观察到了相对良好的V_{th}控制[90]。

6.4.6 热氧化结论

SiC作为唯一具有稳定的热生长氧化层（SiO_2）的化合物半导体而具有优势，但氧化过程中的残留碳对热生长氧化层有显著影响。一些碳以CO和CO_2的形式逸出，但一些碳仍以石墨碳簇的形式存在于界面，并显著增加D_{it}进而降低载流子迁移率。在较高温度和低氧气流速下的氧化可以减轻碳簇的形成，促进CO和CO_2的形成，但受到石英室的熔点和SiC本身的限制。可以通过低温氧化形成高质量的薄界面层，从而产生沉积介质的基础结构。氧化后退火（POA）提供了进一步钝化残留碳的机会：磷基和硼基工艺已展示出最高的沟道迁移率，但氮基工艺提供了良好的沟道迁移率和出色的稳定性和可靠性。优选的POA工艺是使用NO或N_2O的氮化工艺。

6.5 其他提高沟道迁移率的方法

6.5.1 钠增强氧化

通过热氧化过程中在氧化炉中引入钠（Na）而实现的钠增强氧化，是一种提高沟道迁移率的方法[91]。据报道，迁移率可以高达170cm^2/(V·s)[92]，这是Na离子增加氧化速率和减少界面陷阱形成的结果[93]。然而，移动的钠离子会扩散到栅氧化层中并导致阈值电压不稳定，这种现象已经在硅技术中被确认[70]。Lichtenwalner等人[94]报道了在MOSFET沟道区热氧化之前使用Ⅰ族碱金属元素Rb和Cs以及Ⅱ族碱土元素Ca、Sr和Ba作为界面钝化材料。那些具有由超薄Ba（0.6~0.8nm）层和30nm沉积SiO$_2$组成的栅极叠层的MOSFET产生了85cm^2/(V·s)的迁移率。与热生长的栅氧化层和NO处理的栅氧化层相比，该技术还导致接近导带的D_{it}降低。与含有大量移动离子的Na污染栅氧化层不同，Ba层间栅极叠层在正偏置温度应力（BTS）测量期间表现出一致的阈值电压和0.8V的轻微滞后，这表明Ba原子的移动性较低，键合牢固并有效钝化了界面陷阱。

6.5.2 反掺杂沟道区

已通过将Ⅴ族元素注入n沟道MOSFET的沟道区来研究反掺杂MOSFET。这种技术最早是由Ueno等人[95]提出的，在形成栅氧化层之前将氮离子注入SiC沟道区，随着氮剂量的增加，沟道迁移率增加，阈值电压降低[95]。除了直接注入外，还可以通过POA形成沟道区的界面掺杂。Fiorenza等人[96]使用扫描电容显微镜（SCM）探针在N$_2$O和POCl$_3$中POA后的沟道中观察到了重掺杂的氮和磷原子。SCM探针还检测到了沉积SiO$_2$下方的电活性区域。

在热氧化和NO退火之前，用锑（Sb）对MOSFET的沟道区进行反掺杂可以使得迁移率高达110cm^2/(V·s)[97]。Zheng等人[98]后来报道，用B$_2$O$_3$平面扩散源在950℃的O$_2$中的POA代替Sb处理后的标准NO POA 30min，实现了180cm^2/(V·s)的迁移率。然而，在BTS测量期间，硼硅酸盐玻璃（BSG）栅在150℃的1.5MV/cm应力下表现出高达8V的高阈值电压滞后[98]。较差的BTS性能被认为是由于氧化层陷阱的浓度很高，这是BSG栅氧化层的一个特征[99]。

6.5.3 替代SiC晶面

尽管4H-SiC（0001）Si面最常用且表征最充分，但具有缓慢的氧化速率和低的沟道迁移率。第5章中的图5.3给出了界面态密度更低，迁移率高于Si面的替代晶面，其中包括常用于形成沟槽MOSFET垂直沟道的（11$\bar{2}$0）a面，以及用于形成 SiC IGBT 的 (000$\bar{1}$) C 面[50]。

在 a 面上形成的 4H-SiC MOSFET 经过传统的 NO 钝化后，场效应迁移率为 85cm²/(V·s)[100]，采用 PSG 处理代替 NO 钝化后可以达到 125cm²/(V·s)。在 1300℃下 NO 处理 80min 后对 a 面和 C 面以及 Si 面的迁移率进行基准测试表明，a 面的峰值沟道迁移率高达 108cm²/(V·s)，而 C 面和 Si 面分别为 46cm²/(V·s) 和 37cm²/(V·s)[101]，这表明，无论氮化条件如何，无论是使用 NO 还是 N₂O[101]，都可以观察到 a 面的高沟道迁移率。然而，由于生长速率不同，每个晶面上的氧化层厚度会有所不同，因此必须精确控制以保证 V_{th} 值。

Si 面对湿氧氧化和 H₂ 退火反应较差。然而，a 面和 C 面在湿氧氧化和 H₂ 退火后显示出低 D_{it} 和高沟道迁移率。在湿氧氧化和 H₂ POA 之后，沟道迁移率大于 100cm²/(V·s)，对于这些晶面，单独的湿氧氧化比单独的干氧氧化的迁移率更高，而 H₂ POA 的迁移率进一步提高[102,103]。在 a 面和 C 面上，这种湿氧氧化与 H₂ POA 的组合比干氧氧化+氮化得到了更高的沟道迁移率和更低的 D_{it}，并且比 Si 面上的任何一种工艺都具有更高的沟道迁移率。这些工艺/晶面组合的 μ_{FE} 和 D_{it} 总结如图 6.7 所示[104]。

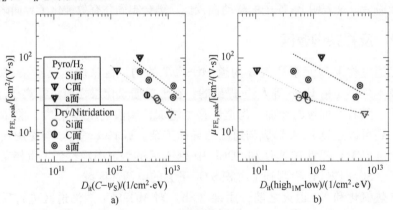

图 6.7 利用（图 a）$C\text{-}\psi_S$ 方法和（图 b）高-低频方法提取的 Si 面、C 面和 a 面干氧氧化+氮化以及湿氧氧化+H₂ 退火的峰值 MOSFET 场效应迁移率和 MOS D_{it}[104]

（经 AIP Publishing 授权使用）

6.6 表面钝化

高压功率器件的发展需要钝化层来消散半导体表面的电场。当通过 SiC 衬底的热氧化生长时，SiO₂ 是天然的表面钝化材料。与用于栅极叠层的热生长 SiO₂ 一样，氧化后退火提高了电性能，但还没有达到硅的程度[105,106]。

界面电荷对所有类型 SiC 功率器件的终端结构设计的影响非常重要。当器件处于阻塞状态时，界面电荷会导致泄漏电流增加，尽管这可以通过 POA 工艺来减少[107]，就像在 MOS 界面中一样。在使用斜坡终端结构的情况下，已经表明[108]用氩离子注入表面可以在钝化区域下方产生高阻区，从而降低表面电场。

对于双极器件，SiC/SiO_2 界面处的电荷会增加表面复合[109,110]，这将影响双极结型晶体管（BJT）[109]的载流子寿命和电流增益（β）。SiC BJT 的钝化（包括发射区/基区台面结构的侧壁钝化）受到生长的 SiC/SiO_2 界面处的界面陷阱密度的强烈影响。在 BJT 发射区/基区的侧壁上，这些会导致电子在该界面处复合，从而降低发射极注入效率，降低增益[109,111,112]。钝化氧化层厚度对 BJT 增益的影响也已得到证实[113]，与较薄的 50nm 钝化层相比，100~150nm 的钝化层可提供 60% 的增益（$\beta > 200$）。增益可以在进一步的双极设计中进行权衡，以改善其他电参数。

聚酰亚胺在电子工业中广泛用于表面钝化[114]。厚的聚酰亚胺层已被评估为高压肖特基[115]和 PiN[116]二极管的钝化层，并与沉积的厚 SiO_2 层进行了比较。对于 PiN 二极管，在 JTE 表面形成 40nm 的热氧化层后，使用 4μm 的聚酰亚胺层作为第二钝化层。这使得击穿电压比使用 1.8μm SiO_2 层作为第二钝化层时平均高 25%。然而，这些层的厚度差异很大，与报道的 PECVD 沉积厚 SiO_2 相比，聚酰亚胺的优势尚不清楚[117]。

6.7 总结

本章的重点是介质对 SiC 器件尤其是 4H-SiC MOSFET 性能的影响。图 6.8 显示了当前状态（场效应）迁移率与导带底以下 0.2eV 处的 D_{it} 的函数关系。迄今为止，在提高 4H-SiC MOSFET 的沟道迁移率方面已经取得了令人鼓舞的进步。然而，4H-SiC MOSFET 的峰值沟道迁移率值仍然落后于硅 MOSFET。图 6.8 表明场效应迁移率与 D_{it} 成反比，表明界面陷阱会限制电子迁移率。数据中的相关性有些微弱，这可能是由于不同的器件规格和/或电特性参数造成的。然而，性能最好的 MOSFET 数据朝向图 6.8 的左上角，对应于高迁移率和低 D_{it}。图 6.8 表明，富 N 气氛中的 POA 不会像 B 或 P 气氛中的 POA 那样提高迁移率。然而，在使用 B 或 P 气氛的器件中存在 I-V 滞后问题，尽管沟道迁移率较低，但仍首选富 N 气氛。采用低温氧化和介质沉积的工艺表明，引入薄界面初始层显著改善了器件性能。

通过许多不同的技术，特别是通过采用高 κ 介质、薄热氧化层或使用替代晶面，已经实现了超过 100cm^2/(V·s) 的迁移率。POA 和高温氧化也被证明可以提高迁移率，但是使用富 N 气氛时效果会更好些。

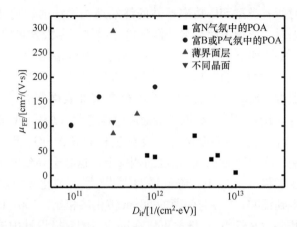

图 6.8　在导带底以下 0.2eV 时，场效应迁移率作为函数 D_{it} 的现状

一些新工艺尽管可以提高沟道迁移率，但仍无法取代 NO 或 N_2O 中的热氧化和 POA，是因为它们还面临泄漏电流、阈值电压稳定性、滞后和一般可靠性方面的困扰。本章强调了控制靠近 SiC/SiO_2 界面的残余 C 的重要性，并讨论了减轻其影响的因素。

致谢

这项工作得到了英国 EPSRC（Grant EP/L007010/1 和 Grant EP/R00448X/1）的支持。同时，感谢马来西亚教育部和马六甲工业大学电子与计算机工程学院（UTeM）的支持。

参考文献

[1] L. A. Lipkin, J. W. Palmour, "Insulator investigation on SiC for improved reliability," *IEEE Transactions on Electron Devices,* vol. 46, no. 3, pp. 525-532, 1999. https://doi.org/10.1109/16.748872

[2] Y. Hiroshi, K. Tsunenobu, M. Hiroyuki, "Shallow states at SiO_2/4H-SiC interface on (11$\bar{2}$0) and (0001) faces," *Applied Physics Letters,* vol. 81, no. 2, pp. 301-303, 2002. https://doi.org/10.1063/1.1492313

[3] J. M. Knaup, P. Deák, T. Frauenheim, A. Gali, Z. Hajnal, W. J. Choyke, "Theoretical study of the mechanism of dry oxidation of 4H-SiC," *Physical Review B,* vol. 71, no. 23, pp. 235321, 2005.

[4] T. E. Rudenko, I. N. Osiyuk, I. P. Tyagulski, H. Ö. Ólafsson, E. Ö. Sveinbjörnsson, "Interface trap properties of thermally oxidized n-type 4H–SiC and 6H–SiC," *Solid-State Electronics,* vol. 49, no. 4, pp. 545-553, 2005. https://doi.org/10.1016/j.sse.2004.12.006

[5] A. F. Basile, J. Rozen, J. R. Williams, L. C. Feldman, P. M. Mooney, "Capacitance-voltage and deep-level-transient spectroscopy characterization of defects near SiO$_2$/SiC interfaces," *Journal of Applied Physics,* vol. 109, no. 6, pp. 064514, 2011. https://doi.org/10.1063/1.3552303

[6] S. Dhar, X. D. Chen, P. M. Mooney, J. R. Williams, L. C. Feldman, "Ultrashallow defect states at SiO$_2$/4H–SiC interfaces," *Applied Physics Letters,* vol. 92, no. 10, pp. 102112, 2008. https://doi.org/10.1063/1.2898502

[7] O. Dai, Y. Hiroshi, H. Tomoaki, F. Takashi, "Removal of near-interface traps at SiO$_2$/4H–SiC (0001) interfaces by phosphorus incorporation," *Applied Physics Letters,* vol. 96, no. 20, pp. 203508, 2010. https://doi.org/10.1063/1.3432404

[8] T. Kimoto, J. A. Cooper, "Fundamentals of silicon carbide technology: growth, characterization, devices, and applications," John Wiley & Sons, 2014, 538 pages.

[9] K. Matocha, I.-H. Ji, X. Zhang, S. Chowdhury, "SiC Power MOSFETs: Designing for Reliability in Wide-Bandgap Semiconductors." pp. 1-8.

[10] S. Takagi, A. Toriumi, M. Iwase, H. Tango, "On the universality of inversion layer mobility in Si MOSFET's: Part I-effects of substrate impurity concentration," *IEEE Transactions on Electron Devices,* vol. 41, no. 12, pp. 2357-2362, 1994. https://doi.org/10.1109/16.337449

[11] D. K. Schroder, *Semiconductor material and device characterization*: John Wiley & Sons, 2015.

[12] S. Y. Chou, D. Antoniadis, "Relationship between measured and intrinsic transconductances of FET's," *IEEE Transactions on Electron Devices,* vol. 34, no. 2, pp. 448-450, 1987.

[13] T. Ohashi, Y. Nakabayashi, R. Iijima, "Investigation of the universal mobility of SiC MOSFETs using wet oxide insulators on carbon face with low interface state density," *IEEE Transactions on Electron Devices,* vol. 65, no. 7, pp. 2707-2713, 2018.

[14] F. Roccaforte, P. Fiorenza, F. Giannazzo, "Impact of the Morphological and Electrical Properties of SiO$_2$/4H-SiC Interfaces on the Behavior of 4H-SiC MOSFETs," *ECS Journal of Solid State Science and Technology,* vol. 2, no. 8, pp. N3006-N3011, 2013. https://doi.org/10.1149/2.002308jss

[15] S. Tanimoto, H. Tanaka, T. Hayashi, Y. Shimoida, M. Hoshi, T. Mihara, "High-Reliability ONO Gate Dielectric for Power MOSFETs," *Materials Science Forum,* vol. 483-485, pp. 677-680, 2005. https://doi.org/10.4028/www.scientific.net/MSF.483-485.677

[16] S. Tanimoto, "Impact of Dislocations on Gate Oxide in SiC MOS Devices and High Reliability ONO Dielectrics," *Materials Science Forum,* vol. 527-529, pp.

955-960, 2006. https://doi.org/10.4028/www.scientific.net/MSF.527-529.955

[17] T. Satoshi, "Highly reliable SiO$_2$/SiN/SiO$_2$(ONO) gate dielectric on 4H-SiC," *Electronics and Communications in Japan (Part II: Electronics),* vol. 90, no. 5, pp. 1-10, 2007. https://doi.org/doi:10.1002/ecjb.20329

[18] S. Tanimoto, T. Suzuki, S. Yamagami, H. Tanaka, T. Hayashi, Y. Hirose, M. Hoshi, "Negative Field Reliability of ONO Gate Dielectric on 4H-SiC," *Materials Science Forum,* vol. 600-603, pp. 795-798, 2009. https://doi.org/10.4028/www.scientific.net/MSF.600-603.795

[19] K. J. Kuhn, "Reducing Variation in Advanced Logic Technologies: Approaches to Process and Design for Manufacturability of Nanoscale CMOS." pp. 471-474.

[20] R. Mahapatra, A. K. Chakraborty, A. B. Horsfall, N. G. Wright, G. Beamson, K. S. Coleman, "Energy-band alignment of HfO$_2$/SiO$_2$/SiC gate dielectric stack," *Applied Physics Letters,* vol. 92, no. 4, 2008. https://doi.org/10.1063/1.2839314

[21] C. M. Tanner, J. Choi, J. P. Chang, "Electronic structure and band alignment at the HfO$_2$/4H-SiC interface," *Journal of Applied Physics,* vol. 101, no. 3, 2007. https://doi.org/10.1063/1.2432402

[22] R. Suri, C. J. Kirkpatrick, D. J. Lichtenwalner, V. Misra, "Energy-band alignment of Al$_2$O$_3$ and HfAlO gate dielectrics deposited by atomic layer deposition on 4H–SiC," *Applied Physics Letters,* vol. 96, no. 4, pp. 042903, 2010. https://doi.org/10.1063/1.3291620

[23] D. J. Lichtenwalner, V. Misra, S. Dhar, S.-H. Ryu, A. Agarwal, "High-mobility enhancement-mode 4H-SiC lateral field-effect transistors utilizing atomic layer deposited Al$_2$O$_3$ gate dielectric," *Applied Physics Letters,* vol. 95, no. 15, pp. 152113, 2009. https://doi.org/10.1063/1.3251076

[24] S. Hino, T. Hatayama, J. Kato, E. Tokumitsu, N. Miura, T. Oomori, "High channel mobility 4H-SiC metal-oxide-semiconductor field-effect transistor with low temperature metal-organic chemical-vapor deposition grown Al2O3 gate insulator," *Applied Physics Letters,* vol. 92, no. 18, pp. 183503, 2008. https://doi.org/10.1063/1.2903103

[25] T. Hatayama, S. Hino, N. Miura, T. Oomori, E. Tokumitsu, "Remarkable Increase in the Channel Mobility of SiC-MOSFETs by Controlling the Interfacial SiO$_2$ Layer Between Al$_2$O$_3$ and SiC," *Electron Devices, IEEE Transactions on,* vol. 55, no. 8, pp. 2041-2045, 2008. https://doi.org/10.1109/TED.2008.926647

[26] X. Yang, B. Lee, V. Misra, "High Mobility 4H-SiC Lateral MOSFETs Using Lanthanum Silicate and Atomic Layer Deposited SiO$_2$," *IEEE Electron Device Letters,* vol. 36, no. 4, pp. 312-314, 2015. https://doi.org/10.1109/LED.2015.2399891

[27] M. O. Aboelfotoh, R. S. Kern, S. Tanaka, R. F. Davis, C. I. Harris, "Electrical characteristics of metal/AlN/n-type 6H-SiC(0001) heterostructures," *Applied Physics Letters,* vol. 69, no. 19, pp. 2873-2875, 1996. https://doi.org/10.1063/1.117347

[28] C. M. Tanner, Y.-C. Perng, C. Frewin, S. E. Saddow, J. P. Chang, "Electrical performance of Al_2O_3 gate dielectric films deposited by atomic layer deposition on 4H-SiC," *Applied Physics Letters,* vol. 91, no. 20, pp. 203510, 2007. https://doi.org/10.1063/1.2805742

[29] J. Robertson, R. M. Wallace, "High-K materials and metal gates for CMOS applications," *Materials Science and Engineering: R: Reports,* vol. 88, no. Supplement C, pp. 1-41, 2015. https://doi.org/10.1016/j.mser.2014.11.001

[30] Stanley Wolf and Richard N. Tauber, *Silicon Processing for the VLSI Era,* 2nd ed., USA: Lattice Press, 2000.

[31] S. Sridevan, V. Misra, P. K. McLarty, B. J. Baliga, J. J. Wortman, "Rapid thermal chemical vapor deposited oxides on N-type 6H-silicon carbide," *IEEE Electron Device Letters,* vol. 16, no. 11, pp. 524-526, 1995. https://doi.org/10.1109/55.468288

[32] S. Sridevan, B. J. Baliga, "Lateral n-channel inversion mode 4H-SiC MOSFETs," *IEEE Electron Device Letters,* vol. 19, no. 7, pp. 228-230, 1998. https://doi.org/10.1109/55.701425

[33] H. Yano, T. Hatayama, Y. Uraoka, T. Fuyuki, "High Temperature NO Annealing of Deposited SiO_2 and SiON Films on N-Type 4H-SiC," *Materials Science Forum,* vol. 483-485, pp. 685-688, 2005. https://doi.org/10.4028/www.scientific.net/MSF.483-485.685

[34] H. K. T. Kimoto, M. Noborio, J. Suda, H. Matsunami, "Improved Dielectric and Interface Properties of 4H-SiC MOS Structures Processed by Oxide Deposition and N2O Annealing," *Materials Science Forum,* vol. 527-529, pp. 987-990, 2006.

[35] N. Masato, G. Michael, J. B. Anton, P. Dethard, F. Peter, S. Jun, K. Tsunenobu, "Reliability of Nitrided Gate Oxides for N- and P-Type 4H-SiC(0001) Metal–Oxide–Semiconductor Devices," *Japanese Journal of Applied Physics,* vol. 50, no. 9R, pp. 090201, 2011.

[36] Y. Nanen, H. Yoshioka, M. Noborio, J. Suda, T. Kimoto, "Enhanced Drain Current of 4H-SiC MOSFETs by Adopting a Three-Dimensional Gate Structure," *IEEE Transactions on Electron Devices,* vol. 56, no. 11, pp. 2632-2637, 2009. https://doi.org/10.1109/TED.2009.2030437

[37] R. Esteve, A. Schöner, S. A. Reshanov, C. M. Zetterling, "Comparative Study of Thermal Oxides and Post-Oxidized Deposited Oxides on n-Type Free Standing

3C-SiC," *Materials Science Forum,* vol. 645-648, pp. 829-832, 2010. https://doi.org/10.4028/www.scientific.net/MSF.645-648.829

[38] A. Pérez-Tomás, P. Godignon, N. Mestres, R. Pérez, J. Millán, "A study of the influence of the annealing processes and interfaces with deposited SiO_2 from tetra-ethoxy-silane for reducing the thermal budget in the gate definition of 4H–SiC devices," *Thin Solid Films,* vol. 513, no. 1-2, pp. 248-252, 2006. https://doi.org/10.1016/j.tsf.2005.12.308

[39] A. Pérez-Tomás, P. Godignon, J. Camassel, N. Mestres, V. Soulière, "PECVD Deposited TEOS for Field-Effect Mobility Improvement in 4H-SiC MOSFETs on the (0001) and (11-20) Faces," *Materials Science Forum,* vol. 527-529, pp. 1047-1050, 2006. https://doi.org/10.4028/www.scientific.net/MSF.527-529.1047

[40] K. Kawase, S. Noda, T. Nakai, Y. Uehara, "Densification of Chemical Vapor Deposition Silicon Dioxide Film Using Ozone Treatment," *Japanese Journal of Applied Physics,* vol. 48, no. 10, 2009. https://doi.org/10.1143/jjap.48.101401

[41] Y. K. Sharma, A. C. Ahyi, T. Issacs-Smith, M. R. Jennings, S. M. Thomas, P. Mawby, S. Dhar, J. R. Williams, "Stable Phosphorus Passivated SiO_2/4H-SiC Interface Using Thin Oxides," *Materials Science Forum,* vol. 806, pp. 139-142, 2015. https://doi.org/10.4028/www.scientific.net/MSF.806.139

[42] R. W. Johnson, A. Hultqvist, S. F. Bent, "A brief review of atomic layer deposition: from fundamentals to applications," *Materials Today,* vol. 17, no. 5, pp. 236-246, 2014. https://doi.org/10.1016/j.mattod.2014.04.026

[43] F. Arith, J. Urresti, K. Vasilevskiy, S. Olsen, N. Wright, A. O'Neill, "Increased Mobility in Enhancement Mode 4H-SiC MOSFET Using a Thin SiO_2 / Al_2O_3 Gate Stack," *IEEE Electron Device Letters,* vol. 39, no. 4, pp. 564-567, 2018. https://doi.org/10.1109/LED.2018.2807620

[44] S. S. Suvanam, M. Usman, D. Martin, M. G. Yazdi, M. Linnarsson, A. Tempez, M. Götelid, A. Hallén, "Improved interface and electrical properties of atomic layer deposited Al_2O_3/4H-SiC," *Applied Surface Science,* vol. 433, no. Supplement C, pp. 108-115, 2018. https://doi.org/10.1016/j.apsusc.2017.10.006

[45] X. Yang, B. Lee, V. Misra, "Electrical Characteristics of SiO_2 Deposited by Atomic Layer Deposition on 4H-SiC After Nitrous Oxide Anneal," *IEEE Transactions on Electron Devices,* vol. 63, no. 7, pp. 2826-2830, 2016. https://doi.org/10.1109/TED.2016.2565665

[46] D. Dutta, D. De, D. Fan, S. Roy, G. Alfieri, M. Camarda, M. Amsler, J. Lehmann, H. Bartolf, S. Goedecker, "Evidence for carbon clusters present near thermal gate oxides affecting the electronic band structure in SiC-MOSFET," *Applied Physics Letters,* vol. 115, no. 10, pp. 101601, 2019.

[47] B. E. Deal, A. S. Grove, "General Relationship for the Thermal Oxidation of Silicon," *Journal of Applied Physics,* vol. 36, no. 12, pp. 3770-3778, 1965. https://doi.org/10.1063/1.1713945

[48] Y. Song, S. Dhar, L. C. Feldman, G. Chung, J. R. Williams, "Modified Deal Grove model for the thermal oxidation of silicon carbide," *Journal of Applied Physics,* vol. 95, no. 9, pp. 4953-4957, 2004. https://doi.org/10.1063/1.1690097

[49] Y. Hijikata, S. Yagi, H. Yaguchi, S. Yoshida, "Thermal Oxidation Mechanism of Silicon Carbide," in: *Physics and Technology of Silicon Carbide Devices*, Y. Hijikata, ed., Rijeka: InTech, 2012, p. Ch. 07.

[50] Y. Yonezawa, T. Mizushima, K. Takenaka, H. Fujisawa, T. Kato, S. Harada, Y. Tanaka, M. Okamoto, M. Sometani, D. Okamoto, "Low V f and highly reliable 16 kV ultrahigh voltage SiC flip-type n-channel implantation and epitaxial IGBT." pp. 6.6. 1-6.6. 4.

[51] K. C. Chang, N. T. Nuhfer, L. M. Porter, Q. Wahab, "High-carbon concentrations at the silicon dioxide–silicon carbide interface identified by electron energy loss spectroscopy," *Applied Physics Letters,* vol. 77, no. 14, pp. 2186-2188, 2000. https://doi.org/10.1063/1.1314293

[52] T. Zheleva, A. Lelis, G. Duscher, F. Liu, I. Levin, M. Das, "Transition layers at the SiO2/SiC interface," *Applied Physics Letters,* vol. 93, no. 2, 2008. https://doi.org/10.1063/1.2949081

[53] W. Lu, L. C. Feldman, Y. Song, S. Dhar, W. E. Collins, W. C. Mitchel, J. R. Williams, "Graphitic features on SiC surface following oxidation and etching using surface enhanced Raman spectroscopy," *Applied Physics Letters,* vol. 85, no. 16, pp. 3495-3497, 2004. https://doi.org/10.1063/1.1804610

[54] V. N. Brudnyi, A. V. Kosobutsky, "Electronic properties of SiC polytypes: Charge neutrality level and interfacial barrier heights," *Superlattices and Microstructures,* vol. 111, pp. 499-505, 2017. https://doi.org/10.1016/j.spmi.2017.07.003

[55] T. Hiyoshi, T. Kimoto, "Elimination of the Major Deep Levels in n- and p-Type 4H-SiC by Two-Step Thermal Treatment," *Applied Physics Express,* vol. 2, no. 9, 2009. https://doi.org/10.1143/apex.2.091101

[56] X. Shen, S. T. Pantelides, "Identification of a major cause of endemically poor mobilities in SiC/SiO$_2$ structures," *Applied Physics Letters,* vol. 98, no. 5, 2011. https://doi.org/10.1063/1.3553786

[57] S. Wang, M. Di Ventra, S. G. Kim, S. T. Pantelides, "Atomic-Scale Dynamics of the Formation and Dissolution of Carbon Clusters in SiO$_2$," *Physical Review Letters,* vol. 86, no. 26, pp. 5946-5949, 2001.

[58] H. Yan, R. Jia, X. Tang, Q. Song, Y. Zhang, "Effect of re-oxidation annealing process on the SiO$_2$ /SiC interface characteristics," *Journal of Semiconductors,* vol. 35, no. 6, pp. 066001, 2014.

[59] Z. Q. Zhong, L. D. Zheng, G. J. Zhang, S. Y. Wang, L. P. Dai, Y. L. Gong, "Effect of Ar Annealing Temperature on SiO$_2$/SiC: Carbon-Related Clusters Reduction Causing Interfacial Quality Improvement," *Advanced Materials Research,* vol. 997, pp. 484-487, 2014. https://doi.org/10.4028/www.scientific.net/AMR.997.484

[60] D. Peter, M. K. Jan, H. Tamás, T. Christoph, G. Adam, F. Thomas, "The mechanism of defect creation and passivation at the SiC/SiO$_2$ interface," *Journal of Physics D: Applied Physics,* vol. 40, no. 20, pp. 6242, 2007.

[61] J. Powell, J. Petit, J. Edgar, I. Jenkins, L. Matus, W. Choyke, L. Clemen, M. Yoganathan, J. Yang, P. Pirouz, "Application of oxidation to the structural characterization of SiC epitaxial films," *Applied physics letters,* vol. 59, no. 2, pp. 183-185, 1991.

[62] Y. Nakano, T. Nakamura, A. Kamisawa, H. Takasu, "Investigation of pits formed at oxidation on 4H-SiC." pp. 377-380.

[63] H. Kurimoto, K. Shibata, C. Kimura, H. Aoki, T. Sugino, "Thermal oxidation temperature dependence of 4H-SiC MOS interface," *Applied Surface Science,* vol. 253, no. 5, pp. 2416-2420, 2006. https://doi.org/10.1016/j.apsusc.2006.04.054

[64] H. Naik, T. P. Chow, "4H-SiC MOS Capacitors and MOSFET Fabrication with Gate Oxidation at 1400°C," *Materials Science Forum,* vol. 778-780, pp. 607-610, 2014. https://doi.org/10.4028/www.scientific.net/MSF.778-780.607

[65] T. Hosoi, D. Nagai, M. Sometani, Y. Katsu, H. Takeda, T. Shimura, M. Takei, H. Watanabe, "Ultrahigh-temperature rapid thermal oxidation of 4H-SiC(0001) surfaces and oxidation temperature dependence of SiO$_2$/SiC interface properties," *Applied Physics Letters,* vol. 109, no. 18, 2016. https://doi.org/10.1063/1.4967002

[66] S. M. Thomas, Y. K. Sharma, M. A. Crouch, C. A. Fisher, A. Perez-Tomas, M. R. Jennings, P. A. Mawby, "Enhanced field effect mobility on 4H-SiC by oxidation at 1500 °C," *IEEE Journal of the Electron Devices Society,* vol. 2, no. 5, pp. 114-117, 2014. https://doi.org/10.1109/JEDS.2014.2330737

[67] S. M. Thomas, M. R. Jennings, Y. K. Sharma, C. A. Fisher, P. A. Mawby, "Impact of the Oxidation Temperature on the Interface Trap Density in 4H-SiC MOS Capacitors," *Materials Science Forum,* vol. 778-780, pp. 599-602, 2014. https://doi.org/10.4028/www.scientific.net/MSF.778-780.599

[68] Y. Jia, H. Lv, Q. Song, X. Tang, L. Xiao, L. Wang, G. Tang, Y. Zhang, Y. Zhang, "Influence of oxidation temperature on the interfacial properties of n-type 4H-SiC MOS capacitors," *Applied Surface Science,* vol. 397, pp. 175-182, 2017. https://doi.org/10.1016/j.apsusc.2016.11.142

[69] Y. K. Sharma, F. Li, M. R. Jennings, C. A. Fisher, A. Pérez-Tomás, S. Thomas, D. P. Hamilton, S. A. O. Russell, P. A. Mawby, "High-Temperature (1200–1400°C) Dry Oxidation of 3C-SiC on Silicon," *Journal of Electronic Materials,* vol. 44, no. 11, pp. 4167-4174, 2015. https://doi.org/10.1007/s11664-015-3949-4

[70] S. M. Sze, K. K. Ng, "Physics of semiconductor devices," Wiley-Interscience, 2007, 815 p.

[71] J. Urresti, F. Arith, S. Olsen, N. Wright, A. O'Neill, "Design and Analysis of High Mobility Enhancement-Mode 4H-SiC MOSFETs Using a Thin-SiO_2/Al_2O_3 Gate-Stack," *IEEE Transactions on Electron Devices,* vol. 66, no. 4, pp. 1710-1716, 2019. https://doi.org/10.1109/ted.2019.2901310

[72] D.-K. Kim, Y.-S. Kang, K.-S. Jeong, H.-K. Kang, S. W. Cho, K.-B. Chung, H. Kim, M.-H. Cho, "Effects of spontaneous nitrogen incorporation by a 4H-SiC(0001) surface caused by plasma nitridation," *Journal of Materials Chemistry C,* vol. 3, no. 19, pp. 5078-5088, 2015. https://doi.org/10.1039/C5TC00076A

[73] G. Y. Chung, C. C. Tin, J. R. Williams, K. McDonald, R. K. Chanana, R. A. Weller, S. T. Pantelides, L. C. Feldman, O. W. Holland, M. K. Das, J. W. Palmour, "Improved inversion channel mobility for 4H-SiC MOSFETs following high temperature anneals in nitric oxide," *IEEE Electron Device Letters,* vol. 22, no. 4, pp. 176-178, 2001. https://doi.org/10.1109/55.915604

[74] L. Chao-Yang, J. A. Cooper, T. Tsuji, C. Gilyong, J. R. Williams, K. McDonald, L. C. Feldman, "Effect of process variations and ambient temperature on electron mobility at the SiO_2/4H-SiC interface," *IEEE Transactions on Electron Devices,* vol. 50, no. 7, pp. 1582-1588, 2003. https://doi.org/10.1109/TED.2003.814974

[75] L. A. Lipkin, M. K. Das, J. W. Palmour, "N_2O processing improves the 4H-SiC: SiO_2 interface," *Materials Science Forum,* vol. 389-393, pp. 985-988, 2002. https://doi.org/10.4028/www.scientific.net/MSF.389-393.985

[76] K. Fujihira, Y. Tarui, M. Imaizumi, K.-i. Ohtsuka, T. Takami, T. Shiramizu, K. Kawase, J. Tanimura, T. Ozeki, "Characteristics of 4H–SiC MOS interface annealed in N_2O," *Solid-State Electronics,* vol. 49, no. 6, pp. 896-901, 2005. https://doi.org/10.1016/j.sse.2004.10.016

[77] J. Senzaki, T. Suzuki, A. Shimozato, K. Fukuda, K. Arai, H. Okumura, "Significant Improvement in Reliability of Thermal Oxide on 4H-SiC (0001) Face Using Ammonia Post-Oxidation Annealing," *Materials Science Forum,* vol. 645-648, pp. 685-688, 2010. https://doi.org/10.4028/www.scientific.net/MSF.645-648.685

[78] N. Soejima, T. Kimura, T. Ishikawa, T. Sugiyama, "Effect of NH_3 post-oxidation annealing on flatness of SiO_2/SiC interface," *Materials Science Forum,* vol. 740-742, pp. 723-726, 2013. https://doi.org/10.4028/www.scientific.net/MSF.740-742.723

[79] P. Jamet, S. Dimitrijev, P. Tanner, "Effects of nitridation in gate oxides grown on 4H-SiC," *Journal of Applied Physics,* vol. 90, no. 10, pp. 5058-5063, 2001.

[80] V. V. Afanas'ev, A. Stesmans, F. Ciobanu, G. Pensl, K. Y. Cheong, S. Dimitrijev, "Mechanisms responsible for improvement of 4H–SiC/SiO$_2$ interface properties by nitridation," *Applied Physics Letters,* vol. 82, no. 4, pp. 568-570, 2003. https://doi.org/10.1063/1.1532103

[81] H. Yoshioka, T. Nakamura, T. Kimoto, "Generation of very fast states by nitridation of the SiO$_2$/SiC interface," *Journal of Applied Physics,* vol. 112, no. 2, pp. 024520, 2012. https://doi.org/10.1063/1.4740068

[82] J. Rozen, A. C. Ahyi, X. Zhu, J. R. Williams, L. C. Feldman, "Scaling Between Channel Mobility and Interface State Density in SiC MOSFETs," *IEEE Transactions on Electron Devices,* vol. 58, no. 11, pp. 3808-3811, 2011. https://doi.org/10.1109/ted.2011.2164800

[83] J. Rozen, S. Dhar, M. E. Zvanut, J. R. Williams, L. C. Feldman, "Density of interface states, electron traps, and hole traps as a function of the nitrogen density in SiO$_2$ on SiC," *Journal of Applied Physics,* vol. 105, no. 12, 2009. https://doi.org/10.1063/1.3131845

[84] P. Jamet, S. Dimitrijev, "Physical properties of N$_2$O and NO-nitrided gate oxides grown on 4H SiC," *Applied Physics Letters,* vol. 79, no. 3, pp. 323-325, 2001. https://doi.org/10.1063/1.1385181

[85] A. Morales-Acevedo, G. Santana, J. Carrillo-López, "Thermal oxidation of silicon in nitrous oxide at high pressures," *Journal of The Electrochemical Society,* vol. 148, no. 10, pp. F200-F202, 2001.

[86] D. Okamoto, H. Yano, H. Kenji, T. Hatayama, T. Fuyuki, "Improved Inversion Channel Mobility in 4H-SiC MOSFETs on Si Face Utilizing Phosphorus-Doped Gate Oxide," *Electron Device Letters, IEEE,* vol. 31, no. 7, pp. 710-712, 2010. https://doi.org/10.1109/LED.2010.2047239

[87] H. Y. Dai Okamotoa, Tomoaki Hatayamac and Takashi Fuyuki, "Development of 4H-SiC MOSFETs with Phosphorus-Doped Gate Oxide," *Materials Science Forum,* vol. 717-720, pp. 733-738, 2012. https://doi.org/10.4028/www.scientific.net/MSF.717-720.733

[88] C. Jiao, A. C. Ahyi, C. Xu, D. Morisette, L. C. Feldman, S. Dhar, "Phosphosilicate glass gated 4H-SiC metal-oxide-semiconductor devices: Phosphorus concentration dependence," *Journal of Applied Physics,* vol. 119, no. 15, pp. 155705, 2016. https://doi.org/10.1063/1.4947117

[89] D. Okamoto, M. Sometani, S. Harada, R. Kosugi, Y. Yonezawa, H. Yano, "Improved channel mobility in 4H-SiC MOSFETs by boron passivation," *IEEE Electron Device Letters,* vol. 35, no. 12, pp. 1176-1178, 2014.

https://doi.org/10.1109/LED.2014.2362768

[90] M. Cabello, V. Soler, J. Montserrat, J. Rebollo, J. M. Rafí, P. Godignon, "Impact of boron diffusion on oxynitrided gate oxides in 4H-SiC metal-oxide-semiconductor field-effect transistors," *Applied Physics Letters,* vol. 111, no. 4, pp. 042104, 2017. https://doi.org/10.1063/1.4996365

[91] F. Allerstam, G. Gudjónsson, E. Ö. Sveinbjörnsson, T. Rödle, R. Jos, "Formation of Deep Traps at the 4H-SiC/SiO$_2$ Interface when Utilizing Sodium Enhanced Oxidation," *Materials Science Forum,* vol. 556-557, pp. 517-520, 2007. https://doi.org/10.4028/www.scientific.net/MSF.556-557.517

[92] G. Gudjonsson, H. O. Olafsson, F. Allerstam, P. A. Nilsson, E. O. Sveinbjornsson, H. Zirath, T. Rodle, R. Jos, "High field-effect mobility in n-channel Si face 4H-SiC MOSFETs with gate oxide grown on aluminum ion-implanted material," *IEEE Electron Device Letters,* vol. 26, no. 2, pp. 96-98, 2005. https://doi.org/10.1109/LED.2004.841191

[93] A. F. Basile, A. C. Ahyi, L. C. Feldman, J. R. Williams, P. M. Mooney, "Effects of sodium ions on trapping and transport of electrons at the SiO$_2$/4H-SiC interface," *Journal of Applied Physics,* vol. 115, no. 3, pp. 034502, 2014. https://doi.org/10.1063/1.4861646

[94] D. J. Lichtenwalner, L. Cheng, S. Dhar, A. Agarwal, J. W. Palmour, "High mobility 4H-SiC (0001) transistors using alkali and alkaline earth interface layers," *Applied Physics Letters,* vol. 105, no. 18, 2014. https://doi.org/10.1063/1.4901259

[95] K. Ueno, T. Oikawa, "Counter-doped MOSFETs of 4H-SiC," *IEEE Electron Device Letters,* vol. 20, no. 12, pp. 624-626, 1999. https://doi.org/10.1109/55.806105

[96] P. Fiorenza, F. Giannazzo, M. Vivona, A. L. Magna, F. Roccaforte, "SiO$_2$/4H-SiC interface doping during post-deposition-annealing of the oxide in N$_2$O or POCl$_3$," *Applied Physics Letters,* vol. 103, no. 15, pp. 153508, 2013. https://doi.org/10.1063/1.4824980

[97] A. Modic, G. Liu, A. C. Ahyi, Y. Zhou, P. Xu, M. C. Hamilton, J. R. Williams, L. C. Feldman, S. Dhar, "High channel mobility 4H-SiC MOSFETs by antimony counter-doping," *IEEE Electron Device Letters,* vol. 35, no. 9, pp. 894-896, 2014. https://doi.org/10.1109/LED.2014.2336592

[98] Y. Zheng, T. Isaacs-Smith, A. C. Ahyi, S. Dhar, "4H-SiC MOSFETs with borosilicate glass gate dielectric and antimony counter-doping," *IEEE Electron Device Letters,* vol. 38, no. 10, pp. 1433-1326, 2017. https://doi.org/10.1109/LED.2017.2743002

[99] W. L. Warren, M. R. Shaneyfelt, D. M. Fleetwood, P. S. Winokur, "Nature of defect centers in B- and P-doped SiO$_2$ thin films," *Applied Physics Letters,* vol. 67, no. 7, pp. 995-997, 1995. https://doi.org/10.1063/1.114970

[100] G. Liu, A. C. Ahyi, Y. Xu, T. Isaacs-Smith, Y. K. Sharma, J. R. Williams, L. C. Feldman, S. Dhar, "Enhanced Inversion Mobility on 4H-SiC (11$\bar{2}$0) Using Phosphorus and Nitrogen Interface Passivation," *IEEE Electron Device Letters,* vol. 34, no. 2, pp. 181-183, 2013. https://doi.org/10.1109/led.2012.2233458

[101] Y. Nanen, M. Kato, J. Suda, T. Kimoto, "Effects of nitridation on 4H-SiC MOSFETs fabricated on various crystal faces," *IEEE Transactions on Electron Devices,* vol. 60, no. 3, pp. 1260-1262, 2013. https://doi.org/10.1109/TED.2012.2236333

[102] K. Fukuda, M. Kato, K. Kojima, J. Senzaki, "Effect of gate oxidation method on electrical properties of metal-oxide-semiconductor field-effect transistors fabricated on 4H-SiC C(000$\bar{1}$) face," *Applied Physics Letters,* vol. 84, no. 12, pp. 2088-2090, 2004. https://doi.org/10.1063/1.1682680

[103] M. Okamoto, Y. Makifuchi, M. Iijima, Y. Sakai, N. Iwamuro, H. Kimura, K. Fukuda, H. Okumura, "Coexistence of small threshold voltage instability and high channel mobility in 4H-SiC (0001) metal–oxide–semiconductor field-effect transistors," *Applied Physics Express,* vol. 5, no. 4, pp. 041302, 2012.

[104] H. Yoshioka, J. Senzaki, A. Shimozato, Y. Tanaka, H. Okumura, "Effects of interface state density on 4H-SiC n-channel field-effect mobility," *Applied Physics Letters,* vol. 104, no. 8, pp. 083516, 2014.

[105] S. Asada, T. Kimoto, J. Suda, "Effect of postoxidation nitridation on forward current-voltage characteristics in 4H-SiC mesa p-n diodes passivated with SiO$_2$," *IEEE Transactions on Electron Devices,* vol. 64, no. 7, pp. 3016-3018, 2017. https://doi.org/10.1109/TED.2017.2700336

[106] R. Ghandi, B. Buono, M. Domeij, R. Esteve, A. Schoner, J. Han, S. Dimitrijev, S. A. Reshanov, C. M. Zetterling, M. Ostling, "Surface-passivation effects on the performance of 4H-SiC BJTs," *IEEE Transactions on Electron Devices,* vol. 58, no. 1, pp. 259-265, 2011. https://doi.org/10.1109/TED.2010.2082712

[107] T. Kimoto, H. Kawano, M. Noborio, J. Suda, H. Matsunami, "Improved Dielectric and Interface Properties of 4H-SiC MOS Structures Processed by Oxide Deposition and N$_2$O Annealing," *Materials Science Forum,* vol. 527-529, pp. 987-990, 2006.
https://doi.org/10.4028/www.scientific.net/MSF.527-529.987

[108] W. Sung, B. Jayant Baliga, A. Q. Huang, "Area-Efficient Bevel-Edge Termination Techniques for SiC High-Voltage Devices," *IEEE Transactions on Electron Devices,* vol. 63, no. 4, pp. 1630-1636, 2016.

https://doi.org/10.1109/ted.2016.2532602

[109] H. Miyake, T. Kimoto, J. Suda, "Improvement of current gain in 4H-SiC BJTs by surface passivation with deposited oxides nitrided in N_2O or NO," *IEEE Electron Device Letters,* vol. 32, no. 3, pp. 285-287, 2011. https://doi.org/10.1109/LED.2010.2101575

[110] T. Okuda, T. Kobayashi, T. Kimoto, J. Suda, "Impact of annealing temperature on surface passivation of SiC epitaxial layers with deposited SiO_2 followed by $POCl_3$ annealing." pp. 233-235.

[111] M. Domeij, H. S. Lee, E. Danielsson, C. M. Zetterling, M. Ostling, A. Schoner, "Geometrical effects in high current gain 1100-V 4H-SiC BJTs," *IEEE Electron Device Letters,* vol. 26, no. 10, pp. 743-745, 2005. https://doi.org/10.1109/led.2005.856010

[112] T. Daranagama, V. Pathirana, F. Udrea, R. McMahon, "Novel 4H-SiC bipolar junction transistor (BJT) with improved current gain." pp. 1-6.

[113] L. Lanni, B. G. Malm, M. Östling, C. M. Zetterling, "Influence of passivation oxide thickness and device layout on the current gain of SiC BJTs," *IEEE Electron Device Letters,* vol. 36, no. 1, pp. 11-13, 2015. https://doi.org/10.1109/LED.2014.2372036

[114] S. Zelmat, M.-L. Locatelli, T. Lebey, S. Diaham, "Investigations on high temperature polyimide potentialities for silicon carbide power device passivation," *Microelectronic Engineering,* vol. 83, no. 1, pp. 51-54, 2006. https://doi.org/10.1016/j.mee.2005.10.050

[115] I. H. Kang, M. K. Na, O. Seok, J. H. Moon, H. W. Kim, S. C. Kim, W. Bahng, N. K. Kim, H.-C. Park, C. H. Yang, "Effect of surface passivation on breakdown voltages of 4H-SiC Schottky barrier diodes," *Journal of the Korean Physical Society,* vol. 71, no. 10, pp. 707-710, 2017. https://doi.org/10.3938/jkps.71.707

[116] S. Diaham, M. L. Locatelli, T. Lebey, C. Raynaud, M. Lazar, H. Vang, D. Planson, "Polyimide Passivation Effect on High Voltage 4H-SiC PiN Diode Breakdown Voltage," *Materials Science Forum,* vol. 615-617, pp. 695-698, 2009. https://doi.org/10.4028/www.scientific.net/MSF.615-617.695

[117] A. Siddiqui, H. Elgabra, S. Singh, "The Current Status and the Future Prospects of Surface Passivation in 4H-SiC Transistors," *IEEE Transactions on Device and Materials Reliability,* vol. 16, no. 3, pp. 419-428, 2016. https://doi.org/10.1109/TDMR.2016.2587160

第 7 章

碳化硅离子注入掺杂

Philippe Godignon[1]、Frank Torregrosa[2]、Konstantinos Zekentes[3]*

[1] 西班牙巴塞罗那国家微电子中心（CNM）
[2] 法国 IBS（Ion Beam Services）公司
[3] 希腊克里特岛伊拉克利翁的希腊研究与技术基金会（FORTH）
* zekentesk@ iesl. forth. gr

摘要

离子注入允许在半导体表面的特定区域中掺入掺杂剂或通常的原子，该技术广泛用于硅技术中的各种器件和电路集成。离子注入机是一种高度复杂的机器，需要设置许多参数。此外，离子注入工艺总是与激活热退火相关联将掺杂剂结合到晶体中。正如我们将在本章中看到的，碳化硅（SiC）中的注入和激活工艺需要的参数与硅中显著不同，并且它是当今开发 SiC 器件大批量生产的限制因素之一。

本章首先简要介绍了离子注入，然后概述了当前的 SiC 离子注入技术。其余部分详细介绍了 SiC 离子注入的各个方面，更准确地说，介绍了使用不同元素作为 p 型和 n 型注入掺杂剂、不同元素的最佳热注入条件、注入后退火（仍然是深入研究的主题）、注入 SiC 材料重要的通道效应和各种物理表征方法。本章的主要部分讨论的是 4H-SiC 多型体，因为它是器件制造中最常用的多型体。

关键词

SiC、注入、掺杂剂激活、注入后退火、通道效应、注入建模

7.1 引言

离子注入是半导体工艺中常用的关键技术。离子注入允许在半导体表面的特定区域中掺入掺杂剂或一般原子，该工艺通常在表层进行，因为原子在半导体层内部不会穿透超过约 1μm。离子注入机是一种高度复杂的机器，需要设置许多参数，而定义结合原子数量及其深度的两个主要参数是注入能量和注入剂量。在以前的标准硅技术中，典型的能量和剂量范围分别为 20~180keV 和 $1\times 10^{12} \sim 1\times 10^{16} cm^{-2}$。在现代亚微米硅技术中，需要较低的能量，在 0.2~20keV 的范围内。用于硅掺杂的原子通常是硼、砷和磷。正如我们将在本章中看到的那样，SiC 的注入工艺需要与硅中不同的参数［更大的能量范围扩展到>300keV、热注入、使用铝代替硼进行 p 型掺杂、更高的注入后退火（PIA）温度］。仍在研究中的 SiC 注入的关键问题是离子注入 p 型掺杂的高阻率、注入区掺杂分布的精确控制、深结或埋层（>1μm）的形成以及点缺陷和扩展缺陷的减少以进一步优化 SiC 功率器件的工作性能。这些问题限制了离子注入在 SiC 器件制造中的应用。

本章旨在为 SiC 器件开发人员提供所有必要的信息，以便在目标器件的制造中采用离子注入。离子注入专家将在本章的参考书目中找到进一步的分析。7.2 节和 7.3 节分别介绍了离子注入技术及其在 SiC 中的应用。请注意，7.3 节对 SiC 注入技术的当前状态进行了简短而一般的描述，而 7.2 节将详细介绍它的所有方面。阅读 7.3 节和第 7.14 节（结论）可以快速了解 SiC 注入的最新技术。

7.4 节和 7.5 节分别论述了通过离子注入进行的 SiC n 型和 p 型掺杂的特性（掺杂剂种类、注入层的最终电特性、注入深度、注入过程加热）。7.6 节专门介绍掺杂剂激活退火的相关方面以及可用于有效退火工艺的不同技术。在 7.7 节中，解决了晶体质量、缺陷形成和识别问题。7.8 节将讨论 SiC 注入中的一个重要问题，即通道效应和杂散效应，这在 SiC 中比在 Si 晶体中更为明显。在 7.9 节介绍了一种用于低缺陷表面掺杂的新型注入技术。最后几节讨论了 SiC 注入模拟和表征方面以及一些实际因素，例如注入设施和设备。

下面在没有提到具体多型时主要考虑的都是常用的 4H-SiC 多型体。

7.2 离子注入技术

7.2.1 离子注入物理基础

离子注入是一种技术，包括为特定原子提供足够的动能，以便它们可以深入目标材料一定深度（就好像子弹射入墙中）。为原子提供足够动能的最简单方法是让它们带电（形成正离子或负离子），再使用电场给它们加速。

与目标表面碰撞后，加速离子会通过两种现象失去能量（见图7.1）：

1）与目标原子的核碰撞，可以认为是弹性碰撞，很容易通过通常的力学定律模拟。

2）加速离子的电子云和目标原子之间的库仑相互作用，可以被认为是一种黏性现象。

核碰撞产生缺陷：空位和反冲原子（也称为弗伦克尔对缺陷）。缺陷密度及其定位深度取决于入射离子的质量（重离子在其所有轨迹上产生大量缺陷，轻离子产生少量缺陷，定位在最终离子位置附近）、能量以及目标原子的键合强度。

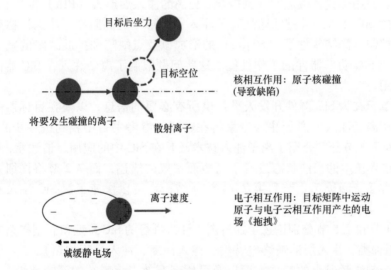

图7.1 注入离子能量损失的两种主要机制示意图：核相互作用和电子相互作用

缺陷密度还取决于剂量率（伴随碰撞级联的重叠产生更多缺陷）和衬底温度（低温注入会产生"注入缺陷冻结"，而高温注入允许缺陷"自我恢复"）。

如图7.2所示，高能离子在目标材料中的渗透会产生一连串的碰撞。当在表面附近发生碰撞时，一些目标原子会被喷射出来（溅射现象）。由于离子注入是一种涉及数十亿离子的弹道现象，因此高斯定律可以粗略地表示注入离子在目标晶体中的最终浓度分布。

给定深度 x 处的离子浓度 $C(x)$ 的注入曲线，只需两个参数来描述：

1）平均注入深度，称为投射范围（R_p）；

2）高斯标准偏差，称为散乱度（ΔR_p）。

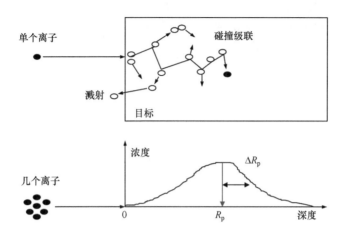

图 7.2 注入碰撞机制和产生的掺杂分布示意图

$$C(x) = C_{\max} \cdot \exp\left(-\frac{1}{2}\left(\frac{x-R_{\mathrm{p}}}{\Delta R_{\mathrm{p}}}\right)^2\right) \tag{7-1}$$

式中，$C_{\max}$ 为注入离子的最大（峰值）浓度。如果 Dose 是总注入剂量（或维持剂量），则对式（7-1）积分可得：

$$\mathrm{Dose} = \int_0^\infty C(x)\,\mathrm{d}x \tag{7-2}$$

可以得出最大/峰值浓度 $C_{\max}$ 的表达式：

$$C_{\max} = \frac{\mathrm{Dose}}{\Delta R_{\mathrm{p}} \cdot \sqrt{2\pi}} \tag{7-3}$$

由于溅射现象，对于高剂量的重离子，维持剂量可能低于设备中加速的初始剂量（或机器剂量），并可能出现一些饱和效应。

目前，有更精确的分析模型，可以表示轮廓不对称并调整顶部轮廓平整度[1]。

由于微电子技术中（包括 SiC）的大多数注入衬底或层都不是非晶态的，因此注入离子束的方向与目标晶体取向的关系将影响碰撞次数，进而影响注入分布。如果离子束平行于某晶向，则发生的碰撞更少，进而得到的杂质分布更深且局部的杂质浓度更低，这种现象称为通道效应。离子越轻，剂量越低，通道效应就越重要（高剂量的重离子会产生无定形层，从而破坏晶体通道）。由于晶圆对注入离子束角度的分散，特别是在大衬底（>150mm）上，晶圆中心的入射束角与边缘处的入射束角不同，通道效应会导致注入的不均匀性。然而，现代注入机（带状和点束系统）具有准直透镜，可在整个处理过的表面上提供 0.1°以内的入射离子束角。正如我们将在 7.8 节中看到的，通道效应（见图 7.3）在 4H-SiC

或 6H-SiC 中非常重要。为了消除通道效应，一种解决方案是定向晶圆以避免晶体通道平行于离子束，更准确地说，晶圆首先倾斜（倾斜角），然后绕其轴旋转（扭转角）。然而，通道效应在某些情况下可能是有益的，因为它会导致更深的掺杂剂渗透和更少的缺陷产生[2]。

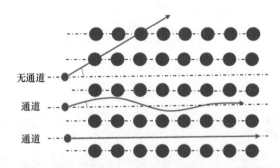

图 7.3　通道效应示意图（在下面的第 7.8 节中详细讨论）

7.2.2　离子注入技术基础

来自美国贝尔实验室的 Russel Ohl 于 1950 年制造了第一台用于半导体掺杂的离子注入机。1957 年，来自同一实验室的 William Shockley 获得了第一个使用离子注入在半导体中引入掺杂剂的专利。目前的注入工具由 3 个主要部分组成（见图 7.4）：

1）带有一个气箱的"终端"（包含气瓶和气体管路，为离子源提供稳定的选定气流）、一个离子源（用于产生包含注入离子的等离子体）、一个提取电极（从离子源中提取离子并为其提供初始动能）、一个质谱仪（施加正交磁场以选择通过解析孔注入的离子质量）和一个加速管，为选定离子提供最终的动能。

2）带有静电或磁聚焦和扫描光学器件的"离子束线"。根据注入机的不同，可以使用与机械扫描相关的静电扫描（见图 7.4）或磁扫描（带状束）来完成晶圆上的离子束扫描。在大衬底（直径>200mm）上，通常使用平行扫描来确保整个晶圆的注入角度一致。对于当今生产中使用的 6in SiC 晶圆，此功能不是强制性的（根据需求与成本考虑）。

3）带有衬底支架（冷却或加热）的"末端"，可朝向离子束调整角度（倾斜和扭转角）、剂量测量系统（也称为带有法拉第杯的剂量积分器），在某些情况下还附加机械扫描装置（衬底的平移或旋转）和电子喷枪以避免充电效应。一些注入机（如那些用于 SiC 的注入机）还在衬底支架中包含一个用于高温注入的加热台。末端与装载/卸载真空机械手相连接。

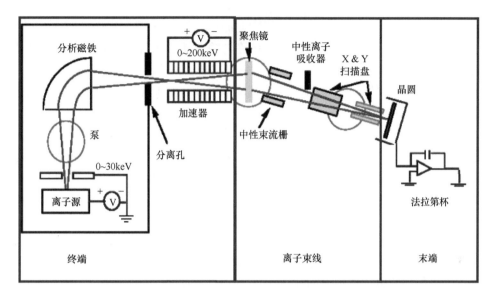

图 7.4 离子注入工具示意图

每一个部件都有自己的泵送系统，涡轮泵用于离子源，涡轮泵和/或低温泵用于离子束线和末端。为避免加速离子与残留气体分子发生碰撞，导致可能的中和（从而影响剂量测量精度）、离子能量损失和离子束发散，离子束线和末端的真空度必须至少为 10^{-7}Torr。

离子注入机的尺寸通常为长 4~6m、宽 2~4m、高 2.5~3m（取决于类型和品牌）。

尽管注入工具看起来很复杂，注入过程也很容易通过 3 个电参数控制：

1）质谱仪中的电流，用于调整所需的磁场并选择注入原子质量单位。

2）施加在提取电极和加速管的电压，以提供所需的动能并调整注入离子在衬底中的穿透深度。例如，在提取电极上施加 30kV，在加速管上施加 70kV 时，单个带电离子的总动能为 100keV。

3）在衬底（直接在卡盘或晶圆周围的杯子）上进行精确测量的注入电流，以测量到达晶圆的电荷量，进而确定离子的数量。通过以下公式可以准确实时测量注入剂量：

$$D(t) = \frac{1}{q \cdot S} \int_0^t i(t) \mathrm{d}t \tag{7-4a}$$

式中，$D(t)$ 为以 at/cm^2 为单位的注入剂量；q 为离子的电荷量（对于单电荷离子 $q = 1.6 \times 10^{-19}$C）；S 为以 cm^2 为单位的电流收集面积（精确定义为孔径）；$i(t)$ 为以 A 为单位测量的注入电流。如果 $i(t)$ 是常数，则

$$D(t) = \frac{it}{qS} \tag{7-4b}$$

请注意，卡盘（或电流测量杯）始终与静电法拉第杯（见图7.4）结合使用，以避免高能离子与目标材料碰撞产生二次电子，从而使测量结果失真。

根据应用，可以注入单电荷离子（例如 B^+）、分子离子（例如 BF_2^+）或多电荷离子（例如 B^{2+}）。

对于多电荷离子，动能等于加速电压乘以电荷数。例如，若注入 Al^{3+}，加速电压为100kV，则Al原子的动能为3×100keV=300keV。但由于每3个基本电荷仅注入一个Al原子，因此编程的机器剂量（每平方厘米的基本电荷数）应为所需Al剂量的3倍。因此，具有 $Al^{3+}/3\times10^{15}at/cm^2/100kV$ 的机器工艺对应于300keV和 $1\times10^{15}at/cm^2$ 剂量的Al物理注入。实际上，使用能量范围通常限制在200~500keV的中等电流注入机，可以使用多电荷离子进行高能注入。这就是为什么对于SiC p型掺杂应用，经常使用 Al^{2+} 或 Al^{3+} 离子，因为需要的能量高于注入机的加速电压能力（对于Si应用来说是典型的）。

对于分子离子，分子的所有原子都将被注入，在与衬底碰撞后，每个原子将与其原子质量成比例地共享初始分子能量：

$$E(\text{atom } A) = E(\text{molecular ion}) \cdot \frac{M(\text{atom } A)}{M(\text{Molecule})} \tag{7-5a}$$

例如，如果 BF_2^+ 以100keV加速，硼的能量将为

$$E(B) = 100 \times \frac{11}{11+2\times19} \approx 100 \times \frac{1}{4.45} \approx 22\text{keV} \tag{7-5b}$$

随着提取和加速电压下降，尤其是低于15keV时，注入电流降低，分子离子通常用于这一较低的能量范围，并保持足够的电流。对于SiC掺杂应用，这可以使用 N_2^+ 有效地用于n型接触掺杂，并且由于每个分子离子会注入2个氮原子，配方中设置的机器剂量将比所需的氮剂量低一半，因此注入时间应减半。

此外，在SiC中注入氮或铝时，还需要考虑可能的质量干扰：

1）由于 N_2^+（28AMU）和 Al^+（27AMU）的质量值相近，很容易出现原子干扰误差，因此必须始终检查AMU=14处是否存在N或Al峰。

2）一些离子源包含硼氮化物（BN）绝缘体。这意味着一定量的硼将始终存在于等离子体源中，并可能与残留水分反应形成 BO^+，它与 Al^+ 具有相同的质量（11+16=27）。硼污染可能会导致更深的p型分布，这个很危险，因此，必须在注入机工具内用 Al_2O_3 替换这些BN绝缘体。

3）对于多电荷注入，质谱仪的原子分辨率至关重要。例如，Al^{3+} 的表观质量（AMU乘以电荷）（27×3=81）与 Ar^{2+}（40×2=80）中的一个非常接近，如果注入机的质谱仪分辨率在80左右的AMU处高于1，则存在注入氩而不是铝的风险。

4) 出于同样的原因，源电弧室中存在的铍、硅、氟化物或 CO_2 气体会在铝或氮注入的情况下导致质量干扰或峰选择错误。总而言之，可能的质量干扰列表如下：Be^+ 与 Al^{+++}、F^{++} 与 Al^{+++}、Si^+ 与 Al^+、Si^{++} 与 N^+、CO^{++} 与 N^+。

因此，注入技术非常复杂，需要对设备进行定期和非常精细的调整，尤其是铝，这可能是最复杂的注入原子。

7.3 SiC 离子注入的特性

7.3.1 一般考虑

与 SiC、GaN、金刚石、GaAs 等其他半导体相比，硅是一种非常友好的加工材料。为了在硅层中形成 p 型或 n 型阱，将掺杂原子注入到硅表面，然后在热处理下通过扩散进行再分布，使用该工序可以获得数十微米的深度。在图 7.5 中，示意性地给出了 Si 功率 MOSFET 中形成 p 阱的方法。

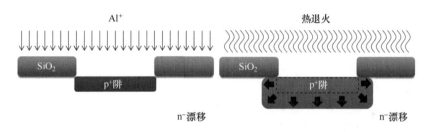

图 7.5　注入和扩散工艺示意图

相反，SiC 的选择性掺杂是通过多次离子注入来实现的，以便在不使用热扩散步骤的情况下获得盒型分布。这是因为铝、硼、磷和氮（最常见的 SiC 掺杂剂）的扩散系数非常低，因此在注入后通过热扩散或从固体或液体源（也用于 Si）进行掺杂是不切实际的，这就是 SiC 中需要多重离子注入形成盒型轮廓的原因，如 7.8.3 节所述。

此外，由于与 Si 相比，SiC 的原子密度更高，离子穿透深度约为 1nm/keV，注入的深度受到限制，因此，要制作 0.4μm 深度（MOSFET 等器件应用的典型深度）的盒型分布，需要 20~400keV 的能量，而这对于大多数 Si 技术中使用的标准注入机来说是不可用的。而对于 1μm 或更大深度（JFET 等器件应用的典型深度）的注入，则需要大约 1MeV 的注入能量。

7.3.2 SiC 离子注入掺杂剂

表 7.1 总结了 4H-SiC 中最常见掺杂离子的主要特性。

表 7.1　4H-SiC 中主要离子注入掺杂剂原子性质的总结

掺杂离子	溶解度[8]/ (at·cm^{-3})	最小薄层电阻/ ($\Omega/\square$)	电阻率/ (mΩ·cm)	最大浓度范围/ (cm^{-3})	激活能/ meV
氮	2×10^{20}	290	14.5	$3\cdot10^{19}$	50
磷	1×10^{21}	29	2.3	$2\cdot10^{20}$	53
铝	1×10^{21}	800	25	$5\cdot10^{20}$	190~220

7.3.3　注入损伤

离子注入掺杂技术的主要缺点是进入的离子会破坏目标材料的晶体结构而产生损伤。损伤的范围可以从低注入剂量的单次碰撞级联引起的点缺陷到高剂量的扩展（1D 和 2D）缺陷，以及在非常高剂量下晶体的完全非晶化。离子注入期间的损伤累积与注入剂量大致成比例，直到发生完全非晶化。如果在注入过程中不加热衬底或在多次注入之间进行退火，则很难获得高质量的高剂量 SiC 注入层，以获得前面提到的盒型掺杂分布。室温（RT）下的高剂量注入会导致半导体表面层的完全非晶化。由于 SiC 具有复杂的多型性和低的堆垛层错形成能，在离子注入过程中保持晶体原始结构也很困难。事实上，一旦注入区域由于高剂量注入而变成完全非晶态，就不能保证晶格恢复到原始多型体。例如，非晶化 4H-SiC 或 6H-SiC 的 PIA 在大多数情况下导致多晶 3C-SiC，这是采用 SiC 热注入的主要原因，尤其是在注入剂量较高的情况下。

值得一提的是，SiC 晶体在注入过程中会膨胀。在注入期间或在注入后退火之后可能会发生翘曲。这种翘曲对于完成器件制造工艺所需的后续光刻工序可能是有问题的。

7.3.4　热注入

当样品在注入过程中被加热时，会发生缺陷的湮灭，即所谓的动态退火，缺陷产生率和湮灭率之间存在竞争。在足够低的通量下，湮没率可能超过生成率，累积的缺陷密度可能永远不会达到非晶化的临界值。衬底温度对动态退火起着至关重要的作用，因为湮没过程是热激活的。提高衬底温度意味着更高的湮没率，因此可以容忍更高的离子通量，同时仍能抑制非晶化。

对于热注入，注入区域可以保留原始的多型结构，并且很容易恢复。对于所有典型的掺杂离子，如氮、磷、铝和硼注入，都获得了类似的结果。因此，这是离子注入六方 SiC 多型体的一致且独特的特征。

当注入剂量低时，由于碳原子的阈值位移能较低，碳子格子的无序化比硅子格子更快一些。然而，碳和硅子格子的非晶化发生在几乎相同的注入剂量下。注入区变为非晶态的临界注入剂量取决于注入的种类和注入能量，例如，对于室温氮注入，它大约为 $10^{15}\mathrm{cm}^{-2}$ 的中低值[3]。

7.3.5 注入后退火、激活和扩散

注入后退火是为了：恢复晶体结构和电激活注入的掺杂剂（浅受主和/或施主）。这意味着 SiC 中的任何注入原子都必须在退火过程结束时到达适当的晶格位置（即替位式位置），这才是一个"激活的"原子。虽然大部分注入引起的损伤可以通过 1200℃ 退火消除，但由于 SiC 晶格的高键合强度，应在超过 1500℃ 的温度下进行退火以实现合理的电激活[4]。因此，高温（>1600℃）PIA 是恢复晶体质量和激活注入原子所必需的。请注意，即使在 500~1000℃ 的高温下进行注入，也不能降低退火温度。造成这种情况的主要原因之一是由离子注入产生的几个深能级的热稳定性，这会导致掺杂剂的补偿[5]。用于硅退火的典型超净室设备仅能达到 1250℃，因此需要专门的非标准设备来进行 SiC 注入掺杂剂的激活。

如前所述，由于非常小的扩散系数，N、P 和 Al 等掺杂分布在高温退火期间表现出非常小的扩散，仍会保持注入时的分布，并且通过注入引起的缺陷对杂质扩散的任何增强都可以忽略不计。SiC 中杂质扩散很困难，相对容易形成浅结，而很难形成深结。然而，注入硼原子在激活退火过程中显示出显著的外扩散和内扩散[6]。

在这样高的 PIA 温度下，SiC 晶体表面由于 Si 的外扩散而分解。因此，需要特定的解决方案来允许对 SiC 注入进行高温退火，同时抑制 Si 外扩散（参见 7.6 节）。更高的退火温度会导致扩展缺陷，例如位错环，类似于硅注入的末端缺陷[7]。

在 20 世纪 90 年代中期，氮注入和激活以产生 n 型区已得到很好的优化，并且获得了高达 $3\times10^{19}\mathrm{cm}^{-3}$ 的激活浓度，相应的薄层电阻为 300~500Ω/□[8]。磷可用于将掺杂范围扩大十倍（远高于 $3\times10^{19}\mathrm{cm}^{-3}$ 的施主浓度，这对应于氮的"固溶度"⊖极限[9]），并在相同的注入深度下导致较低的薄层电阻，后面会详细介绍。

在过去的几十年中，p 型选择性掺杂一直是一个研究领域。两种常见的 p 型掺杂剂铝和硼产生相对较深的受主能级，但通常使用铝，因为它的电离能较小。与氮相比，Al 注入的一个固有困难是，Al 原子较重，可以同时替位 Si 和 C

⊖ 此处和本书其余部分提到的值是对应于注入层的电学和光学性质的严重变化的值，而不是所涉及物质的替位结合和沉淀形成的限制——作者注。

原子，而氮主要替位 C 原子。因此，更难以恢复晶体质量并适当地激活 Al 注入层。高 Al 剂量注入层的薄层电阻通常超过 1kΩ/□。

已经达成共识[8]，在适当的注入条件下，对于高达 $3×10^{19}cm^{-3}$ 浓度的 N 和 Al，基本可以 100% 的激活，对于 P，相应的浓度可以达到 $1×10^{20}cm^{-3}$。

7.3.6 SiC 器件要求

对于 SiC 功率器件制造，需要几种注入方案。其中 4 个最常用[8]：

1）在大多数功率器件中，需要低剂量（$1×10^{13}cm^{-2}$）和深（25~400keV）铝注入来形成结终端扩展（JTE）。

2）用于形成 MOSFET 以及 CMOS 集成中 MOS 沟道的 p 阱的中等剂量（$1×10^{14}cm^{-2}$）和深（25~400keV）铝注入。

3）JBS 和 pin 二极管、双极晶体管、功率 MOSFET 等器件中用于 p 型欧姆接触的高剂量（$1×10^{15}cm^{-2}$）和薄（25~150keV）铝注入。

4）用于大多数功率器件或传感器的 n 型欧姆接触的高剂量（$1×10^{15}cm^{-2}$）和薄（25~150keV）氮或磷注入。

还有其他更具体的需求需要更复杂的工艺，例如：

1）用于沟槽 JFET 栅极侧向掺杂的高剂量（$1×10^{15}cm^{-2}$）和薄（25~150keV）高角度（30°~45°）铝注入。

2）用于沟槽 MOSFET，超结 FET、JFET 等低损伤埋层形成（随后进行再外延工艺）的高剂量（$1×10^{15}cm^{-2}$）和深（25~400keV）铝注入。

3）对直接掩埋层的形成具有低损伤的高剂量（$1×10^{15}cm^{-2}$）和非常深（1~2MeV）的铝注入。

上述注入条件也适用于辐照探测器、生物传感器和集成电路制造。

7.3.7 其他 SiC 注入评论

可以根据已发表的一系列关于 3C-SiC、4H-SiC 和 6H-SiC 中离子损伤形成和积累的综述[5,8,10,11]，对该主题进行深入研究。

下面讨论 SiC 离子注入的主要结果和关键问题。

7.4 n 型掺杂

7.4.1 n-掺杂原子

氮和磷两种原子因为激活能相对较低已被广泛研究用于 SiC 的 n 型掺杂（见表 7.2）[11]。

表7.2 6H-SiC 和 4H-SiC 中主要施主杂质的激活能

多型	杂质	六方形格点的激活能/meV	立方格点的激活能/meV
6H-SiC	氮	85	140
	磷	80	110
4H-SiC	氮	50	92
	磷	53	93

最初，只有氮用于 n 型掺杂，特别是在外延生长过程中的原位掺杂。然而，即使 PIA 温度很高（≥1600℃）和原子浓度超过 $1\times10^{20}\mathrm{cm}^{-3}$，N 注入形成的 n^+ 层中的自由电子浓度仍然顶多达到 $\sim3\times10^{19}\mathrm{cm}^{-3}$，相应的薄层电阻为 300~500Ω/□。事实上，N^+ 注入 SiC 的最低电阻为 290Ω/□，对应的电阻率为 14.5mΩ·cm（700℃注入和1600℃退火，深度为 0.5μm，剂量为 $2.7\times10^{15}\mathrm{cm}^{-2}$）[12]。自由电子浓度和电阻的饱和可能是由于上述 N 在 SiC 中的低固溶度限制。Schmid 等人[13]认为饱和是由电中性复合缺陷的形成引起的，该复合物是在退火过程中形成的，是注入的 N 施主强烈失活的原因。

最近，越来越多地使用磷，特别是用于 MOSFET 晶体管制造，以降低注入层电阻。对 P 在 SiC 中的低固溶度的初步估计滞后了对该原子注入的研究。然而，正如理论上表明的那样[9]，磷离子（P^+）注入可用于将掺杂范围扩大10倍，即远高于 $3\times10^{19}\mathrm{cm}^{-3}$ 激活（即替位式）的 n 型掺杂浓度，这是氮的自由电子浓度极限。已经在 P^+ 注入的 4H-SiC（0001）上实现了较低的薄层电阻 29Ω/□，对应于 2.3mΩ·cm 的电阻率（在800℃下注入并在1700℃下退火；注入深度为 0.8μm，总注入剂量为 $1.4\times10^{16}\mathrm{cm}^{-2}$）[13]。因此，在高温（高于200℃）下进行高剂量 P^+ 注入随后在1600℃以上的高温下退火可有效地将薄层电阻降低到与氮注入相比更低的值，并且它通常是该浓度范围的首选掺杂剂。

最初的研究表明，N 掺杂原子取代了晶格中的 C，而 P 原子取代了 Si[14]。因此，N 和 P 的共注入被认为是降低薄层电阻的有效方法，尤其是在高掺杂范围内[15]。例如，对于 $7\times10^{14}\mathrm{cm}^{-2}$ 的总剂量，P、N 和 P+N 注入的霍尔测量的激活率分别为 57%、63% 和 86%。相应的薄层电阻为 940Ω/□、830Ω/□ 和 530Ω/□。因此，所得电阻率值（材料电阻率和欧姆接触电阻率）对于共同注入的 P+N 样品来说更好。霍尔迁移率也表现出不同的行为，我们可以从图 7.6 中推断出，P+N 注入样品迁移率更高，尤其是在低温下。在低于 200K 的温度下迁移率的降低由电离杂质散射所致，高温时迁移率由声学声子驱动。尽管有这些好处，但这种 N 和 P 共注入技术的缺点是工艺更复杂且成本更高。

在最近的一项研究[16]中，在半绝缘 4H-SiC 衬底中进行 P 注入，在1650℃

退火后电激活率为88%~98%，迁移率的值与外延层相当（见图7.6b）。

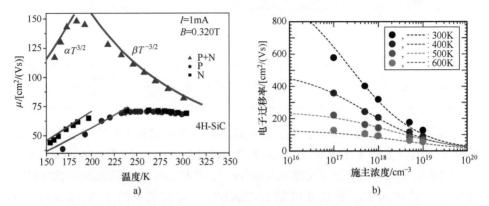

图7.6 图a为注入N、P和共同注入N+P样品霍尔迁移率随温度变化规律的比较[15]，图b为几个温度下测量的半绝缘SiC中P$^+$注入层的载流子迁移率对掺杂浓度的依赖性，实心圆为测试结果，虚线为外延层数据的拟合曲线[16]
（授权使用，© 2017 the Japan Society of Applied Physics）

最后，应该注意的是，对于SiC的氮和磷离子注入，平均注入深度（R_p）和偏差（ΔR_p）随注入能量的变化没有明显差异（见图7.7）[8]，唯一一点是，对于所有注入能量，P的R_p低10%。

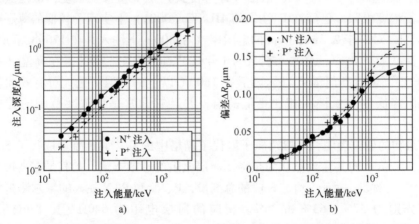

图7.7 SiC中氮和磷离子注入的（图a）平均注入深度（R_p）和（图b）偏差（ΔR_p）随注入能量的变化[8]（授权使用，© 2014 John Wiley & Sons Singapore Pte. Ltd.）

7.4.2 n型注入过程中的加热

当注入剂量相对较低（<3×10^{14}cm^{-2}）时，无论注入种类（N$^+$或P$^+$）或注入

温度［RT（室温）或500℃］如何，薄层电阻都没有明显差异（见图7.8）[8]。

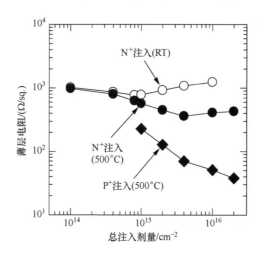

图7.8 注入氮或磷的4H-SiC（0001）的薄层电阻与总注入剂量的关系，在RT或500℃下进行多步注入以形成200nm深的盒型分布并进行了1700℃下30min的PIA[8]（授权使用，© 2014 John Wiley & Sons Singapore Pte. Ltd.）

当注入剂量变高（>10^{15} cm^{-2}）时，情况发生了显著变化，室温（RT）注入和热注入时，氮注入和磷注入均观察到了显著差异（见图7.8）。室温注入时，薄层电阻在注入剂量为（0.7~1）×10^{15} cm^{-2} 时呈现最小值，并且随着注入剂量的进一步增加而增加。在这个高剂量区，室温注入引起的晶格损伤非常严重，以至于注入区在激活退火后包含高密度的堆垛层错和3C-SiC晶粒[8]。另一方面，观察到热注入的薄层电阻持续降低。如前所述，氮注入区的薄层电阻几乎在300Ω/□饱和，这可能受到SiC中氮原子固溶度相对较低的限制（见图7.8）。由于磷具有较高的固溶度，因此热注入磷可以获得30~50Ω/□的低得多的薄层电阻。

较新的实验结果证实了这些发现，并表明P注入样品电阻率可以做到（~1mΩ·cm）[17]。

7.5 p型掺杂

7.5.1 p型掺杂剂

铝是用于SiC外延和离子注入的主要受主。硼也已被研究过，但如下所述，硼注入和PIA会导致一些不希望的现象发生，因而通常不用于工业中的器件制造。

注入深度取决于原子性质。硼是最轻的一种，对于给定的注入能量，它通常达到铝原子深度的 2~3 倍（见图 7.9）。

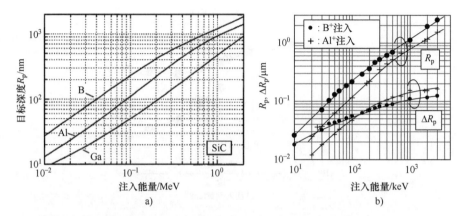

图 7.9　a）计算的 4H/6H-SiC 中注入 B、Al 和 Ga 的深度随注入能量的变化[6]
b）实验铝和硼的 R_p 和 ΔR_p 随注入能量的变化[8]

（已授权使用，© 2014 John Wiley & Sons Singapore Pte. Ltd.）

由于 Al 和 B 都具有高电离能和深能级，因而无法轻易实现低薄层电阻的 p 型层。实际中，高剂量注入的同时，获得合理深度、良好的电激活和高水平的空穴迁移率非常必要，而这是一个非常难以实现的折中方案，并且通常的薄层电阻值远远超过 $1k\Omega/\square$。

7.5.2　P 型掺杂原子的扩散

正如在氮或磷离子注入中发现的那样，即使在 1600~1700℃ 的高温退火之后，注入铝原子的扩散也非常小。

然而，注入硼原子在（注入后）激活退火期间显示出显著的外扩散和内扩散[6]，尤其是在高注入剂量下。由于外扩散，会导致部分注入的硼原子丢失，而内扩散则会使结深比设计值偏大。

这在图 7.10[18] 所示的 SIMS 测量中得到了证明，在 1500℃ 第一次退火后，硼的分布几乎与注入的相同。但是在 1700℃ 进行第二次退火后，掺杂分布出现强烈失真，而且对于 $2.5\times10^{13}cm^{-2}$ 的注入剂量，剂量损失 32%，对于初始剂量 $2.5\times10^{15}cm^{-2}$，损失则达到 76%。人们普遍认为，注入损伤增强的硼原子扩散是通过踢出机制实现的[19]。通过注入产生的硼间隙原子具有很大的扩散系数，并且在 1500℃ 时就可以扩散。在硼掺杂的外延层中也观察到损伤增强的扩散。因此，硼不是器件开发的好选择。

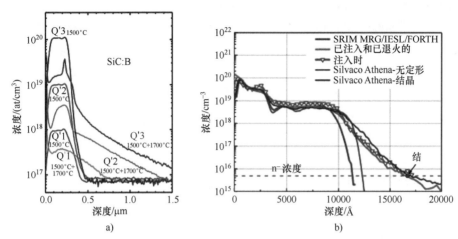

图 7.10 a) 三种不同注入剂量：Q1：$2.5\times10^{13}\,cm^{-2}$、Q2：$2.5\times10^{14}\,cm^{-2}$、Q3：$2.5\times10^{15}\,cm^{-2}$ 的硼注入 6H-SiC 样品在 1500℃ 和 1700℃ 退火后的实验 SIMS 曲线[18]。b) 总剂量为 $1.58\times10^{15}\,cm^{-2}$、400℃ 多步铝注入及注入后 1750℃ 退火的 4H-SiC 样品的实验和模拟 SIMS 曲线（授权使用，由 FORTH 提供）（见彩插）

7.5.3 铝掺杂

铝注入的 SiC 层表现出比 B 注入更低的电阻值（见图 7.11）[8]。对于 4H[20] 和 6H[21] 多型体，针对 1600~1700℃ 范围内的注入后退火优化了注入铝激活，但仅使用了低浓度（$<10^{19}\,cm^{-3}$），这导致层电阻率总是大于 $0.5\Omega\cdot cm$[22]。通过采用高剂量注入（$3.0\times10^{16}\,cm^{-2}$），然后在 1800℃ 下进行 1min 的 RTA，薄层

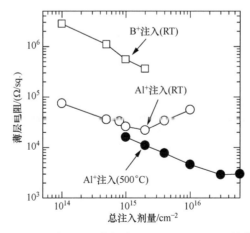

图 7.11 在 1800℃ 下退火 30min 的铝注入 4H-SiC（0001）的薄层电阻与注入总剂量的关系[8]（授权使用，© 2014 John Wiley & Sons Singapore Pte. Ltd.）

电阻可以降低到2.3kΩ/□（对应的电阻率为46mΩ·cm）[15]。

在高于2000℃的温度下使用微波感应加热（参见7.6节）导致薄层电阻下降到0.8kΩ/□（电阻率为25mΩ·cm），同时保持非常低的表面粗糙度[23]。通过在高于1950℃的温度下对具有重Al^+注入浓度（$>1\times10^{20}cm^{-3}$）的样品进行感应退火获得了相同的值，并使薄层电阻下降到1kΩ/□（电阻率为30mΩ·cm），同时保持非常低的表面粗糙度（<2 nm）[24]。

然而，由于铝原子的尺寸很大，高浓度（$>1\times10^{19}cm^{-3}$）的铝掺杂剂会导致沿c轴的晶格应力。对于非常高（$>1\times10^{20}cm^{-3}$）的浓度，该应力可以通过位错的形成来松弛。因此，通过高Al剂量注入获得低电阻率并具有可接受的晶体质量的工艺条件优化是非常难的（参见下面关于晶体质量的讨论）。

7.5.4　加热注入

在20世纪90年代，许多研究小组[25]一致认为500~700℃之间的温度范围是铝注入过程中的最佳SiC衬底温度。相应的物理解释是Al-Si共晶（577℃）和金属Al的熔点（660℃）在这个范围内。必须避免在较高温度下注入，因为它会导致形成Al和Si的合金。

然而，已经证明在高于500℃的注入过程中会形成扩展缺陷[26]。出于这个原因，大多数小组不会在高于500℃的温度下进行热注入，以排除通过注入后退火无法恢复的缺陷的形成。然而，在注入铝的情况下，对于高于$1\times10^{14}cm^{-2}$的剂量，在注入过程中加热到300℃以上是必要的，以避免在退火过程中无法轻易恢复的显著损伤，而对于B该极限为$5\times10^{14}cm^{-2}$[27]。

请注意，对于室温注入，非晶化极限对应的注入剂量更高（$1\times10^{15}cm^{-2}$用于100keV Al^+离子注入[28]），但为了安全起见，必须使用更低的剂量。

上述关于最佳Al注入温度在400~500℃范围内的结论，已被新结果[29]证实，该结果显示薄层电阻随注入温度而变化（见图7.12）。在同一研究中，通过传输线法（TLM）测量的薄层电阻（R_{sh}）和比接触电阻（R_c）已针对热铝注入和碳/铝共注入进行了比较。实际上，已经认为C^+共注入提高了Al原子占据Si子晶格位置的概率或减少了注入引起的缺陷的数量。然而，这一假设尚未得到实验数据的证实，以表明添加C^+离子会不会产生更好的电阻率值（见图7.12b）。

其他小组[28,30]在最佳注入温度方面也得出了类似的结论（见图7.12c）。此外，对于在600℃下注入并在1650℃以上进行注入后退火的样品，通过AFM观察到了孔洞的形成，表明结构缺陷的扩展[30]。

因此，在Al注入期间，最佳衬底温度在350~500℃之间。

第 7 章 碳化硅离子注入掺杂

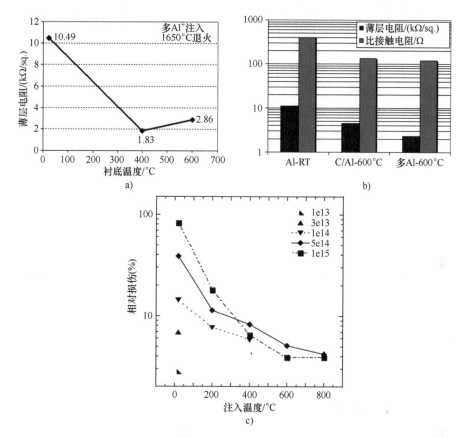

图 7.12 注入铝的 4H-SiC 层的表征 a) R_{sh} 随注入温度的变化 b) 不同注入条件下的 R_{sh} 和 R_c 测量值[29] c) 不同剂量下的相对损伤随注入温度的变化，相对损伤指的是注入深度范围附近的非晶化程度，其中 100 指完全非晶化[28]

（已经 Elsevier 授权使用，© 2016）

7.6 注入后退火

为了有效地电激活和恢复晶体质量，需要超过 1500℃ 的注入后退火温度。氮将占据碳位置，而铝将驻留在硅位置。因此，用氮掺杂相对容易，因为碳空位的形成能远低于硅空位的形成能（分别为 5 和 8eV）[28]。然后可以在大约 1600℃ 的温度下实现施主掺杂的完全激活，而受主掺杂需要更高的温度才能达到完全激活，特别是对于更高剂量的注入[8]。为了在超过 1500℃ 的温度下进行热退火，不能使用硅工艺中使用的典型熔炉，并且已经开发了专用设备。

SiC PIA 最常用的方法是在常压氩气环境中或在高真空中进行的高温热退火。

在这些高温注入后退火中，会发生 Si 外扩散，导致表面粗糙度（阶梯聚束）。事实上，所用晶圆的偏轴取向会产生高表面能，而硅蒸发有助于通过表面重建来最小化这种能量，后者导致阶梯聚束。为解决这个问题，付出了巨大的努力。

已经测试了各种方法来优化 SiC 注入后退火，例如：
1) 常压 Ar 环境中的热退火或高真空中的热退火。
2) 使用 SiH_4/Ar 环境的硅过压热退火。
3) 带帽层的热退火。
4) 微波感应热退火。
5) 激光退火。

7.6.1 快速热退火

由于各种原因，最初在 SiC PIA 上的努力一直致力于快速热退火（RTA）系统。4H-SiC 和 6H-SiC 样品需要非常高的升温速率来保护多型体免受立方夹杂物的影响，立方夹杂物可能在低温固相外延过程中产生。此外，在许多 RTA 处理系统中，整个晶圆的温度均匀性非常好，从而降低了可能使晶圆翘曲的热梯度。

由于加热速率非常高（>10℃/s）[31]，RF 感应 RTA 炉也已用于初步研究。实际上，高加热（加速）速率可以获得更好的激活。正如 R. Nipoti[31] 的综述文章中所解释的，加热速率会影响表面粗糙度和薄层电阻，以及离子注入层上形成的 SiC 二极管的电流-电压特性。与 250℃/min 的加热速率相比，1000℃/min 的加热速率获得了更好的激活[32]。然而，关于加热速率对注入晶体质量的影响，目前还没有一个确定的结论。

使用超快速 RTA 或闪光灯[33] 对注入的 SiC 薄膜进行非常短时间的退火会使得注入杂质的激活增加。此外，通过使用短时间退火技术，可以在没有任何其他预防措施的情况下使温度高于 Si 升华温度。事实上，闪光灯 RTA 技术的主要优点是表面形态，因为较短的处理时间可防止硅蒸发和阶梯聚束形成。总过程时间不会比其他情况短很多，因为每个加热步骤在 1700℃ 下的持续时间不能超过 1min，否则很可能会损坏设备。因此，对于 5min 的总退火时间，必须执行多次升温和降温。而且，这种设备只能容纳一个晶圆，并且经过一系列高温退火后非常脆弱。此外，随着 C-帽层的采用和随后的 SiC 表面粗糙化抑制，RTA 技术的主要优势的独特性不再存在。由于上述原因，目前只有少数研究小组仍在使用这种设备进行 SiC 注入后退火。

尽管在短时间退火的情况下杂质激活增加，但退火样品的电阻仍然很高，这可能是因为需要更长的总退火时间才能消除电活性缺陷。

7.6.2 超高温常规退火（CA）和微波退火（MWA）

最近的研究表明，通过采用射频感应常规退火（CA）或微波（1GHz）感应退火，在退火温度超过 1800℃ 的情况下，可以获得低的薄层电阻值和令人满意的载流子迁移率[23,34]。SiC 具有很强的微波吸收能力，因此，SiC MWA 为高达 2100℃ 的退火温度提供了超快的升温速率（>1000℃/s）。使用时，将 SiC 样品放置在微波透明的容器中，微波完全被 SiC 样品吸收，使得 SiC 在不加热周围环境的情况下快速升温和冷却，这样可以大大降低冷却阶段的热惯性。

对于重掺杂铝注入层[36]，常规退火（1800℃[35]）以及 2000℃ 和 2100℃ 的微波退火[23]都获得了创纪录的薄层电阻和空穴浓度。图 7.13a 和 7.13b 显示了注入铝的 4H-SiC 样品在 2000℃ 下 MWA 30s 后的空穴浓度和薄层电阻/电阻率，具体取决于注入剂量。图中样品经 CA 后的数据用来作为对比。

此外，Al 掺杂浓度高于 $3\times10^{20}\,\text{cm}^{-3}$ 时，会形成一个杂质能带，使得 p 型电阻率和空穴迁移率（见图 7.13c）显示出微弱的温度依赖性，这保证了 p 型 SiC 材料在 RT 附近较大温度范围内具有稳定的传输特性[36,37]。

更长的退火时间（45min 而不是 5min）进一步降低了注入层电阻并提高了空穴迁移率[38]。然而，其他结果表明，在高温（1800℃）下长时间退火（15min 与 5min 相比）会降低结晶度[39]。还要注意极高 Al 浓度时空穴迁移率异常的温度依赖性（见图 7.13c），这可能是由于通过带内杂质能级的传导所导致的[36]。

另一方面，最近的结果[16]表明，Al⁺注入层在 1650℃ 下的 PIA 足以获得与外延层相似的高杂质激活和电特性（见图 7.13d），并且并不需要极高的退火温度。

最后，根据参考文献 [40]，如果退火温度超过 1800℃，冷却速率在 C 空位的形成中起着重要作用。C 空位已被确定为所谓的 $Z_{1/2}$ 中心的来源，这是 n 型 4H-SiC 中的主要深能级缺陷，该缺陷的影响之一是降低载流子寿命。需要缓慢的冷却速度（0.25℃/s）来减少 C 空位的形成。实际上，目前致力于确定注入后退火温度和冷却速率的最佳折中，以最大化杂质激活并保持低电活性缺陷浓度。

7.6.3 激光退火

激光退火现在用于 4H-SiC 器件的背面欧姆接触形成。然而，这种技术也可以用更高的功率来退火半导体晶体。它还被用作经典热退火工艺的替代方法，用于激活 SiC 中的离子注入杂质[41,42]。为了达到所需的晶体表面温度，必须使用脉冲准分子激光束。关键因素是脉冲持续时间（纳秒）和扫描速率，以限制

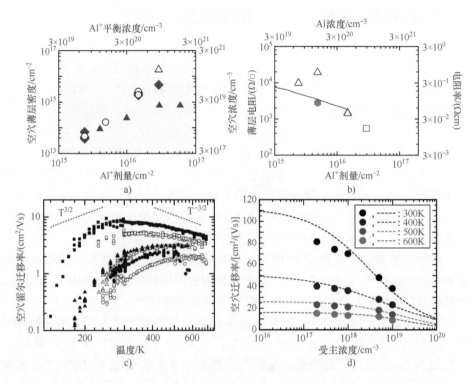

图 7.13 Al 注入 4H-SiC 样品经过 2000℃ 和 2100℃ MWA 30s 后的空穴浓度（图 a）和（图 b）薄层电阻/电阻率随注入剂量的变化，其中 2000℃ 的数据对应图 a 中的圆圈和图 b 中的三角形，2100℃ 的数据对应图 a 中的三角形和图 b 中的正方形；图 a 中的空心和实心符号分别对应于 $r_H = 1$ 和 $r_H = 0.77$ 获得的数据；CA 之后的样品数据以菱形和六边形进行比较；作为对比，图 b 中还给出了完全激活的 R_{sh} 曲线和与外延 p 型 4H-SiC 相等的迁移率[23] 图 c 为注铝 4H-SiC 样品中空穴迁移率随温度的变化，其中实心符号对应 1950℃ 下 CA 5min，空心符号对应 2000℃ 下 MWA 30s 后；注入的 Al 浓度分别为 $1.5 \times 10^{20} cm^{-3}$（正方形）、$3 \times 10^{20} cm^{-3}$（三角形）和 $5 \times 10^{20} cm^{-3}$（圆形）[37] 图 d 为不同温度下测量的半绝缘 4H-SiC 衬底上的注 Al^+ 层的空穴迁移率（圆圈）和外延层数据的拟合曲线（虚线）[16]（授权使用，© 2017 the Japan Society of Applied Physics）

能量吸收到近表面区域，从而将衬底保持在较低温度。在 C. Dutto 等人[41] 的工作中，Al 注入退火采用宽度为 200ns 的单脉冲激光进行。当注入剂量高于非晶化极限（$>1 \times 10^{15} cm^{-2}$）时，激光退火无法使晶体结构恢复，再结晶后形成柱状结构[42]。对于低于非晶化极限的剂量，激光退火工艺可以有效地抑制注入诱导的结构缺陷。相对于标准热退火，激光退火后 Al 分布曲线没有改变（没有观察到扩散）。

7.6.4 其他技术

PIA 还出现了其他技术,例如热等离子喷射退火[43]。这种基于电弧 Ar 等离子蒸气的方法可以精确控制加热和冷却阶段。通过采用这种方法,磷注入总剂量为 $1×10^{16} cm^{-2}$ 的样品在 1650℃ 下不到 20s 的退火时间内,可以获得最大载流子浓度为 $2×10^{20} cm^{-3}$ 的盒型分布[44],激活率为 40%。

7.6.5 铝注入后退火的优化

尽管快速热退火具有上述固有优势,但许多团体(尤其是工业团体)使用专用电阻加热炉(例如参见参考文献 [45]),加热速率在 20~150℃/min 范围内(最高 250℃/min)[⊖]照样获得了类似的杂质激活。这种加热炉的主要优点是可以获得大衬底的温度均匀性,并且可以同时处理多个晶圆,这是射频感应炉和微波退火无法做到的。事实上,加热晶圆支架中的不均匀温度是射频/微波加热技术的一个常见缺点,并且经常观察到沿 3~5cm 半径的 50℃ 温度梯度。

在这些工业炉中对 Al^+ 注入层进行注入后退火[46]表明:①高升温速率可以降低表面粗糙度;②低升温速率可以获得更好的杂质激活;③较短的处理时间可以获得更好的表面粗糙度和杂质激活;④较慢的冷却会部分消除碳空位。典型的升温和降温速率分别为 100℃/min 和 30℃/min。对于高于 1700℃ 和极高浓度($>1×10^{20} cm^{-3}$)的注入后退火,退火的典型持续时间为 30min,以保证杂质激活达到饱和。然而,根据参考文献 [46],对于高于 1750℃ 的温度,超过 15min 的退火不会明显改变激活率,但却可能会影响表面粗糙度。最后,随退火温度达到 1950℃,薄层电阻值不断降低,并且直到 2050℃,激活率一直增加,但同时迁移率有所降低。无论如何,激活受主浓度的变化比空穴迁移率的变化更重要,因此优化前者对于获得低薄层电阻值更重要。在 1850℃ 和 1950℃ 之间的某个地方,表面粗糙度似乎变得更强。因此,1750~1800℃ 的退火温度是上述所有因素的最佳折中方案。

7.6.6 表面粗糙度

表面粗糙度取决于注入条件(注入原子、注入温度、剂量),但更主要的是由注入后退火条件确定。一般来说,在超过 1400℃ 的温度下使用热退火工艺已被证明是有问题的,因为 Si 从 SiC 表面向外扩散,这会导致阶梯聚束[47](见图 7.14)。

⊖ 此加热速率对于电阻加热设备来说是很难的,因为通常的设置只能提供大约 15℃/min 的加热速率。据 Centrotherm 的工程师称,他们的熔炉使用特殊的大功率电源,能够在短时间内提供全部电力。

 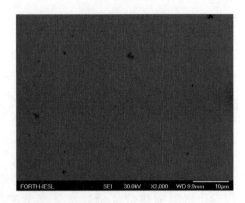

图 7.14　没有 C 帽层（左）和有 C 帽层（右）两个注入后退火样品的 SEM 照片（由 FORTH 提供）

还注意到表面粗糙度随着退火时间和温度的增加而增加[47]。如果没有提供富含硅和碳的适当的环境和配置，空间热变化以及高温退火会导致 SiC "腐蚀"。如前所述，硅在常压 1300℃ 以上时会挥发，导致 SiC 表面发生重要的阶梯聚束。对于磷和氮的注入，注入和退火温度对 RMS 粗糙度的影响如图 7.15[48]所示。可以清楚地看到在 1600℃ 退火后粗糙度显著增加，而且，高于该温度时，粗糙度还会随着退火时间的增加而增加。

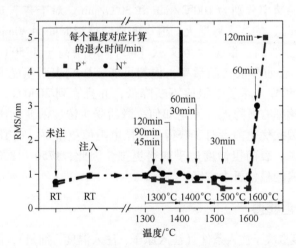

图 7.15　通过 AFM 测量的磷和氮注入样品 RMS 粗糙度随退火温度和时间的关系[48]

7.6.7　帽层

为了减少 Si 升华和相关的粗糙度，Jones 等人[49]建议在高达 1600℃ 的温度下激活 n 型掺杂期间使用 AlN 帽层。然而，在高于 1600℃ 的温度下，AlN 开始降解而不再有效。此外，AlN 可以通过 KOH 选择性地腐蚀，但这种后处理可能会损坏 SiC 表面，尤其是在缺陷边缘处。

然后，作为替代方案，各个团队开发了一种基于石墨状帽层的帽层工艺[50,51]，碳帽层（C-cap）是目前应用最广泛的方法。在大多数情况下，C 帽层是通过在 800℃ 左右的温度下加热标准光刻胶（如 AZ 5214E）形成的。工业环境中有时会使用更高的温度，因为它可以最大限度地减少熔炉和排气管的污染。出于同样的原因（减少污染），一些团队使用溅射碳代替光刻胶。在 PIA 之后，通过各种氧处理方法（氧气 RIE、800~900℃ 的干氧氧化或使用等离子灰化器在氧气氛中加热到 800℃）去除 C 帽。根据参考文献［50］的研究，热氧化在表面保护方面效果最好。C 帽层的使用也有利于避免在注入后退火期间掺杂剂向外扩散，这对 B 很重要，对 Al 而言重要程度较小一点。

7.6.8 电激活

离子注入的 SiC 可以通过在 1500℃ 或更高温度下进行 30min 左右的退火来有效激活，随着注入后退火温度的升高，激活率更高[52]（见图 7.16~图 7.18）。请注意，将退火温度仅仅提高 50℃ 就会极大地增加激活率（例如，对于注入 Al 层而言，1500℃ 时激活率只有 ≈10%，而 1550℃ 时则可以达到 78%）。根据参考文献［53］，注入 Al 浓度为 $5×10^{18}cm^{-3}$ 时，1500~1700℃ 温度下退火 30min 会使得 Al 受主完全激活，而对于 $5×10^{19}cm^{-3}$ 的 Al 浓度，则需要更高的退火温度。还发现杂质补偿会随着退火温度的升高而降低[54]，因此，随着 PIA 温度的升高，电激活变得更加有效。也可以推断，注入 B 的激活需要比 Al 更高的温度。

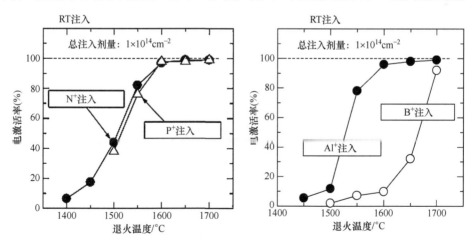

图 7.16　氮或磷（左）以及铝或硼（右）注入的 SiC 中激活率对退火温度的依赖性。室温注入（总注入剂量为 $1×10^{14}cm^{-2}$，多步注入形成 400nm 深的盒型分布）[8]

（授权使用，© 2014 John Wiley & Sons Singapore Pte. Ltd.）

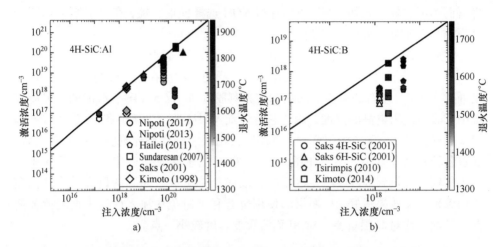

图7.17 实验研究中不同退火温度的（图a）Al和（图b）B受主浓度随注入浓度的变化，线条代表100%激活[55]（授权使用）

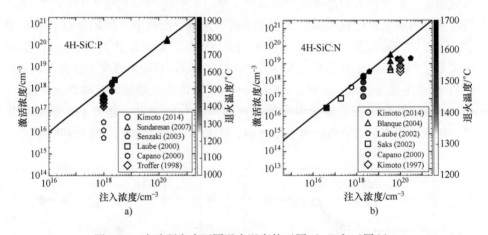

图7.18 实验研究中不同退火温度的（图a）P和（图b）N施主浓度随注入浓度的变化[55]

请注意，即使在高温（300~800℃）下进行注入，退火温度也不能降低很多。

在参考文献[55]中，已根据4种主要杂质（Al、B、N、P）的激活率对参考书目中报告的结果进行了分析，图7.17和7.18给出了总结情况。

上述分析考虑了激活的平衡状态（稳态激活），假设退火时间足以对给定注入掺杂浓度和退火温度产生最充分的电激活。在各种研究中报告的时间相关（即瞬态）行为也得到了分析，对Al和P研究得很透彻，而对B和N研究得少一些[56,57]。图7.19总结了Al和P的注入后退火瞬态行为的报告结果。对于低于1400℃的退火温度，掺杂激活的时间常数大约为几个小时，而随着退火温度的升高，该时间常数显著降低。参考文献［57］中报告了B的类似曲线，然而，只有一项关于N的激活动力学的研究[15]。

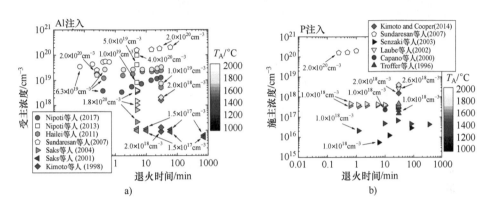

图7.19 实验研究中不同总浓度和退火温度下（图a）Al受主和（图b）P施主浓度随退火时间变化，图中的文字和箭头指的是相应数据的总注入浓度[56]（经AIP出版社授权使用）

4种主要掺杂剂（P、N、Al、B）的瞬态行为的经验模型已在参考文献［55-57］中提出，用于确定最佳注入后退火。

7.7 晶体质量和电活性缺陷

正如已经提到的，完全恢复高剂量注入SiC层的晶体质量非常困难，甚至不可能。通常，当Al和N浓度分别高于$8\times10^{18}cm^{-3}$和$2\times10^{19}cm^{-3}$时，点缺陷在TEM照片中很明显[58,59]。在更高浓度（Al和N分别高于$3\times10^{19}cm^{-3}$和$1\times10^{20}cm^{-3}$）下，这些点缺陷聚集并形成沉积物（见图7.20）。通过TEM研究还表明，注入层中存在局部应力。

此外，对于高Al离子通量（$5.9\times10^{12}Al^{+}cm^{-2}s^{-1}$）和低注入温度（180℃），一些研究[60]还发现了小至2nm的扩展缺陷。

晶体结构中的点缺陷（空位和间隙）以及扩展缺陷可以是电活性的，例如，当掺杂浓度增加时，6H-SiC中N^+离子的激活率变差与在注入层中形成了高密度沉积物有关[58]。

尽管在高温退火样品中仍然可以发现许多点缺陷，例如通过电学方法，如深能级瞬态谱（DLTS）[28]，注入后退火的确可以充分降低点缺陷浓度。这些缺陷的浓度可能在$1\times10^{15}cm^{-3}$量级，它们可能会降低载流子寿命，增加反向偏压

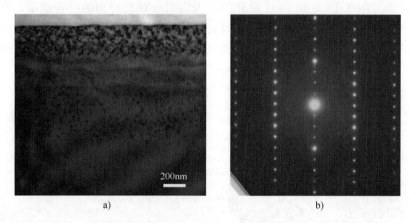

图 7.20 注入总剂量为 $1.58\times10^{15}\,\text{cm}^{-2}$ 的 400℃ 多步 Al 注入并经 1750℃ 注入后退火的 4H-SiC 样品的剖面 TEM 照片（图 a）和相应的电子衍射图（图 b）（由来自 AUTH-Greece 的 N. Frangis 教授提供）

下的漏电流，降低注入效率和增加正向偏压下的电压降[28]。

对于 SiC，出现的两个主要电活性能级 $Z_{1/2}$ 和 $EH_{6/7}$，是离子注入时点缺陷产生的结果。参考文献 [5] 证明了 $Z_{1/2}$ 能级 [源自寿命杀手碳空位（V_C）] 浓度与注入剂量几乎呈线性关系。

显然，对于所有注入杂质，都存在 $Z_{1/2}$ 能级（见图 7.21）[61]。由于 $Z_{1/2}$ 中心和许多其他深能级是热稳定的，因此需要高温（>1400℃）退火以降低该缺陷的密度。

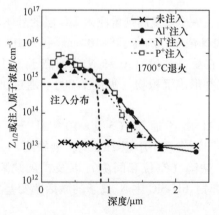

图 7.21 4H-SiC 中 $Z_{1/2}$ 中心浓度随深度的变化[61]

此外，最近的结果[62,40]表明，提高注入后退火温度有利于结晶质量，但另一方面会增加晶体中 $Z_{1/2}$ 和 V_C 的浓度。缓慢冷却会降低 V_C 的密度，并且必须采用低于 15℃/min 的降温速率。因此，需要对注入后退火温度进行仔细和精准优化，以将这些缺陷浓度降至最低。

上述讨论清楚地表明了为什么通过离子注入形成的 pn 结比外延 pn 结具有更高的导通电阻和更快的开关速度（更短的载流子寿命）[61]。

7.8 通道效应和杂散效应

通道效应通常是一种不希望的效应，常常会产生"随机"注入。当离子束相对于晶面的方向使得注入的离子经历与在具有相同化学成分的材料（而不是无定形结构）中相同数量的能量损失和碰撞时，则认为注入过程是"随机的"。尽管晶体的任何方向都有可能发生随机注入，但总会存在散射的某些高能离子以非零概率沿主轴或其平行方向运动，从而产生通道轨迹。

通道效应取决于晶体结构和注入原子的大小。如果沿低指数晶向进行注入，则会产生离子通道，从而导致更深的掺杂原子渗透和更少的缺陷产生[2,47]。离子越小，剂量越小，通道效应就越显著。

对于大剂量，必须考虑损伤累积，因为它会导致通道被去除。而且，还必须考虑热振动才能对通道离子行为进行正确建模。对于小剂量注入或大剂量注入的第一阶段，热振动是主要的去通道物理机制，因此它们会影响注入离子的最终分布。

如 7.2 节所述，通道效应具有特殊优势，例如可以达到大深度并同时减少替位原子的数量。因此，通道效应可用于为高压应用形成深结，并且结处缺陷相对较少。

7.8.1 SiC 晶体中的通道效应

多年来，对于偏向<11$\bar{2}$0>8°的偏轴 4H-SiC 晶圆，通道效应不被认为是一个问题，其中离子束垂直于晶圆表面的注入过程被认为实际上等同于在一个正轴衬底上进行倾斜（随机）注入[63]。

然而，许多 SIMS 测量研究，特别是对铝注入 SiC 样品的研究表明，均观察到了通道效应的痕迹（见图 7.22）[63,64]。根据参考文献 [65]，由于晶体结构的差异和 SiC 较高的原子密度，SiC 中的通道效应甚至比 Si 中更强。实际上，与 Si 相比，SiC 更高（×2）的原子密度增加了离子通过晶体通道的"引导"效率。换句话说，通道壁更密集，因而可以更有效地引导注入离子。此外，六方结构意味着通道平面每隔 30°出现一次，而在立方晶体中它们每隔 45°出现一次。

在4H-SiC的注入方面，小剂量注入时已经观察到沿［0001］、［11$\bar{2}$3］和［11$\bar{2}$0］晶向明显的通道效应[63]。

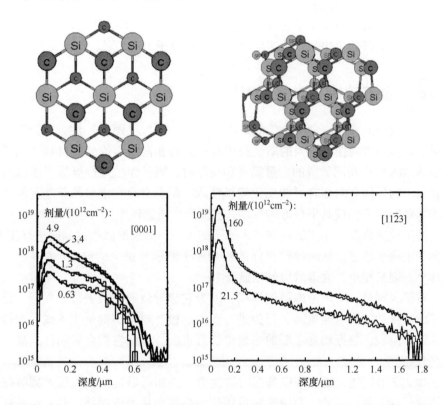

图7.22 Al注入4H-SiC中的通道效应。上图：［0001］晶向（左）和［11$\bar{2}$3］晶向（右）的原子排列[64]；下图：朝向［11$\bar{2}$0］偏轴8°的4H-SiC（0001）中以60keV、RT注入不同剂量Al的实验（SIMS）和蒙特卡罗模拟曲线的比较，左（右）图是沿［0001］（［11$\bar{2}$3］）晶向注入[63]（由AIP出版社授权使用）

控制通道的两个基本注入参数是倾斜角和扭曲角（或旋转角），这两个角度定义了光束相对于晶圆的方向。在最好的情况下，与注入SiC相关的论文中提到了倾斜角。然而，更具体地说，在偏轴晶圆上，扭曲或旋转角［通常相对于沿（$\bar{1}$100）晶面的晶圆主晶面定义］也应给出，因为它可能对注入分布有重要影响。在参考文献［66］中，一个特定的模拟器被用来制作择优通道的图像。图7.23给出了一个示例，其中显示了6H-SiC中100keV硼注入平均穿透深度的3D图像。可以看到，只有当晶圆旋转角为10°时才能观察到高达5倍的注入深度。

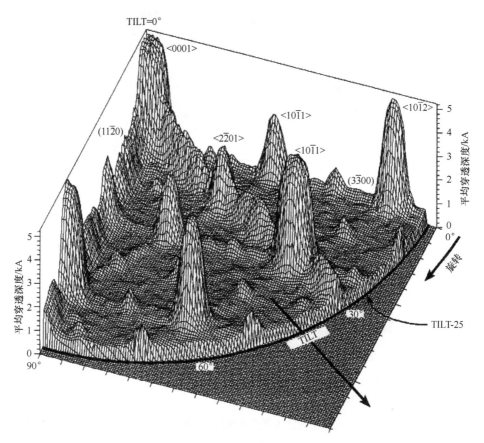

图 7.23 平均穿透深度 R_p 与注入参数（倾斜角和旋转角）的关系，以证明 6H-SiC 中硼的通道效应。倾斜角在 0°和 30°之间变化，旋转角在 0°和 90°之间变化，此映射在 360°上对称[66]（© 1999，由 Elsevier 授权使用）

目前，已有商业软件用于进行这种建模工作，如图 7.24 所示。

从上面的分析可以明显看出，要消除通道效应，解决方案是对晶圆进行定向以避免晶体通道与注入离子束平行，并选择最佳的旋转角和倾斜角来实现这一点。例如，在 4H-SiC 中，通常使用 7°的倾斜角和相对于主平面的 22°的旋转角来最小化通道效应，这些值是最小通道效应的最佳值和导致横向器件不对称的掩模阴影之间的折中。由于某些 4H-SiC 晶圆具有 4°截止角，因此还必须考虑该角度并因此调整倾斜角。然而，即使采取所有这些预防措施来进行"随机"注入，仍然会有一小部分离子被引导到比无定形材料更大的深度。

注入能量对通道效应也有影响。例如，对于高能（>1MeV）注入，采用相对较小的倾斜角 2°而不是 7°时，可以实现接近随机注入（见图 7.25[67]）。然

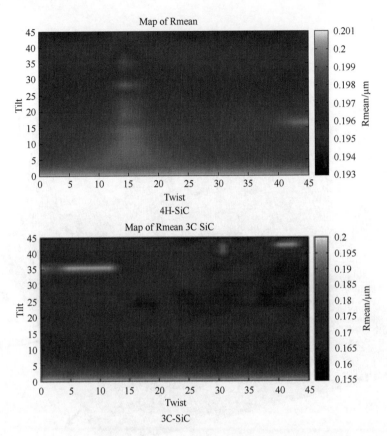

图 7.24 4H-SiC 和 3C-SiC 中平均注入深度随倾斜角和旋转角的变化（使用 Silvaco 软件的 MC 模块计算）。Al$^+$ 多步注入：$(180\text{keV};1.12\times10^{15}\text{cm}^{-2})+(110\text{keV};7\times10^{14}\text{cm}^{-2})+(60\text{keV};5\times10^{14}\text{cm}^{-2})+(30\text{keV};2.7\times10^{14}\text{cm}^{-2})$。由 IBS 提供。

而，请注意，对于 SiC，还没有关于注入能量对通道效应影响的系统实验研究。

图 7.22[63] 和图 7.26[67] 还论证了注入剂量对通道分布的影响，请注意，这些结果是针对室温注入获得的。对于从 $2\times10^{12}\text{cm}^{-2} \sim 4\times10^{14}\text{cm}^{-2}$ [67] 的 Al 注入剂量，按照注入剂量归一化时，可以获得同样的注入离子分布。参考文献 [63] 给出了类似的结果，但是只测到了 $1\times10^{13}\text{cm}^{-2}$。对于更高的剂量，观察到由于注入引起的缺陷会导致动态去通道效应。

去通道由通道尾部的饱和以及在低深度处浓度峰的出现或增加表示，对应于随机注入的"高斯"峰。上述去通道阈值剂量用于沿 [0001] 的注入，对于其他晶向的注入有所不同[63]。显然，有必要控制这种与剂量相关的现象，以避免它，或从中受益，以便在 6H-SiC 或 4H-SiC 中形成深的、低缺陷的 Al 掺杂层。此外，硼注入在这种情况下产生的注入损伤较小，因而去通道阈值剂量更高一些。

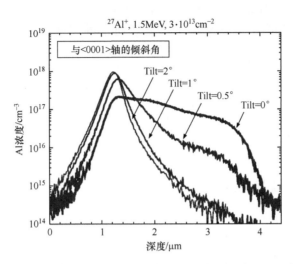

图 7.25　1.5MeV 室温 Al⁺注入偏向<0001>轴 3.5°的 6H-SiC 在 0°~2°注入倾斜角时得到的 SIMS 曲线，每种注入都按照 $3\times10^{13}\text{cm}^{-2}$ 的剂量进行了归一化[67]（由 AIP 出版社授权使用）

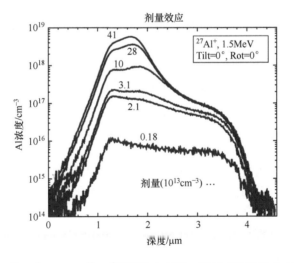

图 7.26　$1.8\times10^{12}\text{cm}^{-2}\sim4.1\times10^{14}\text{cm}^{-2}$ 不同注入剂量，RT 1.5MeV 注入 Al 的 3.5°偏轴 6H-SiC 的 SIMS 曲线，显示了注入剂量对深度分布的影响；由于 1~4μm 之间的缺陷累积，中间峰变大；可以观察到深通道部分的注入浓度饱和现象[67]（由 AIP 出版社授权使用）

无论如何，人们已经普遍认为，高于 350℃ 的热注入足以防止点缺陷浓度增加到与完美晶格中相当的去通道的值。

最近研究了 4H-SiC 衬底温度对沿 [000$\bar{1}$] 注入 100keV 能量 Al 和 B 的通道效应的影响[68,69]，在室温下，通道离子的穿透深度是非通道离子的 6 倍。将注入温度提高到 600℃ 会降低通道效应，但 Al 原子的穿透深度仍然是非通道注入的 4 倍。B 注入的情况并非如此，因为通道较大且与 SiC 晶格的相互作用较少，因此室温注入和 600℃ 注入之间的通道没有明显差异。温度升高时，Al 穿透深度的降低主要是由于热振动的增加。这些结果还表明，在注入过程中缺陷的动态退火导致的通道增加，并没有热振动的去通道作用强烈。

7.8.2 平面/横截面杂散效应

在硅和 SiC 注入工艺中都观察到了平面/横截面杂散效应，这些现象具有很高的技术相关性，因为它们决定了注入离子在掩模下的渗透。

掩模边缘下离子的横向杂散主要是由于 keV 能量范围内注入离子的偏射，但由于晶体通道可能捕获随机注入的离子，这种杂散很大程度上会受到通道现象的影响。横向杂散取决于多种因素，例如入射离子束相对于晶轴的方向、掩模边缘形状、离子种类、注入能量以及剂量等。例如，对于非通道方向的注入，横向散射/杂散从表面就开始出现。这在图 7.27 中很明显，其中除了高斯杂散之外，还区分了沿特定晶向的通道。沿 6H-SiC<0001>轴以外的轴向或平面通道的尖锐突起会导致注入结的异常行为（高局部电场、横向注入 MOS 器件中的短沟道效应）和重复性问题。

对于通道方向的注入，离子被困在通道中，只有在它们的能量下降时才从通道中散射出去，这样的话横向散射很小，从而能达到一定深度，这时只需要很低的注入能量，并且在离子从通道散射到横向方向之前，大部分能量只沿着通道向下传递。

还要注意，因为这是 3D 结构，并且离子束入射角并不垂直于表面，因而可以用掩模遮挡注入分布。因此，根据掩模的纵横比，一些直接射到晶圆的离子束会被掩模层遮挡，从而只能通过窗口注入。

已经通过各种模型模拟了 4H-SiC[70,71] 和 6H-SiC[72] 的 Al 注入的横向杂散效应。根据参考文献 [70，72]，沿<11$\bar{2}$0>[70] 和<1$\bar{1}$00>[72] 晶向的横向杂散很严重。另一方面，根据参考文献 [71]，模拟的沿 [11$\bar{2}$0] 或 [1$\bar{1}$00] 晶向的掩模边缘下的等浓度分布是相同的。根据这些文献，可以粗略估计总注入 Al 剂量超过 $1×10^{15}$ cm^{-2} 的多步注入的情况：对于最高注入能量，掩模下沿<11$\bar{2}$0>和<1$\bar{1}$00>晶向延伸距离等于垂直 R_p 处的注入离子浓度大约是注入离子浓度峰值的千分之一。

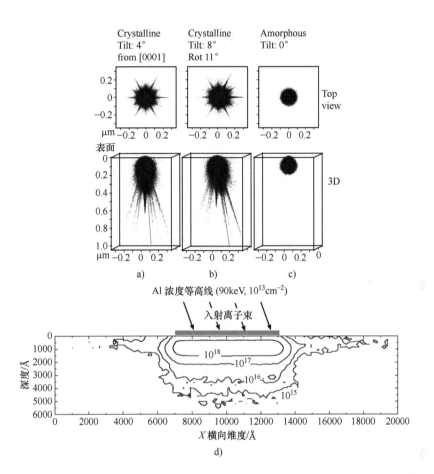

图 7.27 3D 模拟显示离子注入后在 4H-SiC 晶格中某个位置找到注入离子的概率。仿真中使用 MC-BCA 代码 SIIMPL；采用 200keV 51V$^+$ 离子和 1×1nm^2 的碰撞面积；（图 a）和（图 b）中使用了 4H-SiC 的晶体结构，而在（图 c）中使用了非晶 SiC 靶材，其模拟参数根据 SRIM。如每个图的顶部所示，已使用不同的入射离子束角[69]（© IOP Publishing）。（图 d）模拟的 90keV/1×10^{13}cm^{-2} Al 离子注入 6H-SiC XZ 晶面（X 为 [11$\bar{2}$0] 晶向，Z 为 [0001] 晶向）的 2D Al 浓度等高线（相对于 Z 轴的倾斜角为 7°，相对于 X 轴的旋转角为 15°）[77]（© 1999，Elsevier 授权使用）

最后，模拟结果还表明，由于晶圆误切割和衬底倾斜/掩模遮蔽，掩模两个边缘的横向杂散并不对称，而且后者比前者更重要。

7.8.3 盒型分布简介

通常需要在给定深度上形成具有恒定浓度的盒型掺杂分布，例如 MOFET 中的 p 型阱和 n 型阱。由于 SiC 中杂质扩散不现实，为了获得这样的盒型分布，必须连续进行几个不同能量下的注入步骤，如图7.28所示。

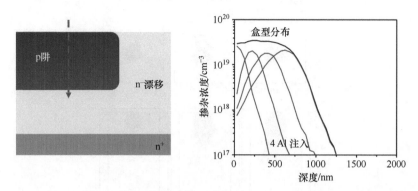

图7.28　采用多步注入形成p阱的盒型掺杂分布的示意图（由CNM提供）

"经验法则"是每次注入剂量不超过$2\times10^{14}\text{cm}^{-2}$，总的注入剂量不超过$5\times10^{15}\text{cm}^{-2}$，以使晶体的损伤最小并在退火后有更好的恢复。

此外，如模拟所示，为了获得盒型分布，在更高的注入能量下需要更高的注入剂量，因为在更高的能量下通道效应和杂散（ΔR_p）更强。因此，为了保持"平坦"的分布，注入剂量应随注入能量而增加。

对于用于盒型分布的多步注入，模拟还表明，注入的顺序可能会对缺陷的形成产生影响，尤其是对于室温或低于400℃的注入。根据能量和剂量组合，有时更有趣的是从最高能量开始，然后以递减的能量顺序进行注入。如果注入的顺序是从低能量到高能量，则会导致更深的注入，同时带来更大的损伤，因为下一次注入的离子会将前一次的离子"推"得更深。

特别地，与目标"平坦"分布的唯一偏差发生在表面附近的第一层，在该表面需要高剂量以形成欧姆接触。这时，应该在Al注入之前先在表面上沉积一层氧化层或铝层，以使第一步的高斯峰非常靠近表面，使得表面附近具有最大浓度。上面提到的屏蔽氧化层厚度通常是入射离子"散射"与表面附近高斯峰的需要之间的折中。

7.9　等离子体注入

等离子体浸没离子注入（PIII）也称为等离子体掺杂（PLAD）或等离子体源离子注入（PSII），是一种替代离子注入技术，主要包括在负极化晶圆上方产生含有所需离子的等离子体，以将所有正离子朝向待注入的晶圆加速。为了避免与等离子体/表面相互作用（等离子体鞘延伸、充电）相关的一些副作用，加速电压是直流脉冲或有时是射频（见图7.29）。这种技术允许从30eV到典型的 10/20keV（即使为冶金应用制造了高达 100keV 的工具）的低能量注入，同时保持高注入电流，可以进行高剂量的短时间注入（比束线注入机快 10~100 倍）。

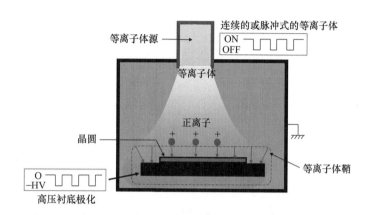

图 7.29　等离子体浸没离子注入器示意图

在某些工艺条件下，PIII 还可以进行 3D 保形注入（沟槽侧壁、通孔、FinFET 的注入）[73]。PIII 是一个多能量过程（即离子并非都以相同的能量注入），所产生的注入曲线通常在表面显示最大浓度。与束线离子注入相比，该设备的结构要简单得多（看起来像 PECVD 或 RIE 设备），从而为高剂量和低能量应用提供低成本解决方案。缺点是该技术的能量有限（大多数商业设备限制在 10 或 20keV）并且没有质量分离，因此，等离子体中存在的所有离子都被注入，并且无法像束线注入那样使用电流测量进行精确的剂量测量（多种离子，由于等离子体鞘中的碰撞而导致的中性离子注入，以及等离子体电子和位移电流等现象）。

大多数 PIII 技术开发都集中在超浅结（USJ）的制造上，用于 p 通道 MOSFET 的源极/漏极扩展区（SDE）掺杂以避免短沟效应[74]。

关于在 SiC 上使用 PIII 的论文很少；但无论如何，我们可以强调它的 3 个可能的应用：

1）浅结制造：L. Ottaviani 和他的同事[75,76]在 SiC 紫外探测器的开发中采用了这种技术。硼（使用 B_2H_6 等离子体）已注入 n 型 4H-SiC 以获得小于 30nm 的结深。

2）优化接触电阻：由于通常用于 SiC 掺杂的中等电流束线注入机仅限于低能量范围，因此表面浓度始终低于通过多步注入设计的平坦分布的平均浓度。额外的低能量 PIII 注入可以增加表面浓度以获得更好的欧姆接触（见图 7.30）。

3）材料表面改性应用：

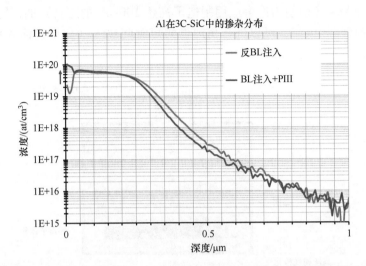

图 7.30 Al 注入 3C-SiC 的 SIMS 曲线（多步注入以形成平坦分布），以及使用 IBS PULSION 设备进行额外的铝 PIII 注入以增加表面浓度（由 IBS 提供）

① SiC 外延生长的准备：由于 PIII 允许非常高剂量的注入，它可用于制造化合物。例如，在硅中注入高剂量的碳可以在硅衬底上合成 SiC 层（需要额外的热处理来获得 SiC 的结晶度）。IBS 和 NOVASIC[77] 已经证明了这一点，并用作优化 Si 上外延生长 3C-SiC 的预处理。

② 其他研究工作正在进行中，将 SiC 中的 PIII 用于非掺杂应用，特别是优化 SiC MOSFET 的栅叠层并提高载流子迁移率（例如，参见 F. Torregrosa, et al. (2018) . Advantages and challenges of Plasma Immersion Ion Implantation for Power devices manufacturing on Si, SiC and GaN using PULSION ® tool. IIT-22, IEEE Conf. proceedings, 33-37）。

7.10 离子注入模拟

硅中一维注入的主要模拟程序是 Marlow[78] 和 SRIM（Stopping and Range of Ions in Matter，物质中离子的终止和范围）/TRIM（Transport of Ions in Matter，物质中离子的输运）[79]。通常认为 TRIM 只能给出一个粗略的图像，因为它只对无定形材料有效。可喜的是，由各个团队开发和用来模拟 SiC 注入分布的程序还有很多，由于它们正确地考虑了通道效应，因而更加准确，包括由 CNM/CSIC 开发的 I²SiC（见图 7.31）[65,80]，由 Fraunhofer 开发并被 KTH 使用的 SiiM-PL[81]，由 G. Lulli 开发的 ICESCREM 和 KING-IV 等，后两者已经可以无偿使用。I²SiC 模拟器基于前面提到的 MARLOW 和 TRIM 代码。上述模拟器在离子路径和晶格处理方面非常相似，在损伤处理、热振动等方面稍有差异，但总体上是类似的。

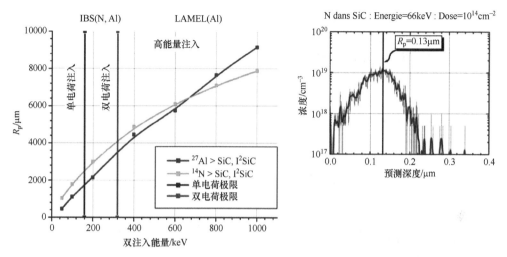

图 7.31 根据 I^2SiC 模拟器得到的 R_p 随 N 或 Al 注入能量的函数变化[65]

正如在 7.2 节中提到的，使凝聚态物质中的运动离子减速的第一个基本机制是核停止，它可以用二元碰撞近似（BCA）中的经典二体散射模型来模拟，计算入射离子与目标原子碰撞后的能量损失需要估算散射积分，为了计算效率，可以根据 Ziegler 等人[82]提出的普适的近似公式来完成，该方法适用于各种注入杂质。沿注入离子路径的能量损失的第二种机制是通过激发目标材料的电子。在通常的注入能量范围内，注入离子主要将其能量传递给晶体的价电子，这时"电子"能量损失可以根据 Brandt 和 Kitagawa 的有效电荷理论[83]和 Echenique[84]的方法计算终止功率。

由于晶体结构和价电子分布，通道效应客观存在。模拟中必须考虑天然氧化层、动态非晶化和晶格原子的热振动等因素对离子通道行为的影响。因此，为了正确模拟这种通道效应，必须考虑晶体结构的两个主要方面：

1）晶格原子的热振动，这有助于离子的去通道。这是根据目标原子在理想静态晶格中的碰撞位移来计算的。位移以标准方式计算，根据德拜理论和晶体的经验德拜温度，假设沿每个轴的高斯分布具有相同的偏差。

2）离子注入过程中损伤形成的动态过程，导致 SiC 晶体的非晶化。

这些模拟器生成的化学掺杂分布可以嵌入用于器件设计的二维数值电学模拟中，但是，必须正确定义激活率才能获得可靠的电学模拟结果。

然而请注意，当考虑晶体材料时，新版本的 TCAD 模拟器（例如 SILVACO © 的模拟器）可以很好地再现注入分布，如前面的图 7.10b 所示。

7.11 注入层诊断技术

几种分析技术用于注入 SiC 层物理（结构、化学、电学等）表征，它们都或多或少地在硅注入工艺中使用过，主要用于硅器件相关行业的有 SIMS（二次离子质谱）、薄层电阻测量和热波（TW）探针，TW 探针是非破坏性的，它在工业中被广泛用于准备注入参考以进行校准，但是该技术只能用于硅，因为商用 TW 仪器使用激光器的波长无法被 SiC 吸收，并且对 SiC 采用热注入会使记录信号的分析复杂化。

对于更详细的分析，还可以采用的半导体材料表征技术，包括卢瑟福背散射谱（RBS）、透射电子显微镜（TEM）、拉曼光谱法、X 射线衍射（XRD）等。

参考文献 [10] 对 SiC 注入层的诊断技术进行了全面的讨论，这里只介绍要点和一些新的结果。

7.11.1 二次离子质谱（SIMS）

SIMS 可能是最常见的注入层表征技术。通过 SIMS 深度分布的积分可以获得注入杂质的深度分布和注入离子的总通量。

根据实验设置，对于 SiC 中的各种 n 型和 p 型掺杂，SIMS 的检测限制不同，典型值为 B 为 $10^{13}\,cm^{-3}$，N 为 $10^{17}\,cm^{-3}$，Al 为 $10^{14}\,cm^{-3}$。图 7.7 已经显示了从 SiC 注入层获取的典型 SIMS 曲线。

7.11.2 电学测量

注入和退火样品的薄层电阻（R_{sh}）通常通过 TLM 测量，而范德堡-霍尔测量可以同时测量薄层电阻和载流子迁移率。在参考文献 [11] 中有关于 SiC 注入材料的电学测量的精彩介绍，感兴趣的读者可以从中获得有关测量及其分析的所有必要信息。

7.11.3 卢瑟福背散射谱（RBS）

RBS 通道效应测量可用于评估晶体质量。将注入退火后的 RBS 与相应的未注入晶体进行比较（见图 7.32）可以粗略估计晶体质量恢复的情况。

总之，晶格损伤是通过通道谱受损区积分与随机谱积分的比值（χ_{min}）来监测的，对于室温高剂量注入，当注入剂量高于 $(3\sim4)\times10^{15}\,cm^{-2}$（非晶化的临界注入剂量）时，$\chi_{min}$ 接近 100%，表明注入损伤区完全非晶化。

另一方面，该技术可监测到的损伤下限对应于注入剂量为 $1\times10^{13}\,cm^{-2}$ 的室温 100keV Al 离子注入[28]。

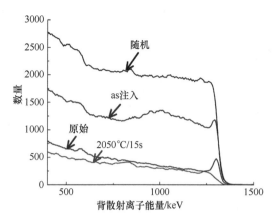

图 7.32 原始 4H-SiC 样品、Al⁺注入样品和 2050℃/15s 微波退火样品的对准（即平行于 c 轴）RBS-C 谱，随机对准 SiC 样品的谱作为参考[52]

7.11.4 透射电子显微镜（TEM）

使用高分辨率 TEM 技术可以甄别非晶和/或多晶层、扩展缺陷和数目比较大的点缺陷。

对于高剂量注入，可以观察到点缺陷，还能观察到最大注入杂质浓度暗带，可能是由于点缺陷或其簇的应变所致[85]。事实上，暗区（点或带）被认为是局部应变区。在该研究组的最新报告[61]中，暗区归因于 {0001} 基面中的外在堆垛层错（额外晶面）。

对室温/高剂量 P 注入的详细研究[86]表明，主要形成棱柱状基面位错。此外，已经观察到一些在基面上显示剪切的大缺陷，对此提出了两个可能，即纯 Shockley 部分和/或一些由 Shockley 部分限制的 0001 剪切间界。

一个需要进一步研究的有趣特征是氮注入样品的新周期性（见图 7.33）很

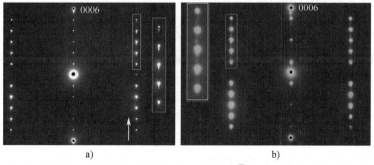

图 7.33 (a) N 注入 6H-SiC 晶圆（剖面）的 TEM (11$\bar{2}$0) 电子衍射图，(a) 沿 c 轴的卫星点，插图为右上部放大图，表明基面周围存在卫星点；(b) 平行于 c 轴的额外卫星点列[87]

可能源自间隙[87]。

7.11.5 拉曼光谱

拉曼光谱是研究离子注入和退火后晶体恢复情况的另一种方法[88]。

注入损伤与 LO 模式/波段强度的变化有关：

$$\text{Dam} = (I_0 - I)/I_0 = \Delta I/I_0 \qquad (7\text{-}6)$$

式中，I_0 和 I 分别为样品非注入和注入部分的 LO 模式的拉曼强度。

图 7.34 中可以看到，注入后出现了几个拉曼峰，表明存在 Si-Si 和 C-C 键。如图所示，目标是在退火后恢复原始样品的结构。

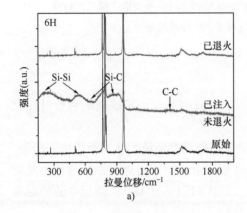
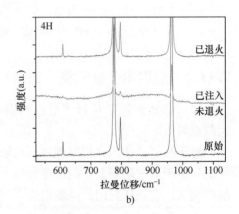

图 7.34 a) 注入前（表示为原始）、注入铝（剂量 $7\times10^{14}\text{cm}^{-2}$）后和高温退火后 6H-SiC 样品的拉曼光谱 b) 注氮（剂量 $7\times10^{14}\text{cm}^{-2}$）4H-SiC 样品中的类似光谱[18]

7.11.6 X 射线衍射（XRD）

XRD 是一种表征晶体质量的方法，已被用于 SiC 注入层结构研究[89,90]。

高分辨率 XRD 表明，氮注入 4H-SiC 和 6H-SiC 晶体中附加峰的出现表明引入了新的周期性[87,91]。附加峰的数量取决于注入步骤的数量（见图 7.35），这些周期性在注入后的高温退火后消失，因此可以得出结论，它们源于注入的氮原子。的确，每步注入都会产生一个无序层，其无序程度和距样品表面的位置分别取决于注入剂量和能量。此外，普遍认为注入的氮离子主要位于间隙位置，由于它们的密度低于基体材料的密度，它们很可能形成了比 SiC 晶格具有更长周期性的新晶格。在注入后退火后，氮原子占据替位位置，于是就只能观察到 SiC 基体材料的周期性了。

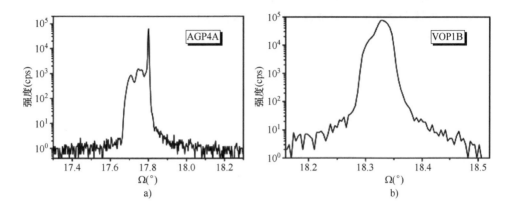

图 7.35 相同条件下测量的氮注入 4H-SiC（图 a）和 6H-SiC（图 b）的 ω-扫描 XRD （0004）图，两个样品都有相同的 5 个连续的注入步骤，而图 a 中还有两个更高能量的附加注入步骤[87]

7.11.7 横截面成像技术

已经提出了各种方法用于注入 SiC 的横截面掺杂分布分析，例如使用通过透镜（ExB）探测器的扫描电子显微镜（SEM）[92]、扫描扩展电阻显微镜（SSRM）[93]、扫描电容显微镜（SCM）[94]或它们的组合[95]。

在最近的一项研究[96]（见图 7.36）中，已经表明 SEM 强度分布不仅足以确定结的位置，而且还根据 SIMS 确定掺杂分布。因此，它可以用作一种更快、更简单的方法，用于对掺杂分布的精确评估，包括掺杂空间扩展。

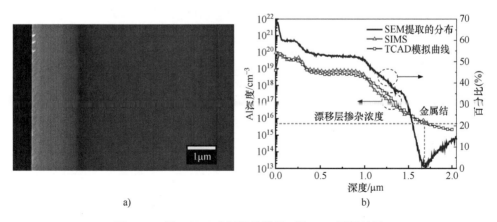

图 7.36 裸 4H-SiC 多层结构横截面的 SEM 测量结果
a）典型的灰度 SEM 照片 b）SEM 对比度曲线、SIMS 曲线和 TCAD 模拟曲线[96]

SCM 使用原子力显微镜提供有关半导体材料掺杂的信息。对于 SCM 测量，n 型和 p 型掺杂之间的区别是通过信号的极性变化来实现的（对于正交 dC/dV 信号，p 型为负信号，n 型为正信号，0 对应结的位置）。图 7.37 是在处理过的样品上测量的典型 SCM 图像，其中 p 层通过 Al 注入形成。

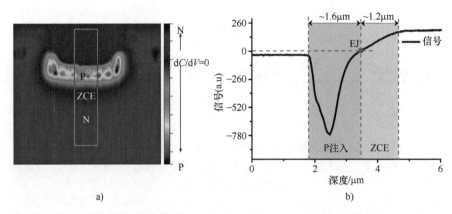

图 7.37　JFET 栅极区域的横截面 SCM 图像（图 a），正交信号随深度的变化（图 b）
（ZCE 是在 p 栅极周围形成的耗尽区）[96]

SSRM 基于原子力显微镜，是扩展电阻探针（SRP）到微米和纳米尺度的延伸。参考文献［97］报道了 SiC 多层 pn 结构的 SSRM 测量，参考文献［93，95，96］报道了该方法在注入 SiC 层上的应用。

7.12　注入服务供应商

表 7.3 总结了全球主要离子注入服务供应商的 SiC 注入能力。

表 7.3　注入服务供应商

供应商名称，所在地，网址	状态描述	可用离子种类	衬底尺寸	注入能量范围	注入温度
Ion Beam Services (IBS)，法国 www.ion-beamservices.com	私企，提供器件制造和设备生产	超过 65 种元素，SiC 中 Al 和 N 标准掺杂	从 5×5mm 碎片到直径 300mm	100eV（PIII）~250keV（单电荷）~750keV（三电荷）	液氮制冷~600℃（直径 150mm 以下）
RISE ACREO /Uppsala University，瑞典 www.acreo.se	Uppsala University 离子注入研究所实验室	SiC 中 Al 和 N 标准掺杂	从 5×5mm 碎片到直径 100mm	2keV~350keV（单电荷）	室温~500℃

(续)

供应商名称，所在地，网址	状态描述	可用离子种类	衬底尺寸	注入能量范围	注入温度
Surrey University，英国，www. surrey. ac. uk/ion-beamcentre	大学	部分元素以及 SiC 中 Al 和 N 标准掺杂	从碎片到直径 200mm（直径 100mm 高能注入）	2keV~2MeV（单电荷）	最高 800℃（1100℃ 只能用于直径 1cm 以下）
Cutting Edge Ions，美国，www. cuttingedgei ons. com	私企	超过 65 种元素，SiC 中 Al 和 N 标准掺杂	从碎片到直径 150mm	最高 760keV	液氮制冷~1000℃
Leonard Kroko，美国，www. krokoimpl ants. com	私企	超过 15 种元素，SiC 中 Al 和 N 标准掺杂	直径 3in（1in=25.4mm）或更小的样品	5~190keV（单电荷）~380keV（双电荷）	最高 1000℃
INNOVION，美国，www. innovionc orp. com	私企	超过 62 种元素，SiC 中 Al 和 N 标准掺杂	从碎片到直径 300mm		
Nissin，日本，www. nissinion. co. jp/en/ios	私企，设备制造商但可以提供注入服务	SiC 中 Al 和 N 标准掺杂	从碎片到直径 300mm	5~960keV（多电荷）	室温~500℃

7.13 SiC 离子注入设备

随着最近 SiC 器件市场的发展，一些设备制造商已经针对这种衬底开发了具有高温注入能力的专用离子注入机，这些设备之间的主要区别在于质谱仪分辨率、能量范围、最高温度、多功能性、尺寸、吞吐量，当然还有设备成本。

可用设备（按市场推出日期排名）有：

1）IMC®（用于研发实验室）、FLEXION®（用于生产）和 IBS（法国）的 PULSION®（PIII）设备。

2）来自 Nissin（日本）的 IMPHEAT®。

3）来自 Axcelis（美国）的 PURION®-M。

4）来自 Ulvac（日本）的 IH-860DSIC。

7.14 结论和挑战

根据已有报道得出的主要结论：

1）氮和磷用于 n 型掺杂。氮注入用于高达 $\sim 3\times 10^{19} cm^{-3}$ 的目标浓度，相应的薄层电阻（电阻率）通常为 $300\sim 500\Omega/\square$（$14.5 m\Omega\cdot cm$）。由于较高（超过 10 倍）的激活浓度，磷注入可获得 $29\Omega/\square$ 的更低薄层电阻，对应于 $2.3 m\Omega\cdot cm$ 的电阻率。

2）铝用于 p 型掺杂。硼由于较高的电离能及其在注入后退火期间的扩散而不再被考虑。铝注入层的典型薄层电阻值高于 $1k\Omega/\square$（相应的电阻率 $>30 m\Omega\cdot cm$）。由于高 Al 浓度（$>10^{19} cm^{-3}$）的 SiC 晶体中的诱生应力，无法通过非常高剂量（$>1\times 10^{16} cm^{-2}$）的注入来降低这些值。

3）对于 $>3\times 10^{14} cm^{-2}$ 的剂量，在注入过程中加热是必要的，以避免由于局部晶体恢复而导致的高电阻率值，这时的加热温度在 $300\sim 500$℃ 之间。

4）在高于 1500℃ 的温度下进行注入后退火是注入离子激活所必需的。在氮注入的情况下，大约 1650℃ 的退火温度就足够了，而对于铝和磷的注入情况，则需要更高的温度（高于 1700℃）。Al 注入 SiC 层的注入后退火是当前深入研究的主题。

5）碳帽层（C-cap）是目前使用最广泛的方法，用于避免在高于 1600℃ 的温度下进行注入后退火后的表面粗糙。

6）采用注入后退火得以获得 100% 的激活。随着注入剂量的增加，需要在更高的温度下进行退火。对于 Al 注入，Al 浓度分别为 $2.5\times 10^{18} cm^{-3}$、$2.5\times 10^{19} cm^{-3}$ 和 $2.5\times 10^{20} cm^{-3}$ 时，在 1650℃、1800℃ 和 1950℃ 的退火可以使 Al 受主完全激活，相应的退火时间（稳态激活）为（$10\sim 25$）min、（$15\sim 35$）min 和（$30\sim 45$）min。

7）完成高温 PIA 后的冷却速率应低于 15℃/min，以最大限度地减少（注入区下方）退火样品中 $Z_{1/2}$ 和 V_C 中心的形成。

8）尽管 SiC 衬底存在晶向偏离，但通道效应在 SiC 中很重要，因此在注入过程中必须适当倾斜和旋转衬底。事实上，即使设置了"最随机"的方向，在注入分布中总会有一个小的通道尾部。SiC 中的通道效应是当前深入研究的主题。

9）在为器件制造设计离子注入时，必须考虑注入离子的掩模下渗透效应。对于高剂量（$>1\times 10^{15} cm^{-2}$）多步 Al 注入，沿 $<11\bar{2}0>$ 和 $<1\bar{1}00>$ 方向的下掩模延伸距离与垂直 R_p 处，其浓度等于注入离子浓度峰值的千分之一。

10）盒型分布是通过多步注入获得的。"经验法则"是每个注入步骤的剂

量不超过 $2\times10^{14}\,cm^{-2}$，总剂量不超过 $5\times10^{15}\,cm^{-2}$，以使晶体的损伤最小并在注入后退火后有更好的恢复。此外，为了保持"平坦"的分布，剂量应该随注入能量的增加而增加。

11) 20 世纪 90 年代后期，SiC 注入的特殊性要求开发专用模拟器。如今，SILVACO 的 MC Implant 模块等商用 TCAD 模拟器融合了上述模拟器的主要特点，很好地满足了相应的模拟需求。

12) 等离子体浸没离子注入（PIII）是一种适合形成浅结的方法，更重要的是可以解决靠近表面的注入浓度下降的问题，因此它适用于形成欧姆接触层。

13) 通常用于 Si 注入层的物理表征方法（SIMS 和薄层电阻测量）也适用于 SiC。由于 SiC 晶体恢复没有完全优化，因此还需要采用 RBS、TEM、拉曼光谱、XRD 等方法。最后，研究注入层横截面的显微镜方法非常有希望用于对注入层进行快速晶体质量评估以及用于掺杂分布分析。

目前在 SiC（0001）中离子注入的主要挑战包括降低 n 型和 p 型的薄层电阻，以及在注入区精确控制掺杂分布，使用碳帽层可以抑制高温退火期间的表面粗糙度。为了应对这些挑战，目前的研究包括离子通量（剂量率）和注入后退火的加热/冷却速率的研究以及不同注入后退火方法的研究。不再研究使用替代注入离子和原子复合物作为高薄层电阻值的解决方案。另一个挑战是深结或埋层（>1μm）的形成。最后，高能量（>300keV）的新一代注入机已经出现在市场上。

致谢

作者要感谢 J. Stoemenos、P. Schmidt 和 M. Negri 对手稿提出的宝贵意见。K. Zekentes 想对 R. Nipoti 和 A. Hallen 在过去几年中对 SiC 离子注入进行的非常丰富的讨论表示感谢。

参考文献

[1] R.G Wilson, The Pearson IV distribution and its application to ion implanted depth profiles. *Radiat. Eff.*, 46, 141 (1980). https://doi.org/10.1080/00337578008209163

[2] R. Simonton, D. Kamenista, A. Ray, C. Park, K. Klein, A. Tasch, Channeling control for large tilt angle implantation in Si ⟨100⟩, *Nucl. Instrum. Methods Phys. Res. B*, vol 55, 39 (1991). https://doi.org/10.1016/0168-583X(91)96132-5

[3] M. G. Grimaldi, L. Calcagno, P. Musumeci, N. Frangis and J. Van Landuyt, Amorphization and defect recombination in ion implanted silicon carbide, *J. Appl. Phys.*, 81, 7181 (1997). https://doi.org/10.1063/1.365317

[4] T. Tsukamoto, M.Hirai, M.Kusaka, M.Iwami, T.Ozawa, T.Nagamura, T.Nakata, Annealing effect on surfaces of 4H(6H)-SiC(0001) Si face, *Appl. Surface Sci.,* Vol 113–114, pp. 467-471, (1997). https://doi.org/10.1016/S0169-4332(96)00903-8

[5] A. Hallen, M.S. Janson, A.Yu. Kuznetsov, D. Aberg, M.K. Linnarsson, B.G. Svensson, P.O. Persson, F.H.C. Carlsson, L. Storasta, J.P. Bergman, S.G. Sridhara, Y. Zhang, Ion implantation of silicon carbide, *Nucl. Instr. Meth. Phys. Res. B,* 186, 186–194, (2002). https://doi.org/10.1016/S0168-583X(01)00880-1

[6] T. Troffer, M. Schadt, T.Frank, H. Itoh, G. Pensl, J. Heindl, H. P. Strunk, M. Maier, Doping of SiC by implantation of boron and aluminum, *Phys. Stat. Solidi A,* 162, 277-298 (1997). https://doi.org/10.1002/1521-396X(199707)162:1<277::AID-PSSA277>3.0.CO;2-C

[7] L. S. Robertson and K. S. Jones, Annealing kinetics of {311} defects and dislocation loops in the end-of-range damage region of ion implanted silicon, *J. Appl. Phys.,* 87, 2910 (2000). https://doi.org/10.1063/1.372276

[8] T. Kimoto, J. A. Cooper, *Fundamentals of silicon carbide technology: growth, characterization, devices and applications*, John Wiley & Sons Singapore Pte. Ltd, (2014). https://doi.org/10.1002/9781118313534

[9] M. Bockstedte, A. Mattausch, and O. Pankratov, Solubility of nitrogen and phosphorus in 4*H*-SiC: A theoretical study, *Appl. Phys. Lett.,* Vol. 85(1), pp. 58-60, (2004). https://doi.org/10.1063/1.1769075

[10] A. Hallen, R. Nipoti, S. E. Saddow, S. Rao and B. G. Svensson, *Advances in Silicon Carbide Processing and Applications,* Eds. S. E. Saddow and A. Agarwal, Artech House, Inc., Norwood Ma, p.109, (2004,).

[11] A. Schoener, Ion implantation and diffusion in SiC, in *"Process Technology for Silicon Carbide Devices"*, C-M Zetterling (Ed.) INSPEC, London, pp.51-84, (2002). https://doi.org/10.1049/PBEP002E_ch3

[12] F. Schmid, T. Frank, G. Pensl, Experimental Evidence for an Electrically Neutral (N-Si)-Complex Formed during the Annealing Process of Si+-/N+-Co-Implanted 4*H*-SiC, *Mater. Sci. Forum,* Vols 483-485 p.641-644, (2005). https://doi.org/10.4028/www.scientific.net/MSF.483-485.641

[13] F. Schmid, M. Laube, G. Pensl, G. Wagner, M. Maier, Electrical activation of implanted phosphorus ions in [0001]- and [11–20]-oriented 4*H*-SiC, *J. Appl. Phys.,* Vol. 91p. 9182-9186, (2002). https://doi.org/10.1063/1.1470241

[14] R. Rurali, E. Hernandez, P. Godignon, R. Rebollo, P. Orderjon, *Mater. Sci. Forum,* 433-436, 649-652 (2003). https://doi.org/10.4028/www.scientific.net/MSF.433-436.649

[15] S. Blanqué, J. Lyonnet, J. Camassel, R. Perez, P. Terziyska, S. Contreras, P. Godignon, N. Mestres, J. Pascual, Mater. Sci. Forum, vols. 483-485 pp. 645-648 (2005). https://doi.org/10.4028/www.scientific.net/MSF.483-485.645

[16]   H. Fujihara, J. Suda, T. Kimoto, Electrical properties of n- and p-type 4*H*-SiC formed by ion implantation into high-purity semi-insulating substrates, *Jpn. J. Appl. Phys.*, 56, 070306 (2017). https://doi.org/10.7567/JJAP.56.070306

[17]   R. Nipoti, A. Nath, S. Cristiani, M. Sanmartin, M. V. Rao *Mater. Sci. Forum*, Vols. 679-680 pp. 393-396 (2011) and in M. V. Rao, A. Nath, S. B. Qadri, Y. L Tian, R. Nipoti, *AIP proceedings* CP1321 pp.241-244 (2010). https://doi.org/10.4028/www.scientific.net/MSF.679-680.393

[18]   S. Blanqué, *Optimisation de l'implantation ionique et du recuit thermique pour SiC*, PhD Thesis (2004), University of Montpellier II.

[19]   H Bracht, N.A. Stolwijk, M. Laube, and G. Pensl, (2000). *Appl. Phys. Lett.*, 77, 3188 and M. Bockstedte, A. Mattausch, and O. Pankratov, Different roles of carbon and silicon interstitials in the interstitial-mediated boron diffusion in SiC. *Phys. Rev. B*, 70, 115203, (2004). https://doi.org/10.1103/PhysRevB.70.115203

[20]   Y. Tanaka N. Kobayashi, H. Okumura, R. Suzuki, T. Ohdaira, M. Hasegawa, M. Ogura, S. Yoshida, H. Tanoue, Electrical and Structural Properties of Al and B Implanted 4*H*-SiC, *Mater. Sci. Forum* 338-342 pp. 909-912, (2000). https://doi.org/10.4028/www.scientific.net/MSF.338-342.909

[21]   T. Kimoto, A. Itoh, N. Inoue, O. Takemura, T. Yamamoto, T. Nakajima, and H. Matsunami, Conductivity Control of SiC by In-Situ Doping and Ion Implantation, *Mater. Sci. Forum* 264-268, pp. 675-678 (1998). https://doi.org/10.4028/www.scientific.net/MSF.264-268.675

[22]   Y. Negoro, T. Kimoto, H. Matsunami, Technological Aspects of Ion Implantation in SiC Device Processes, *Mater. Sci. Forum*, Vols. 483-485 pp. 599-604 (2005). https://doi.org/10.4028/www.scientific.net/MSF.483-485.599

[23]   R. Nipoti, A. Nath, M. V. Rao, A. Hallen, A. Carnera, and Y. L. Tian, "Microwave Annealing of Very High Dose Aluminum-Implanted 4*H*-SiC", *Appl. Phys. Express* 4, 111301 (2011). https://doi.org/10.1143/APEX.4.111301

[24]   R. Nipoti, A. Hallén, A. Parisini, F. Moscatelli, S. Vantaggio Al+ Implanted 4*H*-SiC: Improved Electrical Activation and Ohmic Contacts, *Mater. Sci. Forum* 740-742 767 (2013). https://doi.org/10.4028/www.scientific.net/MSF.740-742.767

[25]   V. Heera, W. Skorupa, J. Stoemenos, B. Pécz, High Dose Implantation in 6*H* SiC *Mater. Sci. Forum*, 353-357 pp.579-582 (2001). https://doi.org/10.4028/www.scientific.net/MSF.353-356.579

[26]   E. Wendler, A. Heft, W. Wesh, Ion-beam induced damage and annealing behaviour in SiC, *Nucl. Instr. Meth. Phys. B*, Vol. 141(1-4), p105-117 (1998). https://doi.org/10.1016/S0168-583X(98)00083-4

[27]   S. Seshadri, G. W. Eldridge, and A. K. Agarwal, Comparison of the annealing behavior of high-dose aluminum-, and boron implanted 4H–SiC, *Appl. Phys. Lett.* 72, 2026, doi: 10.1063/1.121681 (1998). https://doi.org/10.1063/1.121681

[28] A. Hallén, M. Linnarsson, Ion implantation technology for silicon carbide, Surf. Coat. Technol., 306 pp. 190–193, (2016). https://doi.org/10.1016/j.surfcoat.2016.05.075

[29] S. Morata, G. Mathieu, F. Torregrosa, G. Boccheciampe, L. Roux, G. Grosset, IMC-200 Series from IBS: Ion Implantation solution for SiC doping, *Book of abstracts, ECSCRM'2012.*

[30] J.F. Michaud, X. Song, J. Biscarrat, F. Cayrel, E. Collard, D. Alquier, Aluminum Implantation in 4H-SiC: Physical and Electrical Properties, *Mater. Sci. Forum* 740-742, pp. 581-584, (2012). https://doi.org/10.4028/www.scientific.net/MSF.740-742.581

[31] R. Nipoti, Post-Implantation Annealing of SiC: Relevance of the Heating Rate, *Mater. Sci. Forum,* Vols 556-557 pp. 561-566, (2007). https://doi.org/10.4028/www.scientific.net/MSF.556-557.561

[32] M. Lazar, C. Raynaud, D. Planson, M. L. Locatelli, K. Isoird, L. Ottaviani, J. P. Chante, R. Nipoti, A. Poggi, G. Cardinalli, A Comparative Study of High-Temperature Aluminum Post-Implantation Annealing in 6H- and 4H-SiC, Non-Uniform Temperature Effects, *Mat. Sci Forum*, Vols 389-393 pp. 827-830, (2002). https://doi.org/10.4028/www.scientific.net/MSF.389-393.827

[33] H. Wirth, D. Panknin, W. Skorupa, Efficient p-type doping of 6H-SiC: Flash-lamp annealing after aluminum implantation, *Appl. Phys. Lett.,* vol 74, n°7 pp.979-981, (1999). https://doi.org/10.1063/1.123429

[34] M. V. Rao "Ultra-Fast Microwave Heating for Large Bandgap Semiconductor Processing" in *Advances in Induction and Microwave Heating of Mineral and Organic Materials*, ISBN 978-953-307-522-8 Edited by: Stanisław Grundas, Publisher: InTech, (2011). https://doi.org/10.5772/16036

[35] Y. Negoro, T. Kimoto, H. Matsunami, F. Schmid, and G. Pensl, Electrical activation of high-concentration aluminum implanted in 4H-SiC. *J. Appl. Phys.,* 96, 4916, (2004). https://doi.org/10.1063/1.1796518

[36] R. Nipoti, A. Hallén, A. Parisini, F. Moscatelli, S. Vantaggio, Al^+ implanted 4H-SiC: improved electrical activation and ohmic contacts, *Mater. Sci. Forum* 740-742 pp. 767-772 (2013). https://doi.org/10.4028/www.scientific.net/MSF.740-742.767

[37] A. Parisini, M. Gorni, A. Nath, L. Belsito, M. V. Rao, and R. Nipoti, Remarks on the room temperature impurity band conduction in heavily Al+ implanted 4H-SiC, *J. Appl. Phys.* 118, 035101 (2015). https://doi.org/10.1063/1.4926751

[38] R. Nipoti, A. Parisini, S. Vantaggio, G. Alfieri, U. Grossner, E. Centurioni, 1950°C Annealing of Al+ Implanted 4H-SiC: Sheet Resistance Dependence on the Annealing Time, *Mater. Sci. Forum,* Vol. 858, pp.523-526, (2016). https://doi.org/10.4028/www.scientific.net/MSF.858.523

[39] Y.D. Tang, H.J. Shen, Z.D. Zhou, X.F. Zhang, Y. Bai, C.Z. Li, Z.Y. Peng, Y.Y. Wang, K.A. Liu, X.Y. Liu *Book of abstracts, ICSCRM'2015.*

[40] H. M. Ayedh, R. Nipoti, A. Hallén and B. G. Svensson, Controlling the Carbon Vacancy Concentration in 4H-SiC Subjected to High Temperature Treatment, *Mater. Sci. Forum*, vol 858 pp. 414-417, (2016).
https://doi.org/10.4028/www.scientific.net/MSF.858.414

[41] C. Dutto, E. Fogarassy, D. Mathiot, D. Muller, P. Kern, D. Ballutaud, Long-pulse duration excimer laser annealing of Al+ ion implanted 4H-SiC for *pn* junction formation, *Appl. Surface Sci.* 208-209 pp. 292-297 (2003).
https://doi.org/10.1016/S0169-4332(02)01357-0

[42] C. Boutopoulos, P. Terzis, I. Zergioti, A.G. Kontos, K. Zekentes, K. Giannakopoulos, Y.S. Raptis, Laser annealing of Al implanted silicon carbide: Structural and optical characterization", *Appl. Surf. Sci.* 253 (2007), 7912–7916.
https://doi.org/10.1016/j.apsusc.2007.02.070

[43] K. Maruyma, H. Hanafusa, R. Ashihara, S. Hayashi, H. Murakami, and S. Higasahi, High-efficiency impurity activation by precise control of cooling rate during atmospheric pressure thermal plasma jet annealing of 4H-SiC wafer, *Japan. J. Appl. Phys.* 54, 06GC01 (2015). https://doi.org/10.7567/JJAP.54.06GC01

[44] H. Hanafusa, K. Maruyma, R. Ishimaru, and S. Higasahi, High Efficiency Activation of Phosphorus Atoms in 4H-SiC by Atmospheric Pressure Thermal Plasma Jet Annealing, *Mater. Sci. Forum*, Vol 858, pp. 535-539, (2016).
https://doi.org/10.4028/www.scientific.net/MSF.858.535

[45] Information on http://www.centrotherm.world/technologien-loesungen/halbleiter/produktionsequipment/cactivator-150.html

[46] Centrotherm's private communication

[47] R. Nipoti, E. Albertazzi, M. Bianconi, R. Lotti, G. Lulli, M. Cervera and A. Carnera, "Ion implantation induced swelling in 6H-SiC", *Appl. Phys. Lett.* 70 (1997) pp. 3425-3427. https://doi.org/10.1063/1.119191

[48] S. Blanqué, R.Pérez, P. Godignon, N. Mestres, E. Morvan, A. Kerlain, C. Dua, C. Brylinski, M. Zielinski and J. Camassel, Room Temperature Implantation and activation Kinetics of nitrogen and Phosphorus in 4H SiC Crystals, *Mater. Sci. Forum* 457-460, pp. 893-898 (2004).
https://doi.org/10.4028/www.scientific.net/MSF.457-460.893

[49] K. A. Jones, P. B. Shah, K. W. Kirchner, R. T. Lareau, M. C. Wood, M. H. Ervin, R. D. Vispute, R. P. Sharma, T. Venkatesan and O. W. Holland, Annealing ion implanted SiC with an AlN cap, *Mater. Sci. & Eng.* Vol. B61-62, p. 281, (2000).
https://doi.org/10.1016/S0921-5107(98)00518-2

[50] K.V. Vassilevski, N.G. Wright, I.P. Nikitina, A.B. Horsfall, A.G. O'Neill, M.J. Uren, K.P. Hilton, A.G. Masterton, A.J. Hydes and C.M. Johnson, Protection of selectively implanted and patterned silicon carbide surfaces with graphite capping layer during post-implantation annealing, *Semicond. Sci. Technol*. Vol. 20, p.271 (2005). https://doi.org/10.1088/0268-1242/20/3/003

[51] Y. Negoro, K. Katsumoto. T. Kimoto, H. Matsunami, Flat Surface after High-Temperature Annealing for Phosphorus-Ion Implanted 4H-SiC(0001) using Graphite Cap, *Mater. Sci. Forum* Vol. 457-460 p. 933-936 (2004). https://doi.org/10.4028/www.scientific.net/MSF.457-460.933

[52] S. G. Sundaresan, M. V. Rao, Y.J. Tian, M. C. Ridgway, J. A. Schreifels, J. S. Kopanski, Ultrahigh-temperature microwave annealing of Al+- and P+- implanted 4H-SiC, *J. Appl. Phys*. 101, 073708 (2007). https://doi.org/10.1063/1.2717016

[53] M. Rambach, A. J. Bauer, H. Ryssel, *Silicon Carbide: Current trends in Research and Applications*, Eds P. Friedrichs, T. Kimoto, L. Ley, G. Pensl, 2010, Wiley, p. 181

[54] M. Lazar, L. Ottaviani, M. L. Locatelli, C. Raynaud, D. Planson, E. Morvan, P. Godignon, W. Skorupa, J. P. Chante, High Electrical Activation of Aluminium and Nitrogen Implanted in 6H-SiC at Room Temperature by RF Annealing, *Mater. Sci. Forum*, 353-356, pp.571-574 (2001). https://doi.org/10.4028/www.scientific.net/MSF.353-356.571

[55] A. Toifl, Modeling and Simulation of Thermal Annealing of Implanted GaN and SiC, B.Sc. Thesis, Technical Un. Vienna (2018).

[56] V. Šimonka, A. Toifl, A. Hössinger, S. Selberherr, J. Weinbub, Transient model for electrical activation of aluminium and phosphorus-implanted silicon carbide, J. Appl. Phys. 123 (23), 235701, (2018). https://doi.org/10.1063/1.5031185

[57] V. Simonka, A. Hossinger, J. Weinbub, S. Selberherr, Empirical Model for Electrical Activation of Aluminum-and Boron-Implanted Silicon Carbide, IEEE Trans. Electron Dev. 65, 674-679, (2018). https://doi.org/10.1109/TED.2017.2786086

[58] D. Goghero, F. Giannazzo, V. Raineri, P. Musumeci and L. Calcagno, Structural and electrical characterization of n+-type ion-implanted 6H-SiC, *Eur. Physical J. Appl. Phys,* Vol 27(1-3), pp 239-242, (2004). https://doi.org/10.1051/epjap:2004112

[59] Y. Furukawa, H. Suzuki, S. Shimizu, N. Ohse, M. Watanabe, K. Fukuda, Distribution of Secondary Defects and Electrical Activation after Annealing of Al-Implanted SiC, *Mat. Sci. Forum*, Vols. 821-823, pp. 407-410, (2015). https://doi.org/10.4028/www.scientific.net/MSF.821-823.407

[60] C. M. Wang, Y. Zhang, W. J. Weber, W. Jiang and L. E. Thomas, Microstructural Features of Al-Implanted 4H-SiC, J. Mater. Res., Vol. 18, pp. 772–779 (2003), and in W. J. Weber, W. Jiang, C. M. Wang, A. Hallén, and G. Possnert, Effects of implantation temperature and ion flux on damage accumulation in Al- implanted 4H-SiC, J. Appl. Phys., Vol. 93, No. 4, pp. 1954–1960 (2003). https://doi.org/10.1557/JMR.2003.0107

[61] K. Kawaharaa, G. Alfieri, T. Kimoto, Detection and depth analyses of deep levels generated by ion implantation in n- and p-type 4H-SiC, *J. Appl. Phys.* 106, 013719 (2009). https://doi.org/10.1063/1.3159901

[62] B. Zippelius, J. Suda, T. Kimoto, High temperature annealing of n-type 4H-SiC: Impact on intrinsic defects and carrier lifetime, *J. Appl. Phys.* 111, 033515, (2012). https://doi.org/10.1063/1.3681806

[63] J. Wong-Leung, M. Janson and B. Svensson, Effect of crystal orientation on the implant profile of 60 keV Al into 4H-SiC crystals, *J. Appl. Phys*, Vol.93, p.8914 (2003). https://doi.org/10.1063/1.1569972

[64] SILVACO^{TM} website: https://www.silvaco.com

[65] E. Morvan, Modélisation de l'implantation ionique dans α-SiC et application à la conception de composants de puissance, PhD thesis, INSA Lyon (1999) https://www.theses.fr/1999ISAL0115

[66] E. Morvan, P. Godignon, J. Montserrat, D. Flores, X. Jorda, M. Vellvehi, Mapping of 6H-SiC for implantation control, *Diam. Rel. Mat.* 8, pp. 335–340 (1999). https://doi.org/10.1016/S0925-9635(98)00411-7

[67] E. Morvan, P. Godignon, M. Vellvehi, A. Hallén, M. Linnarsson, and A. Yu. Kuznetsov, Channeling implantations of Al+ into 6H silicon carbide *Appl. Phys. Lett.* 74, 3990 (1999). https://doi.org/10.1063/1.124246

[68] A. Hallen, M. Linnarsson, L. Vines, B. Swensson, To be published in Proc. of ECSCRM2018, Birmingham (UK), September 2018. https://doi.org/10.1088/1361-6641/ab4163

[69] M. K. Linnarsson, A. Hallén and L. Vines, Intentional and unintentional channeling during implantation of 51V ions into 4H-SiC, *Semicond. Sci. Technol.* 34 (2019) 115006

[70] G. Lulli, R. Nipoti, 2D Simulation of under-Mask Penetration in 4H-SiC Implanted with Al+ Ions, *Mat. Sci. Forum* Vols. 679-680 pp 421-424, (2011). https://doi.org/10.4028/www.scientific.net/MSF.679-680.421

[71] K. Mochizuki, N. Yokoyama, Two-Dimensional Modeling of Aluminum-Ion Implantation into 4H-SiC, *Mat. Sci. Forum* Vols. 679-680, pp 405-408 (2011). https://doi.org/10.4028/www.scientific.net/MSF.679-680.405

[72] E. Morvan, N. Mestres, J. Pascual, D. Flores, M. Vellvehi, J. Rebollo, Mat. Sci. Eng. B61–62, 373–377 (1999). https://doi.org/10.1016/S0921-5107(98)00537-6

[73] F. Torregrosa, Y. Spiegel, J. Duchaine, T. Michel, G. Borvon, L. Roux, Recent developments on PULSION® PIII tool: FinFET 3D doping, High temp implantation, III-V doping, contact and silicide improvement, & 450 mm, *Proc. IWJT 2015* Kyoto. https://doi.org/10.1109/IWJT.2015.7467061

[74] X.Y. Qian, N. W. Cheung, M. A. Lieberman, S. B. Felch, R. Brennan, and M. I. CurrentPlasma immersion ion implantation of SiF_4 and BF_3 for sub-100 nm Pþ/N junction fabrication, *Appl. Phys. Lett.* 59, 348–350, (1991). https://doi.org/10.1063/1.106392

[75] L. Ottaviani, S. Biondo, M. Kazan, O. Palais, J. Duchaine, F. Milesi, R. Daineche, B. Courtois and F. Torregrosa: Implantation of Nitrogen Atoms in 4H-SiC Epitaxial Layer: a Comparison between Standard and Plasma Immersion Processes, *Adv. Mat. Res.* Vol. 324, pp. 265-268, (2011). https://doi.org/10.4028/www.scientific.net/AMR.324.265

[76] S. Biondi, M. Lazar, L. Ottaviani, W. Vervish, O. Palais, R. Daineche, D. Planson, J. Duchaine F. Milesi and F. Torregrosa: Electrical characteristics of SiC UV-Photodetector device: from the p-i-n structure behaviour to junction Barrier Schottky structure behaviour , *Mat. Sci. Forum* Vol. 711 pp. 114-117, (2012). https://doi.org/10.4028/www.scientific.net/MSF.711.114

[77] M. Zielinski, S. Monnoye, H. Mank, F. Torregrosa, G. Grosset, Y. Spiegel, Novel Carbon Treatment to Create an Oriented 3*C*-SiC Seed on Silicon. *Book of abstracts*, ECSCRM 2018, August 2018. https://doi.org/10.4028/www.scientific.net/MSF.963.153

[78] M. Robinson, I. Torrens, Computer simulation of atomic-displacement cascades in solids in the binary-collision approximation *Phys. Rev. B,* 9, p 5008 , (1974). https://doi.org/10.1103/PhysRevB.9.5008

[79] O. Oen, M. Robinson, *Nucl. Inst. Methods*, 132 p647, (1976). https://doi.org/10.1016/0029-554X(76)90806-5

[80] E. Morvan, P. Godignon, J. Montserrat, J. Fernadez, J. Millan, J.P. Chante, Montecarlo simulation of ion implantation into SiC-6H single crystal including channeling effect, *Mat. Sci. Eng.* B46, pp. 218-222(1997). https://doi.org/10.1016/S0921-5107(96)01982-4

[81] M.S. Janson, PhD Thesis, KTH 2003, ISSN0284-0545

[82] J. F. Ziegler, J. P. Biersack, and U. Littmark, In *The Stopping and Range of Ions in Matter*, volume 1, New York, Pergamon. ISBN 0-08-022053-3, (1985).

[83] W. Brandt, M. Ktitagawa, Effective stopping-power charges of swift ions in condensed matter, *Physics Rev. B*, 25 (9), p5631, (1982).

https://doi.org/10.1103/PhysRevB.25.5631

[84] P.M, Echenique, R.M. Niemen, J.C. Ashley and RX. Ritchie, Nonlinear stopping power of an electron gas for slow ions, *Phys. Rev. A*, 33, pp. 897 (1986). https://doi.org/10.1103/PhysRevA.33.897

[85] T. Kimoto, N. Inoue, H. Matsunami, Nitrogen Ion Implantation into α- SiC Epitaxial Layers, *Phys.Stat. Sol.(a)* 162, pp. 263-276, (1997). https://doi.org/10.1002/1521-396X(199707)162:1<263::AID-PSSA263>3.0.CO;2-W

[86] J. Wong-Leung, M. K. Linnarsson, B. Svensson and D. J. H. Cockayne, Ion-implantation-induced extended defect formation in (0001) and (11-20) 4H-SiC, *Phys. Rev*. B 71, 165210 2005. https://doi.org/10.1103/PhysRevB.71.165210

[87] K. Zekentes, K. Tsagaraki, A. Breza and N. Frangis, The formation of new periodicities after N-implantation in 4H- and 6H- SiC samples, *Mat. Sci. Forum* Vols. 740-742 pp 447-450 (2013). https://doi.org/10.4028/www.scientific.net/MSF.740-742.447

[88] J. Camassel, S. Blanque, N. Mestres, P. Godignon and J. Pascual, Comparative evaluation of implantation damage produced by N and P ions in 6H-SiC, *Phys. Stat. Sol. A*, 195, p.875- 880 (2003). https://doi.org/10.1002/pssc.200306246

[89] K.B. Mulpuri, S.B. Qadri, J. Grun, C.K. Manka and M.C. Ridgway, Annealing of ion-implanted SiC by laser-pulse-exposure-generated shock-waves, *Solid-State Electronics* 50, pp.1035–1040, (2006). https://doi.org/10.1016/j.sse.2006.04.019

[90] Z.C. Feng, S.C. Lien, J.H. Zhao, X.W. Sun and W. Lu, Structural and Optical Studies on Ion-implanted 6H–SiC Thin Films, *Thin Solid Films* 516, pp.5217–5222 (2008). https://doi.org/10.1016/j.tsf.2007.07.094

[91] K. Zekentes, K. Tsagaraki, M. Androulidaki, M. Kayambaki, A. Stavrinidis, H. Peyre and J. Camassel, Room temperature physical characterization of implanted 4H- and 6H-SiC, *Mat. Sci. Forum. 717-720* pp 589-592 (2012). https://doi.org/10.4028/www.scientific.net/MSF.717-720.589

[92] M. Buzzo, M. Ciappa, J. Millan, P. Godignon, W. Fichtner, Microelectronic Engineering 84 pp. 413–418 (2007). https://doi.org/10.1016/j.mee.2006.10.055

[93] R. Elpelt, B. Zippelius, S. Doering, U. Winkler, Employing Scanning Spreading Resistance Microscopy (SSRM) for Improving TCAD Simulation Accuracy of Silicon Carbide, *Mater. Sci. Forum*, 897, p295, (2017). https://doi.org/10.4028/www.scientific.net/MSF.897.295

[94] F. Giannazzo, L. Calcagno, F. Roccaforte, P. Musumeci, F. LaVia, V. Raineri, Dopant profile measurements in ion implanted 6H–SiC by scanning capacitance microscopy, *Appl. Surface Sci.* 184(1-4), 183 (2001). https://doi.org/10.1016/S0169-4332(01)00500-1

[95] O. Ishiyama, S. Inazato, Dopant Profiling on 4H Silicon Carbide P+N Junction by Scanning Probe and Secondary Electron Microscopy, *J. Surface Analysis* 14(4), pp. 441-443 (2008).

[96] K. Tsagaraki, M. Nafouti, H. Peyré, K. Vamvoukakis, N. Makris, M. Kayambaki, A. Stavrinidis, G. Konstantinidis, M. Panagopoulou, D. Alquier, K. Zekentes, Cross-section doping topography of 4H-SiC VJFETs by various techniques, *Mat. Sci. Forum*. 924, pp. 653-656, (2018).
https://doi.org/10.4028/www.scientific.net/MSF.924.653

[97] J. Suda, S. Nakamura, M. Miura, T. Kimoto and H. Matsunami, Scanning Capacitance and Spreading Resistance Microscopy of SiC Multiple-pn-Junction Structure, *Jpn. J. Appl. Phys*., 41, L40 (2002).
https://doi.org/10.1143/JJAP.41.L40

第 8 章

碳化硅的等离子体刻蚀

K. Zekentes[1]*、J. Pezoldt[2]、V. Veliadis[3]

[1] 希腊克里特岛伊拉克利翁的希腊研究与技术基金会（FORTH）
[2] 德国伊尔曼瑙 FG 纳米技术、微纳电子研究所和宏纳®微纳米技术研究所
[3] 美国北卡罗莱纳州罗利市 PowerAmerica 和北卡罗莱纳州立大学电气和计算机工程系
* zekentesk@iesl.forth.gr

摘要

等离子体刻蚀是唯一一种与微电子行业兼容的方式，用来刻蚀 SiC 实现器件图形转移。SiC 等离子体刻蚀技术经过 20 多年的发展，仍然存在一些问题，比如刻蚀速率对等离子体参数的依赖性、表面粗糙度、微沟槽效应、非常深刻蚀的机理的欠缺、工艺优化尚未完全理解，更多还是依赖经验。本章论述 SiC 等离子体刻蚀的各个方面，重点是上述尚未充分理解的问题。

关键词

干法刻蚀、等离子体刻蚀、离子刻蚀、溅射、化学刻蚀、等离子体化学、气相化学、刻蚀速率、无残留刻蚀、微掩模效应、微沟槽效应、侧壁斜率、掩模选择性、刻蚀尺寸比、微负载

8.1 引言

尽管较大的 Si-C 键合能和宽带隙以及室温下极低的本征载流子浓度使得 SiC 在恶劣环境（高温、腐蚀性等）中的应用具有吸引力，但正是这些因素，使得它的刻蚀更加复杂。传统的湿法化学腐蚀在实际工艺温度下是不可行的，

只能在高温下通过电化学或紫外激发在熔盐中进行。因此，基于等离子体的干法刻蚀用来进行 SiC 器件图形化就非常重要。例如，等离子体刻蚀用于 SiC 器件（如 BJT、埋栅 JFET、UMOSFET、晶闸管、JBS 和 pin 二极管）中的沟槽形成，或用于 SiC 中的通孔刻蚀。

在 SiC 等离子体刻蚀的早期阶段，已经发表了各种专门针对 SiC 等离子体刻蚀的论文[1-4]。

本章旨在为 SiC 器件工艺开发人员提供 SiC 干法刻蚀的综合指南。第一部分涉及工艺化学，说明为什么主要使用氟试剂，选择 SF_6 作为主要气体的原因，以及工艺中添加其他气体的影响和提出的刻蚀机制。第二部分致力于通过各种等离子体参数控制刻蚀速率。第三部分涵盖了与刻蚀底面以及刻蚀侧壁的形貌有关的广泛领域。硬掩模材料，尤其是它对 SiC 的选择性是第四部分的主题。接下来的两个简短部分涉及等离子体刻蚀之前或之后的 SiC 表面处理，以及为刻蚀中的 SiC 晶片选择合适的载体。下一部分涉及通孔和 MEMS 应用的深度刻蚀，而自上而下的纳米线形成是下一部分的主题。刻蚀表面的电性能在最后结论之前的最后一部分中介绍。

在下文中，为了简单起见，电容耦合等离子体反应离子刻蚀（CCP-RIE）和电感耦合等离子体反应离子刻蚀（ICP-RIE）将分别称为 RIE 和 ICP，它们也与半导体等离子体刻蚀的演变以及常用词汇相兼容。

8.2 气体化学——刻蚀机制

8.2.1 SiC 刻蚀气体化学

SiC 刻蚀通常通过离子增强机制进行[1,5]，离子轰击作用导致近表面区原子键断裂、键弱化、缺陷产生、非晶化和化学计量扰动[6-8]。不同类型的缺陷提高了刻蚀速率，Si-Si 键和 C-C 键的形成使得部分分离的原子通过化学反应去除，后者主要归因于高能离子流的存在。因此，可以将 SiC 刻蚀视为对 Si 和 C 原子的单独刻蚀。

高挥发性刻蚀产物对于快速刻蚀至关重要，因此，刻蚀副产物应具有较高的室温蒸气压或相当低的沸点。SiF_x 和 CF_x 是氟化等离子体试剂的 SiC 刻蚀产物，其挥发性远高于 $SiCl_x$ 和 CCl_x（Cl 基化学试剂的相应刻蚀产物），正如通过查看相应沸点所预期的那样（参见表 8.1[5]）。

基于 F、Br 和 Cl 的化学试剂的实验结果[5,9]证实，F 基刻蚀速率比 Cl 和 Br 更高。事实上，氟基等离子体中的 SiC 刻蚀速率很高（通常约为 100nm/min）而且具有刻蚀各向异性，可以获得亚微米或者微米以上的图形。SF_6/O_2 等离子体中的 ICP 刻蚀产生的刻蚀速率高达 $0.97\mu m/min$[10]，使用 helicon 反应器的 6H-SiC 刻蚀速率高达 $1.35\mu m/min$[11]。因此，SiC 的氟基等离子体刻蚀已被证明是成功的，这种化学试剂主要用于 SiC 器件制造。

表 8.1 SiC 等离子体刻蚀产物的沸点[5]（经 Springer 旗下 J. Electron. Mat 杂志授权许可使用© 2001）

刻蚀产物	沸点/℃
$SiCl_4$	57.6
SiF_4	-86
CCl_4	76.8
CF_4	-128
CO_2	-78.5（挥发）
CO	-191.5

对于 F 基试剂，去除 Si 和 C 原子的主要化学反应由参考文献 [1，11，12] 给出：

$$Si + mF \Rightarrow SiF_m, m \leq 1 \sim 4 \text{ 主要为 } m = 4$$
$$C + mF \Rightarrow CF_m, m \leq 1 \sim 3$$

CF 和 CF_2 是刻蚀表面的主要刻蚀产物，而 SiF_2 自由基主要在气相中产生（可能是通过 SiF_4 的电子冲击解离，假定的主要刻蚀产物）[11]。

根据工艺条件，高能离子流会导致：

1) 表面 Si-C 键（4.52eV）和强 C-C 键（6.27eV）破坏或断裂，从而提高化学反应效率。

2) 非挥发性表面粒子的物理去除（溅射），使化学反应能够进行。

3) SiC 表面的溅射。

8.2.2 表面富碳层

上面提到的理论，即在 SiC 刻蚀中 Si 和 C 原子的分别去除，通过实验结果得到了加强，正如几个研究小组所报道的那样，在刻蚀表面上形成了一层薄的富碳层（主要包含 CF_x 化合物）[11-13]。化学计量变化的区域的厚度范围从 1~15nm，并且取决于表面电势（加速电压）和撞击离子的质量[14]。

该层的去除是一个限速过程，会产生不饱和的 CF_x（$x=1$，2，3）自由基，而且，这些键的相对强度随刻蚀条件而变化[12]。因此，对于含 O_2 的混合气体，碳-氟 [C-F] 或最终碳-氧 [C-O] 的反应不能快速从刻蚀表面去除 C，从而导致富 C 的刻蚀表面。

C 的去除在文献中存在争议，一些工作[15]表明 C 的去除是通过物理轰击，而还有人[12]声称是通过氟和碳之间的反应化学来去除。在一些研究[2,10,12]中，在气体中添加氧会显著加快化学反应去除 C。相反，在参考文献［15］中，6H-SiC 和金刚石样品同时被刻蚀，并且分别观察到 C 去除对 O_2 含量的弱依赖性（SiC）或没有依赖性（金刚石情况）。因此，作者得出结论，C 是通过物理反应（溅射）去除的，主要取决于刻蚀试剂和工艺参数（RF 功率、腔室压力、电极面积和间距等），上述 C 去除机制中的任何一种都可能在实际中占主导地位。

8.2.3　Cl 基试剂

如上所述，Cl 基试剂并未被认为是 SiC 刻蚀的有用试剂，因为人们普遍认为，一方面它的刻蚀速率低于 F 试剂[5]，另一方面则是 Cl 基气体的腐蚀性。无论如何，还是有一些关于 Cl 基试剂的研究[16-18]。

在最早的一项研究中，Nieman 等人[16]指出，基于氯化物的 RIE 等离子体具有使用非金属刻蚀掩模材料（如 SiO_2）的优势，并且即使对于高 SiC 刻蚀速率（100~200nm/min）仍具有良好的选择性。

此外，尽管刻蚀速率较低，但仍建议使用 Cl 基试剂，因为等离子体刻蚀引起的损伤可以在相对较低的温度下退火，而这对于 F 基试剂来说是不可能的[17]。这可能是由于碳与氟的反应性比氯高得多，从而在 SiC 表面上形成各种 C-F 键。这些键可以在刻蚀的 SiC 表面的电性能中发挥重要作用，而 Cl 自由基产生的此类问题较少。

还要注意，与使用含 F 的气体混合物相比，使用 Cl_2 或 IBr 在衬底上存在 DC 自偏压的阈值，低于该阈值时不会发生刻蚀。显然，刻蚀产物的反应和去除需要通过离子轰击来诱导，因为硅和碳的较重卤化物的挥发性较低[3]（离子增强刻蚀机制占主导地位）。

在最近的一项工作[19]表明，使用 Cl 基试剂可以非常有效地控制刻蚀侧壁的倾斜角，使用（BCl_3+N_2）和（Cl_2+O_2）气体混合物并通过调整混合比例，分别可以将刻蚀角控制在 40°~80°和 7°~17°。

根据文献报道得出的结论是，Cl 基试剂会导致较低的刻蚀速率，使用它们的唯一优势（尽管没有彻底研究）是可以更好地控制电致损伤和具有更少的微沟槽。此外，Cl 基气体的毒性是 Cl 基试剂的另一个缺点，尽管氟基气体也有其自身的环境问题。

8.2.4　使用不同氟基气体有关的结果

SiC 多型体的等离子体刻蚀已在氟化气体（CHF_3、$CBrF_3$、CF_4、SF_6 和

NF$_3$）中进行了广泛研究，通常使用这些气体与氧气、氢气或氩气的混合。下面以及图 8.1 给出了这些结果的代表性总结。

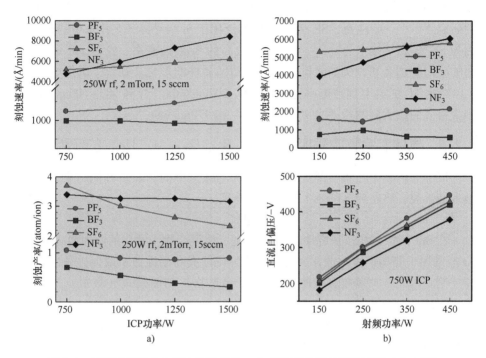

图 8.1 不同试剂的 SiC 刻蚀参数变化。a）ICP 源功率对刻蚀速率（左上图）和产率（左下图）的影响，b）刻蚀速率（右上图）和直流自偏压（右下部）对射频电极功率的依赖性[20]（American Vacuum Society 授权使用）

SiC 刻蚀速率与原料气体的平均键能密切相关，例如 BF$_3$ 154kcal/mol、PF$_5$ 126kcal/mol、CF$_4$ 116kcal/mol、CHF$_3$ 115kcal/mol、SF$_6$ 78.3kcal/mol 和 NF$_3$ 66.4kcal/mol[5,20-22]，键能越低，氟化物气体离解形成中性氟原子（活性刻蚀剂）的效率越高。

就表面粗糙度而言，不同气体之间没有差异[5]。

在 SiC RIE 刻蚀（主要是 3C-SiC 刻蚀）[2,15,21-23]和高密度等离子体刻蚀[3,24]中使用 CF$_4$ 的研究很少，因为它的刻蚀速率明显低于通常报告的 SF$_6$ 刻蚀速率。不广泛使用 CF$_4$ 的另一个原因是，由于反应分子中存在碳，在高 RF 功率下形成聚合物的可能性很高，这会导致 C-F 聚合物形成，能够在某些条件下阻挡进一步刻蚀[5,25]。

通过在 ICP[5]、RIE[26,27]和 ECR（电子回旋共振）[28]等离子体刻蚀研究中使用 NF$_3$，已经获得了 6H-SiC 和 4H-SiC 的高刻蚀速率，其中后一项研究表明，

NF$_3$ 的刻蚀速率大约是 SF$_6$ 的 4 倍。尽管 NF$_3$ 导致更高的刻蚀速率，但它尚未被用作刻蚀 SiC 的标准试剂，这可能是由于其毒性和较高的价格。

对 SiC 刻蚀最有利的氟化气体是 SF$_6$，并且已经发表了一系列关于这种试剂的研究[23,29-33]。请注意，SF$_6$ 等离子体广泛用于 Si 半导体工艺技术中的 Si 刻蚀，因为 SF$_6$ 等离子体中的 [F] 丰度会产生高的 Si 刻蚀速率。这对于需要刻蚀厚层的应用特别有利，例如微机械加工和功率器件图形化。在 SF$_6$ 试剂中 RIE 和 ICP 刻蚀 SiC 的典型刻蚀速率分别为 100~200nm/min[31,32] 和 300~600nm/min[5]，相应报告的最大刻蚀速率为 700nm/min[33] 和 970nm/min[10]。

8.2.5 气体混合物中添加剂（N$_2$、H$_2$、O$_2$、Ar、He）的作用

以下分析集中在添加剂对刻蚀机理和刻蚀速率的影响。其他结果，例如刻蚀表面形貌，将在后面的 8.4 节中详细介绍。

氩气

在 SiC 刻蚀的初步研究中，Ar 一直是气体混合物中常用的添加剂。事实上，Ar 经常用于等离子体刻蚀，因为它被认为可以提高刻蚀速率或促进各向异性轮廓控制。因此，大多数实验使用 Ar 离子通过物理刻蚀模式（溅射）进行直接表面刻蚀。

Ar 还改变了等离子体中的离子密度，其效果在 ICP 系统中进行的等离子体电荷动力学研究中得到了很好的描述[34]。

使用 Ar 的另一个原因是为了改变等离子体阻抗，从而优化能量沉积到放电中的效率，增加电子和正离子的密度，以及自由基的产生。在空军研究实验室[30,31,35]中，已经在基于 SF$_6$ 试剂的 6H-SiC RIE 刻蚀中研究了这种机制。

最后，有人提出，Ar$^+$ 离子的物理溅射有助于从刻蚀表面去除非挥发性或低挥发性碳氟化合物或富碳刻蚀产物[36]。

许多实验研究[30-33,35-37]表明，高 Ar 比[32,33]时，尽管存在自感应 DC 自偏压的净增长，刻蚀速率仍然比无添加时提高了（15%~20%）。但是这种对刻蚀速率的低促进以及高 DC 自偏压，依旧是目前很少有团队在 SiC 刻蚀中使用 Ar 的原因。

氧气

从 SiC 等离子体刻蚀一开始，最常用的稀释剂之一就是 O$_2$。在 SiC 刻蚀期间在氟基等离子体中添加氧气的几个原因如下：

1）与使用纯氟基气体的刻蚀相比，使用氟基气体的 O$_2$ 混合物对 Si 进行等离子体刻蚀时获得的刻蚀速率明显更高（~4 倍）。对于 Si 刻蚀，O$_2$ 含量高达 20% 的混合物的较高刻蚀速率归因于通过与刻蚀副产物（SiF$_x$,...）的化学反应产生了更高密度的氟原子。

2）由于 Si 原子的去除率高于 C 原子，在 RIE 刻蚀的 SiC 表面上形成了富 C 层，氧气可以通过形成挥发性氧化物从 SiC 表面去除碳[2]。

3）作为对上述论点的补充，在原料气体中增加 O_2 会导致表面有足够的 [O] 化学吸收，使其更像"氧化物"，从而减少可用于刻蚀的 Si 格点，并使 Si 和 C 的去除率相等[38]。

4）将 O_2 添加到强电负性附着气体中会改变放电的电特性，从而实现更有效的功率沉积并产生更多的离子和自由基[31]。

5）氧气与 SiC 表面不饱和氟化物反应生成活性 F 原子，同时消耗这些能够形成聚合物的粒子[13]。

6）存在 O_2 时，SiC 在 Al 掩模上的刻蚀选择性增加[39]。

7）在 SF_6 气体中添加 O_2 可防止在室壁上发生不希望的硫基沉积（通过形成 SO_xF_y 等挥发性产物）[11]。

然而，使用 O_2 进行 SiC 刻蚀的大量研究得出的结论是，使用富含 O_2 的 SF_6 和 CF_4 混合物的 SiC 刻蚀速率的相对增加不如 Si 中那么明显，这表明刻蚀气体的化学组分在 SiC 刻蚀机理中所起的作用在减弱。对此结果的普遍解释是，在氟等离子体中添加 O_2 确实提供了从残留 C-F 中以 CO 和 CO_2 的形式挥发 C 的途径，这会提高刻蚀速率，但也会在 SiC 表面产生 SiO_2，从而抑制刻蚀过程[10,12]。在高 O_2 含量下降低 SiC 刻蚀速率的另一种可能解释是活性氟的减少，进而 C-F 反应减少，因为稀释效应并不能从增加的 C-O 反应中得到补偿[25]。

根据峰值刻蚀速率和这些竞争机制中获得的最佳 O_2 含量，取决于所使用的氟基气体。实际上，在低氟含量的气体中，O_2% 较高时会出现峰值刻蚀速率[2]，例如，CHF_3/O_2[25]、CF_4/O_2[15,23,24] 和 SF_6/O_2[10,12,23,40,41] 等气体混合物中，最佳刻蚀速率对应的 O_2 含量分别为~60%、~40%、~20%。

<u>氢气</u>

有一个共识[13,21,42]认为添加 H_2 可以改善刻蚀表面形貌，尤其是对于微掩模，这是由于通过形成 AlH_3 去除了沉积在 SiC 表面上的 Al[14]。SiC 上的铝沉积是由于铝制室壁的溅射。此外，添加 H_2 会降低表面氟化物原子浓度，这与在表面上形成的限速碳氟化合物膜有关（见 8.2.2 节）[13]。根据同一项研究，刻蚀后 H_2 退火可以进一步将表面氟化物原子浓度抑制到小于 3%[13]。

然而，就 H_2 对刻蚀速率的影响而言，报道的结果略有不同，即 10% 以下时刻蚀速率随 H_2 含量增加而增加[13]，10% 以上时刻蚀速率随 H_2 含量增加而减小[21]和略有下降[42]。此外，已观察到刻蚀表面（CF_4/H_2）或 RIE 室（SF_6/H_2）的污染[42]。在前一种情况下，任何化学试剂都无法去除的有机层已沉积在 SiC 表面上，使其具有疏水性。在后一种情况下，白色灰尘已沉积在 RIE 室壁上。

参考文献［25］也证实上述的观察结果，即添加 H_2 不仅增加了刻蚀 SiC 上的聚合物形成，而且还增加了刻蚀室壁上的聚合物形成。

主要是由于上述污染问题，H_2 已不再用于 SiC 刻蚀，并且采用其他方法可以在没有微掩模的情况下实现平滑的等离子体刻蚀表面。

氦气

与 Ar 类似，He 已被提议用作更好的功率传输的稀释剂[31]，其刻蚀速率高于基于 Ar 的混合物。尽管科学出版物中没有提到它的用途，但工业铸造厂正在将其用作等离子体刻蚀中的气体添加剂，以制造 SiC 器件。

氮气

Wolf 和 Helbing[23]研究了 N_2 对含氧等离子体的氟基混合物中 SiC 刻蚀的影响。在 SiC 刻蚀中 N_2 的使用并未显示出优势，并且不再有研究报道其使用情况。

8.3 刻蚀速率

8.3.1 压力的作用

就等离子体刻蚀室压力对 SiC 刻蚀速率的影响而言，存在多个有时相互矛盾的结果，并且 RIE 和 ICP 系统之间存在显著差异。

大多数关于 SiC 的 RIE 刻蚀的研究都认为，气体压力的增加会导致刻蚀速率相应增加，达到一定值，然后下降。前者与 RIE 室中原子氟的产生直接相关，因为气体分子和电子之间的碰撞几率较高。后者是由平均自由程的减少引起的，即电场的两个电子-分子碰撞之间积累的能量减少，从而降低了电离概率。此外，在该高压区，由于聚合物形成、刻蚀残留物和刻蚀产物的吸附而导致的表面钝化减少了刻蚀反应。无论要刻蚀的材料如何，该结果都与等离子体密度对气压依赖性的"钟形"趋势一致。

Camara 等人[32,33]详细研究了腔室压力的影响，采用光致发光谱（OES）来监测氟原子浓度的演变，是基于 RIE 研究压力对刻蚀速率影响[24,43]的代表。在高腔室压力下进行的基于 SF_6 的工艺中获得了非常高的 4H-SiC 刻蚀速率（高达 700nm/min）[33]。对于恒定的射频功率，刻蚀速率随着压力上升到最大值而平稳增加，然后急剧下降（见图 8.2a）。在确定的 RIE 室压力下获得的刻蚀速率的最大值（刻蚀速率峰值）几乎随射频功率线性增加（见图 8.3）[33]。对于低于 100mTorr⊖的压力，刻蚀速率主要取决于直流自偏压而不是氟原子含量，因为后

⊖ 1Torr=133.322Pa。——译者注

者对于足够高的功率（>100W）几乎相同，显示出纯物理的刻蚀机制。然而，当压力增加到100mTorr以上时，氟原子密度随着刻蚀速率的增加而增加，而直流自偏压降低（撞击离子的能量也降低）。由于F原子是SiC刻蚀的主要化学试剂，因此增加F原子密度会提高刻蚀速率，这表明刻蚀具有更多的"化学"性质。根据参考文献[35]，直接电子撞击激发率随压力非线性地增加，这解释了更高的氟原子产量。请注意，在刻蚀速率峰值压力值之上，观察到刻蚀速率急剧下降，并提出了这种突然下降的各种原因：①由于碰撞增加和平均自由程/离子寿命随之减少，产生的氟原子减少[32,33]，②直流自偏压降低到100V以下，减少了离子高能通量造成的键断裂[32,33]，③表面化学抵消了F原子密度的升高，后者可以包括活性物质解吸，尽管在参考文献[35]中没有明确提及。请注意，在参考文献[35]中，上述刻蚀速率的突然下降伴随着显著的硫沉积污染。

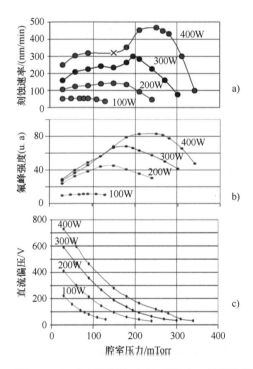

图8.2 不同RIE RF功率下刻蚀速率（图a）、氟峰强度（图b）
RIE RF DC自偏压（图c）对腔室压力的依赖性[33]

在RIE系统中获得的上述净刻蚀速率随腔室压力的增加，在高密度等离子体反应器[3,4,11,28,44-47]中没有观察到，其中刻蚀速率随压力的变化并不像RIE系统中那样明显，并且在某些情况下表现出相反的行为。值得注意的是，RIE系统中的典型压力范围在20~300mTorr之间，而ICP系统中的典型压力范围

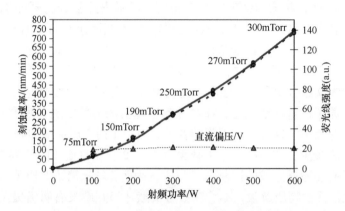

图 8.3 最大刻蚀速率（蓝色圆圈）和对应的直流偏压值（黄色三角形）、荧光线强度（红色圆圈）和腔室压力（蓝色圆圈）随 RIE 射频功率的变化，该图使用了图 8.2 的数据[33]

在 4~30mTorr 之间。此外，在高密度等离子体反应器中，气体离解成氟原子的过程在非常低的压力下发生，因此不需要像在 RIE 中那样使用高压来产生高浓度的活性 F 原子。

例如，在使用 SF_6 的磁增强 ICP 研究[44]中，SiC 刻蚀速率随着工作压力的增加呈线性下降，类似于 1500W 射频源功率下 F 自由基密度的变化[44]。然而，当磁场关闭时，刻蚀速率随压力保持恒定。在参考文献［4］中，据报道，对于 800W 线圈功率，SiC 刻蚀速率随压力线性下降。相反，同一小组在后来的研究中报告说，刻蚀速率随着压力的增加而增加[45]，参考文献［48］的研究证实了这一结论。在参考文献［25］中，刻蚀速率随着气压增加而增加直到饱和，在参考文献［46］中也观察到相同的情况。Biscarrat 等人[47]报道，对于 600W 的线圈功率，刻蚀速率随 SF_6 压力增加略有下降，而 1200W 时刻蚀速率随 SF_6 压力增加略有增加，而对于 1800W 的线圈功率刻蚀速率随 SF_6 压力增加保持恒定。参考文献［41］中报道了类似的结果，其中刻蚀速率在 800W 功率下增加，而在 500W 线圈功率下保持稳定或略有下降。

上述看似复杂且经常相互矛盾的趋势可能与刻蚀速率对腔室压力的依赖性相对较低有关。因此，影响活性物质产生和正离子通量的特定高密度等离子体工艺条件可能导致各种研究的不同趋势。例如，刻蚀 SiC 表面的温度可以解释上述结果，因为在高源功率下，如果不能确保与电极的良好热接触，则腔室中的热预算会显著加热刻蚀 SiC 表面。因此，不可能对各种基于高密度等离子体的 SiC 刻蚀研究进行比较，并提取单一一致的行为，因为在此过程中样品自热可能会使整个情况复杂化。

8.3.2 衬底基板射频功率/直流自偏压的作用

通常认为，对于物理或等离子体刻蚀，刻蚀速率与衬底能量的二次方根成正比。然而，由于各种原因，这种依赖性通常并不明显。

首先，请注意，在大多数 SiC 等离子体刻蚀研究中，每个参数的影响已通过保持其他参数不变而单独研究。因此，大多数与衬底射频功率变化相关的研究都是在恒定压力下通过改变射频功率进行的。在这种实验配置中，一个常见的实验发现是，通过增加衬底支架射频功率，已观察到感应直流自偏压（在 RIE 和 ICP 系统中）以及刻蚀速率几乎呈线性增加[23,27]。因此，普遍认为 SiC 刻蚀速率取决于直流自偏压，因此，要获得高刻蚀速率，必须进行基于物理轰击的工艺，这可以通过增加射频功率和自感应直流自偏压来实现。

上述假设没有考虑到在 RIE 系统中，射频功率的增加会导致氟原子密度和直流自偏压值的增加，并且无法区分它们对刻蚀速率的贡献，这需要进行系统研究以阐明直流自偏压和原子氟的作用，Camara 等人[32,33]已经解决了这个问题。该研究的主要结果（见图 8.3）是：①对于足够高的压力，刻蚀速率主要与氟原子的强度有关，而不是与直流自偏压有关，②当在恒定压力下改变射频功率时，刻蚀速率随着直流自偏压的增加而增加，③在恒定射频功率下增加腔室压力时，刻蚀速率增加，同时直流自偏压减小（见图 8.2），④在每个射频功率值下，在大约 100V 的相同直流自偏压下获得了最大刻蚀速率，这表明高直流自偏压不是获得高 SiC 刻蚀速率的先决条件。对于最大刻蚀速率下的 100V 直流自偏压的一种可能解释是，在该直流偏压下，离子诱导的化学刻蚀过程激活和化学活性物质表面解吸之间存在最佳折中。结论是在高压下高能离子刻蚀模式占主导地位。另一方面，对于足够低的 RIE 腔室压力（<100mTorr），氟原子的强度对于不同的 RF 功率值是相同的，并且刻蚀速率与直流自偏压直接相关，正如预期的那样，基于溅射的刻蚀占主导地位[32,33]。

在大多数使用 SF_6 或 CF_4/O_2 混合物并在恒定气压下进行的 ICP 研究中，刻蚀速率随衬底直流自偏压线性增加[24,44,47]或超线性增加[3,41]，后者是由射频电极功率的增加所致[4]。在参考文献[41,49]中，这种增加最高可达 200V（参考文献 [39] 为 350V），然后观察到饱和。根据参考文献 [39]，当自偏压高于某个值时，刻蚀速率的饱和表明 Si-C 键断裂不再是限制步骤，对于足够高的氟产生，刻蚀速率限制因素是基于表面的反应，很可能是产生 CF_2 挥发物的 C-F 反应。直流自偏压似乎对 C-F 反应没有影响，而是对 Si-C 键断裂有影响[46]。

增强的离子轰击似乎可以解释 ICP 系统中这种刻蚀速率随射频基板功率的增加：①氟原子密度主要由射频源/线圈功率控制，②射频偏置功率对离子和电子密度没有明显影响[34]，③ICP 系统中的压力通常非常低（<30mTorr）。

即使没有 ICP 衬底偏置，也有报道称获得了 20nm/min[24] 和 ~10nm/min[41] 的刻蚀速率。根据参考文献［3］，这表明 SiC 被 F 自由基化学刻蚀，而不需要高能离子的辅助。然而，SiC 的高各向异性刻蚀特性排除了这种解释。一个更合理的解释是，即使自偏压为零时也存在等离子体电势，并且 F 自由基的存在足以通过广泛接受的高能离子⊖刻蚀机制来刻蚀 SiC。

总之，对于大多数 SiC RIE 刻蚀研究，无论实验配置如何，都观察到刻蚀速率随射频功率稳步增加，这归因于较高的氟原子产量控制着刻蚀速率。由于刻蚀的溅射（即物理去除）机制增加，大多数 SiC ICP 刻蚀研究都观察到了刻蚀速率随射频基板功率或等效自感应偏压的增加而增加。

8.3.3 ICP 射频功率（源/线圈功率）的作用

关于射频源功率对刻蚀速率的影响还没有一致意见。在许多研究[24,41,44,47,49]中，刻蚀速率明显稳定地增加，而在其他研究[5,48,50]中这种增加并不显著（见图 8.1），表明随着 ICP 功率的变化，射频等离子体产生的离子自由基的密度保持大致恒定，或者用于刻蚀速率限制工艺（键断裂、沉积表面层去除等）的必要自由基达到了饱和。

请注意，对于恒定的射频电极功率，直流自偏压（V_{DC}）随着源功率的增加而降低，这里认为 $P_{substrate} = J_{i+} \times V_{DC}$ 并且正离子通量（J_{i+}）与源功率成正比[47]。这是一个近似，因为没有考虑源和电极功率之间的耦合。

8.3.4 气流的作用

气流的影响尚未得到广泛研究，但大多数研究过这种依赖性的报道[3,46,48,51]都认为刻蚀速率随着气流的增加略有增加。

缺乏关于气流影响的其他研究，这表明足够高的气流用于补充反应物和去除挥发性刻蚀产物，除此之外它的影响并不重要。

8.3.5 晶面的作用

原则上，预计暴露于等离子体的不同晶面之间的刻蚀速率存在差异。这些差异更多是由于不同的悬挂键密度和晶面的反应活性，而不是由于不同的晶体结构。例如，立方（001）面上的每个原子都有两个悬挂键，而（111）面上仅存在一个悬挂键，类似于六方 SiC 的（0001）面。

Wolf 和 Helbig[23] 通过采用 CF_4 和 SF_6 研究了 Si 面和 C 面对 6H-SiC RIE 刻蚀的影响。对于这两种试剂，在没有 O_2 的情况下，硅面的刻蚀速率比碳面快

⊖ 离子能量是等离子体电势和直流自偏压的总和。——作者注

1.2 倍。随着 O_2 的加入，情况开始发生逆转，碳面被刻蚀得更快。氧的进一步增加导致两个晶面的刻蚀速率一致。

J. Choi 等人[52]的一项有趣的研究显示了多型体和晶面对刻蚀速率的影响，他们的目的是形成高纵横比的 SiC 柱，经过长时间的刻蚀，最初的圆形变成了多面的。刻蚀后不同 SiC 多型体的刻面是不同的，并且还取决于 SiC 晶片的轴向偏离。根据作者的说法，足够长的刻蚀过程允许根据刻蚀的多型体和晶体取向以最低的刻蚀速率出现晶面。

由于所有功率 SiC 器件都是在 Si 面上制造的，因此无需在这方面进行深入的研究。

8.3.6 掺杂类型的作用

根据参考文献［53］，对于 ICP 刻蚀，n^+ 和 p^+ SiC 之间的刻蚀速率不存在明显差异，这表明费米能级效应在刻蚀机制中不起作用，参考文献［4］中报道了类似的结论，而在参考文献［1］中指出，当 n 型掺杂增加时，RIE 系统中的刻蚀速率会增加。

Okamoto[54]对 n 型和半绝缘（S.I.）SiC 衬底刻蚀进行了比较，目的是优化通孔的形成。S.I. SiC 的刻蚀速率明显低于 n-SiC 的刻蚀速率（超过 20%），这种不同的行为归因于晶片加热中衬底之间的差异。由于较高的自由载流子吸收，n-SiC 的热导率更低一些，这样，n^+ SiC 在刻蚀过程中的晶片温度变得比 S.I. SiC 更高，因此 n-SiC 的刻蚀速率提高了。

总之，如果不考虑刻蚀过程中的衬底自热，则各种导电性 SiC 衬底之间没有区别。

8.3.7 腔室/衬底电极几何形状的作用

改变等离子体刻蚀器中电极之间的间距会导致等离子体特性的改变。

确实，不对称平行板 RIE 中电极距离的减小似乎很可能由于等离子体分子电离程度较低而降低了刻蚀速率[29]。

在参考文献［50］中，ICP 电极与源线圈的距离已经增加（从 90~170mm）以进一步增加自偏压（V_{DC}），目的是在其他参数（主要是基板功率和源功率）达到最优时可以获得高 V_{DC} 值，进而增加刻蚀速率。

相反，根据参考文献［11］，通过最小化衬底支架和螺旋室中源管底部之间的距离，可以获得高刻蚀速率和均匀的刻蚀区，这种行为归因于这样一个事实，即在扩散区（$P=6mTorr$），正离子密度随着与源的距离增加而降低。由于扩散长度随 $1/P$ 变化，这种情况在较高压力下恶化。ECR 反应器实验[3]也获得了类似的结果，随着距离从 8cm 减小到 1cm，刻蚀速率增加了 3 倍。

总之，通过移动衬底电极来减小等离子体长度会导致在 RIE 和 ICP 系统中刻蚀速率降低，而在 ECR/helicon 系统中刻蚀速率会增加，这种刻蚀速率差异的原因尚不清楚。

8.3.8 衬底温度的作用

尽管由于等离子体作用和晶片与电极板的热隔离会发生实质性的加热，但刻蚀晶片表面温度变化的影响尚未得到广泛研究。确实，ICP 会用到高的射频功率（源加压板），任何暴露在等离子体中的东西，包括正在刻蚀的样品，也会变热。如果没有使用背面氦气流冷却的电极，基板可以毫不费力地加热到 300℃，这在参考文献 [55] 中得到证明，在相同的 ICP 刻蚀条件下，对于简单安装和粘贴在 Ni 载台上的 SiC 样品，分别测量到 $2.92\mu m/min$ 和 $1.62\mu m/min$ 的刻蚀速率。相反，RIE（平行板配置）通常不需要热安装，因为所需的总射频功率远低于 ICP。然而，在 SiC RIE 刻蚀中观察到，由于衬底加热，在功率高于 200W 的情况下刻蚀的铝掩模会出现粘附性问题[33]。

在专门设计的 RIE 反应器[56]和 ECR 反应器[57]中，系统研究了温度对正轴和偏轴 4H-SiC 衬底刻蚀速率的影响，随着垂直和横向刻蚀速率的增加，衬底温度的升高会导致更加各向同性的刻蚀（见图 8.4）。刻蚀速率的温度依赖性可以使用以下表达式来描述：

$$ER(T) = AT^{1/2}\exp(-E_{etch}/kT)$$

式中，ER 为刻蚀速率；A 为常数；E_{etch} 为刻蚀速率的激活能；k 为玻尔兹曼常数；T 为衬底温度。刻蚀速率的激活能确定为 0.23~0.24eV，该值对应于 SiF_4 的蒸发焓为 0.27eV，表明在升高的温度下刻蚀速率的反应-产物-解吸机制。

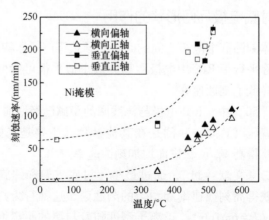

图 8.4 具有 Ni 掩模的正轴和 8.5°偏轴 Si 面 4H-SiC 的垂直和横向刻蚀速率（40sccm SF_6、100W 和 0.2mbar）随温度的变化关系[56]

因此，高温似乎增加了氟基气体中的刻蚀速率，这与在 SiC 低温刻蚀的极少数研究之一[18]中观察到的 Cl 基刻蚀中的刻蚀速率相反。请注意，在低于 150℃ 的温度下，吸附行为的变化和增加的缺陷形成以及溅射速率占主导地位。

总之，在氟刻蚀期间将 SiC 衬底加热到 300℃ 以上会导致刻蚀速率显著提高，并且各向异性刻蚀降低。因此，对于涉及高射频功率的 ICP 刻蚀，有效的散热（热黏合和高导热率基座）配置是必要的。

8.3.9 负载效应

在使用 ICP 系统[5]的通孔刻蚀优化实验中观察到了重要的负载效应，即使对于 $5 \times 5 mm^2$ 的小块样品也是如此（见图 8.5）。刻蚀速率随着通孔直径（微负载）的减小和暴露的 SiC 面积（宏负载）的增加而下降。根据作者的说法，这是对纵横比依赖性刻蚀的一个非常清楚的证明，这是由于随着刻蚀的进行，反应物难以进入（和刻蚀产物难以离开）加深的孔。

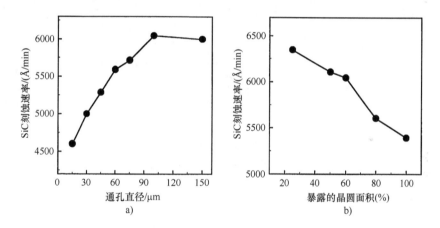

图 8.5　SiC 刻蚀速率随（图 a）通孔直径（约 60% 的晶圆暴露）和（图 b）暴露的晶圆面积百分比（100μm 的恒定通孔直径）的依赖关系[5]，ICP 条件：SF_6 刻蚀气体，500W 源功率，5mTorr 真空压力和 250W 卡盘功率（Springer Nature）

在磁增强的感应耦合等离子体反应离子刻蚀机（ME-ICP-RIE）中，对于深度（>200μm）刻蚀，观察到相同的行为，对于小于 100μm 的掩模开口，微负载效应变得很重要[58]。

在参考文献 [59] 中，已经提出了 20μm（而不是上面的 100μm）的掩模开口极限，以对于微带线降低刻蚀速率。还研究了刻蚀速率随时间的演变。

总之，对于圆形和线性图形，掩模开口分别小于 100μm 和 20μm 时刻蚀速率会有所降低。

8.4 刻蚀表面/侧壁的形貌

8.4.1 微掩模效应

SiC 离子刻蚀的一个难题是在各种实验条件下长时间刻蚀后会形成残留物（导致表面更粗糙——草皮/微掩模效应），普遍接受的解释是，它与 SiC 刻蚀过程中由于 SiC 的硬度而需要相对较重的离子轰击有关，这时，室温下的主要化学刻蚀模式是不可能的。因此，腔室部件（例如承载 SiC 样品的电极）以及所采用的金属基硬掩模的溅射是不可避免的。一些溅射材料在刻蚀下重新沉积在表面上，导致该表面的微掩模和随着刻蚀的进行而产生显著的粗糙度（见图 8.6）。

图 8.6 用 Al（图 a、图 b）和 Ni（图 c、图 d）掩模刻蚀后的 SiC 表面的 SEM 图像，Al 电极在图 a 中未被覆盖，在图 b 中被玻璃覆盖，在图 c 和图 d 中，图像显示来自同一样品，但在图 c 中具有密集图形（JFET 的源极指区域）。请注意图 c 中源指之间的狭窄空间中没有微掩模效应，这可能是由于侧壁反射造成的离子损失和深沟槽中的阴影效应，减少了靠近侧壁的微掩模颗粒的沉积[42]

残留物的形成对于后续工艺 [例如金属接触（欧姆或肖特基）形成] 可能是一个严重的问题。因此，必须避免非挥发性物质（刻蚀副产物和从硬掩模、电极、腔室溅射的材料）的二次沉积，已经开发了几种方法来防止残留物的形成。

一种通用的方法是使用相对较低的离子轰击能量（或相当低的直流自偏压）来最大限度地减少非挥发性材料的溅射[37]，尽管这会导致较低的刻蚀速率和二级效应，例如较小的刻蚀各向异性[59]。

使用适当的电极/压板也是必要的。正如参考文献 [1, 21] 中详细描述的那样，当电极由 Al 制成时，会观察到显著的微掩模效应。同样，蓝宝石、氮化铝、阳极氧化铝和镀镍铝等含铝压板都会产生不可接受的微掩模效应[37]。残留物主要是含铝化合物,由此产生的粗糙度的变化通常称为铝微掩模效应。这部分是由于包含铝电极的商业 RIE 系统旨在容纳多个大型硅晶片,因此,Al 电极的面积通常远大于被刻蚀的 SiC 样品的面积。通过用石墨[21,37]或玻璃板[42]甚至使用钼电极[30,31]来覆盖电极,可以获得光滑、无残留的表面[2]。这种方法取决于反应器的几何形状,并且已经观察到副作用,例如由于电极未覆盖或反应室壁剥落形成聚合物,以及在石墨或石英压板的情况下的负载效应[3]。另一方面,使用石英覆盖阴极减少了微掩模,当在石英盖上放置一个硅晶片时,微掩模效应彻底消失[42,43],这是由于 Si 晶片的加入提供了更多的 Si 原子,导致形成更易挥发的 SiF_x 产物,因此,过量的 F 离子不会用于形成非易失性物质[43]。的确,当硅晶片放置在石英顶部时,用 OES 测量的等离子体中的原子氟密度会降低[42]。然而,在这种情况下,由于增加了刻蚀 SiC 衬底的尺寸,可能会出现负载效应。

据报道,在气体混合物中添加少量 H_2 可防止由于形成 Al-H 挥发性产物⊖而产生的 Al 微掩模效应,但会降低刻蚀速率[2,21]。相反,添加 O_2 可以增加微掩模效应,因为 Al 沉积物的氧化会降低其挥发性[3]。

许多研究已经证明了硬掩模物种和微掩模效应之间的关系。Al 和 Ni 掩模显示出良好的刻蚀选择性(见下面的分析),并被用作 SiC 刻蚀的硬掩模。然而,在许多情况下,Al 会导致微掩模效应,而 Ni 掩模的微掩模效应很微弱,这是其在 SiC 等离子体刻蚀中广泛用作掩模材料的另一个原因(除了高选择性之外)[37,42]。根据参考文献[60],SF_6 基化学试剂中的镍基副产物与铝基相比具有更高的蒸气压,因此使用镍掩模可以获得更光滑的表面。然而,请注意,镍掩模沉积方法(蒸发、溅射、电镀)在微掩模效应方面的表现有所不同[42]。

掩模的面密度也起作用,尽管使用覆盖的射频电极和/或高腔室压力[42],但面密度较高的 Al 掩模甚至 Ni 掩模仍会导致显著的微掩模效应(见图 8.6)[42,60]。使用密度较低的镍掩模[43]或根据参考文献[60]使用石墨掩模可以解决这个问题。然而,石墨掩模由于选择性非常低(<2),只能用于浅刻蚀。也有人建议交替使用 SF_6 和 O_2 等离子体,而不是在单个连续步骤中进行刻蚀,以去除初始阶段形成的 F 基聚合物[42]。

等离子体不稳定性(瞬间塌陷等)也可能导致微掩模效应[48,61],因此必须监控刻蚀过程以避免这些不稳定性和由此产生的微掩模效应。

被杂质污染的 SiC 表面也会导致微掩模效应[42],因此必须在等离子体刻蚀之前采用 8.4.2 节中提出的表面处理,以避免由于表面污染而产生微掩模效应。

⊖ H_2 和 Al 簇的气相反应很可能形成铝烷(AlH_3)挥发性化合物。——作者注

用于避免微掩模效应的最佳腔室压力在 RIE 和 ICP 系统之间有所不同。对 RIE 系统的研究提出增加腔室压力以减少离子轰击（更小的离子能量），由于微掩模颗粒去除且二次沉积更小，因而可以有效抑制微掩模效应[27,32,33]。相反，在 ICP 系统中，对于使用 CF_4/O_2 混合物的 ICP SiC 刻蚀[24]和深度（>5μm）刻蚀，高压（20~30mTorr）条件导致了严重的微掩模效应。减小刻蚀压力或厚度可以消除微掩模效应，压力的影响可以通过在低压下刻蚀副产物的较长平均自由程来解释，因此增加了从刻蚀表面解吸的可能性。在参考文献［4］中明显观察到相同的趋势，而在参考文献［58］中，使用非常低的压力（1.8mTorr）来防止反应产物二次沉积在刻蚀衬底上。

由于 Ar 增加了离子轰击效应[36]，因此还建议使用 SF_6 中的 Ar 添加剂作为聚合物清洁剂。

总之，覆盖/更换铝基电极并结合使用非致密镍掩模，以及使用低直流自偏压，是消除微掩模效应的最佳方法。在 ICP 系统中必须使用低腔室压力，而在 RIE 系统中优选使用高压。

8.4.2 深（>10μm）刻蚀后的微掩模效应

在深刻蚀（主要用于通孔形成或 MEMS 制造）以及采用了可以预防微掩模效应的工艺条件的较浅（<10μm）刻蚀之后的刻蚀区底部，仍然观察到了柱状产物的微掩模效应问题。根据 Voss 等人[37]的说法，这种微掩模似乎归因于两个不同的原因，一种是非挥发性物质的沉积，包括刻蚀产物和从腔室溅射到通孔上的材料，另一种是对 SiC 固有缺陷的缓慢刻蚀。后者得到了 Okamoto[55]的研究结果的支持，根据他的说法，微管本身是高活性的，但是被非挥发性产物钝化了，这些产物是由金属掩模上刻蚀的 Ni 和刻蚀过程中产生的 SiF_x 的化学组合。因此，微管的起源充当了微掩模。总之，作为柱状产物形成核的缺陷不限于晶体缺陷，还包括表面污染或表面缺陷，如晶圆研磨引起的表面缺陷[37]。

污染残留的一个迹象是刻蚀下表面上存在的凹坑（见图 8.7）[4]。据作者称，与没有纹理的 SiC 表面相比，凹坑表面可能更容易与 Al 或 Ni 发生反应，从而捕获 Al 或 Ni 以产生微掩模效应。如果不存在凹坑，Al 可能会在表面上保持移动，直到它被解吸。实验发现，在刻蚀前没有原位等离子体清洗的情况下，残留的碳氢化合物和水汽会大大增加凹坑的密度[4]。

事实上，各种研究[4,37,45,62]通过在刻蚀前引入 Ar 和/或 O_2 等离子体预处理来减少柱状产物的形成。然而，Ar 溅射对 Ni 掩模的刻蚀显著，而对 SiC 的刻蚀较少，替代解决方案是使用 O_2 清洁工艺替代 Ar[4]。

在一些研究[4,35,37]中，还提出了在刻蚀过程中使用 Ar 来减少微掩模效应。在参考文献［4］中，85% Ar/15% SF_6 的混合物被认为是在没有微掩模效应的

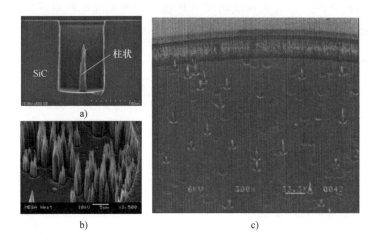

图 8.7 SiC 通孔中柱状（草状尖刺）产物的 SEM 图像，图 c 中电镀的镍没有剥落，图 c 和图 b 中的凹痕很明显，图 a 和图 b 中的图像分别取自［L. F. Voss, et al., J. Vac. Sci. Technol. B 26（2008）487-494］和［N. Okamoto, J. Vac. Sci. Technol. A 27（2009）295-300］；图 c 中的图像取自参考文献［4］（由 Taylor & Francis 授权使用）

情况下进行深（>40μm）刻蚀的最佳选择，尽管会降低刻蚀速率和 Ni 选择性。参考文献［30］的作者提出了一种 $SF_6/O_2/Ar$（5:1:5）的气体混合物，以在不降低刻蚀速率和 Ni 掩模选择性的情况下获得无柱状产物的底部通孔。

除了 Ar 预处理，参考文献［62］的作者已将 CF_4 添加到 SF_6/He 气体中以完全消除柱状产物的形成。

N. Okamoto[55]试图将气压保持在尽可能低的水平，以避免镍掩模副产物沉积在刻蚀区域的底部。然而，必须在气压值上做出折中，因为在低压（<35mTorr）下，刻蚀速率和掩模选择性会降低，并且微沟槽效应非常严重⊖。

在参考文献［48］中，表面的溅射清洁不足以防止在 ICP 功率低于 1500W 时形成柱状产物，据作者称，在低线圈射频功率下，某些反应离子种类的密度有所降低并形成柱状产物。此外，作者认为柱状产物形成与先前的腔室使用情况（暴露于空气、使用 Cl 基试剂等）以及有利于 Ni 掩模溅射和再沉积的高衬底温度有关。后者已通过采用不同的 SiC 晶圆载体和键合方法得到证明，从而导致不同的散热。

总之，大家一致认为刻蚀室的调节和使用低缺陷密度衬底，以及用 Ar 和 O_2 等离子体进行合适的 SiC 表面预处理，是在非常深（>50μm）刻蚀后获得光

⊖ 很难与其他研究进行比较，因为 ICP 系统中的通常压力范围高达 30mTorr，而在本研究中，压力范围高达 200mTorr。——作者注

滑底部的必要条件。也有人建议增加 ICP 线圈功率或降低腔室压力以获得无柱状产物的通孔。

8.4.3　SiC 表面离子刻蚀的抛光效果

在许多情况下，优化的 RIE 或 ICP 刻蚀 SiC 的特点是表面非常光滑，甚至比刻蚀前更光滑[13,20,32,36,63]（见图 8.8）。

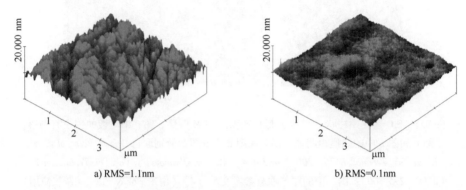

a) RMS=1.1nm　　　　　　　　b) RMS=0.1nm

图 8.8　SiC 表面的 AFM 显微照片（由 Elsevier 授权使用）
a) 在 RIE 刻蚀之前　b) 在 14μm 的最佳刻蚀之后[32]

这种粗糙表面的平坦化现象通常在离子驱动刻蚀过程中观察到，并且源于离子研磨速率的角度依赖性[1]，这导致高纵横比特征的更快去除，并产生更平滑的形貌。出于这个原因，有人[23]提出采用 RIE 刻蚀作为在抛光工艺后 SiC 表面平坦化的方法。

请注意，在装入 RIE 腔室之前，必须先进行待刻蚀表面的 RCA 以及 BHF 清洗，以便在深度刻蚀后获得非常光滑的表面。

也有人提出将含氟气体与 H_2[13]或 Ar[36,64]结合使用，以在离子铣削的同时从刻蚀表面去除非挥发性或低挥发性碳氟化合物或富碳刻蚀产物。根据参考文献［19］，在富 $O_2(SF_6+O_2)$ 气体混合物中更容易去除这些低挥发性反应产物，例如 $CF_x(CF_2,CF_3)$，从而导致更低的表面粗糙度。

8.4.4　微沟槽效应

SiC 干法刻蚀的一个常见问题是微沟槽效应（见图 8.9），它是指由于局部刻蚀速率的增加而在靠近侧壁的底部形成 V 形凹槽[49]。

微沟槽会影响 SiC 器件的性能（击穿电压），必须避免。实际上，电势线在沟槽区具有更高的密度，成为高电应力区。例如，已经表明，沟槽效应可能会导致 SiC 埋栅 JFET[65]中的局部短通道效应。此外，它在 MEMS 应用中是有害

 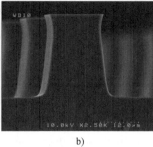 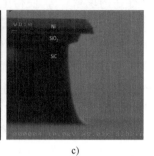

图 8.9 在 ICP 系统中刻蚀的 SiC 的横截面[47]（对于所有情况，$P = 8mTorr$）
a) $P_{source} = 600W$，$P_{electrode} = 100W$ b) $P_{source} = 1800W$，$P_{electrode} = 100W$
c) $P_{source} = 1800W$，$P_{electrode} = 100W$

的，因为它会通过应力集中使得压力传感器隔膜明显退化。

这种现象在其他半导体中很常见，它归因于：①反应物和入射等离子体离子在掩模上形成刻面[53]；②由于等离子体鞘内的碰撞导致离子束入射角分散[66,67]；③带电侧壁的离子反射和在衬底沟槽中形成的局部电场分布在侧壁底部引起离子轰击增强[68-70]。此外，一个不包括离子通量的模型[71]，仅基于表面活性物质的扩散，已经能够解释侧壁扰动，特别是微沟槽效应和弯曲效应。

已经提出和/或测试了不同的方法来消除侧壁底部的微沟槽形成，例如，控制自感应直流自偏压和入射离子的能量[3,68,72]，将衬底温度降低到 −80℃[67]，在沟槽侧壁上生长抑制剂膜（尤其是为了避免弯曲）[67]或使用高压来增加中性散射并获得方向性较小的离子通量[72,73]（减小导致各向同性速度分布的离子的平均自由程）。适当技术的选择取决于样品衬底和掩模的物理特性（绝缘或导电），以及刻蚀工艺设置。

类似地，在 SiC 刻蚀的情况下已经采用了各种方法来避免微沟槽现象。在大多数情况下[24,42,43,45,47,49,50]，沟槽在刻蚀条件下消失，导致侧壁角低于 85°的非垂直（凹入/弯曲）侧壁轮廓（见图 8.9）。

形成倾斜的刻蚀壁的一个非常激进的解决方案是通过湿法腐蚀使 SiO_2 掩模具有相同的斜率，以便在干法刻蚀中转移相同的斜率到下面的 SiC 中[65]。

据报道，使用 Cl 基或添加含 Br 试剂[74]结合低温[18]或高温（900℃）刻蚀[75]，足以有效抑制微沟槽效应。

ICP 源功率是使用纯 SF_6 试剂刻蚀中消除微沟槽的更重要参数，并且当源功率增加时，沟槽效应会减少[47,79]，这通常归因于刻蚀的化学模式，导致了更加各向同性的刻蚀特性。然而，请注意，高压和非常高的源功率下沟槽效应依然存在的现象[47]，使得上述解释仍有问题。

关于压板电源（直流自偏压）的作用存在矛盾的结果。在参考文献［24］中已经表明，SiC 的 CF_4/O_2 ICP 刻蚀中的微沟槽效应强烈依赖于衬底直流自偏压（出现高于 30V 的直流自偏压）。这可以归因于由于离子以低角度撞击侧壁的反射，在侧壁底部的离子轰击增强。在一项基于 ECR 的研究[76]中也获得了类似的结果。这与刻蚀其他材料（例如 SiO_2）得出的结论非常吻合，即任何增加离子能量和/或通量的参数都会导致更大的微沟槽。然而，与这些结果相反，其他研究[47,50,59,79]表明，增加 ICP 压板功率，等效为 SiC 刻蚀期间的自偏压，可有效减少微沟槽。同样，在 RIE 研究中，微沟槽在高衬底射频功率下消失[77]。根据这些研究，增加的电场导致侧壁的入射反射减少，因此在沟槽拐角的轰击减少。

ICP 腔室压力对微沟槽效应的影响也是争论的主题。在参考文献［4, 47］中，微沟槽效应仅在高压下存在，而在参考文献［37, 45, 55］中，微沟槽效应在高压下消失。对后者的解释是，通过增加压力，撞击表面的离子通量减少，离子在刻蚀图形拐角的积聚也减少，这促进了更快的刻蚀[37]。在参考文献［24, 50］中报道的结果中，在低压和高压下都获得了没有微沟槽效应的沟槽。

无论如何，在 RIE 系统中，腔室压力的增加会抑制微沟槽效应[42]。

在大多数相关研究中，氟基等离子体中 O_2 的存在增强了微沟槽效应[12,25,49,45]，据报道，在 SF_6 RIE[78]中用 Ar 代替 O_2 大大减少了微沟槽效应。如图 8.10b 所示，O_2 含量的增加对微沟槽刻蚀速率的增加比底部沟槽快得多。一种建议的解释是，使用 O_2 会导致在侧壁上形成非挥发性绝缘聚合物薄膜 SiF_xO_y，从而增加沟槽效应[12,49]，因为它比 SiC[79]更容易充电。根据后一项研究，根据析因实验，O_2 含量的增加是微沟槽形成以及微沟槽宽度和深度以及侧壁角度增加的最重要的工艺参数（见图 8.10a）。相反，Okamoto[55]指出，"由氧和 SiF_x 物质产生的 SiOF 的重复沉积/刻蚀抑制了通孔底部边缘的离子轰击和微沟槽的形成"。此外，在最近的一项研究中[80]，Bosch 工艺已被用于解决微沟槽问题。已经证明，在气体混合物中保留 O_2 是抑制微沟槽效应的必要条件（参见 8.8.2 节中的更多详细信息）。

总之，没有一致接受的抑制微沟槽效应的最佳条件，特别是对于 ICP 刻蚀，这很可能表明该效应对特定的工艺环境（掩模、刻蚀工艺设置等）是敏感的。然而，根据大多数研究可以确定一些趋势，例如，当微沟槽效应成为问题时，应避免使用 O_2。增加 ICP 源功率会导致较低的侧壁角，进而减少或消除微沟槽效应。衬底功率和气体压力的影响是相互矛盾的结果。RIE 系统中的高直流自偏压或增加腔室压力似乎可以减少/消除微沟槽效应。

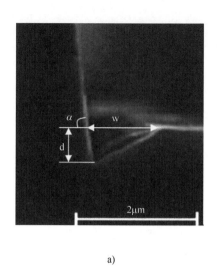 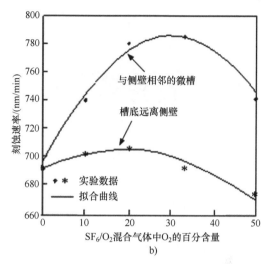

图 8.10 （a）显示侧壁角度、微沟槽深度和宽度的 SEM 轮廓[79]（由 Elsevier 授权使用）；（b）SiC 刻蚀速率与气体混合物组分的关系，刻蚀是在 500W 的 ICP 线圈功率和-300V 的偏压下进行的[49]（由 Journal of Semiconductors Editorial office 授权使用）

8.4.5 各向同性刻蚀

大多数 SiC 等离子体刻蚀研究都集中在各向异性刻蚀上，而很少关注各向同性刻蚀[26,55-57,76,81]。根据这些研究，衬底温度的升高是从各向异性刻蚀转向各向同性刻蚀的必要条件。

温度升高对各向异性的影响已在 RIE[56] 和 ECR 等离子体反应器[57]中被清楚地证明，其中温度变化高达 600℃。温度的升高导致侧壁呈椭圆形倾斜（见图 8.11a），并且各向异性随着温度的升高呈线性下降（见图 8.11b）。

参考文献 [55] 的作者将刻蚀的各向异性或各向同性特征归因于侧壁上钝化层的形成与否，这种钝化层的形成取决于刻蚀副产物的解吸，后者与表面温度直接相关。

在参考文献 [56, 57] 中，刻蚀的各向同性特征归因于低直流自偏压（绝对值<50V）和底面的自退火效应。在高温下，较高的离子通量引起的缺陷湮没率降低了沟槽底部辐射引起的活性（刻蚀的离子能量模式），留下了较少损坏的表面。这导致到达沟槽底部和侧壁的活性物质的表面条件几乎恒定，从而减少了低温下由辐射引起的活性导致的各向异性。因此，衬底的刻蚀纯粹是化学性质的，不会或仅因离子辐射缺陷而微弱地增强。

总之，通过提高刻蚀下 SiC 表面的温度，可以提高各向同性刻蚀。

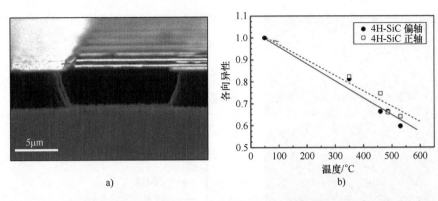

图 8.11 a）倾斜刻蚀侧壁几何形状，从单个固定离子束获得的各向同性刻蚀轮廓的
SEM 图像，刻蚀条件：300mTorr、10sccm SF_6、100W、450℃、正轴 4H-SiC、
Ni 掩模；b）正轴和 8.5°偏轴 Si 面（40sccm SF_6、100W 和 150mTorr、Ni 掩模）
的各向异性与温度的关系[56]。

8.4.6 侧壁形状

对于高压/低直流自偏置 RIE 刻蚀，已经获得了凹形（弓形）侧壁，而对于低压/高直流自偏置 RIE，则可以获得垂直或略微倾斜的侧壁[42]。相反，通过增加 ICP 腔室[45,47]中的压力可以获得更垂直的侧壁，而在低压下观察到了凹陷/凹形/弓形轮廓。ICP 和 RIE 之间的这种差异很可能一方面与两个系统之间的压力工作范围的差异有关，另一方面与鞘区延伸的差异有关。而且，高 ICP 源功率增加了其底部的侧壁角[47,79]，并且在掩模下方观察到凹陷轮廓（局部弓形），这可以作为掩模材料充放电的物理起源。

如前（8.2.3 节）所述，刻蚀侧壁的斜率可以通过采用 Cl 基气体[19]和光刻胶作为刻蚀掩模来控制，斜面是由于光刻胶的斜边造成的（见 8.4.7 节）。更准确地说，作者建议采用不同比例的（BCl_3+N_2）气体混合物来控制 40°~80°的刻蚀角。他们将这种情况下斜面壁的形成归因于掩模边缘的氧化和 N_2 促进的钝化。此外，他们建议使用（Cl_2+O_2）气体混合物将刻蚀角控制在 7°~17°之间。

深 SiC 刻蚀，主要用于形成通孔，导致各种侧壁形貌（见图 8.12）。在大多数情况下观察到沟槽上部的锥形（见图 8.12a），这主要归因于长时间 RIE 期间 Ni 掩模边缘的消除/侵蚀[58]。掩模边缘消除/侵蚀可以通过在存在强物理溅射的情况下金属掩模边缘的局部电场增强来解释[82]，或者简单地通过长时间的刻蚀工艺记忆，拐角腐蚀达到了与最大溅射产量相称的角度。

在一个非常特殊的情况下，ICP 刻蚀形成的深通孔中观察到了凹形（弓形）侧壁[5]（见图 8.12b）。不知道这种形状是由于特殊的工艺条件，还是由于样品

第 8 章 碳化硅的等离子体刻蚀

图 8.12 通孔的 SEM 显微照片

a) 左起的掩模开口宽度为 55μm、40μm 和 40μm[58]（由 American Vacuum Society 授权使用）

b) 不同直径的相邻通孔的特写，强调与纵横比相关的刻蚀速率的作用[5]（由 Springer Nature Customer Service Centre GmbH：J. Electron. Mat. 授权使用，Copyright 2001）简单安装（见图 c）和内键合（见图 d）SiC 样品由于温度的影响导致不同的侧壁形状[55]（由 American Vacuum Society 授权使用）

切割不垂直于样品表面所致，尽管样品内部并没有实质性的弯曲[83]。

此外，经常观察到的通孔底部逐渐变细可归因于掩模腐蚀或刻蚀过程中刻蚀表面温度的升高。事实上，表面温度的变化不仅影响刻蚀速率（见上面的分析），而且影响侧壁形状。例如，图 8.12c 和图 8.12d 中侧壁形状之间的差异是由于表面温度造成的，因为这两个样品是同时刻蚀的，唯一的区别是它们在 Ni 载体上的安装方式（简单安装和内键合）[55]，对于简单安装，高温导致更各向同性的刻蚀以及镍掩模翘曲以及与 SiC 的反应。而对于键合样品，更低的温度保证了各向异性刻蚀。

此外，从掩模上刻蚀出来的 Ni 不仅蒸发到 ICP 腔室，而且还被引入通孔，并与挥发性 SiF_x 结合，这种组合的产物是非挥发性的并且沉积在侧壁上，使得通孔具有垂直侧壁。这层薄膜在侧壁的底部边缘堆积，阻挡了垂直侧壁的离子轰击增强，因此也没有出现微沟槽效应[55]。

参考文献 [59] 在不同刻蚀周期的 6μm 宽沟槽的高纵横比 ICP 刻蚀后，观察到了一个有趣的侧壁形状，在足够长的刻蚀时间之后会出现微沟槽效应。微沟槽效应决定了沟槽几何形状的演变。微沟槽随着刻蚀时间的增加而增加，并与高深度刻蚀时的微负载效应相结合，形成三角形形状[59]。根据同一项研究，对于高直流自偏压，沟槽侧壁更加垂直。

最后，采用特殊设计的 ECR 源[85]的多角度刻蚀[84]或适用的单晶反应刻蚀和金属化（SCREAM）类工艺[76]可用于形成负倾斜侧壁结构。

总之，侧壁形状很大程度上取决于刻蚀模式以及剥离后的硬掩模边缘。高直流自偏压下可以获得垂直侧壁，而高衬底温度下得到的是倾斜侧壁。

8.4.7 倾斜刻蚀掩模的倾斜侧壁

与上述通过刻蚀条件形成倾斜壁的研究相反，形成倾斜刻蚀侧壁的常用方法是通过控制掩模的几何形状[3,86]。在这些研究中，通过在 SF_6/O_2 等离子体中使用 SiO_2 掩模可以获得 30°~80°之间的倾斜刻蚀台面，其中通过光刻和 BHF 刻蚀（100nm/min）确定 SiO_2 的倾斜（30°±5°）图形。通过使用这些倾斜的刻蚀掩模图形，可以获得倾斜的 SiC 侧壁（见图 8.13），其角度由以下公式给出：

$$\tan(\varPhi_M) = \frac{ER_{SiC}}{ER_{mask}}\tan(\varPhi_{SiC}) = S\tan(\varPhi_{SiC})$$

式中，S 为 SiC 和掩模的选择性的倒数。$\varPhi_{SiC}$ 角取决于气体混合物中 O_2 含量导致的选择性的变化。

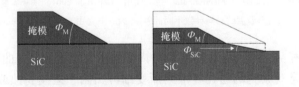

图 8.13　倾斜的刻蚀侧壁几何形状

在参考文献［87］中，已经提出了一种特殊的斜面侧壁形状，用于高压 pn 结更好的边缘终端，该研究中制造的改进的倾斜台面结构底部为圆角，而在结边缘处形成了一个几乎垂直的侧壁。

8.4.8 垂直划痕

报道的 SiC 刻蚀早期阶段的另一个问题是出现了具有大密度"垂直划痕"的刻蚀侧壁（见图 8.14a），这通常与形成刻蚀金属掩模的剥离工艺中使用的负性光刻胶的形貌（见图 8.14b）和/或使用 Al 作为掩模材料[88]有关，因为沉积的 Al 会形成大颗粒。

图 8.14 a) 刻蚀的 SiC 侧壁 b) 显影后的 AZ 5214E 光刻胶[43]

事实上，由于金属掩模与 SiC 的高选择性[89]，即使是很小的掩模粗糙度也会引起侧壁的"放大"粗糙度。一种可能的解决方案是避免剥离工艺，但采用离子刻蚀进行金属硬掩模图形化，会导致垂直和光滑的掩模侧壁[89]。

已经报道了使用 Bosch 工艺[80]来解决这个侧壁粗糙度问题，因为在钝化期间，掩模和 SiC 层的侧壁会受到聚合物的保护。

8.5 掩模材料（黏附性、微掩模效应、选择性）

SiC 刻蚀中与掩模材料相关的主要问题是掩模选择性（尤其是对于深刻蚀）和掩模材料引起的微掩模效应。对于非常深的刻蚀或小直径（<200nm）图形的刻蚀，掩模边缘几何形状也是一个问题。

通常，光刻胶的刻蚀速度比 SiC 快，不能用作 SiC RIE 刻蚀膜。因此，已经研究了其他材料（主要是金属）作为 RIE/ICP 掩模材料，因为需要掩模材料具有高刻蚀选择性，特别是对于深刻蚀应用。

在许多情况下，使用 Al 掩模会导致微掩模效应（见 8.4.1 节中的分析）和侧壁粗糙度（见 8.4.8 节）。

AlN 也被研究作为一种非金属掩模[40,56]来刻蚀 SiC，根据参考文献 [40]，AlN 有助于防止刻蚀表面上的微掩模缺陷和等离子体刻蚀设备的退化。已获得 16∶1（SiC/AlN）的选择性。此外，在刻蚀过程中从 AlN 释放的氮可以通过增加各向异性和降低刻蚀速率来影响刻蚀轮廓，如参考文献 [56] 所述。

根据参考文献 [44]，Cu 对 SiC 具有极高（无限）的选择性，因为在某些条件下，观察到 Cu 的"沉积"而不是刻蚀。事实上，刻蚀产物（例如氟化铜）会在等离子体中形成氟，从而提高选择性。然而，这些副产物会导致不规则的侧壁和掩模黏附性问题。这可能是为什么 Cu 目前不用作 SiC 刻蚀掩模的原因。不使用铜作为掩模材料的另一原因是，与 SiC 中的其他杂质相比，其扩散系数相对较高[90]，并且起到深能级中心的作用。

关于使用ITO作为刻蚀掩模的报道结果是矛盾的,已经报道了相对SiC的低[20]和高[3,24]选择性。根据参考文献[24],已采用低(<100V)直流自偏压以实现50的选择性。此外,ITO是通过溅射沉积的,并且难以优化剥离后的掩模边缘质量。

Ni使用最广泛,因为它对SiC具有更高的选择性(~21[20]、>25[39]、35[58]、~100[19]),并且比Al具有更少的微掩模效应问题,较高的选择性归因于刻蚀副产物的较小挥发性[19]。使用蒸发Ni的一个问题是黏附性,这与Ni和SiC之间的诱生应力有关,并且在厚的和大面积Ni层的情况下会加剧。对于通过电子束和溅射分别沉积的镍,建议最大厚度为100nm和150nm[42]。然而,其他研究报道了更高的最大厚度(250nm)[4]。在Ni沉积之前清洁SiC表面(除渣)以及在沉积过程中加热到120℃是获得上述Ni厚度而没有黏附问题的必要条件。进行深度刻蚀需要几微米的电镀镍[45,58]。

Cr也被用来代替Ni,因为它不存在Ni的黏附问题,而且它的选择性约为Ni的一半[19,91]。

原则上,SiO_2掩模消除了器件最终的金属污染,并且更适合工业中的器件制造,尽管由于SiO_2圆角的形成,垂直侧壁的形成可能更具挑战性[92]。当使用SiO_2时,刻蚀选择性是一个问题,因为使用氟化气体会导致高SiO_2刻蚀速率。通过将ICP功率从800W增加到2kW和/或腔室压力达到10mTorr以上[50],刻蚀选择性(SiC/SiO_2)得到改善。在低压(<7mTorr)下观察到圆形SiO_2角和低选择性而选择性随着压力稳步增加,这是因为SiC刻蚀速率急剧上升,而SiO_2刻蚀速率随着压力的增加而下降[50]。根据参考文献[93],通过使用稍微富氧的条件或通过增加自偏压,可以将SiC对SiO_2的选择性提高到5~10甚至更高。请注意,在某些条件下,使用SiO_2掩模会产生严重的微掩模效应[42]。后者的一个可能原因是来自CVD沉积的SiO_2掩模的表面污染。一些作者[10,47]将金属(Ni、Cr或Al)与SiO_2结合使用(参见图8.9c),以利用每种材料提供的优势并获得更好的表面形貌。

一系列研究比较了用于SiC刻蚀的各种硬掩模,例如参考文献[11]中的Ni、Al、Cr、ITO、SnO_2,参考文献[20]中的SiO_2、Ni、Al、ITO,参考文献[44]中的Ni、Al和Cu。表8.2(基于参考文献[40,91,92,93])显示了报告的各种掩模材料对SiC的选择性。

表8.2 掩模对4H-SiC的选择性

掩模	SiO_2	Al	AlN	Cr	Ni	抗蚀剂	ITO
基于F	0.8~3	5~30	16	<40	>40	<0.6	10~20
基于Cl	4~15	2~10				<0.8	3~10

重要的一点是，SiC 对掩模材料的刻蚀选择性取决于工艺条件，任何比较都应在相同的工艺设置下进行。原则上，当出现有利于化学刻蚀工艺的条件时，掩模材料的刻蚀选择性会增加，因为离子轰击的选择性不是很高[43]。因此，可以通过增加腔室压力和在 RIE 刻蚀中采用更"化学"的刻蚀机制来增加掩模和 SiC 之间的选择性[43]。在 ICP 刻蚀中也观察到了类似的趋势[40,55]。当直流压板功率升高时选择性降低，而在高直流自偏压下镍的选择性降低[4]。参考文献[50]支持这一结论。

还研究了氧气对掩模选择性的影响[20,39,46]。添加 O_2 是为了通过形成具有低挥发性的表面氧化物来降低掩模腐蚀速率[20]。然而，当在气体混合物中包含 O_2 时，SiC 对 ITO 的选择性低得令人无法接受。根据参考文献[20]，对于 50% 和更高的 O_2 含量，Al 选择性是无限的，而 Ni 选择性随着 O_2 含量而降低。相反，当添加 5% 的 O_2[46] 时，Ni 的选择性增加了 45%。在参考文献[58]中观察到了类似的趋势。

总之，人们一致认为 Ni 对 SiC 具有较高的刻蚀选择性，并且微掩模效应问题较少。Ni 的主要问题是它对 SiC 的黏附型以及最终在面向工业的器件制造中的金属污染。也有共识认为，Al 促进了微掩模效应并表现出比 Ni 更小的选择性。诸如压力、直流自偏压、氧含量等等离子体参数可能对 ITO 和其他金属的选择性有不同的影响。选择性通过增加腔室压力和/或降低直流自偏压而增加，并且在增加 O_2 含量时可能观察到相同的趋势，尽管后者的结果相互矛盾。SiO_2 是更符合行业兼容性的掩模，但获得高于 3 的选择性的工艺优化对任何工艺开发人员来说都是一个挑战。

8.6 刻蚀前后的表面处理

如上文（8.4.2 节）在深 SiC 刻蚀后产生微掩模效应的分析中所解释的那样，必须使用 Ar 和 O_2 等离子体进行合适的预处理，以减少甚至消除刻蚀表面底部的柱状产物的形成。这种清洁的目的是去除作为非挥发性物质沉积的成核点的残留碳氢化合物和水。

另一方面，等离子体刻蚀后的 SiC 表面清洁也很必要，因为刻蚀过程会产生各种沉积物。

事实上，刻蚀表面的 XPS 观察[13,15]表明会有氟基和氧基物质残留在表面上。出于这个原因，Ar 轻溅射或牺牲氧化[15]或在 800℃ 下高温 H_2 退火 30min[13] 作为刻蚀表面的后处理工艺。在参考文献[89]中研究了使用 Al 硬掩模时要执行的特定刻蚀后湿法处理。

通过进行所有的后处理工艺，与没有后处理的情况相比，观察到刻蚀表面上的氟原子浓度降低。由于碳氟化合物薄膜在高温下具有固有的挥发性，因此高温氢气退火比等离子体处理更有效，并且确实能够将氟化物原子浓度控制在 3 at.%以下。

8.7 刻蚀过程中 SiC 样品的载体

由于直到最近（2013—2014 年），SiC 晶圆的直径仅限于 4in 晶圆，因此即使在代工厂中也必须使用晶圆载体来进行等离子体刻蚀，这不再是半导体行业的问题，因为他们使用 6in 晶圆。尽管如此，SiC 晶圆载体仍用于实验室学术研究以及 SiC 衬底中的通孔形成。

在选择刻蚀过程中承载样品的载体时，需要考虑许多因素。例如，在"纯"化学或离子增强抑制剂刻蚀模式中，晶圆载体会显著影响化学反应和产生的钝化层。因此，载体晶圆的选择通常取决于工艺的化学性质。另一方面，通常会选择与待刻蚀材料相同的晶片作载体，因为它不会引起额外的反应。然而，当要避免负载效应并且在这种情况下选择具有低刻蚀速率（或相当低的活性物质消耗）的晶片载体时，后者是不可能的。Si 等离子体刻蚀的典型例子是覆盖有 SiO_2 或 Ni 的 Si 晶圆。另一个重要因素是载体晶片的导热性，以便有效散热。最后，晶圆载体会影响相关工艺中的微掩模效应以及重离子轰击。

ICP 是一种高射频功率的高离子密度反应器。因此，处于刻蚀状态的 SiC 样品，即使是在处理工件时，也需要安装在高热导率载体晶片上[37,55]以改善散热。否则，样品基本上是热浮动的，这反过来会影响刻蚀速率和形貌。晶圆载体在 SiC ICP 刻蚀中的影响已在参考文献 [48] 中进行了讨论，其中在相同的刻蚀条件下使用了硅、蓝宝石和石英晶圆载体。

在各种研究中已经研究了石墨作为载体晶片。选择是基于负载效应（与 SiC 载体相比，使用石墨消耗更少的活性物质[25]）或具有更低的微掩模效应[37]。

蓝宝石[59]和镀镍蓝宝石[48]晶片以及各种硅晶片配置，例如裸晶片[27,33,42]、热氧化层[50]或镀镍[48,54]也有报道。

已经使用了各种黏合剂，例如热塑性聚合物[27,37,54]或热剥离胶带[59]，或"导热膏"[5]，或硅油[50]或硅酯[58]。

综上所述，目前还没有一致认可的用于 SiC 刻蚀的晶圆载体。与 SiC 相比，一些研究组使用刻蚀速率较低的载体，例如 Ni 或 SiO_2 涂层片，而其他组则不注意这个问题，因为他们使用的是裸 Si 晶片。尽管如此，所有团体都同意有必要将 SiC 黏合在载体晶片上以达到散热的目的。

8.8 SiC 中的 DRIE（深 RIE）工艺：通孔形成-MEMS

8.8.1 连续刻蚀工艺

前面介绍了 SiC 单一 DRIE 工艺条件的许多细节以及由此产生的对刻蚀速率和刻蚀区形貌的影响（8.3.9 节、8.4.2 节、8.4.6 节）。下面做个小结。

高密度等离子体系统（ICP、ECR、...）用于 SiC DRIE。在大多数研究[37,39,55,58,59,89]中，SF_6/O_2 气体试剂用于获得最大刻蚀速率。如前所述，选择 SF_6 的原因是这种氟化物允许高刻蚀速率，而且，添加高达 20% 的 O_2 进一步提高了刻蚀速率。据报道，添加 O_2 也会增加 Ni 掩模的选择性[58]。请注意，许多等离子体刻蚀系统制造商已优化并推荐使用这种化学试剂来刻蚀 SiC。然而，添加氧气会增加微沟槽效应，因此需要优化工艺条件来解决这个问题。

高 ICP 线圈功率（接近系统功率上限）用于获得高自由基产量和高刻蚀速率[45,54,55,59]。但是请注意，ICP 线圈功率上限的限制是由等离子体稳定性和刻蚀下样品的自热效应决定的。事实上，在许多实验配置中，黏贴在载片上的样品不仅用于干法刻蚀工序，还用于后续工艺工序。

在长时间刻蚀后，黏附材料无法承受超过约 80℃ 的温度[48]。

ICP 电极/压板功率[39,59]似乎是提高刻蚀速率的更重要参数，但由于 Ni 掩模[4]的选择性下降和在高基板功率下经常观察到的微掩模效应，存在导致重离子轰击的功率极限[37,59]。

在高 ICP 功率下，刻蚀孔底部的微沟槽效应和柱状产物的形成似乎减少了[37]。

高压下刻蚀速率会下降[37]。高压会促进残留物的形成[37]，而低压会增加微沟槽效应[4,37]，但同时又会减少通孔底部柱状产物的形成[55]。

8.8.2 Bosch 工艺

SiC 在氟原子中的反应活性低于其他半导体（例如 Si），在氯原子中的反应活性更是低得多。由于等离子体刻蚀的高度各向异性特征，没有多少研究团队对博世（Bosch）工艺进行研究，即使是针对 SiC 基 MEMS 的开发。确实，即使不是不可能，也很难找到允许在室温下进行各向同性等离子体刻蚀的刻蚀条件。因此，在硅的情况下，很难通过简单地增加刻蚀步骤相对于钝化步骤的持续时间来将侧壁从向外倾斜调整到向内倾斜的情况下，获得可调节的刻蚀轮廓。结论是，获得与在硅中实现的纵横比（刻蚀深度除以最小特征尺寸）相同的纵横比可能会更加困难。

参考文献［94］是第一项解决深刻蚀后凹形侧壁（弓形-图8.15a）形成问题的研究，该深刻蚀通过采用Bosch工艺在SiC-VJFET中形成长源极叉指图形。该工艺利用C_4F_8源气体的聚合物沉积和CF_4/O_2的各向异性ICP刻蚀的交替步骤。沉积在台面侧壁上的聚合物可防止侧面刻蚀，因此使Bosch工艺适用于深沟应用。从图8.15d可以明显看出，与"非Bosch"刻蚀工艺相比，侧壁的凹度显著降低。

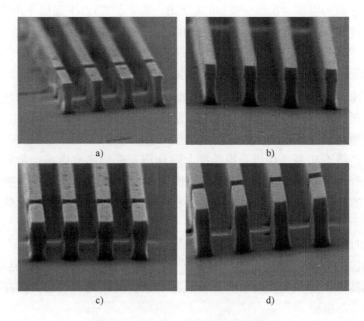

图 8.15　SiC 中 4μm 深的沟槽刻蚀

a）常规 CF_4/O_2（40/20sccm）ICP 工艺 50V/700W/7mTorr　b）常规 CF_4/O_2 ICP 工艺 100V/700W　c）Bosch 工艺采用 100V 直流偏压刻蚀 9 个循环，然后是 50V 直流偏压　d）Bosch 工艺，其刻蚀工艺包括 9 个循环，采用 100V 直流偏压，然后是常规工艺，采用 100V 直流偏压[94]

第二项研究[80]使用 Bosch 工艺方法来解决在采用 SF_6/O_2 气体试剂的 ICP SiC 刻蚀情况下的微沟槽效应问题。C_4F_8 再次用于循环的钝化步骤，并研究了 C_4F_8 流速以及刻蚀/钝化步骤持续时间的影响。随着 C_4F_8 流速的增加，微沟槽效应消失。高于 40sccm 的最佳值时，可能由于侧壁上形成的厚钝化层再次出现微沟槽效应。通过使用固定的最佳 C_4F_8 流速（40sccm），当使用最短的刻蚀时间和钝化时间（即 $t_e=5s$ 和 $t_p=3s$）时，完全消除了微沟槽效应。

8.9　纳米柱/纳米线形成

很少有论文报道通过自上而下的方法制造纳米级 SiC 结构[95-99]。

参考文献 [95] 的作者已经展示了基于自上而下形成的纳米机电系统（NEMS）器件，以及通过刻蚀（ECR 或 ICP）硅上异质外延生长的 3C-SiC 层形成的直径为 55nm 的水平 SiC 纳米线（NW）。请注意，NW 的轴平行于衬底表面。第二项研究[96]报道了通过干式 ICP-RIE 和自组装 SiO_2 掩模获得的 SiC 纳米柱结构。由于 SiO_2 对 SiC 的选择性低，最大实现的柱高度不能超过 600nm。此外，与自组装方法一样，无法控制间距、掩模直径和掩模材料。

其他研究[97-99]采用典型的自上而下的方法来形成其轴垂直于 SiC 衬底表面的 SiC 纳米柱（见图 8.16）。3C-SiC 纳米柱已在参考文献 [98，99] 中形成，而许多多型纳米柱已在参考文献 [97] 中形成。电子束光刻已被用于 Ni 掩蔽 SiC（在参考文献 [98，99] 中掩模直径为 30~70nm，在参考文献 [97] 中为 110nm）。在这些研究中发现了共同的趋势，一个主要问题是低纵横比，对于不含 H_2 的化学试剂[97,98]，其不超过 10（见图 8.17a），而通过使用含 H_2 的气体混合物（Ar 20sccm，SF_6 5sccm，H_2 10sccm）[99]，纵横比可以达到 20（见图 8.17b）。

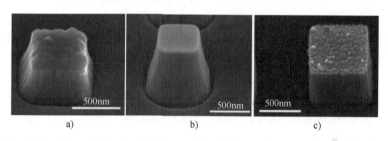

图 8.16 在无（图 a,b）和有（图 c）H_2 添加条件下形成的 SiC 纳米柱的 SEM 图像，用 Al（图 a）和 Ni（图 b,c）掩模刻蚀，添加 H_2 会导致垂直侧壁（图 8.16a 和图 8.16b 转载自参考文献 [98]，图 8.16c 转载自参考文献 [99]）

当感应直流自偏压增加或气压降低时，侧壁倾斜角[98]或等效的纵横比[97]增加。一个明显的结果是，对于不含 H_2 的化学试剂，最大侧壁倾斜角为 82°~84°，根据参考文献 [97]，该值与剥离后掩模材料的侧壁角相符（见图 8.18）。然而，当添加 H_2 时，倾斜角达到接近 90°的值，这表明侧壁的钝化对于具有高倾斜角或等效的高各向异性至关重要[99]。在这种情况下获得了顶部直径为 20nm、高度为 400nm 的柱状结构（见图 8.18b）。请注意，在参考文献 [98，99] 中使用了一个包含 ECR 源（最大功率 800W）的特殊腔室。

另一方面，诸如氧气之类的气体添加，以及诸如 CF_4、CHF_3 和 C_2H_4 之类的其他气体，并不会显著增加侧壁倾斜角[98]。

还观察到，随着刻蚀的进行，Ni 刻蚀掩模的侧壁倾斜角增加（见图 8.18）。为此提出了各种原因，例如使用的金属掩模的局部电场增加以及随后的强物理溅射[82,97]。

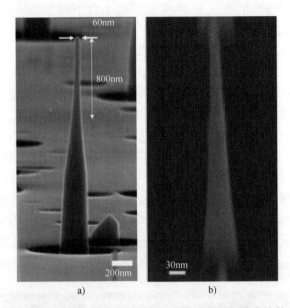

图 8.17 在（图 a）无和（图 b）有 H_2 添加条件下形成的 SiC 纳米柱的 SEM 图像。无 H_2 时的最大各向异性刻蚀条件：SF_6/O_2 80∶20，300V 直流偏压，6mTorr，1500W 射频功率，有 H_2 的最大各向异性刻蚀条件：20sccm Ar、5sccm SF_6、10sccm H_2、200V 偏压、压板功率 20W、1mTorr（图 8.17a 转载自参考文献 [97]，图 8.17b 转载自参考文献 [99]，© IOP Publishing. All rights reserved）。

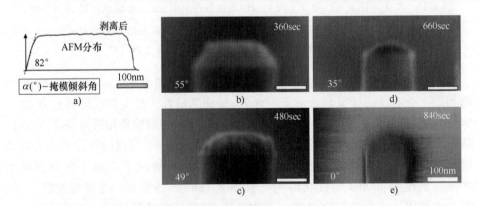

图 8.18 图 a）剥离后的 AFM 轮廓，刻蚀 360 秒（图 b）、480 秒（图 c）、660 秒（图 d）和 840 秒（图 e）后 Ni 掩模的放大 SEM 图像。从图 a）到图 e）的比例相同[97]（© IOP Publishing. All rights reserved）

此外，Al 掩模的使用导致台面侧壁的强烈波纹边缘[97,98]很可能是由于沉积的 Al 层的晶粒尺寸较大，而使用 Ni 掩模形成的纳米柱没有这种侧壁粗糙度

(见图 8.17a 和图 8.16b)。

8.10 刻蚀后的电性能

各种研究致力于 RIE 刻蚀表面的电性能,为此,通常在 SiC 刻蚀表面上制作肖特基接触,并将其电特性(势垒高度、反向击穿电压、漏电流、理想因子)用于评估刻蚀表面。

高能离子轰击被认为是刻蚀表面电退化的主要原因,大多数项目都研究了直流自偏压的影响。在高直流自偏压下,观察到击穿电压和理想因子的降低,这归因于晶格损伤的增加[100]。另一方面,在低直流自偏压下,已观察到泄漏电流增加[100],这是由于富碳表面或表面上的聚合物在降低直流自偏压时未被化学或离子轰击有效去除。-50V 的最佳直流自偏压,对应于约 75eV 的离子能量,可减少电退化[100]。如果为了获得更高的刻蚀速率需要更高的直流自偏压,则可以在较高的直流自偏压下进行大部分刻蚀,并且可以在工艺结束时降低后者。

由于 Si 和 C 相关刻蚀产物的挥发性不同,刻蚀表面的电特性退化归因于过量碳导致的非化学计量表面[12,101]。一个有趣的结果是刻蚀表面的导电特性与刻蚀后在其上产生的 C-F 键(半离子或共价键)类型之间的联系[12]:在较高的刻蚀速率下,刻蚀的 SiC 表面的导电性降低是因为在这种情况下共价键占主导地位。

来自瑞典 KTH 的一个小组对刻蚀的 SiC 表面的电性能进行了系统研究[102-104],他们使用了在刻蚀表面上制造的 MOS 电容和 BJT,以根据刻蚀方法(RIE 与 ICP)和刻蚀后牺牲氧化工艺[干 O_2 与氮(N_2O)环境]评估最佳性能。通过刻蚀后在 900~1250℃ 之间进行 ICP 刻蚀和干法牺牲氧化,可获得最佳性能。

等离子体刻蚀似乎也有助于 SiC 双极器件由堆垛层错引起的正向偏置退化,正如一项直接比较 RIE 刻蚀条件与台面隔离 4H-SiC pn 二极管的电特性的影响的研究[33,105]所述,使用了两组不同的 RIE 条件,第一个是一个相当"物理"的过程,具有压力、200W 功率和 50/50 SF_6/Ar 混合气体,这些条件导致了非常有活力的 550V 直流自偏压和 100nm/min 的刻蚀速率。第二组是纯 SF_6 中的"化学工艺",同样在 200W 和更高的压力(>150mTorr)下,以将直流自偏压保持在 100V,刻蚀速率为 160nm/min。在电应力开始时,仅观察到二极管边缘的发光点(见图 8.19),然而,这些点是 SF 滑移的起点。只有 10%的使用"物理"RIE 处理的二极管能够达到 220V 而不是 280V,这是雪崩击穿的预期值(见图 8.20)。相反,对于使用"化学"RIE 处理的二极管,大多数二极管

(75%)在电压为280V时出现雪崩击穿。此外,反向漏电流降低了大约1个数量级,并且获得了更均匀的 *I-V* 曲线(见图8.20)。因此,高腔室压力下的工艺在台面壁上引起的位错形成要少得多,从而导致堆垛层错(SF)的滑移,这是造成正向偏置退化效应的原因。

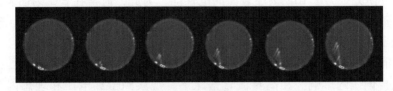

图8.19 在对应于1mA正向电流的2.8V正向电压下,缺陷从100μm二极管的台面壁传播,光电发射的时间演化从左到右[33]

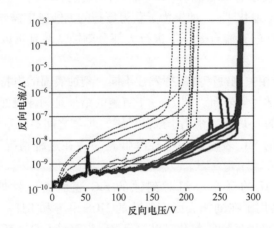

图8.20 采用"物理"RIE(黑色虚线)和"化学"RIE(红色实线)制造的二极管的反向 *I-V* 曲线,直到发生雪崩击穿[105] (© Wiley Materials)

总之,如果刻蚀表面是器件有源区的一部分,则必须使用低直流自偏压,以避免器件的电特性退化,例如过早击穿、理想因子降低和正向偏置退化。否则,必须进行牺牲氧化和随后的氧化物去除。希望在SiC等离子体刻蚀的情况下,有实验条件可以将低直流自偏压与高各向异性相结合。

8.11 主要结论

1)普遍接受的观点认为化合物倾向于原子刻蚀,这似乎适用于SiC,由于C的去除率较低,导致在刻蚀表面上形成富C薄层(很可能是C-F键)。

2)Cl基化学试剂在SiC刻蚀中不如F试剂有用,因为它的刻蚀速率较低

（刻蚀副产物 SiF_x 和 CF_x 比 $SiCl_x$ 和 CCl_x 更易挥发）。

3) 具有较小键能的氟化气体的 SiC 刻蚀速率增加。作为参考，CHF_3、CF_4、SF_6 和 NF_3 的平均键能按此顺序递减。

4) 主要使用基于 SF_6 的等离子体，因为它们的刻蚀速率高，并且相同的气体主要用于与 Si 相关的技术中。SF_6 分子中丰富的 F 原子也有助于 SiC 高刻蚀速率。

5) CF_4 很少使用，因为它的刻蚀速率低于 SF_6，并且存在聚合物形成的问题。

6) 不使用 NF_3，因为它剧毒且价格昂贵。

7) 当向氟化气体中添加相对较低百分比的氧气时，通常会获得较高的刻蚀速率，但刻蚀速率的增加是适度的。最佳氧百分比取决于所采用的含 F 分子，F 越丰富，所需的氧气百分比就越少。对于非常高的 O_2 百分比，由此产生的稀释效应会降低刻蚀速率。

8) Ar 的作用及其对刻蚀速率的影响是一个有争议的主题。似乎 Ar 的作用比最初考虑的增加溅射效应和同时增加刻蚀速率更复杂。有些研究观察到添加 Ar 后刻蚀速率显著增加，而其他研究则没有。

9) 在大多数情况下，尤其是在 RIE 系统中，氟的产生控制着刻蚀速率。对于足够高的氟产率，刻蚀速率限制因素是基于表面的反应，很可能是产生 CF_2 挥发物的 C-F 反应。

10) 大多数关于 SiC 的 RIE 刻蚀的研究都同意，气体压力的增加会导致刻蚀速率增加到一定值，然后再下降。这种行为与 RIE 室中氟原子的产生直接相关，而表面反应、增加的碰撞和低离子能量都被认为是刻蚀速率在一定压力以上下降的可能原因。只有在溅射效应占主导地位的低压下，才需要高的直流自偏压值来增加刻蚀速率值。

11) 对于 ICP 系统，似乎不可能提取刻蚀速率与压力的单一一致行为，因为已经报道了矛盾和特定于工艺条件的结果。

12) 在大多数 SiC RIE 刻蚀研究中观察到刻蚀速率随衬底射频功率（或等效的直流自偏压）的稳定增加。

13) 在许多 SiC ICP 刻蚀研究中观察到刻蚀速率随射频线圈功率的增加而增加，据报道，对于恒定压力，增加的因子在 0.6~1.7 范围内变化。

14) 通过移动衬底电极来减少等离子体长度会导致在 RIE 和 ICP 系统的情况下刻蚀速率降低，而在 ECR/helicon 系统中刻蚀速率会增加，这种差异的原因尚不清楚。

15) 随着垂直和横向刻蚀速率的增加，衬底支架温度的增加导致更加各向同性的刻蚀。

16）覆盖 Al 基电极并结合使用 Ni 掩模（覆盖要刻蚀的 SiC 样品的相对较小区域）以及使用低直流自偏压是消除微掩模效应的最佳条件。在 ICP 系统中必须使用低腔室压力，而在 RIE 系统中优选使用高压。

17）使用缺陷密度低的衬底以及用 Ar 和 O_2 等离子体对 SiC 表面进行适当预处理，是深度（>50μm）刻蚀获得光滑底部的必要条件。

18）没有一致接受的抑制微沟槽效应的最佳条件，特别是对 ICP 刻蚀。当微沟槽效应成为问题时，应避免使用 O_2。增加 ICP 源功率会导致较低的侧壁倾斜，进而减少或消除微沟槽效应。在 RIE 系统中增加腔室压力可以消除微沟槽效应。

19）Ni 具有高刻蚀选择性和微掩模效应问题少的共识，它的主要缺点是它对 SiC 的黏附性。也有共识认为，Al 促进了微掩模效应并表现出比 Ni 更小的选择性。ITO 和其他金属的选择性存在矛盾的结果。SiO_2 是更符合行业兼容性的掩模，但获得高于 3 的选择性的工艺优化对任何工艺开发人员来说都是一个挑战，在后一种情况下，Cl-化学可以成为一种解决方案。

20）如果刻蚀表面是器件有源区的一部分，则必须使用低直流自偏压，以避免器件的电特性退化，例如过早击穿、理想因子降低和正向偏置退化。

21）采用等离子体刻蚀获得小直径（<80nm）垂直（自上而下）SiC 柱/纳米线仍然是相关技术的难题。

22）上述大部分结论都是从对 SiC 碎片进行的实验中得出的。因此，尚未解决晶圆级刻蚀的问题，这些包括但不限于负载效应（要刻蚀的暴露材料的量），以及由于等离子体气体扩散等过程引起的晶圆级变化。

致谢

作者要感谢 Konstantin Vasilevskiy、Nicolas Camara、Antonis Stavrinidis、George Konstantinidis、Thomas Stauden、Lars Hiller 和 Florentina Niebelschütz 进行等离子体刻蚀实验并对结果进行相应分析。还要感谢 Mihai Lazar、Richard Gaisberger、Thierry Chevolleau 和 Evangelos Gogolides 对本章内容提出的宝贵意见。

K. Zekentes 感谢欧盟委员会通过 Marie-Curie 项目 SICWIRE 提供的支持。

参考文献

[1] S.J. Pearton, Dry Etching of SiC, in: R. Cheung (Ed.), Silicon Carbide Micro Electromechanical Systems for Harsh Environments, Imperial College Press, London, 2006, pp. 102-127. https://doi.org/10.1142/9781860949098_0004

[2] P.H Yih, A.J. Steckl, V. Saxena. A review of SiC Reactive Ion Etching in Fluorinated Plasmas, Phys. Stat. Sol. (b) 202 (1997) 605-642. https://doi.org/10.1002/1521-3951(199707)202:1<605::AID-PSSB605>3.0.CO;2-Y

[3] J.R. Flemish, Dry Etching of SiC, in: S.J. Pearton (Ed.), Processing of Wide Gap Semiconductors, William Andrew Pub, New York, (2000), pp. 151-177. https://doi.org/10.1016/B978-081551439-8.50006-7

[4] G. M. Beheim, Deep Reactive Ion Etching for Bulk Micromachining of Silicon Carbide, in: M. Gad-el-Hak (Ed.), The MEMS Handbook, CRC Press, Boca Raton, (2002), pp. 21-1 - 21-12. https://doi.org/10.1201/9781420050905.ch21

[5] K.P. Leerungnawarat. P. Lee, S.J. Pearton, F. Ren, S.N.G. Chu, Comparison of F_2 plasma chemistries for deep etching of SiC, J. Electron. Mater. 30 (2001) 202-206. https://doi.org/10.1007/s11664-001-0016-0

[6] A. Miotello, L. Calliari, R. Kelly, N. Laidani, M. Bonelli, L. Guzman, Composition changes in Ar^+ and e^--bombarded SiC: An attempt to distinguisch ballistic and chemical guided effects, Nucl. Instr. Meth. Phys. Res. B 80-81 (1993) 931-937. https://doi.org/10.1016/0168-583X(93)90712-F

[7] J. Pezoldt, B. Stottko, G, Kupris, G. Ecke, Sputtering effects in hexagonal silicon carbide, Mater. Sci. Eng. B 29 (1995) 94-98. https://doi.org/10.1016/0921-5107(94)04005-O

[8] G. Ecke, R. Kosiba, J. Pezoldt H. Rößler, The influence of ion beam sputtering on the composition of the near-surface region of silicon carbide, Fresenius J. Anal Chem. 365 (1999) 195-198. https://doi.org/10.1007/s002160051471

[9] J. Hong, R.J. Shul, L. Zhang, L. F. Lester, H. Choi, Y. B. Cho, Y. B. Hahn, D. C. Hays, K. B. Jung, ,1 S. J. Pearton, C.-M. Zetterling, M. Östling, Plasma Chemistries for High Density Plasma Etching of SiC, J. Electron. Mater. 28 (1999) 196-201, and in J.J Wang, E.S Lambers, S.J Pearton, M Ostling, C.-M Zetterling, J.M Grow, F Ren, R.J Shul, ICP etching of SiC, Solid-State Electron. 42 (1998) 2283-2288. https://doi.org/10.1016/S0038-1101(98)00226-3

[10] F.A. Kahn, I. Adesida, High rate etching of SiC using inductively coupled plasma reactive ion etching in SF_6-based gas mixtures, Appl. Phys. Lett. 75 (1999) 2268-2270. https://doi.org/10.1063/1.124986

[11] P. Chabert, Deep etching of silicon carbide for micromachining applications: Etch rates and etch mechanisms, J. Vac. Sci. Technol. B 19 (2001) 1339-1345. https://doi.org/10.1116/1.1387459

[12] L. Jiang, R. Cheung, R. Brown, A. Mount, Inductively coupled plasma etching of SiC in SF_6/O_2 and etch-induced surface chemical bonding modifications, J. Appl. Phys. 93 (2003) 1376-1383. https://doi.org/10.1063/1.1534908

[13] H. Mikami, T. Hatayama, H. Yano, Y. Uraoka, T. Fuyuki, Role of Hydrogen in Dry Etching of Silicon Carbide Using Inductively and Capacitively Coupled Plasma, Jpn. J. Appl. Phys. 44 (2005) 3817–3821. https://doi.org/10.1143/JJAP.44.3817

[14] G. Ecke, H. Rößler, V. Cimalla, J. Pezoldt, Interpretation of Auger depth profiles of thin SiC Layers on Si, Mikrochim. Acta 125 (1997) 219-222. https://doi.org/10.1007/BF01246186

[15] M. Imaizumi, Y. Tarui, H. Sugimoto, J. Tanimura, T. Takami, T. Ozeki, Reactive Ion Etching in CF_4 / O_2 Gas Mixtures for Fabricating SiC Devices, Mater. Sci. Forum, 338-342 (2000) 1057-1060. https://doi.org/10.4028/www.scientific.net/MSF.338-342.1057

[16] E. Niemann, A Boos and D. Leidich, Chloride-based dry etching process in 6H-SiC, Inst. Phys. Conf. Ser. 137 (1994) 695-698.

[17] F.A. Khan, B. Roof, L. Zhou, I. Adesida, Etching of silicon carbide for device fabrication and through via-hole formation, J. Electron. Mater. 30 (2001) 212-219. https://doi.org/10.1007/s11664-001-0018-y

[18] L. Jiang, N O V Plank, M A Blauw, R Cheung, E van der Drift, Dry etching of SiC in inductively coupled Cl_2/Ar plasma, J. Phys. D: Appl. Phys. 37 (2004) 1809–1814. https://doi.org/10.1088/0022-3727/37/13/012

[19] H.-K. Sung, T. Qiang, Z. Yao, Y. Li, Q. Wu, H-K. Lee, B-D. Park, W-S. Lim, K-H. Park, C. Wang, Vertical and bevel-structured SiC etching techniques incorporating different gas mixture plasmas for various microelectronic applications, Sci. Rep. 7 (2017) 3915. https://doi.org/10.1038/s41598-017-04389-y

[20] P. Leerungnawarat, D. C. Hays, H. Cho, S. J. Pearton, R. M. Strong, C.-M. Zetterling, M. Ostling, Via-hole etching for SiC, J. Vac. Sci. Technol. B 17 (1999). 2050-2054. https://doi.org/10.1116/1.590870

[21] P.H. Yih, A.J. Steckl, Effects of Hydrogen Additive on obtaining Residue-Free Reactive Ion Etching of β-SiC in Fluorinated Plasmas. J. Electrochem. Soc. 140 (1993) 1813-1824. https://doi.org/10.1149/1.2221648

[22] J. Sugiura, W.J. Lu, K.C. Cadien, A.J. Steckl, Reactive ion etching of SiC thin films using fluorinated gases, J. Vac. Sci. Technol. B 4 (1986) 349-354. https://doi.org/10.1116/1.583329

[23] R. Wolf, R. Helbig, Reactive Ion Etching of 6H-SiC in SF_6/O_2 and CF_4/O_2 with N_2 Additive for Devise Fabrication, J. Electrochem. Soc. 143 (1996) 1037-1042. https://doi.org/10.1149/1.1836578

[24] L. Cao, B. Li, J. H. Zhao, Etching of SiC using inductively coupled plasma, J. Electrochem. Soc. 145 (1998) 3609–3612. https://doi.org/10.1149/1.1838850

[25] J. R. Bonds, SiC Etch development in a LAM TCP 9400SE II System, MSc thesis, Mississippi State Uninversity, USA, 2002.

[26] B.P. Luther, J. Ruzyllo, D.L. Miller. Nearly isotropic etching of 6H-SiC in NF_3 and O_2 using a remote plasma, Appl. Phys.Lett. 63 (1993) 171-173.

https://doi.org/10.1063/1.110389

[27] J. B. Casady, E. D. Luckowski, M. Bozack, D. Sheridan, R. W. Johnson, J. R. Williams, Etching of 6H-SiC and 4H-SiC using NF_3 in a Reactive Ion Etching system, J. Electrochem. Soc. 143 (1996) 1750-1753 and in: J. B. Casady, E. D. Luckowski, M. Bozack, D. Sheridan, R. W. Johnson, J. R. Williams, Reactive Ion Etching of 6H-SiC using NF_3, Inst. Phys. Conf. Ser. 142 (1996) 624-627. https://doi.org/10.1149/1.1836711

[28] G. McDaniel, Comparison of dry etch chemistries for SiC. J. Vac. Sci. Technol. A 15 (1997) 885-889. https://doi.org/10.1116/1.580726

[29] J. Bonds, G. E. Carter, J. B. Casady, J. D. Scofield, Effect of electrode spacing on reactive ion etching of 4H-SiC, Mater. Res. Soc. Symp. Proc. 622 (2000) T8.8.1-T8.8.6. https://doi.org/10.1557/PROC-622-T8.8.1

[30] J.D. Scofield, P. Bletzinger, B.N. Ganguly. Oxygen-free dry etching of α-SiC using dilute SF_6: Ar in an asymmetric parallel plate 13.56 MHz discharge, Appl. Phys. Lett. 73 (1998) 76-78. https://doi.org/10.1063/1.121728

[31] J.D. Scofield, B.N. Ganguly, P. Bletzinger, Investigation of dilute SF6 discharges for application to SiC reactive ion etching, J. Vac. Technol. A 18 (2000) 2175-2184. https://doi.org/10.1116/1.1286361

[32] N. Camara, K. Zekentes, Study of the reactive ion etching of 6H-SiC and 4H-SiC in SF_6/Ar plasmas by optical emission spectroscopy and laser interferometry, Sol. St. Electron. 46 (2002) 1959-1963 and in: N. Camara, G. Constantinidis, K. Zekentes, Use of Laser Interferometry and Optical Emission Spectroscopy for Monitoring the Reactive Ion Etching of 6H - and 4H-SiC, Mater. Sci. Forum Vols. 433-436 (2003) 693-696. https://doi.org/10.1016/S0038-1101(02)00129-6

[33] N. Camara, Ph.D. Thesis, 2006, INPG (Grenoble, France - Crete Univ., Heraklion, Greece)

[34] S. Rauf, P.L.G. VentzekIon, C. Abraham, G.A. Hebner, J.R. Woodworth, Charged species dynamics in an inductively coupled Ar/SF_6 plasma discharge, J. Appl. Phys. 92 (2002) 6998-7007. https://doi.org/10.1063/1.1519950

[35] M. S. Brown, J. D. Scofield, B. N. Ganguly, Emission, thermocouple, and electrical measurements in SF_6/Ar/O_2 SiC etching discharges, J. Appl. Phys. 94 (2003) 823-830. https://doi.org/10.1063/1.1580197

[36] M. S. So, S. G. Lim, T. N. Jackson, Fast, smooth and anisotropic etching of SiC using SF_6/Ar. J. Vac. Sci. Technol. B 17 (1999) 2055-2057. https://doi.org/10.1116/1.590871

[37] L. F. Voss, K. Ip, S. J. Pearton, R. J. Shul, M. E. Overberg, A. G. Baca, C. Sanchez, J. Stevens, M. Martinez, M. G. Armendariz, G. A. Wouters, SiC via

fabrication for wide-band-gap high electron mobility transistor/microwave monolithic integrated circuit devices, J. Vac. Sci. Technol. B 26 (2008) 487-494. https://doi.org/10.1116/1.2837849

[38] J. Xia, Study of plasma etching of silicon carbide, PhD dissertation, (2010), Nanyang University, China.

[39] H. Cho, K. P. Lee, P. Leerungnawarat, S. N. G. Chu, F. Ren, S. J. Pearton, C.-M. Zetterling, High density plasma via hole etching in SiC, J. Vac. Sci. Technol. A 19 (2001) 1878-1881. https://doi.org/10.1116/1.1359539

[40] D. G. Senesky, A. P. Pisano, Aluminium nitride as a masking materialfor plasma etching of silicon carbide structures, Proc. IEEE 23rd Int Conf on MEMS, (2010) pp 352-355. https://doi.org/10.1109/MEMSYS.2010.5442492

[41] F. A. Khan, I. Adesida, High rate etching of SiC using inductively coupled plasma reactive ion etching in SF_6 - based gas mixtures, Appl. Phys. Lett. 75 (1999) 2268-2270. https://doi.org/10.1063/1.124986

[42] K. Vassilevski, N. Camara, A. Stavrinidis, Report on FORTH's SiC RIE technology, unpublished.

[43] H. Vang, PhD Dissertation, (2006), INSA Lyon, France.

[44] D.W. Kim, H.Y. Lee, B.J. Park, H.S. Kim, Y.J. Sung, S.H. Chae, Y.W. Ko, G.Y. Yeom, High rate etching of 6H–SiC in SF6-based magnetically-enhanced inductively coupled plasmas, Thin Solid Films 447–448 (2004) 100–104. https://doi.org/10.1016/j.tsf.2003.09.030

[45] G. M. Beheim, L. J. Evans, Control of Trenching and Surface Roughness in Deep Reactive Ion Etched 4H and 6H SiC, Mater. Res. Soc. Symp. Proc. 911 (2006) 0911-B10-15. https://doi.org/10.1557/PROC-0911-B10-15

[46] K. Robb, J. Hopkins, G. Nicholls, L. Lea, Plasma sources for high-rate etching of SiC, Solid State Technol. 48(5) (2005) 61-67.

[47] J. Biscarrat, PhD dissertation, (2015), Univ. Tours, France.

[48] Ju-Ai Ruan, Sam Roadman, Cathy Lee, Cary Sellers, Mike Regan, SiC Substrate Via Etch Process Optimization, Proc. CS MANTECH 2009 Conference and in, Ju-Ai Ruan, Sam Roadman, Wade Skelton, Low RF power SiC Substrate Via Etch, Proc. CS MANTECH 2010 Conference.

[49] Ding Ruixue, Yang Yintang, Han Ru, Microtrenching effect of SiC ICP etching in SF_6/O_2 plasma, J. Semiconductors 30 (2009), 016001-1 - 016001-3. https://doi.org/10.1088/1674-4926/30/1/016001

[50] H. Oda, P. Wood, H. Ogiya, S. Miyoshi, O. Tsuji, Optimizing the SiC Plasma Etching Process For Manufacturing Power Devices, Digest CS MANTECH, (May

2015), Scottsdale, Arizona, USA, p.126.

[51] M. Lazar, Technologie pour l'intégration de composants semiconducteurs à large bande interdite, HDR dissertation, Université Claude Bernard Lyon I , (2018)

[52] J. H. Choi, L. Latu-Romain, T. Baron, T. Chevolleau, E. Bano, Hexagonal faceted SiC nanopillars fabricated by inductively coupled SF_6/O_2 plasma method, Mater. Sci. Forum 717-720 (2012) 893-896.
https://doi.org/10.4028/www.scientific.net/MSF.717-720.893

[53] J. J. Wang, E.S. Lambers, S.J. Pearton, M. Ostling, C.M. Zetterling, J. M. Grow, F. Ren, R. J. Shul, J. Vac. Sci Technol. A 16 (1998) 2204-2209.
https://doi.org/10.1116/1.581328

[54] N. Okamoto, Differential etching behavior between semi-insulating and n-doped 4H-SiC in high-density SF_6/O_2 inductively coupled plasma, J. Vac. Sci. Technol. A 27 (2009) 456-460. https://doi.org/10.1116/1.3100215

[55] N. Okamoto, Elimination of pillar associated with micropipe of SiC in high-rate inductively coupled plasma etching, J. Vac. Sci. Technol. A 27 (2009) 295-300.
https://doi.org/10.1116/1.3077297

[56] Th. Stauden, F. Niebelschütz, K. Tonisch, V. Cimalla, G. Ecke, Ch. Haupt, J. Pezoldt, Isotropic etching of SiC, Mater. Sci. Forum 600-603 (2009) 651-654.
https://doi.org/10.4028/www.scientific.net/MSF.600-603.651

[57] F. Niebelschütz, Th. Stauden, K. Tonisch, J. Pezoldt, Temperature facilitated ECR-etching for isotropic SiC structuring, Mater. Sci. Forum 645-648 (2010) 849-852. https://doi.org/10.4028/www.scientific.net/MSF.645-648.849

[58] S. Tanaka, K. Rajanna, T. Abe, M. Esashi, Deep reactive ion etching of silicon carbide, J. Vac. Sci. Technol. B 19 (2001) 2173-2176.
https://doi.org/10.1116/1.1418401

[59] K.M. Dowling, E.H. Ransom, D.G. Senesky, Profile Evolution of High Aspect Ratio Silicon Carbide Trenches by Inductive Coupled Plasma Etching, J. Microelectromech. Syst. 26 (2017) 135-142.
https://doi.org/10.1109/JMEMS.2016.2621131

[60] M. Lazar, F. Enoch, F. Laariedh, D. Planson, P. Brosselard, Influence of the masking material and geometry on the 4H-SiC RIE etched surface state, Mater. Sci. Forum. 679-680 (2011) 477-480.
https://doi.org/10.4028/www.scientific.net/MSF.679-680.477

[61] M. Lazar, INSA Lyon, France (private communication).

[62] S. H. Kuah, P. C. Wood, Inductively coupled plasma etching of poly-SiC in SF_6 chemistries, J. Vac. Sci. Technol. A 23 (2005) 947-952.
https://doi.org/10.1116/1.1913682

[63] G.R. Yazdi, K. Vassilevski, J.M. Córdoba, D. Gogova, I.P. Nikitina, M. Syväjärvi, M. Odén, N.G. Wright, R. Yakimova, Free standing AlN single crystal growth on pre-patterned 4H-SiC substrates, Mater. Sci. Forum 645-648 (2010) 1187-1190. https://doi.org/10.4028/www.scientific.net/MSF.645-648.1187

[64] G.R. Yazdi, K. Vassilevski, J.M. Córdoba, D. Gogova, I.P. Nikitina, M. Syväjärvi, M. Odén, N.G. Wright, R. Yakimova, Free standing AlN single crystal growth on pre-patterned 4H-SiC substrates, Mater. Sci. Forum 645-648 (2010) 187-1190. https://doi.org/10.4028/www.scientific.net/MSF.645-648.1187

[65] S. M. Koo, S.-K. Lee, C.M. Zetterling, M. Ostling, U. Forsberg, E. Janzén, Influence of the trenching effect on the characteristics of buried-gate SiC junction field effect transistors, Mater. Sci. Forum 389-393 (2002) 1235-1238. https://doi.org/10.4028/www.scientific.net/MSF.389-393.1235

[66] R.A. Gottscho, C.W. Jurgensen, D.J. Vitkavage, Microscopic uniformity in plasma etching, J. Vac. Sci. Technol. B 10 (1992) 2133-2147. https://doi.org/10.1116/1.586180

[67] I. W. Rangelow, P. Hudek, F. Shi, Bulk micromachining of Si by Lithography and Reactive ton Etching (LIRIE),Vacuum 46 (1995) 1361-1369. https://doi.org/10.1016/0042-207X(95)00027-5

[68] A.C. Westerheim, A.H. Labun, J.H. Dubash, J.C. Arnold, H.H. Sawin, V.Yu-Wang, Substrate bias effect in high-spect ratio SiO_2 contact etching using an inductively coupled plasma reactor, J. Vac. Sci. Technol. A 13 (1995) 853-858. https://doi.org/10.1116/1.579841

[69] S.G. Ingram, The influence of substrate topography on ion bombardment in plasma etching, J. Appl. Phys. 68 (1990) 500-504. https://doi.org/10.1063/1.346819

[70] G. Memos, E. Lidorikis, G. Kokkoris, The interplay between surface charging and microscale roughness during plasma etching of polymeric substrates, J Appl Phys. 123 (2018) 073303-1 – 0733303-9. https://doi.org/10.1063/1.5018313

[71] F. Gerodolle, J. Pelletier, Two-dimensional implications of a purely reactive model for plasma etching, IEEE Trans. Electon Dev. 38 (1991) 2025-2032. https://doi.org/10.1109/16.83725

[72] M. A. Vyvoda H. Lee, M. V. Malyshev F. P. Klemens, M. Cerullo, V. M. Donnelly, D. B. Graves, A. Kornblit, J. T. C. Lee, Effects of plasma conditions on the shapes of features etched in Cl_2 and HBr plasmas. I. Bulk crystalline silicon etching, J. Vac. Sci. Technol. A 16 (1998) 3247-3258. https://doi.org/10.1116/1.581530

[73] A. Burtsev, Y.X. Li, H.W. Zeijl, C.I.M. Beenakker, An anisotropic U-shape SF_6-based plasma silicon trench etching investigation, Microelectron. Eng. 40 (1998)

85-97. https://doi.org/10.1016/S0167-9317(98)00149-X

[74] Y. Nakano, R. Nakamura, H. Sakairi, S. Mitani, T. Nakamura, 690 V, 1.00 mΩ cm^2 4H-SiC double-trench MOSFETs, Mater. Sci. Forum 717–720 (2012) 1069–1072. https://doi.org/10.4028/www.scientific.net/MSF.717-720.1069

[75] H. Koketsu, T. Hatayama, H. Yano, T. Fuyuki, Clearance of 4H-SiC sub-trench in hot chlorine treatment, Mater. Sci. Forum 717–720 (2012) 881–884. https://doi.org/10.4028/www.scientific.net/MSF.717-720.881

[76] J.R. Flemish, K. Xie, Profile and Morphology Control during Etching of SiC Using Electron Cyclotron Resonant Plasmas, J. Electrochem. Soc. 143 (1996), 2620-2623. https://doi.org/10.1149/1.1837058

[77] F. Simescu, D. Coiffard, M. Lazar, P. Brosselard, D. Planson, Study in trench formation during SF_6/O_2 reactive ion etching of 4H-SiC. J. Optoelectron. Adv. Mater. 2 (2010) 766-769.

[78] K. W. Chu, C. T. Yen, P. Chung, C. Y. Lee, Tony Huang, C. F. Huang, An Improvement of Trench Profile of 4H-SiC Trench MOS Barrier Schottky (TMBS) Rectifier, Mater. Sci. Forum 740-742, (2013) 687-690. https://doi.org/10.4028/www.scientific.net/MSF.740-742.687

[79] Han Ru, Yang Yin-Tang, Fan Xiao-Ya, Microtrenching geometry of 6H–SiC plasma etching, Vacuum 84 (2010) 400–404. https://doi.org/10.1016/j.vacuum.2009.09.001

[80] C. Han, Y. Zhang, Q. Song, Y. Zhang, X. Tang, F. Yang, Y. Niu, An Improved ICP Etching for Mesa-Terminated 4H-SiC p-i-n Diodes, IEEE Trans. Electron Dev. 62 (2015) 1223-1229. https://doi.org/10.1109/TED.2015.2403615

[81] B.P. Luther, J. Ruzyllo, D.L. Miller, Nearly isotropic etching of 6H-SiC in NF_3 and O_2 using a remote plasma, Appl. Phys.Lett. 63 (1993) 171-173. https://doi.org/10.1063/1.110389

[82] D.A. Zeze, R.D. Forrest, J.D. Carey, D.C. Cox, I.D. Robertson, B.L. Weiss, S.R.P. Silva, Reactive ion etching of quartz and Pyrex for microelectronic applications, J. Appl. Phys. 92 (2002) 3624-3629. https://doi.org/10.1063/1.1503167

[83] S.-N. Son, S.J. Hong, Quantitative Evaluation Method for Etch Sidewall Profile of Through-Silicon Vias (TSVs), ETRI Journal 36 (2014) 617-624. https://doi.org/10.4218/etrij.14.0113.0828

[84] X.M.H. Hang, X.L. Feng, M.K. Prakash, S. Kumar, C.A. Zorman, M. Mehregany, M.L. Fabrication of suspended nanomechanical structures from bulk 6H-SiC substrates, Mater. Sci. Forum 457-460 (2004) 1531-1534. https://doi.org/10.4028/www.scientific.net/MSF.457-460.1531

[85] J. Asmussen, Electron cyclotron resonance microwave discharges for etching and thin-film deposition, J. Vac. Sci. Technol. A 7 (1989) 883-893. https://doi.org/10.1116/1.575815

[86] F. Lanois, P. Lassagne, D. Planson, M. L. Locatelli, Angle etch control for silicon carbide power devices, Appl. Phys. Lett. 69 (1996) 236-238. https://doi.org/10.1063/1.117935

[87] T. Hiyoshi, T. Hori, J. Suda, T. Kimoto, Bevel Mesa Combined with Implanted Junction Termination Structure for 10 kV SiC PiN Diodes, Mater. Sci. Forum 600-603 (2009) 995-998. https://doi.org/10.4028/www.scientific.net/MSF.600-603.995

[88] P. Godignon, SiC Materials and Technologies for Sensors Development, Mater. Sci. Forum 483-485 (2005) 1009-1014. https://doi.org/10.4028/www.scientific.net/MSF.483-485.1009

[89] H. Stieglauer, J. Noesser, G. Bödege, K. Drüeke, H. Blanck, D. Behammer, Evaluation of through wafer via holes in SiC substrates for GaN HEMT technology, Proc. CS MANTECH 2012 Conference, 2012.

[90] A. Suino, Y. Yamazaki, H. Nitta, K. Miura, H. Seto, R. Kanno, Y. Ijiima, H. Sato, S. Takeda, E. Toya, T. Ohtsuki, J. Phys. Chem. Solids 69 (2008) 311-314. https://doi.org/10.1016/j.jpcs.2007.07.007

[91] J. Boussey, C. Gourgon, M. Cottat, E. Bano, K. Zekentes (unpublished).

[92] V. Veliadis, presentation in ECSCRM'16 Tutorial Day.

[93] T. Kimoto, J.A. Cooper, Fundamentals of silicon carbide technology: growth, characterization, devices and applications, John Wiley & Sons, Singapore, 2014, p. 211. https://doi.org/10.1002/9781118313534

[94] Y. Li, Design, Fabrication and Process Developments of 4H-Silicon Carbide TIVJFET, Ph. D. Dissertation, Rutgers University, 2008 but the process is better described in M. Su, Power devices and integrated circuits based on 4H-SiC lateral JFETs, Ph. D. Dissertation, Rutgers University, 2010.

[95] X.L. Feng, M.H. Matheny, C.A. Zorman, M. Mehregany, M.L. Roukes, Low voltage nanoelectromechanical switches based on silicon carbide nanowires, Nano Lett. 10 (2010) 2891-2896. https://doi.org/10.1021/nl1009734

[96] A. Kathalingam, M.R. Kim, Y.S. Chae, S. Sudhakar, T. Mahalingam, J.K. Rhee, Self assembled micro masking effect in the fabrication of SiC nanopillars by ICP-RIE etching, Appl. Surf. Sci. 257 (2011) 3850-3855. https://doi.org/10.1016/j.apsusc.2010.11.053

[97] J.H. Choi, L. Latu-Romain, E. Bano, F. Dhalluin, T. Chevolleau, T. Baron, Fabrication of SiC nanopillars by inductively coupled SF_6/O_2 plasma etching, J. Phys. D: Appl. Phys. 45 (2012) 235204-1 - 235204-9 and in: Jihoon Choi, PhD

Disseration (2013) Grenoble INP, France. https://doi.org/10.1088/0022-3727/45/23/235204

[98] L. Hiller, T. Stauden, R. M. Kemper, J. K. N. Lindner, D. J. As and J. Pezoldt, ECR-Etching of Submicron and Nanometer Sized 3C-SiC(100) Mesa Structures, Mater. Sci. Forum 717-720 (2012) 901-904. https://doi.org/10.4028/www.scientific.net/MSF.717-720.901

[99] L. Hiller, T. Stauden, R.M. Kemper, J.K.N. Lindner, D.J. As, J. Pezoldt, Hydrogen Effects in ECR-Etching of 3C-SiC(100) Mesa Structures, Mater. Sci. Forum 778-780 (2014) 730-733. https://doi.org/10.4028/www.scientific.net/MSF.778-780.730

[100] B. Li, L. Cao, J. Zhao, Evaluation of damage induced by inductively coupled plasma etching of 6H-SiC using Au Schottky barrier diodes, Appl. Phys. Lett. 73 (1998) 653-655. https://doi.org/10.1063/1.121937

[101] B.S. Kim, J.K. Jeong, M.Y. Um, H.J. Na, I.B. Song, H.J. Kim, Electrical Properties of 4H-SiC Thin Films Reactively Ion-Etched in SF_6/O_2 Plasma, Mater. Sci. Forum 389-393 (2002) 953-956. https://doi.org/10.4028/www.scientific.net/MSF.389-393.953

[102] S.M. Koo, S. K. Lee, C. M. Zetterling, M. Ostling, Electrical characteristics of metal-oxide-semiconductor capacitors on plasma eth-damaged silicon carbide, Solid State Electron. 46 (2002) 1375-1380. https://doi.org/10.1016/S0038-1101(02)00068-0

[103] E. Danielsson, S.K. Lee, C. M. Zetterling, M. Ostling, Inductively coupled plasma etch damage in 4H-SiC investigated by Schottky diode characterization, J. Electron. Mater. 30 (2001) 247-252. https://doi.org/10.1007/s11664-001-0024-0

[104] L. Lanni, B. G. Malm, M. Östling, C.M Zetterling, SiC etching and sacrificial oxidation effects on the performance of 4H-SiC BJTs, Mater. Sci. Forum 778-780 (2014) 1005-1008. https://doi.org/10.4028/www.scientific.net/MSF.778-780.1005

[105] N. Camara, A. Thuaire, E. Bano, K. Zekentes, Forward-bias degradation in 4H-SiC p^+nn^+ diodes: Influence of the mesa etching, Phys. Stat. Sol. (a) 202 (2005) 660-664. https://doi.org/10.1002/pssa.200460469

第 9 章

碳化硅纳米结构和相关器件制造

M. Bosi[1]、K. Rogdakis[2]、K. Zekentes[3]*

[1] 意大利帕尔马德尔科学区 IMEM-CNR
[2] 希腊伊拉克利翁希腊地中海大学电气与计算机工程系
[3] 希腊克里特岛伊拉克利翁的希腊研究与技术基金会（FORTH）
* zekentesk@iesl.forth.gr

摘要

SiC 纳米结构结合了 SiC 体材料的物理特性和由其空间维度降低所引起的物理特性，因此可以被认为是一种新材料，为各种应用提供了具体的优势。SiC 纳米晶体（0D）的主要工作致力于发光和增强剂应用。SiC 纳米晶体制备采用了多种方法。SiC 纳米线（1D）已被研究用于不同应用（增强剂、各种类型的传感器、晶体管、场发射器）。自下而上和自上而下的方法都被使用过，每种方法都有具体的优缺点。本章全面介绍了 SiC 纳米晶体和纳米线的制备方法。主要工作致力于两种结构材料在立方多型上的制备，因为它在低生长温度（<1900℃）下更稳定。本综述还包括了器件技术和应用。

关键词

纳米晶体、纳米线、纳米管、纳米柱、纳米场效应晶体管、催化剂、自下向上工艺、核/壳异质结构、发光、光致发光、纳米机电系统（NEMS）、NWFET

9.1 引言

纳米材料代表了一类广泛的材料，其中至少一个尺寸被限制在纳米级

(<100nm)。根据超出纳米范围的维度数量,它们可以被表征为 0D(量子点、纳米晶体、纳米球)、1D[纳米管(NT)、纳米线(NW)]或 2D(薄片、带状)。例如,NW 是直径通常在 10~100nm 范围内的线形材料,同时沿轴向方向不受空间限制。在过去的几十年中,纳米材料因其新颖的特性而备受关注,这些特性包括由低直径的量子空间限制以及高的表面积与原子体积比引起的磁性、光电和热特性。在这样的尺度上,材料的表面状态开始对电荷传输和俘获、能带结构、态密度等电特性产生重要影响。

SiC 以其优越的物理性能而闻名,例如宽带隙、高热导率、高击穿电场、高杨氏模量和硬度、高熔点以及优异的化学和物理稳定性[1]。此外,各种体外和体内研究[2-4]表明,这种材料适用于生物医学器件,因为它表现出比 Si 优异的生物相容性。

因此,基于 SiC 纳米结构的器件呈现出比三维结构更具体的优势,并且由于 SiC 的优异性能,预计在纳米尺度上还将显著增强。

SiC 体单晶具有许多不同的结构,称为同形异构。立方(β 或 3C-SiC)多型体在低生长温度下是最稳定的[5],尽管从热力学平衡的角度来看它并不是最稳定的。因此,大多数文献研究都报道了 3C-SiC 纳米结构,在下文中,未提及的多型体都对应于立方多型体,否则将明确提及多型体。

本章将介绍 SiC 纳米结构制造、工艺和器件集成方面的最新技术,目标读者首先是这个非常活跃的研究领域的新人,其次是在该领域已经活跃的研究人员,希望对相关文献有一个概述,以更好地规划未来的研究。

SiC 0D 结构因其在光电子学尤其是纳米级紫外光发射器中的潜在应用而成为深入研究的主题。SiC 是一种间接带隙半导体,因此光发射较弱。然而,对于 SiC 纳米颗粒,发射强度显著增强。事实上,当尺寸减小到量子极限时,辐射复合率会大大提高,而非辐射复合率会大大降低[6]。SiC 纳米颗粒可以分为固体纳米晶体、中空纳米球、中空纳米笼和核-壳纳米球。尺寸小于 10nm 的 SiC 纳米颗粒被称为 SiC 量子点,因为存在像载流子量子限制这样的量子效应。已采用多种方法制造 SiC 0D 结构。可以在参考文献 [7,8] 中找到有关 SiC 纳米晶体制造和表征的详细论述。

SiC 纳米线已被广泛研究,因为它们适用于许多应用[9]。因此,本章的大部分内容集中于它们的制造方法,可以分为两个主要分支:自上而下法和自下而上法,这取决于初始材料的结构是体材料(自上而下)还是纳米级/分子材料(自下而上)。

自下而上技术之间的主要区别在于它们是否包含纳米级模板。制备 SiC NW 的原始方法是基于使用碳 NT 作为模板,在存在 Si 蒸气时将其转化为 SiC NW。后来,Si NW 也被用作模板,通过与碳源的高温反应将其转化为 SiC NW。除了模板辅助方法外，还使用标准 NW 自下而上生长技术（根据对 Si NW 生长过程的理解）进行了广泛的研究，例如气-固（VS）生长或气-液-固（VLS）生长。这些非模板化技术依赖于存在（VLS）或不存在（VS）催化剂时，Si 和碳源的分子级反应。在本章中，为简单起见，我们将模板辅助的自下而上生长技术称为转换实验，将非模板化技术称为自下而上生长。

关于自上而下制造 SiC NW 的研究要少得多。在这种情况下，电子束光刻和随后的干法腐蚀是常用的技术方法。当以低直径（<80nm）和/或足够长（>500nm）的 NW 为目标时，得到了金字塔形状，产生金字塔形状的可能原因是离子发散、硬掩模侧壁的倾斜和硬掩模横向刻蚀。

9.2 SiC 纳米晶粒

9.2.1 基于 Si 到 SiC 转换的 SiC 纳米晶体制备

通过分子束外延系统中将 Si 衬底转化为 SiC 制备了 5~200nm 不等的立方 SiC 纳米晶体，晶粒大小取决于生长条件[10]。固体碳通量用于将加热的 Si 衬底转换为 SiC。

相反，C_{60} 或甲醇已分别在参考文献 [11] 和 [12] 中用于转换过程。

通过在合适的条件下将 Si（111）暴露于固体碳通量（见图 9.1），证明了通过分子束外延在 Si 衬底上生长的自对准立方 SiC 量子点阵列[13]。

然而，这种用于制造 SiC 纳米晶体（NC）的转换（或碳化或渗碳）方法尚未得到深入研究，因为已开发出了更简单的方法，如下文所述。

9.2.2 SiC 纳米晶体的化学气相制备

通过将硅烷、甲烷和氢气径向注入射频等离子体的尾焰[14]，可以合成立方 SiC 粉末（尺寸为 10~20nm）。

类似地，小于 10nm 的 SiC 粉末是通过减压热分解硅有机前驱体获得的[15]。

不同研究组[16,17]通过 C_2H_2 和 SiH_4 的混合物的激光热解，在各种衬底上实现了 3C-SiC NC 的生长，使用的火焰温度高达 1100℃。也制备了超低直径（约 3nm）的立方 SiC NC，但存在较大直径的 SiC 和 Si 的混合物。

基于常压等离子体气相法和四甲基硅烷（TMS）作为前驱体，合成了高结晶超小直径（低至 1.5nm）的独立 SiC NC[18]。

9.2.3 基于电化学和化学腐蚀的 SiC 纳米晶体形成方法

SiC 多晶圆的电化学腐蚀得到的 SiC NC 具有尺寸小、单一分散性和形状规

第9章 碳化硅纳米结构和相关器件制造

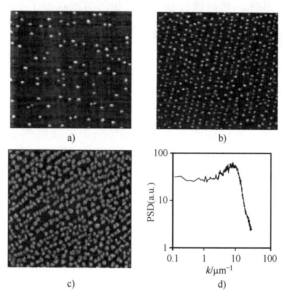

图 9.1 925℃下在 0.06°偏轴 Si (111) 晶面上生长的 SiC 层的 AFM 图像 ($5×5\mu m^2$)
（由 John Wiley & Sons 授权使用）
a) 生长 2s 后，(z 尺度 2.8nm)　b) 11s 后 (z 尺度 8.6nm)　c) 180s 后 (z 尺度 31nm)
d) 图 b) 的功率谱密度[13]

则的特点[19]（见图 9.1）。这时，多晶 3C-SiC 晶圆在紫外光照射下使用 HF 和乙醇进行电化学腐蚀。水中的超声处理去除了无定形覆盖并形成了直径约为 3.5nm 的悬浮 SiC NC 溶液。以这种方式制备的 SiC NC 表现出优异的发光性能（见下文）。上述方法的缺点是所涉及的多晶 SiC 晶圆价格相对较高，且受晶圆表面积限制的 NC 产量较低。

一种更简单的方法是采用 HNO_3 和 HF 的混合物直接化学腐蚀微米粒度的立方 SiC 粉末[20]。在工艺结束时需要进行超声波处理，以去除覆盖直径小于 6.5nm 的立方 SiC NC 上的非晶 SiC 壳。由于其简单性，各个小组都采用这种方法来生产 SiC NC。

9.2.4 SiC 纳米晶体的化学合成

由于 Si 和 C 原子之间的高键强度，SiC NC 的化学合成存在固有的困难。换句话说，执行这样的任务需要非常高的温度。

通过 1000℃下三乙基硅烷的热分解获得了直径约 10nm 的 SiC NC[21]。通过纳米铸造和碳热还原合成了类似直径的 SiC NC[22]。

Henderson 和 Veinot[23] 提出了一种简单的 SiC NC 制备方法。通过加热 $C_6H_5SiCl_3$ 和 $SiCl_4$ 制备苯基硅氧烷聚合物，然后聚合物水解和共缩形成具有嵌入 SiC NC 的富 C 基体。最后通过基体的氧化和腐蚀获得了 10nm SiC NC。

9.2.5 激光烧蚀形成 SiC 纳米晶体

两种不同的激光烧蚀方案已用于生产 SiC NC。

在第一种方案[24]中，浸入乙醇和甲苯溶液（体积比为 7∶1）的硅晶圆通过激光烧蚀获得了直径为几纳米的 3C-SiC 和 Si NC 的混合物，后者通过浸入 HF 和 H_2O_2 溶液中去除。在用相同方案制备的样品中也观察到了环状 3C-SiC 纳米结构，但相比准球形 SiC 纳米结构占比很小。

多晶 SiC 在水中的激光烧蚀可以形成 10nm 尺寸的 SiC NC[25]。

9.2.6 SiC 纳米晶体的其他制备方法

已经提出了多种其他方法来制造 SiC NC。

室温下，元素 Si 和 C 混合物的高能球磨可以合成出纳米尺寸（8nm）的 SiC 粉末[26]。

对于所有上述方法，获得的 SiC 固体 NC 通常是拟球形的。Dasog 等人[27]已经通过 SiO_2、Mg 和 C 粉末之间的固态复分解反应的方法获得了具有良好球形形状的 SiC NC，球体的直径范围从 50~300nm。

9.2.7 其他（非立方）多型体 SiC 纳米晶体的形成

由于立方多型体在低生长温度下是最稳定的，因此上述绝大多数研究都是针对 3C-SiC NC 的形成。显然，为了获得其他多型体 NC，最合适的方法是腐蚀相同多型体的晶体[28,29]。在这种情况下，采用了电化学腐蚀和超声波处理。主要研究了光学性质（光致发光，PL）。

9.2.8 SiC 中空纳米球、纳米笼和核-壳纳米球的形成

SiC 中空纳米球因其潜在的应用（药物输送细胞、轻质填料和催化剂）而受到研究。已经采用了各种方法来制造它们。

3C-SiC 中空立方纳米笼是通过简化的 Yajima 工艺形成的[30]。获得的多晶纳米笼的棱边长度为 60~400nm。

分别在 600~700℃ 和 130℃ 下通过钠[31]或 Na-K[32]还原 $SiCl_4$ 和 C_6Cl_6 获得了空心纳米球。

参考文献 [33] 中通过 C NC 和 SiO 蒸气的气-固反应制备出了空心球形纳米晶体，参考文献 [34] 中则通过 C 和 Si 的气-固反应制备出了空心球形纳米晶体。

核-壳纳米球可以通过 SiC 纳米球的表面改性[35,36]或通过同时形成核和壳[37]来制备。

9.2.9 SiC 纳米晶体的发光

在直径为 1~6nm 的胶体 3C-SiC NC 中观察到量子限制效应[19]，图 9.2 给出了本研究的主要结果。当激发源能量增强时量子限制效应由能量带隙（E_G）PL 峰的蓝移来标记，随着激发波长从 490nm 降低到 320nm，PL 光谱从 540nm 偏移到 450nm，这种偏移被解释为 NC 尺寸分布的结果。随着 SiC NC 粒度变小，E_G 变宽并且发光谱蓝移。发光强度非常强，即使用肉眼也能看到发光点（见图 9.2b）。

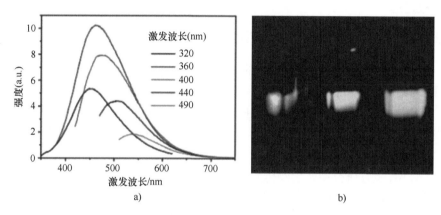

图 9.2　a）SiC NC 在 5 种不同激发波长下的 PL 光谱，b）SiC NC 在 320nm、400nm 和 450nm 3 种不同波长（从左到右）光激发下的发光照片[19]
（Copyright 2005 by the American Physical Society）

与 Si 一样，提出了 SiC NC 两种 PL 机制：导带-价带辐射跃迁和通过表面态的辐射跃迁，这两种机制可以通过 NC 粒度大小的变化来区分，通过表面态的辐射跃迁机制表现出相对固定的发射波长。

已经报道了许多关于 3C-SiC NC PL 的结果。例如，由于量子限制效应，密排的 3C-SiC NC 薄膜表现出蓝光至近紫外（UV）光发射[38]。

对于六方 SiC NC，报道的量子限制效应的观察结果存在相互矛盾，根据参考文献 [7] 和 [29]，由于玻尔半径非常低，因此没有明确的证据表明观察到了量子限制效应。事实上，对于 3C-SiC、6H-SiC 和 4H-SiC，激子玻尔半径的估算值分别为 2.0nm、0.7nm 和 1.2nm[7]，因此，需要非常小直径的六方 SiC NC 来观察六方 SiC NC 的 PL 中的量子限制效应。然而，根据 Botsoa 等人[39]的说法，在大于 E_G 的 PL 测量和吸收光谱中子能带的观察中已经观察到了量子限制。根据这些观察结果，对于胶体溶液，通过采用合适的极性润湿介质（例如乙醇）并通过离心选择较小直径（<2nm）的 NC，可以筛选出表面态非辐

射和辐射 PL。

SiC NC 作为发光体的潜力是这类材料的主要应用目标。事实上，悬浮在水中的 3C-SiC 量子点的量子产率为 17%[40]，与一些直接带隙半导体相当。发光二极管（LED）已通过使用多孔 SiC[41]和聚合物灌封的 3C-SiC 量子点[42]制造，然而，量子效率非常低，表明相关技术还很不成熟。

综合上述可调谐发光、高荧光、SiC 在水溶液中的稳定性以及其高生物相容性和低细胞毒性，使 SiC NC 成为生物成像探针的理想选择。很多研究已经论证了 SiC 的这种应用[40,43-45]，结果非常诱人，但相应的技术距离商业探针的生产还很遥远。

9.2.10 SiC 0D 纳米结构的应用

除了上述与 SiC 0D 纳米结构的 PL 特性相关的应用外，还有一系列其他应用。

SiC 是一种众所周知的坚硬材料，几十年来，SiC 粉末一直用于需要硬质材料的应用中。SiC NC 已被用作 $Mg^{[46]}$、$Al_2O_3^{[47]}$、纳米晶 Ni 基体[48]和环氧树脂[49]的增强剂。

SiC NC 也被研究用作生物传感器[50,51]以及光催化剂和电催化剂[52]的材料。SiC 的化学惰性、无毒和生物相容性是前者应用的主要原因，而宽带隙、优异的热和化学稳定性以及 NC 大的比表面积是后者应用的优势。

SiC 在微波段表现出高介电极化，从而具有出色的微波吸收性能。此外，高热稳定性和化学稳定性以及低密度使其非常适合用作微波吸收剂。然而，到目前为止，仅对作为微波吸收剂的 SiC NC 进行了与室温相关的研究，并取得了可喜的成果[53,54]。

9.3 SiC 纳米线和纳米管的自下而上生长

9.3.1 NW 自下而上生长概述

NW（纳米线）的自下而上生长是指一种合成过程，其中纳米结构从组成原子开始排列对齐，这些原子由固态或气态前驱体传递。

在自下向上工艺中，NW 通常沿半导体表面自由能最低的方向生长，对于闪锌矿和金刚石结构，如立方 SiC，通常是[111]晶向[55]，尽管其他晶向如参考文献［56］、［110］和［112］也有报道，主要取决于 NW 直径[56]。自下而上的 NW 生长最常见的过程是 VLS、VS 和固-液-固（SLS），这取决于生长过程中存在的相（见图 9.3）。在下一节中，将对这些基本机制进行简要说明。

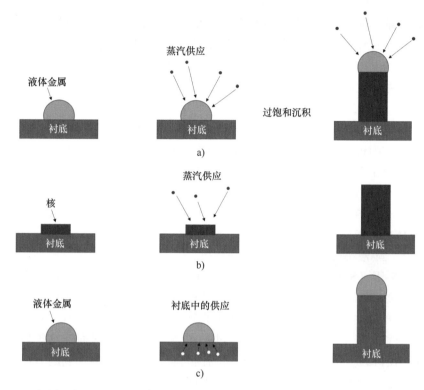

图 9.3 通过气-液-固（图 a）、气-固（图 b）、固-液-固（图 c）机制生长纳米线的示意图

虽然自上而下的方法原则上可以在 NW 工程中带来更高的自由度（严格控制密度、位置、与其他制造工艺的集成等），但自下而上的方法却可以轻松快速地高密度大体积（通常以毛毡形式）合成 NW。还应考虑的是，自下而上生长的 NW 不会遭受由强烈腐蚀工艺或自上而下方法中使用的电子束光刻工艺引起的晶体结构损坏，而且，通过自下而上方法获得的纳米结构的尺寸不受所采用的光刻或腐蚀技术的分辨率的限制，此外，这种廉价且简单的工艺的高基板覆盖率可能会为高产量的可扩展大规模生产开辟道路。

9.3.1.1 气-液-固工艺

气-液-固（VLS）是最广泛用于合成各种半导体材料（如 Si、Ge、Ⅲ-V、SiC 和Ⅲ-N）的 NW 的技术。NW 生长由沉积在衬底上的金属来辅助，该金属与衬底本身形成共晶，因此即使在低于体金属熔点的温度下仍保持液相。随着衬底温度的升高，由金属/衬底系统形成的合金熔化并且由于液体的表面张力而形成小液滴：这个过程通常被称为"去湿"，用于 NW 生长的前驱体在气相中输送并被吸收在液滴内，直到饱和。一旦达到过饱和，固相化合物就会在液体/衬底界面处沉淀和成核，从而开始 NW 的生长。因为更多的前驱体被吸收并沉淀在液体中，NW 从液体/衬底界面开始伸长，金属液滴始终保持在不断增长的 NW 的顶部。在生长结束时，一旦温度降低，液滴就会凝固并保持在 NW 的顶部。在这个过程中，NW 直径主要由液滴的尺寸控制，液滴的尺寸由初始催化剂金属层的厚度和去湿参数决定。VLS 生长机制的详细描述超出了本书的范围，但可以在参考文献［57］中找到全面的论述。

9.3.1.2 气-固工艺

对于这种生长机制，不需要在衬底上存在金属催化剂，因为气态前驱体在衬底表面或附近发生反应可以直接合成 NW。NW 生长的催化剂通常由纳米核提供，这些源于气相中各种反应的核在该过程中原位产生，成核点的形状由表面能最小化和动力学条件之间的竞争决定。因此，NW 成核、密度和空间位置的控制可能很困难。在气-固（VS）工艺中，NW 的直径和形貌可以通过调节温度和前驱体分压来控制。

9.3.1.3 固-液-固工艺

固-液-固（SLS）生长是另一个由金属催化剂引导的工艺，但在这种情况下，它始终保留在衬底表面上。NW 生长所需的前驱体原子之一，通常是 Si，由衬底本身提供。与 VLS 类似，观察到了金属-硅共晶的形成。SLS 和 VLS 之间的主要区别在于，Si 原子从衬底侧通过衬底-液体（S-L）界面连续扩散，提供生长所需的 Si 原子。在这种情况下，不存在在 VLS 工艺中观察到的 NW 末端的典型金属液滴。使用 SLS 机制[9]获得了不同的取向和晶型的 NW，并且通常具有核/壳结构，因为生长是由中间生成的氧化层引导的。

9.3.2 无模板的 SiC 纳米线生长

通过无模板的自下而上生长方法获得了各种形貌的 3C-SiC 纳米线[9]，包括具有毡状、卷曲和笔直形状的纳米针[58]、花朵[59]、SiC 分层纳米结构[60]、超长纳米线[61]和 3C-SiC/SiO_2 核/壳纳米线[62]。大多数报道的工作是基于 VLS 或 SLS 技术，采用气相技术和不同的前驱体，如硅烷、丙烷、甲基三氯硅烷、一氧化碳和四氯化碳。

3C-SiC NW 的无基板自下而上生长可分为两类：

1) 纯 3C-SiC NW 的生长，其表面可能被一层非常薄的原生氧化层覆盖。

2) 核/壳 3C-SiC/SiO_2 NW 的生长，其中晶体 3C-SiC 核被几十纳米厚的 SiO_2 壳覆盖。需要指出的是，氧化层是在生长过程中形成的，并不存在生长后的氧化过程。在某些情况下，SiO_2 壳也可能含有 C 杂质，为了去除它，简单的 HF 腐蚀可能无效。

通过选择合适的前驱体和催化剂，可以获得纯 3C-SiC 或核/壳 NW。纳米结构的性质主要由反应动力学和气相中的过饱和条件决定。在以下部分中，将简要描述用于 3C-SiC NW 生长的最常用催化剂，然后详细介绍最常用的前驱体和所采用的生长工艺。

9.3.2.1 催化剂

催化剂在 NW 生长工艺中起着重要作用，考虑到 3C-SiC 通常在 1100℃ 和 1380℃ 之间的温度下形成，最常用的金属是 Ni 和 Fe，因为它们与 Si 的共晶温度（分别为 966℃ 和 1207℃）接近 NW 的生长温度[63]，通常通过蒸发或溅射在 Si 衬底上沉积 2~5nm 的 Ni 或 Fe 层。实现质量良好、厚度均匀、受控和可重复的催化剂层是控制 VLS 或 SLS 工艺的首要条件。催化剂也可以从溶液中沉积在衬底上，例如溶解在乙醇中的硝酸镍（$Ni(NO_3)_2$）或硝酸铁（$Fe(NO_3)_3$）[62,64-66]，这时，可以将表面活性剂（油胺）添加到溶液中，以在 Si 衬底上获得更好的润湿性[65]。由于使用 VLS 或 SLS 工艺的 NW 生长仅在存在催化剂的情况下发生，因此可以对衬底进行图形化并仅在表面的选定区域中沉积金属。以这种方式，仅在衬底的特定区域中选择性地生长 NW 是可能的。而且，SiC NW 的选择性生长也在硅微机电结构（MEMS）上得到了证明。在这种情况下，金属催化剂在释放后被沉积在 Si MEMS 结构上[67]。

如前所述，3C-SiC 具有生物相容性和血液相容性，因此是一种有前途的体内生物器件材料。为了促进和预见 3C-SiC 纳米线的生物相容性应用，必须开发一种系统，其中使用的每种材料都是无毒的。镍用作纳米线生长的催化剂可能会由于其在人体中某些体内应用的细胞毒性而带来一些问题。出于这个原因，考虑替代材料（例如铁）作为催化剂很重要，因为据报道它的细胞毒性比 Ni 小得多[68-70]。

9.3.2.2 3C-SiC 纳米线生长的前驱体和工艺

气态前驱体是气相生长最方便的前驱体，因为它们的流量和分压可以通过标准质量流量计进行高精度控制。通常，用于 3C-SiC 生长的载气是 H_2，但也有使用惰性气体（如 N_2），特别是用于核/壳结构的生长。另一方面，由于不同批次的试剂或研磨技术之间的粉末粒度差异，通过粉末生长 NW 可能会带来一定程度的不可重复性。3C-SiC 薄膜生长最常见的前驱体是硅烷和丙烷，它们还用于标准气相外延（VPE）反应器，以通过 VLS 方法合成纯 3C-SiC NW，其中使用 Ni 和 Fe 作为催化剂[66,71]。该工艺过程和反应非常简单：首先将衬底加热到 1100~1200℃（取决于衬底/金属系统的共晶温度），然后在发生去润湿的几分钟后，SiH_4 和 C_3H_8 以固定比例注入，具体取决于反应器的几何形状。生长时间通常持续几分钟，因为 NW 的生长通常是一个"爆炸性"过程，并且 NW 迅速增长到最终长度，NW 的最终尺寸通常与生长时间无关。

在 SiC 合成中使用两种气态前驱体（SiH_4 和 C_3H_8）可以优化 C/Si 比。为了简化工艺并减少参数，有人提议采用具有固定 C/Si 比的单一前驱体，例如甲基三氯硅烷（MTS，CH_3Cl_3Si）[72]、二氯甲基乙烯基硅烷（$CH_2CHSi(CH_3)Cl_2$）或二乙基甲基硅烷（$CH_3SiH(C_2H_5)_2$）[73]。多晶 SiC NW 是通过使用二乙基甲基硅烷获得的，而二氯甲基乙烯基硅烷则可以得到窄的 3C-SiC NW，表面光滑，结晶度好。参考文献［62］中使用一氧化碳作为前驱体，通过 VLS 合成出了结晶 $3C-SiC/SiO_2$，其中在 1100℃ 时，获得了一组粗略对齐的纳米棒，直径高达 $2\mu m$，长度约为 $40\mu m$。在 1050℃ 时，获得了长而交织的纤维的致密网络，长度为数百 nm，均匀直径低于 80nm。在所有情况下，SiC NW 都被一层约 20nm 的 SiO_2 包覆。或者，CO 也可以通过在还原环境中碳热还原 WO_3[74]来获得，该工艺的结果是结晶 SiC NW 覆盖有无定形 SiO_2 壳。在所有这些情况下，镍都被用作催化剂。

衬底也可以提供硅原子，但也研究了使用可膨胀石墨和硅粉或者研磨的硅和二氧化硅粉末混合物的情况。在第一种情况[75]中，描述了一种无催化剂工艺：首先将硫酸、高锰酸钾等氧化剂混入具有多孔结构的 C 源，由此产生的"可膨胀石墨"在加热时可以使其体积增加数百倍，从而形成对反应气体具有优异吸收能力的多孔结构。然后使用可膨胀石墨和硅粉通过 VS 方法制备 SiC NW，无需催化剂。这种方法有可能扩展到大规模，用于纯 SiC 纳米线的工业合成，并且能够生产晶体 3C-SiC NW。

将 Si 和 SiO_2 粉末混合并用作 SiC/SiO_2 核/壳 NW 的 VLS 生长的起始前驱体，与 C_3H_6 一起使用 Fe 作为催化剂[76]。观察到的 NW 具有 30~50nm 的结晶 SiC 核，被 10nm SiO_2 壳覆盖。

SiC NW 合成的另一种方法是使用四氯化碳（CCl_4）和 Ni 作为催化剂[77]。CCl_4 分解产生 Cl_2 或 Cl，然后从衬底上腐蚀硅并形成从 SiCl 到 $SiCl_4$ 不同种类的氯硅化合物，然后这些物质与 CCl_4 分解形成的 C 反应，通过 VLS 方法得到直径高达 50nm 和长度为 $10\mu m$ 的纯 SiC NW。合成 3C-SiC NW 的另一种替代方法是通过化学气相沉积在 1300℃ 下热解液态聚硅碳硅烷（l-PS）[78]。l-PS 是聚二甲基硅烷的分解产物，一种结晶聚合物。l-PS 含有 Si-Si 和 Si-C 键，在高温下分解成小物质，如环状硅烷、硅烷碎片、H_2 和 CH_4。然后，硅烷作为气源，通过 VLS 合成 3C-SiC NW。用这种方法生产了大量的浅绿色棉状纤维，经鉴定为纯 3C-SiC NW，长度为几厘米，直径为 100~200nm。

9.3.3 模板辅助 SiC 纳米线生长

历史上 SiC NW 的第一次生长尝试是由 Dai 等人[79]在 1995 年实现的，通过碳纳米管（CNT）的硅化，将其用作局部限制化学反应的模板。后来，Si NW 也被用作模板，将其转化为 SiC NW、NT 以及 Si/SiC 核/壳纳米结构[80-82]。在参考文献［83］和［9］中对该方案进行了全面的专题讨论。在本节中，我们将

第9章 碳化硅纳米结构和相关器件制造

概述该方法、面临的主要问题以及一些新结果。

9.3.3.1 CNT 转化为 SiC NW 和 NT

这种工艺基于 20 世纪 90 年代初就已被熟知的 CNT 生长实验及其进一步的硅化技术,这是微电子技术中经过充分研究的机制[84]。从单壁或多壁 CNT 开始,硅化过程包括与 C 原子的富硅气体反应。Si 源通常由富含 Si 的粉末(如 Si 或 SiO_2 粉末[85])、气体(如硅烷[86])或甚至由 Si 衬底本身提供(见图 9.4)。可以轻松实现直径非常窄(2~50nm[87])和足够长($10\mu m$[88])的 SiC NW。然而,所产生的纳米结构类型及其结晶质量的控制难以实现和调制。第一个问题源于碳纳米管的填充困难,而且在实验中经常同时形成 SiC-NT 和 SiC-NW(见图 9.5)[89]。然而,关于 SiC NT 合成的实验研究很少。应该强调的是,这些 SiC-NT 不是单壁的。文献中用于生长 SiC-NT 的主要原理是使用形状记忆合成对 CNT 进行硅化[90-92]。这种合成的原理是基于 SiO 和 C 之间的气固反应,形成的 SiC 材料具有与初始模板碳材料相同的形状。

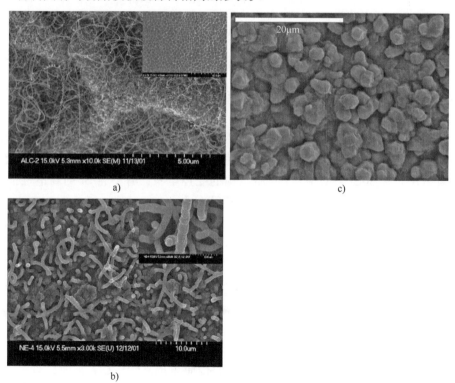

图 9.4 a)700℃下在 C_2H_2/H_2 中金属催化剂负载的阳极氧化硅衬底上生长 30min 的 CNT 的 SEM 照片;b)1250℃下 CNT 与 $SiH_4/C_3H_8/H_2$ 反应生长 60min 的 SiC 纳米棒的 SEM 照片;c)1250℃下 CNT 与 TMS/H_2 反应生长 60min 的 SiC 微晶的 SEM 照片[86]

[Copyright Elsevier (2004)]

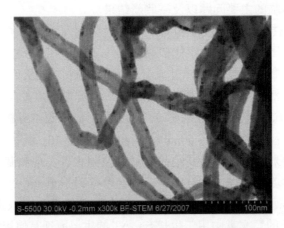

图 9.5 1200℃下烧结 1h 后获得的 SiC 纳米管的高分辨率 SEM 照片，SiC 纳米管壁厚约为 6nm，外径约为 22nm，SiC 相中的对角线是堆垛层错[89]

（© IOP Publishing. All rights reserved）

9.3.3.2 Si NW 转化为 Si/SiC 核/壳 NW、SiC NT 和 SiC NW

自下而上或自上而下生长的 Si NW 的表面原则上可以通过标准碳化方法转化为 3C-SiC[93]。通过这种技术，几纳米的 Si 表面被转化为 3C-SiC，其厚度基本上受到通过形成的 SiC 层的 Si 和 C 原子相互扩散的限制，然而，所得 SiC 的结构质量较差，其厚度难以控制。

后来，已经进行了完全渗碳 Si-NW 的实验[80-83]。SiC-NW 是结晶的，但含有高密度的平面缺陷，阻碍了这种方法在 SiC NW 生产中的广泛使用。然而，这种方法允许 Si/3C-SiC 核/壳异质结构的受控生长，有望将 Si 的高电性能与 SiC 涂层的保护性和可能的生物相容性相结合[80]。

Si-SiC 核-壳纳米复合材料已通过两步工艺合成[94]：第一步，通过 VLS 机制生长 Si 纳米塔，然后在第二步中基于热等离子体沉积技术沉积 3C-SiC NC。这种粗糙的 SiC 壳表现出较差的结晶质量，生长它是为了在 Si 芯内部产生压缩应力以进行塑性研究。Si-NW 也可以涂覆 SiC，以制造用于水性微型超级电容器的坚固电极材料[95]。

参考文献［81］报道了第一项制备单晶 Si-SiC 核-壳 NW 的研究，该研究使用 Si 体单晶和自上而下的方法。通过预先的硅腐蚀，可以很容易地控制硅芯的掺杂。在 Si-SiC 核-壳 NW 上进行简单的 KOH 化学腐蚀已证明 SiC 壳完整地覆盖了纳米结构[81]，确保了对未来用作生物纳米传感器提供良好的保护[96]。

Si/3C-SiC 薄膜外延的一个常见问题是由于高温下 Si 的外扩散而产生的界面空位[97,98]。这个缺点实际上被用来从 Si NW 开始形成 3C-SiC NT[99]。与 SiC-NW

相比，SiC-NT 的主要优势是更高的表面体积比，这可以用于在恶劣环境中运行的纳米传感器或执行器。Latu-Romain 等人[82]已经开发出一种通过使用自上而下生长的 Si-NW 渗碳来生长尺寸可控且结晶质量良好的 SiC-NT 的方法，生长方法可以分为 3 个主要步骤：首先，通过在 Si（100）衬底上等离子体刻蚀获得 Si-NW（见图 9.6），然后在常压下加热和渗碳 Si-NW，形成 SiC 壳，以防止高温下纳米结构的任何损伤。

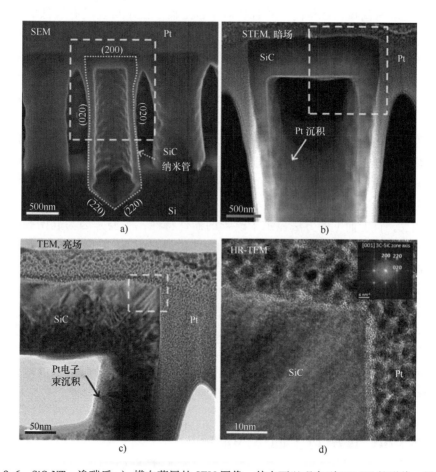

图 9.6 SiC-NT，渗碳后 a）横向薄层的 SEM 图像，其中可以观察到 SiC-NT 的形貌，根据 TEM 研究，其中添加了 SiC-NT 的晶面指数；b）SiC-NT 在 200keV 暗场中的 STEM 图像，c）SiC-NT 在 200keV 明场中的 TEM 图像，d）SiC-NT 顶角的 HR（高分辨率）-TEM 图像，其中插图为 HR-TEM 图像的快速傅里叶变换[82]（IOP Publishing. All rights reserved）

最后，在较低压力下进行渗碳以增加 Si 向外扩散，从而形成中空结构。通过这种方式，Si-NW 转化为具有高结晶质量和致密侧壁的｛２００｝晶面 SiC-NT，而且，最终 SiC-NT 的外径尺寸与初始 Si-NW 几乎相同。有趣的是，无论在探索工作中的实验条件如何，Si 外扩散仍然控制着渗碳反应，并且可以通过压力监控 Si 扩散。这种原始工艺有几个优点，例如 SiC-NT 的晶体质量非常高，并且可以通过控制 Si-NW 模板的尺寸来调整最终的 SiC-NT 尺寸。

9.3.4 SiC NW 自下而上形成技术的结论

可以采用不同的方法来实现 SiC 基纳米结构。本章中描述的自下而上方法的优点是非常简单，产量高，并且相对于自上而下技术可能具有较低的晶体缺陷和晶格损伤。然而，为了提高自下而上的 3C-SiC 纳米结构的质量，仍有几个问题需要解决，其中包括降低堆垛层错和缺陷的密度。事实上，自下而上的 3C-SiC NW 的电子性能一直很差，这主要是因为在生长过程中会产生形成能非常低的高密度堆垛层错，以及无意掺杂（主要来自氮）导致的高本征载流子浓度。

为了优化基于 SiC NW 的电子器件，必须解决本征载流子浓度的研究和控制问题。人们认识到，3C-SiC NW 由于可能源于氮污染的高残留（无意）掺杂而显 n 型。通过更好地控制生长参数（控制气氛）和更好地理解缺陷的形成，正在努力使缺陷和载流子浓度最小化。

相反，自上而下的方法显示了改善的器件特性，主要是因为起始 SiC 材料的载流子浓度要低得多。事实上，使用 SiC 纳米柱（NP）可以大大提高电性能，这得益于 SiC 的低掺杂水平、高结晶质量和接触退火的优化。参考文献[103]中在 SiC-NPFET 上得到了 $150cm^2/(V \cdot s)$ 的载流子迁移率，这是在 SiC nanoFET 上测得的最佳迁移率。

将 Si 纳米结构模板转化为 SiC 被认为是实现更好地控制纳米结构的理想途径。结合自上而下的方法来制造 Si 纳米结构和按照薄膜外延或自下而上方法中使用的原理转换为 SiC，可以更好地控制 Si/3C-SiC 核/壳异质结构的生长，该异质结构综合了 Si 的高电性能和 SiC 涂层的保护性及生物相容性。

9.4 SiC NW 自上而下的形成

与自下而上的生长方法[100-107]相比，报告的自上而下 SiC NW 生长的工作非常有限。通过结合电子束光刻和随后的等离子体刻蚀方法，已经形成了相对于衬底的水平或垂直纳米结构。根据所采用的初始衬底，已经制备了立方和六方形 SiC NW。

已经形成了相对于衬底的水平 NW，其目标是制造纳米机电系统（NEMS）[100]和 JFET[106,107]。通过在 4H-SiC n 型外延层的选定区域中进行离子注入以及随后对周围区域和部分注入区域进行等离子体刻蚀，制造了 p 型沟道

JFET[106]。或者,也可以通过在 p 型衬底顶部生长 n 型外延层并随后进行等离子体蚀刻以定义沟道和压焊点面积来形成 n 型沟道[107]。

由于重要的侧壁斜率,垂直自上而下的 SiC NW 的纵横比较低(见图 9.7)。提出该特征的原因是撞击等离子体离子的散射和/或硬掩模边缘的更快刻蚀。在最佳情况下获得了顶部直径为 20nm、高度为 400nm(纵横比为 20)的柱状结构[102]。

长时间刻蚀的另一个影响是刻蚀线/柱的刻面形貌(见图 9.7)[102],SiC 柱的横截面显示菱形、五边形或六边形形貌,具体取决于多型体和晶体取向。SiC NP 的有利形貌源于它们的多型体和晶体取向之间的复杂相互作用,这反映了所谓的 Wulff 规则[102]。

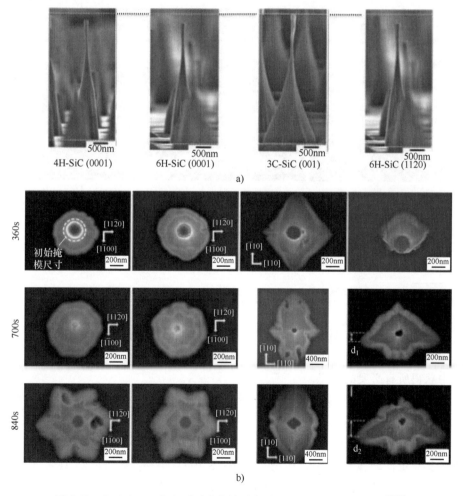

图 9.7 a) SiC NW 自上而下形成的示意图,b) 相应的 NW 形貌[102]
(IOP Publishing. All rights reserved)

最近[108]提出了一种解决上述问题的新方法，同时放松了对高分辨率光刻的需求。最初，纳米压印光刻（NIL）已被用于定义纳米柱网格。NIL在许多方面能够产生与电子束光刻相当的结果，但成本要低得多，产量要高得多。然后，使用硬掩模刻蚀而不是剥离来获得垂直硬掩模侧壁。最后，通过牺牲氧化减小NP的直径。用这种方法获得了直径从300nm到70nm的大规模平行、密集、垂直的4H-SiC NW阵列（见图9.8）。

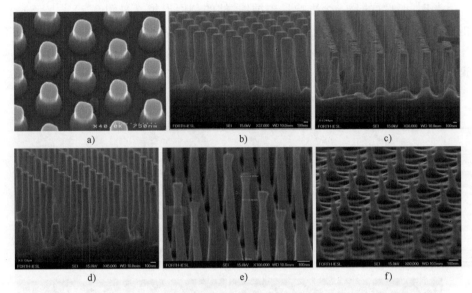

图9.8 a）和b）氧化之前和30min c）、60min d）、90min e）和120min f）氧化和氧化层去除之后的4H-SiC柱[108]

9.5 SiC NW 基器件加工技术

本书的另一章介绍 SiC 等离子体蚀刻技术[109]，其中包含了自上而下形成 SiC NW，因此本节不再讨论，感兴趣的读者可以在关于 SiC 等离子体刻蚀的一章中获得所有必要的信息。

在对 SiC NW 的欧姆接触的首次研究中，通过比较 Ni/Au 和 Ti/Au 金属化，发现镍对 3C-SiC NW 具有更低的接触电阻，Ni/Au 欧姆接触的比接触电阻（$5.9×10^{-6}±8.8×10^{-6}\Omega·cm^2$）为在 SiC NW 上形成的 Ti/Au 欧姆接触低 1/40。为了实现更低的接触电阻，所有样品都在 700℃ 下 N_2 中快速热退火（RTA）30s[110]。这些结果已得到另一项研究的证实[111]，其中还注意到了由于焦耳效应导致的接触自热退火，这一点仅在具有 Ti/Au 接触的器件中观察到，而其初衷是为了揭示在 Ti 和 3C-SiC 的界面处容易形成的导电氧化钛的作用。高温退火后 SiC NW 的 Ni 基欧姆接触的低接触电阻的原因被认为是由于在 Ni 和 3C-SiC NW 界面处形成了镍硅化合物（Ni_2Si、$NiSi_2$、NiSi 等）的多晶相[112]，正如在 SiC 体材料中所见。

Rogdakis[111]研究的另一个结论是，600℃以上的退火导致许多情况下器件无法运行或包含空洞的接触损伤。J. Choi[103]系统地研究了这种影响，700℃的退火后，从金属电极出现的硅化镍相开始侵入 SiC NW 沟道，通过固态反应将 SiC 部分转化为硅化镍相（见图 9.9），因而形成了取决于沟道长度的 SiC/Ni 硅化物异质结构或完全 Ni 硅化的 SiC NW。

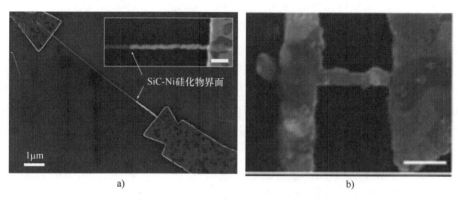

图 9.9　硅化 SiC 纳米 FET 的 SEM 图像（图 a）部分 Ni 硅化物侵入（图 b）SiC NW 完全硅化[103]

9.6　SiC 纳米结构的功能化

近年来，人们对 SiC 纳米结构的表面功能化做出了越来越多的努力，以调制特性，例如电导率、E_G 和疏水性[8]。此外，对于各种与生物相关的应用，必须进行表面功能化来作为与生物介质的界面。

一系列研究致力于改变 SiC NC 的表面电荷，从而改善它们在水性和非水性介质中的分散性，并保护它们免受生理环境中潜在的化学反应的影响[113-116]。

在其他研究中，SiC NC 的表面已被功能化以改变其疏水性[117]或电导率[118]，例如，必须通过表面功能化提高 SiC NW/NC 的电导率以用作燃料电池的支撑材料[8]。

参考文献［119］中 SiC NWFET 的表面已被功能化，以便进行无标记 DNA 检测。

395

9.7 SiC 纳米线的应用

参考文献［9］和参考文献［7］中已经给出了 SiC NW 应用的详细论述，下面总结一下最新数据的更新。

SiC NW 的高强度（20~30nm NW[120]的弯曲强度为 53.4GPa，杨氏模量为 660GPa）和超塑性[121,122]，以及热稳定性和化学惰性表明，它们适合作为复合结构中的增强材料。已经论证了多种 SiC NW 基复合材料，包括聚合物基复合材料[123,124]、金属基复合材料[125]、陶瓷基复合材料[126,127]和 C/C 复合材料[128]。

SiC NW 的优异机械性能与宽 E_G 相结合，促进了 NEMS 的发展[100,129]。

SiC NW 在适当的表面处理下表现出超疏水性[130,131]，可用于开发自清洁玻璃。

SiC NW 可用于气体传感器[132]和应力传感器[133,134]，因为它们的电导随应力的施加或分子在其表面的吸附而变化。6H-SiC NW 的横向压阻系数估算值约为 $10^{-9} Pa^{-1}$[133]，该值对于应力传感器应用来说足够高。在参考文献［132］中，基于 SiC NW 的电容结构已被用于测量湿度。此外，SiC NW 是开发生物传感器的绝佳候选者[135]。

3C-SiC NW FET 不同传输机制的理论研究[111,136-138]表明，SiC NW FET（见图 9.10）具有与 Si 基 FET 相似的性能，此外，它们还具有高温工作的优势。只有一项关于 SiC NW FET 的实验研究[110]使用了顶栅结构，而在其他研究中则使用了背栅 3C-SiC NW FET[136,139-144]。在所有情况下，都使用了 MIS（金属绝缘体半导体）结构。电特性揭示了具有欧姆或整流接触的器件导致两种不同的工作模式。具有类欧姆接触的晶体管表现出非常弱的栅控效应，并且由于 NW 的高电子浓度[110,136,139,142]，即使对于高负栅压也无法实现器件关闭。相比之下，通过控制源极和漏极处的肖特基势垒透明度，由于栅压对漏极电流的调制，在源极/漏极区域具有肖特基接触势垒的器件表现出良好的关断和更好的性能[140,141,143]。无论如何，当 NW 材料以及栅氧化层和 NW 之间的界面质量进一步显著改善时，欧姆接触器件有望表现出更好的性能。

3C-SiC NW 沟道主要通过自下而上的方法形成，除了一种使用自上而下形成的情况[144]。与具有自下而上生长的 NW 的 SiC NW FET 相比，具有自上而下形成的 NW 的晶体管表现出高 3 个数量级的电流和跨导值。然而，在这两种情况下，都无法关闭晶体管，这表明了高无意掺杂和界面陷阱密度对器件性能的负面影响。使用自上而下形成的 4H-SiC NW 作为 JFET 型 NW FET 中的沟道的研究结果[106,107]证实了上述结论。实际上，在这种情况下已经获得了晶体管操作方面的最佳结果（$I_{ON}/I_{OFF} > 10^5$，$g_m = 8.8mS$）。

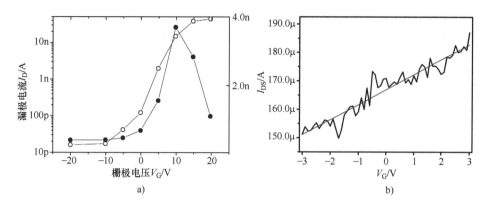

图 9.10 SiC NW FET 的传输特性（© (2011) IEEE，© IOP）
a）具有整流接触的背栅、自下而上形成的 3C-SiC NW b）具有欧姆接触的背栅、
自上而下形成的 3C-SiC NW[141,144]

低电子亲和能、优异的化学和物理稳定性以及高纵横比使 SiC NW 成为开发场发射器的理想候选者。为此，有必要优化 SiC NW 尖端几何形状[145,146]、排列和密度[146,147]、它们的涂层[148,149]和它们的掺杂[150]。在导通电场（不同电流密度和低电压值下远低于 $2V/\mu m$）[146-150]和高场运行[151]方面取得了优异的结果。

还研究了 SiC NW 作为光催化剂[152]、超级电容器[153]和微波吸收器[154]的潜在应用。

9.8 结论

本章综述了最先进的 SiC 0D 和 1D 结构形成技术，重点是单独的 NC 和 NW。这两种类型的 SiC 纳米结构已被广泛研究并呈现出真正的应用潜力。多孔 SiC 和纳米结构薄膜是其他类别的 SiC 纳米结构，但由于过去几年对它们的兴趣较少，因此本章中没有涉及，感兴趣的读者可以阅读其他文献[7,8]，以获取有关这些 SiC 纳米结构的更多信息。

主要通过化学方法研究了 0D 纳米结构的制备，具有以低成本获得小直径（<10nm）SiC NC 的优势，这是考虑该材料的所有应用的关键因素。SiC 粉末的化学腐蚀被广泛用于获得 SiC 0D 纳米结构。尺寸分布的差异是该方法的主要问题，也是研究其他方法（如气相方法）的原因。由于量子限制效应，SiC NC 在从紫外到黄光的范围内表现出高效且稳定的 PL。因此，SiC NC 是可调谐光发射器的理想候选者，可用于多种应用，包括生物医学应用。SiC NC 也适合用作催化剂、复合材料中的增强材料、生物传感器和微波吸收器。

除了上述与 SiC NC 相关的应用外，SiC NW 是研究最广泛的 SiC 纳米结构，因为它们适用于与电荷传输相关的应用。自下而上的形成技术主要用于制造 SiC

NW，同样用于低成本目的。SiC NW 已被广泛研究用于场发射器和 NW FET 应用。此外，SiC NW 适用于自洁玻璃、催化剂、复合材料中的增强材料、生物传感器和微波吸收器等相关应用。

0D 和 1D SiC 结构的一般结论是，广泛使用的自下而上形成方法会导致立方体材料具有平面缺陷。相反，自上而下形成的 SiC NW 没有平面缺陷，并且具有明显更好的结晶质量。

SiC 纳米结构非常有希望满足各种应用的需求，为此目的研究了各种器件和系统。然而，相关技术还不够成熟，无法商业化。

致谢

作者要感谢 Edwige Bano 的宝贵讨论。K. Zekentes 感谢欧盟委员会通过 Marie-Curie 项目 SICWIRE 提供的支持。

参考文献

[1] Special Issue on Silicon Carbide Devices and Technology, IEEE Trans. Electron Dev. 55 (2008) 1795-2065. https://doi.org/10.1109/TED.2008.926685

[2] R. Yakimova, R.M. Petoral, G.R. Yazdi, C. Vahlberg, A. Lloyd Spetz, and K. Uvdal, Surface functionalization and biomedical applications based on SiC, J. Phys. D: Appl. Phys. 40 (2007) 6435–6442. https://doi.org/10.1088/0022-3727/40/20/S20

[3] S.E. Saddow, C.L. Frewin, C. Coletti, N. Schettini, E. Weeber, A. Oliveros, and M. Jarosezski, Single-crystal silicon carbide: A biocompatible and hemocompatible semiconductor for advanced bio-medical applications, Mater. Sci. Forum, 679–680 (2011) 824–830. https://doi.org/10.4028/www.scientific.net/MSF.679-680.824

[4] C. Coletti, M.J. Jaroszeski, A. Pallaoro, M. Hoff, S. Iannotta, and S.E. Saddow, Biocompatibility and wettability of crystalline SiC and Si surfaces. In 29th Annual International Conference of the IEEE Engineering in Medicine and Biology Society, Lyon, France, 2007; pp. 5849–5852.17. https://doi.org/10.1109/IEMBS.2007.4353678

[5] T. Kimoto, A. Itoh and H. Matsunami, Step-Controlled Epitaxial Growth of High-Quality SiC Layers, Phys. Status Solidi b 202 (1997) 247–62. https://doi.org/10.1002/1521-3951(199707)202:1<247::AID-PSSB247>3.0.CO;2-Q

[6] L. E. Brus, P. F. Szajowski, W.L. Wilson, T. D. Harris, S. Schupler and P.H. Citrin, Electronic spectroscopy and photophysics of Si nanocrystal: relationship to bulk c-Si and porous Si, J. Am. Chem. Soc., 117 (1995) 2915. https://doi.org/10.1021/ja00115a025

[7] Jiyang Fan Paul K. Chu, Silicon Carbide Nanostructures Fabrication, Structure, and Properties, Springer (2014) 9.

[8] R. Wu, K. Zhou, C. Y. Yue, J. Wei, Y. Pan, Recent progress in synthesis, properties and potential applications of SiC nanomaterials, Progress in Materials Science 72, (2015) 1-60. https://doi.org/10.1016/j.pmatsci.2015.01.003

[9] K. Zekentes, K. Rogdakis, SiC nanowires: Material and devices, J. Phys. D. Appl. Phys. 44 (2011) 133001. https://doi.org/10.1016/0022-0248(95)00330-4

[10] K. Zekentes, V. Papaioannou, B. Pecz and J. Stoemenos, Early stages of growth of β-SiC on Si by MBE, J. Cryst. Growth, 157 (1995) 392-399. https://doi.org/10.1016/0022-0248(95)00330-4

[11] J. Yang, X. Wang, G. Zhai, N. Cue, and X. Wang, J. Cryst. Growth, 224, (2001) 83. https://doi.org/10.1016/S0022-0248(01)00749-7

[12] V. Palermo, A. Parisini, D. Jones, Silicon carbide nanocrystals growth on Si(100) and Si (111) from a chemisorbed methanol layer, Surface Science, 600 (2006) 1140–1146. https://doi.org/10.1016/j.susc.2005.12.048

[13] V. Cimalla, J. Pezoldt, Th. Stauden, Ch. Förster, and O. Ambacher, A. A. Schmidt, K. Zekentes, Linear alignment of SiC dots on silicon substrates, J. Vac. Sci. Technol. B. Letters, B22 (2004) L20-L23 and V. Cimalla, J. Pezoldt, Th. Stauden, A.A. Schmidt, K. Zekentes, and O. Ambacher, Lateral alignment of SiC dots on Si, Phys. Stat. Sol. 1(2004) 337-340. https://doi.org/10.1002/pssc.200303951

[14] C.M. Hollabaugh, D. E. Hull, L. R. Newkirk, J. J. Petrovic, R.F.-plasma system for the production of ultrafine ultrapure silicon carbide powder, J Mater Sci, 18 (1983) 3190–3194. https://doi.org/10.1007/BF00544142

[15] S. Klein, M. Winterer, H. Hahn, Reduced-pressure chemical vapor synthesis of nanocrystalline silicon carbide powders. Chem. Vap. Deposition 4 (1998) 143–149. https://doi.org/10.1002/(SICI)1521-3862(199807)04:04<143::AID-CVDE143>3.0.CO;2-Z

[16] F. Huisken, B. Kohn, R. Alexandrescu, S. Cojocaru, A. Crunteanu, G. Ledoux and C. Reynaud, Silicon carbide nanoparticles produced by CO_2 laser pyrolysis of SiH_4/C_2H_2 gas mixtures in a flow reactor, J. Nanopart. Res., 1 (1999) 293–303. https://doi.org/10.1023/A:1010081206959

[17] F. Lomello, G. Bonnefont, Y. Leconte, N. Herlin-Boime and G. Fantozzi, Processing of nano-SiC ceramics: densification by SPS and mechanical characterization, J. Eur. Ceram. Soc. 32 (2012)633–41. https://doi.org/10.1016/j.jeurceramsoc.2011.10.006

[18] S. Askari, A. U. Haq, M. Macias-Montero, I. Levchenko, F. Yu, W. Zhou, K. Ostrikov, P. Maguire, V. Svrcek and D. Mariotti, Nanoscale 8 (2016) 17141-17149. https://doi.org/10.1039/C6NR03702J

[19] X.L. Wu, J.Y. Fan, T. Qiu, X. Yang, G.G. Siu and P. K. Chu, Experimental evidence for the quantum confinement effect in 3C-SiC nanocrystallites. Phys. Rev. Lett. 94 (2005) 026102. https://doi.org/10.1103/PhysRevLett.94.026102

[20] J. Zhu, Z. Liu, X. L. Wu, L. L. Xu, W. C. Zhang, P. K. Chu, Luminescent small-diameter 3C-SiC nanocrystals fabricated via a simple chemical etching method, Nanotechnology 18 (2007) 365603–5. https://doi.org/10.1088/0957-4484/18/36/365603

[21] V. G Pol, S. V. Pol and A. Gedanken, Novel synthesis of high surface area silicon carbide by RAPET (reactions under autogenic pressure at elevated temperature) of organosilanes, Chem. Mater. 17 (2005) 1797–1802. https://doi.org/10.1021/cm048032z

[22] A-H. Lu, W. Schmidt, W. Kiefer, F. Schüth, High surface area mesoporous SiC synthesized via nanocasting and carbothermal reduction process, J Mater Sci 40 (2005) 5091–5093. https://doi.org/10.1007/s10853-005-1115-8

[23] E. J. Henderson and J. G. C. Veinot, From phenylsiloxane polymer composition to size-controlled silicon carbide nanocrystals. J. Am. Chem. Soc. 131 (2009)809–15. https://doi.org/10.1021/ja807701y

[24] S. Yang, W. Cai, H. Zeng and X. Xu, Ultra-fine b-SiC quantum dots fabricated by laser ablation in reactive liquid at room temperature and their violet emission, J. Mater. Chem. 19 (2009) 7119–7123. https://doi.org/10.1039/b909800c

[25] Y. Zakharko, D. Rioux, S. Patskovsky, V. Lysenko, O. Marty, J. M. Bluet and M. Meunier, Direct synthesis of luminescent SiC quantum dots in water by laser ablation, Phys. Status Solidi-R 5 (2011) 292–294. https://doi.org/10.1002/pssr.201105284

[26] Z-G. Yang and L. L. Shaw, Synthesis of nanocrystalline SiC at ambient temperature through high energy reaction milling. Nanostruct. Mater 7 (1996) 873–886. https://doi.org/10.1016/S0965-9773(96)00058-X

[27] M. Dasog, L. F. Smith, T. K. Purkait and J. G. C. Veinot, Low temperature synthesis of silicon carbide nanomaterials using a solid-state method. Chem. Commun. 49 (2013) 7004–7006. https://doi.org/10.1039/c3cc43625j

[28] A. M. Rossi, T. E. Murphy and V. Reipa, Ultraviolet photoluminescence from 6H silicon carbide nanoparticles. Appl. Phys. Lett. 92 (2008) 253112. https://doi.org/10.1063/1.2950084

[29] J. Fan, H. Li, J. Wang, M. Xiao, Fabrication and photoluminescence of SiC quantum dots stemming from 3C, 6H, and 4H polytypes of bulk SiC, Appl. Phys. Lett. 101 (2012) 131906. https://doi.org/10.1063/1.4755778

[30] C.H. Wang, Y. H. Chang, M. Y. Yen, C. W. Peng, C. Y. Lee, H. T. Chiu,

Synthesis of silicon carbide nanostructures via a simplified Yajima process-reaction at the vapor-liquid interface, Adv. Mater. 17 (2005) 419–422. https://doi.org/10.1002/adma.200400939

[31] G. Shen, D. Chen, K. Tang, Y. Qian, S. Zhang, Silicon carbide hollow nanospheres, nanowires and coaxial nanowires, Chem. Phys. Lett. 375 (2003) 177–184. https://doi.org/10.1016/S0009-2614(03)00877-7

[32] P. Li, L. Xu and Y. Qian, Selective synthesis of 3C-SiC hollow nanospheres and nanowires, Cryst. Growth, 8 (2008) 2431–2436. https://doi.org/10.1021/cg800008f

[33] Z. Liu, L. Ci, N. Y. Jin-Phillipp and M. Rühle, Vapor-solid reaction for silicon carbide hollow spherical nanocrystals, J. Phys. Chem. C 111 (2007) 12517–12521. https://doi.org/10.1021/jp073012g

[34] Y. Zhang, E. W. Shi, Z. Z. Chen, X. B. Li and B. Xiao, Large-scale fabrication of silicon carbide hollow spheres. J. Mater. Chem. 16 (2006) 4141–5. https://doi.org/10.1039/b610168b

[35] A. Kassiba, W. Bednarski, A. Pud, N. Errien, M. Makowska-Janusik, L. Laskowski, et al., Hybrid core–shell nanocomposites based on silicon carbide nanoparticles functionalized by conducting polyaniline: electron paramagnetic resonance investigations, J. Phys. Chem. C 111 (2007) 11544–51. https://doi.org/10.1021/jp070966y

[36] A. Peled and J. P. Lellouche, Preparation of a novel functional SiC at polythiophene nanocomposite of a core–shell morphology. J. Mater. Chem. 22 (2012) 2069–73. https://doi.org/10.1039/C2JM14506E

[37] L. Z. Cao, H. Jiang, H. Song, Z. M. Li and G. Q. Miao, Thermal CVD synthesis and photoluminescence of SiC/SiO$_2$ core–shell structure nanoparticles. J. Alloy Compd. 489 (2010) 562–5. https://doi.org/10.1016/j.jallcom.2009.09.109

[38] J. Y. Fan, H. X. Li, Q. J. Wang, D. J. Dai and P. K. Chu, UV-blue photoluminescence from close-packed SiC nanocrystal film, Appl. Phys. Lett. 98 (2011) 08913–3. https://doi.org/10.1063/1.3556657

[39] J. Botsoa, J. M. Bluet, V. Lysenko, L. Sfaxi, Y. Zakharko, O. Marty and G. Guillot, Luminescence mechanisms in 6H-SiC nanocrystals, Phys. Rev. B 80 (2009) 155317. https://doi.org/10.1103/PhysRevB.80.155317

[40] J. Fan, H. Li, J. Jiang, L. K.Y. So, Y. W. Lam and P. K. Chu 3C-SiC nanocrystals as fluorescent biological labels, Small 4 (2008) 1058–1062. https://doi.org/10.1002/smll.200800080

[41] H. Mimura, T. Matsumoto and Y. Kanemitsu, Blue electroluminescence from porous silicon carbide, Appl. Phys. Lett. 65 (1994) 3350–3352. https://doi.org/10.1063/1.112388

[42] B. Xiao, X. L. Wu, W. Xu and P. K. Chu, Tunable electroluminescence from polymer- passivated 3C-SiC quantum dot thin films, Appl. Phys. Lett. 101 (2012) 123110. https://doi.org/10.1063/1.4753995

[43] J. Botsoa, V. Lysenko, A. Géloën, O. Marty, J. M. Bluet and G. Guillot, Application of 3C-SiC quantum dots for living cell imaging, Appl. Phys. Lett. 92 (2008) 173902–3. https://doi.org/10.1063/1.2919731

[44] Y. Zakharko, T. Serdiuk, T. Nychyporuk, A. Géloën, M. Lemiti and V. Lysenko, Plasmon-enhanced photoluminescence of SiC quantum dots for cell imaging application, Plasmonics 7 (2012) 725–32. https://doi.org/10.1007/s11468-012-9364-2

[45] D. Beke, Z. Szekrenyes, D. Palfi, G. Rona, I. Balogh, P. A. Maak, et al., Silicon carbide quantum dots for bioimaging, J. Mater. Res. 28 (2013)205–9. https://doi.org/10.1557/jmr.2012.296

[46] H. Ferkel and B. L. Mordike, Magnesium strengthened by SiC nanoparticles, Mat. Sci. Eng. A 298 (2001) 193–199. https://doi.org/10.1016/S0921-5093(00)01283-1

[47] J. Zhao, L. C. Stearns, M. P. Harmer, H. M. Chan and G. A. Miller, Mechanical behavior of alumina-silicon carbide ''nanocomposites'', J. Am. Ceram. Soc. 76 (1993) 503–510. https://doi.org/10.1111/j.1151-2916.1993.tb03814.x

[48] A. F. Zimmerman, D. G. Clark, K. T. Aust and U. Erb, Pulse electrodeposition of Ni-SiC nanocomposite, Mater. Lett. 52 (2002) 85–90. https://doi.org/10.1016/S0167-577X(01)00371-8

[49] N. Chisholm, H. Mahfuz, V. K. Rangari, A. Ashfaq and S. Jeelani, Fabrication and mechanical characterization of carbon/SiC-epoxy nanocomposites, Compos. Struct. 67 (2005) 115–124. https://doi.org/10.1016/j.compstruct.2004.01.010

[50] N. J. Yang, H. Zhang, R. Hoffmann, W. Smirnov, J. Hees, X. Jiang, et al., Nanocrystalline 3C-SiC electrode for biosensing applications, Anal. Chem. 83 (2011) 5827–30. https://doi.org/10.1021/ac201315q

[51] E. H. Williams, J. A. Schreifels, M. V. Rao, A. V. Davydov, V. P. Oleshko, N. J. Lin, et al., Selective streptavidin bioconjugation on silicon and silicon carbide nanowires for biosensor applications, J. Mater. Res. 28 (2013) 68–77. https://doi.org/10.1557/jmr.2012.283

[52] X. F. Liu, M. Antonietti and C. Giordano, Manipulation of phase and microstructure at nanoscale for SiC in molten salt synthesis, Chem. Mater. 25 (2013) 2021–7. https://doi.org/10.1021/cm303727g

[53] H. L. Zhu, Y. J. Bai, R. Liu, N. Lun, Y. X. Qi, F. D. Han, et al., In-situ synthesis of one-dimensional MWCNT/SiC porous nanocomposites with excellent microwave absorption properties, J. Mater. Chem. 21 (2011)13581–7. https://doi.org/10.1039/c1jm11747e

[54] S. Xie, G. Jin, S. Meng, Y. W. Wang, Y. Qin, X. Y. Guo, Microwave absorption properties of in situ grown CNTs/SiC composites, J. Alloy. Compd. 520 (2012) 295–300. https://doi.org/10.1016/j.jallcom.2012.01.050

[55] R.S. Wagner, W.C. Ellis, Vapor-liquid-solid mechanism of single crystal growth, Appl. Phys. Lett. 4 (1964) 89. https://doi.org/10.1063/1.1753975

[56] S.A. Fortuna, X. Li, Metal-catalyzed semiconductor nanowires: a review on the control of growth directions, Semicond. Sci. Technol. 25 (2010) 24005. https://doi.org/10.1088/0268-1242/25/2/024005

[57] J.M. Redwing, X. Miao, X. Li, Vapor-Liquid-Solid Growth of Semiconductor Nanowires, in: Handb. Cryst. Growth, Elsevier, (2015) 399–439. https://doi.org/10.1016/B978-0-444-63304-0.00009-3

[58] Z.J. Li, W.P. Ren, A.L. Meng, Morphology-dependent field emission characteristics of SiC nanowires, Appl. Phys. Lett. 97 (2010) 263117. https://doi.org/10.1063/1.3533813

[59] G.W. Ho, A.S.W. Wong, D.-J. Kang, M.E. Welland, Three-dimensional crystalline SiC nanowire flowers, Nanotechnology. 15 (2004) 996–999. https://doi.org/10.1088/0957-4484/15/8/023

[60] Guozhen Shen, Yoshio Bando and D. Golberg, Self-Assembled Hierarchical Single-Crystalline β-SiC, Nanoarchitectures, 7 (2007) 35-38. https://doi.org/10.1021/cg060224e

[61] J. Chen, Q. Shi, L. Gao, H. Zhu, Large-scale synthesis of ultralong single-crystalline SiC nanowires, Phys. Status Solidi. 207 (2010) 2483–2486. https://doi.org/10.1002/pssa.201026288

[62] M. Negri, S.C. Dhanabalan, G. Attolini, P. Lagonegro, M. Campanini, M. Bosi, F. Fabbri and G. Salviati, Tuning the radial structure of core–shell silicon carbide nanowires, Cryst. Eng. Comm. 17 (2015) 1258–1263. https://doi.org/10.1039/C4CE01381F

[63] J.M. Redwing, X. Miao, X. Li, Vapor-Liquid-Solid Growth of Semiconductor Nanowires, in: Handb. Cryst. Growth, Elsevier, (2015) 399–439. https://doi.org/10.1016/B978-0-444-63304-0.00009-3

[64] G. Attolini, F. Rossi, M. Bosi, B.E. Watts, G. Salviati, Synthesis and characterization of 3C–SiC nanowires, J. Non. Cryst. Solids, 354 (2008) 5227–5229. https://doi.org/10.1016/j.jnoncrysol.2008.05.064

[65] G.A. Bootsma, W.F. Knippenberg and G. Verspui, Growth of SiC whiskers in the system SiO2-C-H2 nucleated by iron, J. Cryst. Growth. 11 (1971) 297–309. https://doi.org/10.1016/0022-0248(71)90100-X

[66] X. Zhou, H.. Lai, H. Peng, F.C.. Au, L. Liao, N. Wang, I. Bello, C. Lee, S. Lee, Thin β-SiC nanorods and their field emission properties, Chem. Phys. Lett. 318 (2000) 58–62. https://doi.org/10.1016/S0009-2614(99)01398-6

[67] B.E. Watts, G. Attolini, F. Rossi, M. Bosi, G. Salviati, F. Mancarella, M. Ferri, A. Roncaglia, A. Poggi, β-SiC NWs grown on patterned and MEMS silicon substrates, Mater. Sci. Forum. 679–680 (2011) 508–511. https://doi.org/10.4028/www.scientific.net/MSF.679-680.508

[68] S. Zhu, N. Huang, L. Xu, Y. Zhang, H. Liu, H. Sun, Y. Leng, Biocompatibility of pure iron: In vitro assessment of degradation kinetics and cytotoxicity on endothelial cells, Mater. Sci. Eng. C. 29 (2009) 1589–1592. https://doi.org/10.1016/j.msec.2008.12.019

[69] M. Assad, N. Lemieux, C.H. Rivard, L.H. Yahia, Comparative in vitro biocompatibility of nickel-titanium, pure nickel, pure titanium, and stainless steel: Genotoxicity and atomic absorption evaluation, Biomed. Mater. Eng. 9 (1999) 1–12.

[70] P. Lagonegro, M. Bosi, G. Attolini, M. Negri, S.C. Dhanabalan, F. Rossi, F. Boschi, P.P. Lupo, T. Besagni, G. Salviati, SiC NWs Grown on Silicon Substrate Using Fe as Catalyst, Mater. Sci. Forum. 806 (2014) 39–42. https://doi.org/10.4028/www.scientific.net/MSF.806.39

[71] G. Attolini, F. Rossi, M. Negri, S.C. Dhanabalan, M. Bosi, F. Boschi, P. Lagonegro, P. Lupo, G. Salviati, Growth of SiC NWs by vapor phase technique using Fe as catalyst, Mater. Lett. 124 (2014). https://doi.org/10.1016/j.matlet.2014.03.061

[72] H.-J. Choi, H.-K. Seong, J.-C. Lee, Y.-M. Sung, Growth and modulation of silicon carbide nanowires, J. Cryst. Growth. 269 (2004) 472–478. https://doi.org/10.1016/j.jcrysgro.2004.05.094

[73] J.-S. Hyun, S.-H. Nam, B.-C. Kang, J.-H. Boo, Growth of 3C-SiC nanowires on nickel coated Si(100) substrate using dichloromethylvinylsilane and diethylmethylsilane by MOCVD method, Phys. Status Solidi. 6 (2009) 810–812. https://doi.org/10.1002/pssc.200880621

[74] B. PARK, Y. RYU, K. YONG, Growth and characterization of silicon carbide nanowires, Surf. Rev. Lett. 11 (2004) 373–378. https://doi.org/10.1142/S0218625X04006311

[75] J. Chen, Q. Shi, L. Xin, Y. Liu, R. Liu, X. Zhu, A simple catalyst-free route for large-scale synthesis of SiC nanowires, J. Alloys Compd. 509 (2011) 6844–6847. https://doi.org/10.1016/j.jallcom.2011.03.131

[76] A. Meng, Z. Li, J. Zhang, L. Gao, H. Li, Synthesis and Raman scattering of β-SiC/SiO$_2$ core–shell nanowires, J. Cryst. Growth. 308 (2007) 263–268. https://doi.org/10.1016/j.jcrysgro.2007.08.022

[77] G. Attolini, F. Rossi, F. Fabbri, M. Bosi, B.E. Watts, G. Salviati, A new growth method for the synthesis of 3C-SiC nanowires, Mater. Lett. 63 (2009). https://doi.org/10.1016/j.matlet.2009.09.012

[78] G. Li, X. Li, Z. Chen, J. Wang, H. Wang, R. Che, Large Areas of Centimeters-Long SiC Nanowires Synthesized by Pyrolysis of a Polymer Precursor by a CVD Route, J. Phys. Chem. C. 113 (2009) 17655–17660. https://doi.org/10.1021/jp904277f

[79] H. Dai, E. W. Wong, Y. Z. Lu, S. Fan and C. M. Lieber, Synthesis and characterization of carbide nanorods, Nature 375 (1995) 769–772. https://doi.org/10.1038/375769a0

[80] L. Tsakalakos, J. Fronheiser, L. Rowland, M. Rahmane, M. Larsen, Y. Gao, SiC Nanowires by Silicon Carburization, MRS Proc. 963 (2006) 963-Q11-3. https://doi.org/10.1557/PROC-0963-Q11-03

[81] M. Ollivier, L. Latu-Romain, M. Martin, S. David, A. Mantoux, E. Bano, V. Souliere, G. Ferro and T. Baron, Si–SiC core–shell nanowires, J. Cryst. Growth 363 (2013) 158–63. https://doi.org/10.1016/j.jcrysgro.2012.10.039

[82] L. Latu-Romain, M. Ollivier, V. Thiney, O. Chaix-Pluchery and M . Martin, Silicon carbide nanotubes growth: an original approach, J. Phys. D: Appl. Phys. 46 (2013) 092001. https://doi.org/10.1088/0022-3727/46/9/092001

[83] L Latu-Romain and M Ollivier, Silicon carbide based one-dimensional nanostructure growth: towards electronics and biology perspectives, J. Phys. D: Appl. Phys. 47 (2014) 203001. https://doi.org/10.1088/0022-3727/47/20/203001

[84] A. H. Reader, A. H. van Ommen, P. J. W. Weijs, R. A. M. Wolters and D. J. Oostra, Transition metal silicides in silicon technology, Rep. Prog. Phys. 56 (1993)1397. https://doi.org/10.1088/0034-4885/56/11/002

[85] W. Tan, P. Hunley and I. S. Omer, Properties of silicon carbide nanotubes formed via reaction of SiO powder with SWCNTs and MWCNTs, *Proc. IEEE Southeastcon 2009, Technical Proc. (Atlanta, GA, 5–8 March)* pp 230–5. https://doi.org/10.1109/SECON.2009.5174082

[86] Y. H. Mo, M. D. Shajahan, Y. S. Lee, Y. B. Hahn and K. S. Nahm, Structural transformation of carbon nanotubes to silicon carbide nanorods or microcrystals by the reaction with different silicon sources in rf induced CVD reactor, Synth. Met. 140 (2004) 309–15. https://doi.org/10.1016/S0379-6779(03)00381-3

[87] E. Munoz, A. B. Dalton, S. Collins, A. A. Zakhidov, R. H. Baughman, W. L. Zhou, J. He, C. J. O'Connor, B. McCarthy and W. J. Blau, Synthesis of SiC nanorods from sheets of single-walled carbon nanotubes, Chem. Phys. Lett. 359 (2002) 397–402. https://doi.org/10.1016/S0009-2614(02)00745-5

[88] H. Liu, G. A. Cheng, C. Liang and R. Zheng, Fabrication of silicon carbide nanowires/carbon nanotubes heterojunction arrays by high-flux Si ion implantation, Nanotechnology 19 (2008) 245606. https://doi.org/10.1088/0957-4484/19/24/245606

[89] K. L. Wallis, J. K. Patyk, and T. W. Zerda, Reaction kinetics of nanostructured silicon carbide, J. Phys.: Condens. Matter 20 (2008) 325216. https://doi.org/10.1088/0953-8984/20/32/325216

[90] C-H. Pham, N. Keller, G. Ehret and M. J. Ledoux, The first preparation of silicon carbide nanotubes by shape memory synthesis and their catalytic potential, J. Catal. 200 (2001) 400–10. https://doi.org/10.1006/jcat.2001.3216

[91] J. M. Nhut, R. Vieira, L. Pesant, J. P. Tessonnier, N. Keller, G. Ehret, C. H. Pham and M. J. Ledoux, Synthesis and catalytic uses of carbon and silicon carbide nanostructures, Catal. Today 76 (2002) 11–32. https://doi.org/10.1016/S0920-5861(02)00206-7

[92] X. H. Sun, C. P. Li, W. K. Wong, N. B. Wong, C. S. Lee, S. T. Lee and B. K. Teo, Formation of silicon carbide nanotubes and nanowires via reaction of silicon (from disproportionation of silicon monoxide) with carbon nanotubes, J. Am. Chem. Soc. 124 (2002) 14464–71. https://doi.org/10.1021/ja0273997

[93] S. Nishino, Production of large-area single-crystal wafers of cubic SiC for semiconductor devices, Appl. Phys. Lett. 42 (1983) 460. https://doi.org/10.1063/1.93970

[94] A. R. Beaber, S. L. Girshick and W. W. Gerberich, Dislocation plasticity and phase transformations in Si–C core–shell nanotowers, Int. J. Fract. 171 (2011) 177–83. https://doi.org/10.1007/s10704-010-9566-6

[95] J. P. Alper, M. Vincent, C. Carraro and R. Maboudian, Silicon carbide coated silicon nanowires as robust electrode material for aqueous micro-supercapacitor, Appl. Phys. Lett. 100 (2012)163901. https://doi.org/10.1063/1.4704187

[96] L. Fradetal, V. Stambouli, E. Bano, B. Pelissier, J. H. Choi, M. Ollivier, L. Latu-Romain, T. Boudou and I. Pignot-Paintrand, Bio-functionalization of Silicon Carbide nanostructures for SiC nanowire-based sensors realization, J. Nanosci. Nanotechnol, 14 (2014)3391–7. https://doi.org/10.1166/jnn.2014.8223

[97] K. Zekentes, V. Papaioannou, B. Pecz and J. Stoemenos, Early stages of growth of β-SiC on Si by MBE, J. Cryst. Growth 157(1995) 392-399. https://doi.org/10.1016/0022-0248(95)00330-4

[98] K.C. Kim, C. Il Park, J. Il Roh, K.S. Nahm, Y.H. Seo, Formation mechanism of interfacial voids in the growth of SiC films on Si substrates, J. Vac. Sci. Technol. A Vacuum, Surfaces, Film. 19 (2001) 2636. https://doi.org/10.1116/1.1399321

[99] L. Latu-Romain, M. Ollivier, A. Mantoux, G. Auvert, O. Chaix-Pluchery, E. Sarigiannidou, E. Bano, B. Pelissier, C. Roukoss, H. Roussel, F. Dhalluin, B. Salem, N. Jegenyes, G. Ferro, D. Chaussende, T. Baron, From Si nanowire to SiC nanotube, J. Nanopart. Res. 13 (2011) 5425–33. https://doi.org/10.1007/s11051-011-0530-9

[100] X. L. Feng, M. H. Matheny, C. A. Zorman, M. Mehregany and M. L. Roukes, Low Voltage Nanoelectromechanical Switches Based on Silicon Carbide Nanowires, Nano Lett. 10 (2010) 2891. https://doi.org/10.1021/nl1009734

[101] A. Kathalingam, M. R. Kim, Y. S. Chae, S.Sudhakar, T. Mahalingam and J. K. Rhee, Appl. Surf. Sci. 257 (2011) 3850. https://doi.org/10.1016/j.apsusc.2010.11.053

[102] J. H. Choi, L. Latu-Romain, E. Bano, F. Dhalluin, T. Chevolleau and T. Baron, Fabrication of SiC nanopillars by inductively coupled SF_6/O_2 plasma etching, J. Phys. D: Appl. Phys. 45 (2012) 235204. https://doi.org/10.1088/0022-3727/45/23/235204

[103] J. Choi, SiC Nanowires: from growth to related devices, PhD dissertation, Grenoble INP, France, (2013)

[104] L. Hiller, T. Stauden, R. M. Kemper, J. K. N. Lindner, D. J. As and J. Pezoldt, ECR-Etching of Submicron and Nanometer Sized 3C-SiC (100) Mesa Structures, Materials Science Forum, 717-720 (2012) 901-904. https://doi.org/10.4028/www.scientific.net/MSF.717-720.901

[105] L. Hiller, T. Stauden, R. M. Kemper, J. K. N. Lindner, D. J. As and J. Pezoldt, Hydrogen Effects in ECR-Etching of 3C-SiC(100) Mesa Structures, Materials Science Forum, 778-780 (2014) 730-733. https://doi.org/10.4028/www.scientific.net/MSF.778-780.730

[106] M. S. Kang, J.H. Lee, W. Bahng, N. K. Kim and S. M. Koo, Top-Down Fabrication of 4H–SiC Nano-Channel Field Effect Transistors, J. Nanosci. Nanotechnol. 14 (2014) 7821-7823. https://doi.org/10.1166/jnn.2014.9387

[107] M. S. Kang, S. Yu and S. M. Koo, Elevated Temperature Operation of 4H-SiC Nanoribbon Field Effect Transistors, J. Nanosci. Nanotechnol. 15 (2015) 7551-7554. https://doi.org/10.1166/jnn.2015.11166

[108] M. Cottat, A. Stavrinidis, C. Gourgon, C. Petit-Etienne, M. Androulidaki, E. Bano, G. Konstantinidis, J. Boussey, K. Zekentes, 4H-SiC Nanowire arrays formation by nanoimprint lithography, plasma etching and sacrificial oxidation, Proc. WOCSDICE 2019, Cabourg, France.

[109] K. Zekentes, V. Veliadis, Plasma etching of SiC, chapter in the present book.

[110] C. O. Jang, T. H. Kim, S. Y. Lee, D. J. Kim and S. K. Lee, Low-resistance ohmic

contacts to SiC nanowires and their applications to field-effect transistors, Nanotechnology, 19 (2008) 345203. https://doi.org/10.1088/0957-4484/19/34/345203

[111] K. Rogdakis, Experimental and theoretical study of 3C-Silicon Carbide Nanowire Field Effect Transistors, PhD dissertation, Univ. of Crete-Grenoble INP, (2010).

[112] J. Eriksson, F. Roccaforte, F. Giannazzo, R. Lo Nigro, V. Raineri, J. Lorenzzi, and G. Ferro, Improved Ni/3C-SiC contacts by effective contact area and conductivity increases at the nanoscale, Appl. Phys. Lett., 94(2009)112104-3. https://doi.org/10.1063/1.3099901

[113] S. Baklouti, C. Pagnoux, T. Chartier, J. F. Baumard, Processing of aqueous a-Al_2O_3, a-SiO_2 and a-SiC suspensions with polyelectrolytes, J. Eur. Ceram. Soc. 17 (1997) 1387–1392. https://doi.org/10.1016/S0955-2219(97)00010-1

[114] P. Tartaj, M. Reece, J. S. Moya, Electrokinetic behavior and stability of silicon carbide nanoparticulate dispersions, J. Am. Ceram. Soc. 81 (1998) 389–394. https://doi.org/10.1111/j.1151-2916.1998.tb02345.x

[115] B.P. Singh, J. Jena, L. Besra and S. Bhattacharjee, Dispersion of nano-silicon carbide (SiC) powder in aqueous suspensions, J. Nanopart. Res. 9 (2007) 797–806. https://doi.org/10.1007/s11051-006-9121-6

[116] J. Che, X. Wang, Y. Xiao, X.Wu, L. Zhou and W. Yuan, Effect of inorganic-organic composite coating on the dispersion of silicon carbide nanoparticles in non-aqueous medium, Nanotechnology 18 (2007) 135706. https://doi.org/10.1088/0957-4484/18/13/135706

[117] V. Médout-Marère, A. El. Ghzaoui, C. Charnay, J. M. Douillard, G. Chauveteau and S. Partyka, Surface heterogeneity of passively oxidized silicon carbide particles: hydrophobic- hydrophilic partition, J. Colloid. Interf. Sci. 223 (2000) 205–214. https://doi.org/10.1006/jcis.1999.6625

[118] M. Iijima and H. Kamiya, Surface modification of silicon carbide nanoparticles by azo radical initiators, J. Phys. Chem. C 112 (2008) 11786–11790. https://doi.org/10.1021/jp709608p

[119] L. Fradetal, E. Bano, G. Attolini, F. Rossi, and V. Stambouli, A silicon carbide nanowire field effect transistor for DNA detection, Nanotechnology 27 (2016) 235501. https://doi.org/10.1088/0957-4484/27/23/235501

[120] E. W. Wong, P. E. Sheehan and C. M. Lieber, Science 277 (1997) 1971. https://doi.org/10.1126/science.277.5334.1971

[121] X. D. Han, Y. F. Zhang, K. Zheng, X. N. Zhang, Z. Zhang, Y. J. Hao, Y. Guo, J. Yuan, Z. L. Wanget, Low-temperature in situ large strain plasticity of ceramic SiC nanowires and its atomic-scale mechanism, Nano Lett., 7 (2007) 452–7.

https://doi.org/10.1021/nl0627689

[122] Y. F. Zhang, X. D. Han, K. Zheng, Z. Zhang, X. N. Zhang, J. Y. Fu, Y. Ji Y. Hao X. Guo Z. L. Wang, Direct observation of super-plasticity of beta-SiC nanowires at low temperature, Adv, Funct. Mater. 17 (2007) 3435–40. https://doi.org/10.1002/adfm.200700162

[123] W. Nhuapeng, W. Thamjaree, S. Kumfu, P. Singjai, T. Tunkasiri, Fabrication and mechanical properties of silicon carbide nanowires/epoxy resin composites, Curr. Appl. Phys. 8 (2008) 295–9. https://doi.org/10.1016/j.cap.2007.10.074

[124] S. Meng, G. G. Jin, Y. Y. Wang and X. Y. Guo, Tailoring and application of SiC nanowires in composites, Mater Sci. Eng. A 527 (2010) 5761–5. https://doi.org/10.1016/j.msea.2010.05.045

[125] M. Pozueloa, W. H. Kao and J. M. Yang, High-resolution TEM characterization of SiC nanowires as reinforcements in a nanocrystalline Mg-matrix, Mater. Charact. 77 (2013) 81–8. https://doi.org/10.1016/j.matchar.2013.01.003

[126] W. Yang, H. Araki, C. C. Tang, S. Thaveethavorn, A. Kohyama, T. Noda., Single-crystal SiC nanowires with a thin carbon coating for stronger and tougher ceramic composites, Adv. Mater. 17 (2005) 1519–23. https://doi.org/10.1002/adma.200500104

[127] W. Yang, H. Araki, S. Thaveethavorn, H. Suzuki, T. Noda, Process and mechanical properties of in situ silicon carbide nanowire-reinforced chemical vapor infiltrated silicon carbide/silicon carbide composite, J. Am. Ceram. Soc. 87 (2004) 1720–5. https://doi.org/10.1111/j.1551-2916.2004.01720.x

[128] Q. G. Fu, B. L.Jia, H. J. Li, K. Z. Li, Y. H. Chu, SiC nanowires reinforced MAS joint of SiC coated carbon/carbon composites to LAS glass ceramics, Mater. Sci. Eng. A 532 (2012) 255–9. https://doi.org/10.1016/j.msea.2011.10.088

[129] T. Barois, A. Ayari, P. Vincent, S. Perisanu, P. Poncharal and S. T. Purcell, Ultra low power consumption for self-oscillating nanoelectromechanical systems constructed by contacting two nanowires, Nano Lett. 13 (2013) 1451–6. https://doi.org/10.1021/nl304352w

[130] J. J. Niu and J. N. Wang, A novel self-cleaning coating with silicon carbide nanowires, J Phys Chem B 113 (2009) 2909–2912. https://doi.org/10.1021/jp808322e

[131] G. Kwak, M. Lee, K. Senthil and K. Yong, Wettability control and water droplet dynamics on SiC–SiO_2 core–shell nanowires, Langmuir 26 (2010) 12273–7. https://doi.org/10.1021/la101234p

[132] H. Y. Wang, Y. Q. Wang, Q. F. Hu and X. J. Li, Capacitive humidity sensing properties of SiC nanowires grown on silicon nanoporous pillar array, Sens.

Actuator B – Chem. 166 (2012) 451–6. https://doi.org/10.1016/j.snb.2012.02.087

[133] F. M. Gao, J. J. Zheng, M. F. Wang, G. D. Wei, W. Y. Yang, Piezoresistance behaviors of p-type 6H-SiC nanowires, Chem. Commun. 47 (2011) 11993–5. https://doi.org/10.1039/c1cc14343c

[134] R. W. Shao, K. Zheng, Y. F. Zhang, Y. J. Li, Z. Zhang and X. D. Han, Piezoresistance behaviors of ultra-strained SiC nanowires, Appl. Phys. Lett. 101, (2012) 233109–4. https://doi.org/10.1063/1.4769217

[135] L Fradetal, E Bano, G Attolini, F Rossi, V Stambouli, A silicon carbide nanowire field effect transistor for DNA detection, Nanotechnology 27 (2016) 235501. https://doi.org/10.1088/0957-4484/27/23/235501

[136] K. Rogdakis, S. Y. Lee, M. Bescond, S. K. Lee, E. Bano and K. Zekentes, 3C-Silicon Carbide nanowire FET: An experimental and theoretical Approach, IEEE Trans. on Elec. Dev. 55 (2008) 1970. https://doi.org/10.1109/TED.2008.926667

[137] K. Rogdakis, M. Bescond, E. Bano and K. Zekentes, Theoretical comparison of 3C-SiC and Si nanowire FETs in ballistic and diffusive regimes, Nanotechnology 18 (2007) 475715 and in K. Rogdakis, M. Bescond, K. Zekentes and E. Bano, Mat. Sci. Forum. 600 (2009) 136139. https://doi.org/10.1088/0957-4484/18/47/475715

[138] K. Rogdakis, S. Poli, E. Bano, K. Zekentes and M. Pala, Phonon- and surface-roughness-limited mobility of gate-all-around 3C-SiC and Si nanowire FETs, Nanotechnology 20 (2009) 295202. https://doi.org/10.1088/0957-4484/20/29/295202

[139] H. K. Seong, H. J. Choi, S. K. Lee, J. I. Lee, D. J. Choi, Optical and electrical transport properties in silicon carbide nanowires, Appl. Phys. Lett. 85 (2004) 1256 and in H. K. Seong, H. J. Choi, S. K. Lee, J. I. Lee, D. J. Choi, Mater. Sci. Forum 527 (2006) 771-75. https://doi.org/10.1063/1.1781749

[140] W. M. Zhou, F. Fang, Z. Y. Hou, L. J. Yan, and Y. F. Zhang, Field-Effect Transistor Based on β-SiC Nanowire, IEEE Electron. Dev. Lett. 27 (2006) 463-65. https://doi.org/10.1109/LED.2006.874219

[141] K. Rogdakis, E. Bano, L. Montes, M. Bechelany, D, Cornu and K. Zekentes, Rectifying source and drain contacts for effective carrier transport modulation of extremely doped SiC nanowire FETs, IEEE Trans. on Nanotechnology, 10 (2011) 980-984. and in K. Rogdakis, E. Bano, L. Montes, M. Bechelany, D. Cornu and K. Zekentes, Mater. Sci. Forum 679 (2011) 613-616. https://doi.org/10.1109/TNANO.2010.2091147

[142] Y. Chen, X. Zhang, Q. Zhao, L. He, C. Huang, Z. Xie, P-type 3C-SiC nanowires and their optical and electrical transport properties, Chem. Comm., 47 (2011) 6398-6400. https://doi.org/10.1039/c1cc10863h

[143] Z. Dai, L. Zhang, C. Chen, B. Qian, D. Xu, H. Chen, L. Wei, Y. Zhang, Fabrication of SiC nanowire thin-film transistors using dielectrophoresis, J. Semicond. 33 (2012) 114001. https://doi.org/10.1088/1674-4926/33/11/114001

[144] J. Choi, E. Bano, A. Henry, G. Attolini and K. Zekentes, Comparison of bottom-up and top-down 3C-SiC NWFETs, Mat. Sci. Forum, 858, (2016) 1001-1005. https://doi.org/10.4028/www.scientific.net/MSF.858.1001

[145] E. Spanakis, J. Dialektos, E. Stratakis, V. Zorba, P. Tzanetakis and C. Fotakis, Phys. Status Solidi C 5 (2008) 3309–13. https://doi.org/10.1002/pssc.200779503

[146] R. B. Wu, K. Zhou, J. Wei, Y. Z. Huang, F. Su, J.J. Chen, L. Wang, Growth of tapered SiC nanowires on flexible carbon fabric: toward field emission applications, J. Phys. Chem. C 116 (2012) 12940–5. https://doi.org/10.1021/jp3028935

[147] T. H. Yang, C. H.Chen, A. Chatterjee, H. Y. Li, J. T. Lo, C. T. Wu, K. H. Chen and L. C. Chen, Chem. Phys. Lett. 379 (2003)155–61. https://doi.org/10.1016/j.cplett.2003.08.001

[148] Y. Ryu, Y. Tak, K. Yong, Direct growth of core–shell SiC–SiO_2 nanowires and field emission characteristics, Nanotechnology 16 (2005) S370–4. https://doi.org/10.1088/0957-4484/16/7/009

[149] H. Cui, L. Gong, Y. Sun, G. Z. Yang, C. L. Liang, J. Chen, and C. X. Wang, Direct synthesis of novel SiC@Al_2O_3 core–shell epitaxial nanowires and field emission characteristics, Cryst. Eng. Comm. 13 (2011) 1416–21. https://doi.org/10.1039/C0CE00435A

[150] X.N. Zhang, Y. Q. Chen, Z. P. Xie and W. Y. Yang, Shape and doping enhanced field emission properties of quasialigned 3C-SiC nanowires, J. Phys. Chem. C 114 (2010) 8251–5. https://doi.org/10.1021/jp101067f

[151] G. Y.Li, X. D. Li, Z. D. Chen, J. Wang, H. Wang and R. C. Che,, J. Phys. Chem. C 113, 2009 17655–60. https://doi.org/10.1021/jp904277f

[152] W. Zhou, L. Yan, Y. Wang, Y. Zhang, SiC nanowires: a photocatalytic nanomaterial, Appl. Phys. Lett. 89 (2006) 013105. https://doi.org/10.1063/1.2219139

[153] J. P. Alper, M. S. Kim, M. Vincent, B. Hsia, V. Radmilovic, C. Carraro, R. Maboudian, Silicon carbide nanowires as highly robust electrodes for microsupercapacitors, J. Power. Sources 230 (2013) 298–302. https://doi.org/10.1016/j.jpowsour.2012.12.085

[154] S-C Chiu, H-C. Yu, Y-Y. Li, High electromagnetic wave absorption performance of silicon carbide nanowires in the Gigahertz range, J. Phys. Chem. C 114 (2010) 1947–1952. https://doi.org/10.1021/jp905127t